| 수학의 시작 |

수학 필독서
5000만 부 돌파

이홍섭 지음

중학 수학

1-1

개념원리 수학연구소

어려운 수학 공부

개념원리 X RPM으로 더 효율적으로 공부해요!

개념과 유형의 **연결성 있는 학습** 가능

수학의 시작

개념서 **개념원리**

유형의 완성

유형서 **RPM**

개념을 적용하는 **유형 문제**를 학습하고 싶을 때

유형에 대한 개념과 공식을 자세히 학습하고 싶을 때

더 다양한 문제는 **RPM 중1-1 22쪽**

01 최대공약수의 활용 (가능한 한 많은 학생들에게

사과 48개, 귤 72개, 바나나 180개를 가능한 한 많은

중요! **개념원리 중학수학 1-1 45쪽**

유형 09 최대공약수의 활용 – 일정한 양을 가능한 많은 사람에게 나누어 주기

A개, B개를 똑같이 나누어 줄 수 있는 최대 사람 수

개념원리

중학 수학 1-1

Love yourself 무엇이든 할 수 있는 나이다

공부 시작한 날　　년　　월　　일

공부 다짐

발행일 2023년 9월 15일 2판 2쇄
지은이 이홍섭
기획 및 개발 개념원리 수학연구소

사업 총괄 안해선
사업 책임 황은정
마케팅 책임 권가민, 정성훈
제작/유통 책임 정현호, 조경수, 이미혜, 이건호
콘텐츠 개발 총괄 한소영
콘텐츠 개발 책임 오영석, 김경숙, 오지애, 모규리, 김현진, 송우제
디자인 스튜디오 에딩크, 손수영

펴낸이 고사무열
펴낸곳 (주)개념원리
등록번호 제 22-2381호
주소 서울시 강남구 테헤란로 8길 37, 7층(역삼동, 한동빌딩) 06239
고객센터 1644-1248

중학 수학

1-1

GAE NYEOM WON RI
Mathematics research institute

생각하는 방법을 알려 주는 개념원리수학

많은 학생들은 왜

개념원리로 공부할까요?

정확한 개념과 원리의 이해,

수학의 비결

개념원리에 있습니다.

이 책을 펴내면서

“어떻게 하면 골치 아픈 수학을 잘 할 수 있을까?” 이것은 오랫동안 끊임없이 제기되고 있는 학생들의 질문이며 가장 큰 바람입니다. 그런데 안타깝게도 대부분의 학생들이 공부는 열심히 하지만 성적이 오르지 않아 흥미를 잃어버리고 중도에 포기하는 경우가 많습니다. 공부를 열심히 하지 않아서 그럴까요? 머리가 나빠서 그럴까요?
그렇지 않습니다. 공부하는 방법이 잘못되었기 때문입니다.

개념원리수학은 단순한 암기식 풀이가 아니라 개념원리에 의한 독특한 교수법으로 현 교육과정에서 요구하는 사고력, 응용력, 창의력을 배양 – 수학의 기본적인 지식과 기능을 습득하고, 수학적으로 사고하는 능력을 길러 실생활의 여러 가지 문제를 합리적으로 해결할 수 있는 능력과 태도를 기름 – 하도록 기획되어 생각하는 방법을 깨칠 수 있도록 하였습니다.

따라서 개념원리수학을 통해 누구나 수학에 대하여 흥미와 자신감을 갖게 될 것입니다.

“학교 시험은 개념원리 중학수학을 절대 벗어날 수 없다.”

개념원리 중학수학의 특징

1. 하나를 알면 10개, 20개를 풀 수 있고 어려운 수학에 흥미를 갖게 하여 쉽게 수학을 정복할 수 있습니다.
2. 나선식 교육법을 채택하여 쉬운 것부터 어려운 것까지 단계적으로 혼자서도 충분히 공부할 수 있도록 하였습니다.
3. 페이지마다 문제를 푸는 방법과 틀리기 쉬운 부분을 체크하여 개념원리를 충실히 익히도록 하였습니다.
4. 전국 주요 학교의 시험 문제 중 앞으로 출제가 예상되는 문제를 엄선 수록함으로써 어떤 시험에도 철저히 대비할 수 있도록 하였습니다.

따라서 이 책의 구성에 따라 인내심을 가지고 꾸준히 공부한다면 학교 내신 성적 및 기타 어떤 시험에서도 좋은 성적을 거둘 수 있으리라 확신합니다.

구성과 특징

1 개념원리 이해

각 단원에서 다루는 개념과 원리를 완벽하게 이해할 수 있도록 꼼꼼하고 상세하게 정리하였습니다.

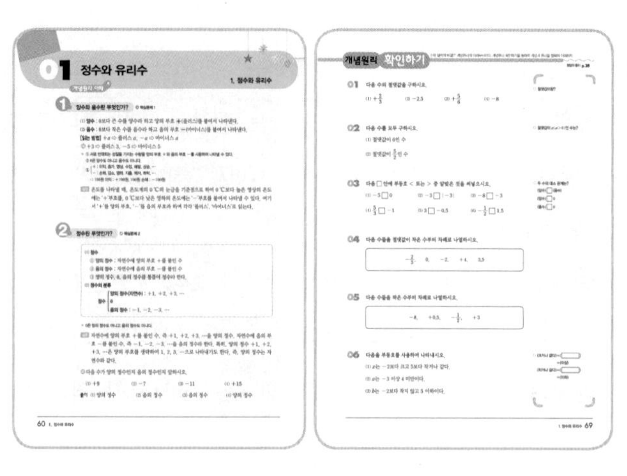

2 개념원리 확인하기

학습한 내용을 확인하기 쉬운 문제로 개념과 원리를 정확히 이해할 수 있도록 하였습니다.

3 핵심문제 익히기

각 단원의 대표적인 문제를 통하여 개념원리의 적용 및 응용을 충분히 익히도록 핵심문제와 더불어 확인문제를 실었습니다.

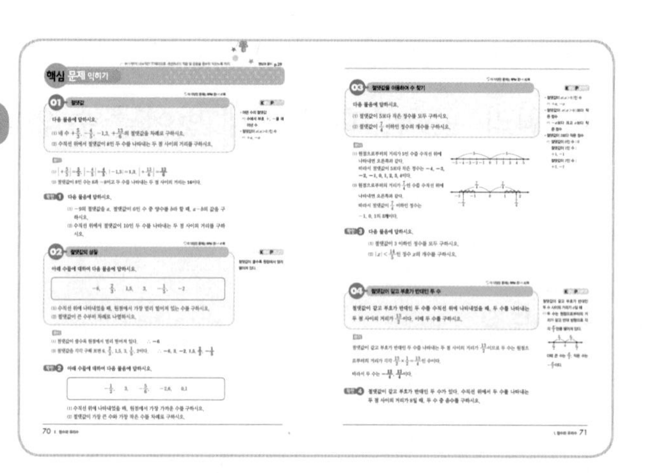

4 계산력 강화하기

기초적인 계산력이 요구되는 단원에서는 계산 능력을 강화할 수 있는 많은 문제를 수록하였습니다.

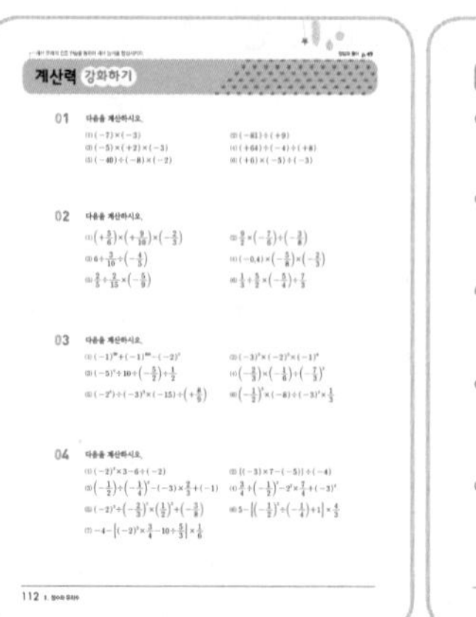

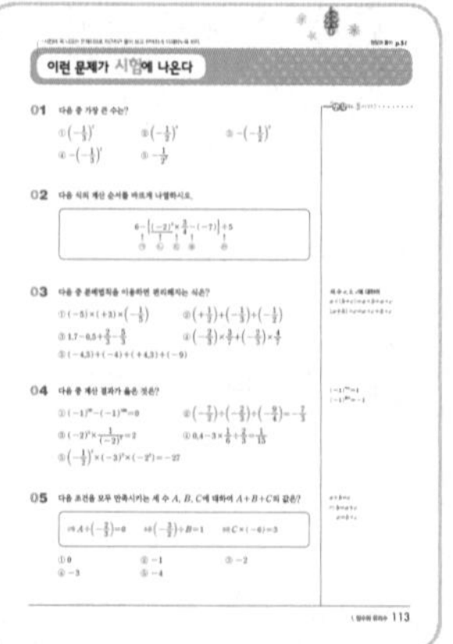

5 이런 문제가 시험에 나온다

시험에 자주 출제되는 문제로 배운 내용에 대한 확인을 할 수 있습니다.

6 1step / 2step / 3step

학교 시험에 대비하여 출제율이 높은 문제를 모두 모아서 수준별(1step / 2step / 3step)로 구성을 하였으므로 문제를 풀면서 자신의 수학 실력이 향상되는 것을 느낄 수 있습니다.

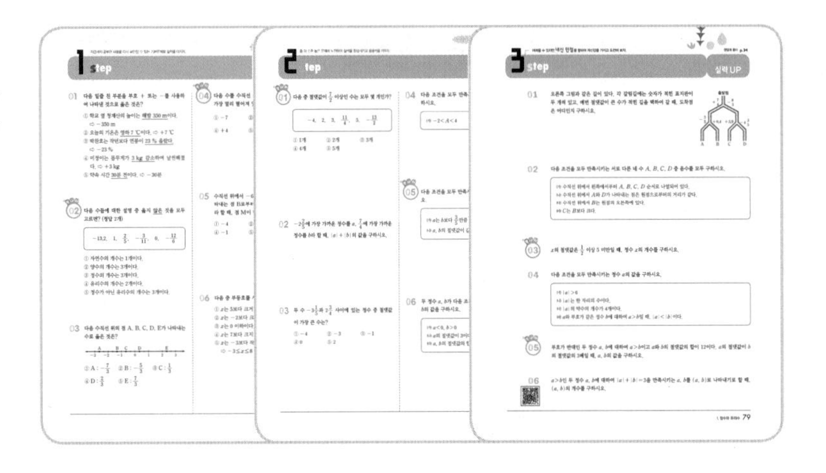

서술형 대비 문제

예제 01

$-\frac{8}{3}$에 가장 가까운 정수를 a, $\frac{9}{4}$에 가장 가까운 정수를 b라 할 때, $|a|+|b|$의 값을 구하시오. [7점]

1단계 수직선 위에 두 수 $-\frac{8}{3}$과 $\frac{9}{4}$를 나타내기 [1점]

수직선 위에 $-\frac{8}{3}$과 $\frac{9}{4}$를 나타내면 다음과 같다.

2단계 a, b의 값 구하기 [3점]

$-\frac{8}{3}$에 가장 가까운 정수는 -3이므로 $a=-3$

$\frac{9}{4}$에 가장 가까운 정수는 2이므로 $b=2$

3단계 $|a|+|b|$의 값 구하기 [3점]

$\therefore |a|+|b|=|-3|+|2|=3+2=5$

정답 5

유제 1 $\frac{9}{2}$보다 큰 수 중에서 가장 작은 정수를 a, $-3\frac{1}{3}$보다 작은 수 중에서 가장 큰 정수를 b라 할 때, $|a|+|b|$의 값을 구하시오. [7점]

1단계 수직선 위에 두 수 $\frac{9}{2}$와 $-3\frac{1}{3}$을 나타내기 [1점]

2단계 a, b의 값 구하기 [3점]

3단계 $|a|+|b|$의 값 구하기 [3점]

정답

예제 02

수직선 위에서 두 수 a, b를 나타내는 두 점 사이의 거리가 8이고 두 점의 한가운데 있는 점이 나타내는 수가 3일 때, a, b의 값을 구하시오. (단, $a>b$) [7점]

1단계 a, b와 3 사이의 거리 구하기 [3점]

두 수 a, b는 3으로부터의 거리가 각각 $8\times\frac{1}{2}=4$인 수이다.

2단계 a, b를 수직선 위에 점으로 나타내기 [2점]

두 수 a, b를 수직선 위에 점으로 나타내면 다음과 같다.

3단계 a, b의 값 구하기 [2점]

그런데 $a>b$이므로 $a=7$, $b=-1$

정답 $a=7$, $b=-1$

유제 2 수직선 위에서 두 수를 나타내는 두 점 사이의 거리가 10이고 두 점의 한가운데 있는 점이 나타내는 수가 -1일 때, 두 수 중 작은 수를 구하시오. [7점]

1단계 두 수와 -1 사이의 거리 구하기 [3점]

2단계 두 수를 수직선 위에 점으로 나타내기 [2점]

3단계 두 수 중 작은 수 구하기 [2점]

정답

80 I. 정수와 유리수

스스로 서술하기

유제 3 다음 수 중 양수의 개수를 a개, 음수의 개수를 b개, 정수가 아닌 유리수의 개수를 c개라 할 때, $a+b+c$의 값을 구하시오. [6점]

$-3,\ \frac{3}{11},\ -4.5,\ 0,\ \frac{29}{4},\ 0.9,\ 25,\ -\frac{1}{5}$

정답

유제 4 두 유리수 $-2\frac{1}{3}$과 $1\frac{3}{5}$ 사이에 있는 정수 중 절댓값이 가장 큰 수를 구하시오. [6점]

정답

유제 5 두 수 a, b가 아래 조건을 모두 만족시킬 때, 다음을 구하시오. [총 7점]

(가) 두 수 a, b의 절댓값이 같다.
(나) a는 b보다 24만큼 작다.

(1) a, b의 부호 [3점]
(2) a, b의 값 [4점]

정답 (1) (2)

유제 6 $|a|>3$인 정수 a에 대하여 a는 -4보다 작지 않고 2보다 작을 때, a의 값을 구하시오. [7점]

정답

I. 정수와 유리수 81

7 서술형 대비 문제

예제와 쌍둥이 유제를 통하여 서술의 기본기를 다진 후 시험에 자주 출제되는 서술형 문제를 풀면서 서술력을 강화할 수 있도록 하였습니다

8 생활 속의 수학

생활 속에 관련된 문제를 풀면서 사고력을 향상 시킬 수 있습니다.

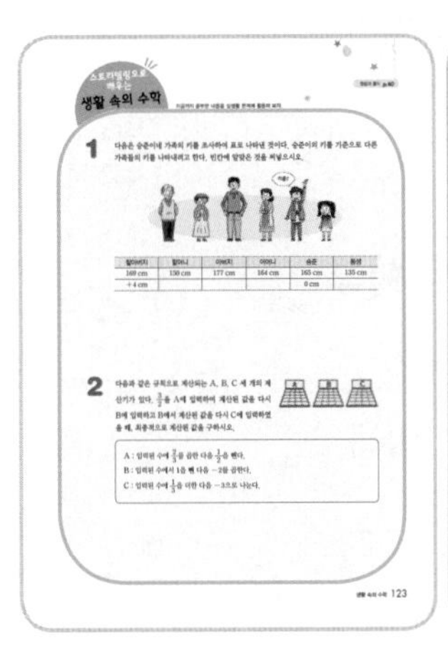

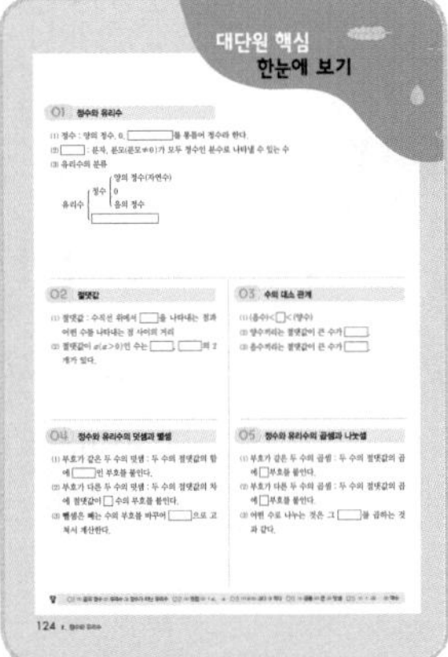

9 대단원 핵심 한눈에 보기

대단원에서 학습한 전체 내용을 체계적으로 익힐 수 있도록 하였습니다.

차 례

I

소인수분해

1 소인수분해

2 최대공약수와 최소공배수

01 소수와 합성수

개념원리 이해

1 소수란 무엇인가? ◐ 핵심문제 1, 2

(1) 1보다 큰 자연수 중에서 1과 자기 자신만을 약수로 가지는 수
(2) 약수가 2개인 자연수 → 1과 자기 자신
(3) 소수 중 짝수는 2뿐이고 나머지는 모두 홀수이다.

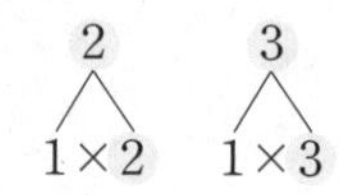

▶ 2 ⇨ 소수 중 유일한 짝수이다.
⇨ 가장 작은 소수이다.

예 ① 2, 3, 5, 7, 11, … 은 모두 약수가 2개이므로 소수이다.
② 1에서 100까지의 자연수 중 소수는 2, 3, 5, 7, 11, 13, 17, 19, 23, 29, 31, 37, 41, 43, 47, 53, 59, 61, 67, 71, 73, 79, 83, 89, 97의 25개이다.
(에라토스테네스의 체를 이용하면 구하기 쉽다.)

주의 ① 소수로 착각하기 쉬운 수 ⇨ $57=3\times19$, $91=7\times13$, $111=3\times37$, $133=7\times19$
② 소수(小數) : 0.3, 1.57, 5.02, …와 같은 수

참고 **소수 찾기 : 에라토스테네스(Eratosthenes)의 체(Sieve)**
1에서 50까지의 자연수 중 소수 찾는 방법
① 1은 소수가 아니므로 지운다.
② 소수 2는 남기고 2의 배수를 모두 지운다.
③ 소수 3은 남기고 3의 배수를 모두 지운다.
④ 소수 5는 남기고 5의 배수를 모두 지운다.
⑤ 소수 7은 남기고 7의 배수를 모두 지운다.

1	**2**	**3**	4	**5**	6	**7**	8	9	10
11	12	**13**	14	15	16	**17**	18	**19**	20
21	22	**23**	24	25	26	27	28	**29**	30
31	32	33	34	35	36	**37**	38	39	40
41	42	**43**	44	45	46	**47**	48	49	50

이와 같은 과정을 계속하면 2, 3, 5, 7, 11, 13, 17, 19, 23, 29, 31, 37, 41, 43, 47과 같이 소수만 남게 된다. 이와 같은 방법은 고대 그리스의 수학자 에라토스테네스가 발견한 방법이라 해서 '에라토스테네스의 체'라 한다.

2 합성수란 무엇인가? ◐ 핵심문제 1, 2

(1) 1보다 큰 자연수 중에서 소수가 아닌 수
(2) 약수가 3개 이상인 자연수 → 1과 자기 자신 이외의 약수가 있다.
(3) 1은 소수도 아니고 합성수도 아니다.

자연수 { 1 / 소수 / 합성수

▶ 자연수는 1, 소수, 합성수로 이루어져 있다.

예 $6=1\times6=2\times3$ ⇨ 6의 약수는 1, 2, 3, 6이므로 합성수이다.
소수 : 2, 3, 5, 7, 11, …
합성수 : 4, 6, 8, 9, 10, …

개념원리 확인하기

수학 실력의 비결은 개념원리의 이해부터이다. 개념원리 확인하기를 통하여 개념과 원리를 정확히 이해하자.

정답과 풀이 p. 2

01 다음은 소수에 대한 설명이다. 빈칸에 알맞은 수를 써넣으시오.

> □보다 큰 자연수 중에서 □과 자기 자신만을 약수로 가지는 수이며 약수가 □개인 자연수이다.

○ 소수란?

02 다음은 합성수에 대한 설명이다. 빈칸에 알맞은 수나 말을 써넣으시오.

> □보다 큰 자연수 중에서 □가 아닌 수이며 약수가 □개 이상인 자연수이다.

○ 합성수란?

03 다음 수를 소수와 합성수로 구분하시오.

(1) 15 (2) 17

(3) 21 (4) 31

04 다음 □ 안에 알맞은 수를 써넣으시오.

○ 소수와 합성수의 성질

(1) 가장 작은 소수는 □이다.

(2) 소수는 약수가 □개인 자연수이다.

(3) 합성수는 약수가 □개 이상인 자연수이다.

(4) 자연수 중에서 □은 소수도 아니고 합성수도 아니다.

(5) 짝수 중에서 소수인 것은 □뿐이다.

05 다음 설명 중 옳은 것에는 ○표, 옳지 않은 것에는 ×표를 하시오.

(1) 자연수는 소수와 합성수로 이루어져 있다. (　　)

(2) 1은 소수가 아니다. (　　)

(3) 가장 작은 합성수는 1이다. (　　)

(4) 소수가 아닌 자연수는 모두 합성수이다. (　　)

(5) 소수 중 2를 제외한 나머지는 모두 홀수이다. (　　)

핵심 문제 익히기

더 다양한 문제는 RPM 중1-1 10쪽

01 소수와 합성수

다음 중 소수와 합성수를 각각 고르시오.

1, 11, 23, 36, 47

Key Point

- 소수
  ⇨ 약수가 2개
- 합성수
  ⇨ 약수가 3개 이상
- 1은 소수도 아니고 합성수도 아니다.

풀이

1은 소수도 아니고 합성수도 아니다.
36의 약수는 1, 2, 3, 4, 6, 9, 12, 18, 36이므로 합성수이다.
11, 23, 47의 약수는 1과 자기 자신뿐이므로 소수이다.
∴ **소수 : 11, 23, 47, 합성수 : 36**

확인 1 다음 중 소수와 합성수를 각각 고르시오.

13, 51, 67, 91, 121

더 다양한 문제는 RPM 중1-1 10쪽

02 소수의 성질

다음 설명 중 옳은 것은?

① 가장 작은 소수는 1이다.
② 소수는 모두 홀수이다.
③ 10 이하의 소수는 모두 4개이다.
④ 자연수는 약수가 2개 이상이다.
⑤ 소수가 아닌 자연수는 합성수이다.

Key Point

- 소수
  ⇨ 1보다 큰 자연수 중에서 1과 자기 자신만을 약수로 가지는 수
- 2는 { 소수 중 유일한 짝수 / 가장 작은 소수
- 자연수 { 1 / 소수 / 합성수

풀이

① 가장 작은 소수는 2이다.
② 2는 짝수이면서 소수이다.
③ 10 이하의 소수는 2, 3, 5, 7의 4개이다.
④ 1은 자연수이지만 약수가 1개이다.
⑤ 소수가 아닌 자연수는 1 또는 합성수이다.
∴ ③

확인 2 다음 설명 중 옳은 것은?

① 합성수는 모두 짝수이다.
② 2의 배수 중 소수는 1개뿐이다.
③ 49는 소수이다.
④ 소수가 아닌 수는 약수가 3개 이상이다.
⑤ 두 소수의 곱은 소수이다.

이런 문제가 시험에 나온다

01 다음 설명 중 옳지 않은 것은?

① 1은 모든 자연수의 약수이다.
② 53은 소수이다.
③ 합성수의 약수는 3개이다.
④ 1은 소수가 아니다.
⑤ 소수의 약수는 2개이다.

02 다음 수 중에서 소수의 개수를 a, 합성수의 개수를 b라 할 때, $b-a$의 값을 구하시오.

1, 3, 5, 9, 11, 15, 19, 21, 31, 49, 50, 51

03 다음 중 소수인 것은?

① 111 ② 119 ③ 131
④ 141 ⑤ 161

04 50 이하의 자연수 중에서 가장 큰 소수와 가장 작은 소수의 차를 구하시오.

05 다음 중 옳지 않은 것을 모두 고르면? (정답 2개)

① 30보다 작은 소수는 모두 9개이다.
② 두 자연수의 곱은 항상 합성수이다.
③ 2를 제외한 모든 짝수는 소수가 아니다.
④ 6의 배수는 모두 합성수이다.
⑤ 5의 배수 중 소수는 1개뿐이다.

생각해 봅시다!

소수
⇨ 1보다 큰 자연수 중에서 1과 자기 자신만을 약수로 가지는 수

합성수
⇨ 약수가 3개 이상인 자연수

소수와 합성수의 성질

02 소인수분해(1)

개념원리 이해

1 거듭제곱이란 무엇인가? ○ 핵심문제 1

(1) **거듭제곱** : 같은 수나 같은 문자를 거듭해서 곱한 것을 간단히 나타낸 것
이때 거듭해서 곱한 수가 2개 이상인 경우도 같은 수끼리는 거듭제곱으로 나타낼 수 있다.

$2\times2\times2=2^3$ ← 지수, 2 ← 밑

$2\times2=2^2$ (2의 제곱) — 2개

$2\times2\times2=2^3$ (2의 세제곱) — 3개

$3\times3\times3\times5\times5=3^3\times5^2$ ← 밑이 다르므로 더 이상 간단하게 나타낼 수 없다. (3개, 2개)

(2) **밑** : 거듭제곱에서 거듭 곱한 수나 문자

(3) **지수** : 거듭제곱에서 거듭하여 곱한 수나 문자의 곱한 횟수

예 5^3에서 5는 밑, 3은 지수이다.

(4) $a\neq0$일 때, $a^1=a$로 정한다.

예 $2^1=2$, $3^1=3$

참고 ① a^2, a^3, a^4, …을 a의 거듭제곱이라 한다.

[읽는 방법] a^2 ⇨ a의 제곱, a^3 ⇨ a의 세제곱, a^4 ⇨ a의 네제곱

예 3^2 ⇨ 3의 제곱, 3^3 ⇨ 3의 세제곱, 3^4 ⇨ 3의 네제곱

▶ • 2^2, 2^3, 2^4, …을 각각 '2의 이승', '2의 삼승', '2의 사승'으로 읽지 않는다.
• $2^3=2\times2\times2$, $2\times3=2+2+2$이므로 $2^3\neq2\times3$이다.

② 1의 거듭제곱
1은 아무리 많이 곱해도 결과가 1이므로 1의 거듭제곱은 항상 1이다.

2 소인수분해란 무엇인가? ○ 핵심문제 2, 4

(1) **인수** : 자연수 a가 자연수 b와 c의 곱으로 나타내어질 때, 즉 $a=b\times c$일 때, b, c를 a의 인수라 한다.

예 $12=3\times4$에서 3과 4를 12의 약수 또는 인수라 한다.

(2) **소인수** : 인수 중에서 소수인 것

예 28의 약수 1, 2, 4, 7, 14, 28은 모두 28의 인수이다. 이 중 소수인 2와 7이 28의 소인수이다.

(3) **소인수분해** : 자연수를 소인수들만의 곱으로 나타내는 것

예 $54=\underbrace{2\times3\times3\times3}_{\text{소인수들의 곱}}=2\times3^3$

주의 $12=2^2\times3$에서 2^2은 12의 인수이지만 소수는 아니므로 소인수가 아니다. 즉, 12의 소인수는 2, 3이고 이처럼 소인수는 소인수분해한 결과에서 밑만을 이야기하는 것임에 주의한다. 소인수분해한 결과는 소인수들만의 곱으로 나타내어야 한다.
$12=4\times3$ (×), $12=2^2\times3$ (○)

3 소인수분해하는 방법

○ 핵심문제 2, 3

소인수분해하는 방법은 여러 가지가 있지만 소인수들의 순서를 생각하지 않는다면 그 결과는 모두 한 가지로 같다.
60을 소인수분해해 보면 다음과 같다.

[방법 1]

$60=2\times30$
$=2\times2\times15$
$=2\times2\times3\times5$
$=2^2\times3\times5$ ← 거듭제곱을 써서 간단히!
⇨ $60=2^2\times3\times5$

[방법 2]

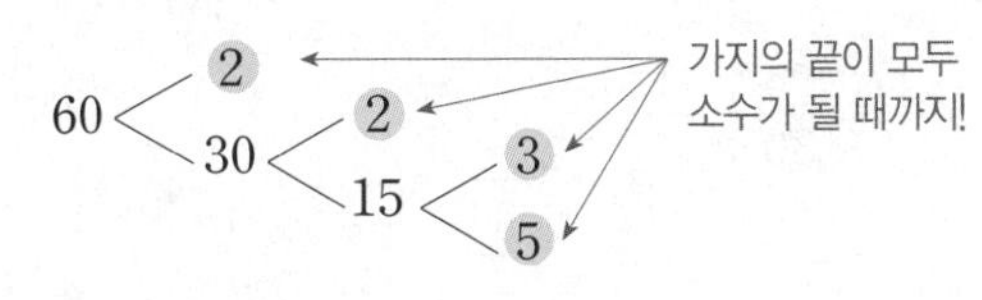

⇨ $60=2^2\times3\times5$

[방법 3]

소수로 나눈다.

2) 60
2) 30
3) 15
5 ← 몫이 소수가 되면 끝난다.

$\therefore 60=2^2\times3\times5$ ← 나눈 소수들과 마지막 몫을 곱으로 나타낸다. 이때 같은 소인수가 있으면 거듭제곱으로 나타낸다.

일반적으로 소인수분해하는 방법은 **[방법 3]**의 나눗셈으로 한다.
① 나누어떨어지게 하는 소수 중 작은 수부터 차례로 나눈다.
② 몫이 소수가 될 때까지 나눈다.
③ 나눈 소수들과 마지막 몫을 곱으로 나타낸다. 이때 같은 소인수가 2개 이상 있으면 거듭제곱으로 나타낸다.

예 다음 수를 소인수분해하고 각각의 소인수를 모두 구하시오.

(1) 24 (2) 100

풀이 (1)
2) 24
2) 12
2) 6
3

$\therefore 24=2^3\times3$
소인수 : 2, 3

(2)
2) 100
2) 50
5) 25
5

$\therefore 100=2^2\times5^2$
소인수 : 2, 5

01 다음 수의 밑과 지수를 각각 말하시오.

(1) 3^4　　(2) $\left(\frac{1}{2}\right)^3$　　(3) 6^5

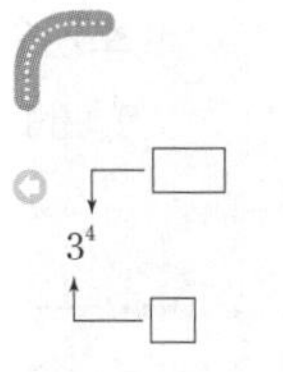

02 다음을 거듭제곱으로 나타내시오.

(1) $2\times2\times2$　　(2) $5\times5\times5\times5$

(3) $3\times3\times5\times5\times5$　　(4) $2\times2\times5\times7\times7\times7\times7$

(5) $\frac{1}{3}\times\frac{1}{3}\times\frac{1}{3}$　　(6) $\frac{1}{3\times3\times5\times5\times5}$

○ 거듭제곱이란?

03 다음 □ 안에 알맞은 수를 써넣고 주어진 수를 소인수분해하시오.

(1)

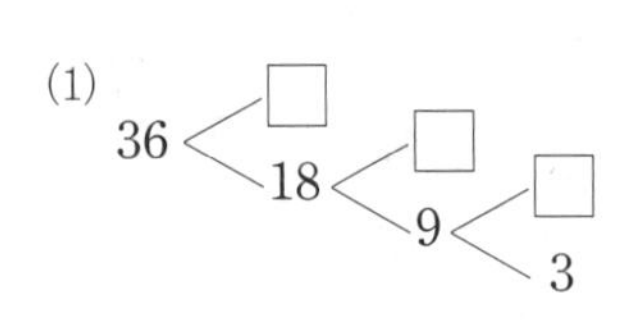

따라서 36을 소인수분해하면

36= ________

(2)

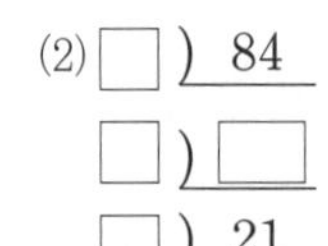

따라서 84를 소인수분해하면

84= ________

○ 소인수분해하는 방법

소인수란?

소인수분해

⇨ _____ 만의 곱으로 나타내는 것

04 다음 수를 소인수분해하고 각각의 소인수를 모두 구하시오.

(1) 48

소인수분해 : ________

소인수 : ________

(2) 98

소인수분해 : ________

소인수 : ________

(3) 120

소인수분해 : ________

소인수 : ________

(4) 126

소인수분해 : ________

소인수 : ________

05 다음 중 252의 소인수인 것은?

① 1　　② 2　　③ 2^2

④ 5　　⑤ 3^2

○ 소인수란?

핵심 문제 익히기

더 다양한 문제는 RPM 중1-1 10쪽

01 곱을 거듭제곱으로 나타내기

다음 중 옳은 것은?

① $5^3=15$
② $2\times2\times2=3^2$
③ $\frac{1}{5}\times\frac{1}{5}\times\frac{1}{5}=\frac{3}{5^3}$
④ $10\times10\times10\times10\times10=10^5$
⑤ $3\times2\times3\times2\times2\times2=3^2+2^4$

Key Point

$\underbrace{a\times a\times\cdots\times a}_{n\text{개}}=a^n$

풀이

① $5^3=5\times5\times5=125$
② $2\times2\times2=2^3$
③ $\frac{1}{5}\times\frac{1}{5}\times\frac{1}{5}=\left(\frac{1}{5}\right)^3$ 또는 $\frac{1}{5}\times\frac{1}{5}\times\frac{1}{5}=\frac{1\times1\times1}{5\times5\times5}=\frac{1}{5^3}$
⑤ $3\times2\times3\times2\times2\times2=2^4\times3^2$ $\therefore$ ④

확인 1 다음을 거듭제곱으로 나타내시오.

(1) $2\times2\times5\times5\times5$
(2) $2\times2\times2\times3\times5\times5$
(3) $\frac{2}{3}\times\frac{2}{3}\times\frac{2}{3}$
(4) $\frac{1}{2\times2\times7\times7\times7}$

더 다양한 문제는 RPM 중1-1 11쪽

02 소인수분해하기 (1)

다음 중 소인수분해한 것으로 옳지 <u>않은</u> 것은?

① $18=2\times3^2$
② $60=2^2\times3\times5$
③ $100=2^2\times5^2$
④ $147=3\times7^2$
⑤ $150=6\times5^2$

Key Point

소인수분해
⇨ 나누어떨어지게 하는 소수 중 작은 수부터 차례로 나누어 몫이 소수가 될 때까지 나눈다.

풀이

⑤ $150=2\times3\times5^2$

```
2 ) 150
3 )  75
5 )  25
      5
```

$\therefore$ ⑤

확인 2 다음 중 소인수분해한 것으로 옳은 것은?

① $45=3^2\times5^2$
② $72=2^2\times3^2$
③ $140=2\times7\times10$
④ $225=3^2\times5^2$
⑤ $600=2^2\times5^2\times6$

핵심 문제 익히기

더 다양한 문제는 RPM 중1-1 11쪽

03 소인수분해하기 (2)

360을 소인수분해하면 $2^a \times 3^b \times 5^c$일 때, 자연수 a, b, c에 대하여 $a+b+c$의 값을 구하시오.

Key Point

소인수분해한 결과에서 밑과 지수 구하기
⇨ 주어진 수를 소인수분해한 후 밑과 지수를 각각 비교한다.

풀이

$360=2^3 \times 3^2 \times 5$이므로 $a=3$, $b=2$, $c=1$

$\therefore a+b+c=3+2+1=\mathbf{6}$

확인 3 1400을 소인수분해하면 $2^a \times b^2 \times c$일 때, 자연수 a, b, c에 대하여 $a+b+c$의 값을 구하시오. (단, b, c는 2와 다른 소수)

더 다양한 문제는 RPM 중1-1 11쪽

04 소인수 구하기

다음 수 중에서 108의 소인수가 아닌 것을 모두 고르면? (정답 3개)

① 1 ② 2 ③ 3
④ 5 ⑤ $2^2 \times 3^3$

Key Point

소인수
⇨ 소수인 인수

풀이

108을 소인수분해하면 $108=2^2 \times 3^3$이므로 소인수는 2, 3이다.

∴ ①, ④, ⑤

```
2 ) 108
2 )  54
3 )  27
3 )   9
      3
```

확인 4 420의 모든 소인수의 합은?

① 7 ② 10 ③ 15
④ 17 ⑤ 18

확인 5 다음 중 소인수가 나머지 넷과 다른 하나는?

① 54 ② 63 ③ 72
④ 96 ⑤ 144

더 다양한 문제는 RPM 중1-1 13쪽

05 제곱인 수 만들기 – 곱해야 할 가장 작은 자연수 구하기

250에 자연수 a를 곱하여 어떤 자연수 b의 제곱이 되도록 할 때, 곱할 수 있는 가장 작은 자연수 a와 그때의 b의 값을 구하시오.

Key Point

가장 작은 자연수를 곱하여 어떤 자연수의 제곱이 되려면
⇨ 소인수분해한 결과에서 소인수의 지수가 모두 짝수가 되도록 하는 가장 작은 수를 곱한다.

풀이

250을 소인수분해하면 $250=\underline{2\times5^3}$ → 2와 5의 지수가 홀수이다.

$250\times a=2\times5^3\times a=b^2$이 되려면 소인수의 지수가 모두 짝수가 되어야 하므로

가장 작은 자연수 $a=2\times5$

이때 $250\times2\times5=2\times5^3\times2\times5=2^2\times5^4=(2\times5^2)\times(2\times5^2)=(2\times5^2)^2=50^2$

따라서 250에 10을 곱하면 50의 제곱이 된다.

$\therefore$ **$a=10$, $b=50$**

확인 6 84에 가장 작은 자연수 a를 곱하여 어떤 자연수 b의 제곱이 되게 하려고 한다. 이때 $a+b$의 값을 구하시오.

한 걸음 더

더 다양한 문제는 RPM 중1-1 13쪽

06 제곱인 수 만들기 – 곱할 수 있는 자연수 구하기

75에 자연수 x를 곱하여 어떤 자연수의 제곱이 되게 하려고 한다. 다음 중 x의 값이 될 수 없는 것은?

① 3 ② 12 ③ 18
④ 27 ⑤ 48

Key Point

어떤 자연수의 제곱인 수는 소인수분해한 결과에서 소인수의 지수가 모두 짝수이다.

풀이

$75\times x=3\times5^2\times x$가 어떤 자연수의 제곱이 되려면

$x=3\times(\text{자연수})^2$의 꼴이어야 한다.

① $3=3\times1^2$ ② $12=3\times2^2$ ③ $18=3\times6$ ④ $27=3\times3^2$ ⑤ $48=3\times4^2$

따라서 x의 값이 될 수 없는 것은 ③이다.

참고

$75\times x=3\times5^2\times x$가 어떤 자연수의 제곱이 되려면

$x=3\times(\text{자연수})^2$의 꼴이므로 자연수 x의 값을 작은 수부터 차례로 나열하면

3×1^2, 3×2^2, 3×3^2, 3×4^2, $\cdots$

확인 7 45에 자연수 x를 곱하여 어떤 자연수의 제곱이 되게 하려고 한다. 다음 중 x의 값이 될 수 없는 것은?

① 5 ② 20 ③ 25
④ 80 ⑤ 125

정답과 풀이 p.4

이런 문제가 시험에 나온다

생각해 봅시다!

01 다음 수를 소인수분해한 것 중 옳지 않은 것은?

① $30=2\times3\times5$ ② $36=2^2\times3^2$ ③ $81=9^2$
④ $200=2^3\times5^2$ ⑤ $336=2^4\times3\times7$

02 216의 소인수를 모두 구하시오.

소인수
⇨ 소수인 인수

03 28×126을 소인수분해하면 $2^a\times3^b\times7^c$이다. 이때 자연수 a, b, c에 대하여 $a+b+c$의 값은?

① 5 ② 6 ③ 7
④ 8 ⑤ 9

04 $2^a=16$, $5^b=125$를 만족시키는 자연수 a, b에 대하여 $a+b$의 값을 구하시오.

05 360에 가장 작은 자연수 a를 곱하여 어떤 자연수 b의 제곱이 되게 하려고 한다. 이때 $a+b$의 값을 구하시오.

자연수를 곱하여 제곱인 수 만들기
⇨ 소인수분해한 결과에서 소인수의 지수가 모두 짝수가 되게 한다.

06 756을 가장 작은 자연수 a로 나누어 어떤 자연수 b의 제곱이 되도록 할 때, $a-b$의 값은?

① 12 ② 15 ③ 20
④ 21 ⑤ 27

07 90에 자연수 a를 곱하여 어떤 자연수의 제곱이 되게 하려고 한다. 이때 a의 값 중에서 두 번째로 작은 자연수를 구하시오.

03 소인수분해(2)

개념원리 이해

1 소인수분해를 이용하여 약수 구하기

핵심문제 1~4

자연수의 약수를 모두 구하려고 할 때, 소인수분해를 이용하여 구할 수 있다.

(1) 거듭제곱꼴 a^n (a는 소수, n은 자연수)으로 소인수분해될 때

① a^n의 약수 : $1, a, a^2, \cdots, a^n$

② a^n의 약수의 개수 : $(n+1)$개

예 $125=5^3$이므로 125의 약수는 $1, 5, 5^2, 5^3$이고 약수의 개수는 $3+1=4$(개)이다.

(2) 자연수 A가 $A=a^m \times b^n$ (a, b는 서로 다른 소수, m, n은 자연수)으로 소인수분해될 때

① A의 약수 : (a^m의 약수) × (b^n의 약수)

→ $1, a, a^2, \cdots, a^m$: $(m+1)$개

→ $1, b, b^2, \cdots, b^n$: $(n+1)$개

② A의 약수의 개수 : $(m+1) \times (n+1)$개 ← 각각의 지수에 1을 더하여 곱한다.

설명 18을 소인수분해하면

$18=2\times3^2$

이때 2의 약수는 1, 2이고 3^2의 약수는 1, 3, 3^2이므로 2×3^2의 약수는 1, 2와 1, 3, 3^2에서 하나씩을 택하여 표와 같이 두 수를 곱한 값들과 같다. 즉, 2×3^2의 약수는 1, 2, 3, 6, 9, 18이다. 또, $18=2\times3^2$의 약수의 개수는

(2의 약수의 개수)×(3^2의 약수의 개수)$=(1+1)\times(2+1)=6$(개)이다.

×	1	3	3^2
1	$1\times1=1$	$1\times3=3$	$1\times3^2=9$
2	$2\times1=2$	$2\times3=6$	$2\times3^2=18$

(열: 3^2의 약수, 행: 2의 약수)

예 다음 수의 약수를 모두 구하시오.

(1) $3^2\times11$ (2) 40

풀이 (1)

×	1	11
1	1	11
3	3	33
3^2	9	99

∴ 1, 3, 9, 11, 33, 99

(2) $40=2^3\times5$

×	1	5
1	1	5
2	2	10
2^2	4	20
2^3	8	40

∴ 1, 2, 4, 5, 8, 10, 20, 40

정답과 풀이 p.5

01 다음 표를 완성하고, 이를 이용하여 다음 수의 약수를 모두 구하시오.

(1) 2×5^2

$\times$	1	5	5^2
1	1		
2		10	

(2) $3^3\times7$

$\times$	1	7
1		
3		
3^2		63
3^3	27	

02 다음은 45의 약수와 약수의 개수를 구하는 과정이다. 물음에 답하시오.

(1) 45를 소인수분해하면
$45=$ ______

(2) 오른쪽 표의 빈칸을 채우고, 이를 이용하여 45의 약수를 모두 구하시오.

(3) 45의 약수의 개수를 구하시오.

$\times$		

○ $a^m\times b^n$ 의 약수의 개수는? (단, a, b는 서로 다른 소수, m, n은 자연수)

03 다음 수의 약수를 모두 구하시오.

(1) 2^3
(2) $2^2\times3^2$
(3) $2^2\times13$
(4) 75
(5) 88
(6) 175

○ $a^m\times b^n$ 의 약수는? (단, a, b는 서로 다른 소수, m, n은 자연수)

04 다음 수의 약수의 개수를 구하시오.

(1) 3^5
(2) $2^2\times3^3$
(3) $2^2\times3^2\times5$
(4) 400

핵심 문제 익히기

더 다양한 문제는 RPM 중1-1 12쪽

01 약수 구하기

다음 중 144의 약수가 아닌 것은?

① 2×3　② 2×3^2　③ $2^3\times3$
④ $2^2\times3^2$　⑤ 2×3^3

Key Point

약수 구하기
자연수 N이 $N=a^m\times b^n$으로 소인수분해될 때 자연수 N의 약수
⇨ (a^m의 약수)×(b^n의 약수)
(단, a, b는 서로 다른 소수, m, n은 자연수)

풀이

$144=2^4\times3^2$이므로 144의 약수는
(2^4의 약수)×(3^2의 약수)의 꼴이다.
2^4의 약수 : 1, 2, 2^2, 2^3, 2^4
3^2의 약수 : 1, 3, 3^2
따라서 144의 약수는 오른쪽 표와 같으므로 약수가 아닌 것은 ⑤이다.

×	1	3	3^2
1	1×1	1×3	1×3^2
2	2×1	2×3	2×3^2
2^2	$2^2\times1$	$2^2\times3$	$2^2\times3^2$
2^3	$2^3\times1$	$2^3\times3$	$2^3\times3^2$
2^4	$2^4\times1$	$2^4\times3$	$2^4\times3^2$

확인 1 다음 중 450의 약수가 아닌 것은?

① 2×3　② 3×5　③ $2\times3\times5$
④ $2^2\times5^2$　⑤ $2\times3^2\times5$

더 다양한 문제는 RPM 중1-1 12쪽

02 약수의 개수 구하기

다음 중 약수의 개수가 가장 많은 것은?

① 63　② 98　③ 112
④ 121　⑤ 156

약수의 개수 구하기
a, b는 서로 다른 소수이고 m, n은 자연수일 때, $a^m\times b^n$의 약수의 개수
⇨ $(m+1)\times(n+1)$(개)

풀이

각각의 약수의 개수를 구하면 다음과 같다.
① $63=3^2\times7$이므로 $(2+1)\times(1+1)=6$(개)
② $98=2\times7^2$이므로 $(1+1)\times(2+1)=6$(개)
③ $112=2^4\times7$이므로 $(4+1)\times(1+1)=10$(개)
④ $121=11^2$이므로 $2+1=3$(개)
⑤ $156=2^2\times3\times13$이므로 $(2+1)\times(1+1)\times(1+1)=12$(개)
따라서 약수의 개수가 가장 많은 것은 ⑤이다.

확인 2 다음 중 약수의 개수가 나머지 넷과 다른 하나는?

① $2^2\times3^3$　② $2^3\times9$　③ $2^2\times5^3$
④ $3^2\times5^6$　⑤ $2\times5\times7^2$

더 다양한 문제는 RPM 중1-1 12쪽

03 약수의 개수가 주어질 때 – 지수 구하기

$2^a \times 5^3$의 약수의 개수가 20개일 때, 자연수 a의 값을 구하시오.

Key Point

자연수 $a^m \times b^n$의 약수의 개수가 k개이면
⇨ $(m+1)\times(n+1)=k$
(단, a, b는 서로 다른 소수, m, n은 자연수)

풀이

$2^a \times 5^3$의 약수의 개수가 20개이므로
$(a+1)\times(3+1)=20$
$a+1=5$ $\therefore a=\mathbf{4}$

확인 3 180의 약수의 개수와 $2\times3^a\times5^2$의 약수의 개수가 같을 때, 자연수 a의 값은?

① 1 ② 2 ③ 3
④ 4 ⑤ 5

한 걸음 더

더 다양한 문제는 RPM 중1-1 13쪽

04 약수의 개수가 주어질 때 – □ 안에 들어갈 수 있는 자연수 구하기

$3^3\times$□의 약수의 개수가 12개일 때, 다음 중 □ 안에 들어갈 수 없는 수는?

① 4 ② 16 ③ 25
④ 49 ⑤ 121

Key Point

자연수 $a^m\times b^n$의 약수의 개수
⇨ $(m+1)\times(n+1)$(개)
(단, a, b는 서로 다른 소수, m, n은 자연수)

풀이

① $3^3\times4=3^3\times2^2$이므로 약수의 개수는 $(3+1)\times(2+1)=12$(개)
② $3^3\times16=3^3\times2^4$이므로 약수의 개수는 $(3+1)\times(4+1)=20$(개)
③ $3^3\times25=3^3\times5^2$이므로 약수의 개수는 $(3+1)\times(2+1)=12$(개)
④ $3^3\times49=3^3\times7^2$이므로 약수의 개수는 $(3+1)\times(2+1)=12$(개)
⑤ $3^3\times121=3^3\times11^2$이므로 약수의 개수는 $(3+1)\times(2+1)=12$(개)
따라서 □ 안에 들어갈 수 없는 수는 **②**이다.

참고

$3^3\times$□의 약수의 개수가 12개일 때,
$12=11+1$ 또는 $12=(3+1)\times(2+1)$
이므로 □ 안에 들어갈 수 있는 수는
(i) $12=11+1$인 경우 : □는 밑이 3인 경우이므로 □$=3^8$
(ii) $12=(3+1)\times(2+1)$인 경우 : □는 밑이 3이 아닌 소수인 경우이므로
□$=2^2, 5^2, 7^2, 11^2, \cdots$

확인 4 $108\times a$의 약수의 개수가 24개일 때, 다음 중 a의 값이 될 수 없는 것은?

① 5 ② 7 ③ 10
④ 11 ⑤ 13

정답과 풀이 p.6

이런 문제가 시험에 나온다

생각해 봅시다!

01 다음 중 $2^2\times3^2\times5$의 약수가 아닌 것은?

① 6 ② 20 ③ 30 ④ 36 ⑤ 100

02 다음 중 약수의 개수가 가장 적은 것은?

① 2^6 ② $2^2\times5^2$ ③ $3^3\times5$ ④ 7×11^2 ⑤ $3\times5\times7^2$

자연수 $a^l\times b^m\times c^n$의 약수의 개수
⇨ $(l+1)\times(m+1)\times(n+1)$개
(단, a, b, c는 서로 다른 소수, l, m, n은 자연수)

03 $3^3\times5^a\times7$의 약수의 개수가 56개일 때, 자연수 a의 값은?

① 3 ② 4 ③ 5 ④ 6 ⑤ 7

04 $2^2\times3^3\times5$의 약수 중에서 두 번째로 큰 수를 구하시오.

05 $72\times\square$의 약수의 개수가 24개일 때, 다음 중 $\square$ 안에 들어갈 수 없는 수는?

① 5 ② 10 ③ 13 ④ 16 ⑤ 27

약수의 개수가 주어질 때 $\square$ 안에 들어갈 수 있는 자연수 구하기

한걸음 더

06 280의 약수의 개수와 $8\times3^a\times7^b$의 약수의 개수가 같을 때, $a\times b$의 값을 구하시오. (단, a, b는 자연수)

약수의 개수가 주어질 때 지수 구하기

1 step 기본문제

01 다음 중 소수는 모두 몇 개인가?

37, 49, 71, 97, 181, 289

① 2개 ② 3개 ③ 4개
④ 5개 ⑤ 6개

02 다음 중 소인수분해를 바르게 한 것은?

① $72=2^2\times3^3$ ② $98=2^2\times7$
③ $126=2\times3^2\times7$ ④ $150=2\times3^2\times5$
⑤ $300=2^2\times3^2\times5$

03 다음 중 옳지 않은 것을 모두 고르면? (정답 2개)

① $3^3=27$
② $32=2^5$
③ $3\times3\times5\times5\times3=3^3\times5^2$
④ $7+7+7+7=7^4$
⑤ $\frac{1}{3}\times\frac{1}{3}\times\frac{1}{7}\times\frac{1}{7}\times\frac{1}{7}=\frac{2}{3}\times\frac{3}{7}$

04 $6\times7\times8\times9\times10=2^a\times3^b\times c\times7$일 때, 자연수 a, b, c에 대하여 $a+b+c$의 값은?
(단, c는 2, 3, 7과 서로 다른 소수)

① 10 ② 13 ③ 15
④ 18 ⑤ 20

꼭 나와

05 소수와 합성수에 대한 다음 설명 중 옳지 않은 것을 모두 고르면? (정답 2개)

① 7의 배수 중에서 소수는 1개뿐이다.
② 가장 작은 소수는 2이다.
③ 2가 아닌 짝수는 모두 합성수이다.
④ 소수이면서 합성수인 자연수가 있다.
⑤ a, b가 소수이면 $a\times b$도 소수이다.

06 다음 중 600에 대한 설명으로 옳은 것은?

① 소인수분해하면 $2^2\times3\times5^2$이다.
② 약수의 개수가 12개이다.
③ 소인수는 2, 3이다.
④ 2×3을 곱하면 어떤 자연수의 제곱이 된다.
⑤ $2^2\times3\times5^3$은 600의 약수이다.

07 다음 중 약수의 개수가 가장 많은 것은?

① 3×7^3　② 32　③ 72
④ $3\times5\times11$　⑤ $7^4\times13$

08 다음 중 옳지 않은 것을 모두 고르면? (정답 2개)

① 79는 소수이다.
② 가장 작은 합성수는 4이다.
③ 소수가 아닌 자연수는 합성수이다.
④ 두 소수의 합은 항상 짝수이다.
⑤ 1에서 20까지의 자연수 중 소수의 개수는 8개이다.

쪽나와 **09** 다음 중 252의 약수가 아닌 것은?

① 2×7　② 2×3^2　③ $2^2\times3\times7$
④ $3^2\times7$　⑤ $2^3\times3^2$

10 $2^a=64$, $3^b=243$을 만족시키는 자연수 a, b에 대하여 $a-b$의 값은?

① 0　② 1　③ 2
④ 3　⑤ 4

11 다음 **보기** 중 옳은 것은 모두 몇 개인가?

보기

ㄱ. 20보다 크고 30보다 작은 소수의 개수는 2개이다.
ㄴ. 2를 제외한 모든 짝수는 합성수이다.
ㄷ. 81의 소인수는 1, 3, 3^2, 3^3, 3^4이다.
ㄹ. 한 자리의 자연수 중에서 합성수의 개수는 3개이다.
ㅁ. 3×5^2의 약수의 개수는 6개이다.

① 1개　② 2개　③ 3개
④ 4개　⑤ 5개

12 $24\times\square$의 약수의 개수가 16개일 때, 다음 중 $\square$ 안에 알맞은 수는?

① 2　② 3　③ 4
④ 5　⑤ 6

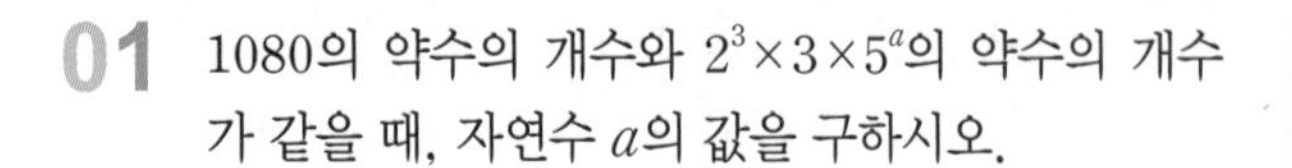

발전문제

01 1080의 약수의 개수와 $2^3\times3\times5^a$의 약수의 개수가 같을 때, 자연수 a의 값을 구하시오.

02 189에 자연수 a를 곱하여 자연수 b의 제곱이 되도록 할 때, $a+b$의 최솟값은?

① 80 ② 81 ③ 82
④ 83 ⑤ 84

03 $1\times2\times3\times4\times\cdots\times50$을 소인수분해했을 때, 5의 지수는?

① 10 ② 11 ③ 12
④ 13 ⑤ 14

04 $A=2^2\times3^2\times5^2$일 때, A의 약수 중 세 번째로 작은 수를 a, 두 번째로 큰 수를 b라 할 때, $a+b$의 값을 구하시오.

05 다음 조건을 모두 만족하는 자연수 A의 값을 구하시오.

> (가) A를 소인수분해하면 소인수는 3과 7뿐이다.
> (나) A는 약수의 개수가 12개인 가장 작은 자연수이다.

06 216의 약수의 개수와 $2^7\times\square$의 약수의 개수가 같을 때, $\square$ 안에 들어갈 가장 작은 자연수를 구하시오.

3 step 실력 UP

01 1부터 200까지의 자연수 중에서 약수의 개수가 3개인 수는 모두 몇 개인지 구하시오.

02 $\frac{78}{2\times n-1}$이 자연수가 되도록 하는 모든 자연수 n의 값의 합을 구하시오.

03 자연수 $3^{1001}\times7^{1503}$의 일의 자리의 숫자는?

① 1 ② 3 ③ 5 ④ 7 ⑤ 9

04 약수의 개수가 15개인 가장 작은 자연수를 구하시오.

05 $2\times3^2\times\square$의 약수의 개수가 12개일 때, □ 안에 들어갈 수 있는 자연수 중 가장 작은 수를 구하시오.

06 자연수 n의 약수의 개수를 $f(n)$이라 할 때, $f(126)\div f(20)\times f(x)=12$를 만족시키는 가장 작은 자연수 x의 값을 구하시오.

서술형 대비 문제

논리적으로 풀어서 설명하는 연습이 필요하므로
차근차근 풀어 보는 습관을 기르면 자신감이 팍팍!

예제 01

정답과 풀이 p.10

60에 가장 작은 자연수 x를 곱하여 어떤 자연수 y의 제곱이 되도록 할 때, $x+y$의 값을 구하시오. [8점]

풀이과정

1단계 **60을 소인수분해하기** [1점]

60을 소인수분해하면

$60=2^2\times3\times5$

$$\begin{array}{r|l} 2 & 60 \\ \hline 2 & 30 \\ \hline 3 & 15 \\ \hline & 5 \end{array}$$

2단계 **가장 작은 자연수 x의 값 구하기** [3점]

$60\times x=2^2\times3\times5\times x=y^2$이 되려면 소인수의 지수가 모두 짝수가 되어야 하므로

$x=3\times5=15$

3단계 **y의 값 구하기** [3점]

이때 $60\times x=2^2\times3\times5\times(3\times5)=2^2\times3^2\times5^2$

$=(2\times3\times5)\times(2\times3\times5)=(2\times3\times5)^2=30^2$

이므로 $y=30$

4단계 **$x+y$의 값 구하기** [1점]

$\therefore x+y=15+30=45$

답 45

유제 1 150에 가장 작은 자연수 x를 곱하여 어떤 자연수 y의 제곱이 되도록 할 때, $x+y$의 값을 구하시오. [8점]

풀이과정

1단계 **150을 소인수분해하기** [1점]

2단계 **가장 작은 자연수 x의 값 구하기** [3점]

3단계 **y의 값 구하기** [3점]

4단계 **$x+y$의 값 구하기** [1점]

답

예제 02

432의 약수의 개수와 $2^4\times3\times5^a$의 약수의 개수가 같을 때, 자연수 a의 값을 구하시오. [7점]

풀이과정

1단계 **432의 약수의 개수 구하기** [3점]

$432=2^4\times3^3$이므로 432의 약수의 개수는

$(4+1)\times(3+1)=20$(개)

2단계 **$2^4\times3\times5^a$의 약수의 개수 구하기** [2점]

$2^4\times3\times5^a$의 약수의 개수는

$(4+1)\times(1+1)\times(a+1)=10\times(a+1)$(개)

3단계 **a의 값 구하기** [2점]

$10\times(a+1)=20,\ a+1=2$

$\therefore a=1$

답 1

유제 2 360의 약수의 개수와 $2^2\times3^a\times11$의 약수의 개수가 같을 때, 자연수 a의 값을 구하시오. [7점]

풀이과정

1단계 **360의 약수의 개수 구하기** [3점]

2단계 **$2^2\times3^a\times11$의 약수의 개수 구하기** [2점]

3단계 **a의 값 구하기** [2점]

답

스스로 서술하기

유제 3 자연수 400에 대하여 다음 물음에 답하시오. [총 5점]

(1) 소인수분해하시오. [1점]
(2) 소인수를 모두 구하시오. [1점]
(3) 소인수분해한 결과를 이용하여 약수를 모두 구하시오. [3점]

풀이과정

(1)

(2)

(3)

답 (1) (2)
(3)

유제 5 216을 가장 작은 자연수 a로 나누어 어떤 자연수 b의 제곱이 되도록 할 때, a, b의 값을 구하시오. [7점]

풀이과정

답

유제 4 147에 자연수 x를 곱하여 어떤 자연수의 제곱이 되도록 할 때, x가 될 수 있는 수 중 가장 작은 수와 두 번째로 작은 수를 차례로 구하시오. [7점]

풀이과정

답

유제 6 자연수 $N=2^x\times3^4\times5^y$의 약수의 개수가 60개일 때, $x+y$의 값 중 가장 큰 수를 구하시오.

(단, x, y는 $x>y$인 자연수) [7점]

풀이과정

답

흰 종이에 찍힌 까만 점

상품 판매 영업을 중심으로 하는 회사에서 상반기 결산을 마감하고 성과를 논의했습니다. 각 부서에 속한 세일즈맨들은 작년 하반기보다 판매 실적이 오르지 않은 것을 확인하고 고민하게 되었습니다.

어느 날 사장이 그 소식을 듣고 세미나를 개최하였습니다. 한창 세미나가 진행되던 중 사장이 갑자기 까만 점이 하나 찍힌 흰 종이를 회의실에 모인 세일즈맨들에게 펼쳐 보였습니다.

"여러분, 이것이 무엇으로 보입니까?"

그들은 사장의 물음에 주저 없이 이렇게 대답했습니다.

"까만 점으로 보입니다."

그러자 사장은 고개를 저으며 다시 되물었습니다.

"다시 한 번 자세히 보십시오. 다른 것은 보이지 않습니까?"

하지만 그들은 여전히 까만 점밖에는 보이지 않는다고 대답했습니다. 그때, 사장은 단호한 목소리로 세일즈맨들을 질책했습니다.

"여러분, 이 종이를 자세히 보란 말입니다. 까만 점은 이 종이의 한구석에 간신히 눈에 보일 정도로 조그맣게 보일 뿐인데 왜 이렇게 넓은 흰 바탕은 볼 줄 모르는 것입니까?"

고정관념의 틀을 깨버릴 때 우리는 보이지 않던 숨은 진리를 볼 수 있는 눈을 가지게 되는 것입니다.

I

소인수분해

01 공약수와 최대공약수

개념원리 이해

1 공약수와 최대공약수란 무엇인가?

핵심문제 2~4

(1) **공약수** : 두 개 이상의 자연수의 공통인 약수

예 8의 약수 : 1, 2, 4, 8
12의 약수 : 1, 2, 3, 4, 6, 12 ⇨ 공약수 : 1, 2, 4

(2) **최대공약수** : 공약수 중에서 가장 큰 수

예 8과 12의 공약수는 1, 2, 4이므로 8과 12의 최대공약수는 가장 큰 수인 4이다.

(3) **최대공약수의 성질** : 두 개 이상의 자연수의 공약수는 최대공약수의 약수이다.

예 8과 12의 공약수인 1, 2, 4는 8과 12의 최대공약수인 4의 약수이다.

(4) **서로소** : 최대공약수가 1인 두 자연수

예 (2와 3), (9와 10), (11과 13)
최대공약수가 1이므로 서로소

▶ ① 최대공약수는 간단히 G.C.D.(Greatest Common Divisor)로 나타내기도 한다.
② 공약수 중에서 가장 작은 수는 항상 1이므로 모든 수들의 최소공약수는 1이다.
따라서 최소공약수는 생각하지 않는다.

2 최대공약수 구하는 방법

핵심문제 1, 4

[방법 1] 소인수분해를 이용하는 방법

① 각 수를 소인수분해한다.

② 공통인 소인수의 거듭제곱에서 지수가 작거나 같은 것을 택하여 곱한다.

공통인 소인수

$$54 = 2 \times 3^3$$
$$90 = 2 \times 3^2 \times 5$$
$$(\text{최대공약수}) = 2 \times 3^2 = 18$$

[방법 2] 공약수로 나누어 구하는 방법

① 1 이외의 공약수로 각 수를 나눈다.

② 몫에 1 이외의 공약수가 없을 때(서로소)까지 공약수로 계속 나눈다.

③ 나누어 준 공약수를 모두 곱한다.

```
2 ) 12  36  42
3 )  6  18  21
     2   6   7
```

공약수가 1밖에 없다. (서로소)

(최대공약수)$=2\times3=6$

설명 ① 주어진 수가 소인수분해된 꼴일 때는 **[방법 1]**을 따르고 그 외에는 **[방법 2]**를 따른다.

② 공약수로 나누어 최대공약수를 구할 때, 나누는 수를 반드시 소수로만 나누는 것이 아니라 공통인 인수로 나누어 주어도 된다. 이때 공통인 인수가 큰 수일수록 계산은 간단해진다.

개념원리 확인하기

수학 실력의 비결은 개념원리의 이해부터이다. 개념원리 확인하기를 통하여 개념과 원리를 정확히 이해하자.

정답과 풀이 p.12

01 다음 수들의 최대공약수를 두 가지 방법으로 각각 구하시오.

(1) 90과 108의 최대공약수

[방법 1]

90의 소인수분해 : ______

108의 소인수분해 : ______

(최대공약수) = ______

[방법 2]

) 90 108

(최대공약수)=□

(2) 18, 84, 120의 최대공약수

[방법 1]

18의 소인수분해 : ______

84의 소인수분해 : ______

120의 소인수분해 : ______

(최대공약수) = ______

[방법 2]

) 18 84 120

(최대공약수)=□

○ 소인수분해를 이용하여 최대공약수 구하기

⇨ 공통인 소인수의 거듭제곱에서 지수가 작거나 같은 것을 택하여 곱한다.

02 다음 수들의 최대공약수를 소인수의 곱으로 나타내시오.

(1) $2^2\times3^3$, 2×3^2

(2) 2×3^2, $2^2\times3\times5$

(3) $2^3\times3^3\times7^2$, $2^3\times3\times7^3$

(4) $2^2\times5$, $2^2\times3^3\times5$, $2^3\times3^2\times5^2$

(5) $2\times3^2\times5$, $2^2\times3^3\times5$, $2^2\times3^2\times5^2\times7$

03 다음 수들의 최대공약수를 구하시오.

(1) 28, 84

(2) 36, 60

(3) 45, 75, 90

(4) 16, 24, 36

(5) 96, 104, 144

○ 공약수로 나누어 구하는 방법

04 다음 중 두 수가 서로소인 것은?

① 2, 4 ② 8, 15 ③ 9, 21

④ 12, 27 ⑤ 14, 35

○ 서로소

⇨ 최대공약수가 □인 두 자연수

핵심 문제 익히기

더 다양한 문제는 RPM 중1-1 18쪽

01 최대공약수

Key Point

소인수분해를 이용하여 최대공약수 구하기
⇨ 공통인 소인수의 거듭제곱에서 지수가 작거나 같은 것을 택하여 곱한다.

다음 물음에 답하시오.

(1) 다음 수들의 최대공약수를 구하시오.

① $2^2\times5\times7$, $2^3\times5^2\times13$, $2^2\times3^2\times5^3$ ② 2×3, $2^2\times3^3$, $2^2\times3^2\times5$

(2) 두 수 $2^2\times3\times5^3$, $2^3\times5^a$의 최대공약수가 $2^b\times5^2$일 때, 자연수 a, b에 대하여 $a+b$의 값을 구하시오.

풀이

(1) ①

$2^2 \qquad \times 5 \times 7$
$2^3 \qquad \times 5^2 \qquad \times 13$
$2^2 \times 3^2 \times 5^3$
(최대공약수)$=2^2 \times 5 = \mathbf{20}$

(공통인 소인수 2의 지수인 2, 3 중 작은 것은 2
공통인 소인수 5의 지수인 1, 2, 3 중 작은 것은 1)

②

2×3
$2^2 \times 3^3$
$2^2 \times 3^2 \times 5$
(최대공약수)$=2 \times 3 = \mathbf{6}$

(공통인 소인수 2의 지수인 1, 2 중 작은 것은 1
공통인 소인수 3의 지수인 1, 2, 3 중 작은 것은 1)

(2) 공통인 소인수 2의 지수인 2와 3 중 작은 것이 2이므로 $b=2$
공통인 소인수 5의 지수인 3과 a 중에서 작은 것이 2이므로 $a=2$
$\therefore a+b=2+2=\mathbf{4}$

확인 1 다음 물음에 답하시오.

(1) 세 수 $2^3\times3\times5$, $2^2\times3^2\times7$, $2^2\times3\times5$의 최대공약수를 구하시오.

(2) 세 수 $2^3\times5^4$, $2^a\times5^3$, $2^2\times3^3\times5^b$의 최대공약수가 50일 때, 자연수 a, b에 대하여 $a+b$의 값을 구하시오.

더 다양한 문제는 RPM 중1-1 19쪽

02 최대공약수의 성질

Key Point

최대공약수의 성질
⇨ 공약수는 최대공약수의 약수이다.

두 자연수 A, B의 최대공약수가 40일 때, A, B의 공약수를 모두 구하시오.

풀이

두 자연수 A, B의 공약수는 최대공약수인 40의 약수이므로
1, 2, 4, 5, 8, 10, 20, 40

확인 2 두 자연수 A, B의 최대공약수가 36일 때, 다음 중 두 수의 공약수가 아닌 것은?

① 3 ② 6 ③ 9
④ 18 ⑤ 24

더 다양한 문제는 RPM 중1-1 18쪽

03 서로소

다음 중 두 수가 서로소인 것은?

① 11, 33　② 12, 21　③ 14, 51
④ 18, 24　⑤ 21, 35

Key Point

서로소
⇨ 최대공약수가 1인 두 자연수

풀이

최대공약수를 구해 보면 다음과 같다.
① 11　② 3　③ 1　④ 6　⑤ 7
따라서 두 수가 서로소인 것은 ③ 14, 51이다.　∴ ③

확인 3 다음 중 두 수가 서로소가 아닌 것은?

① 3, 5　② 7, 16　③ 23, 30
④ 27, 43　⑤ 35, 60

더 다양한 문제는 RPM 중1-1 19쪽

04 공약수와 최대공약수

세 수 $2^3\times5^2\times11$, $2^2\times5^3\times7$, $2^2\times5^4$에 대하여 다음 물음에 답하시오.

(1) 세 수의 공약수가 아닌 것은?

① 2　② 2×5　③ 2^2　④ $2^2\times7$　⑤ $2^2\times5^2$

(2) 세 수의 공약수의 개수를 구하시오.

Key Point

공약수는 최대공약수의 약수이고, 공약수의 개수는 최대공약수의 약수의 개수와 같다.

$2^3\times5^2\quad\times11$
$2^2\times5^3\times7$
$2^2\times5^4$
(최대공약수)$=2^2\times5^2$

풀이

(1) 세 수의 최대공약수가 $2^2\times5^2$이므로 공약수는 최대공약수의 약수, 즉 $2^2\times5^2$의 약수이다.
따라서 ④ $2^2\times7$은 $2^2\times5^2$의 약수가 아니므로 공약수가 아니다.　∴ ④
(2) 공약수의 개수는 최대공약수 $2^2\times5^2$의 약수의 개수와 같으므로
$(2+1)\times(2+1)=$**9(개)**

확인 4 세 수 $2^3\times3^2\times5^2\times11$, $2^2\times5^2\times7^2$, $2^3\times5\times11^3$에 대하여 다음 물음에 답하시오.

(1) 세 수의 공약수가 아닌 것은?

① 2　② 2^2　③ 5　④ $2^2\times5$　⑤ $2^2\times7^2$

(2) 세 수의 공약수의 개수를 구하시오.

이런 문제가 시험에 나온다

01 다음 중 세 수 $2^2\times3^2\times7$, $2^3\times3\times5$, $2^4\times3^2\times7$의 공약수인 것을 모두 고르면? (정답 2개)

① 2　② $2^2\times3$　③ $2^3\times3$
④ $2\times3\times5$　⑤ $2^2\times3\times7^2$

02 세 수 $2^2\times3^3\times5\times7$, $2^3\times3^2\times5\times7$, $3^2\times5^2\times7^2$의 공약수의 개수를 구하시오.

03 다음 중 옳지 않은 것을 모두 고르면? (정답 2개)

① 28과 40은 서로소가 아니다.
② 서로소인 두 자연수의 공약수는 없다.
③ 18과 43은 서로소이다.
④ 서로소인 두 자연수는 모두 소수이다.
⑤ 공약수가 1뿐인 두 자연수는 서로소이다.

04 세 자연수 18, 54, A의 최대공약수가 6일 때, 다음 중 A의 값이 될 수 없는 것은?

① 6　② 12　③ 24
④ 30　⑤ 36

05 두 수 $2^2\times3^4\times5^2$, $2^3\times3^3\times5$의 공약수 중 두 번째로 큰 수는?

① 2×3^2　② $2^2\times3^2$　③ $2\times3^3\times5$
④ $2^2\times3\times5$　⑤ $2^2\times3^3\times5$

한걸음 더
06 다음 물음에 답하시오.

(1) 세 수 $2^3\times3^2\times a$, $2^2\times3^3\times5^b$, $2^2\times3^c\times5$의 최대공약수가 $2^2\times3\times5$일 때, $a+b+c$의 최솟값을 구하시오.
(단, a는 2, 3과 서로 다른 소수, b, c는 자연수)

(2) 10보다 크고 20보다 작은 자연수 중에서 15와 서로소인 수의 개수를 구하시오.

생각해 봅시다!

공약수는 최대공약수의 약수이다.

서로소란?

공약수 중 두 번째로 큰 수는
⇨ 최대공약수를 가장 작은 소인수로 나눈 것이다.

02 공배수와 최소공배수

개념원리 이해

1 공배수와 최소공배수란 무엇인가?

핵심문제 2

(1) **공배수** : 두 개 이상의 자연수의 공통인 배수

예 3의 배수 : 3, 6, 9, 12, 15, 18, 21, 24, ⋯
4의 배수 : 4, 8, 12, 16, 20, 24, ⋯
⇨ 공배수 : 12, 24, ⋯

(2) **최소공배수** : 공배수 중에서 가장 작은 수

예 3과 4의 공배수는 12, 24, ⋯이다. 이 중에서 가장 작은 수는 12이므로 3과 4의 최소공배수는 12이다.

(3) **최소공배수의 성질** : 두 개 이상의 자연수의 공배수는 최소공배수의 배수이다.

예 3과 4의 공배수인 12, 24, ⋯는 3과 4의 최소공배수인 12의 배수이다.

(4) 서로소인 두 자연수의 최소공배수는 두 자연수를 곱한 수이다.

예 3과 4는 최대공약수가 1이므로 서로소이고 3과 4의 최소공배수는 $3\times4=12$이다.

▶ ① 최소공배수는 간단히 L.C.M.(Least Common Multiple)으로 나타내기도 한다.
② 공배수는 끝없이 계속 구할 수 있으므로 공배수 중에서 가장 큰 수는 알 수 없다.
따라서 최대공배수는 생각하지 않는다.

2 최소공배수 구하는 방법

핵심문제 1, 3, 4

[방법 1] 소인수분해를 이용하는 방법

① 각 수를 소인수분해한다.

② 공통인 소인수와 공통이 아닌 소인수를 모두 곱한다. 이때 지수가 크거나 같은 것을 택한다.

공통인 소인수

$$108 = 2^2 \times 3^3$$
$$270 = 2 \times 3^3 \times 5$$
$$(\text{최소공배수}) = 2^2 \times 3^3 \times 5 = 540$$

공통이 아닌 소인수

[방법 2] 공약수로 나누어 구하는 방법

① 1 이외의 공약수로 각 수를 나눈다.

② 세 수의 공약수가 없으면 두 수의 공약수로 나눈다. 이때 공약수가 없는 수는 그대로 아래로 내린다.

③ 어느 두 수도 모두 서로소가 될 때까지 계속 나눈다.

④ 나눈 수와 마지막 몫을 모두 곱한다.

```
2 ) 18  28  42
7 )  9  14  21
3 )  9   2   3
     3   2   1
```

(3, 2), (2, 1), (3, 1)이 모두 서로소이므로 멈춘다.

$$(\text{최소공배수}) = 2\times7\times3\times3\times2\times1 = 252$$

3 최대공약수와 최소공배수의 관계

핵심문제 5

두 자연수 A, B의 최대공약수가 G이고 최소공배수가 L일 때, A, B를 G로 나눈 몫을 각각 a, b (a와 b는 서로소)라 하면 다음이 성립한다.

```
G ) A  B
    a  b
```

(a, b : 서로소)

(1) $\boldsymbol{L=G\times a\times b}$

(2) $A=G\times a$, $B=G\times b$ ⇨ $\boldsymbol{A\times B=G\times L}$

수학 실력의 비결은 개념원리의 이해부터이다. 개념원리 확인하기를 통하여 개념과 원리를 정확히 이해하자.

정답과 풀이 p. 14

01 두 자연수 4와 5에 대하여 다음을 구하시오.

(1) 4의 배수 : ______________

(2) 5의 배수 : ______________

(3) 4와 5의 공배수 : ______________

(4) 4와 5의 최소공배수 : ______________

(5) 4와 5의 공배수는 두 수의 최소공배수인 □의 □와 같다.

(6) 4와 5의 최소공배수인 □은 서로소인 두 수 4와 5의 □과 같다.

◯ 공배수란?
최소공배수란?

02 두 자연수 A, B의 최소공배수가 16일 때, A, B의 공배수 중 100 이하의 수를 모두 구하시오.

◯ 공배수는 최소공배수의 □이다.

03 다음 수들의 최소공배수를 구하시오.

(1)
$$24 = 2^3 \times 3$$
$$60 = 2^2 \times 3 \times 5$$

∴ (최소공배수)=□×□×□=□

(2) $2^2 \times 3$, $2 \times 3^2 \times 5$

(3) $2^2 \times 7$, $2^2 \times 3 \times 7$

(4) $2^2 \times 3^2 \times 5$, $2^3 \times 3 \times 7$

(5) $2^2 \times 3 \times 5$, $2 \times 5 \times 7$

04 다음 수들의 최소공배수를 공약수로 나누어 구하시오.

(1)
```
□ ) 12   30
□ ) □    15
    □    □
```
∴ (최소공배수)
= ______________

(2)
```
3 ) 12   15   30
□ ) □    □    □
□ ) □    □    5
    □    □    □
```
∴ (최소공배수)
= ______________

(3) 36, 54

(4) 48, 72

(5) 12, 42, 60

(6) 16, 24, 40

◯ 어느 두 수도 모두 □가 될 때까지 계속 나눈다.

핵심 문제 익히기

더 다양한 문제는 RPM 중1-1 19쪽

01 최대공약수와 최소공배수 구하기

다음 수들의 최대공약수와 최소공배수를 구하시오.

(1) 36, 54, 81 (2) $2^3\times3\times5$, 2×3^2, $2^2\times5^2\times7$

Key Point

최소공배수 구하기
⇨ 공통인 소인수와 공통이 아닌 소인수를 모두 곱한다. 이때 지수가 크거나 같은 것을 택한다.

풀이

(1)
```
3 ) 36  54  81
3 ) 12  18  27
2 )  4   6   9
3 )  2   3   9
     2   1   3
```

∴ (최대공약수)$=3\times3=$**9**

(최소공배수)$=3\times3\times2\times3\times2\times1\times3$
$=$**324**

(2)
$2^3\times3\times5$
2×3^2
$2^2\times5^2\times7$

∴ (최대공약수)$=$**2**

(최소공배수)$=\mathbf{2^3\times3^2\times5^2\times7}$

확인 1 다음 수들의 최대공약수와 최소공배수를 구하시오.

(1) 24, 42, 84 (2) $2\times3\times5^2$, $2^2\times3\times5\times7^3$, $2^2\times3^2\times7^2$

더 다양한 문제는 RPM 중1-1 20쪽

02 공배수와 최소공배수

다음 중 두 수 $2^3\times5\times7^2$, $2\times5^2\times7$의 공배수가 아닌 것은?

① $2^2\times5\times7^3$ ② $2^3\times5^2\times7^2$ ③ $2^3\times5^2\times7^3$
④ $2^3\times5^3\times7^2$ ⑤ $2^4\times5^2\times7^3$

Key Point

최소공배수의 성질
⇨ 공배수는 최소공배수의 배수이다.

풀이

공배수는 최소공배수의 배수이고 두 수의 최소공배수가 $2^3\times5^2\times7^2$이므로 공배수는 $2^3\times5^2\times7^2\times\square$($\square$는 자연수) 꼴이어야 한다.

② $2^3\times5^2\times7^2=2^3\times5^2\times7^2\times\boxed{1}$ ③ $2^3\times5^2\times7^3=2^3\times5^2\times7^2\times\boxed{7}$
④ $2^3\times5^3\times7^2=2^3\times5^2\times7^2\times\boxed{5}$ ⑤ $2^4\times5^2\times7^3=2^3\times5^2\times7^2\times\boxed{2\times7}$
∴ ①

확인 2 다음 물음에 답하시오.

(1) 다음 중 두 수 $2^2\times3\times5$, $2\times3^2\times5$의 공배수가 아닌 것은?

① $2^2\times3^2\times5^2\times7$ ② $2^3\times3^2\times5\times11$ ③ $2^2\times3^2\times5^2$
④ $2^2\times3^2\times5$ ⑤ $2\times3^2\times5^2$

(2) 세 수 2^2, $2^3\times3^2$, 24의 공배수 중 200 이하의 자연수의 개수를 구하시오.

핵심 문제 익히기

더 다양한 문제는 RPM 중1-1 20쪽

03 최대공약수와 최소공배수를 이용하여 밑과 지수 구하기

두 자연수 $2^3\times3^a\times7$, $2^b\times3^2\times c$의 최대공약수는 $2^2\times3$, 최소공배수는 $2^3\times3^2\times5\times7$일 때, $a+b+c$의 값을 구하시오.

(단, a, b는 자연수, c는 2, 3과 서로 다른 소수)

Key Point

- 최대공약수
⇨ 공통인 소인수를 모두 곱하고 지수는 같거나 작은 것을 택하여 곱한다.
- 최소공배수
⇨ 공통인 소인수와 공통이 아닌 소인수를 모두 곱하고 지수는 같거나 큰 것을 택하여 곱한다.
- $3=3^1$

풀이

$2^3\times3^a\quad\times7$
$2^b\times3^2\quad\times c$
(최대공약수) $=2^2\times3$

$2^3\times3^a\quad\times7$
$2^b\times3^2\times\ c$
(최소공배수) $=2^3\times3^2\times5\times7$

최대공약수는 공통인 소인수를 모두 곱하고 지수는 같거나 작은 것을 택하여 곱하므로
$a=1$, $b=2$
최소공배수는 공통인 소인수와 공통이 아닌 소인수를 모두 곱하고 지수는 같거나 큰 것을 택하여 곱하므로 $c=5$
$\therefore a+b+c=1+2+5=\mathbf{8}$

확인 3 다음 물음에 답하시오.

(1) 두 자연수 $2^3\times3^a\times5$, $2^b\times3^4\times5^c\times d$의 최대공약수는 $2^2\times3\times5$, 최소공배수는 $2^3\times3^4\times5^3\times7$일 때, $a+b+c+d$의 값을 구하시오.
(단, a, b, c는 자연수, d는 2, 3, 5와 서로 다른 소수)

(2) 두 수 $2^4\times3\times a$, $2^b\times3^2\times7^c$의 최대공약수는 12이고 최소공배수는 $2^4\times3^2\times5\times7$일 때, $a+b+c$의 값을 구하시오.
(단, a는 2, 3과 서로 다른 소수, b, c는 자연수)

더 다양한 문제는 RPM 중1-1 22쪽

04 미지수가 포함된 세 수의 최소공배수

세 자연수 $2\times x$, $3\times x$, $4\times x$의 최소공배수가 360일 때, x의 값을 구하시오.

Key Point

미지수가 포함된 세 수의 최소공배수
⇨ 공약수로 나누어 구하는 방법을 이용한다.

풀이

$x\ )\ 2\times x\quad 3\times x\quad 4\times x$
$2\ )\ \ 2\quad 3\quad 4$
$\quad\ 1\quad 3\quad 2$ $\quad\therefore$ (최소공배수) $=x\times2\times1\times3\times2=x\times12$

그런데 최소공배수가 360이므로 $x\times12=360$ $\quad\therefore x=\mathbf{30}$

확인 4 다음 물음에 답하시오.

(1) 세 자연수 $6\times x$, $9\times x$, $12\times x$의 최소공배수가 180일 때, 세 자연수의 최대공약수를 구하시오.

(2) 세 자연수의 비가 $2:6:9$이고 최소공배수가 90일 때, 세 자연수 중 가장 큰 수를 구하시오.

한 걸음 더

더 다양한 문제는 RPM 중1-1 21쪽

05 최대공약수와 최소공배수의 관계

두 자연수 A, 2×3^3의 최대공약수가 2×3^2이고 최소공배수가 $2^3\times3^3$일 때, A의 값을 구하시오.

Key Point

최대공약수가 G, 최소공배수가 L인 두 자연수 A, B 구하기

$G\,)\,\underline{A\quad B}$
$\quad a\quad b$

(단, a와 b는 서로소)

⇨ $A=G\times a$, $B=G\times b$라 하고 $G\times a\times b=L$임을 이용한다.

설명

두 자연수 A, B의 최대공약수가 G이고 최소공배수가 L일 때,
A, B를 G로 나눈 몫을 각각 a, b (a와 b는 서로소)라 하면 다음이 성립한다.

$G\,)\,\underline{A\quad B}$
$\quad a\quad b$
서로소

① $A=G\times a$
② $B=G\times b$
③ $L=G\times a\times b$
④ $A\times B=(G\times a)\times(G\times b)=G\times(a\times b\times G)=G\times L$
즉, (두 수의 곱)=(최대공약수)×(최소공배수)

풀이

최대공약수가 2×3^2이므로

$2\times3^2\,)\,\underline{A\quad 2\times3^3}$
$\quad a\quad\quad b$ (단, a와 b는 서로소)

$2\times3^2\times b=2\times3^3$, 즉 $2\times3^2\times b=2\times3^2\times3$에서
$b=3$
이때 최소공배수가 $2^3\times3^3$이므로
$2\times3^2\times a\times b=2^3\times3^3$, 즉 $2\times3^2\times a\times3=2\times3^2\times2^2\times3$에서
$a=2^2$
$\therefore A=2\times3^2\times a=2\times3^2\times2^2=\mathbf{2^3\times3^2}$

다른풀이

(두 수의 곱)=(최대공약수)×(최소공배수)이므로
$A\times(2\times3^3)=(2\times3^2)\times(2^3\times3^3)$, 즉 $A\times(2\times3^3)=(2^3\times3^2)\times(2\times3^3)$
$\therefore A=2^3\times3^2$

확인 5 다음 물음에 답하시오.

(1) 두 자연수 28, A의 최대공약수가 14이고 최소공배수가 84일 때, A의 값을 구하시오.

(2) 두 자연수 $2^2\times3^2$, A의 최대공약수가 $2^2\times3$이고 최소공배수가 $2^4\times3^2$일 때, A의 약수의 개수를 구하시오.

(3) 두 자연수의 곱이 540이고 최소공배수가 90일 때, 두 수의 최대공약수를 구하시오.

이런 문제가 시험에 나온다

01 다음 중 세 수 $2^2\times3^2$, 2×3^3, $2^2\times3^2\times7$의 공배수가 아닌 것은?

① $2^2\times3^3\times7$　② $2^2\times3^3\times7^2$　③ $2^3\times3^2\times7$
④ $2^3\times3^3\times7^3$　⑤ $2^4\times3^4\times7^3$

02 두 수 $3\times5\times7^a$, $3^2\times5^b\times7\times11$의 최소공배수가 $3^2\times5\times7^2\times11$일 때, 두 수의 최대공약수를 구하시오. (단, a, b는 자연수)

03 세 수 $2^2\times3$, 45, $2^2\times5$의 공배수 중에서 1000에 가장 가까운 수를 구하시오.

04 두 수의 곱이 $2^3\times3^2\times5\times7^2$이고 최소공배수가 $2^3\times3\times5\times7$일 때, 두 수의 최대공약수는?

① 3×7　② $2\times3\times7$　③ $2^3\times3\times7$
④ $2\times5\times7^2$　⑤ $3^2\times5\times7^2$

05 다음 물음에 답하시오.

(1) 두 자연수 $3\times a\times7^2$, $b\times5^2\times7\times11$의 최대공약수가 $3\times5\times7$, 최소공배수가 $3^2\times5^2\times7^2\times11$일 때, $a+b$의 값을 구하시오.
(단, a, b는 한 자리의 자연수)

(2) 두 자연수 $2^a\times3^2\times5$, $2^3\times3^b\times c$의 최대공약수가 $2^2\times3^2$, 최소공배수가 $2^3\times3^3\times5\times7$일 때, $a+b+c$의 값을 구하시오.
(단, a, b는 자연수, c는 2, 3, 5와 서로 다른 소수)

한걸음 더

06 다음 물음에 답하시오.

(1) 세 자연수 $4\times x$, $5\times x$, $6\times x$의 최소공배수가 180일 때, 최대공약수를 구하시오.

(2) 두 자연수 N, 60의 최대공약수가 12이고 최소공배수가 420일 때, N의 값을 구하시오.

(3) 두 자연수 $2^3\times3\times5^2$, A의 최대공약수가 $2^2\times3$이고 최소공배수가 $2^3\times3^2\times5^2\times7$일 때, A의 약수의 개수를 구하시오.

생각해 봅시다!

공배수는 최소공배수의 배수이다.

(두 수의 곱)
=(최대공약수)×(최소공배수)

두 자연수 A, B의 최대공약수가 G, 최소공배수가 L일 때

G) A B
　　a b (단, a와 b는 서로소)

⇨ $A=G\times a$, $B=G\times b$
⇨ $A\times B=G\times L$

03 최대공약수와 최소공배수의 활용

2. 최대공약수와 최소공배수

1 최대공약수의 활용

핵심문제 1, 2, 5, 7

주어진 문제에 **'가능한 한 많은'**, **'최대한'**, **'가능한 한 큰'** 등의 표현이 있으면 대부분 최대공약수를 구하는 문제이다.

[예시 문제] (1) 물건을 가능한 한 많은 사람들에게 똑같이 나누어 주기

(2) 직사각형 모양의 벽을 가능한 한 큰 정사각형 모양의 타일로 붙이기

(3) 몇 개의 자연수를 나누어 각각 일정한 나머지를 생기게 하는 자연수 중 가장 큰 수 구하기

예 사과 12개와 귤 20개를 가능한 한 많은 학생들에게 똑같이 나누어 주려고 한다. 이때 나누어 줄 수 있는 학생 수를 구해 보자.

① 사과 12개를 똑같이 나누어 줄 수 있는 학생 수는 12의 약수이어야 한다.

② 귤 20개를 똑같이 나누어 줄 수 있는 학생 수는 20의 약수이어야 한다.

③ 사과와 귤을 똑같이 나누어 줄 수 있는 학생 수는 12와 20의 공약수이어야 한다.

④ 사과와 귤을 똑같이 나누어 줄 수 있는 가능한 한 많은 학생 수는 12와 20의 최대공약수이어야 하므로 구하는 학생 수는 4명이다.

2 최소공배수의 활용

핵심문제 3, 4, 6~8

주어진 문제에 **'가능한 한 적은'**, **'최소한'**, **'가능한 한 작은'**, **'동시에'** 등의 표현이 있으면 대부분 최소공배수를 구하는 문제이다.

[예시 문제] (1) 두 버스가 처음으로 다시 동시에 출발하는 시각 구하기

(2) 직육면체를 쌓아 가장 작은 정육면체 모양 만들기

(3) 서로 다른 두 톱니바퀴가 같은 톱니에서 처음으로 다시 맞물릴 때까지의 회전 수 구하기

(4) 세 자연수 a, b, c 중 어느 것으로 나누어도 나머지가 같은 가장 작은 수 구하기

예 어느 버스 정류장에서 A버스는 4분마다, B버스는 6분마다 출발한다고 한다. 오전 9시에 A버스와 B버스가 동시에 출발했을 때, 그 다음에 처음으로 다시 동시에 출발하는 시각을 구해 보자.

① A버스가 출발하는 시각은 동시에 출발 후 4, 8, 12, 16, 20, 24, …분 후 ⇦ 4의 배수

② B버스가 출발하는 시각은 동시에 출발 후 6, 12, 18, 24, …분 후 ⇦ 6의 배수

③ 두 버스가 오전 9시 이후 동시에 출발하는 시각은 12, 24, …분 후 ⇦ 4와 6의 공배수

④ 두 버스가 오전 9시 이후 처음으로 다시 동시에 출발하는 시각은 오전 9시 12분이다.

⇦ 4와 6의 최소공배수

개념원리 확인하기

수학 실력의 비결은 개념원리의 이해부터이다. 개념원리 확인하기를 통하여 개념과 원리를 정확히 이해하자.

정답과 풀이 p.17

01 36권의 공책과 48개의 지우개를 가능한 한 많은 학생들에게 똑같이 나누어 주려고 할 때, 나누어 줄 수 있는 학생 수를 구하려고 한다. 다음 □ 안에 알맞은 것을 써넣으시오.

(1) 36권의 공책을 똑같이 나누어 주려면
⇨ 학생 수는 36의 □ 이어야 한다.

(2) 48개의 지우개를 똑같이 나누어 주려면
⇨ 학생 수는 48의 □ 이어야 한다.

(3) 36권의 공책과 48개의 지우개를 똑같이 나누어 주려면
⇨ 학생 수는 36과 48의 □ 이어야 한다.

(4) 36권의 공책과 48개의 지우개를 가능한 한 많은 학생들에게 똑같이 나누어 주려면 학생 수는 36과 48의 최대공약수이어야 하므로 구하는 학생 수는 □ 명이다.

○ '가능한 한 많은'
⇨ □ 의 활용

02 서로 맞물려 도는 두 톱니바퀴 A, B가 있다. 톱니의 수는 A는 20개, B는 15개이다. 이 두 톱니바퀴가 같은 톱니에서 처음으로 다시 맞물리는 것은 톱니바퀴 A, B가 각각 몇 바퀴 회전한 후인지 구하려고 한다. 다음 □ 안에 알맞은 것을 써넣으시오.

A B

(1) 톱니바퀴 A가 한 바퀴씩 회전하기 위해서는 20의 □ 만큼, 톱니바퀴 B가 한 바퀴씩 회전하기 위해서는 15의 □ 만큼 톱니가 회전해야 한다.
그런데 같은 톱니에서 처음으로 다시 맞물리기 위해서는 20과 15의 □ 인 □ 개의 톱니가 회전해야 한다.

(2) 두 톱니바퀴가 같은 톱니에서 처음으로 다시 맞물리려면
A : □ $\div 20=$ □ (바퀴), B : □ $\div 15=$ □ (바퀴)
회전해야 한다.

○ 처음으로 '다시 맞물릴 때까지'
⇨ □ 의 활용

03 어떤 자연수로 38을 나누면 6이 남고, 50을 나누면 2가 남는다. 이와 같은 자연수 중 가장 큰 수를 구하려고 할 때, 다음 □ 안에 알맞은 것을 써넣으시오.

(1) 어떤 자연수로 38을 나누면 6이 남으므로 어떤 자연수는
□ $-$ □ $=$ □ 의 약수이다.

(2) 어떤 자연수로 50을 나누면 2가 남으므로 어떤 자연수는
□ $-$ □ $=$ □ 의 약수이다.

(3) 이러한 수 중 가장 큰 수는 □ 와 □ 의 □ 인 □ 이다.

○ 가장 큰 어떤 자연수로 나누기
⇨ □ 의 활용

핵심 문제 익히기

더 다양한 문제는 RPM 중1-1 22쪽

01 최대공약수의 활용(가능한 한 많은 학생들에게 똑같이 나누어 주기)

사과 48개, 귤 72개, 바나나 180개를 가능한 한 많은 학생들에게 똑같이 나누어 주려고 할 때, 나누어 줄 수 있는 학생 수를 구하시오.

Key Point

- 똑같이 나누어 준다.
  ⇨ 공약수
- 가능한 한 많은 ~
  될 수 있는 대로 많은 ~
  ⇨ 최대공약수

풀이

똑같이 나누어 주려면 학생 수는 48, 72, 180의 공약수이어야 하고 가능한 한 많은 학생들에게 나누어 주려고 하므로 48, 72, 180의 최대공약수이어야 한다.

따라서 구하는 학생 수는 $2\times2\times3=$**12(명)**

$$\begin{array}{r|rrr} 2 & 48 & 72 & 180 \\ 2 & 24 & 36 & 90 \\ 3 & 12 & 18 & 45 \\ & 4 & 6 & 15 \end{array}$$

확인 1 빵 45개, 음료수 30개, 과자 75개를 될 수 있는 대로 많은 학생들에게 똑같이 나누어 주려고 할 때, 나누어 줄 수 있는 학생 수를 구하시오.

더 다양한 문제는 RPM 중1-1 23쪽

02 최대공약수의 활용(직사각형을 정사각형으로 채우기)

가로의 길이가 150 cm, 세로의 길이가 90 cm인 직사각형 모양의 벽이 있다. 이 벽에 남는 부분이 없이 가능한 한 큰 정사각형 모양의 타일을 붙이려고 할 때, 다음을 구하시오.

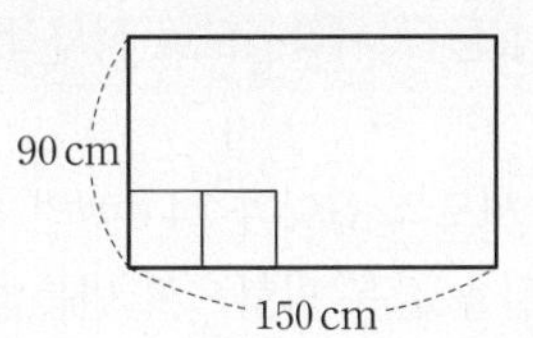

(1) 타일의 한 변의 길이
(2) 필요한 타일의 개수

Key Point

- 직사각형을 정사각형으로 남는 부분이 없이 채운다.
  ⇨ 공약수
- 가능한 한 큰 ~
  ⇨ 최대공약수

풀이

(1) 타일의 한 변의 길이는 가로와 세로의 길이를 나눌 수 있어야 하므로 150, 90의 공약수이어야 한다. 그런데 타일은 가능한 한 큰 정사각형이어야 하므로 타일의 한 변의 길이는 150, 90의 최대공약수이어야 한다.
따라서 타일의 한 변의 길이는 $2\times3\times5=$**30(cm)**

$$\begin{array}{r|rr} 2 & 150 & 90 \\ 3 & 75 & 45 \\ 5 & 25 & 15 \\ & 5 & 3 \end{array}$$

(2) 가로 : $150\div30=5$(개), 세로 : $90\div30=3$(개)
따라서 필요한 타일의 개수는 $5\times3=$**15(개)**

확인 2 가로의 길이가 56 cm, 세로의 길이가 70 cm인 직사각형 모양의 도화지에 가능한 한 큰 정사각형 모양의 색종이를 빈틈없이 겹치지 않게 붙이려고 할 때, 필요한 색종이의 수를 구하시오.

더 다양한 문제는 RPM 중1-1 25쪽

03 최소공배수의 활용(동시에 출발하여 다시 만나는 경우)

어느 역에서 부산행 열차는 10분, 대전행 열차는 15분, 광주행 열차는 12분 간격으로 출발한다. 오전 8시에 세 열차가 동시에 출발했을 때, 그 다음에 처음으로 동시에 출발하는 시각을 구하시오.

Key Point

- 동시에 출발 ~
  ⇨ 공배수
- 처음으로 동시에 출발 ~
  ⇨ 최소공배수

풀이

부산행 열차가 출발하는 시각은
동시 출발 후 10분 후, 20분 후, 30분 후, … ⇨ 10의 배수
대전행 열차가 출발하는 시각은
동시 출발 후 15분 후, 30분 후, 45분 후, … ⇨ 15의 배수
광주행 열차가 출발하는 시각은
동시 출발 후 12분 후, 24분 후, 36분 후, … ⇨ 12의 배수
따라서 세 열차가 오전 8시 이후 처음으로 동시에 출발하는 시각은
(10, 15, 12의 최소공배수)=60(분 후)이므로 **오전 9시**이다.

$$\begin{array}{r|rrr} 2 & 10 & 15 & 12 \\ \hline 5 & 5 & 15 & 6 \\ \hline 3 & 1 & 3 & 6 \\ \hline & 1 & 1 & 2 \end{array}$$

확인 3 원 모양의 호숫가를 한 바퀴 도는 데 희망이는 18분, 기쁨이는 30분이 걸린다. 이와 같은 속력으로 같은 곳에서 동시에 출발하여 같은 방향으로 호숫가를 돌 때, 희망이와 기쁨이가 처음으로 출발점에서 다시 만나게 되는 것은 희망이가 호숫가를 몇 바퀴 돌았을 때인지 구하시오.

더 다양한 문제는 RPM 중1-1 24쪽

04 최소공배수의 활용(직사각형으로 정사각형 만들기)

가로의 길이가 32 cm, 세로의 길이가 24 cm인 직사각형 모양의 타일이 있다. 이 타일을 같은 방향으로 빈틈없이 겹치지 않게 이어 붙여서 가장 작은 정사각형을 만들려고 할 때, 다음을 구하시오.

(1) 정사각형의 한 변의 길이
(2) 필요한 타일의 개수

24 cm
32 cm

Key Point

- 직사각형 모양의 타일을 이어 붙여서 정사각형을 만든다.
  ⇨ 공배수
- 가장 작은 ~
  ⇨ 최소공배수

풀이

(1) 타일을 이어 붙일 때마다 가로, 세로의 길이가 각각 2배, 3배, …가 되므로 타일로 이어 붙여서 만든 정사각형의 한 변의 길이는 32, 24의 공배수이다. 그런데 가장 작은 정사각형을 만들어야 하므로 정사각형의 한 변의 길이는 32, 24의 최소공배수이어야 한다.
따라서 정사각형의 한 변의 길이는 $2\times2\times2\times4\times3=$**96(cm)**

$$\begin{array}{r|rr} 2 & 32 & 24 \\ \hline 2 & 16 & 12 \\ \hline 2 & 8 & 6 \\ \hline & 4 & 3 \end{array}$$

(2) 가로 : $96\div32=3$(개), 세로 : $96\div24=4$(개)이므로 필요한 타일의 개수는 $3\times4=$**12(개)**

확인 4 가로의 길이, 세로의 길이, 높이가 각각 12 cm, 20 cm, 6 cm인 직육면체 모양의 나무토막을 같은 방향으로 빈틈없이 쌓아서 가장 작은 정육면체를 만들려고 할 때, 필요한 나무토막의 개수를 구하시오.

더 다양한 문제는 RPM 중1-1 24쪽

05 최대공약수의 활용(어떤 자연수로 나누기)

어떤 자연수로 150을 나누면 6이 남고, 87을 나누면 3이 부족하다고 한다. 이러한 수 중 가장 큰 수를 구하시오.

풀이

어떤 자연수로 150을 나누면 6이 남으므로 $150-6=144$를 나누면 나누어떨어진다. 또, 87을 나누면 3이 부족하므로 $87+3=90$을 나누면 나누어떨어진다.

따라서 구하는 수는 144, 90의 최대공약수이므로 $2\times3\times3=$**18**

$$\begin{array}{r|rr} 2 & 144 & 90 \\ \hline 3 & 72 & 45 \\ \hline 3 & 24 & 15 \\ \hline & 8 & 5 \end{array}$$

Key Point

- 어떤 자연수 x로 12를 나누면 3이 남는다.

$x\overline{)12}$ ⋯ 3

$x\overline{)12-3}$ ⋯ 0

⇨ x로 $12-3$을 나누면 나누어떨어진다.

⇨ x는 $12-3$의 약수이다.

- 어떤 자연수 x로 A를 나누면 3이 부족하다.

⇨ x로 $A+3$을 나누면 나누어떨어진다.

⇨ x는 $A+3$의 약수이다.

- 가장 큰 ~

⇨ 최대공약수

확인 5 다음 물음에 답하시오.

(1) 어떤 자연수로 130을 나누면 4가 남고, 192를 나누면 3이 남는다고 한다. 이러한 수 중 가장 큰 수를 구하시오.

(2) 사과 62개, 귤 95개를 학생들에게 똑같이 나누어 주려고 했더니 사과는 2개가 남고, 귤은 5개가 부족했다. 이때 학생은 최대 몇 명이었는지 구하시오.

더 다양한 문제는 RPM 중1-1 26쪽

06 최소공배수의 활용(어떤 자연수를 나누기)

세 자연수 4, 5, 6 중 어느 것으로 나누어도 2가 남는 자연수 중 가장 작은 두 자리의 자연수를 구하시오.

풀이

4, 5, 6 중 어느 것으로 나누어도 2가 남으므로 구하는 자연수를 x라 하면 $x-2$는 4, 5, 6의 공배수이다. 4, 5, 6의 최소공배수는 $2\times2\times5\times3=60$이므로 $x-2$는 60의 배수이다. 즉, $x-2$는 60, 120, 180, ⋯이다.

이때 x는 가장 작은 두 자리의 자연수이므로

$x-2=60$ $\quad\therefore x=$**62**

$$\begin{array}{r|rrr} 2 & 4 & 5 & 6 \\ \hline & 2 & 5 & 3 \end{array}$$

Key Point

어떤 자연수 x를 4로 나누면 2가 남는다.

$4\overline{)x}$ 몫 ⋯ 2

⇨ $x=4\times(몫)+2$

즉, $x-2=4\times(몫)$

⇨ $x-2$는 4의 배수이다.

확인 6 다음 물음에 답하시오.

(1) 두 자연수 15, 18 중 어느 것으로 나누어도 2가 남는 자연수 중 가장 작은 세 자리의 자연수를 구하시오.

(2) 세 자연수 12, 16, 18 중 어느 것으로 나누어도 3이 남는 자연수 중 가장 큰 세 자리의 자연수를 구하시오.

핵심 문제 익히기

더 다양한 문제는 RPM 중1-1 26쪽

07 두 분수를 자연수로 만들기 (1)

두 분수 $\frac{12}{n}$, $\frac{18}{n}$을 자연수로 만드는 자연수 n의 값을 모두 구하시오.

Key Point

두 분수 $\frac{A}{n}$, $\frac{B}{n}$가 자연수이다.
⇨ n은 A와 B의 공약수이다.

풀이

$\frac{12}{n}$가 자연수가 되려면 n은 12의 약수이어야 하고 $\frac{18}{n}$이 자연수가 되려면 n은 18의 약수이어야 한다. 즉, n은 12와 18의 공약수이다.
12와 18의 최대공약수가 6이므로 공약수는 1, 2, 3, 6이다.
따라서 n의 값은 **1, 2, 3, 6**이다.

확인 7 다음 물음에 답하시오.

(1) 두 분수 $\frac{18}{n}$, $\frac{45}{n}$를 자연수로 만드는 자연수 n의 값 중 가장 작은 값과 가장 큰 값의 합을 구하시오.

(2) 세 분수 $\frac{18}{n}$, $\frac{24}{n}$, $\frac{36}{n}$을 자연수로 만드는 모든 자연수 n의 값의 합을 구하시오.

더 다양한 문제는 RPM 중1-1 26쪽

08 두 분수를 자연수로 만들기 (2)

두 분수 $\frac{7}{15}$, $4\frac{1}{12}$의 어느 것에 곱해도 그 결과가 자연수가 되게 하는 분수 중 가장 작은 기약분수를 구하시오.

Key Point

두 분수의 어느 것에 곱해도 자연수가 되는 가장 작은 분수를 $\frac{B}{A}$라 할 때
$\frac{B}{A}=\frac{(\text{분모의 최소공배수})}{(\text{분자의 최대공약수})}$

풀이

구하는 분수를 $\frac{B}{A}$라 하면 $\frac{7}{15}\times\frac{B}{A}=(\text{자연수})$, $\frac{49}{12}\times\frac{B}{A}=(\text{자연수})$이므로
B는 15와 12의 공배수이고, A는 7과 49의 공약수이어야 한다.
이때 $\frac{B}{A}$가 가장 작은 수가 되려면 $\frac{B}{A}=\frac{(15\text{와 } 12\text{의 최소공배수})}{(7\text{과 } 49\text{의 최대공약수})}=\mathbf{\frac{60}{7}}$

확인 8 다음 물음에 답하시오.

(1) 두 분수 $\frac{25}{12}$, $\frac{35}{16}$의 어느 것에 곱해도 그 결과가 자연수가 되게 하는 분수 중 가장 작은 기약분수를 구하시오.

(2) 세 분수 $\frac{21}{32}$, $\frac{35}{54}$, $\frac{49}{108}$의 어느 것에 곱해도 그 결과가 자연수가 되게 하는 분수 중 가장 작은 기약분수를 구하시오.

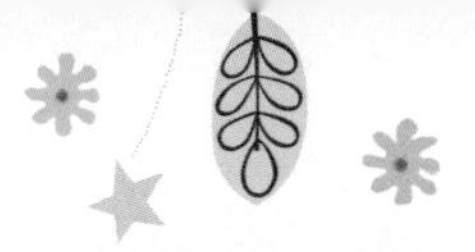

정답과 풀이 p. 19

이런 문제가 시험에 나온다

01 가로의 길이, 세로의 길이, 높이가 각각 18 cm, 12 cm, 8 cm인 직육면체 모양의 벽돌을 같은 방향으로 빈틈없이 쌓아서 가장 작은 정육면체를 만들려고 한다. 이때 벽돌은 모두 몇 장이 필요한지 구하시오.

> **생각해 봅시다!**
> 가장 작은 ~
> ⇨ 최소공배수

02 서로 맞물려 도는 두 톱니바퀴 A, B가 있다. 톱니의 수는 A가 60개, B가 28개이다. 이 두 톱니바퀴가 회전하기 시작하여 같은 톱니에서 처음으로 다시 맞물리는 것은 톱니바퀴 A가 몇 바퀴 회전한 후인지 구하시오.

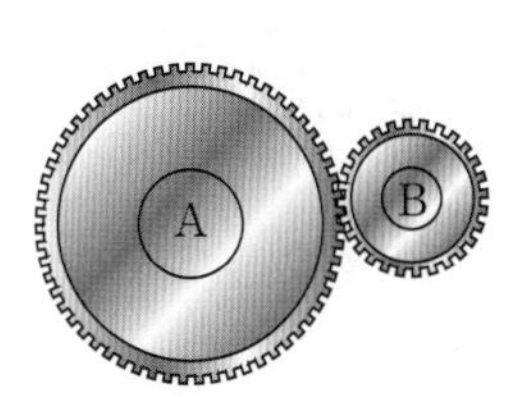

> 처음으로 다시 맞물린다.
> ⇨ 두 톱니의 수의 최소공배수
> 톱니바퀴의 회전 수
> ⇨ (두 톱니의 수의 최소공배수) ÷(톱니바퀴의 톱니의 수)

03 자전거로 운동장을 한 바퀴 도는 데 윤모는 90초, 석필이는 60초, 동원이는 45초가 걸린다. 이와 같은 속력으로 같은 곳에서 동시에 출발하여 같은 방향으로 운동장을 돌 때, 세 사람이 처음으로 출발점에서 다시 만나게 되는 것은 동원이가 운동장을 몇 바퀴 돌았을 때인지 구하시오.

> 처음으로 다시 만나는 경우
> ⇨ 걸리는 시간의 최소공배수

04 다음 물음에 답하시오.

(1) 두 분수 $\frac{24}{n}$, $\frac{40}{n}$을 자연수로 만드는 자연수 n의 값을 모두 구하시오.

(2) 세 분수 $\frac{12}{7}$, $\frac{36}{5}$, $\frac{15}{4}$의 어느 것에 곱해도 그 결과가 자연수가 되게 하는 분수 중 가장 작은 기약분수를 구하시오.

05 어떤 자연수로 281을 나누면 5가 남고, 184를 나누면 4가 남는다고 한다. 이러한 수 중 가장 큰 수를 구하시오.

06 3으로 나누면 2가 남고, 4로 나누면 3이 남고, 5로 나누면 4가 남는 자연수 중 가장 작은 수를 구하시오.

> 구하는 자연수를 x라 하면
> $3\overline{)x}\cdots 2$ $4\overline{)x}\cdots 3$ $5\overline{)x}\cdots 4$
> ⇨ $x+1$은 3, 4, 5의 공배수이다.

한걸음 더

07 가로의 길이가 320 cm, 세로의 길이가 180 cm인 직사각형 모양의 화단 둘레에 일정한 간격으로 화분을 놓으려고 한다. 네 모퉁이에 반드시 화분을 놓을 때, 최소한 몇 개의 화분이 필요한지 구하시오.

지금까지 공부한 내용을 다시 확인할 수 있는 기본문제로 실력을 다지자.

정답과 풀이 p.21

1 step 기본문제

01 다음 중 두 수가 서로소인 것은?

① 10, 12　② 38, 85　③ 12, 51
④ 13, 91　⑤ 28, 77

02 세 수 $2^3\times3^2$, $2^2\times3^3\times5$, $2\times3^2\times7$의 최대공약수와 최소공배수를 차례로 구하면?

① 2×3, $2\times3\times5\times7$
② 2×3^2, $2^3\times3^3$
③ 2×3^2, $2^3\times3^3\times5\times7$
④ $2^2\times3^3$, $2^2\times3^2\times5\times7$
⑤ $2^2\times3^3$, $2^3\times3^3\times5\times7$

03 두 수 $2^3\times3\times5$, $2^4\times3^2$의 공약수의 개수는?

① 6개　② 8개　③ 10개
④ 12개　⑤ 14개

04 다음 중 두 수 $2^2\times3\times5$, 2×5^2의 공배수가 아닌 것은?

① $2^2\times3\times5$　② $2^2\times3\times5^2$
③ $2^2\times3^2\times5^2$　④ $2^2\times3\times5^3$
⑤ $2^2\times3^3\times5^2$

05 두 수 $2^3\times3^2$, A의 최대공약수가 $2^2\times3$이고 최소공배수가 $2^3\times3^2\times5$일 때, A의 값은?

① 5　② 2×5　③ $2^2\times3$
④ $2\times3\times5$　⑤ $2^2\times3\times5$

06 두 자연수 a, b의 최대공약수를 $a\triangle b$로 나타낼 때, 1에서 10까지의 자연수 중 $6\triangle n=1$을 만족시키는 자연수 n의 개수는?

① 1개　② 2개　③ 3개
④ 4개　⑤ 5개

07 세 수 $6\times\square$, $15\times\square$, $18\times\square$의 최소공배수가 810일 때, $\square$ 안에 알맞은 수는?

① 9　② 10　③ 11
④ 12　⑤ 13

08 두 분수 $\frac{63}{n}$, $\frac{81}{n}$을 자연수로 만드는 자연수 n의 개수는?

① 3개　② 4개　③ 5개
④ 6개　⑤ 7개

꼭 나와
09 세 자연수 $2^4\times3^a\times7$, $2^3\times3^2\times b$, $2^c\times3^3\times7$의 최대공약수는 $2^2\times3^2$, 최소공배수는 $2^4\times3^4\times5\times7$일 때, $a+b+c$의 값을 구하시오. (단, a, c는 자연수, b는 2, 3, 7과 서로 다른 소수)

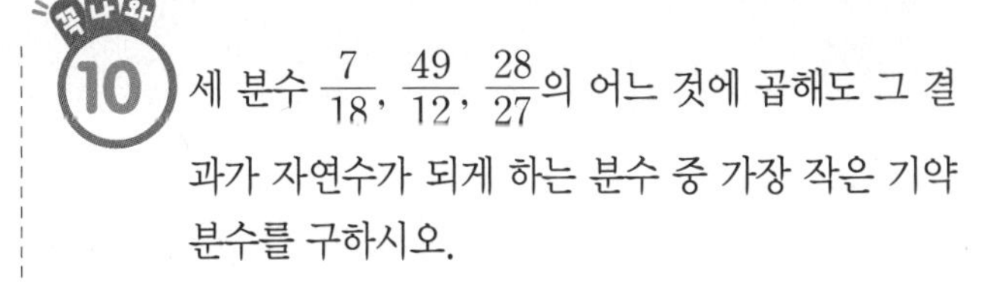

10 세 분수 $\frac{7}{18}$, $\frac{49}{12}$, $\frac{28}{27}$의 어느 것에 곱해도 그 결과가 자연수가 되게 하는 분수 중 가장 작은 기약분수를 구하시오.

11 6으로 나누면 5가 부족하고, 8로 나누면 7이 부족한 두 자리의 자연수 중 가장 작은 수를 구하시오.

12 귤 90개와 과자 65개를 학생들에게 똑같이 나누어 주려고 하였더니 귤은 2개가 남고 과자는 1개가 부족하였다. 이때 나누어 줄 수 있는 학생은 최대 몇 명인가?

① 20명　② 21명　③ 22명
④ 23명　⑤ 24명

좀 더 수준 높은 문제에 도전하여 실력을 향상시키고 응용력을 키우자.

정답과 풀이 p.22

2 Step 발전문제

01 두 수의 곱이 $2^4 \times 5^2 \times 7^3$이고 최대공약수가 $2^2 \times 5 \times 7$일 때, 두 수의 최소공배수는?

① $2^2 \times 7^2$ ② $2^3 \times 7$ ③ 5×7^2
④ $2^2 \times 5 \times 7^2$ ⑤ $2^2 \times 5^2 \times 7^2$

02 같은 크기의 정육면체 모양의 블록을 빈틈없이 쌓아 다음 그림과 같이 가로의 길이가 36 cm, 세로의 길이가 15 cm, 높이가 30 cm인 직육면체가 되게 하려고 한다. 블록의 크기를 최대로 할 때, 필요한 블록의 개수를 구하시오.

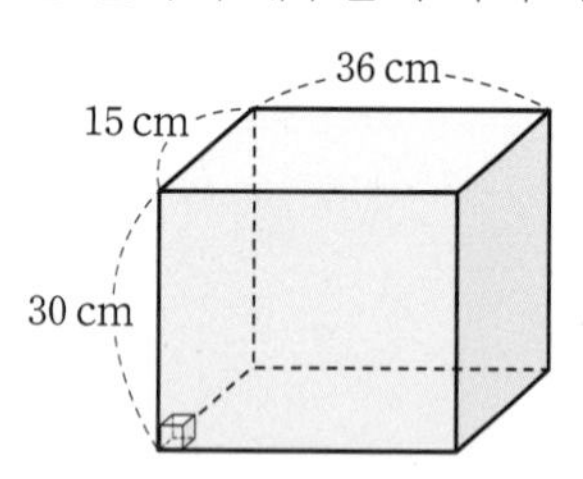

03 세 수 $2^2 \times 3 \times 5$, $2 \times 3^2 \times 7$, A의 최소공배수가 $2^3 \times 3^2 \times 5 \times 7$일 때, 다음 중 A가 될 수 있는 수는?

① $2^2 \times 3 \times 5$ ② $2 \times 3^2 \times 5$
③ $2^3 \times 3^2 \times 7$ ④ $2^2 \times 3^3 \times 5$
⑤ $2^3 \times 3^3 \times 5 \times 7$

04 세 자연수의 비가 2 : 3 : 4이고 최소공배수가 144일 때, 세 자연수 중 가장 큰 수는?

① 12 ② 18 ③ 24
④ 36 ⑤ 48

05 두께가 15 mm와 18 mm인 두 종류의 책이 있다. 가능한 한 적은 수의 책을 사용하여 같은 종류의 책끼리 쌓아 올려 높이가 같도록 할 때, 각각 몇 권씩 필요한지 구하시오.

06 공책 21권, 지우개 38개, 연필 56자루를 되도록 많은 학생들에게 똑같이 나누어 주려고 했더니 공책은 3권이 부족하고, 지우개는 2개가 남고, 연필은 4자루가 부족했다. 이때 학생 수를 구하시오.

07 세 자연수 $6\times x$, $8\times x$, $12\times x$의 최소공배수가 120일 때, 이 세 수의 최대공약수와 x의 값의 합은?

① 13 ② 14 ③ 15
④ 16 ⑤ 17

08 어떤 중학교 등산부에서 이번 주말에 야영을 하기 위해 한 조에 여학생 a명과 남학생 b명씩 조를 나누려고 한다. 이 등산부의 여학생 수는 30명이고 남학생 수는 24명이다. 가능한 한 많은 조로 나누었을 때, $a+b$의 값은?

① 8 ② 9 ③ 10
④ 11 ⑤ 12

09 두 분수 $\frac{216}{n}$, $\frac{n}{24}$을 자연수로 만드는 자연수 n의 개수는?

① 2개 ② 3개 ③ 4개
④ 5개 ⑤ 6개

10 서로 맞물려 도는 세 톱니바퀴 A, B, C가 있다. 세 톱니바퀴 A, B, C의 톱니의 수가 각각 24개, 30개, 36개일 때, 세 톱니바퀴가 회전하기 시작하여 같은 톱니에서 처음으로 다시 맞물리는 것은 톱니바퀴 A가 몇 바퀴 회전한 후인지 구하시오.

11 어떤 자연수로 74를 나누면 2가 남고, 124를 나누면 4가 남는다고 한다. 이러한 수 중 가장 큰 수와 가장 작은 수의 합을 구하시오.

12 다음 물음에 답하시오.

(1) 세 자연수 3, 4, 5 중 어느 것으로 나누어도 2가 남는 자연수 중 가장 작은 세 자리의 자연수를 구하시오.

(2) 4로 나누면 3이 남고, 5로 나누면 4가 남고, 6으로 나누면 5가 남는 자연수 중 가장 작은 세 자리의 자연수를 구하시오.

3 step 실력 UP

01 450의 약수 중 8과 서로소인 수의 개수를 구하시오.

02 세 자연수 a, b, c에 대하여 a, b의 최대공약수는 24이고, b, c의 최대공약수는 36일 때, a, b, c의 최대공약수를 구하시오.

03 서로 다른 세 자연수 12, 42, A의 최소공배수가 1260일 때, A가 될 수 있는 자연수의 개수는?

① 3개 ② 4개 ③ 5개
④ 6개 ⑤ 무수히 많다.

04 세 자연수 54, N, 90의 최대공약수는 18, 최소공배수는 540일 때, N의 값을 모두 구하시오.

05 다음 조건을 모두 만족시키는 두 자연수 A, B에 대하여 $A+B$의 값을 구하시오.

(가) A, B의 최대공약수는 4이다.
(나) A, B의 최소공배수는 60이다.
(다) $A-B=8$

06 세 개의 신호등 A, B, C가 있다. A는 10초 동안 켜져 있다가 8초 동안 꺼지고, B는 20초 동안 켜져 있다가 10초 동안 꺼지고, C는 30초 동안 켜져 있다가 6초 동안 꺼진다고 한다. 세 개의 신호등이 오후 6시에 동시에 켜진 후 처음으로 다시 동시에 켜지는 시각을 구하시오.

서술형 대비 문제

논리적으로 풀어서 설명하는 연습이 필요하므로 차근차근 풀어 보는 습관을 기르면 자신감이 팍팍!

정답과 풀이 p.25

예제 01

가로, 세로의 길이가 각각 16 cm, 12 cm, 높이가 8 cm인 직육면체 모양의 나무토막을 같은 방향으로 빈틈없이 쌓아서 가능한 한 작은 정육면체를 만들려고 한다. 이때 정육면체의 한 모서리의 길이와 필요한 나무토막의 개수를 차례로 구하시오. [7점]

풀이과정

1단계 정육면체의 한 모서리의 길이 구하기 [3점]

정육면체의 한 모서리의 길이는 16, 12, 8의 최소공배수이므로 정육면체의 한 모서리의 길이는

$2\times2\times2\times2\times3\times1=48$(cm)

```
2 ) 16  12  8
2 )  8   6  4
2 )  4   3  2
     2   3  1
```

2단계 가로, 세로, 높이에 필요한 나무토막의 개수 구하기 [2점]

한 모서리의 길이가 48 cm이므로

가로 : $48\div16=3$(개), 세로 : $48\div12=4$(개),

높이 : $48\div8=6$(개)의 나무토막이 필요하다.

3단계 필요한 나무토막의 개수 구하기 [2점]

따라서 필요한 나무토막의 개수는 $3\times4\times6=72$(개)

답 48 cm, 72개

유제 1

가로, 세로의 길이가 각각 10 cm, 8 cm, 높이가 16 cm인 직육면체 모양의 블록을 같은 방향으로 빈틈없이 쌓아서 가장 작은 정육면체를 만들려고 한다. 이때 필요한 블록의 개수를 구하시오. [7점]

풀이과정

1단계 정육면체의 한 모서리의 길이 구하기 [3점]

2단계 가로, 세로, 높이에 필요한 블록의 개수 구하기 [2점]

3단계 블록의 개수 구하기 [2점]

답

예제 02

두 분수 $\frac{7}{15}$, $\frac{35}{48}$의 어느 것에 곱해도 그 결과가 자연수가 되게 하는 분수 중 가장 작은 기약분수를 구하시오. [7점]

풀이과정

1단계 구하는 분수를 $\frac{B}{A}$라 할 때, A, B의 조건 구하기 [3점]

구하는 분수를 $\frac{B}{A}$라 하면 A는 7과 35의 최대공약수이고, B는 15와 48의 최소공배수이어야 한다.

2단계 A, B의 값 구하기 [3점]

```
7 ) 7  35        3 ) 15  48
    1   5             5  16
```

$\therefore A=7$　　$\therefore B=3\times5\times16=240$

3단계 가장 작은 분수 구하기 [1점]

따라서 구하는 분수는 $\frac{240}{7}$이다.

답 $\frac{240}{7}$

유제 2

두 분수 $10\frac{1}{2}$, $4\frac{2}{3}$의 어느 것에 곱해도 그 결과가 자연수가 되게 하는 분수 중 가장 작은 기약분수를 구하시오. [7점]

풀이과정

1단계 구하는 분수를 $\frac{B}{A}$라 할 때, A, B의 조건 구하기 [3점]

2단계 A, B의 값 구하기 [3점]

3단계 가장 작은 분수 구하기 [1점]

답

스스로 서술하기

유제 3 216과 $2^3\times\square\times5$의 최대공약수가 72일 때, $\square$ 안에 들어갈 수 있는 가장 작은 자연수와 그때의 두 수의 최소공배수를 차례로 구하시오. [6점]

풀이과정

답

유제 4 가로의 길이가 84 cm, 세로의 길이가 36 cm, 높이가 60 cm인 직육면체 모양의 나무토막을 가능한 한 큰 정육면체로 남는 부분 없이 똑같이 자르려고 한다. 정육면체의 한 모서리의 길이를 a cm, 만들어지는 정육면체의 개수를 b개라 할 때, $a+b$의 값을 구하시오. [6점]

풀이과정

답

유제 5 두 자연수 N과 39의 최대공약수가 13, 최소공배수가 195일 때, 자연수 N의 값을 구하시오. [6점]

풀이과정

답

유제 6 4로 나누면 2가 남고, 5로 나누면 3이 남고, 8로 나누면 2가 부족한 자연수 중 가장 작은 수를 구하시오. [7점]

풀이과정

답

정답과 풀이 p. 26

스토리텔링으로 배우는 생활 속의 수학

지금까지 공부한 내용을 실생활 문제에서 활용해 보자.

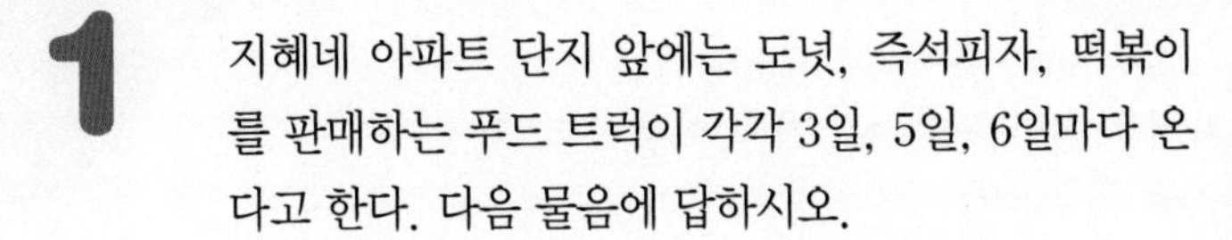

1 지혜네 아파트 단지 앞에는 도넛, 즉석피자, 떡볶이를 판매하는 푸드 트럭이 각각 3일, 5일, 6일마다 온다고 한다. 다음 물음에 답하시오.

(1) 어느 날 세 푸드 트럭이 모두 왔을 때, 며칠 후에 처음으로 다시 세 푸드 트럭이 모두 오는지 구하시오.

(2) 세 푸드 트럭이 3월 25일에 모두 왔을 때, 처음으로 다시 세 푸드 트럭이 모두 오는 날짜를 구하시오.

2 토론 수업을 하기 위하여 준호네 반 학생들이 모둠별로 앉으려고 한다. 한 모둠에 5명씩 앉으면 4명이 남고, 6명씩 앉으면 5명이 남는다고 한다. 다음 물음에 답하시오.

(단, 준호네 반 학생 수는 40명 미만이다.)

(1) 준호네 반 전체 학생 수를 구하시오.

(2) 준호네 반 학생들이 한 모둠에 7명씩 앉으면 몇 명이 남는지 구하시오.

대단원 핵심 한눈에 보기

01 소수와 합성수

(1) [　　] : 1보다 큰 자연수 중에서 1과 자기 자신만을 약수로 가지는 수, 즉 약수가 [　　]개인 수

(2) [　　] : 1보다 큰 자연수 중에서 소수가 아닌 수, 즉 약수가 3개 이상인 수

(3) 자연수 : [　　], 소수, 합성수로 이루어져 있다.

(4) [　　]은 소수도 아니고 합성수도 아니다.

02 소인수분해

(1) 거듭제곱 : a, a^2, a^3, $\cdots$을 a의 거듭제곱이라 하고, a를 거듭제곱의 [　　], 곱한 횟수를 거듭제곱의 [　　]라 한다.

(2) 인수 : 자연수 a가 자연수 b와 c의 곱으로 나타내어질 때, 즉 $a=b\times c$일 때, b, c를 a의 인수라 한다.

(3) [　　] : 인수 중에서 소수인 것

(4) 소인수분해 : 자연수를 소인수들만의 [　　]으로 나타낸 것

03 소인수분해를 이용하여 약수 구하기

자연수 A가 $A=a^m\times b^n$ (a, b는 서로 다른 소수, m, n은 자연수)으로 소인수분해될 때

(1) A의 약수 : (a^m의 약수)$\times$(b^n의 약수)

(2) A의 약수의 개수 : [　　]개

04 최대공약수와 최소공배수

(1) 공약수 : 두 개 이상의 자연수의 공통인 약수

(2) [　　] : 공약수 중에서 가장 큰 수

(3) 서로소 : 최대공약수가 [　　]인 두 자연수

(4) 공배수 : 두 개 이상의 자연수의 공통인 배수

(5) [　　] : 공배수 중에서 가장 작은 수

05 최대공약수와 최소공배수의 활용

(1) 최대공약수의 활용
'되도록 많은', '가능한 한 큰', '최대한' 등의 표현이 있으면 대부분 최대공약수를 이용하여 문제를 푼다.

(2) 최소공배수의 활용
'되도록 작은', '최소한', '동시에' 등의 표현이 있으면 대부분 최소공배수를 이용하여 문제를 푼다.

답 01 (1) 소수, 2 (2) 합성수 (3) 1 (4) 1 02 (1) 밑, 지수 (3) 소인수 (4) 곱 03 (2) $(m+1)\times(n+1)$ 04 (2) 최대공약수 (3) 1 (5) 최소공배수

정수와 유리수

01 정수와 유리수

1. 정수와 유리수

개념원리 이해

1 양수와 음수란 무엇인가? ◎ 핵심문제 1

(1) **양수** : 0보다 큰 수를 양수라 하고 양의 부호 +(플러스)를 붙여서 나타낸다.

(2) **음수** : 0보다 작은 수를 음수라 하고 음의 부호 −(마이너스)를 붙여서 나타낸다.

[읽는 방법] $+a$ ⇨ 플러스 a, $-a$ ⇨ 마이너스 a

예 +3 ⇨ 플러스 3, −5 ⇨ 마이너스 5

▶ ① 서로 반대되는 성질을 가지는 수량을 양의 부호 +와 음의 부호 −를 사용하여 나타낼 수 있다.
② 0은 양수도 아니고 음수도 아니다.
③ + : 이익, 증가, 영상, 수입, 해발, 상승, ⋯
− : 손해, 감소, 영하, 지출, 해저, 하락, ⋯
⇨ 700원 이익 : +700원, 700원 손해 : −700원

설명 온도를 나타낼 때, 온도계의 0 ℃의 눈금을 기준점으로 하여 0 ℃보다 높은 영상의 온도에는 '+'부호를, 0 ℃보다 낮은 영하의 온도에는 '−'부호를 붙여서 나타낼 수 있다. 여기서 '+'를 양의 부호, '−'를 음의 부호라 하며 각각 '플러스', '마이너스'로 읽는다.

2 정수란 무엇인가? ◎ 핵심문제 2

(1) **정수**
① 양의 정수 : 자연수에 양의 부호 +를 붙인 수
② 음의 정수 : 자연수에 음의 부호 −를 붙인 수
③ 양의 정수, 0, 음의 정수를 통틀어 정수라 한다.

(2) **정수의 분류**

정수 { **양의 정수(자연수)** : +1, +2, +3, ⋯ / **0** / **음의 정수** : −1, −2, −3, ⋯ }

▶ 0은 양의 정수도 아니고 음의 정수도 아니다.

설명 자연수에 양의 부호 +를 붙인 수, 즉 +1, +2, +3, ⋯을 양의 정수, 자연수에 음의 부호 −를 붙인 수, 즉 −1, −2, −3, ⋯을 음의 정수라 한다. 특히, 양의 정수 +1, +2, +3, ⋯은 양의 부호를 생략하여 1, 2, 3, ⋯으로 나타내기도 한다. 즉, 양의 정수는 자연수와 같다.

예 다음 수가 양의 정수인지 음의 정수인지 말하시오.

(1) +9 (2) −7 (3) −11 (4) +15

풀이 (1) 양의 정수 (2) 음의 정수 (3) 음의 정수 (4) 양의 정수

3 유리수란 무엇인가?

○ 핵심문제 2

(1) **유리수**

① 양의 유리수(양수) : 분자, 분모가 자연수인 분수에 양의 부호 +를 붙인 수

② 음의 유리수(음수) : 분자, 분모가 자연수인 분수에 음의 부호 −를 붙인 수

③ 양의 유리수, 0, 음의 유리수를 통틀어 유리수라 한다.

(2) **유리수의 분류**

- 유리수
  - 정수
    - **양의 정수(자연수)** : $+1,\ +2,\ +3,\ \cdots$
    - **0**
    - **음의 정수** : $-1,\ -2,\ -3,\ \cdots$
  - **정수가 아닌 유리수** : $+\frac{1}{3},\ -\frac{3}{2},\ +1.8,\ -0.7,\ \cdots$

▶ ① $(\text{유리수})=\frac{(\text{정수})}{(0\text{이 아닌 정수})}$ 꼴로 나타낼 수 있다.

② 정수는 $0=\frac{0}{1},\ +3=+\frac{3}{1},\ -2=-\frac{2}{1}$와 같이 분수로 나타낼 수 있으므로 모든 정수는 유리수이다.

③ $3.2=\frac{16}{5},\ -4.5=-\frac{9}{2}$와 같이 소수는 분수로 나타낼 수 있으므로 소수에 + 또는 −를 붙인 수도 유리수이다.

설명 분자, 분모가 모두 자연수인 분수에 $+3,\ +\frac{1}{3}$과 같이 양의 부호 +가 붙은 수를 양의 유리수 또는 양수, $-5,\ -\frac{1}{2}$과 같이 음의 부호 −가 붙은 수를 음의 유리수 또는 음수라 한다. 유리수도 정수와 마찬가지로 양의 유리수일 때, 양의 부호 +를 생략하여 나타낼 수 있다.

한편, 3, 0, −2는 $3=\frac{3}{1},\ 0=\frac{0}{2},\ -2=-\frac{6}{3}$과 같이 분수의 꼴로 나타낼 수 있으므로 모든 정수는 유리수이다. 이때 $\frac{2}{3},\ 2.5,\ -\frac{1}{2}$과 같은 수는 정수가 아닌 유리수이다.

4 정수와 유리수를 수직선 위에 나타내기

○ 핵심문제 3~5

직선 위에 **기준이 되는 점 O**를 잡아 그 점을 수 0으로 정하고 0을 기준으로 일정한 간격으로 점을 잡아 오른쪽으로 양의 정수 $+1,\ +2,\ +3,\ \cdots$을, 왼쪽으로 음의 정수 $-1,\ -2,\ -3,\ \cdots$을 차례로 나타낸 직선을 **수직선**이라 한다. 이때 기준이 되는 점 O를 **원점**이라 한다.

한편, 유리수도 정수와 마찬가지로 수직선 위에 나타낼 수 있다.

즉, 수직선 위에서 양의 유리수는 원점의 오른쪽에, 음의 유리수는 원점의 왼쪽에 나타낸다.

예를 들어 $-\frac{5}{2},\ -\frac{4}{3},\ -\frac{1}{2},\ +\frac{1}{2},\ +\frac{4}{3},\ +\frac{7}{3}$을 수직선 위에 나타내면 다음과 같다.

$-\frac{5}{2}$ $-\frac{4}{3}$ $-\frac{1}{2}$ O $+\frac{1}{2}$ $+\frac{4}{3}$ $+\frac{7}{3}$

−3 −2 −1 0 +1 +2 +3

음의 유리수(음수) 원점 양의 유리수(양수)

▶ 원점 O는 원점을 뜻하는 영어 단어 Origin의 첫 글자인 O를 나타낸다.

개념원리 확인하기

수학 실력의 비결은 개념원리의 이해부터이다. 개념원리 확인하기를 통하여 개념과 원리를 정확히 이해하자.

정답과 풀이 p.27

01 다음을 부호 $+$ 또는 $-$를 사용하여 순서대로 나타내시오.

(1) 120원 이익, 500원 손해　　(2) 4시간 전, 5시간 후

(3) 해발 305 m, 해저 100 m　　(4) 15 % 증가, 10 % 감소

○ 한쪽 수량을 $+$로 나타내면 다른 쪽 수량은 □로 나타낸다.

02 다음은 유리수를 분류한 것이다. □ 안에 알맞은 말을 써넣고, 옳은 것은 ○표, 옳지 않은 것은 ×표 하시오.

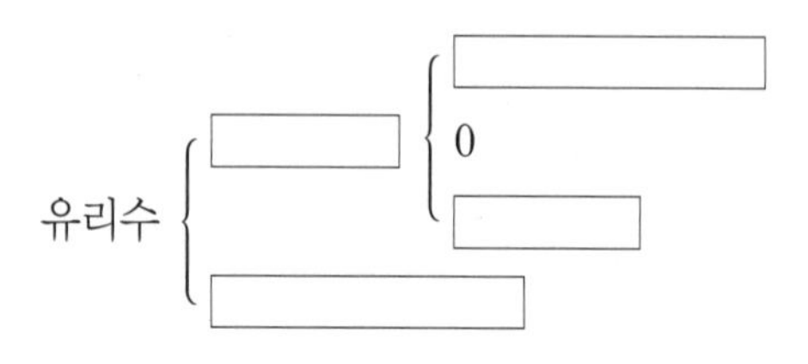

(1) 0은 유리수이다. (　　)

(2) $-\frac{2}{3}$는 음수이다. (　　)

(3) $\frac{5}{2}$는 양의 정수이다. (　　)

(4) 모든 정수는 유리수이다. (　　)

(5) 모든 유리수는 자연수이다. (　　)

○ 유리수란?

03 아래 수들에 대하여 다음을 구하시오.

$5,\quad -0.4,\quad 0.05,\quad \frac{3}{10},\quad 0,\quad -1,\quad -\frac{2}{7}$

(1) 자연수의 개수　　(2) 음의 정수의 개수

(3) 정수의 개수　　(4) 정수가 아닌 유리수의 개수

○ 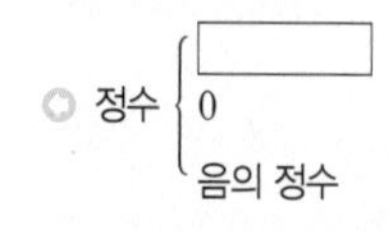

04 다음 수를 수직선 위에 점으로 나타내시오.

(1) -5　　(2) $+3$　　(3) $-2\frac{1}{2}$　　(4) $\frac{3}{4}$

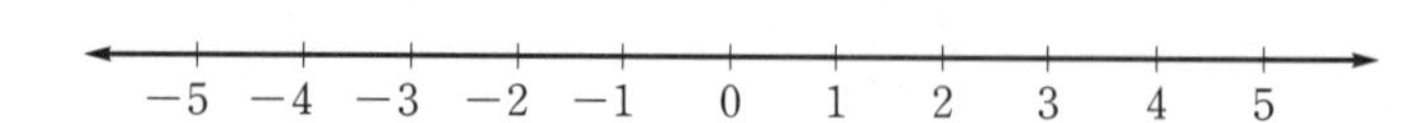

○ 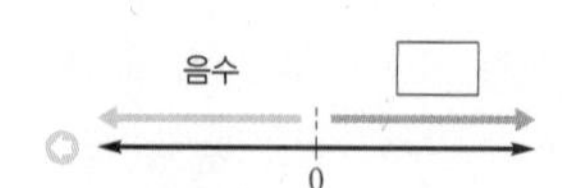

핵심 문제 익히기

더 다양한 문제는 RPM 중1-1 38쪽

01 부호를 사용하여 나타내기

다음 중 부호 + 또는 −를 사용하여 나타낸 것으로 옳은 것은?

① 3000원 수입 : −3000원
② 영하 12 ℃ : +12 ℃
③ 20 % 증가 : +20 %
④ 출발 2일 전 : +2일
⑤ 0보다 7만큼 큰 수 : −7

Key Point

+ : 증가, 이익, 수입, 영상, ~만큼 큰 수
− : 감소, 손해, 지출, 영하, ~만큼 작은 수

풀이

① 수입 : '+' ∴ +3000원
② 영하 : '−' ∴ −12 ℃
③ 증가 : '+' ∴ +20 %
④ ~전 : '−' ∴ −2일
⑤ 큰 수 : '+' ∴ +7 ∴ ③

확인 1 다음 중 부호 + 또는 −를 사용하여 나타낸 것으로 옳은 것은?

① 0보다 5만큼 작은 수 : +5
② 해발 300 m : −300 m
③ 지하 2층 : +2층
④ 몸무게 4 kg 감소 : −4 kg
⑤ 출발 3시간 후 : −3시간

더 다양한 문제는 RPM 중1-1 38~39쪽

02 정수와 유리수

다음 수들에 대한 설명 중 옳은 것은?

$0.5,\quad -\frac{1}{3},\quad 5,\quad \frac{6}{2},\quad -3.14,\quad 0,\quad -2$

① 정수의 개수는 2개이다.
② 유리수의 개수는 4개이다.
③ 자연수의 개수는 2개이다.
④ 음의 유리수의 개수는 4개이다.
⑤ 정수가 아닌 유리수의 개수는 4개이다.

Key Point

유리수
- 정수
  - 양의 정수(자연수)
  - 0
  - 음의 정수
- 정수가 아닌 유리수

풀이

① 정수 : $5, \frac{6}{2}, 0, -2$
② 유리수 : $0.5, -\frac{1}{3}, 5, \frac{6}{2}, -3.14, 0, -2$
③ 자연수 : $5, \frac{6}{2}$
④ 음의 유리수 : $-\frac{1}{3}, -3.14, -2$
⑤ 정수가 아닌 유리수 : $0.5, -\frac{1}{3}, -3.14$ ∴ ③

확인 2 다음 중 정수가 아닌 유리수를 모두 고르면? (정답 2개)

① -5 ② $-\frac{3}{5}$ ③ 0 ④ $\frac{12}{6}$ ⑤ 5.9

더 다양한 문제는 RPM 중1-1 39~40쪽

03 수직선 위에 수 나타내기

다음 중 수직선 위의 점 A, B, C, D, E가 나타내는 수로 옳지 않은 것은?

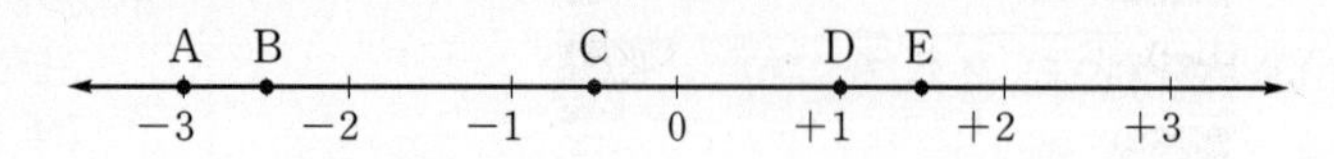

① A : -3 ② B : $-\frac{3}{2}$ ③ C : $-\frac{1}{2}$
④ D : $+1$ ⑤ E : $+\frac{3}{2}$

Key Point

수직선 위에서
기준이 되는 수 ⇨ 0
0보다 작은 수 ⇨ 음수
⇨ 왼쪽
0보다 큰 수 ⇨ 양수
⇨ 오른쪽

풀이

② B : $-\frac{5}{2}$ ∴ ②

확인 3 다음 수들을 수직선 위에 나타낼 때, 왼쪽에서 두 번째에 있는 수와 오른쪽에서 세 번째에 있는 수를 차례로 구하시오.

$2,\quad -\frac{1}{2},\quad \frac{5}{2},\quad -1,\quad \frac{7}{2}$

확인 4 두 유리수 $-\frac{11}{3}$과 $\frac{9}{5}$ 사이에 있는 정수의 개수는?

① 2개 ② 3개 ③ 4개
④ 5개 ⑤ 6개

확인 5 다음 **보기** 중 옳은 것을 모두 고른 것은?

보기

ㄱ. 모든 자연수는 유리수이다.
ㄴ. 정수는 양의 정수와 음의 정수로 이루어져 있다.
ㄷ. 0은 양의 정수도 아니고 음의 정수도 아니다.
ㄹ. 모든 유리수는 정수이다.
ㅁ. 수직선 위에서 $-\frac{3}{2}$을 나타내는 점은 -1을 나타내는 점의 오른쪽에 있다.

① ㄱ, ㄷ ② ㄷ, ㄹ ③ ㄱ, ㄷ, ㅁ
④ ㄱ, ㄴ, ㄷ, ㅁ ⑤ ㄱ, ㄷ, ㄹ, ㅁ

더 다양한 문제는 RPM 중1-1 39~40쪽

04 수직선을 이용하여 정수 찾기

수직선 위에서 $-\frac{4}{3}$에 가장 가까운 정수를 a, $\frac{9}{4}$에 가장 가까운 정수를 b라 할 때, a, b의 값을 구하시오.

Key Point

~에 가장 가까운 정수 찾기
⇨ 주어진 수를 수직선 위에 나타내어 조건을 만족하는 정수를 찾는다.

풀이

$-\frac{4}{3}=-1\frac{1}{3}$이고 $\frac{9}{4}=2\frac{1}{4}$이므로 수직선 위에 $-\frac{4}{3}$와 $\frac{9}{4}$를 나타내면 다음과 같다.

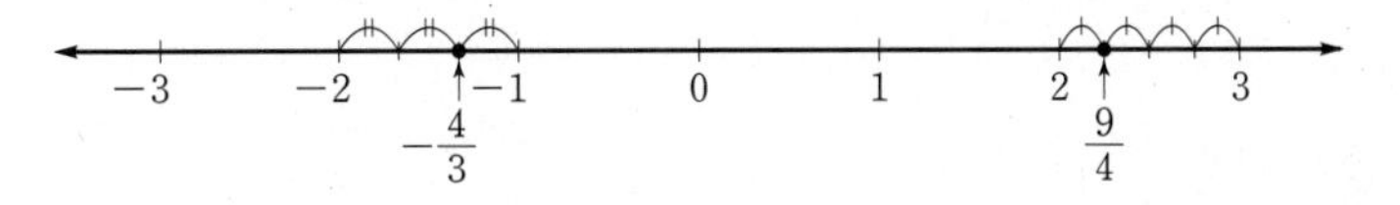

$-\frac{4}{3}$에 가장 가까운 정수는 -1이므로 $\boldsymbol{a=-1}$

$\frac{9}{4}$에 가장 가까운 정수는 2이므로 $\boldsymbol{b=2}$

확인 6 수직선 위에서 $-\frac{13}{5}$에 가장 가까운 정수를 a, $\frac{10}{3}$에 가장 가까운 정수를 b라 할 때, a, b의 값을 구하시오.

더 다양한 문제는 RPM 중1-1 40쪽

05 수직선 위의 두 점으로부터 같은 거리에 있는 점

수직선 위에서 -6과 2를 나타내는 두 점으로부터 같은 거리에 있는 점이 나타내는 수를 구하시오.

Key Point

수직선 위의 두 점으로부터 같은 거리에 있는 점
⇨ 두 점의 한가운데에 있는 점

풀이

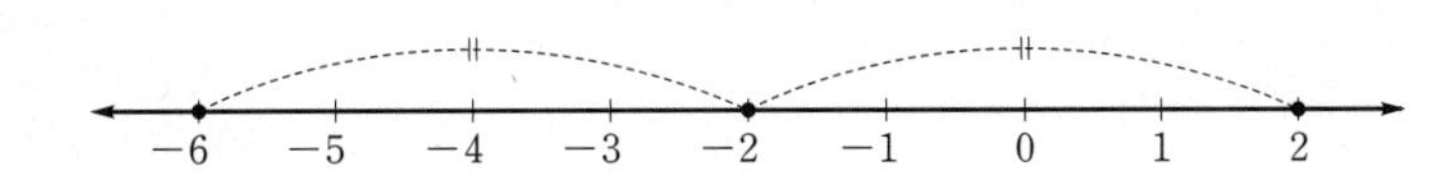

위의 수직선에서 -6과 2를 나타내는 두 점으로부터 같은 거리에 있는 점이 나타내는 수는 $\boldsymbol{-2}$이다.

확인 7 다음 물음에 답하시오.

(1) 수직선 위에서 -2를 나타내는 점으로부터의 거리가 3인 점이 나타내는 두 수를 구하시오.

(2) 수직선 위에서 -3과 5를 나타내는 두 점으로부터 같은 거리에 있는 점이 나타내는 수를 구하시오.

이런 문제가 시험에 나온다

01 다음 밑줄 친 부분을 부호 + 또는 −를 사용하여 차례로 나타내시오.

> 오늘 대구의 낮 최고 기온은 어제보다 2 ℃ 높아져 34 ℃로 무더웠으나, 내일은 오늘보다는 3 ℃ 낮아질 것으로 예상된다.

생각해 봅시다! 서로 반대되는 성질을 갖는 두 수량을 수로 나타낼 때, 한쪽 수량에는 양의 부호 +를, 다른 쪽 수량에는 음의 부호 −를 붙여 나타내면 편리하다.

02 다음 수들에 대한 설명 중 옳지 않은 것은?

> $-3,\quad \frac{2}{5},\quad 0,\quad +4,\quad -0.12,\quad \frac{8}{4}$

① 정수의 개수는 4개이다.
② 음수의 개수는 2개이다.
③ 자연수의 개수는 2개이다.
④ 양수의 개수는 3개이다.
⑤ 정수가 아닌 유리수의 개수는 3개이다.

03 두 유리수 $-\frac{5}{2}$와 $\frac{10}{3}$ 사이에 있는 정수의 개수를 a, 유리수 $\frac{3}{4}$에 가장 가까운 정수를 b라 할 때, $a+b$의 값을 구하시오.

04 다음 설명 중 옳은 것은?

① −1과 0 사이에는 유리수가 1개 있다.
② 0은 유리수이다.
③ 모든 정수는 자연수이다.
④ 서로 다른 두 정수 사이에는 무수히 많은 정수가 있다.
⑤ 정수 중에는 유리수가 아닌 수가 있다.

정수와 유리수의 성질
- 0은 양수도 아니고 음수도 아니다.
- 모든 정수는 분수로 나타낼 수 있으므로 유리수이다.
- 서로 다른 두 유리수(또는 정수) 사이에는 무수히 많은 유리수가 있다.

한걸음 더

05 수직선 위에서 두 수 a, b를 나타내는 두 점 사이의 거리가 12이고 두 점으로부터 같은 거리에 있는 점이 나타내는 수가 4일 때, a, b의 값을 구하시오. (단, $a<0$)

수직선 위에서 같은 거리에 있는 점

02 수의 대소 관계

개념원리 이해

1 절댓값이란 무엇인가? ○ 핵심문제 1~4

(1) **절댓값**

수직선 위에서 **원점과 어떤 수를 나타내는 점 사이의 거리**를 그 수의 절댓값이라 하고 기호로 | |와 같이 나타낸다.

⇨ 어떤 수 a의 절댓값을 기호로 $|a|$와 같이 나타낸다.

(2) **절댓값의 성질**

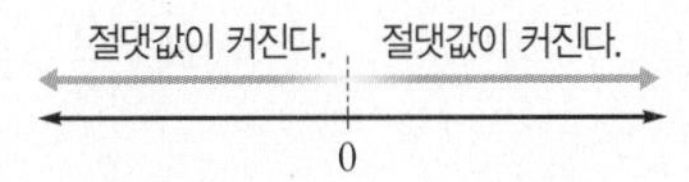

① 양수와 음수의 절댓값은 그 수에서 부호 +, −를 떼어낸 수와 같다. 즉, $|a|=a$, $|-a|=a(a>0)$이다.

② 0의 절댓값은 0이다. 즉, $|0|=0$이다.

③ 절댓값은 항상 0 또는 양수이다.

④ 절댓값이 클수록 원점에서 멀리 떨어져 있다.

(3) **절댓값이 $a\ (a>0)$인 수는 $+a$, $-a$**의 2개가 있다.

설명 오른쪽 수직선에서 +3, −3을 나타내는 점은 모두 원점으로부터 3만큼 떨어져 있다. 즉, +3, −3을 나타내는 점과 원점 사이의 거리는 모두 3이다. 이것을 기호로 $|+3|$, $|-3|$과 같이 나타낸다.
따라서 $|+3|=3$, $|-3|=3$이고 $|0|=0$이다.

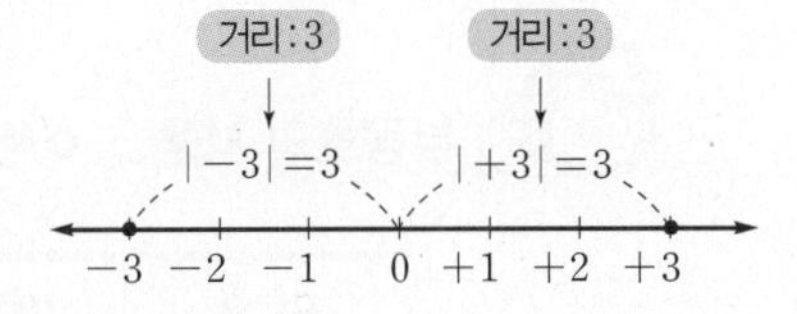

예 ① $\left|-\frac{5}{3}\right|=\frac{5}{3}$, $|-4.3|=4.3$, $\left|\frac{7}{2}\right|=\frac{7}{2}$, $|+2|=2$

② 절댓값이 5인 수는 +5, −5의 2개이다.

2 수의 대소 관계는 어떻게 알 수 있는가? ○ 핵심문제 5

수직선에서 수는 오른쪽으로 갈수록 커지고, 왼쪽으로 갈수록 작아진다.

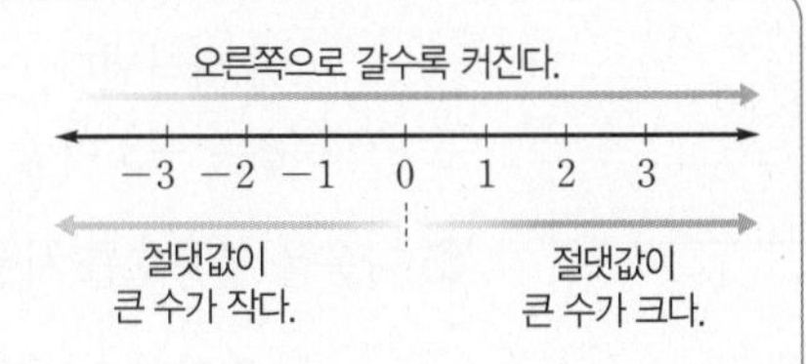

(1) 양수는 0보다 크고 음수는 0보다 작으므로 양수는 음수보다 크다. 즉, **(음수) $<0<$ (양수)**

(2) **양수끼리는 절댓값이 큰 수가 크다.**

(3) **음수끼리는 절댓값이 큰 수가 작다.**

설명 오른쪽 수직선에서 3은 0의 오른쪽에 있고 -2는 0의 왼쪽에 있으므로 $0<3$, $-2<0$이다.

$\therefore$ (음수)<0, $0<$(양수), (음수)$<$(양수)

−3 −2 −1 0 1 2 3

절댓값이 큰 수가 작다. 절댓값이 큰 수가 크다.

또, 1과 3을 수직선 위에 나타내었을 때, 오른쪽에 있는 수는 3이다.
이때 양수끼리는 원점에서 더 멀리 떨어져 있는 수, 즉 절댓값이 큰 수가 크다.
한편, -1과 -3을 수직선 위에 나타내었을 때, 오른쪽에 있는 수는 -1이다.
이때 음수끼리는 원점에서 더 멀리 떨어져 있는 수, 즉 절댓값이 큰 수가 작다.

예 ① $\frac{2}{5}<\frac{4}{5}$, $3.4<3.7$, $\frac{1}{4}<\frac{1}{3}$ ← 양수끼리는 절댓값이 큰 수가 크다.

② $-\frac{2}{3}$와 $-\frac{2}{5}$에서 $\left|-\frac{2}{3}\right|=\frac{2}{3}$, $\left|-\frac{2}{5}\right|=\frac{2}{5}$이고 두 수를 통분하면 각각 $\frac{10}{15}$, $\frac{6}{15}$이다.

이때 $\frac{10}{15}>\frac{6}{15}$이므로 $\frac{2}{3}>\frac{2}{5}$

$\therefore -\frac{2}{3}<-\frac{2}{5}$ ← 음수끼리는 절댓값이 큰 수가 작다.

③ -2와 -3에서 $|-2|=2$, $|-3|=3$이고 $2<3$이므로 $-2>-3$

3 부등호의 사용

핵심문제 6

$a>b$	a는 b보다 크다. (a는 b 초과이다.)
$a<b$	a는 b보다 작다. (a는 b 미만이다.)
$a\geq b$	a는 b보다 크거나 같다. (a는 b보다 작지 않다. a는 b 이상이다.)
$a\leq b$	a는 b보다 작거나 같다. (a는 b보다 크지 않다. a는 b 이하이다.)

▶ 부등호 $\geq$는 '$>$ 또는 $=$'를 의미하고, $\leq$는 '$<$ 또는 $=$'를 의미한다.

설명 ① 'a는 1보다 작지 않다.'는 'a는 1보다 크거나 같다.' 또는 'a는 1 이상이다.'와 같은 뜻이다. 즉, '크거나 같다.', '~ 이상이다.', '작지 않다.'는 같은 뜻이므로 기호로 $a\geq1$과 같이 나타낸다.

② 'a는 3보다 크지 않다.'는 'a는 3보다 작거나 같다.' 또는 'a는 3 이하이다.'와 같은 뜻이다. 즉, '작거나 같다.', '~ 이하이다.', '크지 않다.'는 같은 뜻이므로 기호로 $a\leq3$과 같이 나타낸다.

③ 'a는 -3 이상 2 이하이다.'는 기호로 $-3\leq a\leq2$와 같이 나타낸다.

예 다음을 부등호를 사용하여 나타내시오.

(1) a는 3 이상 7 미만이다. (2) a는 5보다 크지 않다.

풀이 (1) $3\leq a<7$ (2) $a\leq5$

개념원리 확인하기

수학 실력의 비결은 개념원리의 이해부터이다. 개념원리 확인하기를 통하여 개념과 원리를 정확히 이해하자.

정답과 풀이 p.28

01 다음 수의 절댓값을 구하시오.

(1) $+\frac{2}{3}$　　(2) -2.5　　(3) $+\frac{5}{6}$　　(4) -8

○ 절댓값이란?

02 다음 수를 모두 구하시오.

(1) 절댓값이 6인 수

(2) 절댓값이 $\frac{5}{2}$인 수

○ 절댓값이 $a(a>0)$인 수는?

03 다음 □ 안에 부등호 $<$ 또는 $>$ 중 알맞은 것을 써넣으시오.

(1) -5 □ 0　　(2) -3 □ $|-3|$　　(3) -8 □ -3

(4) $\frac{5}{3}$ □ -1　　(5) 3 □ -0.5　　(6) $-\frac{1}{2}$ □ 1.5

○ 두 수의 대소 관계는?
(양수) □ (음수)
(양수) □ 0
(음수) □ 0

04 다음 수들을 절댓값이 작은 수부터 차례로 나열하시오.

$-\frac{2}{3}$,　0,　-2,　$+4$,　3.5

05 다음 수들을 작은 수부터 차례로 나열하시오.

-8,　$+0.5$,　$-\frac{1}{2}$,　$+3$

06 다음을 부등호를 사용하여 나타내시오.

(1) x는 -2보다 크고 5보다 작거나 같다.

(2) a는 -3 이상 4 미만이다.

(3) b는 -2보다 작지 않고 5 이하이다.

○ (크거나 같다)=(□)
=(이상)
(작거나 같다)=(□)
=(이하)

핵심 문제 익히기

더 다양한 문제는 RPM 중1-1 41쪽

01 절댓값

다음 물음에 답하시오.

(1) 네 수 $+\frac{5}{3}$, $-\frac{4}{5}$, -1.3, $+\frac{13}{6}$의 절댓값을 차례로 구하시오.

(2) 수직선 위에서 절댓값이 8인 두 수를 나타내는 두 점 사이의 거리를 구하시오.

Key Point

- 어떤 수의 절댓값
  ⇨ 수에서 부호 +, −를 떼어낸 수
- 절댓값이 $a(a>0)$인 수
  ⇨ $+a$, $-a$

풀이

(1) $\left|+\frac{5}{3}\right|=\mathbf{\frac{5}{3}}$, $\left|-\frac{4}{5}\right|=\mathbf{\frac{4}{5}}$, $|-1.3|=\mathbf{1.3}$, $\left|+\frac{13}{6}\right|=\mathbf{\frac{13}{6}}$

(2) 절댓값이 8인 수는 8과 −8이고 두 수를 나타내는 두 점 사이의 거리는 **16**이다.

확인 1 다음 물음에 답하시오.

(1) -9의 절댓값을 a, 절댓값이 6인 수 중 양수를 b라 할 때, $a-b$의 값을 구하시오.

(2) 수직선 위에서 절댓값이 10인 두 수를 나타내는 두 점 사이의 거리를 구하시오.

더 다양한 문제는 RPM 중1-1 41쪽

02 절댓값의 성질

아래 수들에 대하여 다음 물음에 답하시오.

$$-6,\quad \frac{2}{3},\quad 1.5,\quad 3,\quad -\frac{1}{5},\quad -2$$

(1) 수직선 위에 나타내었을 때, 원점에서 가장 멀리 떨어져 있는 수를 구하시오.

(2) 절댓값이 큰 수부터 차례로 나열하시오.

Key Point

절댓값이 클수록 원점에서 멀리 떨어져 있다.

풀이

(1) 절댓값이 클수록 원점에서 멀리 떨어져 있다. $\therefore$ **−6**

(2) 절댓값을 각각 구해 보면 6, $\frac{2}{3}$, 1.5, 3, $\frac{1}{5}$, 2이다. $\therefore$ $\mathbf{-6,\ 3,\ -2,\ 1.5,\ \frac{2}{3},\ -\frac{1}{5}}$

확인 2 아래 수들에 대하여 다음 물음에 답하시오.

$$-\frac{1}{2},\quad 3,\quad -\frac{5}{6},\quad -2.6,\quad 0.1$$

(1) 수직선 위에 나타내었을 때, 원점에서 가장 가까운 수를 구하시오.

(2) 절댓값이 가장 큰 수와 가장 작은 수를 차례로 구하시오.

더 다양한 문제는 RPM 중1-1 42쪽

03 절댓값을 이용하여 수 찾기

다음 물음에 답하시오.

(1) 절댓값이 5보다 작은 정수를 모두 구하시오.

(2) 절댓값이 $\frac{7}{4}$ 이하인 정수의 개수를 구하시오.

Key Point

• 절댓값이 $a(a>0)$인 수
⇨ $+a$, $-a$

• 절댓값이 $a(a>0)$보다 작은 정수
⇨ $-a$보다 크고 a보다 작은 정수

• 절댓값이 3보다 작은 정수
⇨ 절댓값이 0인 수 : 0
절댓값이 1인 수 : $+1$, -1
절댓값이 2인 수 : $+2$, -2

풀이

(1) 원점으로부터의 거리가 5인 수를 수직선 위에 나타내면 오른쪽과 같다.
따라서 절댓값이 5보다 작은 정수는 $\mathbf{-4, -3, -2, -1, 0, 1, 2, 3, 4}$이다.

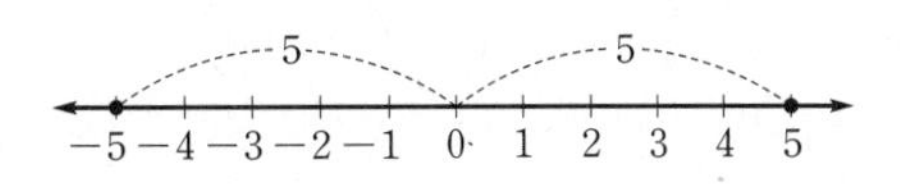

(2) 원점으로부터의 거리가 $\frac{7}{4}$인 수를 수직선 위에 나타내면 오른쪽과 같다.
따라서 절댓값이 $\frac{7}{4}$ 이하인 정수는 -1, 0, 1의 **3개**이다.

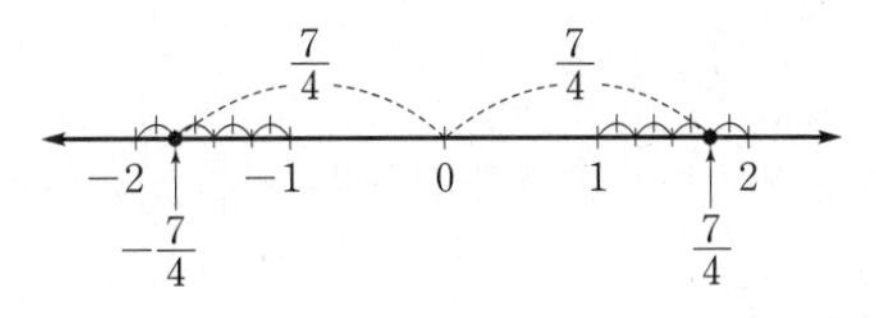

확인 3 다음 물음에 답하시오.

(1) 절댓값이 3 이하인 정수를 모두 구하시오.

(2) $|x|<\frac{14}{5}$인 정수 x의 개수를 구하시오.

더 다양한 문제는 RPM 중1-1 42쪽

04 절댓값이 같고 부호가 반대인 두 수

절댓값이 같고 부호가 반대인 두 수를 수직선 위에 나타내었을 때, 두 수를 나타내는 두 점 사이의 거리가 $\frac{13}{2}$이다. 이때 두 수를 구하시오.

Key Point

절댓값이 같고 부호가 반대인 두 수 사이의 거리가 a일 때
⇨ 두 수는 원점으로부터의 거리가 같고 반대 방향으로 각각 $\frac{a}{2}$만큼 떨어져 있다.

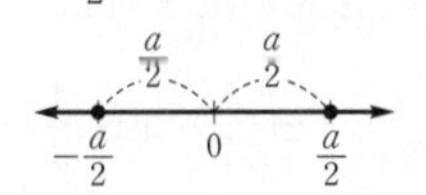

이때 큰 수는 $\frac{a}{2}$, 작은 수는 $-\frac{a}{2}$이다.

풀이

절댓값이 같고 부호가 반대인 두 수를 나타내는 두 점 사이의 거리가 $\frac{13}{2}$이므로 두 수는 원점으로부터의 거리가 각각 $\frac{13}{2}\times\frac{1}{2}=\frac{13}{4}$인 수이다.

따라서 두 수는 $\mathbf{-\frac{13}{4}}$, $\mathbf{\frac{13}{4}}$이다.

확인 4 절댓값이 같고 부호가 반대인 두 수가 있다. 수직선 위에서 두 수를 나타내는 두 점 사이의 거리가 8일 때, 두 수 중 음수를 구하시오.

더 다양한 문제는 RPM 중1-1 43쪽

05 수의 대소 관계

다음 중 대소 관계가 옳은 것은?

① $\left|-\frac{1}{2}\right|<0$ ② $-2>-\frac{1}{3}$ ③ $\frac{6}{5}<-\frac{7}{5}$

④ $-5.1<-2$ ⑤ $\left|-\frac{2}{3}\right|>\left|-\frac{5}{7}\right|$

Key Point

- (음수)<0<(양수)
- 두 수가 양수일 때
  ⇨ 절댓값이 큰 수가 크다.
- 두 수가 음수일 때
  ⇨ 절댓값이 작은 수가 크다.
- 부호가 같고 분모가 다른 수의 대소 관계는 분모를 통분한 후에 비교한다.

풀이

① $\left|-\frac{1}{2}\right|=\frac{1}{2}$이므로 $\left|-\frac{1}{2}\right|>0$

② 음수끼리는 절댓값이 작은 수가 크다. $\therefore -2<-\frac{1}{3}$

③ 양수는 음수보다 크다. $\therefore \frac{6}{5}>-\frac{7}{5}$

⑤ $\left|-\frac{2}{3}\right|=\frac{2}{3}$, $\left|-\frac{5}{7}\right|=\frac{5}{7}$이고 두 수를 통분하면 각각 $\frac{14}{21}$, $\frac{15}{21}$이다.

$\therefore \left|-\frac{2}{3}\right|<\left|-\frac{5}{7}\right|$ ∴ ④

확인 5 다음 중 대소 관계가 옳지 않은 것은?

① $-\frac{1}{3}>-\frac{1}{2}$ ② $-\frac{6}{5}>-2$ ③ $2>-0.7$

④ $-1.3>-2.1$ ⑤ $\frac{5}{2}>|-7|$

더 다양한 문제는 RPM 중1-1 44쪽

06 부등호를 사용하여 나타내기

'x는 $-\frac{2}{3}$보다 크고 $\frac{4}{9}$보다 작거나 같다.'를 부등호를 사용하여 나타내시오.

Key Point

- 등호 넣기 : 이상, 이하
  등호 빼기 : 초과, 미만
- (작지 않다)=(크거나 같다)
  (크지 않다)=(작거나 같다)

풀이

x는 $-\frac{2}{3}$보다 크고 ⇨ $x>-\frac{2}{3}$, x는 $\frac{4}{9}$보다 작거나 같다. ⇨ $x\le\frac{4}{9}$

$\therefore \boldsymbol{-\frac{2}{3}<x\le\frac{4}{9}}$

확인 6 다음을 부등호를 사용하여 나타내시오.

(1) x는 $-\frac{4}{5}$ 이상 6 미만이다.

(2) x는 -2보다 크고 3보다 크지 않다.

(3) x는 -5보다 작지 않고 2 미만이다.

(4) x는 $-\frac{5}{6}$보다 작지 않고 $\frac{1}{2}$보다 크지 않다.

이런 문제가 시험에 나온다

생각해 봅시다!

01 다음 중 절댓값이 가장 큰 수는?

① -4　② $-\frac{1}{2}$　③ $+\frac{5}{2}$
④ $-\frac{2}{3}$　⑤ $+3.9$

02 다음 수를 수직선 위에 나타내었을 때, 원점에서 가장 멀리 떨어져 있는 수는?

① -9　② -6　③ 0
④ $+5$　⑤ $+7$

03 'x는 -5보다 작지 않고 7 이하이다.'를 부등호를 사용하여 나타내면?

① $-5<x<7$　② $-5\le x<7$　③ $-5<x\le 7$
④ $-5\le x\le 7$　⑤ $x<-5$ 또는 $x>7$

(작지 않다)=(크거나 같다)
=(이상)

04 다음 중 대소 관계가 옳지 않은 것을 모두 고르면? (정답 2개)

① $|-2|<-3$　② $3<5$　③ $-3>-6$
④ $4<4.2$　⑤ $|-1|<0$

두 수가 양수일 때
⇨ 절댓값이 큰 수가 크다.
두 수가 음수일 때
⇨ 절댓값이 작은 수가 크다.

05 다음을 부등호를 사용하여 나타내시오.

(1) x는 -3 이상 7 미만이다.
(2) x는 $-\frac{1}{5}$보다 크고 3보다 크지 않다.

(크지 않다)=(작거나 같다)
=(이하)

06 $-\frac{7}{5}$보다 작은 수 중에서 가장 큰 정수를 a, $\frac{21}{4}$보다 큰 수 중에서 가장 작은 정수를 b라 할 때, a, b의 값을 구하시오.

07 다음 중 대소 관계가 옳은 것은?

① $\frac{1}{2}>\frac{2}{3}$　② $4.2<\frac{21}{5}$　③ $0<-\frac{1}{3}$
④ $-2>-\frac{13}{6}$　⑤ $\left|-\frac{3}{4}\right|>|-1|$

이런 문제가 시험에 나온다

08 다음 설명 중 옳지 않은 것은?

① $|2.6|=|-2.6|$이다.
② 음수끼리는 절댓값이 큰 수가 작다.
③ 절댓값은 항상 0보다 크거나 같다.
④ $a<b$이면 $|a|<|b|$이다.
⑤ $a<0$이면 $|a|=-a$이다.

09 다음 수에 대한 설명으로 옳지 않은 것을 모두 고르면? (정답 2개)

$$2.1,\quad -1,\quad +3,\quad -\frac{3}{2},\quad \frac{2}{5},\quad -3.2$$

① 절댓값이 3보다 작은 수는 4개이다.
② 가장 큰 수는 $+3$이다.
③ 가장 작은 수는 -3.2이다.
④ 절댓값이 가장 큰 수는 3이다.
⑤ 절댓값이 세 번째로 작은 수는 $\frac{2}{5}$이다.

10 다음 물음에 답하시오.

(1) 절댓값이 11인 음수를 a, -8의 절댓값을 b라 할 때, a, b의 값을 구하시오.
(2) 절댓값이 $\frac{7}{2}$ 이하인 정수의 개수를 구하시오.
(3) 두 수 x, y의 절댓값이 같고 $x<y$를 만족시킬 때, 수직선 위에서 x, y를 나타내는 두 점 사이의 거리가 $\frac{16}{5}$이다. 이때 x, y의 값을 구하시오.

11 절댓값이 같고 부호가 반대인 두 수가 있다. 수직선 위에서 두 수를 나타내는 두 점 사이의 거리가 $\frac{14}{3}$일 때, 두 수 중 큰 수를 구하시오.

12 다음 조건을 모두 만족시키는 두 수 a, b의 값을 구하시오.

(가) a와 b의 절댓값은 같다.
(나) 두 수 a, b의 차가 12이다.
(다) $|a|=-a$

생각해 봅시다!

절댓값이 $a(a>0)$보다 작다.
⇨ 원점으로부터의 거리가 a보다 작다.

절댓값이 $a(a>0)$인 수
⇨ $+a$, $-a$

두 수의 차가 k이다.
⇨ 수직선 위에서 두 수를 나타내는 두 점 사이의 거리가 k이다.

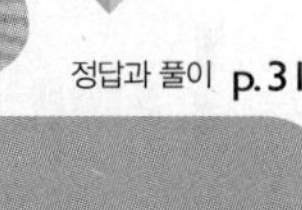

정답과 풀이 p.31

1 step 기본문제

01 다음 밑줄 친 부분을 부호 + 또는 −를 사용하여 나타낸 것으로 옳은 것은?

① 학교 옆 청계산의 높이는 해발 350 m이다. ⇨ −350 m
② 오늘의 기온은 영하 7 ℃이다. ⇨ +7 ℃
③ 박찬호는 작년보다 연봉이 23 % 올랐다. ⇨ −23 %
④ 미정이는 몸무게가 3 kg 감소하여 날씬해졌다. ⇨ +3 kg
⑤ 약속 시간 30분 전이다. ⇨ −30분

02 다음 수들에 대한 설명 중 옳지 않은 것을 모두 고르면? (정답 2개)

$$-13.2,\quad 1,\quad \frac{2}{5},\quad -\frac{3}{11},\quad 0,\quad -\frac{12}{6}$$

① 자연수의 개수는 1개이다.
② 양수의 개수는 3개이다.
③ 정수의 개수는 3개이다.
④ 유리수의 개수는 2개이다.
⑤ 정수가 아닌 유리수의 개수는 3개이다.

03 다음 수직선 위의 점 A, B, C, D, E가 나타내는 수로 옳은 것은?

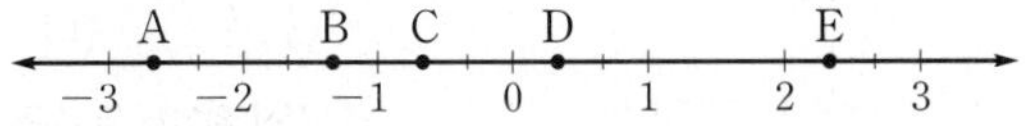

(수직선: −3, −2, −1, 0, 1, 2, 3 위의 점 A, B, C, D, E)

① A : $-\frac{7}{3}$ ② B : $-\frac{5}{3}$ ③ C : $\frac{1}{3}$
④ D : $\frac{2}{3}$ ⑤ E : $\frac{7}{3}$

04 다음 수를 수직선 위에 나타내었을 때, 원점에서 가장 멀리 떨어져 있는 수는?

① −7 ② $-\frac{9}{2}$ ③ 0
④ +4 ⑤ $+\frac{20}{3}$

05 수직선 위에서 −6을 나타내는 점 A와 +2를 나타내는 점 B로부터 같은 거리에 있는 점을 M이라 할 때, 점 M이 나타내는 수는?

① −4 ② −3 ③ −2
④ −1 ⑤ 0

06 다음 중 부등호를 사용하여 바르게 나타낸 것은?

① x는 5보다 크거나 같다. ⇨ $x>5$
② x는 −2보다 크고 6 미만이다. ⇨ $-2<x\le 6$
③ x는 0 이하이다. ⇨ $x<0$
④ x는 7보다 크지 않다. ⇨ $x<7$
⑤ x는 −3보다 작지 않고 8보다 작거나 같다. ⇨ $-3\le x\le 8$

07 다음 설명 중 옳지 않은 것을 모두 고르면? (정답 2개)

① $|x|=\frac{2}{3}$인 x의 값은 $\frac{2}{3}$, $-\frac{2}{3}$의 2개이다.
② 모든 자연수는 유리수이다.
③ 음수끼리는 절댓값이 큰 수가 크다.
④ 유리수는 양수와 음수로 이루어져 있다.
⑤ 서로 다른 두 유리수 사이에는 반드시 또 다른 유리수가 존재한다.

08 다음 중 두 수의 대소 관계가 옳은 것은?

① $|-3|<0$
② $-\frac{2}{5}>-\frac{3}{5}$
③ $\frac{2}{5}>\frac{7}{10}$
④ $\frac{7}{3}<-0.2$
⑤ $\left|+\frac{5}{3}\right|>\left|-\frac{5}{2}\right|$

09 절댓값이 $\frac{9}{2}$인 두 수 사이에 있는 정수의 개수는?

① 6개 ② 7개 ③ 8개
④ 9개 ⑤ 10개

10 다음 수들에 대한 설명 중 옳지 않은 것을 모두 고르면? (정답 2개)

$$-5,\quad 2,\quad 1,\quad 0,\quad -\frac{2}{3},\quad -\frac{3}{4},\quad 4$$

① 가장 큰 수는 4이다.
② 절댓값이 가장 작은 수는 0이다.
③ 음수 중 가장 큰 수는 $-\frac{2}{3}$이다.
④ 정수는 2, 1, 4이다.
⑤ 작은 수부터 차례로 나열할 때, 네 번째에 오는 수는 $-\frac{3}{4}$이다.

11 두 수 a, b의 절댓값이 같고 $a<b$를 만족시킬 때, 수직선 위에서 a, b를 나타내는 두 점 사이의 거리가 $\frac{4}{9}$이다. 이때 a, b의 값을 구하시오.

12 수직선 위에서 두 수 a와 b를 나타내는 두 점 사이의 거리가 10이고 a와 b의 한가운데 있는 점이 나타내는 수가 4일 때, a, b의 값을 구하시오. (단, $a>b$)

정답과 풀이 p.32

2 Step 발전문제

01 다음 중 절댓값이 $\frac{7}{2}$ 이상인 수는 모두 몇 개인가?

$-4,\quad 2,\quad 3,\quad \frac{11}{4},\quad 5,\quad -\frac{13}{2}$

① 1개 ② 2개 ③ 3개
④ 4개 ⑤ 5개

02 $-2\frac{2}{5}$에 가장 가까운 정수를 a, $\frac{7}{4}$에 가장 가까운 정수를 b라 할 때, $|a|+|b|$의 값을 구하시오.

03 두 수 $-3\frac{1}{5}$과 $2\frac{3}{4}$ 사이에 있는 정수 중 절댓값이 가장 큰 수는?

① -4 ② -3 ③ -1
④ 0 ⑤ 2

04 다음 조건을 모두 만족시키는 정수 A의 값을 구하시오.

(가) $-2<A<4$ (나) $|A|>2$

05 다음 조건을 모두 만족시키는 a, b의 값을 구하시오.

(가) a는 b보다 $\frac{3}{5}$만큼 작다.
(나) a, b의 절댓값이 같다.

06 두 정수 a, b가 다음 조건을 모두 만족시킬 때, a, b의 값을 구하시오.

(가) $a<0$, $b>0$
(나) a의 절댓값이 3이다.
(다) a, b의 절댓값의 합이 10이다.

07 $\frac{n}{5}$의 절댓값이 1보다 작거나 같도록 하는 정수 n의 개수는?

① 8개 ② 9개 ③ 10개
④ 11개 ⑤ 12개

08 두 유리수 a, b에 대하여 다음 **보기** 중 옳지 않은 것을 모두 고른 것은?

보기
ㄱ. $a<0$이면 $|a|=-a$
ㄴ. $a>0$이면 $|-a|=a$
ㄷ. $|a|=|b|$이면 $a=b$
ㄹ. $a>b$이면 $|a|>|b|$

① ㄴ ② ㄷ ③ ㄹ
④ ㄱ, ㄴ ⑤ ㄷ, ㄹ

09 두 수 a, b에 대하여 a의 절댓값이 5, b의 절댓값이 x이다. $a+b$의 값 중에서 가장 큰 값이 7일 때, x의 값을 구하시오.

10 수직선 위에서 두 수 a, b를 나타내는 두 점으로부터 같은 거리에 있는 점이 나타내는 수가 3이고 $|a|=7$일 때, b의 값을 모두 구하시오.

꼭 나와

11 두 유리수 $-\frac{8}{7}$과 $\frac{1}{2}$ 사이에 있는 정수가 아닌 유리수를 기약분수로 나타내었을 때, 분모가 14인 유리수의 개수는?

① 10개 ② 11개 ③ 12개
④ 13개 ⑤ 14개

12 다음 조건을 모두 만족시키는 서로 다른 세 정수 a, b, c의 대소 관계를 구하시오.

(가) a와 b는 -5보다 크다.
(나) a의 절댓값은 -5의 절댓값과 같다.
(다) c는 5보다 크다.
(라) c는 b보다 -5에 더 가깝다.

3 step 실력 UP

01 오른쪽 그림과 같은 길이 있다. 각 갈림길에는 숫자가 적힌 표지판이 두 개씩 있고, 매번 절댓값이 큰 수가 적힌 길을 택하여 갈 때, 도착점은 어디인지 구하시오.

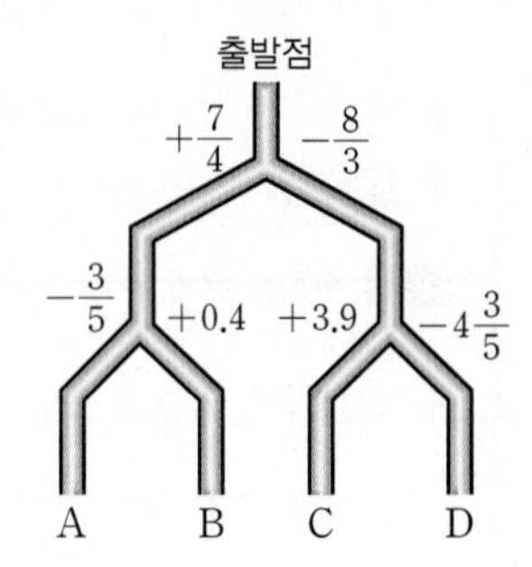

02 다음 조건을 모두 만족시키는 서로 다른 네 수 A, B, C, D 중 음수를 모두 구하시오.

> (가) 수직선 위에서 왼쪽에서부터 A, B, C, D 순서로 나열되어 있다.
> (나) 수직선 위에서 A와 D가 나타내는 점은 원점으로부터의 거리가 같다.
> (다) 수직선 위에서 B는 원점의 오른쪽에 있다.
> (라) C는 B보다 크다.

03 x의 절댓값은 $\frac{1}{2}$ 이상 5 미만일 때, 정수 x의 개수를 구하시오.

04 다음 조건을 모두 만족시키는 정수 a의 값을 구하시오.

> (가) $|a|>6$
> (나) $|a|$는 한 자리의 수이다.
> (다) $|a|$의 약수의 개수가 4개이다.
> (라) a와 부호가 같은 정수 b에 대하여 $a>b$일 때, $|a|<|b|$이다.

05 부호가 반대인 두 정수 a, b에 대하여 $a>b$이고 a와 b의 절댓값의 합이 12이다. a의 절댓값이 b의 절댓값의 3배일 때, a, b의 값을 구하시오.

06 $a>b$인 두 정수 a, b에 대하여 $|a|+|b|=3$을 만족시키는 a, b를 (a, b)로 나타내기로 할 때, (a, b)의 개수를 구하시오.

서술형 대비 문제

논리적으로 풀어서 설명하는 연습이 필요하므로
차근차근 풀어 보는 습관을 기르면 자신감이 팍팍!

정답과 풀이 p.34

예제 01

$-\frac{8}{3}$에 가장 가까운 정수를 a, $\frac{9}{4}$에 가장 가까운 정수를 b라 할 때, $|a|+|b|$의 값을 구하시오. [7점]

풀이과정

1단계 수직선 위에 두 수 $-\frac{8}{3}$과 $\frac{9}{4}$를 나타내기 [1점]

수직선 위에 $-\frac{8}{3}$과 $\frac{9}{4}$를 나타내면 다음과 같다.

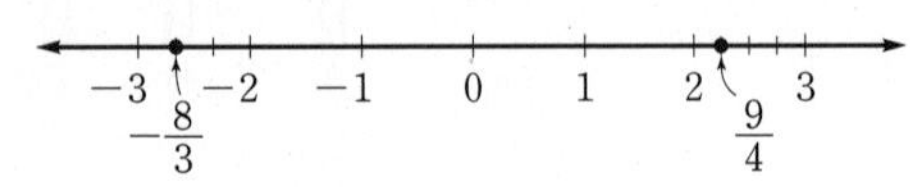

2단계 a, b의 값 구하기 [3점]

$-\frac{8}{3}$에 가장 가까운 정수는 -3이므로 $a=-3$

$\frac{9}{4}$에 가장 가까운 정수는 2이므로 $b=2$

3단계 $|a|+|b|$의 값 구하기 [3점]

$\therefore |a|+|b|=|-3|+|2|=3+2=5$

답 5

유제 1 $\frac{9}{2}$보다 큰 수 중에서 가장 작은 정수를 a, $-3\frac{1}{3}$보다 작은 수 중에서 가장 큰 정수를 b라 할 때, $|a|+|b|$의 값을 구하시오. [7점]

풀이과정

1단계 수직선 위에 두 수 $\frac{9}{2}$와 $-3\frac{1}{3}$을 나타내기 [1점]

2단계 a, b의 값 구하기 [3점]

3단계 $|a|+|b|$의 값 구하기 [3점]

답

예제 02

수직선 위에서 두 수 a, b를 나타내는 두 점 사이의 거리가 8이고 두 점의 한가운데 있는 점이 나타내는 수가 3일 때, a, b의 값을 구하시오. (단, $a>b$) [7점]

풀이과정

1단계 a, b와 3 사이의 거리 구하기 [3점]

두 수 a, b는 3으로부터의 거리가 각각 $8\times\frac{1}{2}=4$인 수이다.

2단계 a, b를 수직선 위에 점으로 나타내기 [2점]

두 수 a, b를 수직선 위에 점으로 나타내면 다음과 같다.

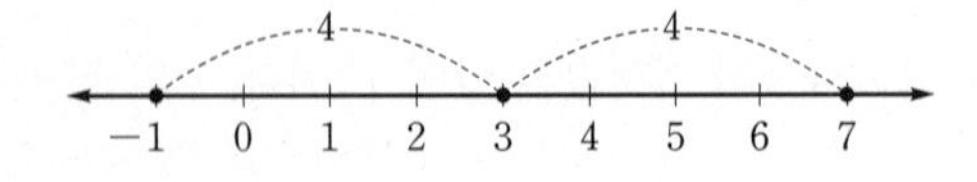

3단계 a, b의 값 구하기 [2점]

그런데 $a>b$이므로 $a=7$, $b=-1$

답 $a=7$, $b=-1$

유제 2 수직선 위에서 두 수를 나타내는 두 점 사이의 거리가 10이고 두 점의 한가운데 있는 점이 나타내는 수가 -1일 때, 두 수 중 작은 수를 구하시오. [7점]

풀이과정

1단계 두 수와 -1 사이의 거리 구하기 [3점]

2단계 두 수를 수직선 위에 점으로 나타내기 [2점]

3단계 두 수 중 작은 수 구하기 [2점]

답

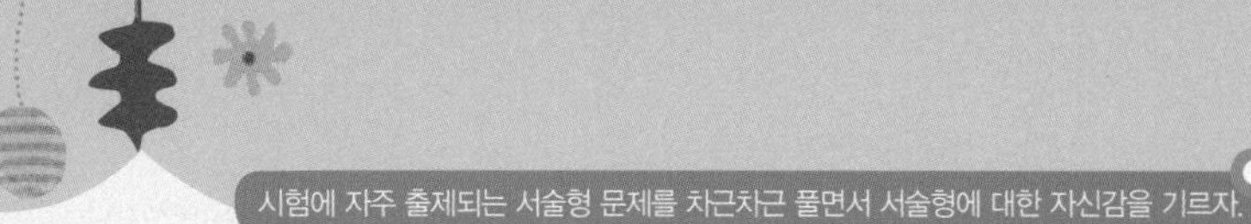

스스로 서술하기

시험에 자주 출제되는 서술형 문제를 차근차근 풀면서 서술형에 대한 자신감을 기르자.

유제 3 다음 수 중 양수의 개수를 a개, 음수의 개수를 b개, 정수가 아닌 유리수의 개수를 c개라 할 때, $a+b+c$의 값을 구하시오. [6점]

$$-3,\ \frac{3}{11},\ -4.5,\ 0,\ \frac{29}{4},\ 0.9,\ 25,\ -\frac{1}{5}$$

풀이과정

답

유제 5 두 수 a, b가 아래 조건을 모두 만족시킬 때, 다음을 구하시오. [총 7점]

(가) 두 수 a, b의 절댓값이 같다.
(나) a는 b보다 24만큼 작다.

(1) a, b의 부호 [3점]
(2) a, b의 값 [4점]

풀이과정

(1)

(2)

답 (1) (2)

유제 4 두 유리수 $-2\frac{1}{3}$과 $1\frac{3}{5}$ 사이에 있는 정수 중 절댓값이 가장 큰 수를 구하시오. [6점]

풀이과정

답

유제 6 $|a|>3$인 정수 a에 대하여 a는 -4보다 작지 않고 2보다 작을 때, a의 값을 구하시오. [7점]

풀이과정

답

끝없이 자라는 꿈

세계에서 제일 높은 에베레스트 산에 꽂혀 있는 등정 깃대에는 '1953년 5월 29일 에드몬드 힐러리'라고 적혀 있습니다. 가장 험하고 가장 높다는 에베레스트 산을 제일 처음 등반한 사람이 에드몬드 힐러리지만 그도 처음부터 등반에 성공한 것은 아니었습니다.

1952년 그는 피나는 훈련 끝에 등반을 시작했지만 결국 실패하고 나서 영국의 한 단체로부터 에베레스트 산의 등반에 관한 연설을 부탁받았습니다.

그는 연단에서 에베레스트 산이 얼마나 험하고 등반하기 힘든 산인가에 대해서 사람들에게 설명했습니다. 그러자 연설을 듣고 있던 한 사람이 에드몬드에게 질문을 던졌습니다.

"그렇게 힘든 산이라면 두 번 다시 등반하시지 않을 것입니까?"

그는 주먹을 불끈 쥐고는 지도에 그려져 있는 에베레스트 산을 가리키면서 이렇게 대답했습니다.

"아니오. 나는 다시 등반할 것입니다. 첫 번째는 실패했지만 다음 번엔 꼭 성공할 테니까요. 왜냐고요? 에베레스트 산은 이미 자랄 대로 다 자라났지만 나의 꿈은 아직도 계속 자라고 있으니까요."

같은 실패를 경험한다고 해도 그것을 독약으로 받아들여 쓰러지는 사람이 있는 반면에 그것을 영양제로 받아들여 더더욱 힘을 내서 달리는 사람도 있습니다.

여러분은 어떤 사람이 되시겠습니까?

II

정수와 유리수

01 정수와 유리수의 덧셈

2. 정수와 유리수의 계산

개념원리 이해

1 유리수의 덧셈은 어떻게 하는가?

핵심문제 1, 2

(1) **부호가 같은 두 수의 덧셈** : 두 수의 절댓값의 합에 공통인 부호를 붙인다.

$+ + + = +$
$- + - = -$

예 ① $(+5)+(+7)=+(5+7)=+12$ (공통인 부호, 절댓값의 합)

② $\left(-\frac{2}{3}\right)+\left(-\frac{1}{6}\right)=\left(-\frac{4}{6}\right)+\left(-\frac{1}{6}\right)=-\left(\frac{4}{6}+\frac{1}{6}\right)=-\frac{5}{6}$ (통분, 공통인 부호, 절댓값의 합)

(2) **부호가 다른 두 수의 덧셈** : 두 수의 절댓값의 차에 절댓값이 큰 수의 부호를 붙인다.

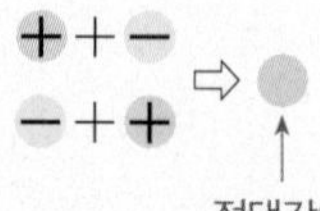

예 ① $(-5)+(+7)=+(7-5)=+2$ (절댓값이 큰 수의 부호, 절댓값의 차)

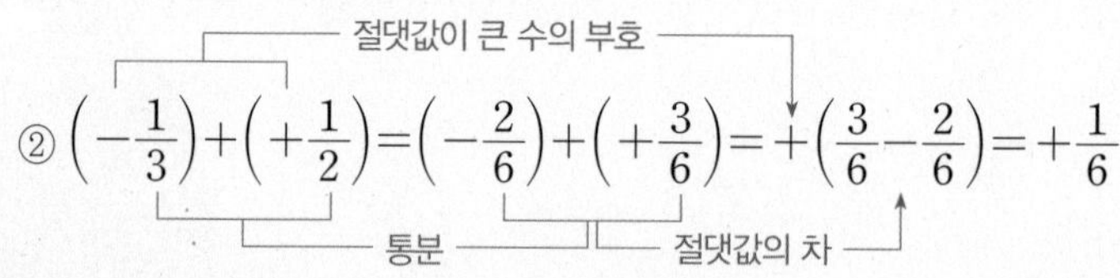

② $\left(-\frac{1}{3}\right)+\left(+\frac{1}{2}\right)=\left(-\frac{2}{6}\right)+\left(+\frac{3}{6}\right)=+\left(\frac{3}{6}-\frac{2}{6}\right)=+\frac{1}{6}$ (통분, 절댓값이 큰 수의 부호, 절댓값의 차)

(3) 절댓값이 같고 부호가 다른 두 수의 합은 0이다.

예 $(+3)+(-3)=0$, $\left(-\frac{4}{5}\right)+\left(+\frac{4}{5}\right)=0$

▶ $(+5)+0=+5$, $0+\left(-\frac{2}{3}\right)=-\frac{2}{3}$와 같이 어떤 수에 0을 더하거나 0에 어떤 수를 더하면 그 합은 그 수 자신이 된다.

설명 수직선을 이용하여 두 수의 합을 구할 수 있다.

(1) (양수)+(양수)

$(+2)+(+3)$의 값은 원점에서 오른쪽으로 2만큼 이동한 후 다시 오른쪽으로 3만큼 이동한 것이므로 결국 오른쪽으로 5만큼 이동한 것이다. 즉,

$(+2)+(+3)=+5$

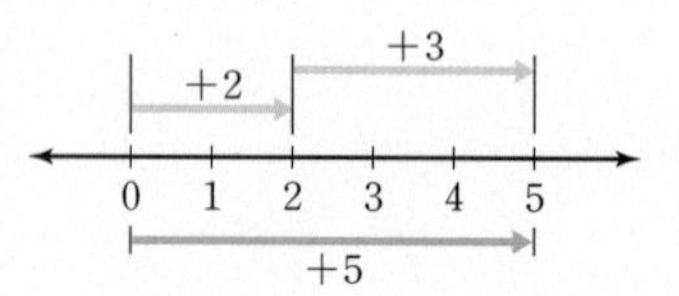

(2) (음수)+(음수)

$(-1)+(-2)$의 값은 원점에서 왼쪽으로 1만큼 이동한 후 다시 왼쪽으로 2만큼 이동한 것이므로 결국 왼쪽으로 3만큼 이동한 것이다. 즉,

$(-1)+(-2)=-3$

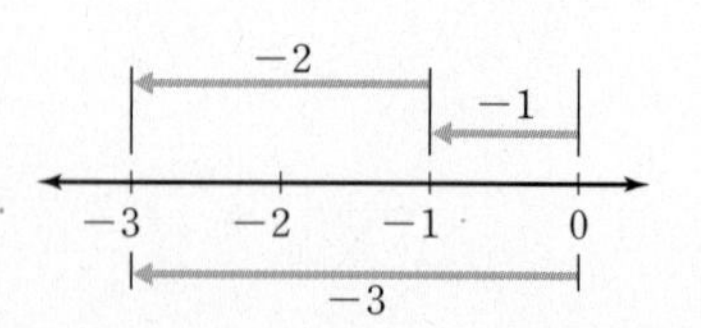

일반적으로 (1), (2)와 같이 부호가 같은 두 수의 덧셈은 두 수의 절댓값의 합에 공통인 부호를 붙인 것과 같다.

마찬가지로 부호가 다른 두 수의 덧셈을 수직선을 이용하여 계산하면 다음과 같다.

(3) (양수)+(음수)

$(+1)+(-3)=-2$

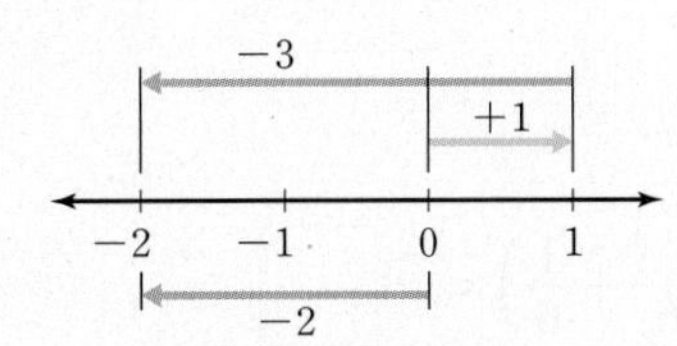

(4) (음수)+(양수)

$(-1)+(+3)=+2$

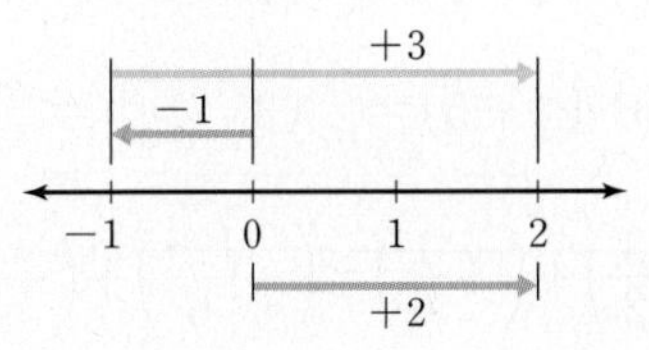

일반적으로 (3), (4)와 같이 부호가 다른 두 수의 덧셈은 두 수의 절댓값의 차에 절댓값이 큰 수의 부호를 붙인 것과 같다.

정수와 마찬가지로 분수나 소수로 나타내어진 두 수의 합도 수직선을 이용하여 구할 수 있다.

$\left(-\frac{1}{2}\right)+\left(-\frac{3}{4}\right)=-\frac{5}{4}$

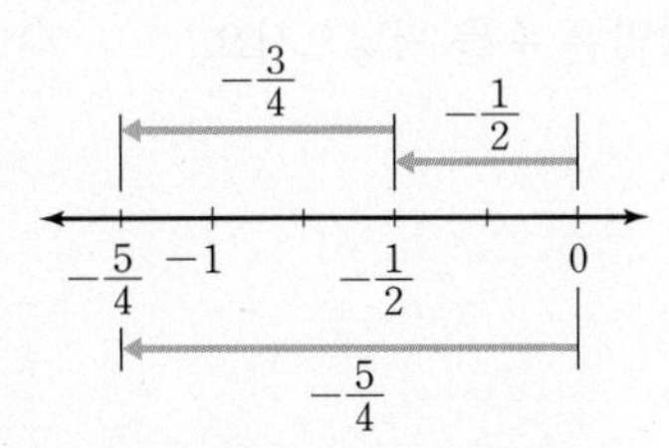

$\left(-\frac{5}{4}\right)+\left(+\frac{1}{2}\right)=-\frac{3}{4}$

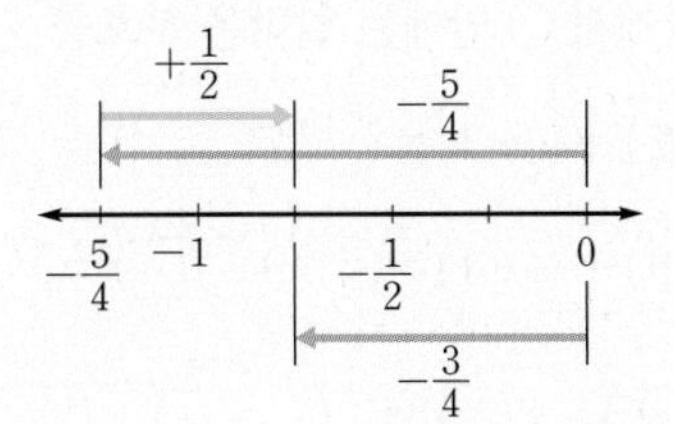

2 덧셈에는 어떤 계산 법칙이 있는가?

핵심문제 3

세 수 a, b, c에 대하여

(1) **덧셈의 교환법칙** : $a+b=b+a$

(2) **덧셈의 결합법칙** : $(a+b)+c=a+(b+c)$

▶ 세 수의 덧셈에서는 결합법칙이 성립하므로 $(a+b)+c$ 또는 $a+(b+c)$를 괄호를 사용하지 않고 $a+b+c$로 나타낼 수 있다.

설명 두 수의 덧셈을 할 때, $(+6)+(-2)=+4$, $(-2)+(+6)=+4$와 같이 더하는 두 수의 순서를 바꾸어 더하여도 그 결과는 같다. 이것을 덧셈의 교환법칙이라 한다.

또, 세 수의 덧셈을 할 때, $\{(+2)+(-3)\}+(+5)=(-1)+(+5)=+4$, $(+2)+\{(-3)+(+5)\}=(+2)+(+2)=+4$와 같이 앞의 두 수 또는 뒤의 두 수를 먼저 더한 후에 나머지 수를 더하여도 그 결과는 같다. 이것을 덧셈의 결합법칙이라 한다. 정수의 덧셈에서와 같이 유리수의 덧셈에서도 덧셈의 교환법칙과 덧셈의 결합법칙이 성립한다.

예 $\left(+\frac{1}{2}\right)+(+7)+\left(-\frac{1}{2}\right)$을 계산하시오.

풀이 (주어진 식) $=(+7)+\left(+\frac{1}{2}\right)+\left(-\frac{1}{2}\right)$ ← 덧셈의 교환법칙

$=(+7)+\left\{\left(+\frac{1}{2}\right)+\left(-\frac{1}{2}\right)\right\}$ ← 덧셈의 결합법칙

$=(+7)+0=+7$

01 다음 식에서 ○ 안에는 알맞은 부호를, □ 안에는 알맞은 수를 써넣으시오.

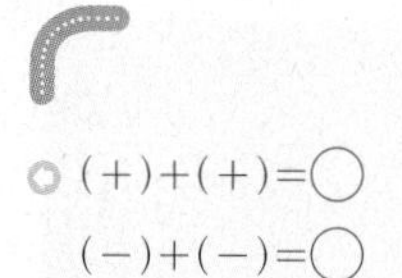

(1) $(+7)+(+2)=$ ○$(7+2)=$ ○□

(2) $(-3)+(-5)=$ ○$(3$ ○ □$)=$ ○□

(3) $\left(+\frac{3}{2}\right)+\left(+\frac{1}{6}\right)=\left(+\frac{\square}{6}\right)+\left(+\frac{1}{6}\right)=\bigcirc\left(\frac{\square}{6}+\frac{1}{6}\right)=\bigcirc\square$

(4) $\left(-\frac{2}{3}\right)+\left(-\frac{1}{4}\right)=\left(-\frac{\square}{12}\right)+\left(-\frac{3}{12}\right)$

$=\bigcirc\left(\frac{\square}{12}+\frac{3}{12}\right)=\bigcirc\square$

02 다음 식에서 ○ 안에는 알맞은 부호를, □ 안에는 알맞은 수를 써넣으시오.

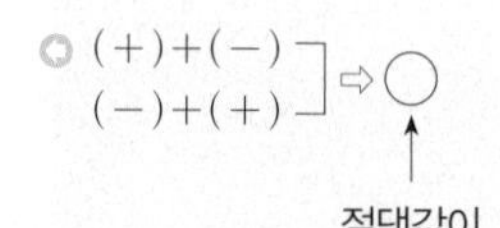

절댓값이
□ 수의 부호

(1) $(-7)+(+3)=$ ○$(7$ ○ □$)=$ ○□

(2) $(+9)+(-4)=$ ○$(9$ ○ □$)=$ ○□

(3) $\left(-\frac{5}{2}\right)+\left(+\frac{7}{4}\right)=\left(-\frac{\square}{4}\right)+\left(+\frac{7}{4}\right)$

$=\bigcirc\left(\frac{\square}{4}-\frac{\square}{4}\right)=\bigcirc\square$

03 다음을 계산하시오.

(1) $(+6)+(+7)$

(2) $(-8)+(-5)$

(3) $(-11)+(+9)$

(4) $(-3)+(+12)$

(5) $\left(-\frac{2}{3}\right)+\left(-\frac{1}{5}\right)$

(6) $(-0.5)+(-4.5)$

(7) $(+11.4)+(-17.5)$

(8) $\left(-\frac{5}{3}\right)+\left(+\frac{7}{4}\right)$

(9) $(-0.5)+\left(+\frac{2}{7}\right)$

(10) $\left(+\frac{3}{10}\right)+\left(-\frac{3}{4}\right)$

04 다음을 계산하시오.

덧셈의 교환법칙이란?
덧셈의 결합법칙이란?

(1) $(-10)+(+2)+(+6)$

(2) $(-7)+(+14)+(-10)$

(3) $\left(-\frac{1}{4}\right)+\left(+\frac{2}{3}\right)+\left(+\frac{3}{4}\right)$

(4) $\left(+\frac{3}{4}\right)+(-3)+\left(+\frac{5}{4}\right)$

핵심 문제 익히기

더 다양한 문제는 RPM 중1-1 54쪽

01 정수의 덧셈

다음 중 계산 결과가 나머지 넷과 다른 하나는?

① $(-4)+(+9)$ ② $(+3)+(+2)$ ③ $(-2)+(+7)$
④ $(+8)+(-3)$ ⑤ $(-9)+(+4)$

Key Point

- 부호가 같은 두 수의 덧셈
  ⇨ ○(절댓값의 합)
  └ 공통인 부호
- 부호가 다른 두 수의 덧셈
  ⇨ ○(절댓값의 차)
  └ 절댓값이 큰 수의 부호

풀이

① $(-4)+(+9)=+(9-4)=+5$ ② $(+3)+(+2)=+(3+2)=+5$
③ $(-2)+(+7)=+(7-2)=+5$ ④ $(+8)+(-3)=+(8-3)=+5$
⑤ $(-9)+(+4)=-(9-4)=-5$
따라서 나머지 넷과 다른 하나는 ⑤이다.

확인 1 다음 중 계산 결과가 가장 큰 것은?

① $(-3)+(+9)$ ② $(-13)+(-5)$ ③ $(-12)+(+7)$
④ $(+16)+(-13)$ ⑤ $(+4)+(-8)$

더 다양한 문제는 RPM 중1-1 54쪽

02 유리수의 덧셈

다음 중 계산 결과가 옳은 것은?

① $\left(+\frac{1}{5}\right)+\left(+\frac{1}{3}\right)=+\frac{7}{15}$ ② $(-0.5)+(-5.5)=+6$
③ $\left(-\frac{7}{4}\right)+\left(+\frac{1}{2}\right)=+\frac{5}{4}$ ④ $\left(+\frac{1}{5}\right)+\left(-\frac{2}{15}\right)=-\frac{1}{15}$
⑤ $(+5.2)+(-1.2)=+4$

Key Point

분모가 다른 두 분수의 덧셈
⇨ 분모의 최소공배수로 통분하여 계산한다.

풀이

① $\left(+\frac{1}{5}\right)+\left(+\frac{1}{3}\right)=\left(+\frac{3}{15}\right)+\left(+\frac{5}{15}\right)=+\left(\frac{3}{15}+\frac{5}{15}\right)=+\frac{8}{15}$
② $(-0.5)+(-5.5)=-(0.5+5.5)=-6$
③ $\left(-\frac{7}{4}\right)+\left(+\frac{1}{2}\right)=\left(-\frac{7}{4}\right)+\left(+\frac{2}{4}\right)=-\left(\frac{7}{4}-\frac{2}{4}\right)=-\frac{5}{4}$
④ $\left(+\frac{1}{5}\right)+\left(-\frac{2}{15}\right)=\left(+\frac{3}{15}\right)+\left(-\frac{2}{15}\right)=+\left(\frac{3}{15}-\frac{2}{15}\right)=+\frac{1}{15}$
⑤ $(+5.2)+(-1.2)=+(5.2-1.2)=+4$ ∴ ⑤

확인 2 다음 중 계산 결과가 옳은 것은?

① $\left(+\frac{5}{7}\right)+\left(+\frac{8}{21}\right)=+\frac{13}{21}$ ② $\left(-\frac{2}{3}\right)+\left(-\frac{1}{7}\right)=-\frac{11}{21}$
③ $\left(-\frac{5}{6}\right)+\left(+\frac{2}{3}\right)=+\frac{1}{6}$ ④ $(+2.1)+(-4.3)=+2.2$
⑤ $(+5.1)+(-3.6)=+1.5$

더 다양한 문제는 RPM 중1-1 54쪽

03 덧셈의 계산 법칙

다음 계산 과정에서 ㉠, ㉡에 이용된 계산 법칙을 써넣고 ①, ②에 알맞은 수를 써넣으시오.

$(-2.5)+(+1)+(-1.5)$
$=(-2.5)+(-1.5)+(+1)$ ← 덧셈의 ㉠ 법칙
$=\{(-2.5)+(-1.5)\}+(+1)$ ← 덧셈의 ㉡ 법칙
$=($①$)+(+1)=$②

Key Point

세 수 a, b, c에 대하여
- 덧셈의 교환법칙
  ⇨ $a+b=b+a$
- 덧셈의 결합법칙
  ⇨ $(a+b)+c=a+(b+c)$

풀이

$(-2.5)+(+1)+(-1.5)$
$=(-2.5)+(-1.5)+(+1)$ ← 덧셈의 ㉠ **교환** 법칙
$=\{(-2.5)+(-1.5)\}+(+1)$ ← 덧셈의 ㉡ **결합** 법칙
$=($① $\mathbf{-4}$$)+(+1)=$② $\mathbf{-3}$

확인 3 다음 계산 과정에서 ㉠, ㉡에 이용된 계산 법칙을 써넣고 ①, ②에 알맞은 수를 써넣으시오.

$\left(-\frac{1}{5}\right)+\left(-\frac{2}{3}\right)+\left(+\frac{6}{5}\right)$
$=\left(-\frac{2}{3}\right)+\left(-\frac{1}{5}\right)+\left(+\frac{6}{5}\right)$ ← ㉠
$=\left(-\frac{2}{3}\right)+\left\{\left(-\frac{1}{5}\right)+\left(+\frac{6}{5}\right)\right\}$ ← ㉡
$=\left(-\frac{2}{3}\right)+($①$)$
$=$②

확인 4 다음을 덧셈의 계산 법칙을 이용하여 계산하시오.

(1) $(+7)+(-3)+(-7)$
(2) $(-9.4)+(+3.7)+(+6.2)+(-1.9)$
(3) $\left(+\frac{2}{3}\right)+\left(-\frac{1}{2}\right)+\left(-\frac{5}{3}\right)+\left(+\frac{3}{2}\right)$

02 정수와 유리수의 뺄셈

개념원리 이해

1 유리수의 뺄셈은 어떻게 하는가? ◎ 핵심문제 1, 2

(1) 두 유리수의 뺄셈은 빼는 수의 부호를 바꾸어 더한다.

(2) 부호 바꾸는 방법

덧셈으로 바꾼다.

$\triangle-(+\square)=\triangle+(-\square)$, $\triangle-(-\square)=\triangle+(+\square)$

부호를 바꾼다.

▶ ① $(-5)-0=-5$, $(+6)-0=+6$과 같이 어떤 수에서 0을 빼면 그 수 자신이 된다.

② $0-(-5)=0+(+5)=+5$, $0-(+6)=0+(-6)=-6$과 같이 0에서 어떤 수를 빼는 것은 빼는 수의 부호를 바꾸어 더하는 것과 같다.

예 ① $(-3)-(+7)=(-3)+(-7)=-(3+7)=-10$ (덧셈으로 바꾼다. 부호를 바꾼다.)

② $(-3)-(-7)=(-3)+(+7)=+(7-3)=+4$ (덧셈으로 바꾼다. 부호를 바꾼다.)

③ $\left(-\frac{1}{3}\right)-\left(+\frac{1}{2}\right)=\left(-\frac{1}{3}\right)+\left(-\frac{1}{2}\right)=\left(-\frac{2}{6}\right)+\left(-\frac{3}{6}\right)=-\left(\frac{2}{6}+\frac{3}{6}\right)=-\frac{5}{6}$ (덧셈으로 바꾼다. 부호를 바꾼다.)

④ $\left(-\frac{1}{3}\right)-\left(-\frac{1}{2}\right)=\left(-\frac{1}{3}\right)+\left(+\frac{1}{2}\right)=\left(-\frac{2}{6}\right)+\left(+\frac{3}{6}\right)=+\left(\frac{3}{6}-\frac{2}{6}\right)=+\frac{1}{6}$ (덧셈으로 바꾼다. 부호를 바꾼다.)

2 덧셈과 뺄셈의 혼합 계산 ◎ 핵심문제 3

① 뺄셈은 모두 덧셈으로 바꾼다.

② 덧셈의 계산 법칙을 이용하여 양수는 양수끼리, 음수는 음수끼리 모아서 계산한다.

↳ 덧셈의 교환법칙, 덧셈의 결합법칙

주의 뺄셈에서는 교환법칙과 결합법칙이 성립하지 않는다.

$(+6)-(+2)=+4$, $(+2)-(+6)=-4$

$\therefore (+6)-(+2)\neq(+2)-(+6)$

$\{(+6)-(+3)\}-(-2)=+5$, $(+6)-\{(+3)-(-2)\}=+1$

$\therefore \{(+6)-(+3)\}-(-2)\neq(+6)-\{(+3)-(-2)\}$

예 $(+3)-(+2)+(-5)-(-9)$

$=(+3)+(-2)+(-5)+(+9)$ ← 뺄셈을 덧셈으로 바꾸기

$=(+3)+(+9)+(-2)+(-5)$ ← 덧셈의 교환법칙

$=\{(+3)+(+9)\}+\{(-2)+(-5)\}$ ← 덧셈의 결합법칙 (양수는 양수끼리, 음수는 음수끼리 모으기)

$=(+12)+(-7)$

$=+5$

3 부호가 생략된 수의 덧셈과 뺄셈

○ 핵심문제 4

모든 수에 +부호가 생략된 것으로 보고 +부호를 붙여서 나타낸 뒤, 뺄셈을 모두 덧셈으로 바꾸고 양수는 양수끼리, 음수는 음수끼리 모아서 계산한다.

$-\triangle=-(+\triangle)$

$+\square=+(+\square)$

예 $2-5+4-6$

$=(+2)-(+5)+(+4)-(+6)$ ← 생략된 +부호 붙이기

$=(+2)+(-5)+(+4)+(-6)$ ← 뺄셈을 덧셈으로 바꾸기

$=(+2)+(+4)+(-5)+(-6)$ ← 덧셈의 교환법칙

$=\{(+2)+(+4)\}+\{(-5)+(-6)\}$ ← 덧셈의 결합법칙 (양수는 양수끼리, 음수는 음수끼리 모으기)

$=(+6)+(-11)$

$=-5$

4 괄호가 있는 식의 덧셈, 뺄셈을 빨리 계산하는 방법

○ 핵심문제 1~3

괄호가 있으면 괄호를 푼다.

- 괄호 앞에 +가 있으면 괄호 안의 부호 그대로
- 괄호 앞에 −가 있으면 괄호 안의 부호 반대로

$+(+\triangle)=+\triangle$

$+(-\triangle)=-\triangle$

$-(+\square)=-\square$

$-(-\square)=+\square$

예 $(+3)-(+5)+(-6)-(-7)$

$=3-5-6+7$

$=3+7-5-6$

$=10-11$

$=-1$

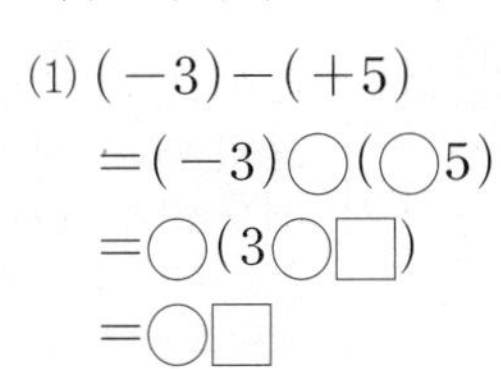

수학 실력의 비결은 개념원리의 이해부터이다. 개념원리 확인하기를 통하여 개념과 원리를 정확히 이해하자.

정답과 풀이 p.37

01 다음 식에서 ○ 안에는 알맞은 부호를, □ 안에는 알맞은 수를 써넣으시오.

(1) $(-3)-(+5)$
$=(-3)\bigcirc(\bigcirc 5)$
$=\bigcirc(3\bigcirc\square)$
$=\bigcirc\square$

(2) $(-5)-(-8)$
$=(-5)\bigcirc(\bigcirc 8)$
$=\bigcirc(\square\bigcirc\square)$
$=\bigcirc\square$

(3) $\left(-\frac{2}{3}\right)-\left(-\frac{1}{2}\right)=\left(-\frac{2}{3}\right)+\left(\bigcirc\frac{1}{2}\right)=\left(-\frac{4}{6}\right)+\left(\bigcirc\frac{\square}{6}\right)$
$=\bigcirc\left(\frac{4}{6}-\frac{\square}{6}\right)=\bigcirc\square$

02 다음을 계산하시오.

(1) $(+8)-(+12)$

(2) $(-7)-(+7)$

(3) $\left(+\frac{5}{6}\right)-\left(-\frac{4}{3}\right)$

(4) $\left(-\frac{1}{2}\right)-\left(-\frac{1}{5}\right)$

03 다음을 계산하시오.

(1) $(-2)+(+5)-(-6)$

(2) $(+2.5)-(+2.8)-(-5.5)+(-3.2)$

(3) $\left(+\frac{1}{2}\right)+\left(-\frac{2}{3}\right)-\left(-\frac{3}{2}\right)-\left(+\frac{1}{3}\right)$

04 다음 □ 안에 부호를 포함한 알맞은 수를 써넣으시오.

(1) $12-4+5=(+12)-(\square)+(+5)$
$=(+12)+(\square)+(+5)$
$=\{(+12)+(+5)\}+(\square)$
$=(+17)+(\square)=\square$

(2) $-\frac{1}{2}+\frac{2}{5}-\frac{3}{2}=\left(-\frac{1}{2}\right)+\left(+\frac{2}{5}\right)-(\square)$
$=\left(-\frac{1}{2}\right)+\left(+\frac{2}{5}\right)+(\square)$
$=\left(-\frac{1}{2}\right)+(\square)+\left(+\frac{2}{5}\right)$
$=\left\{\left(-\frac{1}{2}\right)+(\square)\right\}+\left(+\frac{2}{5}\right)$
$=(\square)+\left(+\frac{2}{5}\right)=\square$

○ 두 유리수의 뺄셈은 빼는 수의 □를 바꾸어 더한다.

○ ① 뺄셈은 모두 □으로 고친다.
② 양수는 양수끼리, 음수는 음수끼리 모아서 계산한다.

○ 생략된 □부호를 붙여서 나타낸다.
$a-b=(+a)-(+b)$
$=(+a)+(-b)$

핵심 문제 익히기

더 다양한 문제는 RPM 중1-1 55쪽

01 유리수의 뺄셈

다음을 계산하시오.

(1) $(-12)-(-5)$　　(2) $(-5.3)-(+2.7)$

(3) $(+0.8)-\left(+\frac{1}{2}\right)$　　(4) $\left(+\frac{3}{4}\right)-\left(-\frac{2}{3}\right)$

Key Point

뺄셈은 빼는 수의 부호를 바꾸어 덧셈으로 고쳐서 계산한다.

$\begin{cases} \triangle-(+\square)=\triangle+(-\square) \\ \triangle-(-\square)=\triangle+(+\square) \end{cases}$

풀이

(1) $(-12)-(-5)=(-12)+(+5)=-(12-5)=\mathbf{-7}$

(2) $(-5.3)-(+2.7)=(-5.3)+(-2.7)=-(5.3+2.7)=\mathbf{-8}$

(3) $(+0.8)-\left(+\frac{1}{2}\right)=(+0.8)-(+0.5)=(+0.8)+(-0.5)=+(0.8-0.5)=\mathbf{+0.3}$

(4) $\left(+\frac{3}{4}\right)-\left(-\frac{2}{3}\right)=\left(+\frac{3}{4}\right)+\left(+\frac{2}{3}\right)=\left(+\frac{9}{12}\right)+\left(+\frac{8}{12}\right)=+\left(\frac{9}{12}+\frac{8}{12}\right)=\mathbf{+\frac{17}{12}}$

확인 1 다음 중 계산 결과가 옳은 것은?

① $(-8)-(-12)=-4$　　② $(-1.3)-(-5.6)=-4.3$

③ $(+1)-\left(+\frac{3}{4}\right)=-\frac{1}{2}$　　④ $\left(-\frac{1}{4}\right)-\left(+\frac{13}{4}\right)=-3$

⑤ $\left(-\frac{3}{5}\right)-\left(-\frac{2}{3}\right)=+\frac{1}{15}$

더 다양한 문제는 RPM 중1-1 55쪽

02 수직선이 나타내는 식 구하기

Key Point

수직선 위의 한 점에서 오른쪽으로 이동하는 것을 +, 왼쪽으로 이동하는 것을 −로 생각하여 더한다.

오른쪽 수직선으로 설명할 수 있는 식을 모두 고르면? (정답 2개)

① $(-4)-(+2)=-6$　　② $(-6)+(+2)=-4$

③ $(+2)-(+6)=-4$　　④ $(-4)+(-2)=-6$

⑤ $(+2)+(-6)=-4$

풀이

원점에서 오른쪽으로 2만큼 움직였으므로 $+2$, 다시 왼쪽으로 6만큼 움직였으므로 $+6$을 빼거나 -6을 더한 것이다.

$\therefore (+2)-(+6)=-4$ 또는 $(+2)+(-6)=-4$　　∴ ③, ⑤

확인 2 오른쪽 수직선으로 설명할 수 있는 식을 모두 고르면? (정답 2개)

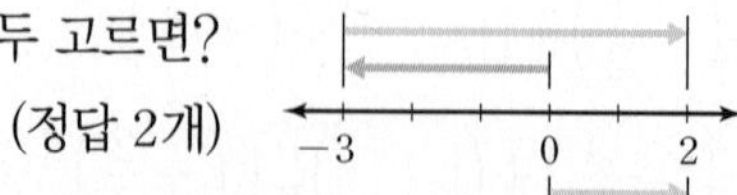

① $(+2)+(-3)=-1$　　② $(-3)+(+5)=+2$

③ $(+5)-(+3)=+2$　　④ $(+2)-(+3)=-1$

⑤ $(-3)-(-5)=+2$

더 다양한 문제는 RPM 중1-1 55~56쪽

03 덧셈과 뺄셈의 혼합 계산

다음을 계산하시오.

(1) $(+4)-(+6)+(-7)-(-5)$ (2) $\left(+\frac{2}{3}\right)+\left(-\frac{3}{4}\right)-\left(-\frac{1}{2}\right)-(+2)$

Key Point

① 뺄셈은 모두 덧셈으로 바꾼다.

$\begin{cases} \triangle-(+\square)=\triangle+(-\square) \\ \triangle-(-\square)=\triangle+(+\square) \end{cases}$

② 덧셈의 교환법칙과 결합법칙을 이용하여 양수는 양수끼리, 음수는 음수끼리 모아서 계산한다.

풀이

(1) (주어진 식)$=(+4)+(-6)+(-7)+(+5)=\{(+4)+(+5)\}+\{(-6)+(-7)\}$

$=(+9)+(-13)=\mathbf{-4}$

(2) (주어진 식)$=\left(+\frac{8}{12}\right)+\left(-\frac{9}{12}\right)+\left(+\frac{6}{12}\right)+\left(-\frac{24}{12}\right)$

$=\left\{\left(+\frac{8}{12}\right)+\left(+\frac{6}{12}\right)\right\}+\left\{\left(-\frac{9}{12}\right)+\left(-\frac{24}{12}\right)\right\}$

$=\left(+\frac{14}{12}\right)+\left(-\frac{33}{12}\right)=\mathbf{-\frac{19}{12}}$

확인 3 다음을 계산하시오.

(1) $(-6)-(+3.3)+(-1.7)-(-13)$

(2) $\left(-\frac{4}{5}\right)+\left(-\frac{9}{4}\right)-\left(+\frac{6}{5}\right)-\left(-\frac{3}{2}\right)$

더 다양한 문제는 RPM 중1-1 56쪽

04 부호가 생략된 수의 덧셈과 뺄셈

다음을 계산하시오.

(1) $-6+4-3+7$ (2) $\frac{1}{4}-\frac{3}{8}-\frac{3}{2}$

Key Point

부호가 생략된 수의 덧셈과 뺄셈

① 부호가 없는 수 앞에 +를 붙인다.

② 뺄셈은 덧셈으로 바꾼다.

③ 순서를 적당히 바꾸어 양수는 양수끼리, 음수는 음수끼리 모아서 계산한다.

풀이

(1) (주어진 식)$=(-6)+(+4)-(+3)+(+7)=(-6)+(+4)+(-3)+(+7)$

$=\{(-6)+(-3)\}+\{(+4)+(+7)\}=(-9)+(+11)=\mathbf{2}$

(2) (주어진 식)$=\left(+\frac{1}{4}\right)-\left(+\frac{3}{8}\right)-\left(+\frac{3}{2}\right)=\left(+\frac{2}{8}\right)+\left(-\frac{3}{8}\right)+\left(-\frac{12}{8}\right)$

$=\left(+\frac{2}{8}\right)+\left\{\left(-\frac{3}{8}\right)+\left(-\frac{12}{8}\right)\right\}=\left(+\frac{2}{8}\right)+\left(-\frac{15}{8}\right)=\mathbf{-\frac{13}{8}}$

확인 4 다음을 계산하시오.

(1) $-5+4-13+7+6-12$ (2) $-\frac{3}{4}+\frac{1}{2}-\frac{1}{3}+\frac{5}{6}$

더 다양한 문제는 RPM 중1-1 57쪽

05 어떤 수보다 □만큼 큰 수 또는 작은 수

다음을 구하시오.

(1) -8보다 $+3$만큼 큰 수　　(2) 7보다 -3만큼 작은 수

(3) -4보다 $-\frac{1}{2}$만큼 작은 수　　(4) $-\frac{3}{4}$보다 $-\frac{2}{3}$만큼 큰 수

Key Point

- 어떤 수보다 A만큼 큰 수 ⇨ (어떤 수)$+A$
- 어떤 수보다 A만큼 작은 수 ⇨ (어떤 수)$-A$

풀이

(1) $(-8)+(+3)=\mathbf{-5}$

(2) $7-(-3)=(+7)+(+3)=\mathbf{10}$

(3) $(-4)-\left(-\frac{1}{2}\right)=\left(-\frac{8}{2}\right)+\left(+\frac{1}{2}\right)=\mathbf{-\frac{7}{2}}$

(4) $\left(-\frac{3}{4}\right)+\left(-\frac{2}{3}\right)=\left(-\frac{9}{12}\right)+\left(-\frac{8}{12}\right)=\mathbf{-\frac{17}{12}}$

확인 5 다음을 구하시오.

(1) -6보다 -2만큼 큰 수　　(2) 9보다 -5만큼 작은 수

(3) $-\frac{2}{3}$보다 $-\frac{1}{5}$만큼 작은 수　　(4) -3보다 $-\frac{1}{2}$만큼 큰 수

더 다양한 문제는 RPM 중1-1 65쪽

06 바르게 계산한 답 구하기

어떤 수를 □라 하고 잘못 계산한 식에서 □를 구한다.

어떤 수에서 $-\frac{1}{3}$을 빼야 할 것을 잘못하여 더했더니 그 결과가 $-\frac{3}{5}$이 되었다. 바르게 계산한 답을 구하시오.

풀이

어떤 수를 □라 하면 $\square+\left(-\frac{1}{3}\right)=-\frac{3}{5}$

$\therefore \square=-\frac{3}{5}-\left(-\frac{1}{3}\right)=\left(-\frac{9}{15}\right)+\left(+\frac{5}{15}\right)=-\frac{4}{15}$

따라서 바르게 계산하면

$-\frac{4}{15}-\left(-\frac{1}{3}\right)=\left(-\frac{4}{15}\right)+\left(+\frac{5}{15}\right)=\mathbf{\frac{1}{15}}$

확인 6 다음 물음에 답하시오.

(1) 어떤 수에 8을 더해야 할 것을 잘못하여 뺐더니 그 결과가 -6이 되었다. 바르게 계산한 답을 구하시오.

(2) 어떤 수에 $\frac{1}{5}$을 더해야 할 것을 잘못하여 뺐더니 그 결과가 $-\frac{1}{4}$이 되었다. 바르게 계산한 답을 구하시오.

계산력 강화하기

01 다음을 계산하시오.

(1) $(+9)+(+7)$

(2) $(-8)+(+15)$

(3) $(+35)+(-17)$

(4) $(-41)+(-26)$

(5) $(+5)-(+8)$

(6) $(-16)-(+10)$

(7) $(+52)-(-18)$

(8) $(-21)-(-40)$

02 다음을 계산하시오.

(1) $\left(-\frac{5}{6}\right)+\left(+\frac{7}{9}\right)$

(2) $(+3)-\left(-\frac{1}{4}\right)$

(3) $\left(-\frac{5}{6}\right)-\left(-\frac{7}{3}\right)$

(4) $\left(-\frac{1}{6}\right)-\left(-\frac{3}{4}\right)$

(5) $\left(+\frac{2}{7}\right)-\left(-\frac{3}{14}\right)$

(6) $\left(-\frac{7}{3}\right)+(-1)$

(7) $(+2.5)-(-1.5)$

(8) $\left(+\frac{3}{4}\right)-\left(+\frac{2}{3}\right)$

03 다음을 계산하시오.

(1) $(+9)+(-12)-(+5)$

(2) $(-21)+(+15)-(+8)-(-9)$

(3) $(-9)-(+4)-(+11)+(+16)$

(4) $(-8)+(+6)-(-11)-(+7)+(-13)$

(5) $-5-9+7-2$

(6) $6-9+12-5$

(7) $8-2-5+9$

(8) $15-32-4-8+19$

04 다음을 계산하시오.

(1) $\left(+\frac{4}{3}\right)+\left(-\frac{1}{2}\right)+\left(+\frac{3}{2}\right)-\left(+\frac{5}{3}\right)$

(2) $(+1.4)-(+3.6)-(-5.4)+(-2.7)$

(3) $\left(-\frac{1}{3}\right)-\left(+\frac{1}{2}\right)+\left(+\frac{2}{3}\right)-\left(+\frac{1}{6}\right)+\left(-\frac{17}{12}\right)$

(4) $\frac{1}{4}-\frac{2}{3}-\left(-\frac{3}{4}\right)+\left(-\frac{1}{3}\right)$

(5) $(-3)-\left(-\frac{4}{5}\right)+6-\frac{1}{5}$

(6) $\frac{7}{6}-\frac{7}{12}+\frac{1}{4}-\frac{1}{2}-\frac{5}{6}$

이런 문제가 시험에 나온다

01 -2.1, $-\frac{10}{3}$, -1, $+\frac{1}{2}$, $+\frac{1}{6}$ 중에서 절댓값이 가장 큰 수를 A, 절댓값이 가장 작은 수를 B라 할 때, $A-B$의 값을 구하시오.

02 다음을 계산하시오.

(1) $-7+1-3+9-2$ (2) $3-\frac{1}{3}-\frac{1}{6}+2$

03 다음을 계산하시오.

(1) $\left(-\frac{3}{2}\right)+4-\frac{5}{2}-\left(-\frac{5}{4}\right)-\frac{3}{8}$

(2) $\left|-\frac{1}{4}+\frac{2}{3}\right|-\left|\frac{1}{3}-\frac{3}{4}\right|$

(3) $-\frac{3}{4}-\left\{-\frac{1}{5}-\left(-\frac{3}{4}+\frac{1}{2}\right)\right\}$

04 다음 중 계산 결과가 옳지 않은 것은?

① $(+6.4)-(+2.4)=4$
② $-2.4-(-1.2)-6.3=-7.5$
③ $(+0.7)+\left(-\frac{2}{3}\right)-\left(-\frac{3}{10}\right)=\frac{1}{3}$
④ $(-4)+(+8)-(+7)-(-10)=7$
⑤ $\left(+\frac{5}{3}\right)-(-2)+\left(-\frac{3}{2}\right)-\left(+\frac{7}{6}\right)=-1$

05 다음 **보기**에서 서로 같은 수끼리 짝지은 것은?

보기
ㄱ. 4보다 -5만큼 큰 수 ㄴ. -6보다 7만큼 큰 수
ㄷ. 8보다 9만큼 작은 수 ㄹ. -2보다 -4만큼 작은 수

① ㄱ, ㄴ ② ㄱ, ㄷ ③ ㄱ, ㄹ
④ ㄴ, ㄷ ⑤ ㄷ, ㄹ

06 다음 두 식을 만족시키는 두 수 A, B에 대하여 $A+B$의 값을 구하시오.

$$A+\left(-\frac{1}{2}\right)=-\frac{3}{10},\quad (-2.5)-B=-1.3$$

생각해 봅시다!

(02) 모든 수에 +부호가 생략된 것으로 보고 +부호를 붙여서 나타낸다.

(05)
• 어떤 수보다 A만큼 큰 수 ⇨ (어떤 수)$+A$
• 어떤 수보다 A만큼 작은 수 ⇨ (어떤 수)$-A$

(06)
• $\square+a=b$ ⇨ $\square=b-a$
• $a-\square=b$ ⇨ $\square=a-b$

생각해 봅시다!

07 $\left(-\frac{1}{3}\right)+5-\left(-\frac{1}{2}\right)+\square=6$일 때, $\square$ 안에 알맞은 수는?

① $-\frac{5}{6}$　② $-\frac{1}{9}$　③ $\frac{1}{6}$
④ $\frac{1}{2}$　⑤ $\frac{5}{6}$

08 다음을 구하시오.

(1) 1보다 $-\frac{2}{3}$만큼 큰 수를 a, -2보다 $\frac{1}{4}$만큼 큰 수를 b라 할 때, $a+b$의 값

(2) $\frac{2}{3}$보다 $\frac{1}{6}$만큼 작은 수를 a, $-\frac{3}{8}$보다 $-\frac{1}{4}$만큼 큰 수를 b라 할 때, $a-b$의 값

09 다음을 구하시오.

(1) -5의 절댓값을 a, 절댓값이 2인 음수를 b라 할 때, $a-b$의 값

(2) a의 절댓값은 2, b의 절댓값은 $\frac{1}{3}$일 때, $a-b$의 값 중 가장 큰 값

절댓값이 $a(a>0)$인 수
⇨ $+a$, $-a$

10 어떤 수에서 $-\frac{3}{2}$을 빼야 할 것을 잘못하여 더했더니 그 결과가 $\frac{7}{5}$이 되었다. 바르게 계산한 답을 구하시오.

어떤 수를 □라 하고 잘못 계산한 식에서 □를 구한다.

11 오른쪽 그림에서 삼각형의 한 변에 놓인 네 수의 합이 모두 같을 때, $A-B$의 값을 구하시오.

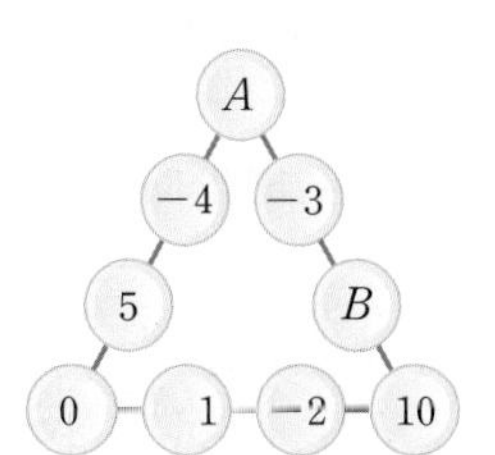

네 수가 전부 주어진 변에서 한 변에 놓인 네 수의 합을 먼저 구한다.

한걸음 더

12 오른쪽 그림과 같은 정육면체의 전개도가 있다. 이 전개도를 접으면 마주 보는 두 면에 적힌 두 수의 합이 $-\frac{2}{3}$일 때, $a-b-c$의 값을 구하시오.

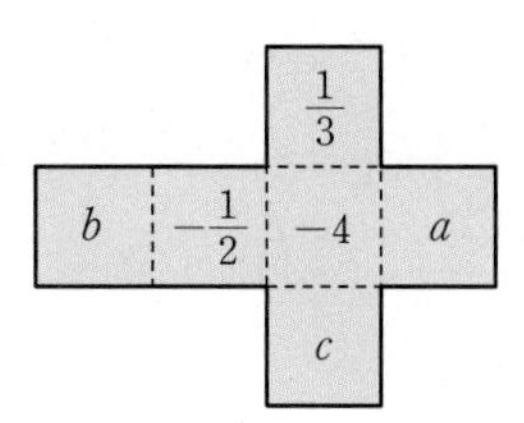

03 정수와 유리수의 곱셈

2. 정수와 유리수의 계산

개념원리 이해

1 유리수의 곱셈은 어떻게 하는가?

○ 핵심문제 1, 2

(1) **부호가 같은 두 수의 곱셈** : 두 수의 절댓값의 곱에 양의 부호 +를 붙인다.

$+ \times +$, $- \times -$ ⇨ $+$

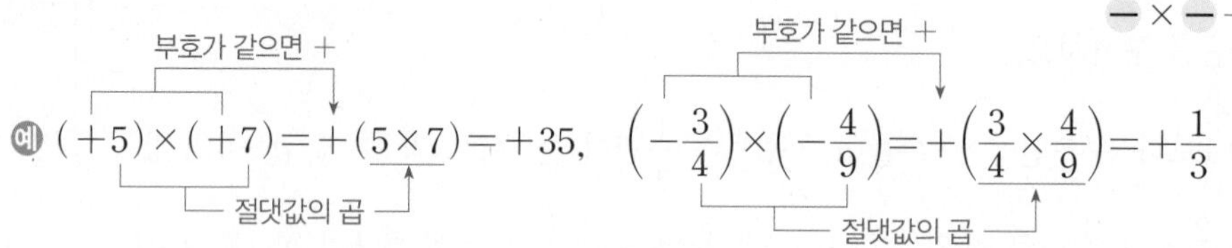

예 $(+5)\times(+7)=+(5\times7)=+35$, $\left(-\frac{3}{4}\right)\times\left(-\frac{4}{9}\right)=+\left(\frac{3}{4}\times\frac{4}{9}\right)=+\frac{1}{3}$

(2) **부호가 다른 두 수의 곱셈** : 두 수의 절댓값의 곱에 음의 부호 −를 붙인다.

$+ \times -$, $- \times +$ ⇨ $-$

부호가 다르면 −

예 $(+3)\times(-8)=-(3\times8)=-24$, $\left(-\frac{1}{2}\right)\times\left(+\frac{2}{3}\right)=-\left(\frac{1}{2}\times\frac{2}{3}\right)=-\frac{1}{3}$

절댓값의 곱

(3) 어떤 수와 0의 곱은 항상 0이다.

예 $(-3)\times0=0$, $0\times9=0$

2 곱셈에는 어떤 계산 법칙이 있는가?

○ 핵심문제 3

세 수 a, b, c에 대하여

(1) **곱셈의 교환법칙** : $a\times b=b\times a$

(2) **곱셈의 결합법칙** : $(a\times b)\times c=a\times(b\times c)$

▶ 세 수의 곱셈에서는 결합법칙이 성립하므로 $(a\times b)\times c$ 또는 $a\times(b\times c)$를 괄호를 사용하지 않고 $a\times b\times c$로 나타낼 수 있다.

설명 두 수의 곱셈을 할 때, $(+5)\times(-3)=-15$, $(-3)\times(+5)=-15$와 같이 곱하는 두 수의 순서를 바꾸어 곱하여도 그 결과는 같다. 이것을 곱셈의 교환법칙이라 한다.
또, 세 수의 곱셈을 할 때, $\{(+2)\times(-3)\}\times(+4)=(-6)\times(+4)=-24$, $(+2)\times\{(-3)\times(+4)\}=(+2)\times(-12)=-24$와 같이 어느 두 수를 먼저 곱하여도 그 결과는 같다. 이것을 곱셈의 결합법칙이라 한다.

$$\left(+\frac{2}{15}\right)\times(-3)\times\left(-\frac{5}{4}\right)=(-3)\times\left(+\frac{2}{15}\right)\times\left(-\frac{5}{4}\right)=(-3)\times\left\{\left(+\frac{2}{15}\right)\times\left(-\frac{5}{4}\right)\right\}$$

곱셈의 교환법칙 곱셈의 결합법칙

$$=(-3)\times\left(-\frac{1}{6}\right)=+\frac{1}{2}$$

3 셋 이상의 수의 곱셈 ◎ 핵심문제 4

① 곱의 부호를 먼저 결정한다.

곱해진 음수의 개수가 { 짝수 개이면 부호는 $+$ / 홀수 개이면 부호는 $-$ }

② 각 수의 절댓값을 모두 곱하고 결정된 부호를 붙인다.

예 $\left(-\frac{2}{3}\right)\times(-10)\times\left(-\frac{3}{4}\right)$
$=-\left(\frac{2}{3}\times10\times\frac{3}{4}\right)$ ← 음수가 3개이므로 부호는 '−'
$=-5$ ← 절댓값의 곱에 − 부호 붙이기

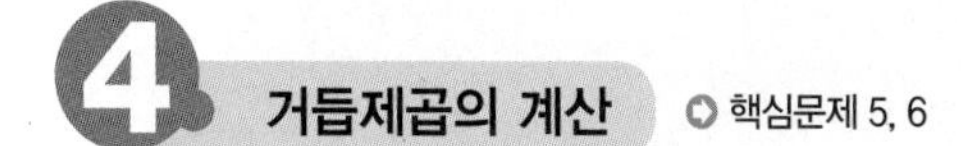

4 거듭제곱의 계산 ◎ 핵심문제 5, 6

(1) **양수의 거듭제곱** : 항상 양수이다.

(2) **음수의 거듭제곱** : 지수에 의해 부호가 결정된다.

지수가 { 짝수이면 부호는 $+$ / 홀수이면 부호는 $-$ }

▶ $(-a)^n$의 계산 방법 (단, $a>0$, n은 자연수)
① n이 짝수일 때, $(-a)^n=a^n$
② n이 홀수일 때, $(-a)^n=-a^n$

예 $(+3)^2=(+3)\times(+3)=+(3\times3)=+9$, $(-3)^2=(-3)\times(-3)=+(3\times3)=+9$

$\left(-\frac{2}{3}\right)^3=\left(-\frac{2}{3}\right)\times\left(-\frac{2}{3}\right)\times\left(-\frac{2}{3}\right)=-\left(\frac{2}{3}\times\frac{2}{3}\times\frac{2}{3}\right)=-\frac{8}{27}$

주의 $(-3)^2$과 -3^2의 차이
$(-3)^2$은 -3을 두 번 곱한 것이므로 $(-3)^2=(-3)\times(-3)=+9$
-3^2은 3을 두 번 곱한 후 -1을 곱한 것이므로 $-3^2=-(3\times3)=-9$
$\therefore (-3)^2\neq-3^2$

5 분배법칙이란 무엇인가? ◎ 핵심문제 7, 8

유리수에서 두 수의 합에 어떤 수를 곱한 것은 두 수 각각에 어떤 수를 곱한 다음 더한 것과 그 결과가 같다. 이것을 분배법칙이라 한다.

세 수 a, b, c에 대하여

$$\boldsymbol{a\times(b+c)=a\times b+a\times c,\ (a+b)\times c=a\times c+b\times c}$$

예 $36\times\left\{\left(-\frac{1}{3}\right)-\frac{3}{4}\right\}=36\times\left(-\frac{1}{3}\right)+36\times\left(-\frac{3}{4}\right)=(-12)+(-27)=-39$

개념원리 확인하기

수학 실력의 비결은 개념원리의 이해부터이다. 개념원리 확인하기를 통하여 개념과 원리를 정확히 이해하자.

정답과 풀이 p.44

01 다음을 계산하시오.

(1) $(+7)\times(+3)$　　(2) $(-12)\times(-2)$

(3) $(+5)\times(-6)$　　(4) $(-15)\times(+4)$

○ 두 수의 곱셈에서 두 수의 부호가
같으면 ⇨ □의 부호를 붙인다.
다르면 ⇨ □의 부호를 붙인다.

02 다음을 계산하시오.

(1) $\left(+\frac{3}{5}\right)\times\left(+\frac{5}{6}\right)$　　(2) $\left(-\frac{3}{5}\right)\times\left(-\frac{5}{9}\right)$

(3) $(+15)\times\left(-\frac{5}{6}\right)$　　(4) $(-2.5)\times\left(+\frac{1}{15}\right)$

03 다음 계산 과정에서 ㉠, ㉡에 이용된 계산 법칙을 말하시오.

$$(-20)\times(-3)\times\frac{1}{2}$$
$$=(-3)\times(-20)\times\frac{1}{2} \quad ㉠$$
$$=(-3)\times\left\{(-20)\times\frac{1}{2}\right\} \quad ㉡$$
$$=(-3)\times(-10)$$
$$=+30$$

○ 세 수 a, b, c에 대하여
$a\times b=b\times a$
⇨ 곱셈의 □ 법칙
$(a\times b)\times c=a\times(b\times c)$
⇨ 곱셈의 □ 법칙

04 다음을 계산하시오.

(1) $\frac{1}{5}\times\left(-\frac{3}{4}\right)\times(-20)$　　(2) $(-4)\times(-6)\times\left(-\frac{5}{12}\right)$

(3) $\left(-\frac{2}{3}\right)\times(+14)\times\left(-\frac{3}{7}\right)$　　(4) $(-6)\times4\times(-5)\times(-2)$

○ 곱해진 음수의 개수가
짝수 개이면 부호는?
홀수 개이면 부호는?

05 다음을 계산하시오.

(1) $(-1)^4$　　(2) -1^{51}　　(3) $(-1)^{80}$

(4) $(-4)^2$　　(5) $(-4)^3$　　(6) -4^2

(7) $\left(-\frac{1}{2}\right)^2$　　(8) $\left(-\frac{1}{2}\right)^3$　　(9) $\left(-\frac{2}{3}\right)^2$

○ 음수의 거듭제곱에서 지수가
짝수이면 부호는?
홀수이면 부호는?

핵심 문제 익히기

더 다양한 문제는 RPM 중1-1 59쪽

01 유리수의 곱셈 (1)

다음 **보기** 중 옳지 않은 것을 모두 고르시오.

보기

ㄱ. $(+15)\times\left(-\frac{2}{3}\right)=-10$

ㄴ. $\left(+\frac{2}{5}\right)\times\left(-\frac{10}{3}\right)=\frac{2}{3}$

ㄷ. $\left(-\frac{5}{14}\right)\times\left(-\frac{7}{10}\right)=-\frac{1}{4}$

ㄹ. $(-1.5)\times(-0.6)=0.9$

Key Point

① 두 수의 곱셈에서 두 수의 부호가 같으면 ⇨ +, 다르면 ⇨ −

② 절댓값의 곱에 결정된 부호를 붙인다.

풀이

ㄱ. $(+15)\times\left(-\frac{2}{3}\right)=-\left(15\times\frac{2}{3}\right)=-10$

ㄴ. $\left(+\frac{2}{5}\right)\times\left(-\frac{10}{3}\right)=-\left(\frac{2}{5}\times\frac{10}{3}\right)=-\frac{4}{3}$

ㄷ. $\left(-\frac{5}{14}\right)\times\left(-\frac{7}{10}\right)=+\left(\frac{5}{14}\times\frac{7}{10}\right)=\frac{1}{4}$

ㄹ. $(-1.5)\times(-0.6)=+(1.5\times0.6)=0.9$ ∴ ㄴ, ㄷ

확인 1 다음 중 계산 결과가 옳은 것은?

① $(+30)\times\left(-\frac{5}{6}\right)=25$

② $\left(-\frac{2}{9}\right)\times\left(-\frac{5}{4}\right)=-\frac{5}{18}$

③ $\left(-\frac{3}{2}\right)\times\frac{4}{9}=\frac{2}{3}$

④ $\left(+\frac{1}{6}\right)\times(-10)=-\frac{5}{3}$

⑤ $\left(-\frac{3}{5}\right)\times\left(-\frac{10}{3}\right)=-2$

더 다양한 문제는 RPM 중1-1 59쪽

02 유리수의 곱셈 (2)

$A=\left(-\frac{3}{2}\right)\times\left(+\frac{5}{3}\right)$, $B=\frac{3}{4}\times\left(-\frac{8}{9}\right)$일 때, $A\times B$의 값을 구하시오.

Key Point

두 유리수의 곱셈

두 수의 부호가 같으면 ⇨ +, 다르면 ⇨ −

풀이

$A=\left(-\frac{3}{2}\right)\times\left(+\frac{5}{3}\right)=-\left(\frac{3}{2}\times\frac{5}{3}\right)=-\frac{5}{2}$

$B=\frac{3}{4}\times\left(-\frac{8}{9}\right)=-\left(\frac{3}{4}\times\frac{8}{9}\right)=-\frac{2}{3}$

$\therefore A\times B=\left(-\frac{5}{2}\right)\times\left(-\frac{2}{3}\right)=+\left(\frac{5}{2}\times\frac{2}{3}\right)=\mathbf{\frac{5}{3}}$

확인 2 $A=\left(+\frac{7}{5}\right)\times\left(-\frac{10}{3}\right)$, $B=\left(-\frac{5}{8}\right)\times\left(-\frac{2}{5}\right)$일 때, $A\times B$의 값을 구하시오.

더 다양한 문제는 RPM 중1-1 60쪽

03 곱셈의 계산 법칙

다음 계산 과정에서 ㉠, ㉡에 이용된 계산 법칙을 말하시오.

$$\left(+\frac{3}{4}\right)\times\left(-\frac{3}{5}\right)\times\left(-\frac{4}{3}\right)$$
$$=\left(-\frac{3}{5}\right)\times\left(+\frac{3}{4}\right)\times\left(-\frac{4}{3}\right)$$ 곱셈의 ㉠ 법칙
$$=\left(-\frac{3}{5}\right)\times\left\{\left(+\frac{3}{4}\right)\times\left(-\frac{4}{3}\right)\right\}$$ 곱셈의 ㉡ 법칙
$$=\left(-\frac{3}{5}\right)\times(-1)=\frac{3}{5}$$

Key Point

세 수 a, b, c에 대하여
곱셈의 교환법칙
⇨ $a\times b=b\times a$
곱셈의 결합법칙
⇨ $(a\times b)\times c=a\times(b\times c)$

풀이

∴ ㉠ 교환 ㉡ 결합

확인 3 다음 계산 과정에서 ㉠, ㉡에 이용된 계산 법칙을 써넣고 ①, ②에 알맞은 수를 써넣으시오.

$$(-6)\times(+5)\times\left(-\frac{1}{2}\right)$$
$$=(+5)\times(-6)\times\left(-\frac{1}{2}\right)$$ ㉠
$$=(+5)\times\left\{(-6)\times\left(-\frac{1}{2}\right)\right\}$$ ㉡
$$=(+5)\times(\boxed{①})=\boxed{②}$$

더 다양한 문제는 RPM 중1-1 59쪽

04 셋 이상의 수의 곱셈

다음을 계산하시오.

(1) $(-3)\times(+4)\times(-1)\times(+5)$ (2) $\left(-\frac{1}{6}\right)\times(-7.2)\times\left(-\frac{3}{2}\right)$

Key Point

① 곱의 부호를 결정한다.
음수의 개수가
짝수 개 ⇨ +
홀수 개 ⇨ −
② 각 수의 절댓값을 모두 곱하고 결정된 부호를 붙인다.

풀이

(1) $(-3)\times(+4)\times(-1)\times(+5)=+(3\times4\times1\times5)=\mathbf{60}$

(2) $\left(-\frac{1}{6}\right)\times(-7.2)\times\left(-\frac{3}{2}\right)=-\left(\frac{1}{6}\times\frac{72}{10}\times\frac{3}{2}\right)=\mathbf{-\frac{9}{5}}$

확인 4 다음을 계산하시오.

(1) $(-3)\times(-5)\times(+2)\times(+7)$ (2) $(-2.5)\times(-7.5)\times(-4)$

(3) $16\times\left(-\frac{1}{3}\right)\times\left(-\frac{3}{8}\right)\times(-2)$

더 다양한 문제는 RPM 중1-1 60쪽

05 거듭제곱

다음 중 옳지 않은 것은?

① $(-1)^5=-1$ ② $-(-3)^2=-9$ ③ $-\left(-\frac{1}{2}\right)^3=-\frac{1}{8}$

④ $\left(-\frac{3}{2}\right)^2=\frac{9}{4}$ ⑤ $(-2)^5\times\left(-\frac{1}{2}\right)^3=4$

Key Point

- 양수의 거듭제곱
  ⇨ 항상 양수
- 음수의 거듭제곱
  지수가 { 짝수 ⇨ 양수, 홀수 ⇨ 음수 }

풀이

① $(-1)^5=-1$

② $-(-3)^2=-(+9)=-9$

③ $-\left(-\frac{1}{2}\right)^3=-\left(-\frac{1}{8}\right)=\frac{1}{8}$

④ $\left(-\frac{3}{2}\right)^2=\frac{9}{4}$

⑤ $(-2)^5\times\left(-\frac{1}{2}\right)^3=(-32)\times\left(-\frac{1}{8}\right)=4$ ∴ ③

확인 5 다음 중 옳은 것은?

① $-\left(-\frac{1}{4}\right)^3=-\frac{1}{64}$

② $(-3)^2-2^2-(-3)^3=26$

③ $\left(-\frac{2}{3}\right)^2\times\left(-\frac{3}{2}\right)^3=\frac{3}{2}$

④ $\left(-\frac{3}{2}\right)^3\times(-4)^2=54$

⑤ $(-2)^3\times\left(-\frac{3}{2}\right)^4\times\left(-\frac{2}{3}\right)^2=-18$

더 다양한 문제는 RPM 중1-1 61쪽

06 $(-1)^n$의 계산

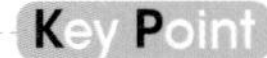

$(-1)^{짝수}=1$

$(-1)^{홀수}=-1$

다음 물음에 답하시오.

(1) 다음 중 계산 결과가 나머지 넷과 다른 하나는?

① $-(-1)^2$ ② $-(-1)^3$ ③ $\{-(-1)\}^3$

④ $(-1)^4$ ⑤ $-(-1)^5$

(2) $(-1)^{50}+(-1)^{71}-(-1)^{104}-1^{100}$을 계산하시오.

풀이

(1) ① $-(-1)^2=-(+1)=-1$

② $-(-1)^3=-(-1)=1$

③ $\{-(-1)\}^3=(+1)^3=1$

④ $(-1)^4=1$

⑤ $-(-1)^5=-(-1)=1$ ∴ ①

(2) $(-1)^{50}+(-1)^{71}-(-1)^{104}-1^{100}=1+(-1)-1-1=\mathbf{-2}$

확인 6 다음을 계산하시오.

(1) $-1^{60}+(-1)^{102}-(-1)^{111}$

(2) $(-1)+(-1)^2+(-1)^3+\cdots+(-1)^{49}$

더 다양한 문제는 RPM 중1-1 61~62쪽

07 분배법칙 (1)

다음은 분배법칙을 이용하여 계산하는 과정이다. □ 안에 알맞은 수를 써넣으시오.

(1) $(-15)\times102$
$=(-15)\times(100+\square)$
$=(-15)\times\square+(-15)\times\square$
$=(\square)+(\square)$
$=\square$

(2) $45\times(-0.8)+55\times(-0.8)$
$=(\square+55)\times(\square)$
$=\square\times(-0.8)$
$=\square$

Key Point

분배법칙
세 수 a, b, c에 대하여
① $a\times(b+c)=a\times b+a\times c$
② $(a+b)\times c=a\times c+b\times c$

풀이

(1) $(-15)\times102$
$=(-15)\times(100+\boxed{2})$
$=(-15)\times\boxed{100}+(-15)\times\boxed{2}$
$=(\boxed{-1500})+(\boxed{-30})$
$=\boxed{-1530}$

(2) $45\times(-0.8)+55\times(-0.8)$
$=(\boxed{45}+55)\times(\boxed{-0.8})$
$=\boxed{100}\times(-0.8)$
$=\boxed{-80}$

확인 7 다음을 분배법칙을 이용하여 계산하시오.

(1) $72\times\left\{\left(-\frac{1}{3}\right)+\frac{1}{4}\right\}$

(2) $(-12)\times\frac{3}{5}+7\times\frac{3}{5}$

(3) $23.4\times(-4.2)+23.4\times(-5.8)$

더 다양한 문제는 RPM 중1-1 61~62쪽

08 분배법칙 (2)

세 수 a, b, c에 대하여 $a\times b=8$, $a\times(b+c)=12$일 때, $a\times c$의 값을 구하시오.

Key Point

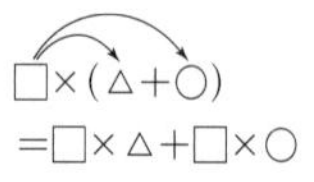

풀이

$a\times(b+c)=12$이므로 $a\times b+a\times c=12$
이때 $a\times b=8$이므로 $8+a\times c=12$
$\therefore a\times c=12-8=\mathbf{4}$

확인 8 세 수 a, b, c에 대하여 다음을 구하시오.

(1) $a\times b=3$, $a\times c=-7$일 때, $a\times(b-c)$의 값

(2) $a\times b=5$, $a\times(b+c)=-2$일 때, $a\times c$의 값

04 정수와 유리수의 나눗셈

개념원리 이해

유리수의 나눗셈은 어떻게 하는가? ◎ 핵심문제 2

(1) **부호가 같은 두 수의 나눗셈** : 두 수의 절댓값의 나눗셈의 몫에 양의 부호 +를 붙인다.

$+\div+$, $-\div-$ ⇨ $+$

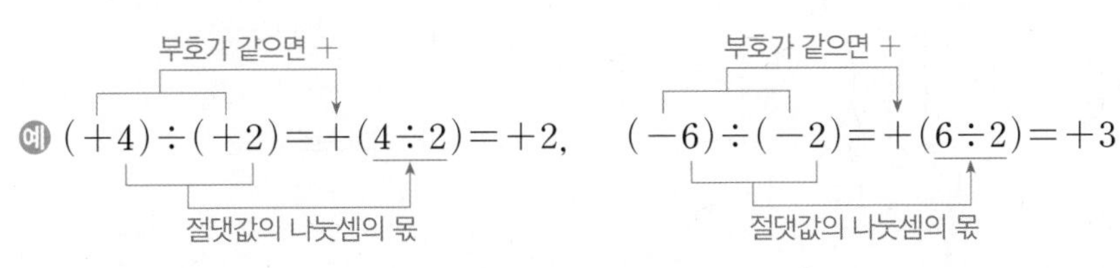

(2) **부호가 다른 두 수의 나눗셈** : 두 수의 절댓값의 나눗셈의 몫에 음의 부호 −를 붙인다.

$+\div-$, $-\div+$ ⇨ $-$

부호가 다르면 −   부호가 다르면 −

예 $(+8)\div(-2)=-(8\div2)=-4$, $(-9)\div(+3)=-(9\div3)=-3$

절댓값의 나눗셈의 몫   절댓값의 나눗셈의 몫

(3) **$0\div$(0이 아닌 수)$=0$**

예 $0\div2=0$, $0\div(-5)=0$

주의 나눗셈에서 0으로 나누는 것은 생각하지 않는다.

2 역수를 이용한 나눗셈 ◎ 핵심문제 1, 2

(1) **역수** : 두 수의 곱이 1이 될 때, 한 수를 다른 수의 역수라 한다.

예 $\left(-\frac{3}{4}\right)\times\left(-\frac{4}{3}\right)=1$이므로 $-\frac{3}{4}$의 역수는 $-\frac{4}{3}$, $-\frac{4}{3}$의 역수는 $-\frac{3}{4}$이다.

(2) **역수를 이용한 나눗셈** : 나누는 수의 역수를 이용하여 곱셈으로 바꾸어 계산한다.

곱셈으로 바꾼다.

예 $\left(+\frac{2}{5}\right)\div\left(-\frac{4}{15}\right)=\left(+\frac{2}{5}\right)\times\left(-\frac{15}{4}\right)=-\left(\frac{2}{5}\times\frac{15}{4}\right)=-\frac{3}{2}$

역수로 바꾼다.

▶ ① 역수를 영어로 inverse number라 한다.

② 역수를 구할 때, 부호는 바뀌지 않는다. $-\frac{2}{3}$의 역수는 $-\frac{3}{2}$ (○), $+\frac{3}{2}$ (×)

③ 정수는 분모가 1인 분수로 생각하여 역수를 구한다. $-6=-\frac{6}{1}$이므로 -6의 역수는 $-\frac{1}{6}$이다.

④ 소수는 분수로 바꿔서 역수를 구한다. $1.3=\frac{13}{10}$이므로 1.3의 역수는 $\frac{10}{13}$이다.

⑤ 대분수는 가분수로 바꿔서 역수를 구한다. $-3\frac{1}{4}=-\frac{13}{4}$이므로 $-3\frac{1}{4}$의 역수는 $-\frac{4}{13}$이다.

3 곱셈과 나눗셈의 혼합 계산

◎ 핵심문제 3

① 거듭제곱이 있으면 거듭제곱을 먼저 계산한다.
② 나눗셈은 역수를 이용하여 곱셈으로 고쳐서 계산한다.

▶ 나눗셈에서는 교환법칙과 결합법칙이 성립하지 않으므로 앞에서부터 차례대로 계산한다.

예 $\left(-\frac{5}{4}\right)\times\left(-\frac{4}{15}\right)\div\left(-\frac{5}{3}\right)$

$=\left(-\frac{5}{4}\right)\times\left(-\frac{4}{15}\right)\times\left(-\frac{3}{5}\right)$ ← 나눗셈을 곱셈으로 바꾸기

$=-\left(\frac{5}{4}\times\frac{4}{15}\times\frac{3}{5}\right)$ ← 음수가 3개이므로 부호는 '−'

$=-\frac{1}{5}$

4 덧셈, 뺄셈, 곱셈, 나눗셈의 혼합 계산

◎ 핵심문제 4

① 거듭제곱이 있으면 거듭제곱을 먼저 계산한다.
② 괄호가 있으면 괄호 안을 먼저 계산한다.
이때 소괄호 ( ) ⇨ 중괄호 { } ⇨ 대괄호 [ ]의 순서로 계산한다.
③ 곱셈, 나눗셈을 계산한다.
④ 덧셈, 뺄셈을 계산한다.

▶ 뺄셈은 빼는 수의 부호를 바꾸어 덧셈으로 바꾸고, 나눗셈은 나누는 수의 역수를 이용하여 곱셈으로 바꾼다. 따라서 유리수의 혼합 계산은 모두 덧셈과 곱셈으로 계산할 수 있다.

예 $2-\left[\left\{(-3)^2-6\div\frac{3}{2}\right\}+1\right]=2-\left\{\left(9-6\div\frac{3}{2}\right)+1\right\}$

$=2-\left\{\left(9-6\times\frac{2}{3}\right)+1\right\}$

$=2-\{(9-4)+1\}$

$=2-(5+1)$

$=2-6$

$=-4$

(계산 순서: ① $(-3)^2$, ② $6\div\frac{3}{2}$, ③, ④, ⑤)

5 유리수의 부호

◎ 핵심문제 7

두 유리수 a, b에 대하여
(1) $\boldsymbol{a\times b>0,\ a\div b>0}$ ⇨ a, b는 같은 부호
(2) $\boldsymbol{a\times b<0,\ a\div b<0}$ ⇨ a, b는 다른 부호

예 두 유리수 a, b에 대하여 $a\times b<0$이고 $a>b$일 때, a, b의 부호를 구하시오.

풀이 $a\times b<0$이므로 a, b의 부호는 다르다. 그런데 $a>b$이므로 $a>0$, $b<0$이다.

개념원리 확인하기

수학 실력의 비결은 개념원리의 이해부터이다. 개념원리 확인하기를 통하여 개념과 원리를 정확히 이해하자.

정답과 풀이 p.46

01 다음을 계산하시오.

(1) $(+28)\div(+4)$ (2) $(-36)\div(-4)$

(3) $(+56)\div(-7)$ (4) $(-42)\div(+6)$

02 다음 수의 역수를 구하시오.

(1) $\frac{5}{6}$ (2) $-\frac{7}{12}$ (3) 1

(4) -5 (5) $1\frac{1}{4}$ (6) -0.7

03 다음을 계산하시오.

(1) $\left(-\frac{4}{5}\right)\div\left(-\frac{2}{3}\right)$ (2) $\left(+\frac{3}{2}\right)\div\left(+\frac{5}{2}\right)$

(3) $(+3)\div\left(-\frac{9}{7}\right)$ (4) $(+0.6)\div\left(-\frac{1}{5}\right)$

04 다음을 계산하시오.

(1) $\left(-\frac{3}{5}\right)\div\left(-\frac{5}{9}\right)\times\left(-\frac{1}{3}\right)$ (2) $\left(-\frac{3}{7}\right)\div(+9)\times\left(-\frac{7}{2}\right)$

(3) $2^2\times\left(-\frac{4}{3}\right)\div\left(-\frac{6}{5}\right)$ (4) $(-2)^3\times\frac{5}{4}\div\left(-\frac{1}{2}\right)$

05 다음 **보기**와 같이 식의 계산 순서를 적고, 그 순서에 따라 계산하시오.

보기

$(+3)-(-2)\times(+5)=(+3)-(-10)$

$=13$

① $(-2)\times(+5)$, ② $(+3)-(-10)$

(1) $(-2)^3\times\left(-\frac{1}{8}\right)+\frac{5}{4}$ (2) $2-\left(-\frac{1}{5}\right)\times\left\{1+\left(\frac{1}{3}-\frac{1}{2}\right)\right\}$

(3) $5-2\times\left\{(-2)^4+4\div\left(-\frac{2}{5}\right)\right\}$

- 두 수의 나눗셈에서 두 수의 부호가 같으면 ⇨ □의 부호를 붙인다. 다르면 ⇨ □의 부호를 붙인다.
- $\frac{b}{a}$ $(a\neq0,\ b\neq0)$의 역수는?
- 나눗셈은 나누는 수의 □를 곱하여 계산한다.
- 곱해진 음수의 개수가 짝수 개이면 부호는? 홀수 개이면 부호는?
- 덧셈, 뺄셈, 곱셈, 나눗셈의 혼합 계산 순서는?

핵심 문제 익히기

더 다양한 문제는 RPM 중1-1 62쪽

01 역수

-2.5의 역수를 x, $-1\frac{3}{4}$의 역수를 y라 할 때, $x\times y$의 값을 구하시오.

Key Point

- $\frac{b}{a}(a\neq0,\ b\neq0)$의 역수 ⇨ $\frac{a}{b}$
- 역수를 구할 때, 부호는 바꾸지 않는다.

풀이

$-2.5=-\frac{5}{2}$의 역수는 $-\frac{2}{5}$이므로 $x=-\frac{2}{5}$, $-1\frac{3}{4}=-\frac{7}{4}$의 역수는 $-\frac{4}{7}$이므로 $y=-\frac{4}{7}$

$\therefore x\times y=\left(-\frac{2}{5}\right)\times\left(-\frac{4}{7}\right)=+\left(\frac{2}{5}\times\frac{4}{7}\right)=\mathbf{\frac{8}{35}}$

확인 1 다음을 구하시오.

(1) $1\frac{2}{3}$의 역수를 a, -0.5의 역수를 b라 할 때, $a\times b$의 값

(2) $\frac{a}{2}$의 역수가 -2, $\frac{3}{b}$의 역수가 $-\frac{2}{3}$일 때, $a+b$의 값

더 다양한 문제는 RPM 중1-1 63쪽

02 유리수의 나눗셈

다음을 계산하시오.

(1) $(-18)\div(+3)\div(-2)$

(2) $\left(+\frac{2}{7}\right)\div\left(-\frac{4}{21}\right)$

(3) $\left(-\frac{14}{5}\right)\div(-7)\div\left(-\frac{2}{15}\right)$

(4) $\left(+\frac{16}{3}\right)\div\left(-\frac{8}{5}\right)\div\left(+\frac{2}{3}\right)$

Key Point

나누는 수를 역수로 바꾸어 곱한다.

풀이

(1) $(-18)\div(+3)\div(-2)=(-18)\times\left(+\frac{1}{3}\right)\times\left(-\frac{1}{2}\right)=+\left(18\times\frac{1}{3}\times\frac{1}{2}\right)=\mathbf{3}$

(2) $\left(+\frac{2}{7}\right)\div\left(-\frac{4}{21}\right)=\left(+\frac{2}{7}\right)\times\left(-\frac{21}{4}\right)=-\left(\frac{2}{7}\times\frac{21}{4}\right)=\mathbf{-\frac{3}{2}}$

(3) $\left(-\frac{14}{5}\right)\div(-7)\div\left(-\frac{2}{15}\right)=\left(-\frac{14}{5}\right)\times\left(-\frac{1}{7}\right)\times\left(-\frac{15}{2}\right)=-\left(\frac{14}{5}\times\frac{1}{7}\times\frac{15}{2}\right)=\mathbf{-3}$

(4) $\left(+\frac{16}{3}\right)\div\left(-\frac{8}{5}\right)\div\left(+\frac{2}{3}\right)=\left(+\frac{16}{3}\right)\times\left(-\frac{5}{8}\right)\times\left(+\frac{3}{2}\right)=-\left(\frac{16}{3}\times\frac{5}{8}\times\frac{3}{2}\right)=\mathbf{-5}$

확인 2 다음 중 계산 결과가 옳지 않은 것은?

① $(+3)\div\left(-\frac{9}{5}\right)=-\frac{5}{3}$

② $\left(+\frac{2}{5}\right)\div\left(-\frac{4}{15}\right)=-\frac{3}{2}$

③ $\left(-\frac{1}{8}\right)\div\left(-\frac{1}{2}\right)=\frac{1}{4}$

④ $\left(-\frac{4}{5}\right)\div(-2)\div\left(-\frac{2}{9}\right)=-\frac{5}{9}$

⑤ $\left(+\frac{3}{2}\right)\div\left(-\frac{1}{6}\right)\div(-9)=1$

더 다양한 문제는 RPM 중1-1 63쪽

03 곱셈과 나눗셈의 혼합 계산

다음을 계산하시오.

(1) $\left(-\frac{5}{6}\right)\div\frac{2}{3}\times\left(-\frac{24}{5}\right)$　　(2) $\left(-\frac{1}{6}\right)\times\left(-\frac{3}{4}\right)\div(-2)$

(3) $\left(+\frac{1}{2}\right)^2\times\left(-\frac{3}{10}\right)\div\left(-\frac{1}{5}\right)$

Key Point

① 거듭제곱을 먼저 계산한다.
② 나눗셈은 곱셈으로 고쳐서 계산한다.
③ 곱하는 수 중 음수가
짝수 개 ⇨ +
홀수 개 ⇨ −

풀이

(1) (주어진 식)$=\left(-\frac{5}{6}\right)\times\frac{3}{2}\times\left(-\frac{24}{5}\right)=+\left(\frac{5}{6}\times\frac{3}{2}\times\frac{24}{5}\right)=\mathbf{6}$

(2) (주어진 식)$=\left(-\frac{1}{6}\right)\times\left(-\frac{3}{4}\right)\times\left(-\frac{1}{2}\right)=-\left(\frac{1}{6}\times\frac{3}{4}\times\frac{1}{2}\right)=\mathbf{-\frac{1}{16}}$

(3) (주어진 식)$=\frac{1}{4}\times\left(-\frac{3}{10}\right)\times(-5)=+\left(\frac{1}{4}\times\frac{3}{10}\times5\right)=\mathbf{\frac{3}{8}}$

확인 3 다음을 계산하시오.

(1) $\left(-\frac{10}{3}\right)\div1.2\times\left(-\frac{9}{5}\right)$　　(2) $(-7)\times\left(-\frac{7}{12}\right)\div\left(-\frac{4}{3}\right)$

(3) $\left(-\frac{1}{2}\right)^3\times\left(-\frac{3}{5}\right)\div\left(-\frac{3}{2}\right)^2\times(-1)$

더 다양한 문제는 RPM 중1-1 64쪽

04 덧셈, 뺄셈, 곱셈, 나눗셈의 혼합 계산

다음을 계산하시오.

(1) $\left(-\frac{3}{4}\right)^2\div\left(-\frac{1}{2}\right)^2-(-2)^3\times\frac{5}{4}$　　(2) $3-\left\{\frac{1}{2}-2-\left(-\frac{2}{5}\right)\div2\right\}\times5-\frac{3}{2}$

Key Point

덧셈, 뺄셈, 곱셈, 나눗셈의 혼합 계산 순서

거듭제곱
⇩
괄호 풀기
( ) ⇨ { } ⇨ [ ]
⇩
곱셈, 나눗셈
⇩
덧셈, 뺄셈

풀이

(1) (주어진 식)$=\frac{9}{16}\div\frac{1}{4}-(-8)\times\frac{5}{4}=\frac{9}{16}\times4-(-10)=\frac{9}{4}+10=\mathbf{\frac{49}{4}}$

(2) (주어진 식)$=3-\left\{\frac{1}{2}-2-\left(-\frac{2}{5}\right)\times\frac{1}{2}\right\}\times5-\frac{3}{2}=3-\left\{\frac{1}{2}-2-\left(-\frac{1}{5}\right)\right\}\times5-\frac{3}{2}$

$=3-\left(-\frac{13}{10}\right)\times5-\frac{3}{2}=3+\frac{13}{2}-\frac{3}{2}=\mathbf{8}$

확인 4 다음을 계산하시오.

(1) $20-(-2)^3\div4\times(-2)$

(2) $2\times(-1)^3-\frac{9}{2}\div\left\{5\times\left(-\frac{1}{2}\right)+1\right\}$

(3) $-2^3\div\{(-3)+(-2)^2\times3\}\times\left(-\frac{1}{3}\right)^2$

(4) $2\times\left\{\left(-\frac{1}{2}\right)^2\div\left(\frac{5}{6}-\frac{4}{3}\right)+2\right\}-\frac{2}{3}$

더 다양한 문제는 RPM 중1-1 65쪽

05 □ 안에 알맞은 수 구하기

$\frac{10}{3}\div\left(-\frac{5}{2}\right)\times\square=-\frac{2}{3}$일 때, □ 안에 알맞은 수를 구하시오.

Key Point

- $A\times\square=B$
  ⇨ $\square=B\div A$
  $=B\times\frac{1}{A}$
- $A\div\square=B$
  ⇨ $\square=A\div B$

풀이

$\frac{10}{3}\times\left(-\frac{2}{5}\right)\times\square=-\frac{2}{3}$, $\left(-\frac{4}{3}\right)\times\square=-\frac{2}{3}$

$\therefore\square=\left(-\frac{2}{3}\right)\div\left(-\frac{4}{3}\right)=\left(-\frac{2}{3}\right)\times\left(-\frac{3}{4}\right)=\mathbf{\frac{1}{2}}$

확인 5 다음 □ 안에 알맞은 수를 구하시오.

(1) $\left(-\frac{1}{5}\right)^2\times\square\div(-5)^2=-\frac{1}{25}$

(2) $\left(-\frac{7}{5}\right)\times\left(-\frac{2}{3}\right)\div\square=-\frac{7}{5}$

더 다양한 문제는 RPM 중1-1 65쪽

06 바르게 계산한 답 구하기

어떤 수를 $-\frac{2}{5}$로 나누어야 할 것을 잘못하여 곱했더니 그 결과가 $-\frac{4}{3}$가 되었다. 바르게 계산한 답을 구하시오.

Key Point

바르게 계산한 답 구하기
① 어떤 수를 □라 한다.
② 잘못 계산한 식에서 □를 구한다.
③ 바르게 계산한 답을 구한다.

풀이

어떤 수를 □라 하면

$\square\times\left(-\frac{2}{5}\right)=-\frac{4}{3}$

$\therefore\square=\left(-\frac{4}{3}\right)\div\left(-\frac{2}{5}\right)=\left(-\frac{4}{3}\right)\times\left(-\frac{5}{2}\right)=\frac{10}{3}$

따라서 바르게 계산하면

$\frac{10}{3}\div\left(-\frac{2}{5}\right)=\frac{10}{3}\times\left(-\frac{5}{2}\right)=\mathbf{-\frac{25}{3}}$

확인 6 어떤 수에 $\frac{3}{2}$을 곱해야 할 것을 잘못하여 나누었더니 그 결과가 $-\frac{4}{5}$가 되었다. 바르게 계산한 답을 구하시오.

더 다양한 문제는 RPM 중1-1 66쪽

07 유리수의 부호 결정

세 유리수 a, b, c에 대하여 $a\times b<0$, $b\times c>0$, $a>b$일 때, a, b, c의 부호를 구하시오.

Key Point

- $a\times b>0$, $a\div b>0$
  ⇨ a, b는 같은 부호
- $a\times b<0$, $a\div b<0$
  ⇨ a, b는 다른 부호

풀이

$a\times b<0$에서 a, b의 부호는 다르다.
그런데 $a>b$이므로 $a>0$, $b<0$
이때 $b\times c>0$에서 b, c의 부호는 같으므로 $c<0$
$\therefore$ $\mathbf{a>0,\ b<0,\ c<0}$

확인 7 다음 물음에 답하시오.

(1) 두 유리수 a, b에 대하여 $a\times b<0$, $a<b$일 때, 다음 중 옳은 것은?

① $a-b>0$ ② $b-a>0$ ③ $a\div b>0$
④ $b\div a>0$ ⑤ $-a+b<0$

(2) 세 유리수 a, b, c에 대하여 $a\times b>0$, $b\div c<0$, $b>c$일 때, a, b, c의 부호를 구하시오.

더 다양한 문제는 RPM 중1-1 66쪽

08 문자로 주어진 수의 대소 관계

$-1<a<0$인 유리수 a에 대하여 다음 중 가장 큰 수는?

① $-a$ ② a^2 ③ $-a^2$ ④ $-\frac{1}{a}$ ⑤ $\frac{1}{a^2}$

Key Point

- 조건에 맞는 적당한 수를 문자 대신 넣어 대소를 비교한다.
- $\frac{1}{a}=1\div a$

풀이

$-1<a<0$이므로 $a=-\frac{1}{2}$이라 하면

① $-a=-\left(-\frac{1}{2}\right)=\frac{1}{2}$

② $a^2=\left(-\frac{1}{2}\right)^2=\frac{1}{4}$

③ $-a^2=-\left(-\frac{1}{2}\right)^2=-\frac{1}{4}$

④ $-\frac{1}{a}=-(1\div a)=-\left\{1\div\left(-\frac{1}{2}\right)\right\}=-\{1\times(-2)\}=-(-2)=2$

⑤ $\frac{1}{a^2}=1\div a^2=1\div\left(-\frac{1}{2}\right)^2=1\div\frac{1}{4}=1\times4=4$ $\therefore$ ⑤

확인 8 $0<a<1$인 유리수 a에 대하여 다음 중 가장 작은 수는?

① $\frac{1}{a}$ ② $-\frac{1}{a}$ ③ $(-a)^2$ ④ $-a^2$ ⑤ $\left(\frac{1}{a}\right)^2$

계산력 강화하기

01

다음을 계산하시오.

(1) $(-7)\times(-3)$

(2) $(-81)\div(+9)$

(3) $(-5)\times(+2)\times(-3)$

(4) $(+64)\div(-4)\div(+8)$

(5) $(-40)\div(-8)\times(-2)$

(6) $(+6)\times(-5)\div(-3)$

02

다음을 계산하시오.

(1) $\left(+\frac{5}{6}\right)\times\left(+\frac{9}{10}\right)\times\left(-\frac{2}{3}\right)$

(2) $\frac{9}{2}\times\left(-\frac{7}{6}\right)\div\left(-\frac{3}{8}\right)$

(3) $6\div\frac{3}{10}\div\left(-\frac{4}{5}\right)$

(4) $(-0.4)\times\left(-\frac{5}{8}\right)\times\left(-\frac{2}{3}\right)$

(5) $\frac{2}{5}\div\frac{2}{15}\times\left(-\frac{5}{9}\right)$

(6) $\frac{1}{3}\div\frac{5}{2}\times\left(-\frac{5}{4}\right)\div\frac{7}{3}$

03

다음을 계산하시오.

(1) $(-1)^{99}+(-1)^{100}-(-2)^3$

(2) $(-3)^2\times(-2)^3\times(-1)^6$

(3) $(-5)^2\div10\div\left(-\frac{5}{2}\right)\div\frac{1}{2}$

(4) $\left(-\frac{2}{3}\right)\times\left(-\frac{1}{6}\right)\div\left(-\frac{7}{3}\right)^2$

(5) $(-2^4)\div(-3)^3\times(-15)\div\left(+\frac{8}{9}\right)$

(6) $\left(-\frac{1}{2}\right)^3\times(-8)\div(-3)^2\times\frac{1}{3}$

04

다음을 계산하시오.

(1) $(-2)^2\times3-6\div(-2)$

(2) $\{(-3)\times7-(-5)\}\div(-4)$

(3) $\left(-\frac{1}{2}\right)\div\left(-\frac{1}{4}\right)^2-(-3)\times\frac{2}{3}+(-1)$

(4) $\frac{3}{4}\div\left(-\frac{1}{2}\right)^2-2^2\times\frac{7}{4}+(-3)^2$

(5) $(-2)^3\div\left(-\frac{2}{3}\right)^3\times\left(\frac{1}{2}\right)^3+\left(-\frac{3}{8}\right)$

(6) $5-\left\{\left(-\frac{1}{2}\right)^3\div\left(-\frac{1}{4}\right)+1\right\}\times\frac{4}{3}$

(7) $-4-\left\{(-2)^3\times\frac{3}{4}-10\div\frac{5}{3}\right\}\times\frac{1}{6}$

이런 문제가 시험에 나온다

생각해 봅시다!

01 다음 중 가장 큰 수는?

① $\left(-\frac{1}{3}\right)^2$ ② $\left(-\frac{1}{2}\right)^3$ ③ $-\left(-\frac{1}{2}\right)^3$
④ $-\left(-\frac{1}{3}\right)^2$ ⑤ $-\frac{1}{2^3}$

02 다음 식의 계산 순서를 바르게 나열하시오.

$$6-\left\{\underline{(-2)^2}\times\frac{3}{4}-(-7)\right\}\div5$$

(↑ ㉠ at $-$ after 6, ↑ ㉡ at $(-2)^2$, ↑ ㉢ at $\times$, ↑ ㉣ at $-$, ↑ ㉤ at $\div$)

03 다음 중 분배법칙을 이용하면 편리해지는 식은?

세 수 a, b, c에 대하여
$a\times(b+c)=a\times b+a\times c$
$(a+b)\times c=a\times c+b\times c$

① $(-5)\times(+3)\times\left(-\frac{1}{5}\right)$ ② $\left(+\frac{1}{2}\right)+\left(-\frac{1}{3}\right)+\left(-\frac{1}{2}\right)$
③ $1.7-0.5+\frac{2}{3}-\frac{5}{3}$ ④ $\left(-\frac{2}{3}\right)\times\frac{3}{7}+\left(-\frac{2}{3}\right)\times\frac{4}{7}$
⑤ $(-4.3)+(-4)+(+4.3)+(-9)$

04 다음 중 계산 결과가 옳은 것은?

$(-1)^{\text{짝수}}=1$
$(-1)^{\text{홀수}}=-1$

① $(-1)^{99}-(-1)^{100}=0$ ② $\left(-\frac{7}{2}\right)\div\left(-\frac{2}{3}\right)\div\left(-\frac{9}{4}\right)=-\frac{7}{3}$
③ $(-2)^3\times\frac{1}{(-2)^2}=2$ ④ $0.4-3\times\frac{1}{6}\div\frac{2}{3}=\frac{1}{15}$
⑤ $\left(-\frac{1}{2}\right)^2\times(-3)^3\times(-2^2)=-27$

05 다음 조건을 모두 만족시키는 세 수 A, B, C에 대하여 $A+B+C$의 값은?

$a\div b=c$
⇨ $b=a\div c$
$a=b\times c$

(가) $A\div\left(-\frac{2}{3}\right)=0$ (나) $\left(-\frac{3}{2}\right)\div B=1$ (다) $C\times(-6)=3$

① 0 ② -1 ③ -2
④ -3 ⑤ -4

이런 문제가 시험에 나온다

06 $\frac{5}{3}$보다 -1만큼 작은 수를 A, $-\frac{2}{3}$보다 -1만큼 큰 수를 B, -3보다 2만큼 작은 수를 C라 할 때, $A\times B\div C$의 값을 구하시오.

07 $1\frac{a}{3}$의 역수가 $\frac{3}{5}$이고 $-\frac{2}{5}$의 역수가 b일 때, $a\times b$의 값을 구하시오.

08 다음을 계산하시오.

(1) $(-1)^{96}-(-1)^{99}+(-1)^{102}-(-1)^{101}$

(2) $2\times\left[\left\{\left(-\frac{1}{2}\right)^3\div\left(\frac{4}{5}-1\right)+1\right\}-3\right]$

(3) $-3^2\times\left[(-2)\div 6+\frac{5}{2}\times\{-2-(-2)^2\}\right]$

09 $\frac{3}{2}\times\left(\frac{1}{4}-\frac{1}{3}\right)\div\square=\frac{1}{5}$일 때, $\square$ 안에 알맞은 수를 구하시오.

10 세 수 a, b, c에 대하여 $a\times b=12$, $a\times(b-c)=-8$일 때, $a\times c$의 값을 구하시오.

11 세 유리수 a, b, c에 대하여 $a\div b>0$, $b\div c<0$, $b<c$일 때, 다음 중 옳은 것은?

① $a>0$, $b>0$, $c>0$
② $a>0$, $b<0$, $c>0$
③ $a<0$, $b<0$, $c>0$
④ $a<0$, $b>0$, $c<0$
⑤ $a<0$, $b<0$, $c<0$

한걸음 더 **12** 네 유리수 -2, $-\frac{3}{2}$, $\frac{1}{3}$, -3 중에서 서로 다른 세 수를 뽑아 곱한 값 중 가장 큰 값을 a, 가장 작은 값을 b라 할 때, $a\times b$의 값을 구하시오.

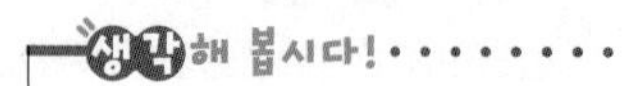

$A\div\square=B$
$\Rightarrow \square=A\div B$

$a\times b>0$, $a\div b>0$
$\Rightarrow$ a, b는 같은 부호
$a\times b<0$, $a\div b<0$
$\Rightarrow$ a, b는 다른 부호

1 step 기본문제

01 다음 중 두 수가 서로 역수가 아닌 것은?

① $2, \frac{1}{2}$ ② $\frac{1}{10}, 0.1$ ③ $-\frac{4}{3}, -\frac{3}{4}$

④ $-\frac{1}{5}, -5$ ⑤ $\frac{9}{8}, \frac{8}{9}$

02 다음 중 계산 결과가 나머지 넷과 다른 하나는?

① $(-1)^{97}$ ② $-3^2\div(-3)^2$

③ $\frac{1}{27}\times(-3)^3$ ④ $(-9)\times\left(-\frac{1}{3}\right)^2$

⑤ $7\times(-1)\div(-7)$

꼭 나와

03 다음 중 가장 작은 수는?

① $\left(-\frac{1}{2}\right)^2$ ② $-\left(-\frac{1}{2}\right)^2$ ③ $-\frac{1}{2^4}$

④ $\left(-\frac{1}{2}\right)^3$ ⑤ $-\left(-\frac{1}{2}\right)^3$

04 다음 중 가장 큰 수는?

① 6보다 -3만큼 큰 수

② -4보다 -5만큼 작은 수

③ 1보다 $-\frac{1}{2}$만큼 작은 수

④ $\frac{5}{2}$보다 $\frac{9}{4}$만큼 큰 수

⑤ $-\frac{3}{10}$보다 $-\frac{7}{5}$만큼 작은 수

05 오른쪽 수직선으로 설명할 수 있는 덧셈식을 $A+B=C$라 할 때, $A-B+C$의 값은?

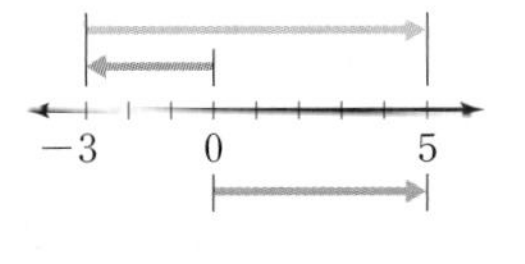

① -16 ② -10 ③ -6

④ 10 ⑤ 16

꼭 나와

06 다음 중 계산 결과가 옳지 않은 것은?

① $(-7)+(+3)-(+2)=-6$

② $\left(-\frac{1}{2}\right)\times3^2\times(-6)=27$

③ $\left(-\frac{1}{2}\right)^3\times4\times\left(-\frac{5}{3}\right)=-\frac{5}{6}$

④ $\frac{5}{3}\times\left(-\frac{2}{5}\right)\div(-30)=\frac{1}{45}$

⑤ $\frac{1}{2}-\frac{3}{4}+(-2)-\frac{1}{4}-(-1)=-\frac{3}{2}$

07 $\frac{2}{3}$보다 -1만큼 작은 수를 a, $-\frac{3}{5}$보다 2만큼 큰 수를 b라 할 때, $a\times b$의 값을 구하시오.

08 다음은 분배법칙을 이용하여 계산하는 과정이다. (가), (나), (다)에 알맞은 수를 구하시오.

$$(+2)\times\left(-\frac{5}{3}\right)+(-11)\times\left(-\frac{5}{3}\right)$$
$$=\{(+2)+(-11)\}\times\left(\boxed{(가)}\right)$$
$$=\left(\boxed{(나)}\right)\times\left(\boxed{(가)}\right)$$
$$=\boxed{(다)}$$

09 다음 식의 계산 순서를 바르게 나열하시오.

$$-2-4\times\left\{5-\left(-\frac{1}{3}\right)^3\div\frac{3}{4}\right\}$$

↑ ㉠ (−), ↑ ㉡ (×), ↑ ㉢ (−), ↑ ㉣ ($\left(-\frac{1}{3}\right)^3$), ↑ ㉤ (÷)

10 $A=\frac{5}{6}\div\left(-\frac{2}{3}\right)\times3$,

$B=(-1)\div\left(-\frac{3}{2}\right)^3\times\frac{9}{8}$

일 때, $B\div A$의 값을 구하시오.

11 다음을 계산하시오.

(1) $\{(-2)^3\times3-(-4)\}\div(-2)^2$

(2) $2^4\div(-3^2)\times(-3)^3-(-2)^3\times3^3-(-3)^2$

(3) $\left|-\frac{3}{4}+\frac{2}{3}\right|-\left(-\frac{1}{3}-\frac{3}{4}\right)+\left|-\frac{1}{12}\right|$

(4) $\left(-\frac{1}{4}\right)\div\left(-\frac{1}{2}\right)^3-(-6)\times\left\{\left(-\frac{4}{3}\right)+(-2)\right\}$

꼭 나와

12 어떤 수에 $-\frac{3}{5}$을 곱해야 할 것을 잘못하여 나누었더니 그 결과가 $-\frac{2}{3}$가 되었다. 바르게 계산한 답을 구하시오.

13 다음을 구하시오.

(1) $\frac{3}{4}$의 역수를 a, 1.5의 역수를 b라 할 때, $(a-b)\times b$의 값

(2) a의 역수와 -0.25의 역수의 곱이 $\frac{2}{3}$일 때, a의 값 (단, $a\neq0$)

(3) $a=\left(\frac{2}{3}\right)^2\div\frac{5}{6}\times\left(-\frac{3}{4}\right)$에 대하여 $a\times b=1$이 되는 b의 값

14 두 수 a, b에 대하여 $a<0$, $b>0$일 때, 다음 중 항상 양수인 것은?

① $a-b$　　② $a+b$　　③ $a\times b$
④ $b-a$　　⑤ $b\div a$

15 $\left(-\frac{3}{5}\right)\div\square\times\left(-\frac{5}{6}\right)-\frac{2}{3}=-1$일 때, $\square$ 안에 알맞은 수는?

① -3　　② $-\frac{3}{2}$　　③ $-\frac{6}{25}$
④ $\frac{1}{2}$　　⑤ 2

16 다음 그림에서 삼각형의 한 변에 놓인 네 수의 합이 모두 같을 때, A, B의 값을 구하시오.

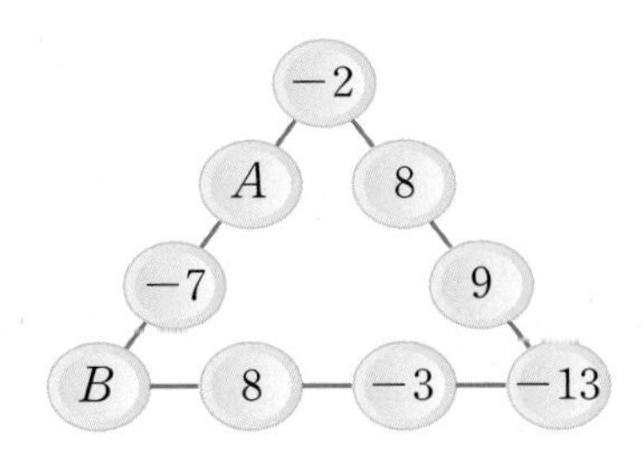

17 희강이와 수연이는 계단에서 가위바위보를 하여 이긴 사람은 3칸 올라가고, 진 사람은 2칸 내려가는 놀이를 하였다. 두 사람의 출발점은 같고 그 위에도 아래에도 계단이 50칸 이상이 있다. 가위바위보를 10번 하여 희강이는 6번 이기고 수연이는 3번 이겼을 때, 두 사람의 위치는 몇 칸 차이가 나는지 구하시오. (단, 비기면 그대로 있는다.)

18 세 유리수 a, b, c에 대하여 $a\times b\times c<0$, $a+b=0$, $a\times c>0$일 때, a, b, c의 부호는?

① $a>0$, $b>0$, $c>0$
② $a>0$, $b<0$, $c>0$
③ $a<0$, $b>0$, $c>0$
④ $a<0$, $b>0$, $c<0$
⑤ $a<0$, $b<0$, $c<0$

꼭 나와

19 $(-1)+(-1)^2+(-1)^3+\cdots+(-1)^{200}$을 계산하면?

① -200　　② -100　　③ 0
④ 100　　⑤ 200

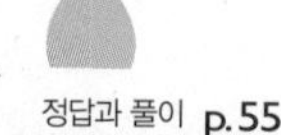

Step 발전문제

01 $a=\left(-\frac{8}{3}\right)\div\frac{4}{7}\div\left(-\frac{4}{3}\right)$,
$b=(-2)^3\times\frac{3}{4}\div\left(-\frac{3}{2}\right)^2$일 때, $a-b$의 값을 구하시오.

02 $-1<a<0$인 유리수 a에 대하여 다음 중 가장 큰 수는?

① a ② $\frac{1}{a}$ ③ a^3
④ $-a^2$ ⑤ $-\frac{1}{a^2}$

꼭 나와

03 다음 중 계산 결과가 가장 큰 것은?

① $2\times\left\{\left(-\frac{5}{4}\right)-\left(-\frac{2}{3}\right)\right\}-\frac{7}{12}$
② $3\div\left\{\left(\frac{1}{2}-3\right)\times0.2-(-2)^2\right\}$
③ $6-\left\{\left(-\frac{1}{2}\right)^3\div\left(-\frac{1}{4}\right)+1\right\}\times\frac{9}{5}$
④ $8-2\times\left[3-\left\{\left(-\frac{3}{2}\right)^2-\left(\frac{7}{4}-\frac{3}{2}\right)\div2\right\}\right]$
⑤ $1-\left[\frac{1}{3}+(-2)\div\{3\times(-1)-(-1)^3\}-\frac{4}{3}\right]$

04 $a\div(-2)$의 역수가 4이고, b의 역수가 a보다 3만큼 작은 수일 때, $a-b$의 값을 구하시오.

05 다음 표에서 가로, 세로, 대각선에 있는 세 수의 곱이 모두 같을 때, a의 값을 구하시오.

		$\frac{6}{5}$
$\frac{18}{5}$		$\frac{5}{18}$
	a	3

06 $\left(\frac{1}{3}-1\right)\times\left(\frac{1}{4}-1\right)\times\left(\frac{1}{5}-1\right)\times\cdots\times\left(\frac{1}{40}-1\right)$을 계산하시오.

꼭 나와

07 세 유리수 a, b, c에 대하여 $a\times b<0$, $c\div a<0$, $a-c>0$이 성립할 때, a, b, c의 부호는?

① $a>0$, $b>0$, $c>0$ ② $a>0$, $b<0$, $c<0$
③ $a<0$, $b<0$, $c>0$ ④ $a<0$, $b>0$, $c<0$
⑤ $a<0$, $b<0$, $c<0$

08 다음 □ 안에 알맞은 수를 구하시오.

(1) $\left(-\frac{1}{2}\right)^2\div\frac{11}{4}\times\square=-\frac{2}{5}$

(2) $\square\times\frac{5}{9}\div\left(-\frac{5}{4}\right)^2\times(-3)-\frac{4}{5}$

(3) $\left(-\frac{3}{4}\right)^2\div\square\times\left(-\frac{40}{21}\right)=\frac{15}{7}$

09 3보다 -4만큼 작은 수를 A, -2보다 5만큼 큰 수를 B라 할 때, $B<|x|\le A$를 만족시키는 정수 x의 개수는?

① 3개　② 4개　③ 5개　④ 6개　⑤ 8개

10 다음을 계산하는데 n이 짝수일 때의 값을 A, n이 홀수일 때의 값을 B라 하자. 이때 $A+B$의 값을 구하시오.

$$(-1^n)+(-1)^{2\times n}-(-1)^{n+1}+(-1)^n$$

11 다음 그림과 같이 수직선 위의 두 점 B, C를 이은 선분을 3 : 2로 나누는 점이 A일 때, 점 A가 나타내는 수를 구하시오.

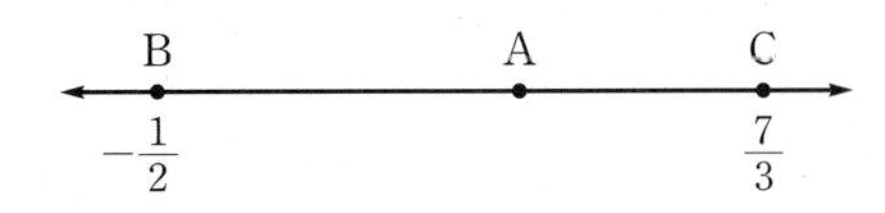

12 다음 수직선 위의 세 점 B, C, D가 나타내는 수의 합을 구하시오.

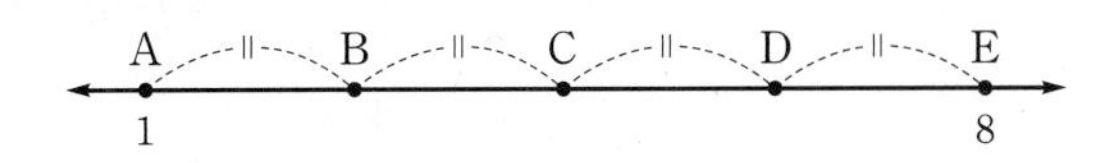

꼭 나와

13 다섯 개의 유리수 $-\frac{4}{3}$, $\frac{7}{2}$, -1, -6, $\frac{2}{3}$ 중에서 서로 다른 네 수를 뽑아 곱한 값 중 가장 큰 값을 a, 가장 작은 값을 b라 할 때, $a\div b$의 값을 구하시오.

3 step 실력 UP

01 자연수 n에 대하여 $\frac{1}{n\times(n+1)}=\frac{1}{n}-\frac{1}{n+1}$이 성립함을 이용하여 $\frac{1}{1\times2}+\frac{1}{2\times3}+\frac{1}{3\times4}+\cdots+\frac{1}{9\times10}$을 계산하시오.

02 n이 홀수일 때, 다음을 계산하시오.

$$(-1)^{n+3}+(-1)^{n}-(-1)^{2\times n-1}+(-1)^{2\times n}-(-1)^{2\times n+1}$$

03 두 유리수 a, b에 대하여 $a-b>0$, $a\times b<0$이고 $|a|<|b|$일 때, 다음 중 옳지 않은 것은?

① $a+b<0$ ② $|a|-b>0$ ③ $-a+b<0$
④ $-a-b<0$ ⑤ $a-|b|<0$

04 $[x]$는 x보다 크지 않은 최대의 정수를 나타낼 때, $[-5.6]-[3.1]+[-3]$을 계산하시오.

05 다음 조건을 모두 만족시키는 유리수 a, b에 대하여 $|a-b|$의 값을 모두 구하시오.

(가) $|a|=6$ (나) $|a|+|b|=10$

06 $\frac{2}{5}=\cfrac{1}{\cfrac{5}{2}}$이라 할 때, $\frac{23}{72}=\cfrac{1}{a+\cfrac{1}{b+\cfrac{2}{c}}}$을 만족시킨다. 이때 $a+b+c$의 값을 구하시오.

(단, a, b, c는 한 자리의 자연수)

서술형 대비 문제

논리적으로 풀어서 설명하는 연습이 필요하므로
차근차근 풀어 보는 습관을 기르면 자신감이 팍팍!

정답과 풀이 p.58

예제 01

x의 절댓값은 4이고 y의 절댓값은 6일 때, $x-y$의 값 중에서 가장 큰 값을 M, 가장 작은 값을 m이라 하자. 이때 $M-m$의 값을 구하시오. [7점]

풀이과정

1단계 **x, y의 값 구하기** [2점]

x의 절댓값이 4이므로 $x=4$ 또는 $x=-4$

y의 절댓값이 6이므로 $y=6$ 또는 $y=-6$

2단계 **M의 값 구하기** [2점]

$x-y$의 값 중에서 가장 큰 값은 x는 양수, y는 음수일 때이므로 $M=4-(-6)=10$

3단계 **m의 값 구하기** [2점]

$x-y$의 값 중에서 가장 작은 값은 x는 음수, y는 양수일 때이므로 $m=(-4)-6=-10$

4단계 **$M-m$의 값 구하기** [1점]

$\therefore M-m=10-(-10)=20$

답 20

유제 1

x의 절댓값은 $\frac{1}{3}$이고 y의 절댓값은 $\frac{1}{2}$일 때, $x-y$의 값 중에서 가장 큰 값을 M, 가장 작은 값을 m이라 하자. 이때 $M-m$의 값을 구하시오. [7점]

풀이과정

1단계 **x, y의 값 구하기** [2점]

2단계 **M의 값 구하기** [2점]

3단계 **m의 값 구하기** [2점]

4단계 **$M-m$의 값 구하기** [1점]

답

예제 02

$\frac{1}{4}$보다 $-\frac{2}{3}$만큼 큰 수를 a, $-\frac{2}{5}$보다 -0.25만큼 작은 수를 b라 할 때, $a\times b$의 역수를 구하시오. [7점]

풀이과정

1단계 **a의 값 구하기** [2점]

$a=\frac{1}{4}+\left(-\frac{2}{3}\right)=-\frac{5}{12}$

2단계 **b의 값 구하기** [2점]

$b=\left(-\frac{2}{5}\right)-(-0.25)=\left(-\frac{2}{5}\right)+\left(+\frac{1}{4}\right)=-\frac{3}{20}$

3단계 **$a\times b$의 역수 구하기** [3점]

따라서 $a\times b=\left(-\frac{5}{12}\right)\times\left(-\frac{3}{20}\right)=\frac{1}{16}$이므로 그 역수는 16이다.

답 16

유제 2

$-\frac{2}{9}$보다 $-\frac{2}{3}$만큼 큰 수를 a, $\frac{1}{3}$보다 $\frac{1}{6}$만큼 작은 수를 b라 할 때, $a\times b$의 역수를 구하시오. [7점]

풀이과정

1단계 **a의 값 구하기** [2점]

2단계 **b의 값 구하기** [2점]

3단계 **$a\times b$의 역수 구하기** [3점]

답

스스로 서술하기

정답과 풀이 p.59

시험에 자주 출제되는 서술형 문제를 차근차근 풀면서 서술형에 대한 자신감을 기르자.

유제 3 $A=(-3)\times\left[\frac{1}{6}+\left\{\frac{2}{3}\div\left(-\frac{2}{5}\right)+(-1)^3\right\}\right]$, $B=3\times\left(-\frac{1}{2}\right)^2\div(-2^2)$일 때, $A-B$의 값을 구하시오. [6점]

풀이과정

답

유제 4 다음 조건을 모두 만족시키는 두 수 A, B에 대하여 $A\div B$의 값을 구하시오. [7점]

(가) $A\div\frac{3}{7}=-\frac{7}{3}$
(나) $B\div(-3)$의 역수는 5이다.

풀이과정

답

유제 5 어떤 수를 $-\frac{2}{3}$로 나누어야 할 것을 잘못하여 더했더니 그 결과가 $\frac{1}{5}$이 되었다. 바르게 계산한 답을 구하시오. [7점]

풀이과정

답

유제 6 오른쪽 그림과 같은 주사위에서 마주 보는 면에 있는 두 수의 곱이 1일 때, 보이지 않는 세 면에 있는 수의 합을 구하시오. [7점]

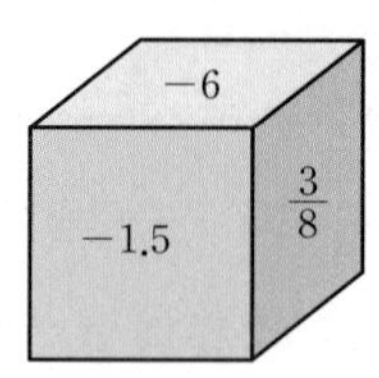

풀이과정

답

정답과 풀이 p.60

스토리텔링으로 배우는 생활 속의 수학

지금까지 공부한 내용을 실생활 문제에 활용해 보자.

1

다음은 승준이네 가족의 키를 조사하여 표로 나타낸 것이다. 승준이의 키를 기준으로 다른 가족들의 키를 나타내려고 한다. 빈칸에 알맞은 것을 써넣으시오.

할아버지	할머니	아버지	어머니	승준	동생
169 cm	150 cm	177 cm	164 cm	165 cm	135 cm
+4 cm				0 cm	

2

다음과 같은 규칙으로 계산되는 A, B, C 세 개의 계산기가 있다. $\frac{3}{2}$을 A에 입력하여 계산된 값을 다시 B에 입력하고 B에서 계산된 값을 다시 C에 입력하였을 때, 최종적으로 계산된 값을 구하시오.

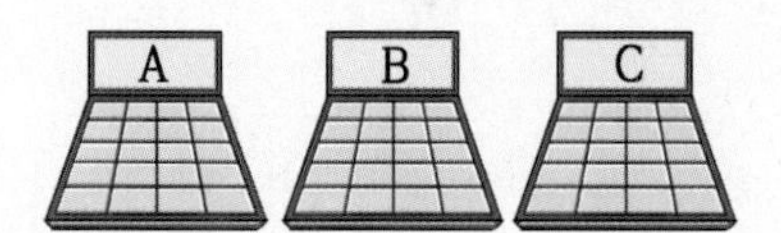

A : 입력된 수에 $\frac{2}{3}$를 곱한 다음 $\frac{1}{2}$을 뺀다.

B : 입력된 수에서 1을 뺀 다음 -2를 곱한다.

C : 입력된 수에 $\frac{1}{3}$을 더한 다음 -3으로 나눈다.

대단원 핵심 한눈에 보기

01 정수와 유리수

(1) 정수 : 양의 정수, 0, [   ]를 통틀어 정수라 한다.

(2) [   ] : 분자, 분모(분모$\neq 0$)가 모두 정수인 분수로 나타낼 수 있는 수

(3) 유리수의 분류

유리수
- 정수
  - 양의 정수(자연수)
  - 0
  - 음의 정수
- [   ]

02 절댓값

(1) 절댓값 : 수직선 위에서 [ ]을 나타내는 점과 어떤 수를 나타내는 점 사이의 거리

(2) 절댓값이 $a(a>0)$인 수는 [ ], [ ]의 2개가 있다.

03 수의 대소 관계

(1) (음수)$<$[ ]$<$(양수)

(2) 양수끼리는 절댓값이 큰 수가 [ ].

(3) 음수끼리는 절댓값이 큰 수가 [ ].

04 정수와 유리수의 덧셈과 뺄셈

(1) 부호가 같은 두 수의 덧셈 : 두 수의 절댓값의 합에 [ ]인 부호를 붙인다.

(2) 부호가 다른 두 수의 덧셈 : 두 수의 절댓값의 차에 절댓값이 [ ] 수의 부호를 붙인다.

(3) 뺄셈은 빼는 수의 부호를 바꾸어 [ ]으로 고쳐서 계산한다.

05 정수와 유리수의 곱셈과 나눗셈

(1) 부호가 같은 두 수의 곱셈 : 두 수의 절댓값의 곱에 [ ]부호를 붙인다.

(2) 부호가 다른 두 수의 곱셈 : 두 수의 절댓값의 곱에 [ ]부호를 붙인다.

(3) 어떤 수로 나누는 것은 그 [ ]를 곱하는 것과 같다.

답 01 (1) 음의 정수 (2) 유리수 (3) 정수가 아닌 유리수 02 (1) 원점 (2) $+a$, $-a$ 03 (1) 0 (2) 크다 (3) 작다 04 (1) 공통 (2) 큰 (3) 덧셈 05 (1) + (2) − (3) 역수

문자와 식

01 문자의 사용

1. 문자의 사용과 식의 계산

개념원리 이해

1 문자를 사용한 식은 어떻게 간단히 나타내는가?

◎ 핵심문제 1, 2

(1) 곱셈 기호 (×)의 생략

(수)×(문자), (문자)×(문자)에서 곱셈 기호 ×를 생략하여 간단히 나타낼 수 있다.
이때 다음과 같이 약속한다.

① **(수)×(문자), (문자)×(수)** : 곱셈 기호 ×를 생략하고 수를 문자 앞에 쓴다.
예 $a\times6=6a,\ x\times(-9)=-9x$

② **(문자)×(문자)** : 곱셈 기호 ×를 생략하고 알파벳 순서로 쓴다.
예 $b\times a=ab,\ x\times y\times z=xyz$

③ **1×(문자), (−1)×(문자)** : 곱셈 기호 ×와 1을 생략한다.
예 $1\times x=x,\ (-1)\times a=-a$

④ **같은 문자의 곱** : 거듭제곱으로 나타낸다.
예 $a\times a=a^2,\ y\times x\times x=x^2y$

⑤ **괄호가 있는 식과 수의 곱** : 곱셈 기호 ×를 생략하고, 수를 괄호 앞에 쓴다.
예 $2\times(x-y)=2(x-y),\ (x+y)\times3=3(x+y)$

▶ 문자를 사용한 식에서 곱셈 기호 ×의 생략은 식을 간결하고 명확하게 나타내기 위한 하나의 약속이다.

주의 ① $\frac{1}{2}\times x$는 $\frac{1}{2}x$ 또는 $\frac{x}{2}$로 나타낸다.

② 소수 0.1, 0.01, …과 같은 수와 문자의 곱에서는 1을 생략하지 않는다.

즉, $0.1\times a \Rightarrow \begin{cases}0.1a\ (\bigcirc)\\ 0.a\ \ (\times)\end{cases},\ (-0.1)\times b \Rightarrow \begin{cases}-0.1b\ (\bigcirc)\\ -0.b\ \ (\times)\end{cases}$

(2) 나눗셈 기호 (÷)의 생략

나눗셈 기호 ÷를 생략하고 분수의 꼴로 나타낸다.
즉, 나눗셈을 역수의 곱셈으로 바꾼 후 곱셈 기호 ×를 생략한다.

$$\boldsymbol{a\div b=a\times\frac{1}{b}=\frac{a}{b}\ (b\neq0)}$$

예 ① $x\div5=x\times\frac{1}{5}=\frac{x}{5},\ a\div(-6)=a\times\left(-\frac{1}{6}\right)=-\frac{a}{6}$

② $(a-b)\div(x+y)=(a-b)\times\frac{1}{x+y}=\frac{a-b}{x+y}$

주의 문자를 1 또는 −1로 나눌 때에는 1을 생략한다.

즉, $a\div1=\frac{a}{1}=a,\ a\div(-1)=\frac{a}{-1}=-a$

2 문자를 사용한 식은 어떻게 나타내는가? ○ 핵심문제 3, 4

(1) **문자를 사용하면 수량 사이의 관계를 간단한 식으로 나타낼 수 있다.**

예 한 권에 1500원인 공책 x권의 가격 ⇨ $1500\times x=1500x$(원)

(2) **문자를 사용하여 식 세우기**

① 문제의 뜻을 파악하여 그에 맞는 규칙을 찾는다.

② 문자를 사용하여 ①의 규칙에 맞도록 식을 세운다.

예 한 개에 a원인 사과 6개를 사고 10000원을 냈을 때의 거스름돈 ⇨ $10000-6a$(원)

(3) **문자를 사용한 식에서 자주 쓰이는 수량 사이의 관계**

① $(\text{속력})=\dfrac{(\text{거리})}{(\text{시간})}$, $(\text{시간})=\dfrac{(\text{거리})}{(\text{속력})}$, $(\text{거리})=(\text{속력})\times(\text{시간})$

② $(\text{소금물의 농도})=\dfrac{(\text{소금의 양})}{(\text{소금물의 양})}\times 100(\%)$

예 다음을 문자를 사용한 식으로 나타내시오.

(1) 1개에 a원인 배 10개의 가격

(2) 시속 20 km로 x시간 동안 달린 거리

풀이 (1) (배의 가격)=(배 1개의 가격)×(배의 개수)$=a\times 10=10a$(원)

(2) (거리)=(속력)×(시간)$=20\times x=20x$(km)

보충학습

1. $(\text{소금의 양})=\dfrac{(\text{소금물의 농도})}{100}\times(\text{소금물의 양})$

2. $1\%=0.01=\dfrac{1}{100}$ ⇨ $a\%=\dfrac{a}{100}$

3. $1\text{할}=0.1=\dfrac{1}{10}$ ⇨ $a\text{할}=\dfrac{a}{10}$

   $1\text{푼}=0.01=\dfrac{1}{100}$ ⇨ $a\text{푼}=\dfrac{a}{100}$

   $1\text{리}=0.001=\dfrac{1}{1000}$ ⇨ $a\text{리}=\dfrac{a}{1000}$

4. (거스름돈)=(지불 금액)−(물건 값)

5. (정가에서 $a\%$ 할인한 판매 가격)$=(\text{정가})\times\left(1-\dfrac{a}{100}\right)$(원)

6. $(\text{삼각형의 넓이})=\dfrac{1}{2}\times(\text{밑변의 길이})\times(\text{높이})$

7. (직사각형의 넓이)=(가로의 길이)×(세로의 길이)

8. (직사각형의 둘레의 길이)$=2\times\{(\text{가로의 길이})+(\text{세로의 길이})\}$

9. $(\text{사다리꼴의 넓이})=\dfrac{1}{2}\times\{(\text{윗변의 길이})+(\text{아랫변의 길이})\}\times(\text{높이})$

개념원리 확인하기

수학 실력의 비결은 개념원리의 이해부터이다. 개념원리 확인하기를 통하여 개념과 원리를 정확히 이해하자.

정답과 풀이 p.61

01 다음 □ 안에 알맞은 말을 써넣고, 기호 $\times$, $\div$를 생략하여 나타내시오.

(1) (수)$\times$(문자)에서는 □를 문자 앞에 쓴다.

$7\times x=$________, $x\times(-5)=$________

(2) 문자는 □ 순서로 쓰고, 같은 문자의 곱은 □의 꼴로 나타낸다.

$y\times9\times x=$________, $b\times a\times c\times a\times a\times3=$________

(3) $1\times$(문자), $(-1)\times$(문자)에서는 1을 □한다.

$1\times a=$________, $(-1)\times y\times x=$________

(4) 나눗셈 기호 $\div$를 생략하고 □의 꼴로 나타낸다.

$x\div7=$________, $a\div(-3)=$________

02 다음 식을 곱셈 기호 $\times$를 생략하여 나타내시오.

(1) $a\times(-8)$

(2) $b\times6\times c\times a$

(3) $b\times a\times b\times3\times b\times a$

(4) $b\times b\times(-1)$

(5) $0.1\times y$

(6) $(a+b)\times(-2)$

03 다음 식을 나눗셈 기호 $\div$를 생략하여 나타내시오.

(1) $6\div y$

(2) $(-x)\div y$

(3) $y\div\frac{4}{5}$

(4) $a\div(-b)$

(5) $(a+b)\div c$

(6) $(3x-y)\div2$

○ 나누는 수를 분모로 보내거나, 나누는 수의 □를 곱해서 분수의 꼴로 나타낸다.

04 다음 식을 기호 $\times$, $\div$를 생략하여 나타내시오.

(1) $a\times b\times c$

(2) $a\times b\div c$

(3) $a\div b\times c$

(4) $a\div b\div c$

○ 기호 $\times$, $\div$가 혼합된 식
① 괄호가 있을 때에는 괄호 안을 먼저 계산한다.
② □에서부터 차례대로 계산한다.

05 다음을 문자를 사용한 식으로 나타내시오.

(1) 1개에 3점인 수학 문제 a개를 맞혔을 때의 수학 점수

(2) x원인 물건을 사고 1000원을 냈을 때의 거스름돈

(3) 밑변의 길이가 a cm, 높이가 b cm인 삼각형의 넓이

○ (거스름돈)
$=$(지불 금액)$-$(□)
(삼각형의 넓이)
$=\frac{1}{2}\times$(□)$\times$(□)

핵심 문제 익히기

더 다양한 문제는 RPM 중1-1 78쪽

01 곱셈 기호와 나눗셈 기호의 생략 (1)

다음 식을 기호 ×, ÷를 생략하여 나타내시오.

(1) $(-3)\times x\times x\times y\times x\times y$
(2) $0.1\times a\times a$
(3) $(x+y)\times 3\times a$
(4) $a\times 3\times b\div\frac{1}{c}$
(5) $6\div a\div b$
(6) $a\times b\div(a-b)\div 3$

Key Point

- (수)×(문자), (문자)×(문자)에서 곱셈 기호 ×를 생략할 수 있다.
- $0.1\times x$ ⇨ $0.1x$ (○), $0.x$ (×)
- $1\times$(문자), $(-1)\times$문자 ⇨ 1을 생략한다.

풀이

(1) $\mathbf{-3x^3y^2}$
(2) $\mathbf{0.1a^2}$
(3) $\mathbf{3a(x+y)}$
(4) (주어진 식)$=a\times 3\times b\times c=\mathbf{3abc}$
(5) (주어진 식)$=6\times\frac{1}{a}\times\frac{1}{b}=\mathbf{\frac{6}{ab}}$
(6) (주어진 식)$=a\times b\times\frac{1}{a-b}\times\frac{1}{3}=\mathbf{\frac{ab}{3(a-b)}}$

확인 1 다음 식을 기호 ×, ÷를 생략하여 나타내시오.

(1) $x\times x\times(-1)$
(2) $x\times y\times(-0.1)\times x\times x$
(3) $(-2)\times(-a)\times(-b)$
(4) $(x-y)\times 6\times a$
(5) $0.1\times a\div b$
(6) $3\div(x\div y)$

더 다양한 문제는 RPM 중1-1 78쪽

02 곱셈 기호와 나눗셈 기호의 생략 (2)

다음 식을 기호 ×, ÷를 생략하여 나타내시오.

(1) $(-5)\times x\div y\times c$
(2) $a\div(x+y)\div 2\times a$
(3) $x\div(-3)+1\div y$
(4) $x\times 0.1-5\div(a+b)$

Key Point

- 기호 ×, ÷가 혼합된 식
  ⇨ 괄호가 있을 때에는 괄호 안을 먼저 계산하고 앞에서부터 차례대로 계산한다.
- 나눗셈은 역수를 곱한다.

풀이

(1) (주어진 식)$=(-5)\times x\times\frac{1}{y}\times c=\mathbf{-\frac{5cx}{y}}$
(2) (주어진 식)$=a\times\frac{1}{x+y}\times\frac{1}{2}\times a=\mathbf{\frac{a^2}{2(x+y)}}$
(3) (주어진 식)$=x\times\left(-\frac{1}{3}\right)+1\times\frac{1}{y}=\mathbf{-\frac{x}{3}+\frac{1}{y}}$
(4) (주어진 식)$=x\times 0.1-5\times\frac{1}{a+b}=\mathbf{0.1x-\frac{5}{a+b}}$

확인 2 다음 식을 기호 ×, ÷를 생략하여 나타내시오.

(1) $x-2\div(x-y)$
(2) $(x-y)\div y+(x+3)\times 5$
(3) $a\times a\times(-2)-b\times c\div(-3)$
(4) $a\div(b\times c)+2\times x\div(-1)$

더 다양한 문제는 RPM 중1-1 78쪽

03 문자를 사용한 식으로 나타내기 (1)

다음을 문자를 사용한 식으로 나타내시오.

(1) 백의 자리의 숫자가 a, 십의 자리의 숫자가 b, 일의 자리의 숫자가 c인 세 자리의 자연수

(2) 10명이 x원씩 내서 y원인 물건을 사고 남은 금액

(3) 정가가 1000원인 물건을 a % 할인하여 판매할 때, 판매 가격

Key Point

- $a\ \% = \frac{a}{100}$
- 정가가 x원인 물건을 a % 할인했을 때, 판매 가격 ⇨ $x \times \left(1 - \frac{a}{100}\right)$(원)

풀이

(1) $a \times 100 + b \times 10 + c \times 1 = \mathbf{100a + 10b + c}$

(2) $10 \times x - y = \mathbf{10x - y}$**(원)**

(3) (판매 가격)=(정가)−(할인 금액)$=1000 - 1000 \times \frac{a}{100} = \mathbf{1000 - 10a}$**(원)**

확인 3 다음을 문자를 사용한 식으로 나타내시오.

(1) 십의 자리의 숫자가 7, 일의 자리의 숫자가 b인 두 자리의 자연수

(2) 정가가 3000원인 옷을 a % 할인하여 판매할 때, 이 옷의 판매 가격

더 다양한 문제는 RPM 중1-1 79쪽

04 문자를 사용한 식으로 나타내기 (2)

다음을 문자를 사용한 식으로 나타내시오.

(1) 윗변의 길이가 a cm, 아랫변의 길이가 b cm, 높이가 h cm인 사다리꼴의 넓이

(2) 20 km를 시속 x km로 달렸을 때, 걸린 시간

(3) a %의 소금물 b g과 c %의 소금물 d g을 섞은 소금물에 들어 있는 소금의 양

Key Point

- (사다리꼴의 넓이) $= \frac{1}{2} \times$ {(윗변의 길이)+(아랫변의 길이)} × (높이)
- (속력) $= \frac{(\text{거리})}{(\text{시간})}$
- (소금의 양) $= \frac{(\text{소금물의 농도})}{100} \times$ (소금물의 양)

풀이

(1) (사다리꼴의 넓이)$= \frac{1}{2} \times (a+b) \times h = \mathbf{\frac{(a+b)h}{2}}$**(cm²)**

(2) (시간)$= \frac{(\text{거리})}{(\text{속력})} = \mathbf{\frac{20}{x}}$**(시간)**

(3) (소금의 양)$= \frac{(\text{소금물의 농도})}{100} \times$ (소금물의 양)이므로

$\frac{a}{100} \times b + \frac{c}{100} \times d = \mathbf{\frac{ab}{100} + \frac{cd}{100}}$**(g)**

확인 4 다음을 문자를 사용한 식으로 나타내시오.

(1) 가로, 세로의 길이가 각각 x cm, y cm인 직사각형의 둘레의 길이

(2) A지점에서 출발하여 150 km 떨어진 B지점을 향하여 시속 70 km로 a시간 동안 갔을 때, 남은 거리

정답과 풀이 p.62

이런 문제가 시험에 나온다

01 다음 중 기호 ×, ÷를 생략하여 나타낸 것으로 옳은 것은?

① $2\times x\div y=\frac{x}{2y}$
② $(-0.1)\times x\div y=-\frac{0.x}{y}$
③ $(-x)\div y\div z\times 2=-\frac{2xz}{y}$
④ $a\div 4\times b\times c-1=\frac{ac}{4b}-1$
⑤ $x\div 5\div(x+y)\times z=\frac{xz}{5(x+y)}$

생각해 봅시다!
기호 ×, ÷가 혼합된 식은 괄호 안을 먼저 계산하고 앞에서부터 차례대로 계산한다.

02 $\frac{2(x+y)}{a}$를 곱셈 기호와 나눗셈 기호를 사용하여 나타낸 것을 모두 고르면? (정답 2개)

① $x+y\div a\times 2$
② $x+y\div a\div 2$
③ $(x+y)\div a\times 2$
④ $x+y\div 2\div a$
⑤ $(x+y)\div(a\div 2)$

03 다음 중 옳은 것은?

① $a\div b\div c=a\div(b\div c)$
② $a\div b\times c=a\div(b\div c)$
③ $a\div b\times c=a\div(b\times c)$
④ $a\div\frac{1}{b}\div\frac{1}{c}=a\times\left(\frac{1}{b}\div c\right)$
⑤ $(a+b)\div 3\times x=\frac{1}{3}\div(a+b)\times x$

04 다음 중 문자를 사용하여 나타낸 식으로 옳지 않은 것은?

① 두 수 a와 b의 평균 ⇨ $\frac{a+b}{2}$
② 3000원의 a할 ⇨ $300a$원
③ 시속 50 km로 x시간 동안 달린 거리 ⇨ $50x$ km
④ 밑변의 길이가 x cm, 높이가 y cm인 평행사변형의 넓이 ⇨ $xy\text{ cm}^2$
⑤ 5권에 x원인 공책 y권을 사고 10000원을 지불했을 때, 거스름돈 ⇨ $(10000-5xy)$원

a할 ⇨ $\frac{a}{10}$

05 3개에 a원인 사탕 b개와 5개에 c원인 과자 d개의 값을 문자를 사용한 식으로 나타내시오.

02 식의 값

개념원리 이해

1 식의 값은 어떻게 구하는가?

핵심문제 1, 2

(1) **대입** : 문자를 사용한 식에서 문자에 어떤 수를 바꾸어 넣는 것
(2) **식의 값** : 문자를 사용한 식에서 문자에 어떤 수를 대입하여 계산한 결과
(3) **식의 값을 구하는 방법**
문자에 주어진 수를 대입할 때
① 주어진 식에서 생략된 곱셈 기호 ×를 다시 쓴다.
② 분모에 분수를 대입할 때에는 나눗셈 기호 ÷를 다시 쓴다.
③ 대입하는 수가 음수이면 반드시 괄호 ( )를 사용한다.

예 ① $x=3$일 때, $2x+5$의 값은

$x=3$ 대입

$$2x+5=2\times3+5=11$$

곱셈 기호 × 다시 쓰기 / 식의 값

② $x=\frac{1}{2}$일 때, $\frac{8}{x}$의 값은

$x=\frac{1}{2}$ 대입

$$\frac{8}{x}=8\div x=8\div\frac{1}{2}=8\times2=16$$

나눗셈 기호 ÷ 다시 쓰기

③ $x=-2$, $y=6$일 때, $-x-\frac{5}{2}y$의 값은

$x=-2$ 대입

$$-x-\frac{5}{2}y=-(-2)-\frac{5}{2}\times6=2-15=-13$$

음수를 대입할 때 괄호 사용

주의 $x=-2$일 때, x^2, $-x^2$, $(-x)^2$의 값을 비교해 보자.
$x^2=(-2)^2=2^2=4$
$-x^2=-(-2)^2=-4$
$(-x)^2=\{-(-2)\}^2=2^2=4$

개념원리 확인하기

수학 실력의 비결은 개념원리의 이해부터이다. 개념원리 확인하기를 통하여 개념과 원리를 정확히 이해하자.

정답과 풀이 p.63

01 다음 식의 값을 구하시오.

○ 생략된 $\square$ 기호를 다시 쓴다.

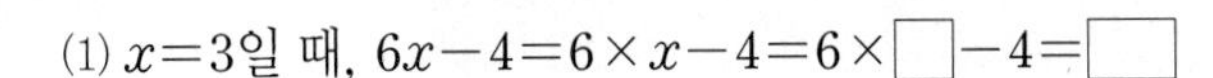

(1) $x=3$일 때, $6x-4=6\times x-4=6\times\square-4=\square$

(2) $y=4$일 때, $-8y$

(3) $a=\frac{1}{2}$일 때, $5-4a$

(4) $b=2$일 때, $-5b-1$

(5) $c=3$일 때, $1-\frac{1}{6}c$

02 $x=-2$일 때, 다음 식의 값을 구하시오.

○ 문자에 대입하는 수가 음수이면 반드시 $\square$를 사용한다.

(1) $4x=4\times x=4\times(\square)=\square$

(2) $6-3x$

(3) $-\frac{x}{5}$

(4) $3-\frac{8}{x}$

03 $x=-5$, $y=7$일 때, 다음 식의 값을 구하시오.

(1) $-x+y$

(2) $2(x+y)$

(3) $\frac{3}{5}xy$

(4) $x-\frac{1}{7}y$

04 다음 식의 값을 구하시오.

○ 분모에 분수를 대입할 때에는 $\square$ 기호를 다시 쓴다.

(1) $a=\frac{1}{2}$일 때, $\frac{6}{a}=6\div a=6\div\square=6\times\square=\square$

(2) $a=-\frac{1}{3}$일 때, $\frac{2}{a}$

(3) $x=\frac{1}{3}$, $y=2$일 때, $\frac{y}{x}$

(4) $x=-4$, $y=\frac{1}{8}$일 때, $\frac{x}{y}$

본 단원의 대표적인 문제이므로 개념원리의 적용 및 응용을 충분히 익히도록 하자.

정답과 풀이 p.63

핵심 문제 익히기

더 다양한 문제는 RPM 중1-1 80쪽

01 식의 값 구하기 (1)

다음 식의 값을 구하시오.

(1) $x=3$, $y=-\frac{1}{2}$일 때, $4xy-3y^2$ (2) $a=-4$, $b=-2$일 때, $\frac{b^2-2a}{3a}$

Key Point

- 식의 값
  ⇨ 문자에 수를 대입하여 계산
- 문자에 대입하는 수가 음수이면 반드시 괄호를 사용한다.

풀이

(1) $4xy-3y^2=4\times3\times\left(-\frac{1}{2}\right)-3\times\left(-\frac{1}{2}\right)^2=-6-3\times\frac{1}{4}=-6-\frac{3}{4}=\mathbf{-\frac{27}{4}}$

(2) $\frac{b^2-2a}{3a}=\frac{(-2)^2-2\times(-4)}{3\times(-4)}=\frac{4+8}{-12}=\frac{12}{-12}=\mathbf{-1}$

확인 1 다음 식의 값을 구하시오.

(1) $x=-\frac{1}{2}$, $y=\frac{1}{3}$일 때, $8x^2-12xy$

(2) $x=-4$일 때, $(-x)^3+(-x)^2$

(3) $x=-3$, $y=2$일 때, $|3x-2y|-|y-x|$

더 다양한 문제는 RPM 중1-1 80쪽

02 식의 값 구하기 (2)

다음 식의 값을 구하시오.

(1) $x=-2$, $y=-3$, $z=-1$일 때, $\frac{x}{y}+z$

(2) $a=-\frac{2}{3}$, $b=\frac{1}{5}$, $c=-\frac{1}{2}$일 때, $bc-\frac{1}{a}$

Key Point

분모에 분수를 대입할 때에는 나눗셈 기호 ÷를 다시 쓴다.

풀이

(1) $\frac{x}{y}+z=\frac{-2}{-3}+(-1)=\frac{2}{3}+(-1)=\mathbf{-\frac{1}{3}}$

(2) $bc-\frac{1}{a}=bc-1\div a=\frac{1}{5}\times\left(-\frac{1}{2}\right)-1\div\left(-\frac{2}{3}\right)=-\frac{1}{10}-1\times\left(-\frac{3}{2}\right)$

$=-\frac{1}{10}+\frac{3}{2}=\frac{14}{10}=\mathbf{\frac{7}{5}}$

확인 2 다음 식의 값을 구하시오.

(1) $x=-2$, $y=-3$, $z=-1$일 때, $\frac{3x-7y+z^2}{yz}$

(2) $a=\frac{3}{2}$, $b=-\frac{1}{3}$, $c=\frac{5}{6}$일 때, $\frac{3}{a}-\frac{2}{b}+\frac{5}{c}$

이런 문제가 시험에 나온다

01 $a=-2$일 때, $-a^2-(-a)^3$의 값은?

① -12　② -10　③ -4
④ 4　⑤ 12

02 $x=1$, $y=-2$일 때, 다음 중 식의 값이 나머지 넷과 다른 하나는?

① $-2y-x$　② y^2-1　③ x^2-y^2
④ $-\frac{2}{y}+\frac{2}{x}$　⑤ $\frac{3}{x}$

03 $x=3$, $y=-\frac{1}{2}$일 때, $xy^2-\frac{1}{y}$의 값은?

① $-\frac{13}{4}$　② $-\frac{11}{4}$　③ $-\frac{1}{2}$
④ $\frac{11}{4}$　⑤ $\frac{17}{2}$

04 $x=\frac{1}{3}$일 때, 다음 **보기** 중 식의 값이 가장 큰 것을 구하시오.

보기

ㄱ. $6x-3$　ㄴ. $-9x^3$　ㄷ. $\frac{2}{x}-4$　ㄹ. $-\frac{3}{4}x+2$

05 $-\frac{1}{4}$의 역수를 a, 2의 역수를 b라 할 때, $2ab^2-\frac{1}{4}a^2$의 값을 구하시오.

06 $x=-\frac{1}{2}$, $y=\frac{2}{3}$, $z=\frac{3}{4}$일 때, $\frac{3}{x}+\frac{2}{y}-\frac{9}{z}$의 값을 구하시오.

07 온도를 나타낼 때, 우리나라에서는 섭씨온도(℃)를 사용하고 미국에서는 화씨온도(℉)를 사용한다. 화씨 x ℉는 섭씨 $\frac{5}{9}(x-32)$ ℃일 때, 화씨 77 ℉는 섭씨 몇 ℃인지 구하시오.

생각해 봅시다!

분모에 분수를 대입할 때에는 나눗셈 기호 ÷를 다시 쓴다.

식의 값
⇨ 문자에 수를 대입하여 계산

03 일차식의 계산 (1)

1. 문자의 사용과 식의 계산

개념원리 이해

1 다항식이란 무엇인가? ○ 핵심문제 1

(1) **항** : $3x-2y+5$는 $3x$, $-2y$, 5의 합으로 이루어져 있다. 이때 수 또는 문자의 곱으로만 이루어진 식 $3x$, $-2y$, 5를 $3x-2y+5$의 항이라 한다.

x의 계수 y의 계수 상수항

$3x$ $-2y$ $+5$

항

(2) **상수항** : $3x-2y+5$에서 5와 같이 문자 없이 수만으로 이루어진 항을 상수항이라 한다.

(3) **계수** : 수와 문자의 곱으로 이루어진 항에서 문자 앞에 곱해진 수

예 $-7x$에서 x의 계수는 -7이고, $-a$에서 a의 계수는 -1이다.

예 $x-2y-7$에서

① 항은 x, $-2y$, -7이다.

② 상수항은 -7이다.

③ x의 계수는 1, y의 계수는 -2이다.

(4) **다항식** : $3x-2y+5$는 세 개의 항 $3x$, $-2y$, 5의 합으로 이루어진 식이다. 이와 같이 하나의 항이나 여러 개의 항의 합으로 이루어진 식을 다항식이라 한다.

(5) **단항식** : $2x$, $5y$와 같이 다항식 중에서 하나의 항으로만 이루어진 식을 단항식이라 한다.

▸ 단항식은 항의 개수가 1개인 다항식이라 할 수 있다. 즉, 단항식도 다항식이다.

주의 분모에 문자가 있는 식은 다항식이 아니다.

항이란 수 또는 문자의 곱으로만 이루어진 식이다. 그러나 $\frac{3}{x}$은 $3\div x$가 되어 수 또는 문자의 곱으로만 이루어져 있지 않으므로 항이라 할 수 없다.
따라서 다항식이라 할 수 없다.

2 일차식이란 무엇인가? ○ 핵심문제 2

(1) **차수** : $3x^2$은 $3\times x\times x$로 문자 x가 두 번 곱해져 있고, $-2y^3$은 $(-2)\times y\times y\times y$로 y가 세 번 곱해져 있다. 이와 같이 항에 포함되어 있는 어떤 문자의 곱해진 개수를 그 문자에 대한 항의 차수라 한다.

$3x^2$ ← 차수

▸ 상수항은 차수가 0이다.

예 $3x^2$의 문자 x에 대한 차수는 2이고, $-2y^3$의 문자 y에 대한 차수는 3이다.

(2) **다항식의 차수** : 다항식에서 차수가 가장 큰 항의 차수

예 다항식 x^2+6x-3에서 차수가 가장 큰 항은 x^2이고 x^2의 차수가 2이므로 다항식 x^2+6x-3의 차수는 2이다.

주의 계수와 차수의 구별

$5x^2$에서 $\begin{cases} x^2\text{의 계수 : } x^2 \text{ 앞에 곱해진 수이므로 } 5 \\ 5x^2\text{의 차수 : 문자 } x\text{가 곱해진 개수이므로 } 2 \end{cases}$

핵심 문제 익히기

더 다양한 문제는 RPM 중1-1 81쪽

01 다항식

다음 중 다항식 $\frac{x^2}{3}-x+5$에 대한 설명으로 옳지 않은 것은?

① 항의 개수는 3개이다.
② 상수항은 5이다.
③ x^2의 계수는 3이다.
④ x의 계수는 -1이다.
⑤ 다항식의 차수는 2이다.

Key Point

$4x^2-2x+3$
⇨ 항 : $4x^2$, $-2x$, 3
다항식의 차수 : 2
x^2의 계수 : 4
x의 계수 : -2
상수항 : 3

풀이

③ x^2의 계수는 $\frac{1}{3}$이다. ∴ ③

확인 1 다음 중 다항식 $-2x^2+3x-4y-5$에 대한 설명으로 옳은 것을 모두 고르면? (정답 2개)

① 항은 3개이다.
② 상수항은 $-4y-5$이다.
③ 다항식의 차수는 2이다.
④ x의 계수는 -2이다.
⑤ y의 계수는 -4이다.

더 다양한 문제는 RPM 중1-1 82쪽

02 일차식

다음 중 일차식인 것을 모두 고르면? (정답 2개)

① $-x^2+2$
② 7
③ $-0.1x+2$
④ $\frac{2}{x}+3$
⑤ $3x-y$

Key Point

분모에 문자가 있는 식은 다항식이 아니므로 일차식도 아니다.

풀이

① 다항식의 차수가 2이므로 일차식이 아니다. ② 상수항은 일차식이 아니다.
④ 분모에 문자가 있는 식은 다항식이 아니므로 일차식도 아니다. ∴ ③, ⑤

확인 2 다음 **보기** 중 일차식인 것을 모두 고르시오.

보기

ㄱ. $5-3y$ ㄴ. $3a+5$ ㄷ. x^2-1 ㄹ. $-y$
ㅁ. $\frac{2}{3}x-4$ ㅂ. a^2-3a ㅅ. $\frac{1}{x}$ ㅇ. x^2+3x+1

더 다양한 문제는 RPM 중1-1 82쪽

03 단항식과 수의 곱셈, 나눗셈

다음 식을 간단히 하시오.

(1) $7\times(-5x)$

(2) $(-4y)\times\left(-\frac{3}{4}\right)$

(3) $(-12x)\div(-2)$

(4) $\frac{1}{3}y\div\left(-\frac{5}{6}\right)$

Key Point

- (수)×(단항식), (단항식)×(수)
  ⇨ 수끼리 곱한 후 수를 문자 앞에 쓴다.
- (단항식)÷(수)
  ⇨ 나누는 수의 역수를 곱한다.

풀이

(1) $\mathbf{-35x}$

(2) $\mathbf{3y}$

(3) $(-12x)\div(-2)=(-12x)\times\left(-\frac{1}{2}\right)=\mathbf{6x}$

(4) $\frac{1}{3}y\div\left(-\frac{5}{6}\right)=\frac{1}{3}y\times\left(-\frac{6}{5}\right)=\mathbf{-\frac{2}{5}y}$

확인 3 다음 식을 간단히 하시오.

(1) $\left(-\frac{1}{3}\right)\times 24x$

(2) $\left(-\frac{5}{18}x\right)\times(-6)$

(3) $21x\div(-3)$

(4) $\left(-\frac{1}{25}x\right)\div\left(-\frac{1}{5}\right)$

더 다양한 문제는 RPM 중1-1 82쪽

04 일차식과 수의 곱셈, 나눗셈

다음 식을 간단히 하시오.

(1) $-3(2x-6)$

(2) $\left(-6a-\frac{1}{3}\right)\times\frac{4}{3}$

(3) $(-15x+9)\div(-3)$

(4) $(10x+4)\div\left(-\frac{2}{3}\right)$

Key Point

- (수)×(일차식), (일차식)×(수)
  ⇨ 분배법칙을 이용하여 일차식의 각 항에 수를 곱한다.

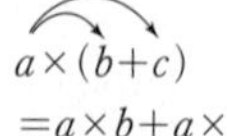

  $a\times(b+c)$
  $=a\times b+a\times c$,
  $(b+c)\times a$
  $=a\times b+a\times c$
- (일차식)÷(수)
  ⇨ 나누는 수의 역수를 곱한다.
- 괄호 앞에 음수가 있으면 숫자 뿐만 아니라 부호 −를 괄호 안의 모든 항에 곱한다.

풀이

(1) $-3(2x-6)=(-3)\times 2x+(-3)\times(-6)=\mathbf{-6x+18}$

(2) $\left(-6a-\frac{1}{3}\right)\times\frac{4}{3}=(-6a)\times\frac{4}{3}+\left(-\frac{1}{3}\right)\times\frac{4}{3}=\mathbf{-8a-\frac{4}{9}}$

(3) $(-15x+9)\div(-3)=(-15x+9)\times\left(-\frac{1}{3}\right)=(-15x)\times\left(-\frac{1}{3}\right)+9\times\left(-\frac{1}{3}\right)=\mathbf{5x-3}$

(4) $(10x+4)\div\left(-\frac{2}{3}\right)=(10x+4)\times\left(-\frac{3}{2}\right)=10x\times\left(-\frac{3}{2}\right)+4\times\left(-\frac{3}{2}\right)=\mathbf{-15x-6}$

확인 4 다음 식을 간단히 하시오.

(1) $\frac{5}{4}(-8x-12)$

(2) $(-4y+1)\times(-2)$

(3) $(-30y+15)\div(-5)$

(4) $\left(-\frac{1}{2}x+\frac{1}{3}\right)\div\left(-\frac{3}{2}\right)$

이런 문제가 시험에 나온다

생각해 봅시다!

01 다항식 $-4x^2+\frac{x}{3}-2$에 대한 다음 설명 중 옳은 것은?

① 항은 $-4x^2$, $\frac{x}{3}$, 2이다.
② x^2의 계수는 4이다.
③ 이 다항식은 일차식이다.
④ x의 계수는 3이다.
⑤ x의 계수와 상수항의 합은 $-\frac{5}{3}$이다.

02 다음 중 단항식인 것은?

① $2a-3$
② x^2-x+1
③ $\frac{3x-1}{2}$
④ $5x^2y^2\div2$
⑤ $\frac{a+b}{xy}$

분모에 문자가 있는 식은 다항식이 아니다.

03 다음 중 일차식인 것은?

① $5-2x^2+x$
② y^2+5
③ x^2-x
④ $\frac{2}{x}+7$
⑤ $\frac{1}{2}x-3$

04 다음 식을 간단히 하시오.

(1) $7\times(-2x)$
(2) $(-9x)\div\left(-\frac{1}{3}\right)$
(3) $-3(5x-1)$
(4) $(-y+8)\times\frac{4}{5}$
(5) $(-24a-30)\div6$
(6) $(-4b+1)\div\left(-\frac{2}{3}\right)$

(일차식)÷(수)
⇨ 분배법칙을 이용하여 나누는 수의 역수를 곱한다.

05 다항식 $8x^3-x+4$에서 x^2의 계수를 a, x의 계수를 b, 상수항을 c라 할 때, $a+b-c$의 값을 구하시오.

06 두 식 $-6\left(\frac{2}{3}x-4\right)$와 $(4y-12)\div\frac{4}{3}$를 간단히 하였을 때, 두 식의 상수항의 합은?

① 9
② 12
③ 15
④ 24
⑤ 33

상수항
⇨ 수만으로 이루어진 항

04 일차식의 계산 (2)

개념원리 이해

1 동류항이란 무엇인가? ◎ 핵심문제 1

(1) **동류항** : 문자와 차수가 각각 같은 항을 동류항이라 한다.

▶ ① 상수항끼리는 모두 동류항이다.
② 동류항이 아닌 예
• $3x^2$과 $-2x$는 곱해진 문자는 같지만 차수가 각각 2, 1로 다르므로 동류항이 아니다.
• $3x$와 $2y$는 차수는 1로 같지만 문자가 각각 x, y로 다르므로 동류항이 아니다.

예 $3x$와 $2x$, y와 $-4y$, -6과 1은 동류항이다.

(2) **동류항의 덧셈, 뺄셈** ◎ 핵심문제 2

분배법칙을 이용하여 동류항의 계수끼리 더하거나 뺀 후 문자 앞에 쓴다.

$ax+bx=(a+b)x$, $ax-bx=(a-b)x$

예 $3x+2x=(3+2)x=5x$, $7a-3a=(7-3)a=4a$

2 일차식의 덧셈과 뺄셈은 어떻게 하는가? ◎ 핵심문제 2~4

① 괄호가 있으면 분배법칙을 이용하여 괄호를 푼다.
② 동류항끼리 모아서 계산한다.

$a\times(b+c)$
$=a\times b+a\times c$

▶ 괄호 푸는 방법
괄호 앞에 +가 있으면 ⇨ 괄호 안의 **부호 그대로**, 즉 $A+(B-C)=A+B-C$
괄호 앞에 −가 있으면 ⇨ 괄호 안의 **부호 반대**, 즉 $A-(B-C)=A-B+C$

예 ① $(2x+4)+3(x-2)$
$=2x+4+3x-6$ (분배법칙을 이용하여 괄호 풀기)
$=2x+3x+4-6$ (동류항끼리 모으기)
$=5x-2$ (동류항끼리 계산하기)

② $4(3x+1)-3(2x-3)$
$=12x+4-6x+9$ (분배법칙을 이용하여 괄호 풀기)
$=12x-6x+4+9$ (동류항끼리 모으기)
$=6x+13$ (동류항끼리 계산하기)

개념원리 확인하기

수학 실력의 비결은 개념원리의 이해부터이다. 개념원리 확인하기를 통하여 개념과 원리를 정확히 이해하자.

정답과 풀이 p.67

01 동류항이란 문자와 ☐가 각각 같은 항이다.

02 다음에서 $-x$와 동류항인 것을 모두 고르시오.

$3x$, $3y$, $-7x$, $-\frac{2}{5}x$, $6x^2$, $-0.5x$, 9

03 다음 식을 간단히 하시오.

(1) $6x+2x=(6+\square)x=\square$

(2) $-5x+3x=(-5+\square)x=\square$

(3) $4y-5y+7y=(\square-\square+\square)y=\square$

(4) $5x+3-2x-5$

(5) $7a-2-8a+5$

○ ☐끼리 모은 다음 ☐을 이용하여 간단히 계산한다.

04 다음 식을 **보기**와 같은 방법으로 간단히 하시오.

보기

$(a+2)+3(a-5)=a+2+3a-15=a+3a+2-15=4a-13$

(1) $(3x+1)+(2x-3)$

(2) $3(2a-1)+(a+4)$

(3) $(4b-3)+2(-b+5)$

(4) $\frac{1}{2}(2y-4)+\frac{1}{4}(4y-8)$

○ ① 괄호가 있으면 분배법칙을 이용하여 ☐를 푼다.
② ☐끼리 모아 계산한다.

05 다음 식을 **보기**와 같은 방법으로 간단히 하시오.

보기

$(7a-1)-(2a+3)=7a-1-2a-3=7a-2a-1-3=5a-4$

(1) $(x+5)-(-2x+11)$

(2) $-2(3x+5)-(x-2)$

(3) $-3(a+1)-2(2a-1)$

(4) $\frac{1}{3}(3y-6)-\frac{1}{6}(12y-18)$

○ 괄호 앞에 '−'가 있는 경우 괄호를 풀면 각 항의 ☐가 모두 바뀐다.

핵심 문제 익히기

더 다양한 문제는 RPM 중1-1 83쪽

01 동류항

다음 중 동류항끼리 짝지어진 것은?

① x와 x^2 ② $4x$와 $5y$ ③ 6과 -2
④ $2x^2$과 $3y^2$ ⑤ x^2y와 xy^2

Key Point

동류항
⇨ 문자와 차수가 각각 같은 항

풀이

① 문자는 같으나 차수가 각각 1, 2로 다르다. ② 차수는 1로 같으나 문자가 x, y로 다르다.
③ 상수항끼리는 모두 동류항이다. ④ 차수는 2로 같으나 문자가 x, y로 다르다.
⑤ $x^2y=x\times x\times y$, $xy^2=x\times y\times y$이므로 동류항이 아니다. ∴ ③

확인 1 다음 중 $-2a$와 동류항인 것은?

① $-2b$ ② $3a^2$ ③ $\frac{4}{a}$ ④ $5a$ ⑤ -2

더 다양한 문제는 RPM 중1-1 83쪽

02 일차식의 덧셈, 뺄셈

다음 식을 간단히 하시오.

(1) $-4(6a+3)-5(9a-2)$ (2) $\frac{1}{2}(6x-2y)-3(-2x+5y)$

(3) $-3(4x+1)+(12x-10)\div2$ (4) $\frac{1}{4}(12x+8)-\frac{2}{3}(6x-3)$

Key Point

- 분배법칙을 이용하여 괄호를 푼 후 동류항끼리 모아 계산한다.
- $a\times(b+c)=a\times b+a\times c$
- $(b+c)\div a$
  $=b\times\frac{1}{a}+c\times\frac{1}{a}$

풀이

(1) (주어진 식)$=-24a-12-45a+10=-24a-45a-12+10=\mathbf{-69a-2}$
(2) (주어진 식)$=3x-y+6x-15y=3x+6x-y-15y=\mathbf{9x-16y}$
(3) (주어진 식)$=-12x-3+(12x-10)\times\frac{1}{2}=-12x-3+6x-5$
$=-12x+6x-3-5=\mathbf{-6x-8}$
(4) (주어진 식)$=3x+2-4x+2=3x-4x+2+2=\mathbf{-x+4}$

확인 2 다음 식을 간단히 하시오.

(1) $-2(2a-5)-(5-a)$ (2) $\frac{1}{2}(4x-4)+\frac{1}{4}(8-4x)$

(3) $\frac{2}{3}(3x-9)-2(x-1)$ (4) $(15x-6)\div\frac{3}{2}+12\left(\frac{3}{4}x-\frac{5}{12}\right)$

더 다양한 문제는 RPM 중1-1 84쪽

03 괄호가 있는 일차식의 덧셈, 뺄셈

다음 식을 간단히 하시오.

(1) $-x-\{-(4-x)-2(3-x)\}-5x-3$

(2) $x-[2x+3\{2x-(3x-1)\}]$

Key Point

( ) ⇨ { } ⇨ [ ] 순으로 계산한다.

풀이

(1) (주어진 식)$=-x-(-4+x-6+2x)-5x-3=-x-(3x-10)-5x-3$

$=-x-3x+10-5x-3=\mathbf{-9x+7}$

(2) (주어진 식)$=x-\{2x+3(2x-3x+1)\}=x-\{2x+3(-x+1)\}$

$=x-(2x-3x+3)=x-(-x+3)$

$=x+x-3=\mathbf{2x-3}$

확인 3 다음 식을 간단히 하시오.

(1) $3x-5-\{5-(3-x)\}$

(2) $2x+\{x-3y-2(x-y)\}$

(3) $-4x+8-2\{4x-(3-7x)+1\}+14x$

(4) $6x-[3x+2\{4x-(-7x+2)\}]$

더 다양한 문제는 RPM 중1-1 84쪽

04 분수 꼴인 일차식의 덧셈, 뺄셈

다음 식을 간단히 하시오.

(1) $\dfrac{5x-4}{2}-\dfrac{10x+16}{5}$

(2) $\dfrac{3x-4}{2}-\dfrac{2x-1}{3}+\dfrac{x+1}{6}$

Key Point

- 분수 꼴인 일차식의 덧셈, 뺄셈
  ⇨ 분모의 최소공배수로 통분한 후 동류항끼리 모아 계산한다.
- 통분할 때, 반드시 분자에 괄호를 한다.
  $\dfrac{x}{2}-\dfrac{x+1}{3}$
  $=\dfrac{3x-2(x+1)}{6}$
- 약분할 때, 주의한다.
  $\dfrac{2x+8}{4}$ ⇨ $\dfrac{x+4}{2}$ (○), $\dfrac{x+8}{2}$ (×)

풀이

(1) (주어진 식)$=\dfrac{5(5x-4)-2(10x+16)}{10}=\dfrac{25x-20-20x-32}{10}$

$=\dfrac{5x-52}{10}=\mathbf{\dfrac{1}{2}x-\dfrac{26}{5}}$

(2) (주어진 식)$=\dfrac{3(3x-4)-2(2x-1)+x+1}{6}=\dfrac{9x-12-4x+2+x+1}{6}$

$=\dfrac{6x-9}{6}=\mathbf{x-\dfrac{3}{2}}$

확인 4 다음 식을 간단히 하시오.

(1) $\dfrac{4x-3}{5}-\dfrac{3(x+3)}{4}$

(2) $\dfrac{5x-2}{2}-\dfrac{6x-4}{3}+\dfrac{-x-3}{4}$

핵심 문제 익히기

더 다양한 문제는 RPM 중1-1 85쪽

05 일차식의 덧셈과 뺄셈의 응용

다음 물음에 답하시오.

(1) $3x^2+2x-6+ax^2-5$가 x에 대한 일차식일 때, 상수 a의 값을 구하시오.

(2) $A=x-3$, $B=2x-4$일 때, $-2(A-3B)-(B+4A)$를 간단히 하시오.

Key Point

- ax^2+bx+c가 x에 대한 일차식이 되려면 ⇨ $a=0$, $b\neq0$
- 상수 : 항상 일정한 값을 가지는 양
- 문자에 일차식을 대입하기 ⇨ 문자에 일차식을 대입할 때는 괄호를 사용한다. 이때 주어진 식이 복잡하면 먼저 주어진 식을 간단히 한 후 대입한다.

풀이

(1) $3x^2+2x-6+ax^2-5=(3+a)x^2+2x-11$

주어진 다항식이 x에 대한 일차식이 되려면 x^2의 계수가 0이 되어야 하므로 (x항)+(상수항)의 꼴

$3+a=0$ $\quad\therefore$ $\boldsymbol{a=-3}$

(2) $-2(A-3B)-(B+4A)=-2A+6B-B-4A$

$=-6A+5B$

$=-6(x-3)+5(2x-4)$

$=-6x+18+10x-20$

$=\boldsymbol{4x-2}$

확인 5 다음 물음에 답하시오.

(1) $ax^2-3x+6-5x^2+2x+b$를 간단히 하면 x에 대한 일차식이 되고 상수항이 4일 때, $a+b$의 값을 구하시오. (단, a, b는 상수)

(2) $A=-x+3y$, $B=2x-4y$일 때, $3(A+B)-2A+B$를 간단히 하시오.

더 다양한 문제는 RPM 중1-1 86쪽

06 □ 안에 알맞은 식 구하기

다음 □ 안에 알맞은 식을 구하시오.

$$3x+6-\square=5(2x-1)$$

Key Point

- $\square-A=B$ ⇨ $\square=B+A$
- $A-\square=B$ ⇨ $\square=A-B$
- $\square+A=B$ ⇨ $\square=B-A$

풀이

$3x+6-\square=5(2x-1)$에서

$\square=3x+6-5(2x-1)=3x+6-10x+5$

$=\boldsymbol{-7x+11}$

확인 6 다음 □ 안에 알맞은 식을 구하시오.

(1) $3(2y-4)+\square=7y-2$

(2) $4(x-3y)-\square=2x-4y$

(3) $\square-2(3x+5)=-x+15$

더 다양한 문제는 RPM 중1-1 86쪽

07 바르게 계산한 식 구하기

어떤 다항식에 $-2x+5$를 더해야 할 것을 잘못하여 빼었더니 $x+2$가 되었다. 이때 바르게 계산한 식을 구하시오.

Key Point

어떤 나항식을 □로 놓고 조건에 따라 식을 세운다.

⇩

□를 구한다.

⇩

바르게 계산한 식을 구한다.

풀이

어떤 다항식을 □라 하면

□$-(-2x+5)=x+2$

$\therefore$ □$=x+2+(-2x+5)=x+2-2x+5=-x+7$

따라서 바르게 계산한 식은

$-x+7+(-2x+5)=-x+7-2x+5=\mathbf{-3x+12}$

확인 7 어떤 다항식에서 $3x-8$을 빼야 할 것을 잘못하여 더했더니 $-10x+9$가 되었다. 이때 바르게 계산한 식을 구하시오.

한 걸음 더

더 다양한 문제는 RPM 중1-1 87쪽

08 도형에서의 일차식의 덧셈과 뺄셈의 활용

오른쪽 그림과 같은 도형의 둘레의 길이를 x를 사용한 식으로 나타내시오.

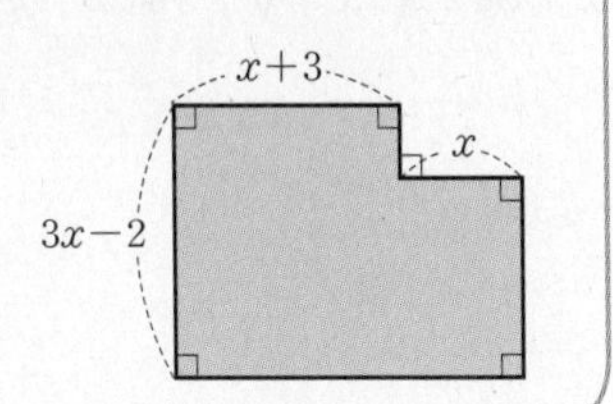

Key Point

도형의 둘레의 길이와 넓이의 공식을 이용하여 식을 세운 후 간단히 한다.

풀이

주어진 도형의 둘레의 길이는 오른쪽 직사각형의 둘레의 길이와 같다.

$$\begin{aligned}2\{(x+3)+x\}+2(3x-2)&=2(2x+3)+2(3x-2)\\&=4x+6+6x-4\\&=\mathbf{10x+2}\end{aligned}$$

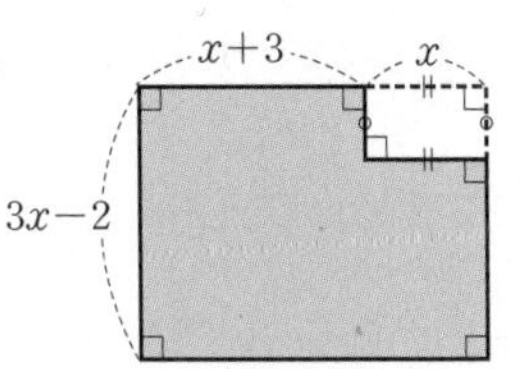

확인 8 오른쪽 그림과 같은 직사각형에서 색칠한 부분의 넓이를 x를 사용한 식으로 나타내시오.

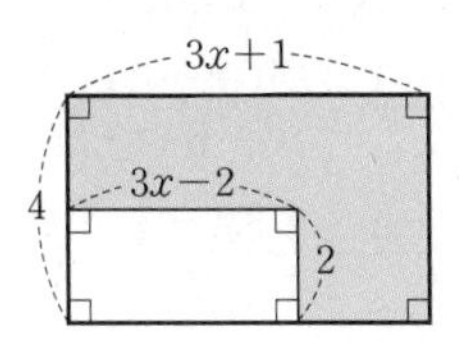

계산력 강화하기

01 다음 식을 간단히 하시오.

(1) $(-a+3)-(1+2a)$

(2) $2(3x-1)-3(2x-3)$

(3) $4(-3x+1)-3(3x-2)$

(4) $-6(-5+3x)-2(-7x+9)$

(5) $6\left(\frac{2}{3}x-\frac{1}{2}\right)-4\left(\frac{1}{2}x+\frac{3}{4}\right)$

(6) $-15\left(-\frac{2}{3}x+\frac{1}{5}\right)-12\left(\frac{1}{4}x-\frac{5}{6}\right)$

02 다음 식을 간단히 하시오.

(1) $4(x-3y)-\{3y-(2x-y)\}$

(2) $-4(x-1)-\{3(1-x)-4(-4+x)\}$

(3) $2x-[7y-2x-\{2x-(x-3y)\}]$

(4) $x+3y-[2x-y-\{4(x-y)-(x+y)\}]$

03 다음 식을 간단히 하시오.

(1) $\frac{5x+1}{2}-\frac{3x-4}{7}$

(2) $\frac{3(x-4)}{8}+\frac{-x+1}{5}$

(3) $\frac{x-1}{4}+\frac{2x-3}{3}-\frac{2x+5}{2}$

(4) $\frac{4x+1}{4}-\frac{5(x-2)}{6}+\frac{2(x+1)}{3}$

(5) $\frac{2x-5}{3}-\left\{\frac{3x-1}{2}-\left(x+\frac{7}{6}\right)\right\}$

이런 문제가 시험에 나온다

01 다음 중 동류항끼리 짝지어진 것은?

① x와 x^3 ② -6과 $-6x$ ③ $-7a$와 $-7x$
④ $12x$와 $-24x$ ⑤ xy^3과 x^3y

02 다음 중 옳은 것은?

① $-(x+7)-3\left(\frac{2}{3}x-1\right)=-3x+4$
② $6\left(\frac{1}{2}x-\frac{1}{3}\right)-8\left(\frac{1}{4}x-\frac{5}{8}\right)=x-3$
③ $-3(2x-5)-(-2x+3)=8x+18$
④ $-4(2x+1)-\frac{1}{3}(6x-9)=-10x+1$
⑤ $(18a-6)\div\frac{3}{2}-15\left(\frac{5}{3}a-\frac{4}{15}\right)=-13a$

03 다음 식을 간단히 하시오.

(1) $7x-\{3x+1-(-5x+2)\}-4x$
(2) $\frac{2a+1}{3}-\frac{a-2}{2}+\frac{a+3}{4}$

04 $A=3x-2y+1$, $B=3y-2$, $C=2x-3$일 때, $A-2(B-C)$를 x, y를 사용한 식으로 나타내면?

① $5x+y-4$ ② $5x+4y-6$ ③ $7x+4y+1$
④ $7x-8y-6$ ⑤ $7x-8y-1$

05 $\frac{2}{3}(x-6)-\square=-2x+8$에서 □ 안에 알맞은 식을 구하시오.

06 다항식 A에 $5x-3$을 더했더니 $7x-7$이 되었고, 다항식 B에서 $2x+7$을 빼었더니 $-2x+7$이 되었다. 이때 $A-B$를 간단히 하시오.

07 $2-\frac{7}{4}x-\frac{5}{3}+\frac{5}{2}x$를 간단히 하였을 때, x의 계수를 a, 상수항을 b라 하자. 이때 $a-b$의 값을 구하시오.

생각해 봅시다!

동류항
⇨ 문자와 차수가 각각 같은 항

주어진 식을 먼저 간단히 한 후 대입한다.

$A-\square=B$에서
$\square=A-B$

1 step 기본문제

01 다음 중 단항식인 것을 모두 고르면? (정답 2개)

① $-xy^3$ ② $3a+b$ ③ $6x-y$
④ $\frac{1}{5}x$ ⑤ $6x-2$

02 다음 중 일차식인 것은?

① $\frac{3}{x}-1$ ② $5-\frac{x}{3}$ ③ x^2-2x
④ $3x(x-1)$ ⑤ $2x+2-2(x-1)$

꼭 나와

03 다음에서 $\frac{3}{4}x$와 동류항인 것은 모두 몇 개인지 구하시오.

$0.1x$, $\frac{3}{x}$, $-4x^2$, $-\frac{6}{7}x$, 5, $\frac{x}{2}$

04 다음 중 다항식 $4x^2-\frac{y}{2}+3$에 대한 설명으로 옳지 않은 것은?

① 항은 3개이다.
② 다항식의 차수는 2이다.
③ x^2의 계수는 4이다.
④ y의 계수는 $\frac{1}{2}$이다.
⑤ 상수항은 3이다.

꼭 나와

05 다음 중 기호 ×, ÷를 생략하여 나타낸 것으로 옳지 않은 것은?

① $x\div(y\div5)=\frac{5x}{y}$
② $x\div(y\times z)=\frac{x}{yz}$
③ $(-1)\times y\div(x+z)=-\frac{y}{x+z}$
④ $2\times a\div\left(\frac{1}{3}\times b\right)=6ab$
⑤ $a-3\div a\div b=a-\frac{3}{ab}$

06 다음 중 옳은 것은?

① $-2(3x-1)=-6x-2$
② $12a\div\left(-\frac{3}{2}\right)=-18a$
③ $(0.4x-3)\times5=20x-15$
④ $(4x-8)\div\left(-\frac{4}{7}\right)=-7x+14$
⑤ $\left(\frac{4}{5}x-\frac{7}{10}\right)\times10=4x-7$

07 다음 중 옳은 것은?

① 한 변의 길이가 x cm인 정삼각형의 둘레의 길이는 $(x+3)$ cm이다.
② 십의 자리의 숫자가 a, 일의 자리의 숫자가 b인 두 자리의 자연수는 ab이다.
③ 정가가 p원인 물건을 10 % 할인하여 팔 때의 물건의 값은 $(p-10)$원이다.
④ 5시간 동안 a km를 걸었을 때의 속력은 시속 $\frac{5}{a}$ km이다.
⑤ a %의 소금물 200 g과 b %의 소금물 800 g을 섞은 소금물에 들어 있는 소금의 양은 $(2a+8b)$ g이다.

08 $\frac{6x-5}{6}-\frac{2x+1}{3}$을 간단히 하면?

① $\frac{x+8}{6}$ ② $\frac{2x-11}{6}$ ③ $\frac{2x-7}{6}$
④ $\frac{x+1}{3}$ ⑤ $\frac{x+4}{3}$

09 다음 □ 안에 알맞은 식은?

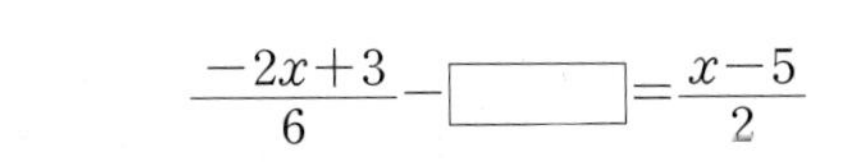

$$\frac{-2x+3}{6}-\square=\frac{x-5}{2}$$

① $\frac{-4x+17}{5}$ ② $\frac{-5x+18}{6}$
③ $\frac{5x-18}{6}$ ④ $\frac{3x-21}{7}$
⑤ $\frac{-2x+1}{8}$

10 화씨 온도를 x °F, 섭씨 온도를 y ℃라 할 때, x와 y 사이의 관계식은 $y=\frac{5}{9}(x-32)$라 한다. 화씨 온도가 104 °F일 때, 섭씨 온도를 구하시오.

11 $A=-3x+2y+5$, $B=-2x+y-7$일 때, 다음 식을 x, y를 사용하여 간단히 나타낸 식에서 x의 계수를 a, y의 계수를 b, 상수항을 c라 하자. 이때 $a-b-c$의 값을 구하시오.

$$-3(A-7)-2(A+4B)$$

12 다음 식의 값을 구하시오.

(1) $x=-2$, $y=3$일 때, $(-x)^3+4xy+1$
(2) $x=-3$, $y=3$일 때, $3\div(-x^2)\div y$
(3) $x=\frac{1}{3}$, $y=-2$일 때, $9xy-3y^3$

2 Step 발전문제

01 다음 **보기**에 대한 설명 중 옳지 않은 것은?

보기

ㄱ. $\frac{2}{7}a$　　ㄴ. $-6a+3a^2$

ㄷ. $\frac{1}{3}a^2$　　ㄹ. $-2+6x$

ㅁ. $0.6x+5$　　ㅂ. $7x-1$

① 단항식은 2개이다.
② 일차식은 4개이다.
③ ㄱ과 ㄷ은 동류항이다.
④ ㄹ에서 x의 계수는 6이다.
⑤ ㅁ의 항은 2개이다.

02 $x=-\frac{1}{3}$일 때, 다음 중 식의 값이 가장 큰 것은?

① $2x$　② x^2　③ $\frac{1}{x^2}$
④ $-x^2$　⑤ $-\frac{1}{x}$

꼭 나와

03 다음 중 식을 간단히 한 결과가 $x\div(y\div z)$와 다른 하나는?

① $x\div y\times z$　② $z\div\left(y\times\frac{1}{x}\right)$
③ $x\div y\div\frac{1}{z}$　④ $y\div\frac{1}{x}\div\frac{1}{z}$
⑤ $\frac{1}{y}\div\frac{1}{x}\div\frac{1}{z}$

04 다음 식을 간단히 하시오.

(1) $\frac{3x+1}{2}-\frac{4x-2}{3}+\frac{x-5}{4}$

(2) $\frac{5x-3y}{6}-\frac{3x-y}{10}-x+y$

(3) $\frac{3-2x}{3}-\{x-5(1-2x)\}$

05 $A=(24x-18)\div6-(14x-21)\div7$, $B=\frac{3}{2}(4x-2)-10\left(\frac{x}{5}-1\right)$일 때, $\frac{A}{2}-B$를 간단히 하시오.

06 $6x-[5y-3x-\{2x-(4x-7y)\}]$를 간단히 하시오.

07 다항식 $2(3x^2-x)+ax^2+5x-2$를 간단히 하였더니 x에 대한 일차식이 되었다. 이때 상수 a의 값을 구하시오.

08 $A=\dfrac{x-5}{3}$, $B=\dfrac{3x+6}{2}\div\dfrac{3}{2}$일 때, $3A+\{5A-2(A+3B)-1\}$을 간단히 하시오.

09 다음 물음에 답하시오.

(1) $15\left(\dfrac{2}{3}x-\dfrac{1}{5}\right)-12\left(\dfrac{1}{4}-\dfrac{5}{6}x\right)$를 간단히 하였을 때, x의 계수와 상수항의 곱을 구하시오.

(2) $ax+\dfrac{1}{2}-\left(\dfrac{1}{3}x+b\right)$를 간단히 하였을 때, x의 계수가 1이고 상수항이 -2이다. 이때 $3a-2b$의 값을 구하시오. (단, a, b는 상수)

(3) $\dfrac{ax+b}{2}-\dfrac{ax-b}{5}$를 간단히 하였을 때, x의 계수가 -6이고 상수항이 -21이다. 이때 $a-b$의 값을 구하시오. (단, a, b는 상수)

10 다음 표의 가로, 세로, 대각선에 놓인 세 식의 합이 같도록 빈칸을 채울 때, $A-B$를 간단히 하시오.

A		
$12x-10$	$4x-2$	$-4x+6$
$-2x$		B

11 다항식 A에 $2x-1$을 더했더니 $6x+2$가 되었고, 다항식 B에서 $5x+3$을 빼었더니 $-4x-1$이 되었다. 이때 $A+B$를 간단히 하시오.

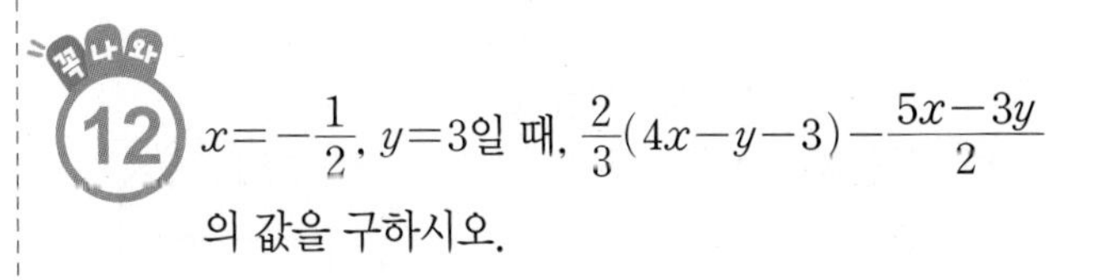

12 $x=-\dfrac{1}{2}$, $y=3$일 때, $\dfrac{2}{3}(4x-y-3)-\dfrac{5x-3y}{2}$의 값을 구하시오.

13 오른쪽 그림과 같은 직육면체의 겉넓이를 문자를 사용한 식으로 나타내면?

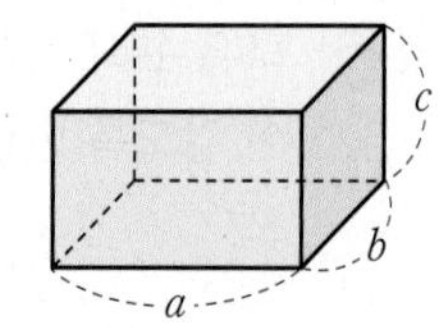

① $3abc$
② $2(ab+bc+ca)$
③ $a^2+b^2+c^2$
④ $2(a^2+b^2+c^2)$
⑤ $2(a+b+c)$

14 $a=\frac{1}{2}$, $b=-\frac{3}{2}$, $c=\frac{2}{5}$일 때, $\frac{2}{a}+\frac{3}{b}-\frac{4}{c}$의 값은?

① -16 ② -10 ③ -8
④ 12 ⑤ 16

꼭나와 **15** 오른쪽 그림에서 색칠한 부분의 넓이를 x를 사용한 식으로 나타내시오.

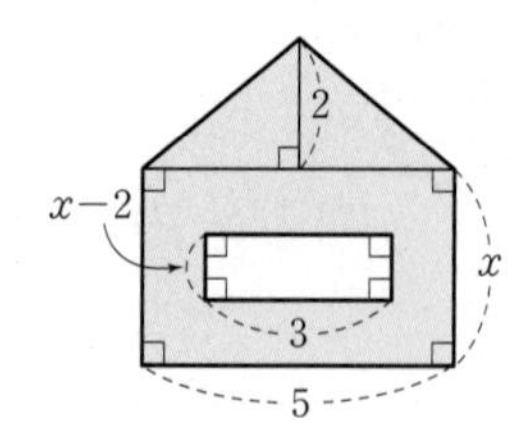

16 정가가 a원인 가방을 30 % 할인하여 사고, 정가가 b원인 책을 20 % 할인하여 살 때, 지불해야 할 금액을 문자를 사용한 식으로 나타내시오.

17 $x=-1$, $y=2$일 때, 다음 식의 값은?

$$-x^{99}-(-y)^2\times(-x^{100})\div\left(-\frac{y}{x}\right)^2$$

① -2 ② -1 ③ 0
④ 1 ⑤ 2

18 $|x|=3$, $|y|=2$이고, $x<y$일 때, $\frac{x^2+3xy+5y}{x+y}$의 값은? (단, $y>0$)

① -19 ② $-\frac{17}{5}$ ③ -1
④ $\frac{19}{5}$ ⑤ 17

3 step 실력 UP

01 오른쪽과 같은 규칙에 따라 (가), (나), (다)에 알맞은 식을 구하시오.

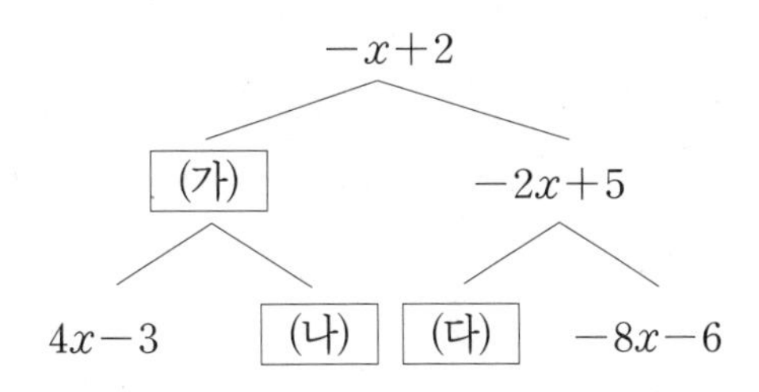

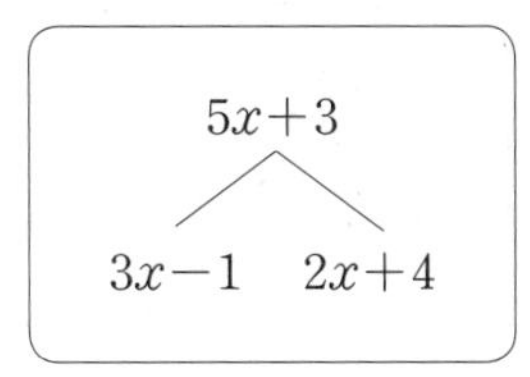

02 a %의 소금물 200 g과 b %의 소금물 600 g을 섞었을 때, 이 소금물의 농도를 문자를 사용한 식으로 나타내시오.

03 40명의 학생이 학업성취도 평가를 치른 결과 수학 점수가 80점인 학생이 x명이고 나머지는 모두 70점이었다. 40명의 학생에 대한 수학 점수의 평균을 문자를 사용한 식으로 나타내시오.

04 n이 자연수일 때, $(-1)^{2n-1}\times\dfrac{x-2y}{3}-(-1)^{2n}\times\dfrac{3x+y}{2}$를 간단히 하시오.

05 다음 그림과 같이 성냥개비를 사용하여 정사각형을 만들어 나간다. 정사각형이 x개 만들어질 때, 사용한 성냥개비의 개수를 문자를 사용한 식으로 나타내시오.

06 오른쪽 그림은 한 변의 길이가 6 cm인 정사각형의 한가운데 점 위에 다른 정사각형의 꼭짓점이 오도록 포개어 놓은 것이다. 다음 물음에 답하시오.

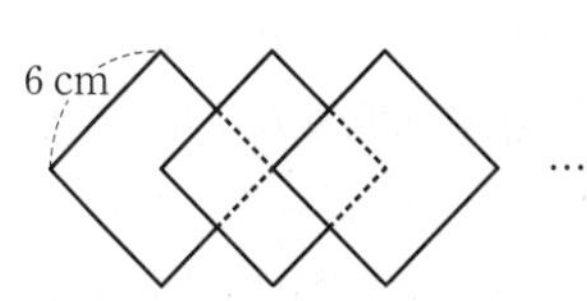

(1) n개의 정사각형을 포개어 놓았을 때, 보이는 부분의 넓이를 문자를 사용한 식으로 나타내시오.
(2) 20개의 정사각형을 포개어 놓았을 때, 보이는 부분의 넓이를 구하시오.

서술형 대비 문제

논리적으로 풀어서 설명하는 연습이 필요하므로 차근차근 풀어 보는 습관을 기르면 자신감이 팍팍!

정답과 풀이 p.76

예제 01

$A=2a+3b$, $B=-4a-b$일 때, $-2(A-B)-3(A+3B)$를 a, b를 사용한 식으로 나타내시오. [6점]

풀이과정

1단계 주어진 식 간단히 하기 [2점]

$$-2(A-B)-3(A+3B)=-2A+2B-3A-9B$$
$$=-5A-7B$$

2단계 a, b를 사용한 식으로 나타내기 [4점]

$$=-5(2a+3b)-7(-4a-b)$$
$$=-10a-15b+28a+7b$$
$$=18a-8b$$

답 $18a-8b$

유제 1 $A=2x-3$, $B=-2x+7$, $C=-x-1$일 때, $-(A+2B-C)+2(A-C)$를 x를 사용한 식으로 나타내시오. [6점]

풀이과정

1단계 주어진 식 간단히 하기 [2점]

2단계 x를 사용한 식으로 나타내기 [4점]

답

예제 02

다음 조건을 모두 만족시키는 두 다항식 A, B에 대하여 $A-B$를 간단히 하시오. [7점]

> (가) $A+3(1-2x)=4x+6$
> (나) $5x-2-B=x+7$

풀이과정

1단계 다항식 A 구하기 [3점]

$A+3(1-2x)=4x+6$에서

$A+3-6x=4x+6$

$\therefore A=4x+6-(3-6x)=4x+6-3+6x=10x+3$

2단계 다항식 B 구하기 [3점]

$5x-2-B=x+7$에서

$B=5x-2-(x+7)=5x-2-x-7=4x-9$

3단계 $A-B$를 간단히 하기 [1점]

$$\therefore A-B=10x+3-(4x-9)=10x+3-4x+9$$
$$=6x+12$$

답 $6x+12$

유제 2 다음 조건을 모두 만족시키는 두 다항식 A, B에 대하여 $A+B$를 간단히 하시오. [7점]

> (가) A에 $3x-6$을 더했더니 $5x-2$가 되었다.
> (나) $x+6$에서 B를 빼었더니 $4x-7$이 되었다.

풀이과정

1단계 다항식 A 구하기 [3점]

2단계 다항식 B 구하기 [3점]

3단계 $A+B$를 간단히 하기 [1점]

답

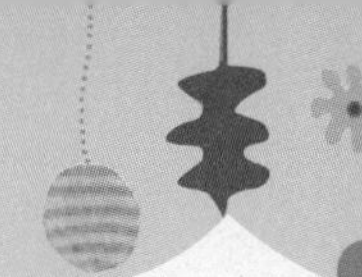

스스로 서술하기

시험에 자주 출제되는 서술형 문제를 차근차근 풀면서 서술형에 대한 자신감을 기르자.

유제 3 $x=\frac{1}{4}$, $y=-\frac{7}{4}$일 때, $\frac{x}{y}-16xy$의 값을 구하시오. [6점]

풀이과정

답

유제 4 $8\left(\frac{3}{4}x-\frac{1}{2}\right)-6\left(\frac{1}{3}x-\frac{1}{4}\right)$을 간단히 하였을 때, x의 계수를 A, 상수항을 B라 하자. 이때 AB의 값을 구하시오. [6점]

풀이과정

답

유제 5 어떤 다항식에서 $3y+1$을 빼야 할 것을 잘못하여 더했더니 $7y-1$이 되었다. 다음 물음에 답하시오. [총 7점]

(1) 어떤 다항식을 구하시오. [4점]

(2) 바르게 계산한 식을 구하시오. [3점]

풀이과정

(1)

(2)

답 (1) (2)

유제 6 오른쪽 그림과 같은 정사각형에서 색칠한 부분의 넓이를 문자를 사용한 식으로 나타내고, $x=2$일 때의 넓이를 차례로 구하시오. [7점]

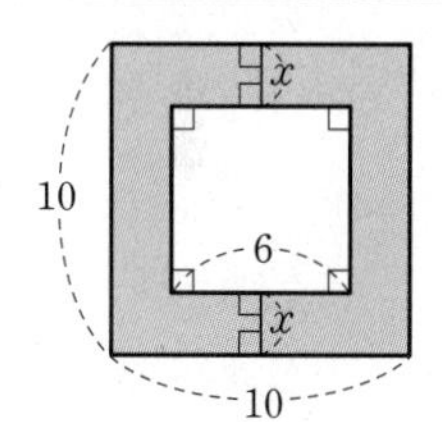

풀이과정

답

더 큰 가르침

어릴 때부터 우주의 신비에 관심이 많았던 소년이 성장해서 물리학자의 길을 걷게 되었습니다.
그는 연구에 몰두한 결과 그 이전까지 밝혀지지 않았던 새로운 사실을 밝혀낼 수 있었습니다. 그가 반평생을 투자해서 얻은 연구 실적은 학계에서 격찬을 받았고 유명한 물리학자로서의 위치를 확보하게 되었습니다.
그 후에도 계속 연구에 몰두하던 물리학자는 어느 날, 자신의 이론 중에서 잘못된 점이 있는 것을 발견하고 수정해서 새로운 이론을 발표했습니다.
기자들이 찾아와 그에게 물었습니다.
"그렇다면 당신의 반평생 연구는 물거품이 아닙니까?"
물리학자는 자신 있는 목소리로 대답했습니다.
"제가 반평생을 걸어 연구해 오지 않았다면 그 이론이 잘못되었다는 것도 알 수 없었을 겁니다. 이번에 발표한 신 이론은 당신이 말한 반평생의 헛수고가 없었다면 태어나지 못했겠지요. 내 연구는 단 한 번도 헛된 적이 없었습니다. 사람들이 말하는 실패가 나에겐 더 큰 가르침이 되었습니다."

실패 없이 성급하게 좋은 결과를 맺으려 서두르지 마십시오.
실패는 결코 패배가 아닙니다.

문자와 식

01 방정식과 그 해

2. 일차방정식의 풀이

개념원리 이해

1 등식이란 무엇인가? ◎ 핵심문제 1

(1) **등식** : 등호(=)를 사용하여 두 수 또는 두 식이 같음을 나타낸 식
(2) **좌변** : 등식에서 등호의 왼쪽 부분
(3) **우변** : 등식에서 등호의 오른쪽 부분
(4) **양변** : 등식의 좌변과 우변을 통틀어 양변이라 한다.

▶ 등식에서 등호가 성립할 때 참, 성립하지 않을 때 거짓이라 한다.

등식
$2x-3=x+1$
좌변 우변
양변

2 방정식의 해란 무엇인가? ◎ 핵심문제 2, 3

(1) **x에 대한 방정식** : x의 값에 따라 참이 되기도 하고 거짓이 되기도 하는 등식을 x에 대한 방정식이라 하며, 이때 x를 미지수라 한다.
(2) **방정식의 해(근)** : 방정식을 참이 되게 하는 미지수의 값
(3) **방정식을 푼다** : 방정식의 해(근)을 구하는 것

예 등식 $3x+4=10$에서
$x=2$일 때, $3\times2+4=10$, 즉 (좌변)=(우변) ⇨ 참
$x=4$일 때, $3\times4+4\neq10$, 즉 (좌변)≠(우변) ⇨ 거짓
따라서 등식 $3x+4=10$은 $x=2$일 때, 참이므로 해는 $x=2$이다.

방정식
$3x+4=10$
미지수

참고 **미지수로 x를 사용한 이유**
데카르트(Descartes, R., 1596~1650)는 프랑스의 철학자이며 수학자이다. 어느 날 데카르트는 책을 인쇄소에 맡겼는데 그의 책에는 미지수가 많이 사용되어 있었다. 그 당시 인쇄소에 여러 활자 중 x라는 활자가 많이 남아서 미지수로 x를 사용하게 되었는데 그 이후부터 주로 미지수로 x를 많이 사용하였다.

3 항등식이란 무엇인가? ◎ 핵심문제 3, 4

(1) 미지수 x에 어떤 수를 대입하여도 항상 참이 되는 등식을 x에 대한 항등식이라 한다.
(2) $ax+b=cx+d$ (a, b, c, d는 상수)가 x에 대한 항등식이 될 조건 ⇨ $a=c$, $b=d$

▶ 'x의 값에 관계없이 ~', '모든 x에 대하여 ~' 항상 등식이 성립한다. ⇨ x에 대한 항등식이다.

예 등식 $3x+6=3(x+2)$에서 우변을 정리하면
$3(x+2)=3x+6$
즉, (좌변)=(우변)이므로 x에 어떤 수를 대입하여도 항상 등식이 성립한다.
따라서 이 등식은 항등식이다.

수학 실력의 비결은 개념원리의 이해부터이다. 개념원리 확인하기를 통하여 개념과 원리를 정확히 이해하자.

정답과 풀이 p.78

01 다음 표의 빈칸에 알맞은 것을 써넣으시오.

	등식이면 ○, 등식이 아니면 ×	등식일 때	
		좌변	우변
$5x-2=3x$			
$x>7$			
$3+7=10$			
$2x+1$			
$4x-7\leq 6$			

○ 등식이란?

02 다음 방정식 중 해가 $x=2$인 것은?

① $5x-10=-5$
② $4x-4=2x$
③ $3x-1=6$
④ $7x-6=5x$
⑤ $x-6=3x-6+2x$

○ 방정식의 해(근)
⇨ 방정식을 □이 되게 하는 미지수의 값

03 다음 등식 중 방정식인 것은 '방', 항등식인 것은 '항'을 ( ) 안에 써넣으시오.

(1) $3x+1=10$ ( )

(2) $x-7x=-6x$ ( )

(3) $2(x-5)=2x-10$ ( )

(4) $8x-x=x$ ( )

○ 방정식이란?
항등식이란?

04 다음 **보기** 중 항등식인 것을 모두 고르시오.

보기

ㄱ. $2x=6$
ㄴ. $x+1=5$
ㄷ. $x+x=2x$
ㄹ. $2x-1=x+x-1$

○ 항등식이란?

핵심 문제 익히기

더 다양한 문제는 RPM 중1-1 94쪽

01 문장을 등식으로 나타내기

다음 문장을 등식으로 나타내시오.

(1) 어떤 수 x의 3배에서 4를 뺀 것은 7에서 어떤 수 x를 뺀 수의 2배와 같다.
(2) 밑변의 길이가 5 cm, 높이가 $(x+1)$ cm인 삼각형의 넓이는 32 cm^2이다.

Key Point

등식
⇨ 등호(=)를 사용하여 두 수 또는 두 식이 같음을 나타낸 식

풀이

(1) 어떤 수 x의 3배에서 4를 뺀 것 ⇨ $3x-4$
7에서 어떤 수 x를 뺀 수의 2배 ⇨ $2(7-x)$ $\quad\therefore$ $\mathbf{3x-4=2(7-x)}$

(2) 밑변의 길이가 5 cm, 높이가 $(x+1)$ cm인 삼각형의 넓이 ⇨ $\frac{5}{2}(x+1)\,\text{cm}^2$

$\therefore$ $\mathbf{\frac{5}{2}(x+1)=32}$

확인 1 다음 문장을 등식으로 나타내시오.

(1) 시속 x km로 6시간 동안 간 거리는 9 km이다.
(2) 400원짜리 볼펜을 x자루 사고 3000원을 내었더니 거스름돈이 200원이었다.

더 다양한 문제는 RPM 중1-1 94쪽

02 방정식의 해

다음 중 [ ] 안의 수가 주어진 방정식의 해인 것은?

① $3-2x=7$ [2]
② $2(1-x)=-2$ [−2]
③ $2(x+1)=3x$ [−1]
④ $0.5x+1=x$ [−2]
⑤ $\frac{x-1}{3}=2$ [7]

Key Point

방정식의 해(근)
⇨ 방정식을 참이 되게 하는 미지수의 값

풀이

[ ] 안의 수를 주어진 방정식의 x의 값에 대입하여 등식이 성립하는 것을 찾는다.

① $3-2\times2\neq7$
② $2\{1-(-2)\}\neq-2$
③ $2(-1+1)\neq3\times(-1)$
④ $0.5\times(-2)+1\neq-2$
⑤ $\frac{7-1}{3}=2$ $\quad\therefore$ ⑤

확인 2 다음 방정식 중 해가 $x=-3$인 것은?

① $5x+3=2x$
② $0.3x+1=0.5$
③ $2x+3=-(x-3)$
④ $4(x+3)=-3(x+3)$
⑤ $\frac{2}{3}x-\frac{1}{2}=\frac{x}{6}+1$

더 다양한 문제는 RPM 중1-1 95쪽

03 방정식과 항등식

보기에서 다음의 식을 모두 찾으시오.

보기

ㄱ. $7x=x+12$ ㄴ. $2x=8$

ㄷ. $3(x-1)=3x-3$ ㄹ. $x+5=5+x$

(1) 방정식 (2) 항등식

Key Point

- 등식 { 방정식, 항등식
- 항등식 : 미지수에 어떤 수를 대입해도 항상 참이 되는 등식
  ⇨ 등식의 좌변과 우변을 간단히 정리하여 (좌변)=(우변)이면 항등식이다.

풀이

ㄱ. $7x=x+12$에서 $x=2$일 때만 등식이 성립하므로 방정식이다.
ㄴ. $2x=8$에서 $x=4$일 때만 등식이 성립하므로 방정식이다.
ㄷ. $3(x-1)=3x-3$에서 좌변을 정리하면 $3(x-1)=3x-3$, 즉 (좌변)=(우변)이므로 x에 어떤 수를 대입하여도 등식이 성립한다. ∴ 항등식
ㄹ. $x+5=5+x$에서 (좌변)=(우변)이므로 x에 어떤 수를 대입하여도 등식이 성립한다.
∴ 항등식
∴ (1) 방정식 : ㄱ, ㄴ (2) 항등식 : ㄷ, ㄹ

확인 3 다음 중 x의 값에 관계없이 항상 성립하는 것은?

① $x+3=5$ ② $x-3=2x$ ③ $2x-1=4x-2$
④ $2x-5=-5+2x$ ⑤ $2x+3=5x$

더 다양한 문제는 RPM 중1-1 95쪽

04 항등식이 되는 조건

등식 $ax-1=3(x-a)+b$가 x에 대한 항등식일 때, 상수 a, b에 대하여 $a-b$의 값을 구하시오.

Key Point

상수 a, b, c, d에 대하여 $ax+b=cx+d$가 x에 대한 항등식이 되는 조건
⇨ $a=c$, $b=d$
즉, 양변의 x의 계수와 상수항이 각각 같아야 한다.

풀이

$ax-1=3(x-a)+b$에서 우변을 정리하면 $3(x-a)+b=3x-3a+b$
따라서 $ax-1=3x-3a+b$가 x에 대한 항등식이므로
$a=3$, $-1=-3a+b$에서 $b=8$ ∴ $a-b=3-8=\mathbf{-5}$

확인 4 등식 $9x+2=a(1+3x)+b$가 모든 x에 대하여 항상 참일 때, 상수 a, b에 대하여 $a-b$의 값을 구하시오.

정답과 풀이 p.79

이런 문제가 시험에 나온다

01 다음 **보기**의 문장을 식으로 나타낼 때, 등식인 것을 모두 고르시오.

보기

ㄱ. 어떤 수 x에서 6을 뺀 수는 4이다.
ㄴ. -6은 -5보다 작다.
ㄷ. 어떤 수 x의 2배에 3을 더한 수는 7과 같지 않다.
ㄹ. 어떤 수 x에 2를 더한 수의 3배
ㅁ. 어떤 수 x를 2로 나누면 8이다.

02 다음 중 항등식이 아닌 것은?

① $5x-5=5(x-1)$
② $2x+1=3x+1-x$
③ $x-3=2x-3$
④ $4x-6=2(2x-3)$
⑤ $5x+3x=8x$

03 다음 중 [ ] 안의 수가 주어진 방정식의 해인 것은?

① $2x+1=1$ $[-1]$
② $3-x=5$ $[2]$
③ $\frac{x}{2}=-3$ $[-6]$
④ $3(x-1)=0$ $[3]$
⑤ $x-3x=-6$ $[2]$

04 다음 방정식 중 해가 $x=-2$인 것은?

① $5-x=1$
② $x=-x-8$
③ $x-3x=2$
④ $\frac{x}{6}=\frac{x}{3}-\frac{1}{10}$
⑤ $4(x-1)-(x+3)=-13$

05 등식 $10x+3=a(2-5x)+b$가 x의 값에 관계없이 항상 성립할 때, 상수 a, b에 대하여 $a+b$의 값을 구하시오.

한 걸음 더

06 등식 $6(x-2)=-3x+\square$가 x에 대한 항등식일 때, $\square$ 안에 알맞은 식을 구하시오.

생각해 봅시다!

등식
⇨ 등호(=)를 사용하여 두 수 또는 두 식이 같음을 나타낸 식

항등식
⇨ 미지수에 어떤 수를 대입해도 항상 참이 되는 등식

방정식
⇨ 미지수의 값에 따라 참이 되기도 하고 거짓이 되기도 하는 등식

x에 대한 항등식의 표현
⇨ ① x의 값에 관계없이 항상 성립
② 모든 x에 대하여 항상 성립

02 등식의 성질

개념원리 이해

1 등식의 성질이란 무엇인가? ◎ 핵심문제 1~3

(1) 등식의 양변에 같은 수를 더하여도 등식은 성립한다.
$A=B$이면 $A+C=B+C$
(2) 등식의 양변에서 같은 수를 빼어도 등식은 성립한다.
$A=B$이면 $A-C=B-C$
(3) 등식의 양변에 같은 수를 곱하여도 등식은 성립한다.
$A=B$이면 $AC=BC$
(4) 등식의 양변을 0이 아닌 같은 수로 나누어도 등식은 성립한다.
$C\neq0$이고 $A=B$이면 $\dfrac{A}{C}=\dfrac{B}{C}$

▶ (4) 양변을 $C(C\neq0)$로 나누는 것은 $\dfrac{1}{C}$을 곱하는 것과 같다.

예 (1) $x-3=5$ —(등식의 성질 (1) / 양변에 3을 더한다.)→ $x-3+3=5+3$ $\quad\therefore x=8$

(2) $x+3=5$ —(등식의 성질 (2) / 양변에서 3을 뺀다.)→ $x+3-3=5-3$ $\quad\therefore x=2$

(3) $\dfrac{x}{3}=6$ —(등식의 성질 (3) / 양변에 3을 곱한다.)→ $\dfrac{x}{3}\times3=6\times3$ $\quad\therefore x=18$

(4) $3x=6$ —(등식의 성질 (4) / 양변을 3으로 나눈다.)→ $3x\div3=6\div3$ $\quad\therefore x=2$

설명 오른쪽 그림과 같이 접시저울에 유리구슬과 주사위를 올려 놓았더니 접시저울이 평형을 이루었다. 다음과 같은 실험을 하여 접시저울의 평형을 조사하여 보자.

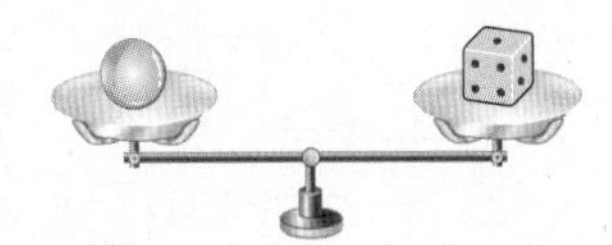

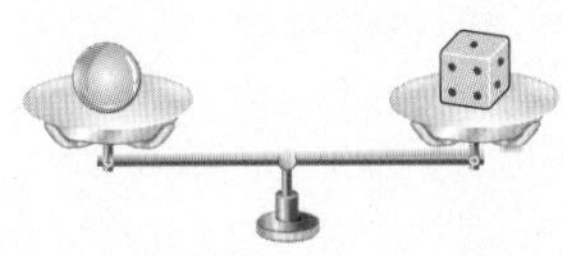

(1) 양쪽에 같은 무게의 공깃돌을 올려 놓는다.

(2) 양쪽에서 같은 무게의 공깃돌을 내려 놓는다.

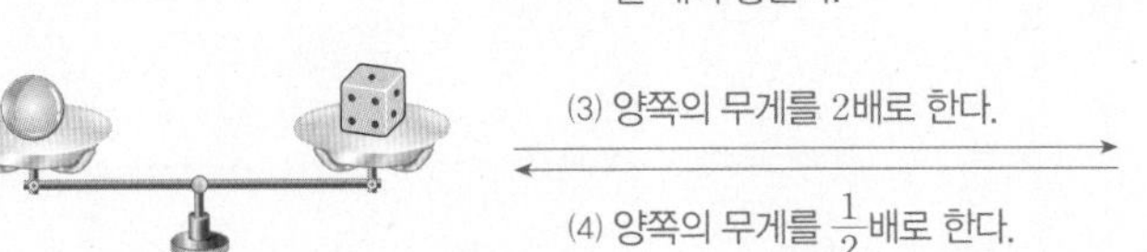

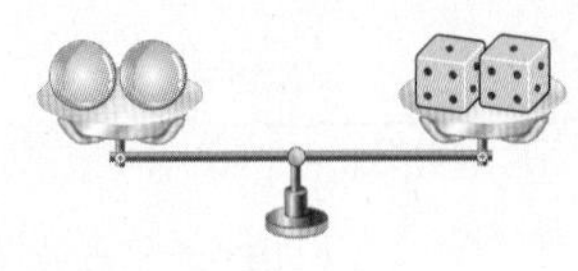

위의 실험 결과로 접시저울은 평형을 유지한다는 사실을 알 수 있다.
여기서 접시저울이 평형을 유지한다는 것은 양쪽의 무게가 같다는 것을 뜻한다.
따라서 두 식이 같음을 나타내는 등식에서도 이와 같은 성질이 성립함을 알 수 있다.

개념원리 확인하기

수학 실력의 비결은 개념원리의 이해부터이다. 개념원리 확인하기를 통하여 개념과 원리를 정확히 이해하자.

정답과 풀이 p.80

01 등식의 성질 4가지를 모두 말하시오.

(1) ______________________

(2) ______________________

(3) ______________________

(4) ______________________

02 다음 중 옳지 않은 것은?

① $a=b$이면 $a+2=b+2$

② $a=b$이면 $a-3=b-3$

③ $a=b$이면 $-a=-b$

④ $a=b$이면 $\frac{a}{5}=\frac{b}{5}$

⑤ $ac=bc$이면 $a=b$

03 다음은 등식의 성질을 이용하여 방정식을 푸는 과정이다. □ 안에 알맞은 수를 써넣으시오.

◎ 주어진 방정식을 등식의 성질을 이용하여 □=(수) 꼴로 나타낸다.

(1) $x-5=2$

⇨ 양변에 □를 더하면 $x-5+\square=2+\square$

$\therefore x=\square$

(2) $x+7=-3$

⇨ 양변에서 □을 빼면 $x+7-\square=-3-\square$

$\therefore x=\square$

(3) $\frac{x}{3}=2$

⇨ 양변에 □을 곱하면 $\frac{x}{3}\times\square=2\times\square$

$\therefore x=\square$

(4) $3x=-9$

⇨ 양변을 □으로 나누면 $\frac{3x}{\square}=\frac{-9}{\square}$

$\therefore x=\square$

핵심 문제 익히기

더 다양한 문제는 RPM 중1-1 96쪽

01 등식의 성질

다음 **보기** 중 옳은 것을 모두 고르시오.

보기

ㄱ. $a-c=b-c$이면 $a=b$

ㄴ. $a=2b$이면 $a+1=2(b+1)$

ㄷ. $\frac{x}{3}=\frac{y}{2}$이면 $2x=3y$

ㄹ. $x=3y$이면 $-3x+2=-6y+2$

Key Point

등식의 양변에 같은 수를 더하거나 빼거나 곱하거나 0이 아닌 같은 수로 나누어도 등식은 성립한다.

풀이

ㄱ. $a-c=b-c$의 양변에 c를 더하면 $a=b$

ㄴ. $a=2b$의 양변에 1을 더하면 $a+1=2b+1$

ㄷ. $\frac{x}{3}=\frac{y}{2}$의 양변에 6을 곱하면 $2x=3y$

ㄹ. $x=3y$의 양변에 -3을 곱하면 $-3x=-9y$
$-3x=-9y$의 양변에 2를 더하면 $-3x+2=-9y+2$

$\therefore$ ㄱ, ㄷ

확인 1 다음 **보기** 중 옳지 않은 것을 모두 고르시오.

보기

ㄱ. $a=b$이면 $\frac{a}{c}=\frac{b}{c}$

ㄴ. $\frac{x}{4}=\frac{y}{5}$이면 $5x=4y$

ㄷ. $x-2=y-1$이면 $x=y+1$

ㄹ. $2(a-3)=2(b-3)$이면 $a=2b$

확인 2 다음 중 옳은 것은?

① $a-2=b+3$이면 $a+2=b-3$이다.

② $3a=-9b$이면 $a+1=3(b-1)$이다.

③ $a-3=b+2$이면 $a+5=b+10$이다.

④ $4a+5=4b+5$이면 $a=b+5$이다.

⑤ $\frac{a}{3}=\frac{b}{5}$이면 $5(a+1)=3(b+1)$이다.

더 다양한 문제는 RPM 중1-1 96쪽

02 등식의 성질을 이용한 방정식의 풀이 (1)

오른쪽은 등식의 성질을 이용하여 방정식 $3x+1=7$을 푸는 과정이다. 이때 (가), (나)에서 이용된 등식의 성질을 **보기**에서 고르시오.

$3x+1=7$) (가)
$3x=6$) (나)
$\therefore x=2$

보기

$a=b$이고 c는 자연수일 때

ㄱ. $a+c=b+c$　　ㄴ. $a-c=b-c$

ㄷ. $ac=bc$　　ㄹ. $\frac{a}{c}=\frac{b}{c}$

Key Point

등식의 성질
$a=b$이면
⇨ $a+c=b+c$
$a-c=b-c$
$ac=bc$
$\frac{a}{c}=\frac{b}{c}$ (단, $c\neq0$)

풀이

(가) 등식의 양변에서 1을 뺀다.
(나) 등식의 양변을 3으로 나눈다.　　$\therefore$ (가) : ㄴ, (나) : ㄹ

확인 3 오른쪽은 등식의 성질을 이용하여 방정식 $\frac{2}{3}x-1=\frac{1}{6}$의 해를 구하는 과정이다. 이때 등식의 성질 '$a=b$이면 $ac=bc$이다.'를 이용한 곳을 고르시오. (단, c는 자연수)

$\frac{2}{3}x-1=\frac{1}{6}$) ㉠
$4x-6=1$) ㉡
$4x=7$) ㉢
$\therefore x=\frac{7}{4}$

더 다양한 문제는 RPM 중1-1 96쪽

03 등식의 성질을 이용한 방정식의 풀이 (2)

등식의 성질을 이용하여 다음 방정식의 해를 구하시오.

(1) $\frac{1}{2}x=6$　　(2) $6x-1=2x+7$

Key Point

등식의 성질을 이용하여 방정식을 $x=k$(k는 상수)의 꼴로 나타낸다.

풀이

(1) $\frac{1}{2}x=6$의 양변에 2를 곱하면 $\frac{1}{2}x\times2=6\times2$　　$\therefore$ $\boldsymbol{x=12}$

(2) $6x-1=2x+7$의 양변에 1을 더하면 $6x-1+1=2x+7+1$, $6x=2x+8$
$6x=2x+8$의 양변에서 $2x$를 빼면 $6x-2x=2x+8-2x$, $4x=8$
$4x=8$의 양변을 4로 나누면 $\frac{4x}{4}=\frac{8}{4}$　　$\therefore$ $\boldsymbol{x=2}$

확인 4 등식의 성질을 이용하여 다음 방정식을 푸시오.

(1) $-\frac{2}{3}x+4=6$　　(2) $45=3x+15$　　(3) $2x-4=5x+5$

이런 문제가 시험에 나온다

01 다음 중 옳지 않은 것을 모두 고르면? (정답 2개)

① $\frac{a}{3}=b$이면 $a=3b$이다.

② $a=\frac{b}{2}$이면 $2a+3=b+3$이다.

③ $3a=4b$이면 $\frac{a}{3}=\frac{b}{4}$이다.

④ $a-b=x-y$이면 $a-x=b-y$이다.

⑤ $\frac{a}{5}=\frac{b}{7}$이면 $7(a-1)=5(b-1)$이다.

생각해 봅시다!

$a=b$이면
⇨ $a+c=b+c$
$a-c=b-c$
$ac=bc$
$\frac{a}{c}=\frac{b}{c}$ (단, $c\neq0$)

02 $x=2y$일 때, 다음 중 옳지 않은 것은?

① $\frac{x}{2}=y$ ② $x-3=2y-3$ ③ $3x+6=6y+6$

④ $-3x+2=6y+2$ ⑤ $\frac{x+4}{2}=y+2$

등식의 양변에 같은 수를 더하거나 빼거나 곱하거나 0이 아닌 같은 수로 나누어도 등식은 성립한다.

03 오른쪽은 등식의 성질을 이용하여 방정식 $\frac{x-4}{3}=2$의 해를 구하는 과정이다. 이때 (가), (나)에서 이용된 등식의 성질을 **보기**에서 고르시오.

$\frac{x-4}{3}=2$
(가)
$x-4=6$
(나)
$\therefore x=10$

보기

$a=b$이고 c는 자연수일 때

ㄱ. $a+c=b+c$ ㄴ. $a-c=b-c$

ㄷ. $ac=bc$ ㄹ. $\frac{a}{c}=\frac{b}{c}$

'$x=$(수)'의 꼴로 나타내기 위하여 필요한 등식의 성질을 찾는다.

04 다음 중 등식의 성질 '$a=b$이면 $ac=bc$이다.'를 이용한 것은? (단, c는 자연수)

① $2x+9=-5$ ⇨ $2x=-14$ ② $1-3x=7$ ⇨ $-3x=6$

③ $5x-4=16$ ⇨ $5x=20$ ④ $\frac{1}{4}x=3$ ⇨ $x=12$

⑤ $x=2x-7$ ⇨ $-x=-7$

03 일차방정식의 풀이

개념원리 이해

1 일차방정식이란 무엇인가? ○ 핵심문제 1, 2

(1) **이항** : 등식의 성질을 이용하여 등식의 한 변에 있는 항을 부호를 바꾸어 다른 변으로 옮기는 것을 이항이라 한다.

+■를 이항하면 ⇨ −■
−■를 이항하면 ⇨ +■
이항하면 부호가 바뀐다.

이항
$x+1=3 \Rightarrow x=3-1$
1이 좌변에서 우변으로

(2) **일차방정식** : 모든 항을 좌변으로 이항하여 정리했을 때,

(x에 대한 일차식)$=0$

의 꼴로 나타내어지는 방정식을 x에 대한 일차방정식이라 한다.

▶ x에 대한 일차방정식은 $ax+b=0$ $(a\neq0)$의 꼴로 나타내어진다. 방정식의 미지수로 보통 x를 사용하지만 다른 문자를 사용해도 된다.

예 $-x+8=0$, $x-\frac{2}{3}=0$은 일차방정식이다.

2 일차방정식의 해는 어떻게 구하는가? ○ 핵심문제 3~6

① 괄호가 있으면 ⇨ 먼저 분배법칙을 이용하여 괄호를 푼다.
계수가 소수이면 ⇨ 양변에 10, 100, …을 곱하여 계수를 정수로 고친다.
계수가 분수이면 ⇨ 양변에 분모의 최소공배수를 곱하여 계수를 정수로 고친다.

② 미지수 x를 포함하는 항은 좌변으로, 상수항은 우변으로 이항한다.

(x를 포함하는 모든 항)=(모든 상수항)

③ 동류항의 성질을 이용하여 양변을 간단히 한다.

④ $\boldsymbol{ax=b}$ $\boldsymbol{(a\neq0)}$의 꼴로 만든다.

⑤ 양변을 x의 계수 a로 나눈다.

$ax=b$에서 $x=\frac{b}{a}$

예
$3(2x+5)=9x+36$
) 괄호 풀기
$6x+15=9x+36$
) (x를 포함하는 모든 항)=(모든 상수항)
$6x-9x=36-15$
) 동류항의 성질을 이용하여 간단히 하기
$(6-9)x=21$
) $ax=b$ $(a\neq0)$의 꼴
$-3x=21$
) 양변을 x의 계수 a로 나누기
$\therefore x=\frac{21}{-3}=-7$

3 일차방정식의 해가 주어진 경우 ○ 핵심문제 7, 8

일차방정식의 해가 $x=\triangle$일 때, $x=\triangle$를 주어진 일차방정식에 대입하면 등식이 성립한다.

예 방정식 $x+a=4$의 해가 $x=1$일 때, 상수 a의 값을 구하시오.

풀이 $x+a=4$의 해가 $x=1$이므로 $x=1$을 주어진 식에 대입하면

$1+a=4 \qquad \therefore a=3$

4 해가 무수히 많은 경우 ○ 핵심문제 9

> 주어진 방정식을 $ax=b$의 꼴로 고쳤을 때
> $ax=b$에서 $a=0$이고 $b=0$, 즉 $0\times x=0$의 꼴이면 해가 무수히 많다.(해는 모든 수이다.)

예 $2x-4=2(x-2)$를 만족시키는 x의 값을 구하면

$2x-4=2x-4$

$2x-2x=-4+4$

$(2-2)x=0$

$\therefore 0\times x=0$

모든 x의 값에 대하여 항상 양변이 모두 0이 된다.

따라서 해가 무수히 많다.

5 해가 없는 경우 ○ 핵심문제 9

> 주어진 방정식을 $ax=b$의 꼴로 고쳤을 때
> $ax=b$에서 $a=0$이고 $b\neq 0$, 즉 $0\times x=$(0이 아닌 상수)의 꼴이면 해가 없다.

예 $3x+7=3x+4$를 만족시키는 x의 값을 구하면

$3x-3x=4-7$

$(3-3)x=-3$

$\therefore 0\times x=-3$

x의 어떤 값에 대해서도 좌변은 0, 우변은 -3이 된다.

따라서 해는 없다.

수학 실력의 비결은 개념원리의 이해부터이다. 개념원리 확인하기를 통하여 개념과 원리를 정확히 이해하자.

정답과 풀이 p.81

○ 이항이란?

01 다음 등식에서 밑줄 친 항을 이항하시오.

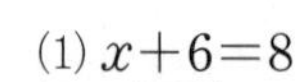

(1) $x\underline{+6}=8$

(2) $4x=\underline{2x}-1$

(3) $3x\underline{-4}=-2$

(4) $\frac{1}{3}x\underline{-\frac{1}{2}}=\underline{\frac{1}{5}x}-2$

(5) $4x\underline{-6}=7\underline{-x}$

02 다음 일차방정식의 풀이 과정에 따라 주어진 방정식을 푸시오.

○ 미지수 x를 포함하는 항은 □으로, 상수항은 □으로 이항한다.

	$3(x-1)=x+1$	$2(x-2)=-3(x+2)$
괄호를 풀면		
미지수 x를 포함하는 항을 좌변으로, 상수항을 우변으로 이항하면		
$ax=b$의 꼴로 정리하면		
양변을 x의 계수로 나누면		

03 다음 □ 안에 알맞은 수를 써넣고, 주어진 일차방정식을 푸시오.

(1) $x-0.7=1.3x+5$

① 양변에 □을 곱하여 계수를 정수로 만들면

⇨ ______

② $ax=b$의 꼴로 만들면

⇨ ______

③ 양변을 x의 계수로 나누면

⇨ ______

(2) $0.25x-0.6=0.1x+0.15$

① 양변에 □을 곱하여 계수를 정수로 만들면

⇨ ______

② $ax=b$의 꼴로 만들면

⇨ ______

③ 양변을 x의 계수로 나누면

⇨ ______

(3) $\frac{x}{2}+\frac{1}{4}=\frac{2}{3}x$

① 양변에 분모 2, 4, 3의 최소공배수인 □를 곱하면

⇨ ______

② $ax=b$의 꼴로 만들면

⇨ ______

③ 양변을 x의 계수로 나누면

⇨ ______

(4) $\frac{2}{3}x-\frac{x+5}{6}=1$

① 양변에 분모 3, 6의 최소공배수인 □을 곱하면

⇨ ______

② $ax=b$의 꼴로 만들면

⇨ ______

③ 양변을 x의 계수로 나누면

⇨ ______

핵심 문제 익히기

더 다양한 문제는 RPM 중1-1 97쪽

01 이항

다음 중 이항을 바르게 한 것은?

① $3x-1=2 \Rightarrow 3x=2-1$
② $2x=5-x \Rightarrow 2x-x=5$
③ $-3x=5+x \Rightarrow -3x+x=5$
④ $5x+3=6 \Rightarrow 5x=6-3$
⑤ $3x+2=-x+5 \Rightarrow 3x+x=5+2$

Key Point

이항하면 부호가 바뀐다.
+■를 이항하면 ⇨ −■
−■를 이항하면 ⇨ +■

풀이

① -1을 우변으로 이항하면 $3x=2+1$
② $-x$를 좌변으로 이항하면 $2x+x=5$
③ x를 좌변으로 이항하면 $-3x-x=5$
④ 3을 우변으로 이항하면 $5x=6-3$
⑤ 2를 우변으로, $-x$를 좌변으로 이항하면 $3x+x=5-2$　∴ ④

확인 1 다음 중 이항을 바르게 한 것을 모두 고르면? (정답 2개)

① $2x+5=7 \Rightarrow 2x=-7-5$
② $5x-2=8 \Rightarrow 5x=8-2$
③ $-2x=7x+5 \Rightarrow 2x-7x=5$
④ $3x+1=-x+2 \Rightarrow 3x+x=2-1$
⑤ $3x+2=6x-4 \Rightarrow 3x-6x=-4-2$

더 다양한 문제는 RPM 중1-1 97쪽

02 일차방정식의 뜻

다음 중 일차방정식인 것은?

① $\dfrac{1}{x}=3$
② $x-3=x+4$
③ $3(4x+1)=6(2x-3)$
④ $2+x=3(x+3)$
⑤ $x^2=x-2$

Key Point

x에 대한 일차방정식
⇨ (x에 대한 일차식)$=0$의 꼴

풀이

방정식의 모든 항을 좌변으로 이항하여 정리했을 때, (x에 대한 일차식)$=0$의 꼴이면 일차방정식이다.　∴ ④

확인 2 다음 중 일차방정식인 것은?

① $3(x+1)=3x$
② $x^2-2x=x^2+x+1$
③ $x+5=x$
④ $-2(x+1)=-2x-1$
⑤ $3(x-2)=3x-6$

더 다양한 문제는 RPM 중1-1 98쪽

03 괄호가 있는 일차방정식의 풀이

다음 일차방정식을 푸시오.

(1) $4(x-1)=12-3(x+3)$ (2) $6-\{3-(2x-8)\}=x+5$

Key Point

괄호를 먼저 푼다.

$A(B+C)$
$=AB+AC$

⇩

(x를 포함하는 모든 항)
=(모든 상수항)

⇩

$ax=b\ (a\neq0)$의 꼴

⇩

$x=\frac{b}{a}$

풀이

(1) 괄호를 풀면 $4x-4=12-3x-9$

$4x+3x=12-9+4$, $7x=7$

$\therefore$ $\boldsymbol{x=1}$

(2) $6-\{3-(2x-8)\}=x+5$에서

$6-(3-2x+8)=x+5$

$6-(11-2x)=x+5$

$6-11+2x=x+5$

$2x-x=5-6+11$ $\therefore$ $\boldsymbol{x=10}$

확인 3 다음 일차방정식을 푸시오.

(1) $2(2-3x)=-4(2x-3)$ (2) $3(x-2)=4+x$

(3) $7x-(9-4x)=3(x-11)$ (4) $2[3x-\{5-(2x-1)\}]=4x+6$

더 다양한 문제는 RPM 중1-1 98쪽

04 계수가 소수인 일차방정식의 풀이

다음 일차방정식을 푸시오.

(1) $0.2x-0.8=1.3x-3$ (2) $1.5(3-0.5x)+2=0.25x-1$

Key Point

양변에 10, 100, …을 곱하여 계수를 정수로 고친다.

⇩

(x를 포함하는 모든 항)
=(모든 상수항)

⇩

$ax=b(a\neq0)$의 꼴

⇩

$x=\frac{b}{a}$

풀이

(1) 양변에 10을 곱하면 $2x-8=13x-30$

$2x-13x=-30+8$, $-11x=-22$ $\therefore$ $\boldsymbol{x=2}$

(2) 양변에 100을 곱하면 $150(3-0.5x)+200=25x-100$

$450-75x+200=25x-100$, $-75x-25x=-100-450-200$

$-100x=-750$ $\therefore$ $\boldsymbol{x=\frac{15}{2}}$

확인 4 다음 일차방정식을 푸시오.

(1) $0.5x+2=0.7x-4$ (2) $0.3x-2=0.15x+1$

(3) $0.6(x-2)=1.2(3-5x)$ (4) $0.36x-0.59=0.04x+0.05$

더 다양한 문제는 RPM 중1-1 98쪽

05 계수가 분수인 일차방정식의 풀이

다음 일차방정식을 푸시오.

(1) $\frac{x+1}{5}-\frac{x-1}{3}=1$ (2) $\frac{2}{5}x-\frac{6-x}{4}=0.3x-0.45$

Key Point

양변에 분모의 최소공배수를 곱하여 계수를 정수로 고친다.

⇩

(x를 포함하는 모든 항)=(모든 상수항)

⇩

$ax=b\ (a\neq0)$의 꼴

⇩

$x=\frac{b}{a}$

풀이

(1) 양변에 분모 5, 3의 최소공배수인 15를 곱하면

$3(x+1)-5(x-1)=15$, $3x+3-5x+5=15$

$3x-5x=15-3-5$, $-2x=7$

$\therefore\ \boldsymbol{x=-\frac{7}{2}}$

(2) $\frac{2}{5}x-\frac{6-x}{4}=\frac{3}{10}x-\frac{9}{20}$의 양변에 분모 5, 4, 10, 20의 최소공배수인 20을 곱하면

$8x-5(6-x)=6x-9$, $8x-30+5x=6x-9$

$8x+5x-6x=-9+30$, $7x=21$ $\therefore\ \boldsymbol{x=3}$

확인 5 다음 일차방정식을 푸시오.

(1) $2x-5=x-\frac{3x-1}{4}$ (2) $\frac{3x-1}{4}-\frac{x-5}{2}=\frac{7x-2}{3}$

(3) $\frac{1}{3}-\frac{2-x}{2}=0.75x$ (4) $1.3x-\frac{5}{2}=-\frac{2}{3}(-0.2x+6)$

더 다양한 문제는 RPM 중1-1 99쪽

06 비례식으로 주어진 일차방정식의 풀이

비례식 $(2x-3):(x+1)=3:2$를 만족시키는 x의 값을 구하시오.

Key Point

비례식의 성질

$a:b=c:d$

⇨ $ad=bc$

풀이

$(2x-3):(x+1)=3:2$에서

$2(2x-3)=3(x+1)$, $4x-6=3x+3$

$4x-3x=3+6$ $\therefore\ \boldsymbol{x=9}$

확인 6 다음 비례식을 만족시키는 x의 값을 구하시오.

(1) $(3x-1):2=(2x+6):4$

(2) $3:(x+6)=2:(2x+1)$

(3) $2.4:(3x-2)=\frac{2}{3}:(x-3)$

더 다양한 문제는 RPM 중1-1 100쪽

07 일차방정식의 해가 주어진 경우

x에 대한 일차방정식 $\frac{2x-a}{3}=\frac{-2a+x}{2}$의 해가 $x=-4$일 때, 상수 a의 값을 구하시오.

Key Point

일차방정식의 해가 $x=\triangle$일 때
⇨ $x=\triangle$를 주어진 일차방정식에 대입하면 등식이 성립한다.

풀이

$x=-4$를 주어진 식에 대입하면
$\frac{2\times(-4)-a}{3}=\frac{-2a+(-4)}{2}$, $\frac{-8-a}{3}=\frac{-2a-4}{2}$
양변에 6을 곱하면
$2(-8-a)=3(-2a-4)$, $-16-2a=-6a-12$
$-2a+6a=-12+16$, $4a=4$ $\quad\therefore a=\mathbf{1}$

확인 7 다음 물음에 답하시오.

(1) x에 대한 일차방정식 $\frac{2}{3}(x+2)+a=\frac{3}{4}x$의 해가 $x=4$일 때, 상수 a의 값을 구하시오.

(2) x에 대한 일차방정식 $ax+\frac{1}{2}=\frac{3}{4}x-\frac{3}{2}$의 해가 $x=\frac{16}{3}$일 때, 상수 a의 값을 구하시오.

더 다양한 문제는 RPM 중1-1 100쪽

08 두 일차방정식의 해가 서로 같은 경우

x에 대한 두 일차방정식 $\frac{x+3}{4}-\frac{ax-2}{3}=1$, $-3x+1=-2x$의 해가 같을 때, 상수 a의 값을 구하시오.

Key Point

한 방정식에서 해를 구하여 다른 방정식에 대입하면 등식이 성립한다.

풀이

$-3x+1=-2x$에서 $-3x+2x=-1$, $-x=-1$ $\quad\therefore x=1$
해가 같으므로 $x=1$을 $\frac{x+3}{4}-\frac{ax-2}{3}=1$에 대입하면
$\frac{1+3}{4}-\frac{a-2}{3}=1$, $1-\frac{a-2}{3}=1$, $-\frac{a-2}{3}=0$, $a-2=0$ $\quad\therefore a=\mathbf{2}$

확인 8 다음 x에 대한 두 일차방정식의 해가 같을 때, 상수 a의 값을 구하시오.

(1) $\frac{2x-1}{3}=\frac{x+3}{2}$, $2x+a=4x-2$

(2) $1.2x-0.3=0.8x+1.7$, $ax+8=28-2x$

더 다양한 문제는 RPM 중1-1 101쪽

09 특수한 해를 갖는 경우

방정식 $2(x-1)-3=3ax-5$의 해가 무수히 많을 때, 상수 a의 값을 구하시오.

Key Point

- 해가 무수히 많다. (해는 모든 수이다.)
  ⇨ $0\times x=0$의 꼴
- 해가 없다.
  ⇨ $0\times x=$(0이 아닌 상수)의 꼴

풀이

$2(x-1)-3=3ax-5$에서 $2x-2-3=3ax-5$
$2x-3ax=-5+5$, $(2-3a)x=0$
해가 무수히 많으므로
$2-3a=0 \quad \therefore a=\mathbf{\frac{2}{3}}$

확인 9 방정식 $ax-3=2x+b$의 해가 없을 때, 상수 a, b의 조건을 구하시오.

한 걸음 더

더 다양한 문제는 RPM 중1-1 101쪽

10 해에 대한 조건이 주어진 경우

방정식 x에 대한 일차방정식 $4x+a=3(x+2)$의 해가 자연수가 되도록 하는 자연수 a의 개수를 구하시오.

Key Point

x에 대한 조건이 주어진 경우
① $x=$(a에 대한 식)으로 나타낸다.
② 해의 조건을 만족시키는 a의 값을 구한다.

풀이

$4x+a=3(x+2)$에서 $4x+a=3x+6$
$4x-3x=6-a \quad \therefore x=6-a$
이때 $6-a$가 자연수이어야 하므로 $a=1, 2, 3, 4, 5$
따라서 구하는 자연수 a의 개수는 **5개**이다.

참고

$x=6-a$가 자연수가 되기 위해서는
$a=1$일 때, $x=6-1=5$ (○) $a=2$일 때, $x=6-2=4$ (○)
$a=3$일 때, $x=6-3=3$ (○) $a=4$일 때, $x=6-4=2$ (○)
$a=5$일 때, $x=6-5=1$ (○) $a=6$일 때, $x=6-6=0$ (×)
이므로 주어진 방정식의 해가 자연수가 되려면 자연수 a는 1, 2, 3, 4, 5이어야 한다.

확인 10 다음 물음에 답하시오.

(1) x에 대한 일차방정식 $x-\frac{1}{2}(x-2a)=6$의 해가 자연수가 되도록 하는 자연수 a의 개수를 구하시오.

(2) x에 대한 일차방정식 $\frac{1}{3}(x+6a)-x=8$의 해가 음의 정수가 되도록 하는 자연수 a의 값을 모두 구하시오.

계산력 강화하기

01 다음 일차방정식을 푸시오.

(1) $2(x-1)=5x+7$

(2) $5(x-3)=2(x+3)$

(3) $5(x-2)-3(2x+1)=2x-1$

(4) $x-4(2x-7)=3x-2$

(5) $4-\{3-(2x-5)\}=10+x$

02 다음 일차방정식을 푸시오.

(1) $3.5x-4.8=0.8$

(2) $0.05x-0.12=0.03x$

(3) $0.6(2x-3)=0.7(x-4)$

(4) $1.8(x-1)=3.1x+2.1$

03 다음 일차방정식을 푸시오.

(1) $\frac{x}{3}+1=\frac{x-3}{5}$

(2) $\frac{x}{3}-\frac{1}{6}=\frac{1}{2}+\frac{2}{3}x$

(3) $3-\frac{5-3x}{4}=\frac{5}{8}(x-2)$

(4) $x-\frac{x-2}{4}=5$

(5) $\frac{1}{2}x-0.75x=\frac{2x-7}{6}$

(6) $\frac{1}{2}(x-3)=\frac{1}{3}(x+1)$

정답과 풀이 p.85

이런 문제가 시험에 나온다

생각해 봅시다!

01 다음 **보기** 중 일차방정식은 모두 몇 개인지 구하시오.

보기

ㄱ. $2(x+1)=2x+2$　　ㄴ. $5x=0$

ㄷ. $x=x+3$　　ㄹ. $2x=3(x+1)$

ㅁ. $-2x+3$　　ㅂ. $x^2+x=x^2+2x$

02 등식 $2x+4=a(x-3)$이 x에 대한 일차방정식이 되기 위한 상수 a의 조건은?

① $a=-2$　② $a\neq-2$　③ $a=2$
④ $a\neq2$　⑤ $a=3$

> 모두 좌변으로 이항하여 x의 계수를 살펴본다.

03 다음 일차방정식 중 해가 나머지 넷과 다른 하나는?

① $5x=7x+6$　② $-x+5=-2(x-1)$
③ $3(1-x)=2(x+9)$　④ $2.3x+0.8=1.5x-1.6$
⑤ $\frac{2}{3}x-\frac{x+1}{4}=1$

04 일차방정식 $\frac{-2x-1}{3}=1-\frac{x+5}{2}$를 풀면?

① $x=-23$　② $x=-19$　③ $x=-11$
④ $x=7$　⑤ $x=18$

> 양변에 분모의 최소공배수를 곱하여 계수를 정수로 만든다.

05 일차방정식 $0.12\left(x+\frac{5}{6}\right)=0.05\left(x-\frac{4}{5}\right)$를 풀면?

① $x=-3$　② $x=-2$　③ $x=-1$
④ $x=1$　⑤ $x=2$

06 일차방정식 $0.5(x-1)-1.9=0.1x$의 해가 $x=a$,
비례식 $(3x-1):(4-x)=2:3$을 만족시키는 x의 값을 b라 할 때, $a-b$의 값은?

① 2　② 5　③ 6
④ 7　⑤ 8

> $a:b=c:d$
> ⇨ $ad=bc$

이런 문제가 시험에 나온다

07 다음 중 해가 없는 것은?

① $0.5x-0.8=0.3x-1.5$　② $7-5x=-5x+7$
③ $\frac{1}{2}x-2=0.5x-2$　④ $2x=-x$
⑤ $\frac{3}{5}(x+4)=0.6x+2$

생각해 봅시다!
해가 없다.
⇨ $0\times x=$(0이 아닌 상수)의 꼴

08 다음 일차방정식을 푸시오.

$$x-[2x+3\{4x-(5x-1)\}]=5x+3$$

09 x에 대한 일차방정식 $\frac{3x-1}{5}+\frac{2x+a}{6}=\frac{5}{3}$의 해가 $x=\frac{3}{4}$일 때, 상수 a의 값은?

① -2　② 0　③ 1
④ 5　⑤ 7

10 다음 x에 대한 두 일차방정식의 해가 같을 때, 상수 a의 값을 구하시오.

(1) $0.3(x-2)=0.4(x+2)+0.1$, $ax+1=2x+16$
(2) $-3x+2(x-3)=-5$, $\frac{5x-a}{2}=\frac{7x+a}{6}$

한 방정식의 해를 구하여 다른 방정식에 대입하면 등식이 성립한다.

11 x에 대한 두 일차방정식 $\frac{2x+a}{3}-\frac{x+1}{4}=\frac{5}{12}$,
$0.3(x-2)+0.2(-2x+b)=0$의 해가 모두 $x=4$일 때, 상수 a, b에 대하여 $a+b$의 값을 구하시오.

12 x에 대한 일차방정식 $x+2a=3(x+4)$의 해가 음의 정수가 되도록 하는 자연수 a의 값을 모두 구하시오.

1 step 기본문제

01 다음 **보기** 중 항등식인 것은 모두 몇 개인지 구하시오.

보기

ㄱ. $3(x+1)=3+3x$

ㄴ. $2x+4=6$

ㄷ. $0\times x=7$

ㄹ. $5x-(x+1)=4x-1$

ㅁ. $2-6x=6x-2$

02 다음 방정식 중 해가 $x=-3$인 것은?

① $2(3-x)=-3x+4$

② $x+1=11-3x$

③ $0.1-0.2x=0.1x+1$

④ $\frac{x}{2}+\frac{1}{3}=1$

⑤ $\frac{2}{3}x-\frac{7}{6}=\frac{5}{4}x$

03 다음 중 이항한 결과가 옳지 않은 것을 모두 고르면? (정답 2개)

① $6x+2=8 \Rightarrow 6x=8+2$

② $5x+3=-4x+2 \Rightarrow 5x+4x=2-3$

③ $2x-7=6x \Rightarrow 2x-6x=7$

④ $4x+6=-3x \Rightarrow 4x+3x=-6$

⑤ $9+3x=5x \Rightarrow 3x-5x=9$

04 다음 중 등식의 성질 '$a=b$이면 $ac=bc$이다.'를 이용한 것은? (단, c는 자연수)

① $x+\frac{1}{3}=\frac{4}{3} \Rightarrow x=1$

② $-3x-6=3 \Rightarrow -3x=9$

③ $x+5=2 \Rightarrow x=-3$

④ $5x=2x+12 \Rightarrow 3x=12$

⑤ $\frac{3}{4}x=6 \Rightarrow 3x=24$

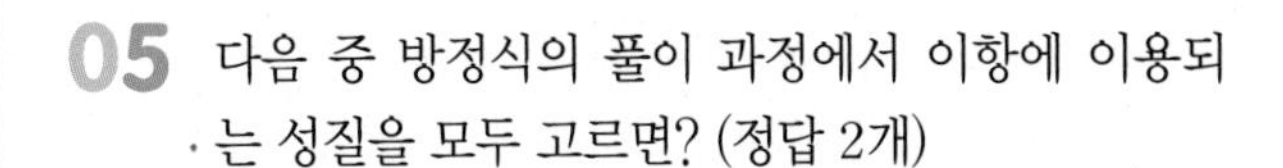

05 다음 중 방정식의 풀이 과정에서 이항에 이용되는 성질을 모두 고르면? (정답 2개)

① $a=b$이면 $a+c=b+c$이다.

② $a=b$이면 $a-c=b-c$이다.

③ $a=b$이면 $ac=bc$이다.

④ $a=b$이면 $\frac{a}{c}=\frac{b}{c}$이다.

⑤ $a=b$이면 $\frac{a}{c}=\frac{b}{c}$이다. (단, $c\neq0$)

06 다음 일차방정식 중 해가 가장 큰 것은?

① $-x+6=-5x+26$

② $0.3x+0.05=0.65$

③ $\frac{2}{3}x-\frac{1}{2}=-\frac{2}{5}x+1$

④ $0.2x+0.4=-0.17x-0.34$

⑤ $2(3x-4)=3(x+5)+3$

07 다음 비례식을 만족시키는 x의 값을 구하시오.

$$(3x+2) : 6=\frac{3x+5}{2} : 4$$

08 다음 일차방정식을 푸시오.

(1) $2-\{4(x-1)-3(x+3)\}=-5x$

(2) $0.02x-0.15=-0.07x+0.3$

(3) $3x-2\left(x-\frac{1-2x}{3}\right)=\frac{2x-1}{2}$

09 다음 중 문장을 등식으로 나타낸 것이 옳지 <u>않은</u> 것은?

① 어떤 수 x의 3배에서 -2를 빼면 x의 5배와 같다. ⇨ $3x+2=5x$

② 시속 x km로 3시간 동안 달린 거리는 10 km이다. ⇨ $3x=10$

③ 2개에 x원 하는 지우개를 3개 사고 1000원을 냈더니 거스름돈이 100원이었다.
⇨ $1000-\frac{3}{2}x=100$

④ 길이가 20 cm인 막대를 x cm씩 4번 잘라내면 3 cm가 남는다. ⇨ $20-(x+4)=3$

⑤ 20 %의 설탕물 x g에 녹아 있는 설탕의 양은 35 g이다. ⇨ $0.2x=35$

10 등식 $ax-10=5(x+b)$가 x의 값에 관계없이 항상 성립할 때, 상수 a, b에 대하여 $a+b$의 값은?

① -2 ② -1 ③ 1
④ 2 ⑤ 3

11 x에 대한 일차방정식 $\frac{a(x+2)}{3}-\frac{2-ax}{4}=\frac{1}{6}$의 해가 $x=-1$일 때, 상수 a의 값은?

① -8 ② -6 ③ 4
④ 6 ⑤ 8

12 비례식 $(x+1) : (2x-1)=3 : 5$를 만족시키는 x의 값이 x에 대한 일차방정식 $a(2x-5)=33$의 해일 때, 상수 a의 값을 구하시오.

13 x에 대한 두 일차방정식 $\frac{x+3}{2}=2(x-1)-1$, $ax+6=x+4a$의 해가 같을 때, 상수 a의 값은?

① -3 ② -2 ③ 3
④ 4 ⑤ 5

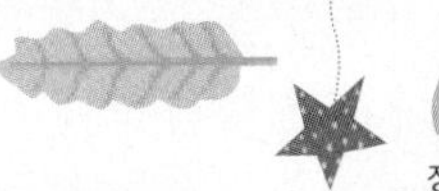

정답과 풀이 p.88

Step 발전문제

01 등식 $ax^2+x-3=-2x^2-3bx+2$가 x에 대한 일차방정식이 되도록 하는 상수 a, b의 조건은?

① $a=-2$, $b=-\frac{1}{3}$　② $a=-2$, $b\neq-\frac{1}{3}$
③ $a\neq-2$, $b=\frac{1}{3}$　④ $a\neq-2$, $b=-\frac{1}{3}$
⑤ $a\neq-2$, $b\neq-\frac{1}{3}$

02 다음 그림에서 □ 안의 식은 바로 위 양 옆의 □ 안의 식의 합이다. 이때 x의 값을 구하시오.

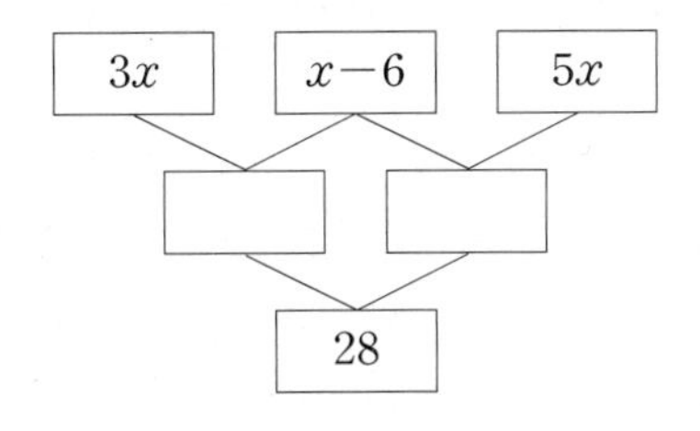

03 비례식 $(x+2):(2x-3)=5:3$을 만족시키는 x의 값이 비례식 $(2x+a):(a-x)=3:2$를 만족시킬 때, 상수 a의 값을 구하시오.

04 다음 중 옳지 않은 것은?

① $a=b$이면 $2-3a=2-3b$이다.
② $a=2b$이면 $a+5=2(b+5)$이다.
③ $3a=2b$이면 $\frac{a}{2}=\frac{b}{3}$이다.
④ $a+3=b+5$이면 $a+6=b+8$이다.
⑤ $2(a-3)=2(b-3)$이면 $a=b$이다.

꼭 나와 **05** 비례식 $2:(3-x)=4:(3x-4)$를 만족시키는 x의 값이 x에 대한 일차방정식 $\frac{5x-1}{3}=6-a$의 해일 때, a^2-4a의 값을 구하시오.

(단, a는 상수)

06 등식 $\frac{2(x-1)}{3}-a=bx+\frac{1}{2}$은 x에 대한 항등식이고, $x=b$는 일차방정식 $3(cx-2)-5=x$의 해일 때, $\frac{ab}{c}$의 값을 구하시오.

(단, a, b, c는 상수)

07 x에 대한 일차방정식 $\frac{x-4}{3}-\frac{x-1}{2}=-\frac{1}{2}$의 해가 x에 대한 일차방정식 $5(x-a)=4ax-7$의 해의 2배일 때, 상수 a의 값은?

① 1 ② 2 ③ 3
④ 4 ⑤ 5

08 다음 x에 대한 두 일차방정식의 해가 같을 때, 상수 a의 값을 구하시오.

$\frac{x-3a}{3}=2+\frac{x-3a}{6}$
$0.2(3x-4)-\frac{2x-1}{4}=-0.25$

09 일차방정식 $5x+2=3x+4$를 푸는데 좌변의 x항의 계수 5를 잘못 보고 풀었더니 해가 $x=-2$일 때, 5를 어떤 수로 잘못 보았는가?

① -5 ② -3 ③ 2
④ 4 ⑤ 6

10 상수 a, b에 대하여 방정식 $5x+2b=ax+16$의 해가 없을 조건은?

① $a=5$, $b=8$ ② $a\neq5$, $b\neq8$
③ $a=5$, $b\neq8$ ④ $a\neq5$, $b=8$
⑤ $a=5$, $b\neq16$

11 상수 a에 대하여 방정식 $7x-2(x-2)=4-ax$의 해가 무수히 많을 때, 방정식 $\frac{x-a}{3}=\frac{2+x}{2}+a$를 푸시오.

12 x에 대한 일차방정식 $x-\frac{1}{5}(2x+3a)=-3$의 해가 음의 정수일 때, 이를 만족시키는 모든 자연수 a의 값의 합은?

① 5 ② 6 ③ 7
④ 10 ⑤ 12

step 실력 UP

01 서로 다른 두 수 a, b에 대하여 (a, b)는 a, b 중 큰 수를 나타내고 $[a, b]$는 a, b 중 작은 수를 나타낼 때, $(x-6, x-5)-[3x+1, 3x-2]=(1, 5)$를 만족시키는 x의 값을 구하시오.

02 상수 a, b, c에 대하여 방정식 $ax+5=2x-5$의 해가 없고, 방정식 $(b-2)x-4=x+c$의 해가 무수히 많을 때, $a+b+c$의 값을 구하시오.

03 x에 대한 두 일차방정식

$p(x+4)-6(q-2)+2=0$ ...... ㉠

$2(x-3)=3(2x-1)+1$ ...... ㉡

에서 ㉡의 해가 ㉠의 해의 $\frac{1}{2}$배일 때, 두 상수 p, q에 대하여 $p-3q$의 값을 구하시오.

04 x에 대한 두 일차방정식 $\frac{x+2}{5}-\frac{2a-3}{3}=1$과 $\frac{x+1-2a}{2}=\frac{a+1}{4}$의 해의 비가 $2:3$일 때, 상수 a의 값을 구하시오.

05 x에 대한 일차방정식 $x-\frac{1}{5}(x-2a)=6$의 해가 양의 정수일 때, 이를 만족시키는 양의 정수 a의 개수를 구하시오.

06 일차방정식 $\dfrac{x+\dfrac{x+\frac{x}{2}}{2}}{2}=3x-2$를 푸시오.

서술형 대비 문제

논리적으로 풀어서 설명하는 연습이 필요하므로 차근차근 풀어 보는 습관을 기르면 자신감이 팍팍!

정답과 풀이 p.91

예제 01

x에 대한 두 일차방정식 $3x+1=\frac{x+a}{2}$, $x-b=5(x-2b)+4$의 해가 모두 $x=-1$일 때, 상수 a, b에 대하여 $b-a$의 값을 구하시오. [6점]

풀이과정

1단계 a의 값 구하기 [2점]

$x=-1$을 $3x+1=\frac{x+a}{2}$에 대입하면

$3\times(-1)+1=\frac{-1+a}{2}$, $-2=\frac{-1+a}{2}$

$-4=-1+a$ $\quad\therefore a=-3$

2단계 b의 값 구하기 [2점]

$x=-1$을 $x-b=5(x-2b)+4$에 대입하면

$-1-b=5(-1-2b)+4$, $-1-b=-5-10b+4$

$-b+10b=-5+4+1$, $9b=0$ $\quad\therefore b=0$

3단계 $b-a$의 값 구하기 [2점]

$\therefore b-a=0-(-3)=3$

답 3

유제 1 x에 대한 두 일차방정식 $5x+a=-2x+1$, $0.1(x+4)=b\left(x+\frac{11}{10}\right)$의 해가 모두 $x=-1$일 때, 상수 a, b에 대하여 $a+b$의 값을 구하시오. [6점]

풀이과정

1단계 a의 값 구하기 [2점]

2단계 b의 값 구하기 [2점]

3단계 $a+b$의 값 구하기 [2점]

답

예제 02

다음 x에 대한 두 일차방정식의 해가 같을 때, 상수 a의 값을 구하시오. [7점]

$$2x-a=3x+1,\quad \frac{x}{3}-1=\frac{5x-3}{4}-x$$

풀이과정

1단계 일차방정식의 해 구하기 [4점]

$\frac{x}{3}-1=\frac{5x-3}{4}-x$의 양변에 12를 곱하면

$4x-12=3(5x-3)-12x$, $4x-12=15x-9-12x$

$4x-15x+12x=-9+12$ $\quad\therefore x=3$

2단계 a의 값 구하기 [3점]

두 일차방정식의 해가 같으므로

$x=3$을 $2x-a=3x+1$에 대입하면

$2\times3-a=3\times3+1$, $-a=9+1-6$

$-a=4$ $\quad\therefore a=-4$

답 -4

유제 2 다음 x에 대한 두 일차방정식의 해가 같을 때, 상수 a의 값을 구하시오. [7점]

$$\frac{x}{3}+a=a(x-1)$$
$$\frac{2}{5}(2x-3)-\frac{3}{4}=0.5(x+1.5)$$

풀이과정

1단계 일차방정식의 해 구하기 [4점]

2단계 a의 값 구하기 [3점]

답

유제 3 등식 $3(ax+2)+9x+b=0$이 x의 값에 관계없이 항상 성립할 때, 상수 a, b에 대하여 $a-b$의 값을 구하시오. [6점]

풀이과정

답

유제 5 다음 x에 대한 두 일차방정식의 해가 모두 $x=-3$일 때, ab의 값을 구하시오. (단, a, b는 상수) [6점]

$$3(2x-a)=3-x,\quad \frac{x-2b}{3}=\frac{x-4}{2}+b$$

풀이과정

답

유제 4 일차방정식
$1.8x-1.2(x+0.15)=0.05(3x-0.6)$의 해가 $x=a$일 때, $9a^2-3a$의 값을 구하시오. [6점]

풀이과정

답

유제 6 다음 x에 대한 두 일차방정식의 해가 같을 때, 상수 a의 값을 구하시오. [7점]

$$\frac{x+1}{2}-\frac{x-1}{3}=1,\quad -2x+a=-3x-1$$

풀이과정

답

금동이, 은동이

금동이와 은동이가 한 동네에 살고 있었습니다.
금동이는 어려서부터 머리가 좋아 무엇이든 한 번 보기만 하면 금방 배웠죠.
주위 사람들이 신동이라고 칭찬한 것은 물론이었습니다.
은동이는 좀 둔한 편이어서 배우는 속도는 금동이보다 느렸어요. 대신 계속 노력하여 끝까지 해내는 인내심이 강했답니다.
무엇이든 너무 쉬운 금동이는 세상 일이 모두 쉽게만 보였데요. 무엇이든 마음만 먹으면 다 할 수 있었으니까요. 그래서 금동이는 무엇을 하든 '이까짓 거야…' 하는 생각을 갖게 되었답니다.
그렇게 세월이 흘러 둘은 어른이 되었답니다.
은동이는 열심히 노력해서 많은 것을 이루었답니다.
그런데 금동이는 여전히 자신은 무엇이든 마음만 먹으면 할 수 있다는 생각에 아무 것도 이룬 것이 없더군요.
'하면 할 수 있다.'는 것은 아무 소용이 없습니다.
바로 지금 하고 있는 것이 제일 중요하며 자신의 인생에서 가치가 있는 것이라는 것을 잊지 마세요.

문자와 식

01 일차방정식의 활용 (1)

3. 일차방정식의 활용

개념원리 이해

1 일차방정식의 활용 문제 푸는 방법

① 문제의 뜻을 파악하고 구하려고 하는 것을 x로 놓는다.	⇨ 미지수 x 정하기
② 주어진 조건에 맞는 방정식을 세운다.	⇨ 방정식 세우기
③ 방정식을 풀어 x의 값을 구한다.	⇨ 방정식 풀기
④ 구한 x의 값이 문제의 뜻에 맞는지 확인한다.	⇨ 확인하기

예 어느 중학교의 1학년 전체 학생 수가 642명이다. 여학생은 남학생보다 12명이 더 많다고 할 때, 남학생 수를 구하시오.

풀이 ① 미지수 x 정하기

남학생 수를 x명이라 하면 여학생 수는 $(x+12)$명이므로

② 방정식 세우기

$x+(x+12)=642$

③ 방정식 풀기

$2x+12=642$, $2x=630$ $\quad\therefore x=315$

따라서 남학생 수는 315명이다.

④ 확인하기

여학생 수는 $315+12=327$(명)

남학생 수와 여학생 수를 합하면 $315+327=642$(명)이고, 여학생이 남학생보다 $327-315=12$(명) 더 많으므로 구한 해는 문제의 뜻에 맞는다.

2 일차방정식의 여러 가지 활용 문제

(1) **수에 대한 문제** ⊙ 핵심문제 2

① 어떤 수를 x로 놓는다.

② 연속하는 수를 x를 사용하여 나타낸다. → 연속하는 두 자연수는 그 차가 1이다.

▶ • 연속하는 두 정수 : x, $x+1$ (또는 $x-1$, x)

• 연속하는 세 정수 : $x-1$, x, $x+1$ (또는 x, $x+1$, $x+2$)

• 연속하는 두 홀수(짝수) : x, $x+2$ (또는 $x-2$, x)

• 연속하는 세 홀수(짝수) : $x-2$, x, $x+2$ (또는 x, $x+2$, $x+4$)

(2) **자릿수에 대한 문제** ⊙ 핵심문제 3

① 십의 자리의 숫자가 a, 일의 자리의 숫자가 b인 두 자리의 자연수 ⇨ $10a+b$

② 백의 자리의 숫자가 a, 십의 자리의 숫자가 b, 일의 자리의 숫자가 c인 세 자리의 자연수 ⇨ $100a+10b+c$

(3) **증가와 감소에 대한 문제** ◎ 핵심문제 8

$a\% = \frac{a}{100}$이고 부호를 가진 수에서 증가는 + 부호를, 감소는 − 부호를 사용하여 나타내므로 다음을 이용하여 방정식을 세운다.

① x가 $a\%$ 증가할 때

증가량 : $x \times \frac{a}{100}$

증가한 후의 전체의 양 : $x + \frac{a}{100}x$ (원래의 양) x, (증가량) $\frac{a}{100}x$

② x가 $b\%$ 감소할 때

감소량 : $x \times \frac{b}{100}$

감소한 후의 전체의 양 : $x - \frac{b}{100}x$ (원래의 양) x, (감소량) $\frac{b}{100}x$

예 전체 학생 수가 500명일 때

① 학생 수가 4 % 증가한 경우

(증가한 학생 수)$=500 \times \frac{4}{100}=20$(명)

(증가한 후 전체 학생 수)$=500+500 \times \frac{4}{100}=500+20=520$(명)

② 학생 수가 5 % 감소한 경우

(감소한 학생 수)$=500 \times \frac{5}{100}=25$(명)

(감소한 후 전체 학생 수)$=500-500 \times \frac{5}{100}=500-25=475$(명)

(4) **원가, 정가에 대한 문제** ◎ 핵심문제 9

① (정가)=(원가)+(이익)
② (이익)=(판매 가격)−(원가)
③ (판매 가격)=(정가)−(할인 금액)

▶ 원가가 x원인 물건에 $a\%$의 이익을 붙여 정가를 정하면
⇨ (정가)$=x+\frac{a}{100} \times x = x+\frac{a}{100}x$ (원)

(5) **일에 대한 문제** ◎ 핵심문제 10

전체 일의 양을 1로 놓고 각자 단위 시간 동안 할 수 있는 일의 양을 구한 다음 조건에 맞게 식을 세운다.

▶ 전체 일의 양이 1인 어떤 일을 완성하는 데 6일이 걸린다면 하루 동안 하는 일의 양은 $\frac{1}{6}$이다.

수학 실력의 비결은 개념원리의 이해부터이다. 개념원리 확인하기를 통하여 개념과 원리를 정확히 이해하자.

정답과 풀이 p. 93

01 어떤 수의 4배에서 3을 뺀 수는 어떤 수의 3배보다 8만큼 클 때, 어떤 수를 구하는 과정을 빈칸에 알맞게 써넣으시오.

미지수 x 정하기	
방정식 세우기	
방정식 풀기	
답 구하기	

◎ 어떤 수를 □로 놓고 방정식을 세워서 푼다.

02 현재 아버지의 나이는 48세, 아들의 나이는 16세이다. 다음은 아버지의 나이가 아들의 나이의 2배가 되는 것은 몇 년 후인지 구하는 과정이다. □ 안에 알맞은 것을 써넣으시오.

(1) x년 후의 아버지의 나이는 □세, 아들의 나이는 □세이다.

(2) 아버지의 나이가 아들의 나이의 2배이므로 방정식을 세우면
$\square+x=2(\square)$

(3) 방정식을 풀면 $x=\square$

(4) 따라서 아버지의 나이가 아들의 나이의 2배가 되는 것은 □년 후이다.

◎ 현재 나이가 a세인 사람의 x년 후의 나이
⇨ □

03 슬기네 학교의 학생 수가 작년보다 5 % 감소하여 올해에는 380명이 되었다. 다음은 슬기네 학교의 작년 학생 수를 구하는 과정이다. □ 안에 알맞은 것을 써넣으시오.

(1) 작년 학생 수를 x명이라 하면 감소한 학생 수는 □명이다.

(2) 학생 수가 작년보다 5 % 감소하여 올해에는 380명이 되었으므로
(작년 학생 수)$-$(감소한 학생 수)$=$(올해 학생 수)에서
$x-\square=380$

(3) 방정식을 풀면 $x=\square$

(4) 따라서 작년 학생 수는 □명이다.

◎ x가 a % 감소한 경우
① 감소량
⇨ $x\times\frac{a}{100}$
② 감소한 후의 전체의 양
⇨ $x-\frac{a}{100}x$

핵심 문제 익히기

더 다양한 문제는 RPM 중1-1 107쪽

01 나이에 대한 문제

현재 어머니와 딸의 나이 차는 26세이고, 7년 후에 어머니의 나이는 딸의 나이의 2배보다 5세가 더 많아진다고 한다. 현재 어머니의 나이를 구하시오.

Key Point

구하고자 하는 것을 x로 놓는다.

⇩

조건에 맞게 방정식을 세운다.

풀이

현재 어머니의 나이를 x세라 하면 딸의 나이는 $(x-26)$세이다.

7년 후에 어머니의 나이는 $(x+7)$세, 딸의 나이는 $(x-19)$세이므로

$x+7=2(x-19)+5$, $x+7=2x-38+5$

$-x=-40$ $\therefore x=40$

따라서 현재 어머니의 나이는 **40세**이다.

확인 1 다음 물음에 답하시오.

(1) 현재 아버지와 아들의 나이의 합은 52세이고, 16년 후에 아버지의 나이가 아들의 나이의 2배가 된다고 한다. 현재 아들의 나이를 구하시오.

(2) 현재 어머니와 딸의 나이의 차는 31세이고, 13년 후에는 어머니의 나이가 딸의 나이의 2배보다 10세 많아진다고 한다. 현재 딸의 나이를 구하시오.

더 다양한 문제는 RPM 중1-1 106쪽

02 연속하는 자연수에 대한 문제

연속하는 세 홀수의 합이 69일 때, 가장 큰 홀수를 구하시오.

Key Point

- 연속하는 세 홀수
  ⇨ $x-2$, x, $x+2$
- 연속하는 세 자연수
  ⇨ $x-1$, x, $x+1$

풀이

연속하는 세 홀수를 $x-2$, x, $x+2$라 하면

$(x-2)+x+(x+2)=69$

$3x=69$ $\therefore x=23$

따라서 연속하는 세 홀수는 21, 23, 25이므로 가장 큰 홀수는 **25**이다.

확인 2 다음 물음에 답하시오.

(1) 연속하는 세 자연수의 합이 54일 때, 가장 큰 수를 구하시오.

(2) 연속하는 세 짝수의 합이 78일 때, 가장 큰 짝수를 구하시오.

핵심 문제 익히기

더 다양한 문제는 RPM 중1-1 107쪽

03 자릿수에 대한 문제

일의 자리의 숫자가 8인 두 자리의 자연수가 있다. 이 자연수는 각 자리의 숫자의 합의 3배보다 2가 작다고 할 때, 이 자연수를 구하시오.

Key Point

십의 자리의 숫자가 a, 일의 자리의 숫자가 b인 두 자리의 자연수 ⇨ $10a+b$

풀이

십의 자리의 숫자를 x라 하면 일의 자리의 숫자가 8이므로 구하는 자연수는
$x\times 10+8\times 1=10x+8$이다. 각 자리의 숫자의 합은 $x+8$이므로
$10x+8=3(x+8)-2$, $10x+8=3x+24-2$
$7x=14$ $\quad\therefore x=2$
따라서 구하는 자연수는 **28**이다.

확인 3 십의 자리의 숫자가 5인 두 자리의 자연수가 있다. 이 자연수의 십의 자리의 숫자와 일의 자리의 숫자를 바꾸면 처음의 수보다 18이 커진다고 할 때, 처음 자연수를 구하시오.

더 다양한 문제는 RPM 중1-1 107쪽

04 예금에 대한 문제

현재 형의 예금액은 12000원, 동생의 예금액은 20000원이다. 앞으로 형은 매달 2000원씩, 동생은 매달 5000원씩 예금을 한다고 할 때, 몇 개월 후면 동생의 예금액이 형의 예금액의 2배가 되는지 구하시오. (단, 이자는 생각하지 않는다.)

Key Point

(x개월 후의 예금액)
=(현재의 예금액)
+(x개월 동안의 예금액)

풀이

x개월 후의 형의 예금액은 $(12000+2000x)$원이고,
x개월 후의 동생의 예금액은 $(20000+5000x)$원이므로
$20000+5000x=2(12000+2000x)$, $20000+5000x=24000+4000x$
$1000x=4000$ $\quad\therefore x=4$
따라서 **4개월 후**이다.

확인 4 현재 형의 예금액은 40000원, 동생의 예금액은 60000원이다. 앞으로 형은 매달 5000원씩, 동생은 매달 3000원씩 예금할 때, 몇 개월 후면 형과 동생의 예금액이 같아지는지 구하시오. (단, 이자는 생각하지 않는다.)

더 다양한 문제는 RPM 중1-1 108쪽

05 개수의 합이 일정한 문제

한 개에 500원 하는 사탕과 한 개에 900원 하는 과자를 합하여 모두 12개를 사고 10000원을 내었더니 2000원을 거슬러 주었다. 이때 과자는 몇 개를 샀는가?

① 4개 ② 5개 ③ 6개
④ 7개 ⑤ 8개

Key Point

A, B의 개수의 합이 a개인 경우
⇨ A의 개수가 x개이면 B의 개수는 $(a-x)$개이다.

풀이

과자를 x개 샀다고 하면 사탕은 $(12-x)$개 샀으므로
$500(12-x)+900x=10000-2000$
$6000-500x+900x=8000$
$400x=2000 \quad \therefore x=5$
따라서 과자는 5개를 샀다. ∴ ②

확인 5 농장에서 개와 닭을 합하여 20마리를 키우고 있다. 개와 닭의 다리의 수의 합이 64개일 때, 개는 몇 마리를 키우고 있는지 구하시오.

더 다양한 문제는 RPM 중1-1 108쪽

06 도형에 대한 문제

둘레의 길이가 36 cm이고, 가로의 길이가 세로의 길이의 2배보다 3 cm만큼 짧은 직사각형이 있다. 이때 이 직사각형의 가로의 길이를 구하시오.

Key Point

- (직사각형의 넓이) =(가로의 길이) ×(세로의 길이)
- (직사각형의 둘레의 길이) =2×{(가로의 길이) +(세로의 길이)}
- (사다리꼴의 넓이) $=\frac{1}{2}\times$ {(윗변의 길이) +(아랫변의 길이)} ×(높이)

풀이

직사각형의 세로의 길이를 x cm라 하면 가로의 길이는 $(2x-3)$ cm이다.
이때 직사각형의 둘레의 길이가 36 cm이므로
$2\{x+(2x-3)\}=36$
$2(3x-3)=36,\ 6x-6=36$
$6x=42 \quad \therefore x=7$
따라서 가로의 길이는 $2\times7-3=$ **11(cm)**

확인 6 다음 물음에 답하시오.

(1) 윗변의 길이가 6 cm, 아랫변의 길이가 7 cm, 높이가 4 cm인 사다리꼴에서 아랫변의 길이를 x cm만큼 늘였더니 처음 사다리꼴의 넓이보다 4 cm^2 만큼 늘어났다. 이때 x의 값을 구하시오.

(2) 길이가 56 cm인 철사를 구부려 직사각형을 만드는데 가로의 길이와 세로의 길이의 비가 3 : 1이 되도록 하려고 한다. 이때 만들어진 직사각형의 가로의 길이를 구하시오. (단, 철사는 남김없이 사용한다.)

더 다양한 문제는 RPM 중1-1 109쪽

07 과부족에 대한 문제

학생들에게 연필을 나누어 주는데 한 학생에게 5자루씩 주면 10자루가 남고, 6자루씩 주면 5자루가 부족할 때, 다음을 구하시오.

(1) 학생 수　　　(2) 연필의 수

Key Point

- 남으면 ⇨ +
  부족하면 ⇨ −
- 나누어 주는 방법에 관계없이 나누어 주는 물건의 전체 개수가 일정함을 이용하여 방정식을 세운다.

풀이

(1) 학생 수를 x명이라 하면

한 학생에게 5자루씩 주면 10자루가 남으므로 연필의 수는 $(5x+10)$자루 …… ㉠

한 학생에게 6자루씩 주면 5자루가 부족하므로 연필의 수는 $(6x-5)$자루 …… ㉡

나누어 주는 방법에 관계없이 연필의 수는 같으므로 ㉠=㉡에서

$5x+10=6x-5$　　$\therefore x=15$

따라서 학생 수는 **15명**이다.

(2) 연필의 수는 $5x+10=5\times15+10=$**85(자루)**

확인 7 학생들에게 귤을 나누어 주는데 한 학생에게 6개씩 주면 5개가 남고, 7개씩 주면 9개가 부족하다고 할 때, 학생 수와 귤의 개수를 구하시오.

더 다양한 문제는 RPM 중1-1 109쪽

08 증가, 감소에 대한 문제

G중학교의 올해 남학생과 여학생 수는 작년에 비하여 남학생은 10 % 증가하고, 여학생은 2명 감소하여 전체적으로 5 % 증가하였다. 작년의 전체 학생 수는 560명일 때, 올해의 남학생 수를 구하시오.

Key Point

작년의 전체 학생 수가 x명일 때, 올해는 작년에 비하여 p % 증가하면

⇨ (증가한 학생 수) $=x\times\frac{p}{100}$(명)

(올해의 전체 학생 수) $=\left(x+\frac{px}{100}\right)$(명)

풀이

작년의 남학생 수를 x명이라 하면 여학생 수는 $(560-x)$명이므로

올해의 남학생 수는 $x+\frac{10}{100}x=\frac{11}{10}x$(명), 여학생 수는 $(560-x)-2=558-x$(명)

올해의 학생 수는 전체적으로 5 % 증가하였으므로

$\frac{11}{10}x+(558-x)=560+560\times\frac{5}{100}$, $11x+10(558-x)=5600+280$

$11x+5580-10x=5600+280$　　$\therefore x=300$

따라서 올해의 남학생 수는 $\frac{11}{10}x=\frac{11}{10}\times300=$**330(명)**

다른풀이

증가한 양과 감소한 양을 이용하여 방정식을 세운다.

작년의 남학생 수를 x명이라 하면 (남학생 수 10 % 증가)−2=(전체적으로 5 % 증가)이므로

$x\times\frac{10}{100}-2=560\times\frac{5}{100}$　　$\therefore x=300$

확인 8 S중학교의 올해의 여학생과 남학생 수는 작년에 비하여 여학생은 8 % 증가하고, 남학생은 6 % 감소하여 전체적으로 19명이 증가하였다. 작년의 전체 학생 수는 850명일 때, 올해의 여학생 수를 구하시오.

한 걸음 더

더 다양한 문제는 RPM 중1-1 114쪽

09 원가, 정가에 대한 문제

어떤 선물세트의 원가에 20 %의 이익을 붙여서 정가를 정하고, 이 정가에서 600원을 할인하여 팔았더니 원가에 대하여 10 %의 이익이 생겼다. 이때 이 선물세트의 원가를 구하시오.

Key Point

- (정가)=(원가)+(이익)
- (판매 가격)=(정가)−(할인 금액)
- (이익)=(판매 가격)−(원가)
- $a\ \% = \frac{a}{100}$, a할$=\frac{a}{10}$
- 원가 : 상품을 만드는 데 드는 모든 비용
- 정가 : 원가에 이익을 붙여서 정한 가격
- 판매 가격 : 실제 판매하는 가격

풀이

선물세트의 원가를 x원이라 하면 원가의 20 %의 이익은 $x\times\frac{20}{100}=\frac{1}{5}x$(원)이므로

(정가)=(원가)+(이익)$=x+\frac{1}{5}x=\frac{6}{5}x$(원)

또한, 판매 가격은 정가에서 600원을 할인하였으므로

(판매 가격)=(정가)−(할인 금액)$=\frac{6}{5}x-600$(원)

이때 원가에 대하여 10 %의 이익이 생겼으므로

$\left(\frac{6}{5}x-600\right)-x=\frac{10}{100}x$, $12x-6000-10x=x$ $\qquad\therefore x=6000$

따라서 선물세트의 원가는 **6000원**이다.

확인 9 어떤 상품의 원가에 30 %의 이익을 붙여서 정가를 정하였다. 이 정가에서 1200원을 할인하여 팔았더니 750원의 이익이 생겼다. 이때 이 상품의 원가를 구하시오.

한 걸음 더

더 다양한 문제는 RPM 중1-1 114쪽

10 일에 대한 문제

어떤 일을 완성하는 데 A는 10시간, B는 16시간이 걸린다고 한다. 이 일을 A와 B가 함께 5시간 동안 하다가 A는 쉬고 나머지는 B가 혼자하여 일을 마쳤다고 할 때, B는 혼자서 몇 시간 동안 일을 하였는지 구하시오.

Key Point

- 전체 일의 양을 1로 놓는다.
- 전체 일의 양이 1인 어떤 일을 완성하는 데 a일이 걸린다면
  ⇨ 하루 동안 하는 일의 양은 $\frac{1}{a}$이다.

풀이

전체 일의 양을 1이라 하면 A, B가 1시간 동안 하는 일의 양은 각각 $\frac{1}{10}$, $\frac{1}{16}$이다.

B가 혼자서 x시간 동안 일을 했다고 하면

$\left(\frac{1}{10}+\frac{1}{16}\right)\times5+\frac{1}{16}x=1$, $\frac{13}{16}+\frac{x}{16}=1$

$13+x=16$ $\qquad\therefore x=3$

따라서 B는 혼자서 **3시간** 동안 일을 하였다.

확인 10 어떤 일을 완성하는 데 갑은 16일, 을은 12일이 걸린다고 한다. 이 일을 갑이 혼자서 3일 동안 한 후 갑과 을이 함께 하다가 나머지를 을이 혼자서 1일 만에 마쳤다고 할 때, 갑과 을은 함께 며칠 동안 일을 하였는지 구하시오.

정답과 풀이 p.95

이런 문제가 시험에 나온다

01 채빈이는 여행을 다녀왔는데 전체의 $\frac{1}{3}$시간은 잠을 잤고, 전체의 $\frac{1}{6}$시간은 차를 탔다. 5시간은 밥을 먹었고, 전체의 $\frac{1}{4}$시간은 유적지를 돌아보았으며, 7시간은 할머니댁에 머물렀다. 몇 시간 동안 여행하였는지 구하시오.

생각해 봅시다!
전체의 양에 대한 문제
⇨ 전체의 양을 x라 하고 x에 대한 방정식을 세운다.

02 오른쪽 그림과 같이 가로의 길이가 14 m, 세로의 길이가 8 m인 직사각형 모양의 밭에 폭이 2 m로 일정한 길과 폭이 x m로 일정한 길을 내었더니 길을 제외한 밭의 넓이가 처음 밭의 넓이의 $\frac{3}{4}$배가 되었다. 이때 x의 값을 구하시오.

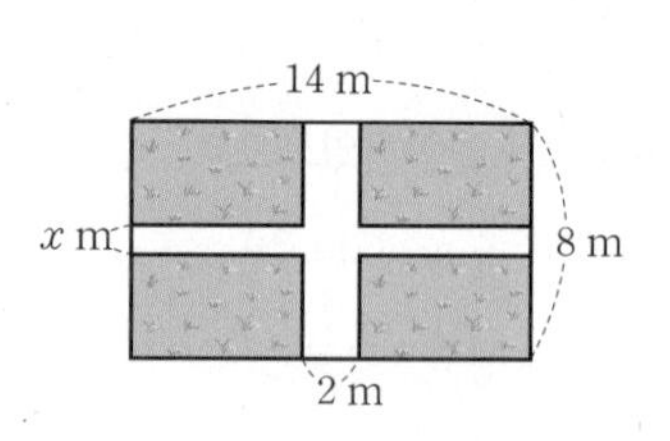

03 어떤 일을 완성하는 데 형 혼자서는 5일이 걸리고, 동생 혼자서는 10일이 걸린다고 한다. 이 일을 형 혼자 2일 동안 하다가 형과 동생이 함께 일하여 일을 마쳤다고 할 때, 형과 동생은 며칠 동안 함께 일을 하였는지 구하시오.

전체 일의 양을 1이라 하면 하루 동안 형이 한 일의 양은 $\frac{1}{5}$, 동생이 한 일의 양은 $\frac{1}{10}$이다.

04 K중학교의 올해의 남학생과 여학생 수는 작년에 비하여 남학생은 10 % 감소하고, 여학생은 8 % 증가하여 전체적으로 10명이 감소하였다. 작년의 전체 학생 수는 820명일 때, 올해의 남학생 수를 구하시오.

05 빈 물탱크에 A, B 두 수도관을 하나씩만 열어서 물을 가득 채우는 데 각각 48분, 64분이 걸린다고 한다. 처음에 B수도관만을 열어서 36분 동안 물을 채우다가 중간에 A, B 두 수도관을 모두 열어서 나머지 물을 채웠다. A, B 두 수도관을 모두 열어서 물을 채운 시간은 몇 분인지 구하시오.

물탱크에 가득 찬 물의 양을 1로 놓고 식을 세운다.

한걸음 더

06 원가에 3할의 이익을 붙여서 정가를 정한 상품이 팔리지 않아서 정가에서 30 % 할인하여 팔았더니 810원의 손해를 보았다. 이때 이 상품의 원가를 구하시오.

(정가)=(원가)+(이익)
(판매 가격)
=(정가)−(할인 금액)

02 일차방정식의 활용 (2)

개념원리 이해

1 거리, 속력, 시간에 대한 문제

○ 핵심문제 1~4

거리, 속력, 시간에 대한 문제는 다음 관계를 이용하여 방정식을 세운다.

(1) (거리)=(속력)×(시간)

(2) (속력)=$\frac{(거리)}{(시간)}$, (시간)=$\frac{(거리)}{(속력)}$

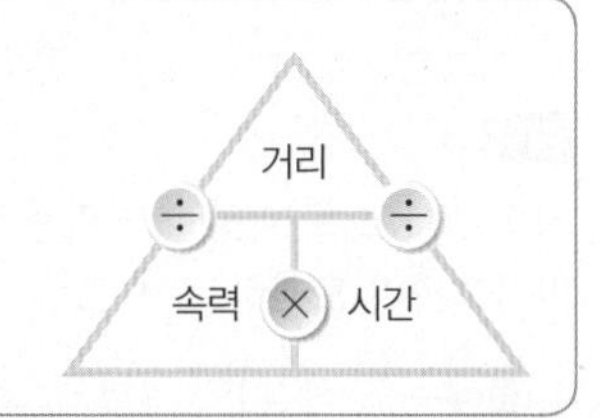

예 집에서 학교 사이를 왕복하는 데 갈 때는 시속 3 km로 걷고 올 때는 시속 4 km로 걸어서 모두 70분이 걸렸다고 한다. 집에서 학교까지의 거리를 구하시오.

풀이 집에서 학교까지의 거리를 x km라 하면

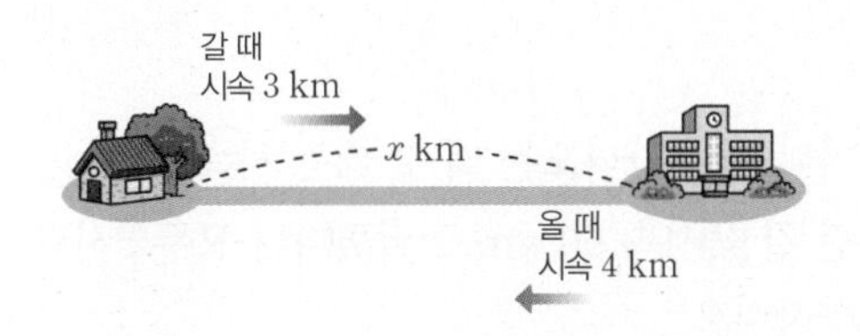

	갈 때	올 때
거리(km)	x	x
속력(km/h)	3	4
걸린 시간(시간)	$\frac{x}{3}$	$\frac{x}{4}$

갈 때 걸린 시간은 $\frac{x}{3}$시간, 올 때 걸린 시간은 $\frac{x}{4}$시간, 전체 걸린 시간은 70분$\left(=\frac{70}{60}\text{시간}\right)$이고 (갈 때 걸린 시간)+(올 때 걸린 시간)=(전체 걸린 시간)이므로

$\frac{x}{3}+\frac{x}{4}=\frac{70}{60}$, $20x+15x=70$, $35x=70$ $\quad\therefore x=2$

따라서 집에서 학교까지의 거리는 2 km이다.

주의 거리, 속력, 시간에 대한 활용 문제를 풀 때 단위가 각각 다른 경우에는 방정식을 세우기 전에 먼저 단위를 통일시킨 후 방정식을 세운다.

⇨ 1 km=1000 m, 1 m=$\frac{1}{1000}$ km, 1시간=60분, 1분=$\frac{1}{60}$시간

참고 **마주 보고 이동하거나 둘레를 도는 경우**

두 사람이 동시에 출발하여 이동하다가 처음으로 만나는 경우

(1) 서로 다른 지점에서 마주 보고 이동하는 경우

⇨ (두 사람이 이동한 거리의 합)=(두 지점 사이의 거리)

(2) 같은 지점에서 둘레를 반대 방향으로 도는 경우

⇨ (두 사람이 이동한 거리의 합)=(둘레의 길이)

(3) 같은 지점에서 둘레를 같은 방향으로 도는 경우

⇨ (두 사람이 이동한 거리의 차)=(둘레의 길이)

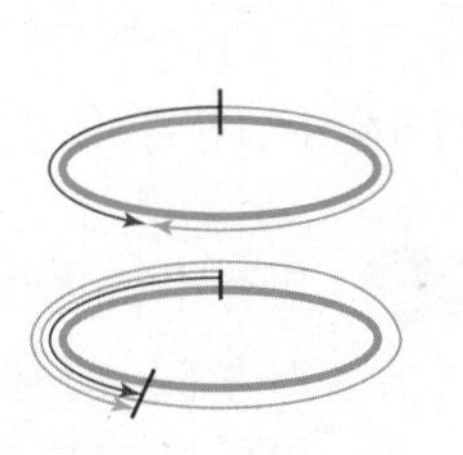

핵심 문제 익히기

더 다양한 문제는 RPM 중1-1 110쪽

01 거리, 속력, 시간에 대한 문제 – 속력이 바뀌는 경우

집에서 65 km 떨어진 박물관까지 자동차를 타고 가는 데 처음에는 시속 80 km로 이동하다가 도중에 시속 100 km로 이동하였더니 모두 45분이 걸렸다. 시속 80 km로 이동한 거리를 구하시오.

Key Point

- 속력에 따라 구간을 나누어 시간에 대한 방정식을 세운다.
  (시속 80 km로 이동한 시간)
  +(시속 100 km로 이동한 시간)
  =(총 걸린 시간)
- (시간)$=\frac{(거리)}{(속력)}$

풀이

시속 80 km로 이동한 거리를 x km라 하면 박물관까지 도착하는 데 모두 45분$\left(=\frac{45}{60}\text{시간}\right)$이 걸렸으므로

	시속 80 km로	시속 100 km로
거리(km)	x	$65-x$
속력(km/h)	80	100
걸린 시간(시간)	$\frac{x}{80}$	$\frac{65-x}{100}$

$\frac{x}{80}+\frac{65-x}{100}=\frac{45}{60}$

$5x+4(65-x)=300$

$5x+260-4x=300 \qquad \therefore x=40$

따라서 시속 80 km로 이동한 거리는 **40 km**이다.

확인 1 창민이네 식구는 자동차를 타고 할머니 댁에 다녀오는 데 갈 때는 시속 80 km, 돌아올 때는 갈 때보다 20 km 더 먼 길을 시속 60 km로 달렸더니 모두 5시간이 걸렸다. 돌아올 때 걸린 시간을 구하시오.

더 다양한 문제는 RPM 중1-1 111쪽

02 거리, 속력, 시간에 대한 문제 – 시간 차가 발생하는 경우

성훈이와 지호가 A지점에서 동시에 출발하여 B지점까지 가는 데 성훈이는 시속 12 km로 가고, 지호는 시속 4 km로 갔더니 성훈이는 지호보다 20분 먼저 도착하였다. 두 지점 A, B 사이의 거리를 구하시오.

Key Point

- (거리)=(속력)×(시간)
  (속력)$=\frac{(거리)}{(시간)}$
  (시간)$=\frac{(거리)}{(속력)}$
- (느린 쪽이 걸린 시간)
  −(빠른 쪽이 걸린 시간)
  =(걸린 시간 차)

풀이

두 지점 A, B 사이의 거리를 x km라 하면 두 사람이 걸린 시간 차가 20분$\left(=\frac{20}{60}\text{시간}\right)$이므로

	성훈	지호
거리(km)	x	x
속력(km/h)	12	4
걸린 시간(시간)	$\frac{x}{12}$	$\frac{x}{4}$

(지호가 걸린 시간)−(성훈이가 걸린 시간)
=(두 사람이 걸린 시간 차)

$\frac{x}{4}-\frac{x}{12}=\frac{20}{60}$, $3x-x=4$, $2x=4 \qquad \therefore x=2$

따라서 두 지점 A, B 사이의 거리는 **2 km**이다.

확인 2 민철이가 산악자전거를 타고 산 정상까지 올라갔다 내려오는 데 올라갈 때는 시속 6 km, 내려올 때는 같은 길을 시속 14 km로 달렸더니 올라갈 때보다 내려올 때 50분 적게 걸렸다. 이때 민철이가 올라간 거리를 구하시오.

더 다양한 문제는 RPM 중1-1 111쪽

03 거리, 속력, 시간에 대한 문제 – 시간 차를 두고 출발하는 경우

동생이 집을 출발한 지 12분 후에 형이 자전거를 타고 동생을 따라나섰다. 동생은 분속 60 m로 걷고, 형은 분속 150 m로 자전거를 타고 따라간다면 형이 출발한 지 몇 분 후에 동생을 만날 수 있는지 구하시오.

Key Point

- $(a\text{분})=\left(\frac{a}{60}\text{시간}\right)$
- A가 출발한 지 10분 후에 B가 출발하여 x분 후에 A를 만난다.
  ⇨ A가 $(10+x)$분 동안 간 거리와 B가 x분 동안 간 거리는 같다.
- (거리)=(속력)×(시간)

풀이

형이 출발한 지 x분 후에 동생을 만난다고 하면

	형	동생
걸린 시간(분)	x	$x+12$
속력(m/min)	150	60
거리(m)	$150x$	$60(x+12)$

(형이 간 거리)=(동생이 간 거리)이므로
$150x=60(12+x)$, $150x=720+60x$
$90x=720$ $\quad\therefore x=8$
따라서 형이 출발한 지 **8분 후**에 동생을 만난다.

확인 3 형이 집을 출발한 지 10분 후에 동생이 자전거를 타고 형을 따라나섰다. 형은 시속 5 km로 가고, 동생은 시속 15 km로 자전거를 타고 가면 동생은 출발한 지 몇 분 후에 형과 만날 수 있는지 구하시오.

더 다양한 문제는 RPM 중1-1 112쪽

04 거리, 속력, 시간에 대한 문제 – 마주 보고 가거나 둘레를 도는 경우

둘레의 길이가 600 m인 트랙을 민정이는 분속 80 m, 지훈이는 분속 70 m로 걷고 있다. 두 사람이 한 지점에서 서로 반대 방향으로 동시에 출발하였다면 두 사람은 출발한 지 몇 분 후에 처음으로 만나는지 구하시오.

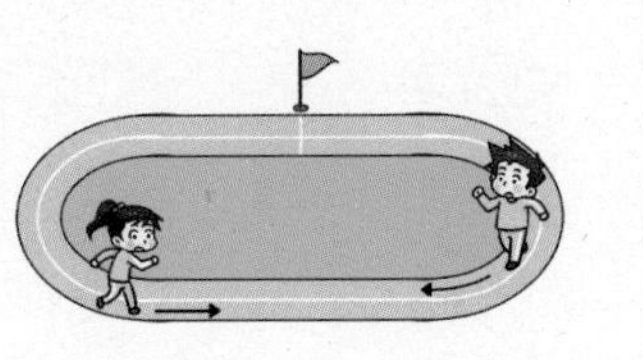

Key Point

반대 방향으로 움직여서 처음으로 만나는 경우
⇨ (두 사람이 움직인 거리의 합)=(트랙의 둘레의 길이)

풀이

두 사람이 출발한 지 x분 후에 처음으로 만난다고 하면 민정이가 걸은 거리는 $80x$ m, 지훈이가 걸은 거리는 $70x$ m이고 두 사람이 걸은 거리의 합이 트랙의 둘레의 길이와 같으므로

	민정	지훈
걸린 시간(분)	x	x
속력(m/min)	80	70
거리(m)	$80x$	$70x$

$80x+70x=600$, $150x=600$ $\quad\therefore x=4$
따라서 두 사람은 출발한 지 **4분 후**에 처음으로 만난다.

확인 4 준섭이네 집과 규호네 집 사이의 거리는 1.5 km이다. 준섭이는 분속 90 m, 규호는 분속 60 m로 각자의 집에서 상대방의 집을 향하여 동시에 출발하여 걸어갔다. 두 사람은 출발한 지 몇 분 후에 만나게 되는지 구하시오.

03 일차방정식의 활용 (3)

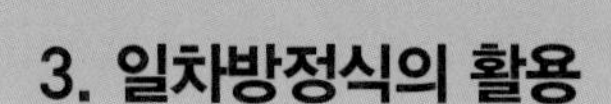

개념원리 이해

1 농도에 대한 문제 ○ 핵심문제 1, 2

소금물의 농도에 대한 문제는 다음 관계를 이용하여 방정식을 세운다.

(1) **(소금물의 농도)** $=\dfrac{\text{(소금의 양)}}{\text{(소금물의 양)}}\times 100(\%)$

$=\dfrac{\text{(소금의 양)}}{\text{(소금의 양)}+\text{(물의 양)}}\times 100(\%)$

→ (소금의 양)+(물의 양) = (소금물의 양)

(2) **(소금의 양)** $=\dfrac{\text{(소금물의 농도)}}{100}\times\text{(소금물의 양)}$

▶ ① 소금물에 물을 넣거나 증발시키는 경우 소금물의 양과 농도는 변하지만 소금의 양은 변하지 않음을 이용하여 방정식을 세운다.

② 농도: 물에 녹는 물질이 물 속에 녹아 있는 양의 정도를 백분율(%)로 나타낸 것

③ a %의 소금물 x g 속에 들어 있는 소금의 양은 $\dfrac{a}{100}\times x(\text{g})$이다.

예 6 %의 소금물 200 g에서 몇 g의 물을 증발시키면 10 %의 소금물이 되는지 구하시오.

풀이 증발시키는 물의 양을 x g이라 하면 소금물의 농도, 소금물의 양, 소금의 양은 다음과 같다.

6 %, 200 g − 물 x g = 10 %, $(200-x)$ g

	증발 전	증발 후
농도(%)	6	10
소금물의 양(g)	200	$200-x$
소금의 양(g)	$\dfrac{6}{100}\times 200$	$\dfrac{10}{100}\times(200-x)$

소금물에서 물을 증발시켜도 소금의 양은 변하지 않으므로

(증발시키기 전의 소금의 양)=(증발시킨 후의 소금의 양)

$\dfrac{6}{100}\times 200=\dfrac{10}{100}\times(200-x)$, $1200=2000-10x$

$10x=800$ $\quad\therefore x=80$

따라서 80 g의 물을 증발시키면 된다.

참고 농도가 6 %인 소금물 200 g에 들어 있는 소금의 양은 $\dfrac{6}{100}\times 200=12(\text{g})$

따라서 물을 80 g 증발시키면 소금물의 농도는 $\dfrac{12}{200-80}\times 100=\dfrac{12}{120}\times 100=10(\%)$

임을 확인할 수 있다.

본 단원의 대표적인 문제이므로 개념원리의 적용 및 응용을 충분히 익히도록 하자.

정답과 풀이 p.96

핵심 문제 익히기

더 다양한 문제는 RPM 중1-1 112쪽

01 농도에 대한 문제 – 물을 넣거나 증발시키는 경우

20 %의 소금물 500 g이 있다. 여기에 몇 g의 물을 넣으면 16 %의 소금물이 되는지 구하시오.

Key Point

- (소금의 양) $= \dfrac{(\text{소금물의 농도})}{100} \times (\text{소금물의 양})$
- (소금물의 양) =(소금의 양)+(물의 양)
- 물을 넣기 전이나 물을 넣은 후의 소금의 양은 같다.

풀이

더 넣는 물의 양을 x g이라 하면

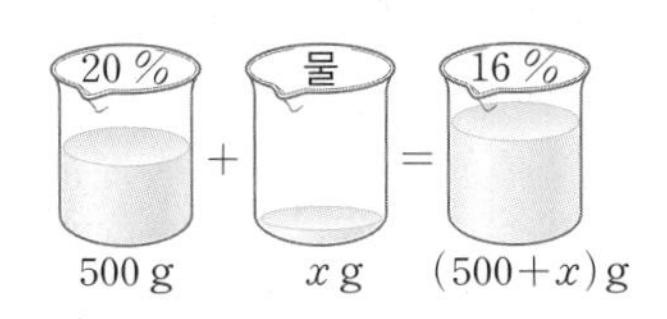

	물을 넣기 전	물을 넣은 후
농도(%)	20	16
소금물의 양(g)	500	$500+x$
소금의 양(g)	$\frac{20}{100}\times 500$	$\frac{16}{100}\times(500+x)$

물을 넣기 전이나 물을 넣은 후의 소금의 양은 변하지 않으므로

$\frac{20}{100}\times 500=\frac{16}{100}\times(500+x)$, $10000=8000+16x$, $-16x=-2000$ $\quad\therefore x=125$

따라서 **125 g**의 물을 넣으면 된다.

확인 1 5 %의 소금물 300 g이 있다. 여기에 몇 g의 물을 증발시키면 12 %의 소금물이 되는지 구하시오.

더 다양한 문제는 RPM 중1-1 113쪽

02 농도에 대한 문제 – 농도가 다른 두 소금물을 섞는 경우

10 %의 설탕물 200 g과 4 %의 설탕물을 섞었더니 8 %의 설탕물이 되었다. 이때 4 %의 설탕물의 양을 구하시오.

Key Point

(섞기 전 두 설탕물에 들어 있는 설탕의 양의 합) =(섞은 후 설탕물에 들어 있는 설탕의 양)

풀이

4 %의 설탕물의 양을 x g이라 하면

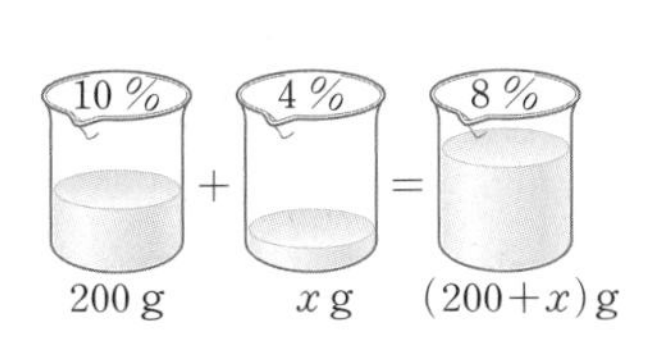

	10 %의 설탕물	4 %의 설탕물	8 %의 설탕물
농도(%)	10	4	8
설탕물의 양(g)	200	x	$200+x$
설탕의 양(g)	$\frac{10}{100}\times 200$	$\frac{4}{100}\times x$	$\frac{8}{100}\times(200+x)$

섞기 전 두 설탕물에 들어 있는 설탕의 양의 합과 섞은 후 설탕물에 들어 있는 설탕의 양은 같으므로 $\frac{10}{100}\times 200+\frac{4}{100}\times x=\frac{8}{100}\times(200+x)$

$2000+4x=1600+8x$, $-4x=-400$ $\quad\therefore x=100$

따라서 4 %의 설탕물의 양은 **100 g**이다.

확인 2 8 %의 설탕물과 14 %의 설탕물을 섞었더니 10 %의 설탕물 300 g이 되었다. 이때 8 %의 설탕물의 양을 구하시오.

정답과 풀이 p.97

이런 문제가 시험에 나온다

01 동생이 집을 출발한 지 30분 후에 형이 동생을 따라나섰다. 동생은 시속 4 km로 걷고, 형은 자전거를 타고 시속 16 km로 동생을 따라 간다면 형이 집을 출발한 지 몇 분 후에 동생을 만나겠는지 구하시오.

> 생각해 봅시다!
> (형이 간 거리)
> =(동생이 간 거리)

02 5 %의 소금물과 10 %의 소금물을 섞어 8 %의 소금물 300 g을 만들려고 한다. 이때 10 %의 소금물을 몇 g 섞어야 하는가?

① 100 g ② 140 g ③ 180 g
④ 200 g ⑤ 240 g

03 다음 물음에 답하시오.

(1) 12 %의 설탕물 300 g에 물을 넣어 2 %의 설탕물을 만들려고 한다. 넣어야 할 물의 양은 몇 g인지 구하시오.
(2) 8 %의 소금물 330 g에 소금을 넣어 12 %의 소금물을 만들려고 한다. 넣어야 할 소금의 양은 몇 g인지 구하시오.

> (소금의 양)
> $=\frac{(\text{소금물의 농도})}{100}\times(\text{소금물의 양})$

04 슬기가 현재 집에서 출발하여 공연장까지 시속 6 km로 걸어서 가면 공연 시각보다 10분 후에 도착하고, 시속 15 km로 자전거를 타고 가면 공연 시각보다 32분 전에 도착한다고 한다. 이때 슬기네 집에서 공연장까지의 거리를 구하시오.

> (시속 6 km로 가는 데 걸리는 시간)
> −(시속 15 km로 가는 데 걸리는 시간)
> =(걸리는 시간 차)

한걸음 더

05 승준이와 은규가 둘레의 길이가 1800 m인 호수 둘레를 돌고 있다. 자전거를 타고 승준이와 은규가 각각 초속 16 m, 초속 14 m의 속력으로 같은 지점에서 동시에 출발하여 같은 방향으로 50분 동안 달린다면 두 사람은 총 몇 번 만나게 되는지 구하시오.

> 호수 둘레를 같은 방향으로 돌다 처음으로 만나는 경우
> (승준이가 달린 거리)
> −(은규가 달린 거리)
> =1800(m)

1 step 기본문제

01 성현이는 농구 시합에서 2점짜리와 3점짜리 슛을 합하여 18골을 넣어 총 42점을 득점하였다. 성현이가 넣은 3점짜리 슛은 몇 골인지 구하시오.

02 현재 아버지와 아들의 나이의 합은 54세이고, 3년 후에 아버지의 나이는 아들의 나이의 3배가 된다고 한다. 현재 아들의 나이는?

① 10세 ② 11세 ③ 12세
④ 13세 ⑤ 14세

03 어떤 수의 5배에 3을 더해야 할 것을 잘못하여 어떤 수에 3을 더하여 4배 하였더니 처음 구하려고 했던 수보다 1만큼 작아졌다. 이때 처음 구하려고 했던 수를 구하시오.

04 가로, 세로의 길이가 각각 8 cm, 4 cm인 직사각형의 가로의 길이를 x cm, 세로의 길이를 3 cm 길게 하였더니 넓이가 38 cm^2 만큼 커졌다. x의 값을 구하시오.

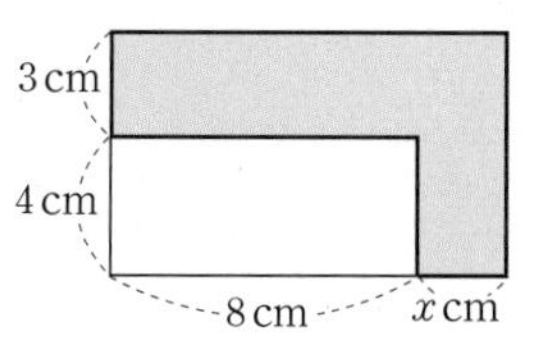

꼭 나와

05 십의 자리의 숫자가 5인 두 자리의 자연수가 있다. 이 자연수의 십의 자리의 숫자와 일의 자리의 숫자를 바꾸면 처음의 수보다 9만큼 커진다고 할 때, 처음 자연수의 일의 자리의 숫자는?

① 1 ② 2 ③ 3
④ 6 ⑤ 7

06 채원이는 책 1권을 4일 동안 모두 읽었는데, 첫째 날에는 전체 쪽수의 $\frac{1}{3}$을, 둘째 날에는 남은 쪽수의 $\frac{1}{4}$을, 셋째 날에는 77쪽을, 넷째 날에는 전체 쪽수의 $\frac{1}{9}$을 읽어서 책 1권을 모두 읽었다고 한다. 이때 채원이가 읽은 책의 전체 쪽수를 구하시오.

07 다음 그림과 같은 직사각형 ABCD에서 색칠한 부분의 넓이가 24일 때, x의 값을 구하시오.

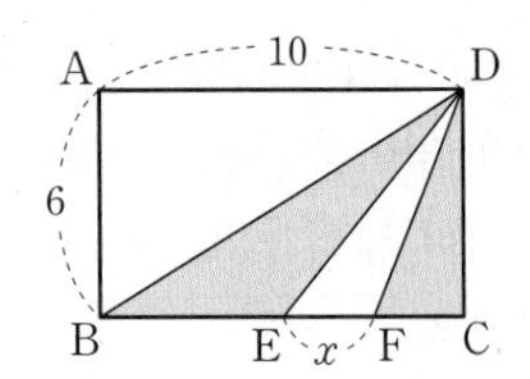

꼭나와 **08** 총 거리가 10 km인 등산코스를 올라갈 때는 시속 3 km로 걷고, 내려올 때는 시속 5 km로 걸어서 총 3시간 32분이 걸렸다. 정상에서 1시간 동안 휴식 시간을 가진 뒤 내려왔을 때, 올라간 거리를 구하시오.

09 어떤 일을 완성하는 데 A는 40분, B는 32분이 걸린다고 한다. 이 일을 A와 B가 8분 동안 같이 하다가 B는 쉬고 나머지는 A가 혼자서 일을 마쳤다고 할 때, A는 혼자서 몇 분 동안 일을 하였는지 구하시오.

10 5 %의 소금물 400 g에 물과 소금의 양의 비를 4 : 1이 되도록 하여 더 넣었더니 8 %의 소금물이 되었다. 더 넣은 소금의 양은 몇 g인가?

① 5 g ② 10 g ③ 15 g
④ 20 g ⑤ 25 g

11 소금물 600 g에서 물 120 g을 증발시킨 후 소금 20 g을 더 넣었더니 농도가 처음 농도의 2배가 되었다. 처음 소금물의 농도는?

① 4 % ② 5 % ③ 6 %
④ 7 % ⑤ 8 %

한걸음 더 **12** 강당의 긴 의자에 학생들이 앉는데 한 의자에 4명씩 앉으면 13명이 앉지 못하고, 5명씩 앉으면 남는 의자는 없지만 마지막 의자에는 2명만 앉게 된다. 이때 의자의 개수와 학생 수를 각각 구하시오.

tep 발전문제

01 재희는 지난 주말 전체 거리가 20 km인 둘레길 걷기 행사에 참석했다. 1코스를 시속 3 km로 걸은 후 2시간 동안 점심 시간을 갖고 다시 2코스를 시속 4 km로 걸었더니 모두 8시간이 걸렸다. 1코스를 걷는 데 걸린 시간을 구하시오.

02 다음 그림은 어느 달의 달력이다. 이 달력에서 날짜 4개를 택하여 그림과 같은 도형으로 묶었을 때, 도형 안의 날짜의 합이 81이 되도록 하는 네 날짜 중 가장 마지막 날의 날짜를 구하시오.

일	월	화	수	목	금	토
			1	2	3	4
5	6	7	8	9	10	11
12	13	14	15	16	17	18
19	20	21	22	23	24	25
26	27	28	29	30	31	

꼭 나와

03 동생이 집을 출발한 지 10분 후에 형이 동생을 따라나섰다. 동생은 분속 40 m의 속력으로 걷고 형은 분속 60 m의 속력으로 따라간다고 할 때, 동생이 출발한 지 몇 분 후에 형을 만나는가?

① 10분 ② 15분 ③ 25분
④ 30분 ⑤ 35분

04 10 %의 소금물 200 g에서 40 g의 물을 증발시킨 후 소금을 더 넣어서 20 %의 소금물을 만들려고 할 때, 몇 g의 소금을 더 넣어야 하겠는가?

① 8 g ② 12 g ③ 15 g
④ 20 g ⑤ 26 g

꼭 나와

05 수연이네 학교의 작년 전체 학생 수는 600명이었다. 올해 여학생은 작년에 비하여 10 % 증가하고, 남학생은 2명 감소하여 전체적으로 5 % 증가하였다. 이때 올해의 여학생 수를 구하시오.

06 자동차 회사의 영업사원인 A는 기본급 60만 원에 한 달 동안 판매한 금액의 5 %를 판매 수당으로 합하여 월급을 받는다. 자동차 한 대의 가격이 1200만 원일 때, A가 월급으로 300만 원을 받기 위해서는 한 달 동안 자동차를 몇 대 팔아야 하는지 구하시오.

07 민서는 180 m 떨어진 곳에 서 있는 친구를 보고 분속 100 m로 친구에게 가기 시작했다. 친구는 민서가 오는지 모르고 있다가 민서가 오기 시작한 지 1분 후에 분속 60 m로 민서에게 걸어갈 때, 민서가 친구를 만날 때까지 걸리는 시간은?

① 3분 ② 2분 30초 ③ 2분
④ 1분 30초 ⑤ 1분

08 5 %의 소금물과 4 %의 소금물을 섞은 후에 물을 더 부어서 3 %의 소금물 300 g을 만들었다. 5 %의 소금물과 더 부은 물의 양의 비가 1 : 4일 때, 더 부은 물의 양은?

① 60 g ② 80 g ③ 100 g
④ 120 g ⑤ 140 g

꼭 나와

09 어느 빈 물통에 물을 가득 채우는 데 A호스로는 3시간, B호스로는 2시간이 걸리고 이 물통에 가득 찬 물을 C호스로 다시 빼는 데에는 6시간이 걸린다고 한다. A, B호스로 물을 채우면서 동시에 C호스로 물을 뺀다면 이 물통에 물을 가득 채우는 데 걸리는 시간은?

① 1시간 ② 1시간 15분
③ 1시간 30분 ④ 1시간 45분
⑤ 2시간

10 원가가 2000원인 팥빙수를 정가의 20 %를 할인해서 팔아도 원가에 대하여 8 %의 이익이 생기기 위해서는 원가에 얼마의 이익을 붙여 정가를 정해야 하는지 구하시오.

11 학생들에게 방을 배정하는데 한 방에 10명씩 들어가면 12명이 들어가지 못하고, 한 방에 14명씩 들어가면 방이 한 개 남고 마지막 방에는 4명이 들어가게 된다. 이때 학생은 모두 몇 명인가?

① 92명 ② 102명 ③ 110명
④ 112명 ⑤ 122명

12 열차가 일정한 속력으로 달려서 300 m의 터널을 완전히 통과하는 데 12초가 걸리고, 1 km의 철교를 완전히 지나는 데 33초가 걸렸다. 이 열차의 길이는?

① 60 m ② 80 m ③ 100 m
④ 110 m ⑤ 120 m

3 step 실력 UP

01 10 %의 소금물 200 g에서 한 컵의 소금물을 퍼내고 퍼낸 소금물만큼 물을 부은 후 다시 5 %의 소금물 100 g을 섞어 6 %의 소금물 300 g을 만들었다. 컵으로 퍼낸 소금물의 양은?

① 30 g　② 50 g　③ 70 g　④ 80 g　⑤ 90 g

02 어느 학교의 입학시험에서 입학 지원자의 남녀의 비는 3 : 2이고, 합격자의 남녀의 비는 5 : 2, 불합격자의 남녀의 비는 1 : 1, 합격자의 수는 140명이었다. 입학 지원자의 수를 구하시오.

03 어떤 일을 하는 데 A는 6시간, B는 4시간이 걸린다. 두 사람이 함께 일하면 서로 이야기를 하면서 일을 하기 때문에 각각 혼자 일할 때의 $\frac{4}{5}$밖에 하지 못한다고 한다. A, B 두 사람이 함께 2시간 동안 일을 하다가 남은 일을 A 혼자서 하게 되었다. 일을 마치려면 A는 혼자서 몇 시간 동안 일해야 하는지 구하시오.

04 다음 물음에 답하시오.

(1) 시계가 2시와 3시 사이에서 시침과 분침이 일치하는 시각을 구하시오.

(2) 시계가 4시와 5시 사이에서 분침과 시침이 서로 반대 방향으로 일직선을 이루는 시각을 구하시오.

05 두 개의 비커 A, B가 있다. A에는 10 %의 소금물 500 g, B에는 20 %의 소금물 400 g이 들어 있다. A의 소금물 100 g을 B에 넣고 섞은 다음 B의 소금물 100 g을 A에 넣고 섞으면 A는 몇 %의 소금물이 되는지 구하시오.

06 시속 3 km로 흐르는 강물에서 배를 타고 강물이 흐르는 방향으로 6 km를 가는 데 40분이 걸렸다. 다음 물음에 답하시오. (단, 강물의 속력과 정지한 물에서의 배의 속력은 각각 일정하다.)

(1) 정지한 물에서의 배의 속력을 구하시오.

(2) 이 강을 배로 5 km 거슬러 올라가는 데 걸리는 시간을 구하시오.

서술형 대비 문제

논리적으로 풀어서 설명하는 연습이 필요하므로 차근차근 풀어 보는 습관을 기르면 자신감이 팍팍!

예제 01

정답과 풀이 p. 102

집에서 월드컵 경기장까지 가는데 시속 8 km로 자전거를 타고 가면 시속 4 km로 걸어서 가는 것보다 45분 빨리 도착한다고 한다. 집에서 월드컵 경기장까지의 거리를 구하시오. [7점]

풀이과정

1단계 방정식 세우기 [3점]

집에서 월드컵 경기장까지의 거리를 x km라 하면

(시속 4 km로 갈 때 걸린 시간)

$-$(시속 8 km로 갈 때 걸린 시간)$=\frac{45}{60}$시간이므로

$\frac{x}{4}-\frac{x}{8}=\frac{45}{60}$

2단계 방정식 풀기 [3점]

양변에 120을 곱하면 $30x-15x=90$

$15x=90 \qquad \therefore x=6$

3단계 답 구하기 [1점]

따라서 집에서 월드컵 경기장까지의 거리는 6 km이다.

답 6 km

유제 1 A지점에서 B지점까지 자동차로 왕복하는 데 갈 때는 시속 80 km, 올 때는 시속 60 km로 달렸더니 올 때는 갈 때보다 30분이 더 걸렸다. A지점에서 B지점까지의 거리를 구하시오. [7점]

풀이과정

1단계 방정식 세우기 [3점]

2단계 방정식 풀기 [3점]

3단계 답 구하기 [1점]

답

예제 02

어느 중학교의 작년의 전체 학생 수는 1150명이었다. 올해는 작년보다 남학생 수가 3 % 감소하고, 여학생 수가 2 % 증가하여 전체 학생 수는 1143명이 되었다. 올해의 남학생 수를 구하시오. [7점]

풀이과정

1단계 방정식 세우기 [3점]

작년의 남학생 수를 x명이라 하면 작년의 여학생 수는 $(1150-x)$명이므로

$-\frac{3}{100}x+\frac{2}{100}(1150-x)=1143-1150$

2단계 방정식 풀기 [2점]

양변에 100을 곱하면 $-3x+2(1150-x)=-700$

$-3x+2300-2x=-700,\ -5x=-3000 \qquad \therefore x=600$

3단계 올해의 남학생 수 구하기 [2점]

따라서 작년의 남학생 수가 600명이므로 올해의 남학생 수는 $600\times\left(1-\frac{3}{100}\right)=582$(명)

답 582명

유제 2 어느 중학교의 작년의 전체 학생 수는 820명이었다. 올해는 남학생 수가 5 % 증가하고, 여학생 수가 10 % 감소하여 전체 학생 수는 작년에 비하여 19명이 감소하였다. 올해의 여학생 수를 구하시오. [7점]

풀이과정

1단계 방정식 세우기 [3점]

2단계 방정식 풀기 [2점]

3단계 올해의 여학생 수 구하기 [2점]

답

스스로 서술하기

유제 3 십의 자리의 숫자가 6인 두 자리의 자연수가 있다. 이 자연수의 십의 자리의 숫자와 일의 자리의 숫자를 바꾼 수는 처음 수보다 18이 클 때, 처음 수를 구하시오. [7점]

풀이과정

답

유제 4 둘레의 길이가 3 km인 호수 둘레의 어느 한 지점에서 A가 출발한 지 5분 후에 B가 같은 지점에서 A와 반대 방향으로 출발하였다. A의 속력이 분속 60 m, B의 속력이 분속 75 m일 때, B가 출발한 지 몇 분 후에 A와 처음으로 만나게 되는지 구하시오. [6점]

풀이과정

답

유제 5 8 %의 소금물 500 g이 있다. 여기에 물 80 g을 넣은 후 몇 g의 소금을 더 넣으면 10 %의 소금물이 되는지 구하시오. [6점]

풀이과정

답

유제 6 원가에 20 %의 이익을 붙여 정가를 정한 상품이 있다. 이 상품이 잘 팔리지 않아 정가에서 300원을 할인하여 팔았더니 700원의 이익이 생겼다. 이때 이 상품의 원가를 구하시오. [7점]

풀이과정

답

정답과 풀이 p. 103

스토리텔링으로 배우는 생활 속의 수학

지금까지 공부한 내용을 실생활 문제에 활용해 보자.

1 오른쪽 그림과 같이 사과와 귤을 올려놓은 저울이 평형을 이루고 있다. 사과 한 개의 무게가 50 g일 때, 다음과 같이 등식의 성질을 이용하여 귤 한 개의 무게를 구하려고 한다. ㉠~㉣에 알맞은 수를 구하시오.

(단, 사과와 귤 각각의 무게는 같다.)

> 저울의 양쪽에서 사과를 ㉠ 개씩 덜어내면 귤 ㉡ 개의 무게가 ㉢ g이 된다.
> 따라서 귤 한 개의 무게는 ㉣ g이다.

2 성희가 화살 쏘기 게임을 하고 있다. 과녁에 따른 점수는 다음 표와 같다. 성희가 쏜 화살 전체의 $\frac{1}{6}$은 * 표시된 과녁을 맞혔고, 전체의 $\frac{1}{3}$은 ◎ 표시된 과녁을 맞혔고, 전체의 $\frac{1}{4}$은 ● 표시된 과녁을 맞혔지만 3개의 화살은 과녁을 맞히지 못하였다. 다음 물음에 답하시오.

(단, 과녁을 맞히지 못하면 점수를 얻지 못한다.)

과녁	*	◎	●
점수	10	8	6

(1) 성희는 모두 몇 개의 화살을 쏘았는지 구하시오.
(2) 성희가 과녁을 맞혀 얻은 총 점수는 몇 점인지 구하시오.

대단원 핵심 한눈에 보기

01 문자의 사용

(1) 곱셈 기호의 생략
① 수와 문자의 곱에서는 수를 문자 □에 쓴다.
② 같은 문자의 곱은 지수를 사용하여 □의 꼴로 나타낸다.

(2) 나눗셈 기호의 생략
나눗셈은 기호 ÷를 생략하여 □의 꼴로 나타낸다.

02 일차식의 계산

(1) □ : 수만으로 이루어진 항
(2) □ : 하나의 항이나 여러 개의 항의 합으로 이루어진 식
(3) □ : 항에 포함되어 있는 어떤 문자의 곱해진 개수
(4) □ : 차수가 1인 다항식
(5) □ : 문자와 차수가 각각 같은 항

03 방정식과 항등식

(1) □ : 미지수의 값에 따라 참이 되기도 하고 거짓이 되기도 하는 등식
(2) □ : 미지수에 어떤 수를 대입하여도 항상 참이 되는 등식

04 일차방정식의 풀이

(1) □ : 등식의 한 변에 있는 항을 부호를 바꾸어 다른 변으로 옮기는 것
(2) □ : 방정식의 모든 항을 좌변으로 이항하여 정리했을 때, (x에 대한 일차식)=0의 꼴로 변형되는 방정식
(3) 일차방정식의 풀이 : 양변을 간단히 하여 $ax=b(a\neq0)$의 꼴로 나타낸 후 양변을 x의 계수 a로 나누어 해 $x=$□를 구한다.

05 일차방정식의 활용

(1) 연속하는 두 정수 : x, $x+1$ 또는 □, x
(2) 연속하는 두 짝수(홀수) : x, $x+2$ 또는 □, x
(3) 십의 자리의 숫자가 a, 일의 자리의 숫자가 b인 두 자리의 자연수 : □
(4) (속력)$=\frac{(거리)}{(시간)}$, (시간)$=\frac{(거리)}{(속력)}$,
(거리)=(속력)×(□)

답 01 (1) ① 앞 ② 거듭제곱 (2) 분수 02 (1) 상수항 (2) 다항식 (3) 차수 (4) 일차식 (5) 동류항 03 (1) 방정식 (2) 항등식 04 (1) 이항 (2) 일차방정식 (3) $\frac{b}{a}$
05 (1) $x-1$ (2) $x-2$ (3) $10a+b$ (4) 시간

세월은 기다리지 않는다.

부잣집 금씨네 외동아들 지옥엽은 어렸을 때부터 놀기를 좋아한지라 어떤 일을 해야 할 때에는 "내가 어른이 되면…"이라고 미루었습니다.
막상 어른이 되어서는 일할 생각은 하지 않고 부모님께서 물려주신 재산으로 놀면서 "지금은 여유를 즐기고 싶어. 30살이 넘어서 일해야지…"라고 미루었습니다.
그러다가 막상 30살이 넘어서는 "마지막으로 여행이나 갔다와서 일해야지…"라고 미루었습니다.
그런 금지옥엽이 전재산을 털어서 간 세계여행을 마치고 돌아왔을 때에는 부모님은 이미 세상을 떠나고 없었습니다.
혼자가 된 금지옥엽에게는 싸늘한 바람만 불어올 뿐이었습니다. 하지만, 이미 지나간 세월을 돌이킬 수는 없었습니다.
결국 그는 추위와 배고픔을 이기지 못하고 외롭게 혼자 이 세상을 하직하고 말았습니다.

뭔가를 이루고자 한다면 지금 노력하세요.

IV

좌표평면과 그래프

01 순서쌍과 좌표

1. 좌표와 그래프

개념원리 이해

1 수직선 위의 점의 위치는 어떻게 나타내는가?

(1) **좌표** : 수직선 위의 한 점에 대응하는 수

(2) 수직선에서 수 a가 점 P의 좌표일 때, 기호로 $\mathrm{P}(a)$와 같이 나타낸다.

(3) **원점** : 좌표가 0인 점을 기호로 $\mathrm{O}(0)$으로 나타낸다.

O P 0 a 원점 점 P의 좌표

▶ 원점 O는 영어 단어 Origin의 첫 글자인 O를 나타내며 숫자 0 대신 기호 O로 나타낸다.

예

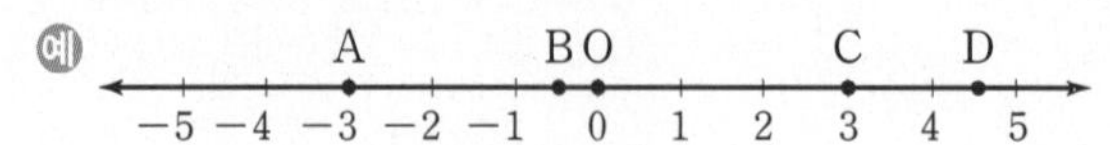

점 A, B, O, C, D의 좌표는 기호로 $\mathrm{A}(-3)$, $\mathrm{B}\left(-\frac{1}{2}\right)$, $\mathrm{O}(0)$, $\mathrm{C}(3)$, $\mathrm{D}\left(\frac{9}{2}\right)$와 같이 나타낸다.

2 평면 위의 점의 위치는 어떻게 나타내는가?

◎ 핵심문제 1~5

(1) **순서쌍** : 두 수나 문자의 순서를 정하여 짝을 지어 나타낸 것을 순서쌍이라 한다.

▶ 순서쌍은 두 수나 문자의 순서를 정하여 나타낸 것이므로 $a \neq b$일 때, $(a, b) \neq (b, a)$

(2) 오른쪽 그림과 같이 두 수직선이 점 O에서 서로 수직으로 만날 때

① x축 : 가로의 수직선
y축 : 세로의 수직선 } 좌표축

② 원점 : 두 좌표축이 만나는 점 O

③ 좌표평면 : 좌표축이 정해져 있는 평면

y y축 x축 O x 좌표축 원점

(3) **좌표평면 위의 점의 좌표** : 좌표평면 위의 한 점 P에서 x축, y축에 각각 수선을 긋고 이 수선이 x축, y축과 만나는 점에 대응하는 수를 각각 a, b라 할 때, 순서쌍 (a, b)를 점 P의 좌표라 하고, 기호로 $\mathrm{P}(a, b)$와 같이 나타낸다. 이때 a를 점 P의 x좌표, b를 점 P의 y좌표라 한다.

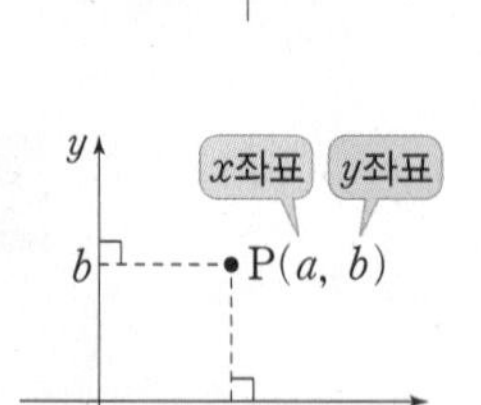

P(a, b)
↑ ↑
x좌표 y좌표

▶ 원점의 좌표는 $(0, 0)$이고 x축 위의 점의 좌표는 (x좌표, 0), y축 위의 점의 좌표는 (0, y좌표)로 나타낸다.

예 오른쪽 좌표평면 위의 점 A, B, C, D, E, F의 좌표는

$\mathrm{A}(3, 2)$ $\mathrm{B}(-3, 5)$
$\mathrm{C}(-5, -4)$ $\mathrm{D}(4, -2)$
$\mathrm{E}(2, 0)$ $\mathrm{F}(0, 2)$

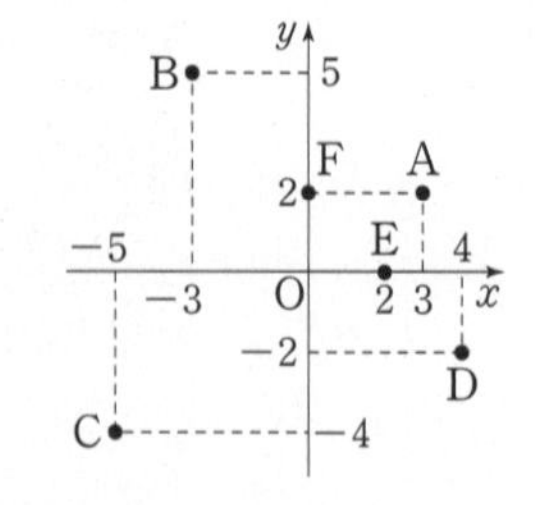

3 사분면이란 무엇인가? ◎ 핵심문제 6, 7

(1) 좌표평면은 좌표축에 의하여 네 부분으로 나누어진다. 이때 각 부분을 오른쪽 그림과 같이 **제 1 사분면, 제 2 사분면, 제 3 사분면, 제 4 사분면**이라 한다.

(2) 좌표축 위의 점은 어느 사분면에도 속하지 않는다.

(3) 각 사분면 위의 점의 x좌표, y좌표의 부호

① 제1사분면 : $x>0$, $y>0$

② 제2사분면 : $x<0$, $y>0$

③ 제3사분면 : $x<0$, $y<0$

④ 제4사분면 : $x>0$, $y<0$

제2사분면 $x<0$, $y>0$ | 제1사분면 $x>0$, $y>0$
제3사분면 $x<0$, $y<0$ | 제4사분면 $x>0$, $y<0$

▶ x축과 y축은 어느 사분면에도 속하지 않으므로 두 점 $(3, 0)$, $(0, -2)$와 같이 x축 또는 y축 위의 점은 어느 사분면에도 속하지 않는다.

예 ① 점 $A(3, 5)$는 $x>0$, $y>0$이므로 제1사분면 위의 점이다.
② 점 $B(-1, 2)$는 $x<0$, $y>0$이므로 제2사분면 위의 점이다.
③ 점 $C(-3, -4)$는 $x<0$, $y<0$이므로 제3사분면 위의 점이다.
④ 점 $D(5, -2)$는 $x>0$, $y<0$이므로 제4사분면 위의 점이다.

한걸음 더

4 대칭인 점의 좌표는 어떻게 구할까? ◎ 핵심문제 8

점 (a, b)와

(1) **x축에 대하여 대칭인 점의 좌표 : y좌표의 부호만 바뀐다.**

$(a, b) \Rightarrow (a, -b)$

(2) **y축에 대하여 대칭인 점의 좌표 : x좌표의 부호만 바뀐다.**

$(a, b) \Rightarrow (-a, b)$

(3) **원점에 대하여 대칭인 점의 좌표 : x좌표, y좌표의 부호가 모두 바뀐다.**

$(a, b) \Rightarrow (-a, -b)$

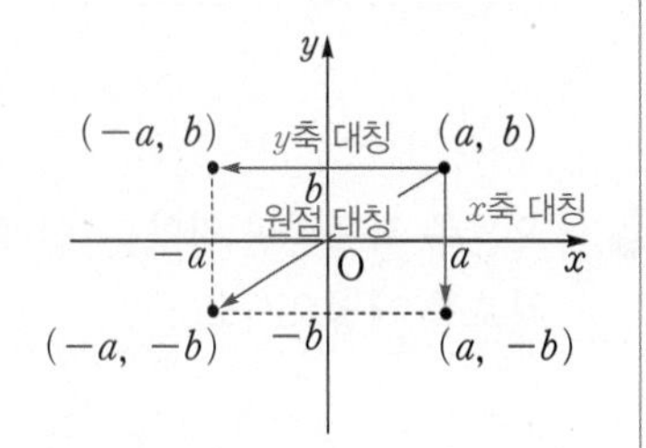

▶ x축, y축으로 접었을 때 완전히 겹쳐지는 것을 각각 x축에 대하여 대칭, y축에 대하여 대칭이라 하며, 이때 대칭인 두 점은 각각 x축, y축을 기준으로 서로 반대 방향으로 같은 거리에 있으므로 각각 y좌표, x좌표의 부호만 바뀐다.

예 점 $(3, -1)$과

x축에 대하여 대칭인 점의 좌표는 $(3, 1)$ ← y좌표가 $-1 \Rightarrow 1$

y축에 대하여 대칭인 점의 좌표는 $(-3, -1)$ ← x좌표가 $3 \Rightarrow -3$

원점에 대하여 대칭인 점의 좌표는 $(-3, 1)$ ← x좌표가 $3 \Rightarrow -3$, y좌표가 $-1 \Rightarrow 1$

수학 실력의 비결은 개념원리의 이해부터이다. 개념원리 확인하기를 통하여 개념과 원리를 정확히 이해하자.

정답과 풀이 p. 104

01 다음 점을 아래의 수직선 위에 나타내시오.

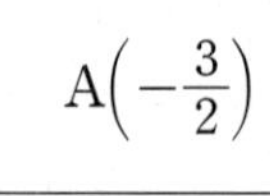

$A\left(-\frac{3}{2}\right)$　　$B(-3)$　　$C(2)$　　$D\left(\frac{7}{2}\right)$

$-5\quad -4\quad -3\quad -2\quad -1\quad 0\quad 1\quad 2\quad 3\quad 4\quad 5$

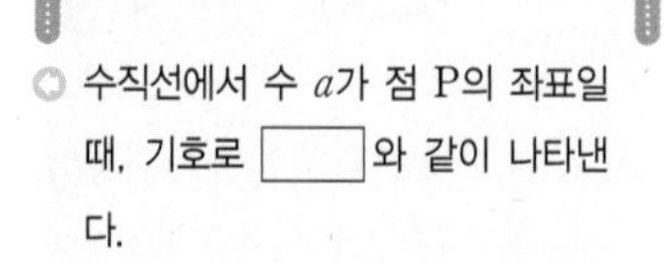

◎ 수직선에서 수 a가 점 P의 좌표일 때, 기호로 ☐와 같이 나타낸다.

02 오른쪽 좌표평면 위의 점 A, B, C, D, E, F, G의 좌표를 각각 기호로 나타내시오.

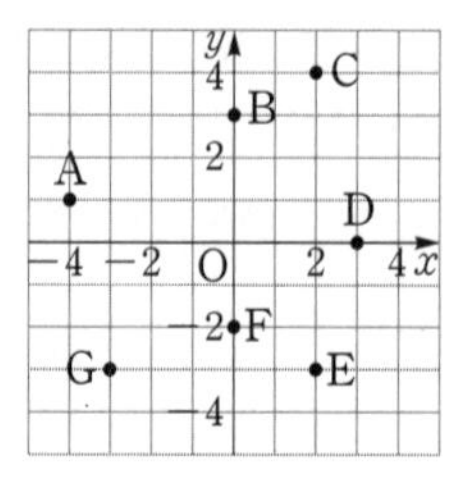

03 다음 점을 오른쪽 좌표평면 위에 나타내시오.

$A(4, 3)$　　$B(2, -3)$
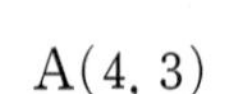
$C(-3, 4)$　　$D(0, -4)$
$E(-1, -3)$　　$F(2, 0)$

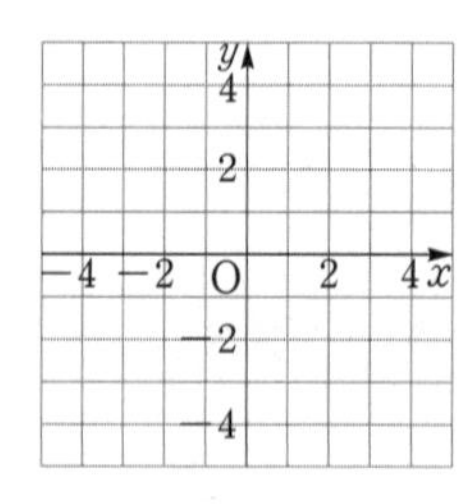

◎ $P(a, b)$ — a: ☐좌표, b: ☐좌표

04 오른쪽 좌표평면 위의 ☐ 안에 알맞은 수 또는 부호를 써넣으시오.

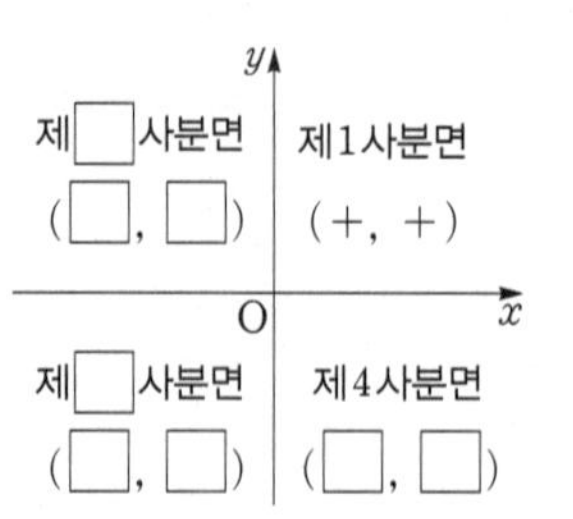

◎ 각 사분면 위에 있는 점의 x좌표와 y좌표의 부호는?

05 다음 점은 제몇 사분면 위의 점인지 구하시오.

(1) $A(-3, 2)$　　(2) $B\left(4, -\frac{7}{2}\right)$　　(3) $C(-2, -3)$

(4) $D(5, 8)$　　(5) $E(0, 0)$　　(6) $F(0, -4)$

핵심 문제 익히기

더 다양한 문제는 RPM 중1-1 122쪽

01 순서쌍

두 순서쌍 $(3a, 2b-4)$, $(2a-5, 3b)$가 서로 같을 때, $a-b$의 값을 구하시오.

Key Point

두 순서쌍 (a, b), (c, d)가 서로 같다.
⇨ $a=c$, $b=d$

풀이

두 순서쌍이 서로 같으므로
$3a=2a-5$ $\quad\therefore a=-5$
$2b-4=3b$ $\quad\therefore b=-4$
$\therefore a-b=-5-(-4)=\mathbf{-1}$

확인 1 다음 물음에 답하시오.

(1) 두 정수 x, y에 대하여 $|x|=3$, $|y|=2$일 때, 순서쌍 (x, y)를 모두 구하시오.
(2) 두 순서쌍 $(3x+2, y+7)$, $(4x-1, 3-y)$가 서로 같을 때, xy의 값을 구하시오.

더 다양한 문제는 RPM 중1-1 122쪽

02 좌표평면 위의 점의 좌표

네 점 $A(3, a)$, $B(b, 4)$, $C(c, d)$, $D(-1, e)$를 좌표평면 위에 나타내면 오른쪽 그림과 같을 때, $a+b+c+d+e$의 값을 구하시오.

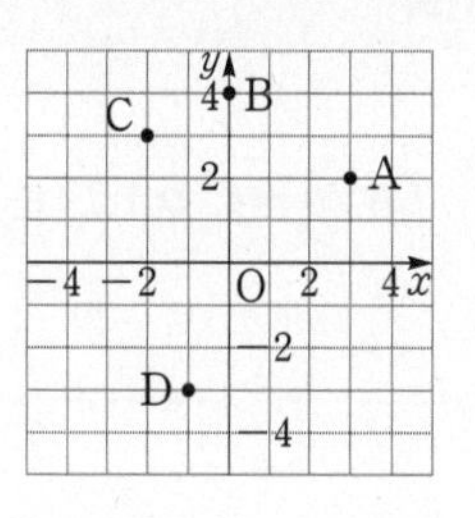

Key Point

- $a\neq b$일 때, $(a, b)\neq(b, a)$
- $P(a, b)$ — a: x좌표, b: y좌표

풀이

점 A의 좌표는 $A(3, 2)$이므로 $a=2$
점 B의 좌표는 $B(0, 4)$이므로 $b=0$
점 C의 좌표는 $C(-2, 3)$이므로 $c=-2$, $d=3$
점 D의 좌표는 $D(-1, -3)$이므로 $e=-3$
$\therefore a+b+c+d+e=2+0+(-2)+3+(-3)=\mathbf{0}$

확인 2 오른쪽 좌표평면 위의 점 A, B, C, D, E 중에서 x축과의 거리가 가장 먼 것은?

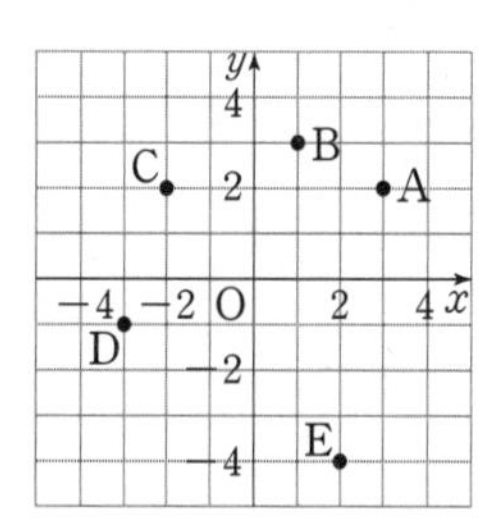

① A ② B

③ C ④ D
⑤ E

핵심 문제 익히기

더 다양한 문제는 RPM 중1-1 122쪽

03 x축, y축 위의 점의 좌표

다음 점의 좌표를 구하시오.

(1) x축 위에 있고, x좌표가 3인 점

(2) y축 위에 있고, y좌표가 -2인 점

Key Point

- x축 위의 점의 좌표
  ⇨ y좌표가 0
  ⇨ (x좌표, 0)
- y축 위의 점의 좌표
  ⇨ x좌표가 0
  ⇨ (0, y좌표)

풀이

(1) x축 위에 있으므로 y좌표가 0이고, x좌표가 3이므로 **(3, 0)**이다.

(2) y축 위에 있으므로 x좌표가 0이고, y좌표가 -2이므로 **(0, −2)**이다.

확인 3 다음 점의 좌표를 구하시오.

(1) x축 위에 있고, x좌표가 $-\frac{1}{3}$인 점

(2) y축 위에 있고, y좌표가 5인 점

더 다양한 문제는 RPM 중1-1 122쪽

04 x축, y축 위의 점

두 점 $\mathrm{P}\left(a, -\frac{1}{3}a-2\right)$, $\mathrm{Q}(2b-4, b+1)$은 각각 x축, y축 위의 점일 때, ab의 값을 구하시오.

Key Point

- x축 위의 점
  ⇨ (y좌표)=0
- y축 위의 점
  ⇨ (x좌표)=0

풀이

점 P는 x축 위의 점이므로 (y좌표)=0이다.

$-\frac{1}{3}a-2=0$에서 $-\frac{1}{3}a=2$ $\quad \therefore a=-6$

점 Q는 y축 위의 점이므로 (x좌표)=0이다.

$2b-4=0$에서 $2b=4$ $\quad \therefore b=2$

$\therefore ab=(-6)\times 2=\mathbf{-12}$

확인 4 두 점 $\mathrm{P}\left(a-2, \frac{1}{2}a+6\right)$, $\mathrm{Q}(2b-6, b+1)$은 각각 x축, y축 위의 점일 때, $a+b$의 값을 구하시오.

더 다양한 문제는 RPM 중1-1 123쪽

05 좌표평면 위의 도형의 넓이

세 점 A(2, 2), B(−2, −2), C(3, −2)를 꼭짓점으로 하는 삼각형 ABC의 넓이를 구하시오.

Key Point

도형의 꼭짓점을 좌표평면 위에 나타내고 선분으로 연결하여 도형을 그린 후 넓이를 구한다.

풀이

세 점 A, B, C를 꼭짓점으로 하는 삼각형을 그리면 오른쪽 그림과 같다.

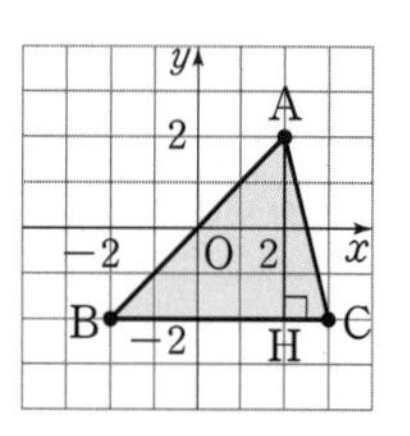

∴ (삼각형 ABC의 넓이)

$=\frac{1}{2}\times$(선분 BC의 길이)$\times$(선분 AH의 길이)

$=\frac{1}{2}\times 5\times 4=\mathbf{10}$

확인 5 다음을 구하시오.

(1) 네 점 A(−2, 2), B(−2, −2), C(2, −2), D(1, 2)를 꼭짓점으로 하는 사각형 ABCD의 넓이

(2) 네 점 A(3, 2), B(−3, 0), C(−3, −2), D(1, −2)를 꼭짓점으로 하는 사각형 ABCD의 넓이

더 다양한 문제는 RPM 중1-1 123쪽

06 사분면

오른쪽 좌표평면 위의 점 A, B, C, D, E에 대한 다음 설명 중 옳지 않은 것을 모두 고르면? (정답 2개)

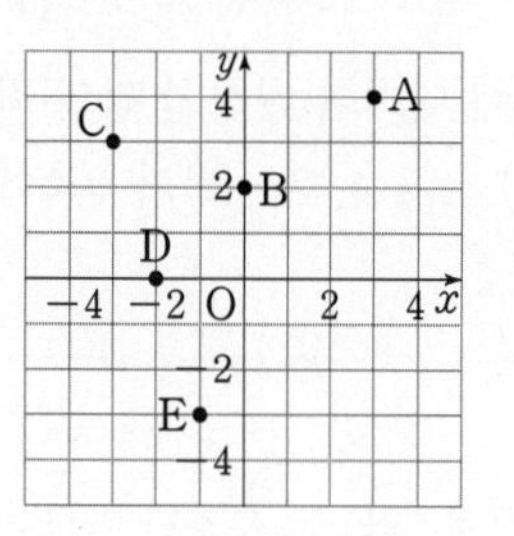

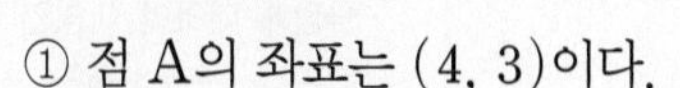

① 점 A의 좌표는 (4, 3)이다.
② 점 B는 y축 위의 점이다.
③ 점 C는 제2사분면 위의 점이다.
④ 점 D는 제2사분면과 제3사분면에 속한다.
⑤ 점 E의 x좌표는 −1이다.

Key Point

• x축 또는 y축 위의 점
⇨ 어느 사분면에도 속하지 않는다.

• 사분면

제2사분면 $x<0,\ y>0$	제1사분면 $x>0,\ y>0$
제3사분면 $x<0,\ y<0$	제4사분면 $x>0,\ y<0$

풀이

① 점 A의 좌표는 (3, 4)이다.
④ 점 D는 어느 사분면에도 속하지 않는다. ∴ ①, ④

확인 6 오른쪽 **보기**의 점에 대하여 다음 점을 모두 고르시오.

보기

ㄱ. (−3, −6) ㄴ. (2, −3)
ㄷ. (0, −5) ㄹ. (−2, 0)
ㅁ. (−2, 1) ㅂ. (−2, −1)

(1) 제3사분면 위의 점
(2) 제4사분면 위의 점
(3) 어느 사분면에도 속하지 않는 점

핵심 문제 익히기

더 다양한 문제는 RPM 중1-1 124쪽

07 사분면 위의 점 – 점 (a, b)가 속한 사분면이 주어진 경우

점 $(x+y,\ xy)$가 제2사분면 위의 점일 때, 점 $(-x,\ y)$는 제몇 사분면 위의 점인지 구하시오.

Key Point

- $xy>0$
  ⇨ x와 y의 부호가 같다.
- $xy<0$
  ⇨ x와 y의 부호가 다르다.

풀이

점 $(x+y,\ xy)$가 제2사분면 위의 점이므로 $x+y<0$, $xy>0$
$xy>0$이므로 x와 y의 부호가 같다.
그런데 $x+y<0$이므로 $x<0$, $y<0$
따라서 $-x>0$, $y<0$이므로 점 $(-x,\ y)$는 **제4사분면** 위의 점이다.

확인 7 다음 물음에 답하시오.

(1) 점 $(-a,\ b)$가 제3사분면 위의 점일 때, 점 $\left(\dfrac{a}{b},\ -b\right)$는 제몇 사분면 위의 점인지 구하시오.
(2) $xy<0$, $x>y$일 때, 점 $(x,\ x-y)$는 제몇 사분면 위의 점인지 구하시오.

한 걸음 더

더 다양한 문제는 RPM 중1-1 127쪽

08 대칭인 점의 좌표

다음 물음에 답하시오.

(1) 점 $(6,\ -2)$와 x축에 대하여 대칭인 점의 좌표를 구하시오.
(2) 두 점 $(a+1,\ -3)$, $(-4,\ 2-b)$가 y축에 대하여 대칭일 때, $a+b$의 값을 구하시오.

Key Point

점 (a, b)와
- x축에 대하여 대칭인 점의 좌표 ⇨ $(a,\ -b)$
- y축에 대하여 대칭인 점의 좌표 ⇨ $(-a,\ b)$
- 원점에 대하여 대칭인 점의 좌표 ⇨ $(-a,\ -b)$

풀이

(1) x축에 대하여 대칭이므로 y좌표의 부호만 바뀐다. $\therefore$ **(6, 2)**
(2) 두 점이 y축에 대하여 대칭이므로 두 점의 좌표는 x좌표의 부호만 다르다.
$a+1=4$에서 $a=3$
$-3=2-b$에서 $b=5$
$\therefore a+b=3+5=8$

확인 8 다음 물음에 답하시오.

(1) 점 $(-3,\ 5)$와 x축에 대하여 대칭인 점, y축에 대하여 대칭인 점, 원점에 대하여 대칭인 점의 좌표를 차례로 구하시오.
(2) 두 점 $(2,\ a+1)$, $(a-2,\ b)$가 x축에 대하여 대칭일 때, 점 $(a,\ b)$는 제몇 사분면 위의 점인지 구하시오.

정답과 풀이 p. 105

이런 문제가 시험에 나온다

01 다음 중 옳지 <u>않은</u> 것은?

① 점 $(0, -1)$은 어느 사분면에도 속하지 않는다.
② x축 위의 점은 y좌표가 0이다.
③ x축과 y축이 만나는 점의 좌표는 $(0, 0)$이다.
④ x축 위에 있고 x좌표가 5인 점의 좌표는 $(5, 0)$이다.
⑤ 점 $(0, 0)$은 모든 사분면에 속하는 점이다.

생각해 봅시다!
좌표축(x축 또는 y축) 위에 있는 점은 어느 사분면에도 속하지 않는다.

02 두 점 $(-a+5, -4)$, $(-3, b+2)$가 y축에 대하여 대칭일 때, $a-b$의 값을 구하시오.

y축에 대하여 대칭인 점
⇨ x좌표의 부호만 반대

03 점 $(-b, a)$가 제3사분면 위의 점일 때, 다음 중 점 $(ab, b-a)$와 같은 사분면 위의 점은?

① $(1, 5)$　② $(-3, 0)$　③ $(-2, 4)$
④ $(2, -1)$　⑤ $(-3, -2)$

점 (x, y)가 제3사분면 위의 점
⇨ $x<0, y<0$

04 점 $(xy, x+y)$가 제4사분면 위의 점일 때, 다음 중 제3사분면 위의 점인 것은?

① $(-xy, -y)$　② $(-y, x+y)$　③ $(x+y, y)$
④ $\left(-y, \dfrac{x}{y}\right)$　⑤ $\left(\dfrac{x}{y}, xy\right)$

점 (x, y)가 제4사분면 위의 점
⇨ $x>0, y<0$
점 (x, y)가 제3사분면 위의 점
⇨ $x<0, y<0$

05 다음을 구하시오.

(1) 세 점 A$(4, 2)$, B$(-2, 3)$, C$(5, -3)$을 꼭짓점으로 하는 삼각형 ABC의 넓이
(2) 두 점 A$(a, b-3)$, B$(2b, a+1)$이 모두 x축 위의 점이고, 점 C의 좌표가 C$(3a+b, 2a-b)$일 때, 삼각형 ABC의 넓이

도형의 꼭짓점을 좌표평면 위에 나타내어 선분으로 연결한 후 넓이를 구한다.

한걸음 더

06 세 점 A$(-4, a)$, B$(-4, 0)$, C$(0, -2)$를 꼭짓점으로 하는 삼각형 ABC의 넓이가 12일 때, a의 값을 구하시오. (단, $a>0$)

02 그래프와 그 해석

1. 좌표와 그래프

개념원리 이해

1 다양한 상황을 그래프로 어떻게 나타내는가? ◎ 핵심문제 1

(1) **변수** : x, y와 같이 여러 가지로 변하는 값을 나타내는 문자를 변수라 한다.
(2) **그래프** : 두 변수 x, y의 순서쌍 (x, y)를 좌표로 하는 점을 좌표평면 위에 모두 나타낸 것을 그래프라고 한다.

설명 어떤 봉사 단체에서 불우 이웃 돕기 성금을 마련하기 위해 자동 응답 전화로 1건당 1000원씩의 성금을 모금하기로 하였다. 다음은 x건의 전화가 걸려왔을 때 모금된 성금 y원을 나타낸 표이다.

x(건)	1	2	3	4	5
y(원)	1000	2000	3000	4000	5000

위의 표에서 x의 값이 1, 2, 3, 4, 5로 변함에 따라 y의 값은 1000, 2000, 3000, 4000, 5000으로 정해지고, x의 값을 x좌표, y의 값을 y좌표로 하는 순서쌍 (x, y)는

$(1, 1000)$, $(2, 2000)$, $(3, 3000)$, $(4, 4000)$, $(5, 5000)$

이므로 이 순서쌍을 좌표로 하는 점을 좌표평면 위에 나타내면 오른쪽 그림과 같다. 이때 x, y와 같이 여러 가지로 변하는 값을 나타내는 문자를 **변수**라 하고, 두 변수 x, y 사이의 관계를 좌표평면 위에 나타낸 것을 **그래프**라 한다. 그래프는 여러 자료를 분석하여 한눈에 그 변화를 알아볼 수 있게 하며 점, 직선, 곡선, 꺾은선 등으로 나타낼 수 있다.

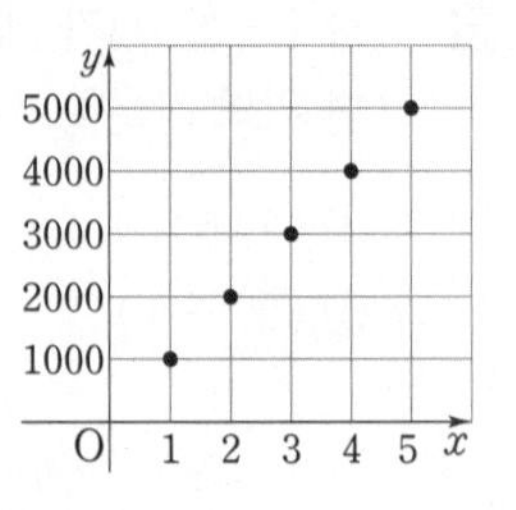

2 그래프를 어떻게 해석할까? ◎ 핵심문제 2, 3

일상에서 나타나는 다양한 상황을 그래프로 나타낼 수 있고 반대로 그래프가 주어질 때, 그래프로부터 증가와 감소, 주기적 변화 등을 바르게 해석함으로써 다양한 상황을 이해하고 문제를 해결할 수 있다.

예 다음 그래프는 어떤 자동차가 출발한 지 x분 후의 속력을 시속 ym라 할 때, x, y 사이의 관계를 나타낸 것이다. 이 그래프로부터 속력의 변화를 해석하면 다음과 같다.

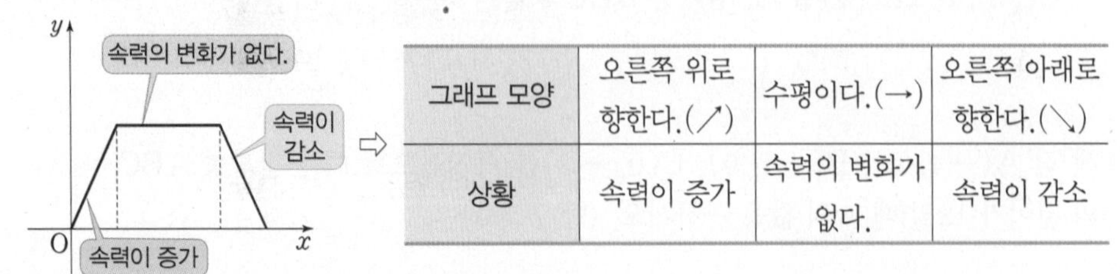

그래프 모양	오른쪽 위로 향한다.(↗)	수평이다.(→)	오른쪽 아래로 향한다.(↘)
상황	속력이 증가	속력의 변화가 없다.	속력이 감소

수학 실력의 비결은 개념원리의 이해부터이다. 개념원리 확인하기를 통하여 개념과 원리를 정확히 이해하자.

정답과 풀이 p. 106

01 다음 각 상황에 알맞은 그래프를 **보기**에서 각각 찾으시오.

(1) 일정한 속력으로 움직이는 대관람차에 탑승한 지 x분 후 탑승한 관람차의 높이가 y m이다. ( )

(2) 비행기가 이륙해서 착륙할 때까지 비행기가 이륙한 지 x분 후 비행기의 고도는 y km이다. ( )

(3) 양초에 불을 붙인 지 x분 후 남은 양초의 길이는 y cm이다. ( )

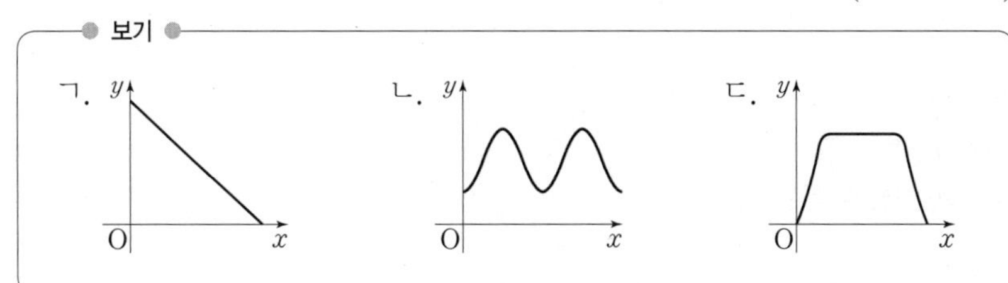

다양한 상황을 그래프로 어떻게 나타낼까?

02 오른쪽 그래프는 슬기가 집에서 출발하여 2000 m 떨어진 공원까지 자전거를 타고 갈 때, 슬기의 이동 시간 x분과 이동 거리 y m 사이의 관계를 나타낸 것이다. 그래프를 보고 □ 안에 알맞은 수나 말을 써넣으시오.

(1) 그래프에서 x축은 이동 시간을 나타내고, y축은 □를 나타낸다.

(2) 슬기가 집에서 출발하여 공원까지 가는데 □번 멈춰 있었고, 멈춰 있었던 시간은 모두 □분이다.

(3) 슬기가 집에서 출발하여 15분 동안 이동한 거리는 □ m이다.

(4) 슬기가 집에서 출발하여 공원에 도착할 때까지 걸린 시간은 □분이다.

그래프를 바르게 해석함으로써 상황을 이해하고 문제를 해결할 수 있다.

정답과 풀이 p. 107

핵심 문제 익히기

더 다양한 문제는 RPM 중1-1 124~125쪽

01 상황을 그래프로 나타내기

다음은 이동 시간 x분과 집으로부터의 거리 y m 사이의 관계를 나타낸 그래프이다. 각 그래프에 알맞은 상황을 **보기**에서 찾으시오. (단, 서점, 도서관은 집과 학교 사이에 있다.)

(1)

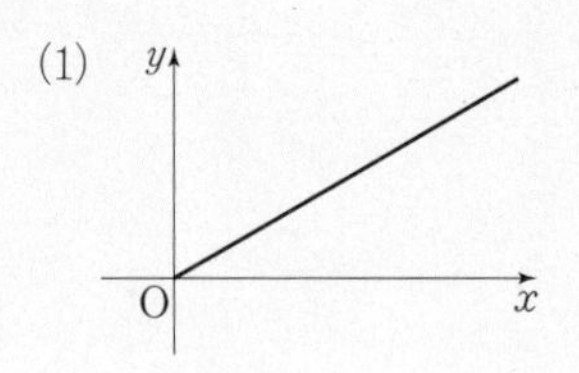

(2)

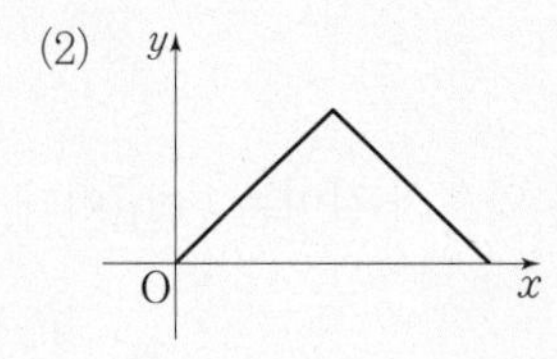

(3)

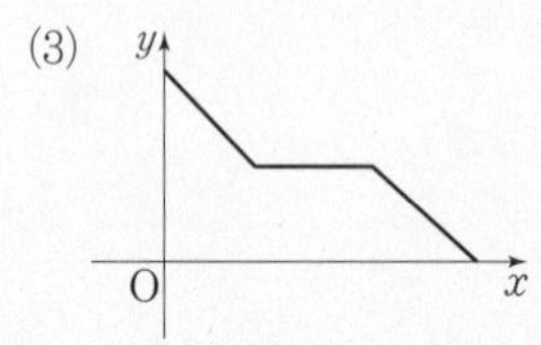

(4)

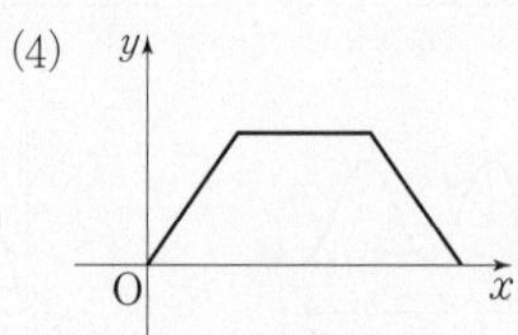

보기

ㄱ. 아인이는 집에서 출발하여 일정한 속력으로 걸어서 공원에 산책을 다녀왔다.

ㄴ. 준희는 집에서 출발하여 일정한 속력으로 자전거를 타고 학교에 갔다.

ㄷ. 수영이는 학교에서 출발하여 일정한 속력으로 걸어서 서점에 들른 후 집에 왔다.

ㄹ. 소윤이는 집에서 출발하여 일정한 속력으로 걸어 도서관에 가서 책을 본 후 일정한 속력으로 걸어 집에 왔다.

Key Point

상황에 따른 그래프의 모양

- 높아진다. 온도가 올라간다.
  ⇨ 오른쪽 위로 향한다. (↗)
- 일정하게 유지한다. 온도의 변화가 없다.
  ⇨ 수평이다. (→)
- 낮아진다. 온도가 내려간다.
  ⇨ 오른쪽 아래로 향한다. (↘)

풀이

(1) 이동 시간 x에 따른 집으로부터의 거리 y가 일정하게 증가한다.

(2) 이동 시간 x에 따른 집으로부터의 거리 y가 일정하게 증가하다가 일정하게 감소한다.

(3) 이동 시간 x에 따른 집으로부터의 거리 y가 일정하게 감소하다가 변화없이 유지되다가 다시 일정하게 감소한다.

(4) 이동 시간 x에 따른 집으로부터의 거리 y가 일정하게 증가하다가 변화없이 유지되다가 다시 일정하게 감소한다.

따라서 위의 그래프와 맞는 상황을 각각 찾으면 (1) ㄴ (2) ㄱ (3) ㄷ (4) ㄹ이다.

확인 1 아침부터 기온이 일정하게 오르다가 몇 시간 동안 일정한 기온을 유지하였다. 그 후 소나기가 내리면서 기온이 일정하게 떨어졌다. 다음 **보기** 중에서 시각 x시와 기온 y ℃ 사이의 관계를 나타낸 그래프로 알맞은 것을 찾으시오.

보기

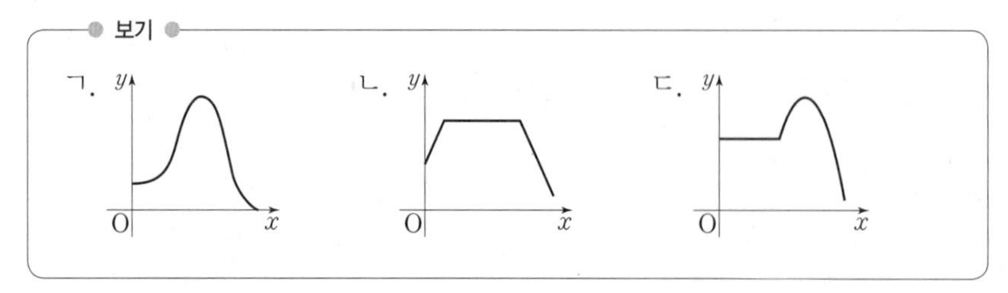

더 다양한 문제는 RPM 중1-1 125~126쪽

02 그래프의 해석 – 경과 시간에 따른 변화

오른쪽 그래프는 기영이네 가족이 자동차를 타고 집에서 출발하여 백화점에 도착할 때까지 자동차의 속력을 시간에 따라 나타낸 것이다. 자동차가 출발한 지 x분 후 자동차의 속력을 시속 $y$km라 할 때, 다음 물음에 답하시오.

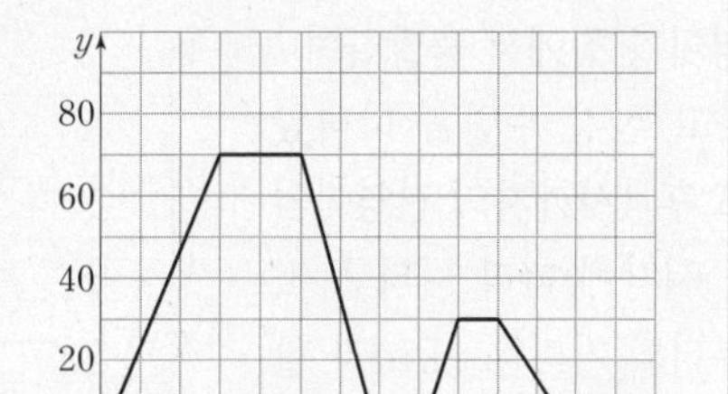

(1) 자동차가 가장 빨리 달렸을 때, 자동차의 속력을 구하시오.

(2) 자동차의 속력이 두 번째로 감소하기 시작한 때는 집에서 출발한 지 몇 분 후인지 구하시오.

(3) 집에서 출발하여 백화점에 도착할 때까지 자동차는 몇 분 동안 정지해 있었는지 구하시오.

(4) 집에서 출발하여 백화점에 도착할 때까지 걸린 시간을 구하시오.

Key Point

경과 시간에 따른 속력의 변화를 나타낸 그래프
- 그래프 모양이 오른쪽 위로 향한다.
  ⇨ 속력이 증가한다.
- 그래프 모양이 수평이다.
  ⇨ 속력이 일정하다.
- 그래프 모양이 오른쪽 아래로 향한다.
  ⇨ 속력이 감소한다.

풀이

(1) 자동차가 가장 빨리 달렸을 때는 출발한 지 3분 후부터 5분 후까지이고 이때의 속력은 **시속 70 km**이다.

(2) 그래프가 오른쪽 아래로 향하기 시작한 때가 속력이 감소하기 시작한 때이므로 자동차의 속력이 첫 번째로 감소하기 시작한 때는 집에서 출발한 지 5분 후이고, 두 번째로 감소하기 시작한 때는 집에서 출발한 지 **10분 후**이다.

(3) 자동차가 정지해 있었을 때 속력이 시속 0 km이므로 출발한 지 7분 후부터 8분 후까지 **1분** 동안 정지해 있었다.

(4) 집에서 출발하여 백화점에 도착할 때까지 걸린 시간은 **12분**이다.

확인 2 오른쪽 그래프는 지우가 집에서 출발하여 1.5 km 떨어져 있는 영화관에 다녀왔을 때 집으로부터의 거리를 시간에 따라 나타낸 것이다. 지우가 집에서 출발한 지 x분 후 집으로부터의 거리를 $y$km라 할 때, 다음 물음에 답하시오.

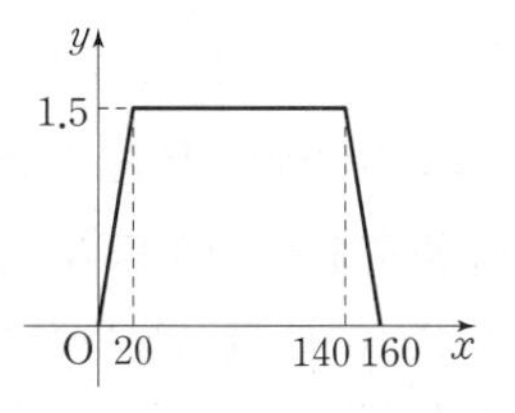

(1) 지우가 집에서 출발한 지 몇 분 후에 영화관에 도착하였는지 구하시오.

(2) 지우가 집에서 출발하여 영화관까지 다녀오는 데 걸린 시간을 구하시오.

(3) 지우가 영화관에 몇 분 동안 머물렀는지 구하시오.

(4) 지우가 집을 향해 영화관을 떠난 때는 집에서 출발한 지 몇 분 후인지 구하시오.

더 다양한 문제는 RPM 중1-1 125~126쪽

03 그래프의 해석 – 시각에 따른 변화

오른쪽 그래프는 진영이가 집에서 출발하여 인라인스케이트를 타고 한강 주변을 다녀왔을 때 오전 9시부터 오후 4시까지의 진영이의 집으로부터의 거리를 시각에 따라 나타낸 것이다. x시에 집으로부터의 거리를 y km라 할 때, 다음 **보기** 중에서 옳은 것을 모두 고르시오.

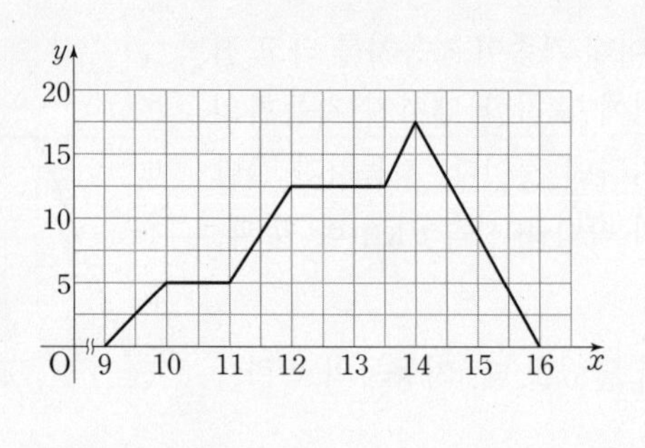

보기

ㄱ. 진영이가 집에서 출발한 지 1시간 후 집으로부터의 거리는 5 km이다.
ㄴ. 진영이가 1시간 30분 동안의 휴식을 시작한 시각은 오전 10시이다.
ㄷ. 진영이가 집으로 돌아가기 시작한 시각은 오후 2시이다.
ㄹ. 진영이가 집에 도착한 시각은 오후 4시이다.

Key Point

시각에 따른 거리의 변화를 나타낸 그래프
- 그래프 모양이 수평이다.
  ⇨ 휴식, 정지 중이다.
- 그래프 모양이 오른쪽 아래로 향한다.
  ⇨ 출발 지점을 향해 돌아간다.

풀이

ㄱ. 진영이가 집에서 출발한 시각은 오전 9시이므로 1시간 후는 오전 10시이고, 이때 집으로부터의 거리는 5 km이다.
ㄴ. x축 눈금 한 개가 30분을 나타내므로 진영이가 1시간 30분 동안의 휴식을 시작한 시각은 낮 12시이다.
ㄷ. 진영이가 집으로 돌아가기 시작한 시각은 그래프가 오른쪽 아래로 향하기 시작한 시각이므로 14시, 즉 오후 2시이다.
ㄹ. 그래프에서 집에서 출발한 후 집으로부터의 거리가 0 km일 때의 시각이 16시(오후 4시)이므로 진영이가 집에 도착한 시각은 오후 4시이다.

따라서 옳은 것은 ㄱ, ㄷ, ㄹ이다.

확인 3 다음 그래프는 어느 지역에서 오전 1시부터 밤 12시까지 1시간 간격으로 초미세먼지의 양을 측정하여 시각에 따라 나타낸 것이다. 이날 x시에 측정된 초미세먼지의 양이 y μg/m^{3}일 때, 초미세먼지의 양이 가장 많은 시각과 가장 적은 시각을 차례로 구하시오.

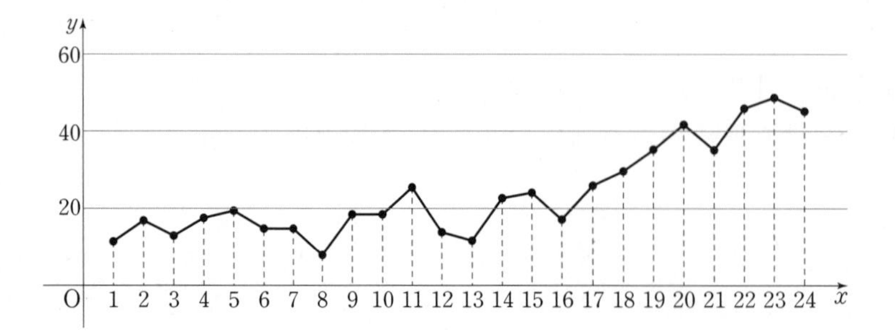

이런 문제가 시험에 나온다

01 오른쪽 그림과 같은 컵 모양의 빈 용기에 시간당 일정한 양의 물을 채울 때, 다음 중 경과 시간 x에 따른 물의 높이 y 사이의 관계를 나타내는 그래프로 알맞은 것은?

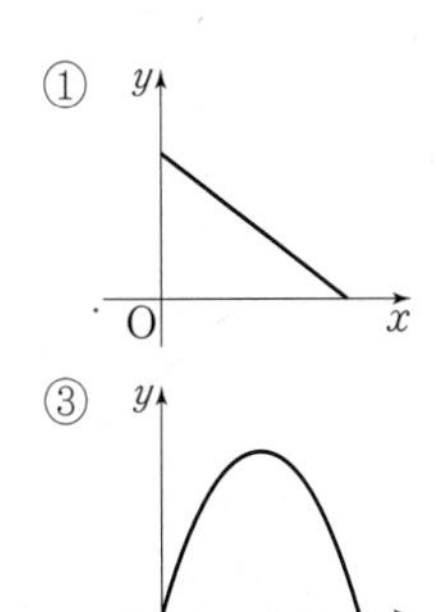

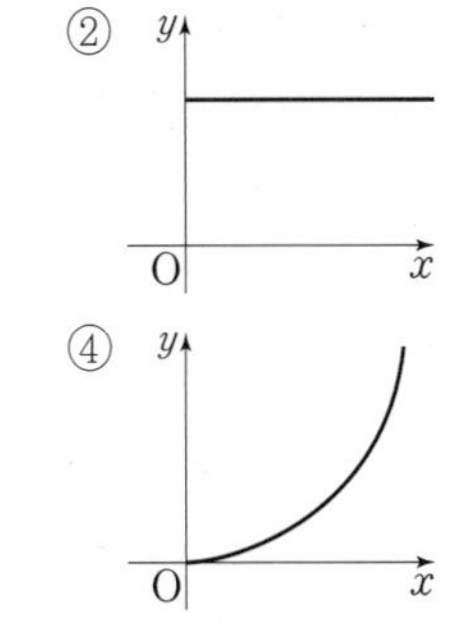

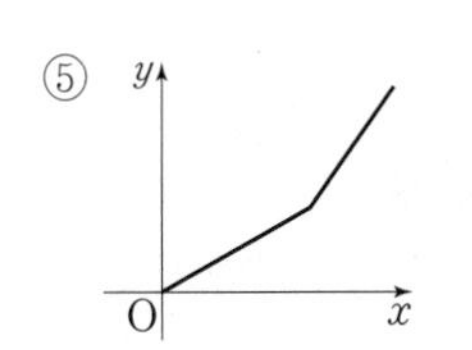

생각해 봅시다! 용기가 바닥에서부터 위로 올라갈수록 폭이 점점 좁아지는 모양일 때 물을 일정하게 채우면 물의 높이는 처음에는 느리게 증가하다가 점점 빠르게 증가한다.

02 오른쪽 그래프는 지은이가 집 앞 버스 정류장에서 버스를 타고 2500 m 떨어진 학교 앞 버스 정류장까지 갈 때, 버스를 탄 지 x분 후 지은이의 이동 거리 ym를 나타낸 그래프이다. 다음 **보기** 중에서 옳은 것을 모두 고르시오.

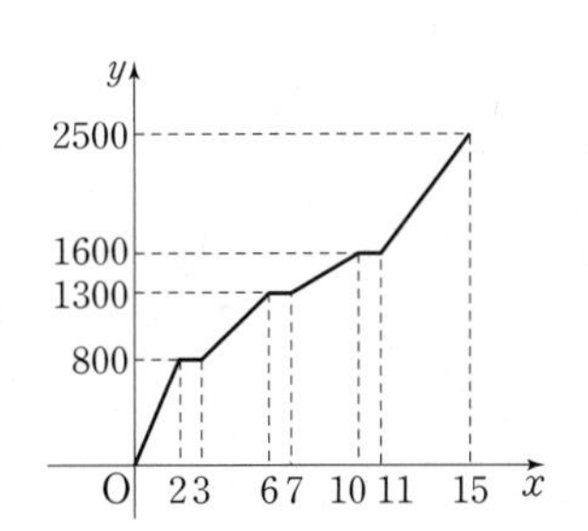

보기

ㄱ. 지은이가 버스에 탄 후 내릴 때까지 버스는 3번 멈춰 있었다.
ㄴ. 지은이가 버스를 타고 이동한 시간은 모두 15분이다.
ㄷ. 지은이가 버스에 탄지 10분 후 버스가 두 번째로 멈추었다.

그래프 모양이 수평인 것은 어떤 의미일까?

한걸음 더 03 대성이는 수도꼭지를 틀어 욕조에 물을 받은 후 수도꼭지를 잠그고 목욕을 시작하여 목욕이 끝나자마자 욕조에 담긴 물을 빼기 시작했다. 수도꼭지를 튼 지 x분 후 욕조에 담긴 물의 양 yL 사이의 관계를 나타낸 그래프가 오른쪽과 같을 때, 다음 설명 중 옳지 않은 것은?

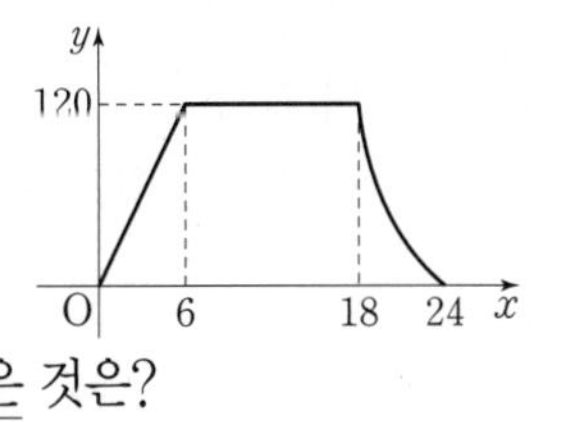

① 수도꼭지를 잠근 때는 수도꼭지를 튼 지 6분 후이다.
② 욕조에 담긴 물을 빼기 시작한 때는 수도꼭지를 튼 지 18분 후이다.
③ 목욕하는 데 걸린 시간은 12분이다.
④ 욕조에 받은 물의 양은 120 L이다.
⑤ 욕조에 담긴 물을 모두 빼는 데 걸린 시간은 24분이다.

그래프 모양에 따라 욕조에 담긴 물의 양은 어떻게 변화했을까?

1 step 기본문제

01 오른쪽 좌표평면 위의 점 A, B, C, D, E에 대한 다음 설명 중 옳지 않은 것은?

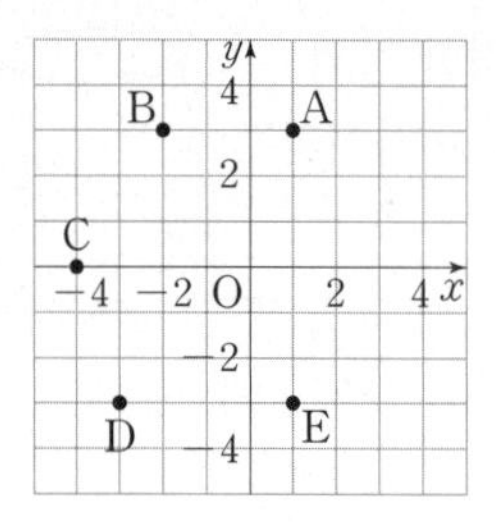

① 점 B의 좌표는 $(-2, 3)$이다.
② 점 D와 점 E의 y좌표가 같다.
③ 점 A와 점 E의 x좌표가 같다.
④ 제2사분면에 속하는 점은 2개이다.
⑤ 점 D의 x좌표와 y좌표는 모두 음수이다.

02 점 $\left(a, \frac{1}{3}a-6\right)$은 x축 위의 점이고, 점 $(2b-6, b-1)$은 y축 위의 점이다. 이때 $a-b$의 값은?

① 5 ② 10 ③ 15
④ 18 ⑤ 20

03 다음 중 옳지 않은 것을 모두 고르면? (정답 2개)

① 점 $(0, -5)$는 y축 위의 점이다.
② y축 위의 점은 y좌표가 0이다.
③ 원점은 어느 사분면에도 속하지 않는다.
④ 점 $(3, -2)$는 제4사분면 위의 점이다.
⑤ 제2사분면과 제3사분면 위의 점의 x좌표는 양수이다.

04 점 A$(4, 3)$과 y축에 대하여 대칭인 점을 B, 원점에 대하여 대칭인 점을 C라 할 때, 삼각형 ABC의 넓이를 구하시오.

05 영호가 타고 있는 자동차가 일정한 속력으로 움직일 때, 자동차의 이동 시간 x에 대하여 자동차의 속력 y를 나타낸 그래프를 다음 **보기**에서 찾으시오.

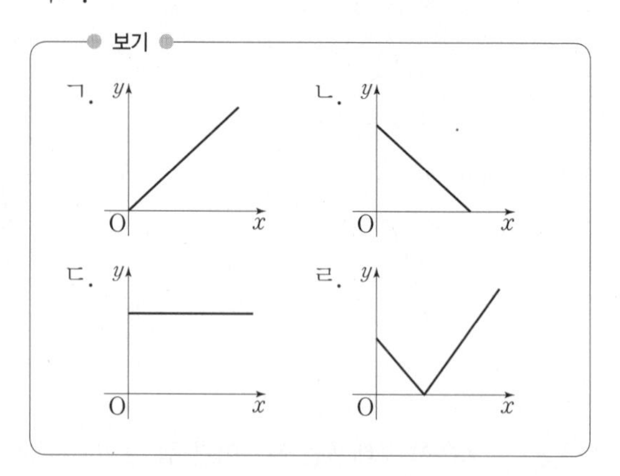

꼭 나와

06 다음 그래프는 정우가 집에서 우체국을 향해 출발했을 때, 정우가 집에서 출발한 지 x분 후 정우의 집으로부터의 거리 ym 사이의 관계를 나타낸 것이다. 이 그래프에 알맞은 상황은?

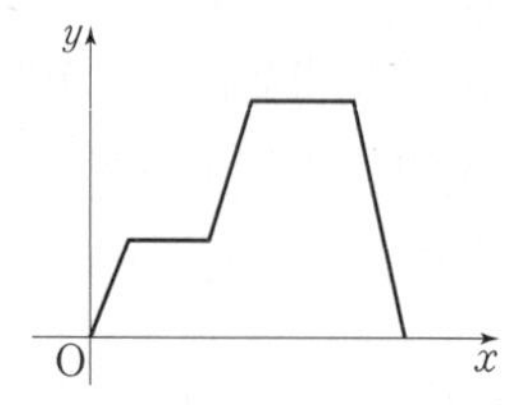

① 정우는 집에서 우체국까지만 이동했고 중간에 1번 멈추어 있었다.
② 정우는 집에서 우체국까지만 이동했고 중간에 2번 멈추어 있었다.
③ 정우는 집에서 우체국까지 갔다가 다시 집에 왔고, 중간에 1번 멈추어 있었다.
④ 정우는 집에서 우체국까지 갔다가 다시 집에 왔고, 중간에 2번 멈추어 있었다.
⑤ 정우는 집에서 우체국까지 갔다가 다시 집에 왔고, 중간에 3번 멈추어 있었다.

07 다음 그래프는 어느 지하철이 A역을 출발하여 B역에 정차할 때까지 속력의 변화를 시간에 따라 나타낸 것이다. 지하철이 A역을 출발한 지 x초 후 지하철의 속력을 초속 ym라 할 때, 다음 **보기** 중에서 옳은 것을 모두 고르시오.

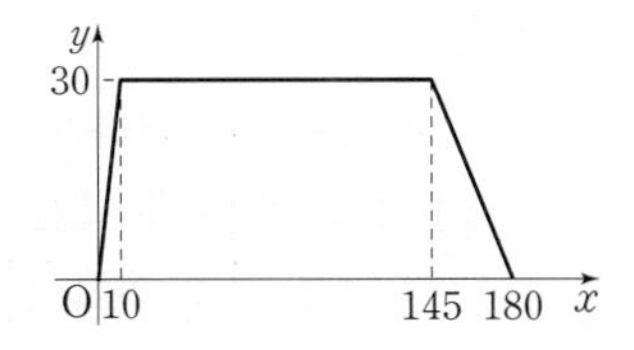

보기

ㄱ. 지하철이 가장 빨리 움직일 때의 속력은 초속 30m이다.

ㄴ. 지하철이 일정한 속력으로 움직인 시간은 145초이다.

ㄷ. 지하철이 A역을 출발하여 B역에 정차할 때까지 걸린 시간은 180초이다.

08 아래 그래프는 지우가 집에서 출발하여 문화센터에 도착할 때까지 지우가 출발한 지 x분 후 지우의 집으로부터의 거리 ym를 나타낸 것이다. **보기**에 주어진 상황은 지우가 문화센터에 도착할 때까지 일어난 일들이다. 주어진 상황을 나타내는 구간을 그래프에 표시된 ①, ②, ③, ④, ⑤ 구간 중에서 각각 찾으시오.

(단, 편의점은 집과 문화센터 사이에 있다.)

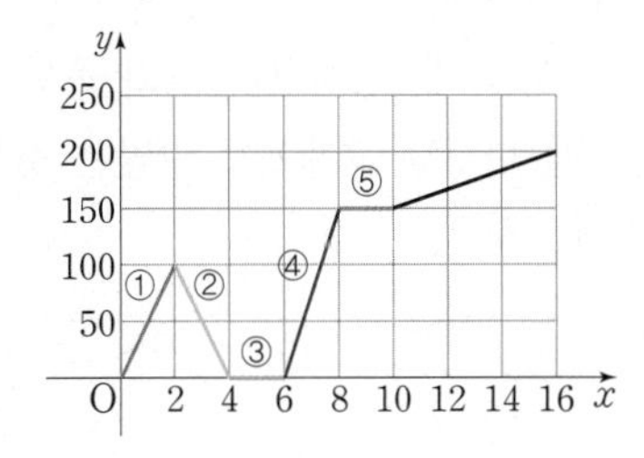

보기

ㄱ. 지우는 문화센터에 도착하기 전에 편의점에서 음료수를 샀다.

ㄴ. 지우는 놓고 온 물건이 생각나서 집으로 다시 돌아갔다.

ㄷ. 지우는 집에 돌아와서 놓고 온 물건을 찾는 데 2분이 걸렸다.

09 $xy<0$, $x>y$일 때, 점 $(x, -y)$는 제몇 사분면 위의 점인가?

① 제1사분면 ② 제2사분면
③ 제3사분면 ④ 제4사분면
⑤ 어느 사분면에도 속하지 않는다.

10 아래 그래프는 어느 통신회사에서 제공하고 있는 한 달 동안의 휴대전화 데이터 요금제 A, B, C의 데이터를 나타낸 것이다. 한 달 데이터를 xGB 사용했을 때의 요금이 y원이라고 할 때, 다음 **보기** 중에서 옳은 것을 모두 고르시오.

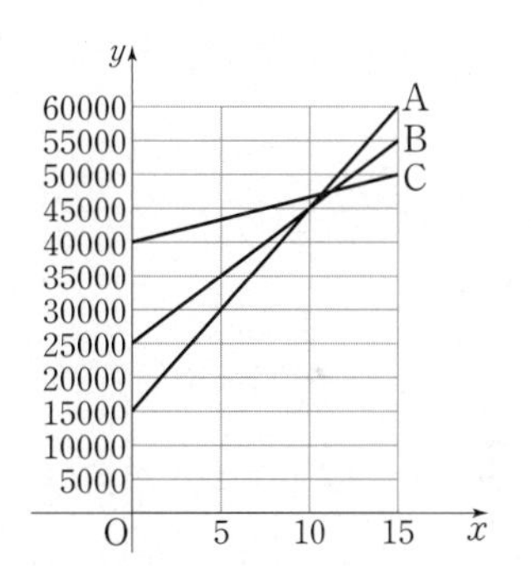

보기

ㄱ. 기본 요금이 가장 적은 요금제는 A요금제이다.

ㄴ. 한 달 데이터를 5GB 사용한다면 A요금제와 B요금제의 데이터 요금이 같다.

ㄷ. 한 달 데이터를 5GB 이하 사용한다면 C요금제를 선택하는 것이 데이터 요금이 가장 저렴하다.

ㄹ. 한 달 데이터를 15GB 사용하면 60000원 이상의 데이터 요금을 내야 하는 요금제는 A요금제이다.

2 Step 발전문제

01 좌표평면 위의 네 점 $A(-2, 3)$, $B(-4, -1)$, $C(2, -1)$, $D(1, 3)$을 꼭짓점으로 하는 사각형 ABCD의 넓이를 구하시오.

꼭 나와

02 좌표평면 위에 세 점 A, B, C가 있다. 두 점 $A(a-2, 1)$, $B(3, 2-b)$는 원점에 대하여 대칭이고, 점 $C(4, c+1)$은 x축 위의 점일 때, $a+b-c$의 값은?

① -5　② -3　③ -1
④ 1　⑤ 3

꼭 나와

03 점 $(-a, b)$가 제3사분면 위의 점일 때, 점 $(ab, b-a)$는 제몇 사분면 위의 점인지 구하시오.

04 점 $(a+b, ab)$가 제2사분면 위의 점일 때, 다음 중 제4사분면 위의 점은?

① (a, b)　② $(a, -b)$
③ $(-a, b)$　④ $(-a, -b)$
⑤ (b, a)

05 다음 상황에서 경과 시간 x와 남은 아이스크림의 양 y 사이의 관계를 나타낸 그래프로 알맞은 것은?

> 인서는 아이스크림을 먹다가 냉동실에 넣은 후 책을 읽었다. 책을 다 읽고 냉동실에 넣어 둔 아이스크림을 꺼내 먹다가 아이스크림의 양이 처음의 절반이 되었을 때, 다시 냉동실에 넣었다.

①
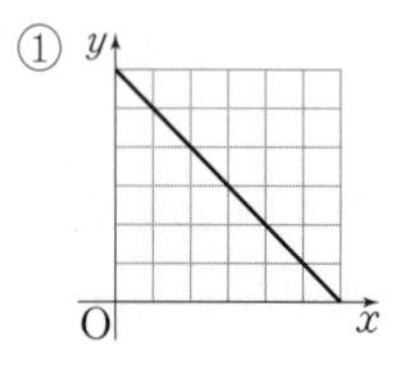

②
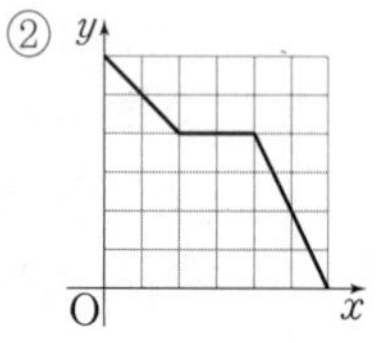

③
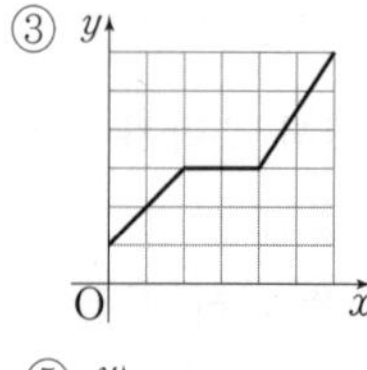

④
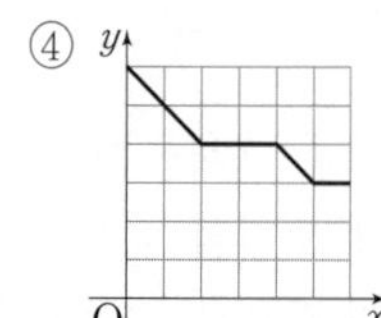

⑤
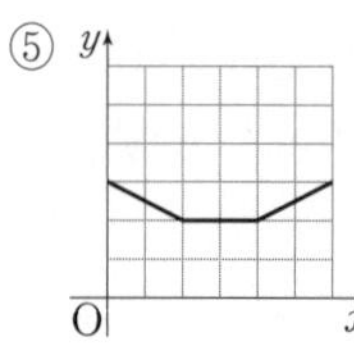

06 다음 그림과 같은 빈 그릇에 시간당 일정한 양의 물을 채울 때, 경과 시간 x와 물의 높이 y 사이의 관계를 나타낸 그래프로 알맞은 것을 **보기**에서 각각 찾으시오.

(1)
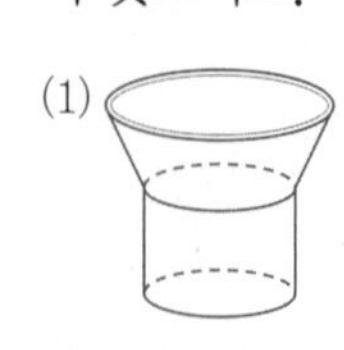

(2)
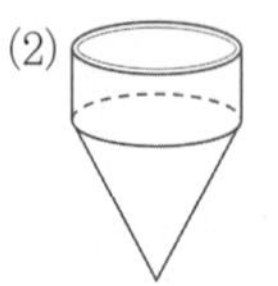

보기

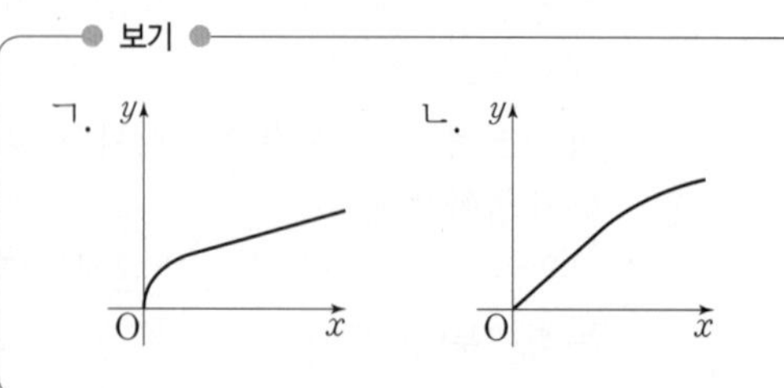

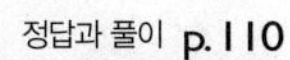

어려울 수 있지만 **내신 만점**을 향하여 자신감을 가지고 도전해 보자.

정답과 풀이 p. 110

3 step 실력 UP

01 점 $(2,\ -4)$와 x축에 대하여 대칭인 점 A와 두 점 $\mathrm{B}(-1,\ -1)$, $\mathrm{C}(3,\ 0)$을 꼭짓점으로 하는 삼각형 ABC의 넓이를 구하시오.

02 $|a|<|b|$이고, $a+b<0$, $ab>0$일 때, 다음 **보기**의 점 중에서 속하는 사분면이 다른 하나를 고르시오.

보기

ㄱ. $(a,\ -b)$ ㄴ. $(b-a,\ ab)$ ㄷ. $(a-b,\ -a-b)$ ㄹ. $\left(-\frac{b}{a},\ -a\right)$

03 점 $(abc,\ b-c)$가 제1사분면 위의 점이고, 점 $(abd,\ d-a)$가 제2사분면 위의 점일 때, 점 $(ab,\ cd)$는 제몇 사분면 위의 점인지 구하시오.

04 좌표평면 위의 세 점 $\mathrm{A}(-2,\ 3)$, $\mathrm{B}(-2,\ -1)$, $\mathrm{C}(a,\ 1)$에 대하여 삼각형 ABC의 넓이가 20이 되게 하는 a의 값을 모두 구하시오.

05

오른쪽 그림은 일정한 속력으로 회전하는 대관람차이다. 지우가 관람차 A에 탑승한 후 3바퀴를 돌면 하차하게 된다. 다음 그래프는 지우가 탑승해서 하차할 때까지 지우가 탑승한 지 x분 후 관람차 A의 지면으로부터의 높이 ym를 나타낸 것이다. 관람차 A가 가장 높이 올라갔을 때의 높이를 am, 한 바퀴 돌아 처음 위치에 돌아오는 데 걸리는 시간을 b분, 지우가 탑승해서 하차할 때까지 관람차 A가 꼭대기에 올라간 횟수를 c번이라 할 때, $a+b+c$의 값을 구하시오.

서술형 대비 문제

논리적으로 풀어서 설명하는 연습이 필요하므로 차근차근 풀어 보는 습관을 기르면 자신감이 팍팍!

정답과 풀이 p.111

예제 01

점 (a, b)가 제3사분면 위의 점일 때, 점 $(ab, a+b)$는 제몇 사분면 위의 점인지 구하시오. [6점]

풀이과정

1단계 **a, b의 부호 구하기** [2점]

점 (a, b)가 제3사분면 위의 점이므로
$a<0, b<0$

2단계 **$ab, a+b$의 부호 구하기** [2점]

$\therefore ab>0, a+b<0$

3단계 **점 $(ab, a+b)$가 속하는 사분면 구하기** [2점]

따라서 점 $(ab, a+b)$는 제4사분면 위의 점이다.

답 제4사분면

유제 1 점 $(a, -b)$가 제1사분면 위의 점일 때, 점 $(ab, a-b)$는 제몇 사분면 위의 점인지 구하시오. [6점]

풀이과정

1단계 **a, b의 부호 구하기** [2점]

2단계 **$ab, a-b$의 부호 구하기** [2점]

3단계 **점 $(ab, a-b)$가 속하는 사분면 구하기** [2점]

답

예제 02

세 점 $\mathrm{A}(-3, -3)$, $\mathrm{B}(2, -3)$, $\mathrm{C}(1, 3)$을 꼭짓점으로 하는 삼각형 ABC의 넓이를 구하시오. [7점]

풀이과정

1단계 **좌표평면 위에 삼각형 그리기** [2점]

세 점 A, B, C를 꼭짓점으로 하는 삼각형 ABC를 그리면 오른쪽 그림과 같다.

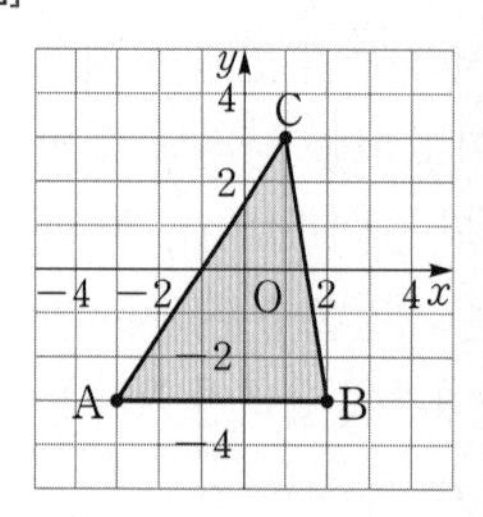

2단계 **선분 AB를 밑변으로 할 때, 삼각형의 밑변의 길이와 높이 구하기** [3점]

삼각형 ABC의 밑변의 길이는 5이고 높이는 6이다.

3단계 **삼각형의 넓이 구하기** [2점]

$\therefore$ (삼각형 ABC의 넓이)$=\frac{1}{2}\times5\times6=15$

답 15

유제 2 세 점 $\mathrm{A}(-3, -2)$, $\mathrm{B}(3, 2)$, $\mathrm{C}(1, -2)$를 꼭짓점으로 하는 삼각형 ABC의 넓이를 구하시오. [7점]

풀이과정

1단계 **좌표평면 위에 삼각형 그리기** [2점]

2단계 **선분 AC를 밑변으로 할 때, 삼각형의 밑변의 길이와 높이 구하기** [3점]

3단계 **삼각형의 넓이 구하기** [2점]

답

스스로 서술하기

시험에 자주 출제되는 서술형 문제를 차근차근 풀면서 서술형에 대한 자신감을 기르자.

유제 3 두 점 $(3a+2,\ 6b+4)$, $(-a,\ b-6)$이 y축에 대하여 대칭일 때, $a-b$의 값을 구하시오. [5점]

풀이과정

답

유제 4 두 점 $A(2a,\ b+3)$, $B(b-2,\ 2a-1)$이 모두 x축 위의 점이고, 점 C의 좌표가 $\left(4a-1,\ \frac{1}{3}b+3\right)$일 때, 삼각형 ABC의 넓이를 구하시오. [7점]

풀이과정

답

유제 5 점 $\left(-a+b,\ \frac{a}{b}\right)$가 제3사분면 위의 점일 때, 점 $(-ab,\ b-a)$는 제몇 사분면 위의 점인지 구하시오. [7점]

풀이과정

답

유제 6 오른쪽 그래프는 형과 동생이 집에서 700 m 떨어진 학교에 갈 때, 동생이 출발한 지 x분 후 집으로부터의 거리 y m 사이의 관계를 나타낸 것이다. 동생은 중간에 a분 동안 멈추어 있었고 학교까지 가는 데 걸린 시간은 b분이며, 형은 동생보다 c분 늦게 출발하여 d분 만에 학교에 도착하였다. 이때 $a+b-c+d$의 값을 구하시오. [5점]

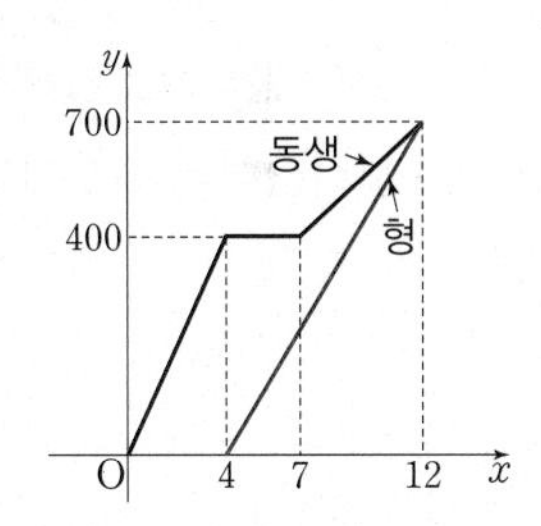

풀이과정

답

종달새의 어리석은 거래

나무 위에 앉아 즐겁게 노래를 부르던 종달새 한 마리가 있었답니다.
어느 날 종달새는 조그만 상자를 들고 있는 여우를 보게 되었죠.
상자 안에 무엇이 있는지 궁금했던 종달새는 여우에게 물었답니다.
"여우야, 그 상자 속에 무엇이 있니?"
"응, 이 상자 안에는 네가 좋아하는 지렁이가 있단다."
"어떻게 하면 그것을 내가 얻을 수 있을까?"
"간단해, 네 깃털 하나에 지렁이 한 마리를 줄게."
'수많은 깃털 중에서 한 두 개의 깃털쯤이야…'라고 생각한 종달새는 한 두 마리를 깃털과 바꾸어 먹었답니다. 이렇게 종달새는 스스로 지렁이를 구할 생각은 안하고 여우에게서 지렁이를 구하는 것에 익숙해져 버렸죠.
얼마 안 가서 종달새는 한 개의 깃털도 남지 않은 벌거숭이가 되어 버렸고, 날 수가 없어서 여우에게 잡아 먹히고 말았답니다.

성공에는 지름길이 없습니다. 오히려 쉽게 얻어지는 것은 더욱 경계해야 합니다.
노력없이는 아무것도 얻을 수 없다는 것을 잊지 마세요.

IV

좌표평면과 그래프

01 정비례

개념원리 이해

1 정비례 관계는 무엇일까?

핵심문제 1~3

(1) **정비례** : 두 변수 x와 y 사이에 x의 값이 2배, 3배, 4배, …가 될 때, y의 값도 2배, 3배, 4배, …가 되는 관계가 있으면 y는 x에 정비례한다고 한다.

(2) **정비례 관계식**

y가 x에 정비례할 때, x와 y 사이의 관계식은

$\boldsymbol{y=ax\ (a\neq0)}$

(3) **정비례의 성질**

y가 x에 정비례할 때, x의 값에 대한 y의 값의 비 $\dfrac{y}{x}$ $(x\neq0)$의 값은 항상 a로 일정하다.

$\boldsymbol{y=ax}$ ⇨ $\boldsymbol{\dfrac{y}{x}=a}$ **(일정)**

▶ 정비례 관계 $y=ax\,(a\neq0)$에서 a는 0이 아닌 일정한 수이다.

설명 1 L에 1500원 하는 휘발유 x L의 값을 y원이라 하면 x의 값의 변화에 따른 y의 값의 변화는 다음과 같다.

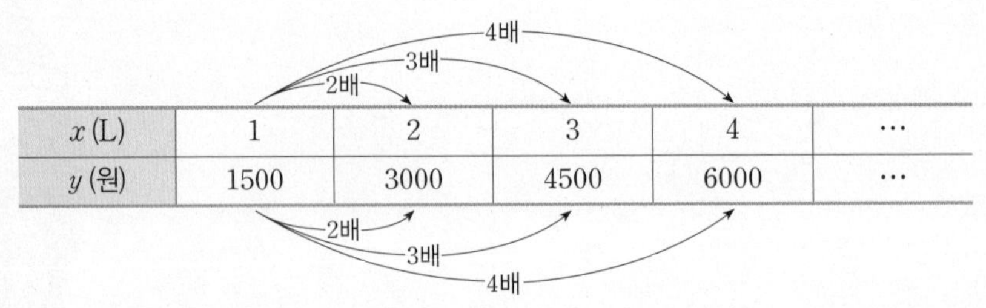

x (L)	1	2	3	4	…
y (원)	1500	3000	4500	6000	…

㉠ x의 값이 2배, 3배, 4배, …가 될 때, y의 값도 2배, 3배, 4배, …가 되는 관계가 있으므로 y는 x에 정비례한다.

㉡ x와 y 사이의 관계식은 $y=1500x$

㉢ $\dfrac{y}{x}=\dfrac{1500}{1}=\dfrac{3000}{2}=\dfrac{4500}{3}=\dfrac{6000}{4}=\cdots=1500$ (일정)

예 $y=3x,\ y=-2x,\ y=\dfrac{1}{4}x,\ y=0.1x$ ⇨ y가 x에 정비례한다.

$y=2x+1,\ y=-3x-2,\ y=\dfrac{5}{x}$ ⇨ y가 x에 정비례하지 않는다.

주의 $y=ax$에서 $a=0$이면 x, y는 정비례 관계가 아니다.
$y=ax+b$ $(a\neq0,\ b\neq0)$와 같이 0이 아닌 상수항 b가 있으면 x, y는 정비례 관계가 아니다.

개념원리 확인하기

수학 실력의 비결은 개념원리의 이해부터이다. 개념원리 확인하기를 통하여 개념과 원리를 정확히 이해하자.

정답과 풀이 p.112

01 1개에 500원 하는 아이스크림을 사려고 한다. 구입한 아이스크림의 개수를 x개, 지불한 금액을 y원이라 할 때, 다음 물음에 답하시오.

(1) 다음 표를 완성하시오.

x (개)	1	2	3	4	$\cdots$
y (원)		1000			$\cdots$

(2) x와 y 사이에는 어떤 관계가 있는지 말하시오.

( )

(3) x와 y 사이의 관계식은 $y=$□x이다.

○ x와 y 사이의 관계를 살펴본다.

02 시속 20 km로 달리는 자전거가 x시간 동안 달린 거리를 y km라 할 때, 다음 물음에 답하시오.

(1) 다음 표를 완성하시오.

x (시간)	1	2	3	4	$\cdots$
y (km)	20		60		$\cdots$

(2) x와 y 사이에는 어떤 관계가 있는지 말하시오.

( )

(3) x와 y 사이의 관계식을 구하시오.

( )

○ (거리)=(속력)×(시간)

03 다음 중 y가 x에 정비례하는 것은 '○'표, 정비례하지 않는 것은 '×' 표를 하시오.

(1) $y=6x$ ( )　　(2) $y=-\frac{x}{3}$ ( )

(3) $y=x-2$ ( )　　(4) $y=\frac{x}{2}$ ( )

(5) $\frac{y}{x}=-7$ ( )　　(6) $xy=3$ ( )

○ y가 x에 정비례한다.
⇨ $y=ax$, $\frac{y}{x}=a\,(a\neq0)$의 꼴

04 y가 x에 정비례하고 x의 값에 대한 y의 값이 다음과 같을 때, x와 y 사이의 관계식을 구하시오.

(1) $x=2$일 때 $y=8$

(2) $x=3$일 때 $y=-12$

(3) $x=\frac{5}{6}$일 때 $y=\frac{1}{3}$

○ 정비례 관계식 구하기
⇨ $y=ax\,(a\neq0)$로 놓고 주어진 x, y의 값을 대입하여 a의 값을 구한다.

핵심 문제 익히기

더 다양한 문제는 RPM 중1-1 134쪽

01 정비례 관계식 찾기

다음 **보기** 중 y가 x에 정비례하는 것은 모두 몇 개인지 구하시오.

보기

ㄱ. $3y=-x$　　ㄴ. $y=x+2$　　ㄷ. $y=\frac{x}{4}$

ㄹ. $y=\frac{1}{x}$　　ㅁ. $y=0.5x$　　ㅂ. $y=0\times x$

Key Point

정비례 관계식

⇨ $y=ax$, $\frac{y}{x}=a(a\neq0)$의 꼴

풀이

ㄴ. 상수항 2가 있으므로 x, y는 정비례 관계가 아니다.
ㄹ. 분모에 x가 있으므로 x, y는 정비례 관계가 아니다.
ㅂ. $y=ax$ 꼴에서 $a=0$이므로 x, y는 정비례 관계가 아니다.
따라서 y가 x에 정비례하는 것은 ㄱ, ㄷ, ㅁ의 **3개**이다.

확인 1 다음 중 y가 x에 정비례하는 것을 모두 고르면? (정답 2개)

① $y=-\frac{4}{3}x$　　② $y=2x-3$　　③ $y=-\frac{2}{x}$

④ $xy=4$　　⑤ $\frac{y}{x}=7$

더 다양한 문제는 RPM 중1-1 134쪽

02 정비례 관계식 구하기

y가 x에 정비례하고, $x=8$일 때 $y=-6$이다. $x=4$일 때 y의 값을 구하시오.

Key Point

정비례 관계식 구하기

⇨ y가 x에 정비례하면
① $y=ax(a\neq0)$로 놓는다.
② 주어진 x, y의 값을 대입하여 a의 값을 구한다.
③ x와 y 사이의 관계식을 구한다.

풀이

y가 x에 정비례하므로 $y=ax(a\neq0)$로 놓고 $x=8$, $y=-6$을 대입하면

$-6=8a$에서 $a=-\frac{3}{4}$　　$\therefore y=-\frac{3}{4}x$

따라서 $y=-\frac{3}{4}x$에 $x=4$를 대입하면 $y=-\frac{3}{4}\times4=\mathbf{-3}$

확인 2 y가 x에 정비례할 때, x와 y 사이의 관계를 표로 나타내면 다음과 같다. 이때 $A+B$의 값을 구하시오.

x	-4	-8	-12	B
y	2	A	6	8

더 다양한 문제는 RPM 중1-1 134쪽

03 정비례 관계 찾기

다음 중 y가 x에 정비례하지 않는 것을 모두 고르면? (정답 2개)

① 시속 60 km로 x시간 동안 달린 거리는 y km이다.
② 밑변의 길이가 x cm, 높이가 y cm인 삼각형의 넓이는 20 cm^2이다.
③ 1개에 1800원 하는 아이스크림 x개의 가격은 y원이다.
④ 가로, 세로의 길이가 각각 x cm, 5 cm인 직사각형의 넓이는 y cm^2이다.
⑤ 가로, 세로의 길이가 각각 x cm, y cm인 직사각형의 둘레의 길이는 20 cm이다.

Key Point

정비례 관계 찾기
⇨ x와 y 사이에 $y=ax\,(a\neq0)$인 관계식이 성립하면 y가 x에 정비례한다.

풀이

① (거리)=(속력)×(시간)이므로 $y=60x$ (정비례)
② (삼각형의 넓이)$=\frac{1}{2}\times$(밑변의 길이)×(높이)이므로
$20=\frac{1}{2}\times x\times y$에서 $xy=40$ $\quad\therefore y=\frac{40}{x}$
③ $y=1800x$ (정비례)
④ (직사각형의 넓이)=(가로의 길이)×(세로의 길이)이므로
$y=x\times5=5x$ (정비례)
⑤ (직사각형의 둘레의 길이)=2{(가로의 길이)+(세로의 길이)}이므로
$20=2(x+y)$에서 $x+y=10$ $\quad\therefore y=10-x$
따라서 y가 x에 정비례하지 않는 것은 ②, ⑤이다.

확인 3 다음 **보기**에서 y가 x에 정비례하는 것을 모두 고른 것은?

보기
ㄱ. 10 %의 소금물 x g에 들어 있는 소금의 양 y g
ㄴ. 분속 x m로 700 m를 가는 데 걸린 시간 y분
ㄷ. 한 변의 길이가 x cm인 정사각형의 둘레의 길이 y cm
ㄹ. 넓이가 30 cm^2인 마름모의 두 대각선의 길이 x cm, y cm
ㅁ. 100개의 사과를 남김없이 x명에게 똑같이 나누어 줄 때 한 사람이 받게 되는 사과의 개수 y개
ㅂ. 100 L의 물이 들어 있는 물통에서 1분에 20 L씩 물을 빼낼 때, 물을 빼기 시작한 지 x분 후 물통에 남은 물의 양 y L

① ㄱ, ㄴ ② ㄱ, ㄷ ③ ㄴ, ㄹ
④ ㄴ, ㅁ ⑤ ㄷ, ㅁ, ㅂ

이런 문제가 시험에 나온다

01 다음 **보기**에서 x의 값이 2배, 3배, 4배, …가 될 때, y의 값도 2배, 3배, 4배, …가 되는 관계가 있는 것을 모두 고르시오.

보기

ㄱ. $y=2x-1$　　ㄴ. $x-2y=0$　　ㄷ. $xy=5$

ㄹ. $y=\frac{2}{x}$　　ㅁ. $y=-\frac{3}{2x}$　　ㅂ. $y=\frac{x}{3}$

생각해 봅시다! 정비례 관계식을 찾는다.

02 y가 x에 정비례하고, $x=2$일 때 $y=12$이다. $y=-72$일 때 x의 값을 구하시오.

먼저 정비례 관계식을 구한다.

03 y가 x에 정비례하고, $x=3$일 때 $y=6$이다. 다음 중 옳지 않은 것은?

① $\frac{y}{x}$의 값은 항상 일정하다.

② $x=2$일 때 $y=4$이다.

③ x의 값이 3배가 되면 y의 값은 $\frac{1}{3}$배가 된다.

④ $y=10$일 때 $x=5$이다.

⑤ x와 y 사이의 관계를 식으로 나타내면 $y=2x$이다.

04 x와 y 사이에 $y=ax\,(a\neq0)$인 관계식이 성립할 때, x와 y 사이의 관계를 표로 나타내면 다음과 같다. 이때 $a-b+c$의 값을 구하시오. (단, a는 상수)

x	b	-2	0	2	4
y	6	3	0	c	-6

주어진 x, y의 값을 $y=ax$에 대입하여 a의 값을 먼저 구한다.

05 다음 중 y가 x에 정비례하는 것은?

① 하루 중 밤의 길이 x시간과 낮의 길이 y시간

② 반지름의 길이가 x cm인 원의 넓이는 $y\,\text{cm}^2$

③ 한 변의 길이가 x cm인 정삼각형의 둘레의 길이 y cm

④ 100 g의 물에 소금 x g을 넣어 만든 소금물의 농도 y %

⑤ 사과 30개를 남김없이 x명에게 똑같이 나누어 줄 때 한 명이 받는 사과의 개수 y개

한걸음 더

06 어느 전구 회사는 전구를 생산할 때, 불량률이 3 %라고 한다. 이 회사에서 생산한 전구 x개에 대한 불량 전구의 개수를 y개라 할 때, x와 y 사이의 관계식을 구하시오.

(불량률) $=\frac{\text{(불량 제품의 개수)}}{\text{(생산한 제품의 개수)}}\times100(\%)$

02 정비례 관계의 그래프

개념원리 이해

1 정비례 관계 $y=ax\,(a\neq0)$의 그래프는 어떻게 그리는가?

◎ 핵심문제 1, 2, 4

x의 값의 범위가 수 전체일 때, 정비례 관계 $y=ax\,(a\neq0)$의 그래프는 원점을 지나는 직선이다.

	$a>0$일 때	$a<0$일 때
그래프		
지나는 사분면	**제 1 사분면**과 **제 3 사분면**을 지난다.	**제 2 사분면**과 **제 4 사분면**을 지난다.
그래프의 모양	**오른쪽 위**(↗)로 향하는 직선	**오른쪽 아래**(↘)로 향하는 직선
증가, 감소 상태	$\boldsymbol{x}$의 값이 **증가**하면 $\boldsymbol{y}$의 값도 **증가**한다.	$\boldsymbol{x}$의 값이 **증가**하면 $\boldsymbol{y}$의 값은 **감소**한다.

▶ ① 변수 x의 값이 유한개이면 그래프는 유한개의 점으로 나타나고, 수 전체이면 직선으로 나타난다.
② 특별한 말이 없으면 정비례 관계 $y=ax(a\neq0)$에서 변수 x의 값의 범위는 수 전체로 생각한다.
③ 정비례 관계 $y=ax\,(a\neq0)$의 그래프는 항상 점 $(1,\,a)$를 지난다.

설명 정비례 관계 $y=2x$에서 x의 값 사이의 간격을 점점 좁게 하여 순서쌍 $(x,\,y)$를 좌표로 하는 점을 좌표평면 위에 나타내면 직선에 가까운 형태가 된다. 따라서 x의 값이 수 전체일 때, 정비례 관계 $y=2x$의 그래프는 원점 O를 지나는 직선이 된다.

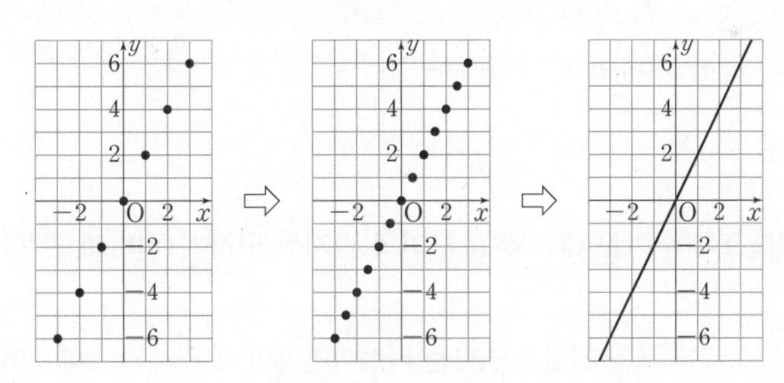

참고 **정비례 관계 $\boldsymbol{y=ax\,(a\neq0)}$의 그래프와 $\boldsymbol{a}$의 절댓값 사이의 관계**

정비례 관계 $y=\frac{1}{2}x$, $y=x$, $y=2x$, $y=-\frac{1}{2}x$, $y=-x$, $y=-2x$의 그래프에서 정비례 관계 $y=ax\,(a\neq0)$의 그래프는 a의 절댓값이 클수록 y축에 가까워짐을 알 수 있다. 즉, 정비례 관계 $y=ax\,(a\neq0)$의 그래프는

a의 절댓값이 클수록 y축에 가깝다.
a의 절댓값이 작을수록 x축에 가깝다.

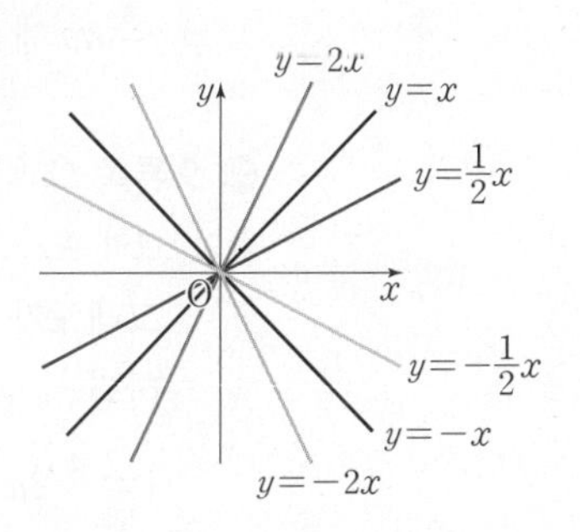

개념원리 이해

정비례 관계 $y=ax\,(a\neq0)$의 그래프 그리기

핵심문제 1

정비례 관계 $y=ax\,(a\neq0)$의 그래프는 원점을 지나는 직선이므로 **원점** O와 그래프가 지나는 **다른 한 점**을 찾아 **직선**으로 연결한다.

예 정비례 관계 $y=3x$의 그래프를 그리시오.

풀이 $y=3x$에서 $x=1$일 때 $y=3$이므로 그래프는 점 $(1,\ 3)$을 지난다.
따라서 정비례 관계 $y=3x$의 그래프는 원점 O와 점 $(1,\ 3)$을 직선으로 연결하면 오른쪽 그림과 같다.

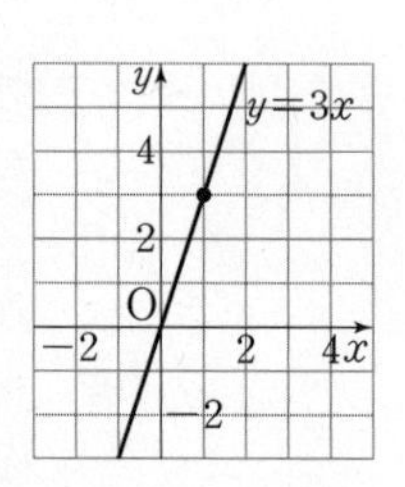

그래프가 지나는 점

핵심문제 3

'그래프가 점 $(p,\ q)$를 지난다.' 또는 '점 $(p,\ q)$가 그래프 위에 있다.'
⇨ x와 y 사이의 관계식에 $x=p,\ y=q$를 대입하면 등식이 성립한다.

예 정비례 관계 $y=\frac{1}{3}x$의 그래프가 점 $(a,\ -5)$를 지날 때, a의 값을 구하시오.

풀이 $y=\frac{1}{3}x$에 $x=a,\ y=-5$를 대입하면

$-5=\frac{1}{3}a \qquad \therefore a=-15$

4 그래프가 주어질 때 x와 y 사이의 관계식 구하기(정비례 관계)

핵심문제 5

① 그래프가 원점을 지나는 직선이면 정비례 관계의 그래프이다.
⇨ $y=ax\,(a\neq0)$로 놓는다.
② $y=ax$에 원점이 아닌 직선 위의 한 점의 좌표를 대입하여 a의 값을 구한다.

예 오른쪽 그래프가 나타내는 x와 y 사이의 관계식을 구하시오.

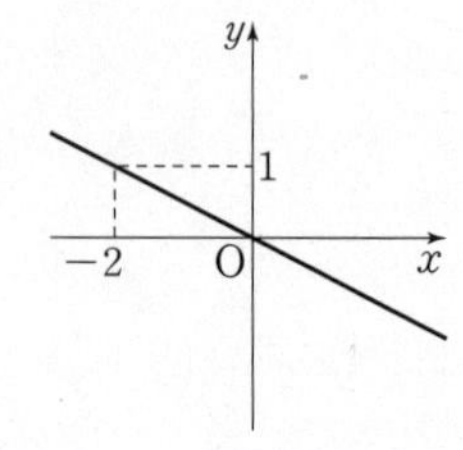

풀이 그래프가 원점을 지나는 직선이므로 $y=ax\,(a\neq0)$로 놓는다.
그래프가 점 $(-2,\ 1)$을 지나므로 $y=ax$에 $x=-2,\ y=1$을 대입하면

$1=-2a \qquad \therefore a=-\frac{1}{2}$

따라서 구하는 x와 y 사이의 관계식은 $y=-\frac{1}{2}x$

개념원리 확인하기

수학 실력의 비결은 개념원리의 이해부터이다. 개념원리 확인하기를 통하여 개념과 원리를 정확히 이해하자.

정답과 풀이 p. 114

01 다음 정비례 관계에 대하여 변수 x의 값이 수 전체일 때, □ 안에 알맞은 것을 써넣고 그래프를 그리시오.

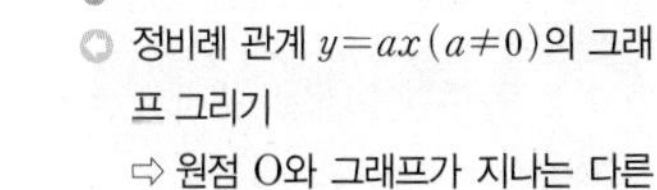
정비례 관계 $y=ax\,(a\neq0)$의 그래프 그리기
⇨ 원점 O와 그래프가 지나는 다른 한 점을 찾아 직선으로 연결한다.

(1) $y=-2x$

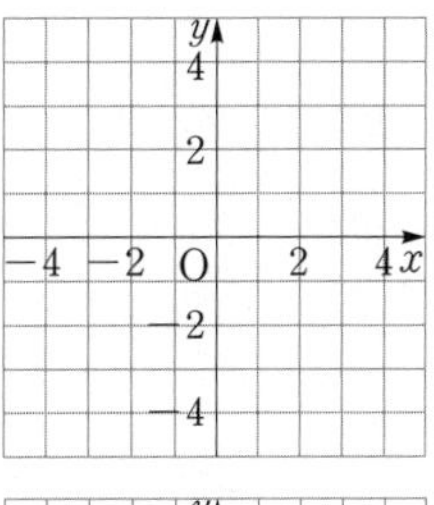

$x=1$일 때, $y=$□이므로 점 (□, □)를 지난다.
원점 (□, □)을 지난다.

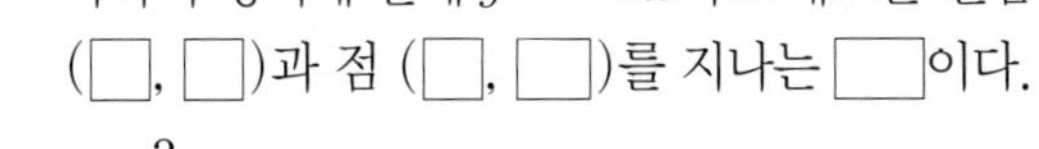
따라서 정비례 관계 $y=-2x$의 그래프는 원점 (□, □)과 점 (□, □)를 지나는 □이다.

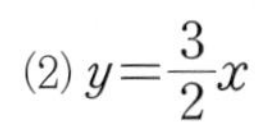
(2) $y=\frac{3}{2}x$

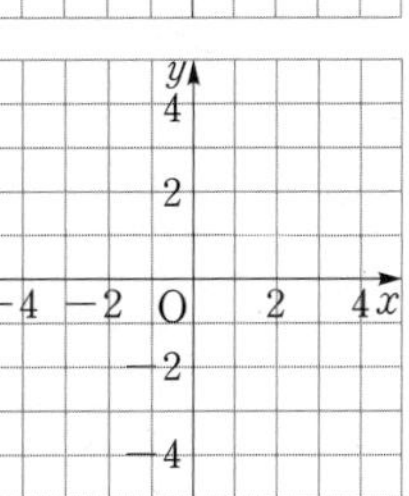

$x=2$일 때, $y=$□이므로 점 (□, □)을 지난다.
원점 (□, □)을 지난다.
따라서 정비례 관계 $y=\frac{3}{2}x$의 그래프는 원점

(□, □)과 점 (□, □)을 지나는 □이다.

02 다음 정비례 관계의 그래프를 그리시오.

(1) $y=6x$　　(2) $y=-\frac{3}{5}x$

03 정비례 관계 $y=\frac{6}{5}x$의 그래프가 오른쪽 그림과 같을 때, a의 값을 구하시오.

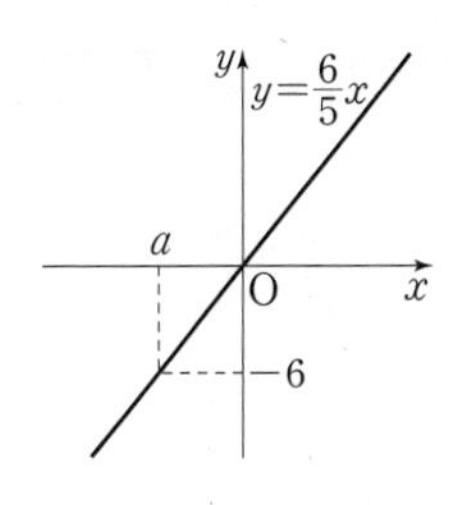

x와 y 사이의 관계식에 그래프가 지나는 한 점의 좌표를 대입하여 a의 값을 구한다.

04 정비례 관계의 그래프가 다음과 같을 때, 두 변수 x와 y 사이의 관계식을 구하시오.

(1)

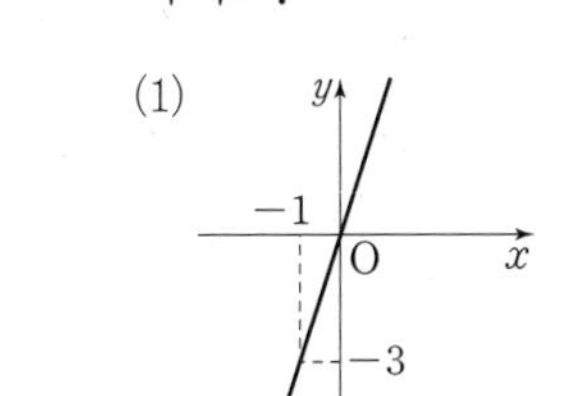

(2)

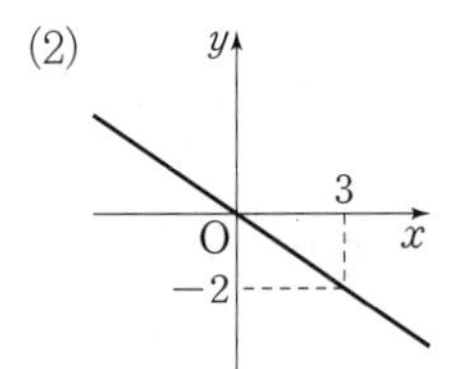

정비례 관계의 그래프이므로
⇨ ① $y=ax\,(a\neq0)$의 꼴
② 그래프가 지나는 원점이 아닌 한 점의 좌표를 대입하여 a의 값을 구한다.
③ x와 y 사이의 관계식을 구한다.

핵심 문제 익히기

더 다양한 문제는 RPM 중1-1 135쪽

01 정비례 관계 $y=ax\,(a\neq0)$의 그래프

다음 중 정비례 관계 $y=-\frac{3}{2}x$의 그래프는?

① 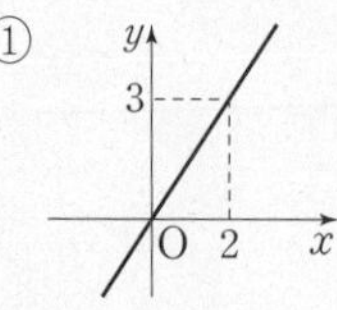

②

③ 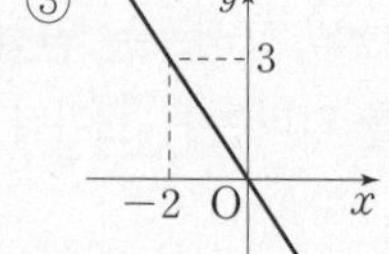

④ 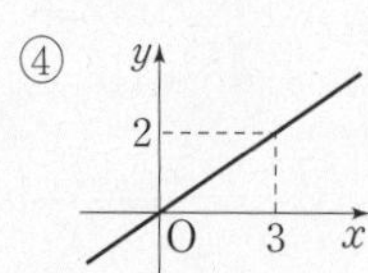

⑤ 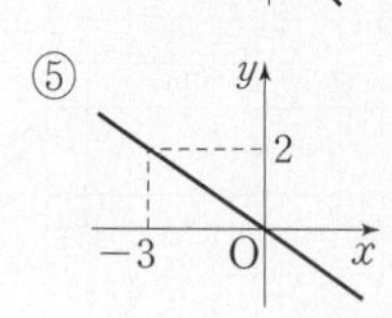

Key Point

정비례 관계 $y=ax\,(a\neq0)$의 그래프의 모양
⇨ ① 원점을 지나는 직선
② $a>0$일 때 제1사분면과 제3사분면을 지난다.
$a<0$일 때 제2사분면과 제4사분면을 지난다.

풀이

정비례 관계 $y=-\frac{3}{2}x$에서 $x=-2$일 때, $y=3$이므로 점 $(-2,\ 3)$을 지난다. 따라서 정비례 관계 $y=-\frac{3}{2}x$의 그래프는 원점 O와 점 $(-2,\ 3)$을 지나는 직선이므로 ③이다.

확인 1 다음 정비례 관계의 그래프를 그리시오.

(1) $y=-\frac{3}{4}x$ (2) $y=\frac{1}{2}x$ (3) $y=4x$

더 다양한 문제는 RPM 중1-1 135쪽

02 정비례 관계 $y=ax\,(a\neq0)$의 그래프와 a의 절댓값 사이의 관계

다음 정비례 관계의 그래프 중에서 y축에 가장 가까운 것은?

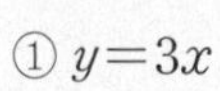

① $y=3x$ ② $y=-\frac{1}{2}x$ ③ $y=\frac{3}{5}x$
④ $y=-4x$ ⑤ $y=-6x$

Key Point

정비례 관계 $y=ax\,(a\neq0)$의 그래프는 a의 절댓값이 클수록 y축에 가깝고 a의 절댓값이 작을수록 x축에 가깝다.

풀이

정비례 관계 $y=ax\,(a\neq0)$의 그래프는 a의 절댓값이 클수록 y축에 가깝다.
즉, $\left|-\frac{1}{2}\right|<\left|\frac{3}{5}\right|<|3|<|-4|<|-6|$이므로 y축에 가장 가까운 그래프는 a의 절댓값이 가장 큰 ⑤이다.

확인 2 다음 정비례 관계의 그래프 중 x축에 가장 가까운 것은?

① $y=-5x$ ② $y=-\frac{1}{2}x$ ③ $y=\frac{1}{12}x$
④ $y=-4x$ ⑤ $y=3x$

더 다양한 문제는 RPM 중1-1 136쪽

03 정비례 관계 $y=ax\ (a\neq0)$의 그래프가 지나는 점

Key Point

그래프가 점 $(p,\ q)$를 지난다.
⇨ x와 y 사이의 관계식에 $x=p,\ y=q$를 대입하면 등식이 성립한다.

정비례 관계 $y=\frac{a}{2}x$의 그래프가 점 $(-4,\ -6)$을 지날 때, 다음 중 이 그래프 위에 있지 않은 점은? (단, a는 상수)

① $(-8,\ -12)$ ② $(6,\ -9)$ ③ $\left(-1,\ -\frac{3}{2}\right)$
④ $(2,\ 3)$ ⑤ $\left(3,\ \frac{9}{2}\right)$

풀이

$y=\frac{a}{2}x$에 $x=-4,\ y=-6$을 대입하면 $-6=\frac{a}{2}\times(-4)$에서 $a=3$ $\therefore y=\frac{3}{2}x$

② $y=\frac{3}{2}x$에 $x=6$을 대입하면 $y=9$이므로 점 $(6,\ -9)$는 정비례 관계 $y=\frac{3}{2}x$의 그래프 위에 있지 않다. ∴ ②

확인 3 두 점 $(a,\ -4)$, $(-1,\ 2)$가 정비례 관계 $y=bx\ (b\neq0)$의 그래프 위의 점일 때, $a+b$의 값을 구하시오. (단, b는 상수)

더 다양한 문제는 RPM 중1-1 136쪽

04 정비례 관계 $y=ax\ (a\neq0)$의 그래프의 성질

Key Point

정비례 관계 $y=ax(a\neq0)$의 그래프

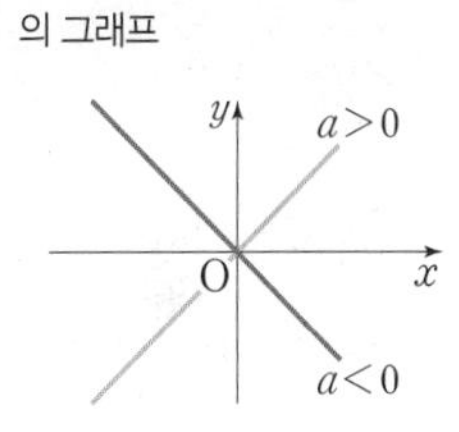

정비례 관계 $y=-\frac{3}{2}x$의 그래프에 대한 다음 설명 중 옳지 않은 것을 모두 고르면? (정답 2개)

① 원점을 지나는 직선이다.
② 점 $(6,\ -9)$를 지난다.
③ 제1사분면과 제3사분면을 지난다.
④ x의 값이 증가하면 y의 값도 증가한다.
⑤ 정비례 관계 $y=x$의 그래프보다 y축에 가깝다.

풀이

③ $-\frac{3}{2}<0$이므로 제2사분면과 제4사분면을 지난다.

④ $-\frac{3}{2}<0$이므로 x의 값이 증가하면 y의 값은 감소한다. ∴ ③, ④

확인 4 다음 **보기** 중 정비례 관계 $y=6x$의 그래프에 대한 설명으로 옳지 않은 것을 모두 고르시오.

보기
ㄱ. 원점을 지나는 직선이다.
ㄴ. x의 값이 증가하면 y의 값은 감소한다.
ㄷ. 점 $(1,\ 6)$과 점 $(-1,\ -6)$을 지난다.
ㄹ. 제2사분면과 제4사분면을 지난다.

더 다양한 문제는 RPM 중1-1 137쪽

05 정비례 관계 $y=ax\,(a\neq0)$의 그래프가 주어진 경우

정비례 관계 $y=ax\,(a\neq0)$의 그래프가 오른쪽 그림과 같을 때, $a+b$의 값을 구하시오. (단, a는 상수)

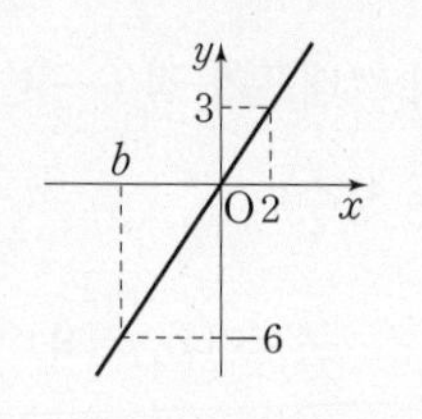

Key Point

정비례 관계식 구하기

① $y=ax\,(a\neq0)$로 놓는다.

② 그래프가 지나는 점이 $(p,\ q)$이면 $x=p$, $y=q$를 대입하여 a의 값을 구한다.

③ x와 y 사이의 관계식을 구한다.

풀이

정비례 관계 $y=ax\,(a\neq0)$의 그래프가 점 $(2,\ 3)$을 지나므로 $y=ax$에 $x=2$, $y=3$을 대입하면

$3=2a$에서 $a=\frac{3}{2}$ $\qquad\therefore y=\frac{3}{2}x$

따라서 정비례 관계 $y=\frac{3}{2}x$의 그래프가 점 $(b,\ -6)$을 지나므로 $y=\frac{3}{2}x$에 $x=b$, $y=-6$을 대입하면 $-6=\frac{3}{2}\times b$에서 $b=-4$ $\qquad\therefore a+b=\frac{3}{2}+(-4)=\mathbf{-\frac{5}{2}}$

확인 5 정비례 관계 $y=ax\,(a\neq0)$의 그래프가 오른쪽 그림과 같을 때, 점 A의 좌표를 구하시오. (단, a는 상수)

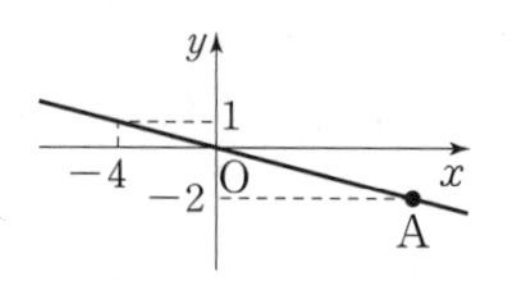

더 다양한 문제는 RPM 중1-1 137쪽

06 정비례 관계 $y=ax\,(a\neq0)$의 그래프와 도형의 넓이

두 정비례 관계 $y=\frac{1}{3}x$, $y=-x$의 그래프가 오른쪽 그림과 같이 점 $(6,\ 0)$을 지나고 y축과 평행한 직선과 만나는 점을 각각 A, B라 할 때, 삼각형 AOB의 넓이를 구하시오.

(단, O는 원점이다.)

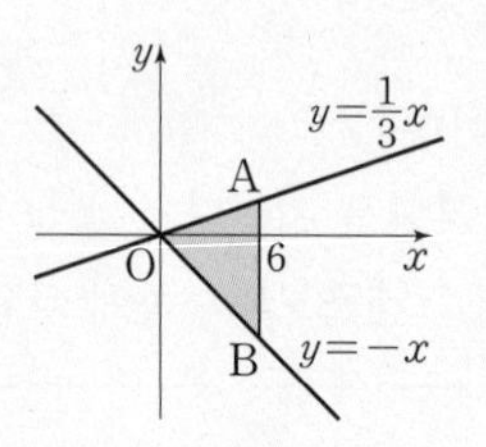

Key Point

정비례 관계 $y=ax\,(a\neq0)$의 그래프 위의 한 점 P에 대하여 점 P의 x좌표가 k이면 y좌표는 ak이다.

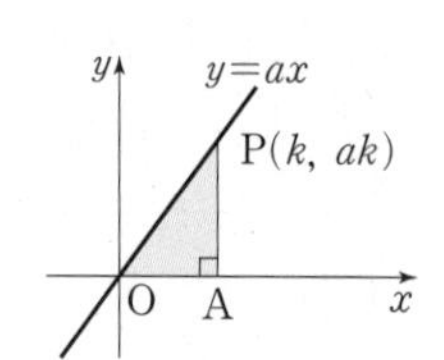

⇨ ① $\mathrm{P}(k,\ ak)$

② 삼각형 POA에서

선분 OA의 길이 : $|k|$

선분 PA의 길이 : $|ak|$

풀이

$y=\frac{1}{3}x$에 $x=6$을 대입하면 $y=2$ $\qquad\therefore \mathrm{A}(6,\ 2)$

$y=-x$에 $x=6$을 대입하면 $y=-6$ $\qquad\therefore \mathrm{B}(6,\ -6)$

이때 (선분 AB의 길이)$=2-(-6)=8$이므로 (삼각형 AOB의 넓이)$=\frac{1}{2}\times8\times6=\mathbf{24}$

확인 6 두 정비례 관계 $y=\frac{1}{2}x$, $y=2x$의 그래프가 오른쪽 그림과 같을 때, 삼각형 POQ의 넓이를 구하시오.

(단, O는 원점이다.)

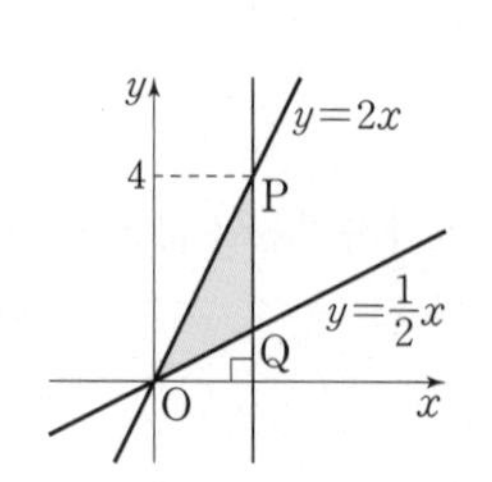

이런 문제가 시험에 나온다

생각해 봅시다!

01 정비례 관계 $y=-\frac{1}{2}x$의 그래프에 대한 다음 설명 중 옳지 않은 것을 모두 고르면? (정답 2개)

① 원점을 지나는 직선이다.
② 점 $(-2, 1)$을 지난다.
③ 정비례 관계 $y=\frac{1}{3}x$의 그래프보다 x축에 가깝다.
④ x의 값이 증가하면 y의 값은 감소한다.
⑤ 제2사분면과 제4사분면을 지나는 한 쌍의 곡선이다.

정비례 관계 $y=ax\,(a\neq0)$의 그래프는 a의 절댓값이 클수록 y축에 가깝다.

02 정비례 관계 $y=-x$의 그래프와 직선 l이 오른쪽 그림과 같을 때, 다음 정비례 관계식 중 그 그래프가 직선 l이 될 수 있는 것은?

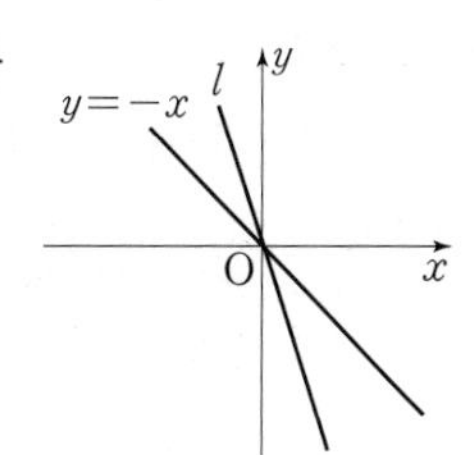

① $y=-2x$　② $y=-\frac{1}{3}x$　③ $y=-\frac{1}{2}x$
④ $y=\frac{1}{3}x$　⑤ $y=4x$

직선 l은 원점을 지나고 오른쪽 아래로 향하는 직선으로 정비례 관계 $y=-x$의 그래프보다 y축에 가깝다.

03 두 정비례 관계 $y=ax\,(a\neq0)$, $y=bx\,(b\neq0)$의 그래프가 오른쪽 그림과 같을 때, ab의 값은? (단, a, b는 상수)

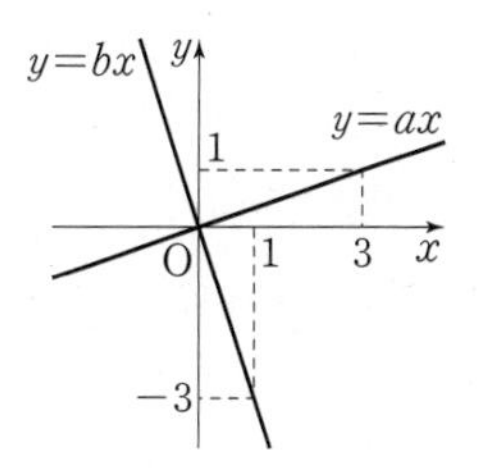

① -6　② -3　③ -1
④ 3　⑤ 9

그래프가 점 (p, q)를 지난다.
⇨ x와 y 사이의 관계식에 $x=p$, $y=q$를 대입한다.

04 다음 중 오른쪽 그림과 같은 그래프 위의 점은?

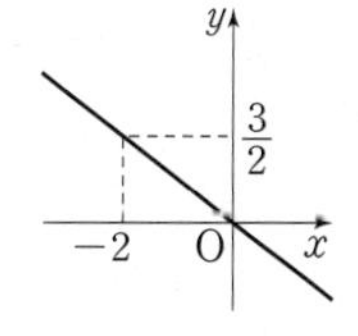

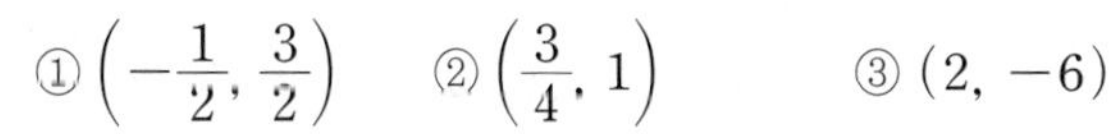
① $\left(-\frac{1}{2}, \frac{3}{2}\right)$　② $\left(\frac{3}{4}, 1\right)$　③ $(2, -6)$
④ $(3, -4)$　⑤ $(4, -3)$

먼저 정비례 관계식을 구한다.

05 두 정비례 관계 $y=\frac{1}{2}x$, $y=-3x$의 그래프가 오른쪽 그림과 같이 y좌표가 -6인 점 P, Q를 각각 지날 때, 삼각형 OPQ의 넓이를 구하시오. (단, O는 원점이다.)

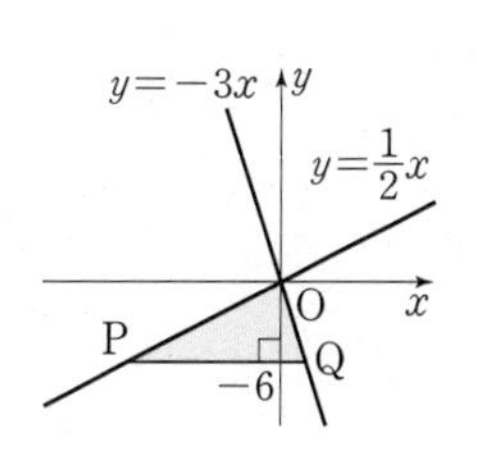

03 반비례

개념원리 이해

1 반비례 관계는 무엇일까?

◎ 핵심문제 1~3

(1) **반비례** : 두 변수 x와 y 사이에 x의 값이 2배, 3배, 4배, $\cdots$가 될 때, y의 값은 $\frac{1}{2}$배, $\frac{1}{3}$배, $\frac{1}{4}$배, $\cdots$가 되는 관계가 있으면 y는 x에 반비례한다고 한다.

(2) **반비례 관계식**

y가 x에 반비례할 때, x와 y 사이의 관계식은

$$y=\frac{a}{x}\ (a\neq0)$$

(3) **반비례의 성질**

y가 x에 반비례할 때, xy의 값은 항상 a로 일정하다.

$$y=\frac{a}{x} \Rightarrow xy=a\ (\text{일정})$$

▶ 반비례 관계 $y=\frac{a}{x}\ (a\neq0)$에서 a는 0이 아닌 일정한 수이고, x는 분모이므로 0이 될 수 없다.

설명 넓이가 $24\,\text{cm}^2$인 직사각형에서 가로의 길이를 $x\,\text{cm}$, 세로의 길이를 $y\,\text{cm}$라 하면 x의 값의 변화에 따른 y의 값의 변화는 다음과 같다.

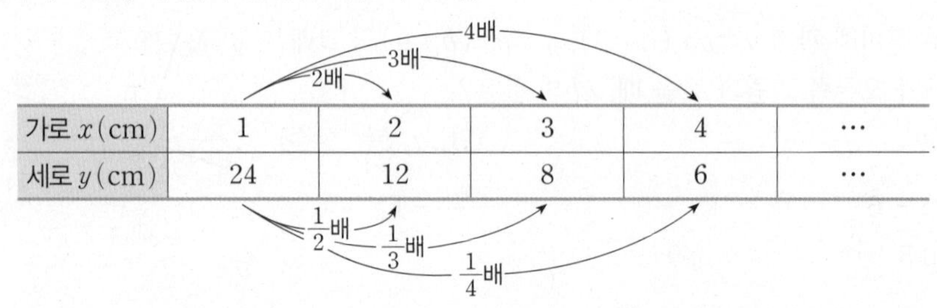

가로 x(cm)	1	2	3	4	$\cdots$
세로 y(cm)	24	12	8	6	$\cdots$

㉠ x의 값이 2배, 3배, 4배, $\cdots$가 될 때, y의 값은 $\frac{1}{2}$배, $\frac{1}{3}$배, $\frac{1}{4}$배, $\cdots$가 되는 관계가 있으므로 y는 x에 반비례한다.

㉡ x와 y 사이의 관계식은 $y=\frac{24}{x}$

㉢ $xy=1\times24=2\times12=3\times8=4\times6=\cdots=24$ (일정)

예 $y=\frac{2}{x}$, $y=-\frac{3}{x}$, $y=\frac{3}{2x}$ ⇨ y가 x에 반비례한다.

$y=\frac{2}{x}+3$, $y=-\frac{3}{x}-1$ ⇨ y가 x에 반비례하지 않는다.

수학 실력의 비결은 개념원리의 이해부터이다. 개념원리 확인하기를 통하여 개념과 원리를 정확히 이해하자.

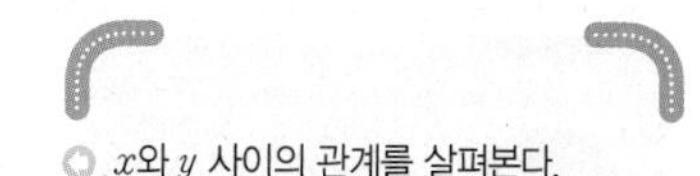

정답과 풀이 p.116

01 무게가 600 g인 케이크를 똑같이 나누려고 한다. x조각으로 나누면 한 조각의 무게가 y g일 때, 다음 물음에 답하시오.

(1) 다음 표를 완성하시오.

x (조각)	1	2	3	4	…
y (g)	600		200		…

(2) x와 y 사이에는 어떤 관계가 있는지 말하시오.

( )

(3) x와 y 사이의 관계식은 $y=\frac{\square}{x}$이다.

02 넓이가 36 cm²인 직사각형의 가로의 길이를 x cm, 세로의 길이를 y cm라 할 때, 다음 물음에 답하시오.

(1) 다음 표를 완성하시오.

x (cm)	1	2	3	4	…
y (cm)	36	18			…

(2) x와 y 사이에는 어떤 관계가 있는지 말하시오.

( )

(3) x와 y 사이의 관계식을 구하시오.

( )

03 다음 중 y가 x에 반비례하는 것은 '○'표, 반비례하지 않는 것은 '×' 표를 하시오.

(1) $y=-\frac{11}{x}$ ( )　　(2) $y=\frac{x}{12}$ ( )

(3) $y=\frac{2}{x}$ ( )　　(4) $y=-\frac{1}{x}+5$ ( )

(5) $y=-\frac{x}{6}$ ( )　　(6) $xy=4$ ( )

(7) $y=-x+2$ ( )　　(8) $y=-5x$ ( )

04 y가 x에 반비례하고 x의 값에 대한 y의 값이 다음과 같을 때, x와 y 사이의 관계식을 구하시오.

(1) $x=5$일 때 $y=-2$

(2) $x=-10$일 때 $y=3$

(3) $x=4$일 때 $y=\frac{1}{2}$

◎ x와 y 사이의 관계를 살펴본다.

◎ y가 x에 반비례한다.
⇨ $y=\frac{a}{x}$, $xy=a\,(a\neq0)$의 꼴

◎ 반비례 관계식 구하기
⇨ $y=\frac{a}{x}\,(a\neq0)$로 놓고 주어진 x, y의 값을 대입하여 a의 값을 구한다.

핵심 문제 익히기

더 다양한 문제는 RPM 중1-1 138쪽

01 반비례 관계식 찾기

다음 중 y가 x에 반비례하는 것을 모두 고르면? (정답 2개)

① $y=6-x$ ② $x+y=2$ ③ $xy=3$
④ $\frac{x}{y}=-2$ ⑤ $y=-\frac{4}{x}$

Key Point

반비례 관계식
⇨ $y=\frac{a}{x}$, $xy=a\,(a\neq0)$의 꼴

풀이

y가 x에 반비례하므로 $y=\frac{a}{x}\,(a\neq0)$의 꼴이다.

①, ② 정비례 관계도 아니고 반비례 관계도 아니다.

④ $\frac{x}{y}=-2$에서 $-2y=x$ $\therefore y=-\frac{1}{2}x$ (정비례)

따라서 y가 x에 반비례하는 것은 ③, ⑤이다.

확인 1 다음 중 y가 x에 반비례하는 것을 모두 고르면? (정답 2개)

① $y=\frac{1}{x}-1$ ② $x=-\frac{5}{y}$ ③ $y=x-2$
④ $y=\frac{7}{x}$ ⑤ $y=\frac{x}{12}$

더 다양한 문제는 RPM 중1-1 138쪽

02 반비례 관계식 구하기

y가 x에 반비례하고, $x=-3$일 때 $y=\frac{7}{3}$이다. $y=-\frac{1}{2}$일 때 x의 값을 구하시오.

Key Point

반비례 관계식 구하기
⇨ y가 x에 반비례하면
① $y=\frac{a}{x}\,(a\neq0)$로 놓는다.
② 주어진 x, y의 값을 대입하여 a의 값을 구한다.
③ x와 y 사이의 관계식을 구한다.

풀이

y가 x에 반비례하므로 $y=\frac{a}{x}\,(a\neq0)$로 놓고 $x=-3$, $y=\frac{7}{3}$을 대입하면

$\frac{7}{3}=\frac{a}{-3}$에서 $a=-7$ $\therefore y=-\frac{7}{x}$

$y=-\frac{7}{x}$에 $y=-\frac{1}{2}$을 대입하면 $-\frac{1}{2}=-\frac{7}{x}$ $\therefore$ $x=\mathbf{14}$

$\frac{B}{A}=\frac{D}{C}$
⇨ $BC=AD$

확인 2 y가 x에 반비례할 때, x와 y 사이의 관계를 표로 나타내면 다음과 같다. 이때 $A+B+C$의 값을 구하시오.

x	2	3	B	6
y	A	4	3	C

더 다양한 문제는 RPM 중1-1 138쪽

03 반비례 관계 찾기

다음 중 y가 x에 반비례하는 것을 모두 고르면? (정답 2개)

① 넓이가 40cm^2인 평행사변형의 밑변의 길이는 $x$cm, 높이는 $y$cm이다.
② 무게가 300g인 그릇에 물 xg을 넣었을 때, 전체 무게는 yg이다.
③ x%의 소금물 300g에 녹아 있는 소금의 양은 yg이다.
④ 10km의 거리를 시속 $x$km로 달릴 때, 걸린 시간은 y시간이다.
⑤ 18cm인 초가 $x$cm만큼 타고 남은 초의 길이는 $y$cm이다.

Key Point

반비례 관계 찾기
⇨ x와 y 사이에 $y=\frac{a}{x}(a\neq0)$인 관계식이 성립하면 y가 x에 반비례한다.

풀이

① (평행사변형의 넓이)=(밑변의 길이)×(높이)이므로

$40=x\times y \qquad \therefore y=\frac{40}{x}$ (반비례)

② $y=300+x$이므로 정비례 관계도 아니고 반비례 관계도 아니다.

③ (소금의 양)$=\frac{(\text{소금물의 농도})}{100}\times$(소금물의 양)이므로

$y=\frac{x}{100}\times300=3x$ (정비례)

④ (시간)$=\frac{(\text{거리})}{(\text{속력})}$이므로 $y=\frac{10}{x}$ (반비례)

⑤ $y=18-x$이므로 정비례 관계도 아니고 반비례 관계도 아니다.

따라서 y가 x에 반비례하는 것은 ①, ④이다.

확인 3 다음 **보기**에서 y가 x에 반비례하는 것을 모두 고른 것은?

보기

ㄱ. 자동차가 시속 $x$km로 5시간 동안 달린 거리 $y$km
ㄴ. 한 변의 길이가 $x$cm인 정육각형의 둘레의 길이 $y$cm
ㄷ. 소금물 xg에 녹아 있는 소금의 양이 10g일 때 소금물의 농도 y%
ㄹ. 한 변의 길이가 $x$cm인 정사각형의 넓이 $y\text{cm}^2$
ㅁ. 50L 들이 빈 물통에 1분에 xL씩 물을 채울 때 물을 가득 채우는 데 걸리는 시간 y분
ㅂ. 200쪽인 책을 x쪽 읽었을 때 남은 쪽수 y쪽

① ㄱ, ㄴ　　② ㄴ, ㄷ　　③ ㄷ, ㅁ
④ ㄱ, ㄷ, ㅂ　　⑤ ㄴ, ㄷ, ㄹ

정답과 풀이 p.117

이런 문제가 시험에 나온다

01 다음 중 x의 값이 2배, 3배, 4배, …가 될 때, y의 값은 $\frac{1}{2}$배, $\frac{1}{3}$배, $\frac{1}{4}$배, …가 되는 관계가 있는 것을 모두 고르면? (정답 2개)

① $x+y=5$ ② $y=-\frac{9}{x}$ ③ $x-2y=0$
④ $xy=6$ ⑤ $y=-\frac{x}{2}$

생각해 봅시다! 반비례 관계식을 찾는다.

02 y가 x에 반비례하고, $x=2$일 때 $y=4$이다. x와 y 사이의 관계식은?

① $y=2x$ ② $y=\frac{8}{x}$ ③ $y=-2x$
④ $y=-\frac{4}{x}$ ⑤ $y=x+2$

03 y가 x에 반비례하고, $x=8$일 때 $y=2$이다. $x=\frac{1}{2}$일 때 y의 값은?

① 2 ② 4 ③ 8
④ 16 ⑤ 32

먼저 반비례 관계식을 구한다.

04 다음 표에서 y가 x에 반비례할 때, $A-B$의 값은?

x	-5	-2	4	B
y	A	10	-5	-1

① -16 ② -14 ③ -12
④ -10 ⑤ -8

주어진 x, y의 값을 $y=\frac{a}{x}\,(a\neq0)$에 대입하여 a의 값을 먼저 구한다.

05 다음 중 y가 x에 반비례하는 것을 모두 고르면? (정답 2개)

① 밑면의 넓이가 $7\,\text{cm}^2$이고 높이가 $x\,\text{cm}$인 원기둥의 부피는 $y\,\text{cm}^3$이다.
② 20 km의 거리를 시속 x km로 달릴 때 걸린 시간은 y시간이다.
③ 농도가 x %인 설탕물 y g 속에 녹아 있는 설탕의 양이 20 g이다.
④ 180쪽인 책을 x쪽 읽고 남은 쪽수는 y쪽이다.
⑤ 두께가 15 mm인 책 x권을 쌓았을 때의 전체 두께는 y mm이다.

04 반비례 관계의 그래프

개념원리 이해

1 반비례 관계 $y=\frac{a}{x}(a\neq 0)$의 그래프는 어떻게 그리는가?

○ 핵심문제 1, 2, 4

x의 값의 범위가 0을 제외한 수 전체일 때, 반비례 관계 $y=\frac{a}{x}(a\neq 0)$의 그래프는 좌표축에 가까워지면서 한없이 뻗어 나가는 한 쌍의 매끄러운 곡선이다.

	$a>0$일 때	$a<0$일 때
그래프	(그래프: y, 증가, $(1, a)$ 감소, a, O, 1, x)	(그래프: y, O, 1, x, a, $(1, a)$ 증가, 증가)
지나는 사분면	**제1사분면**과 **제3사분면**을 지난다.	**제2사분면**과 **제4사분면**을 지난다.
그래프의 모양	좌표축에 점점 가까워지면서 한없이 뻗어 나가는 한 쌍의 곡선	

▶ ① a의 부호에 관계없이 원점에 대하여 대칭이고 x축, y축과 만나지 않는다.
② 특별한 말이 없으면 반비례 관계 $y=\frac{a}{x}(a\neq 0)$에서 변수 x의 값의 범위는 0을 제외한 수 전체로 생각한다.
③ 반비례 관계 $y=\frac{a}{x}(a\neq 0)$의 그래프는 항상 점 $(1, a)$를 지난다.

설명 반비례 관계 $y=\frac{6}{x}$에서 x의 값 사이의 간격을 점점 좁게 하여 순서쌍 (x, y)를 좌표로 하는 점을 좌표평면 위에 나타내면 한 쌍의 곡선에 가까운 형태가 된다. 따라서 x의 값이 0을 제외한 수 전체일 때, 반비례 관계 $y=\frac{6}{x}$의 그래프는 좌표축에 가까워지면서 한없이 뻗어 나가는 한 쌍의 매끄러운 곡선이 된다.

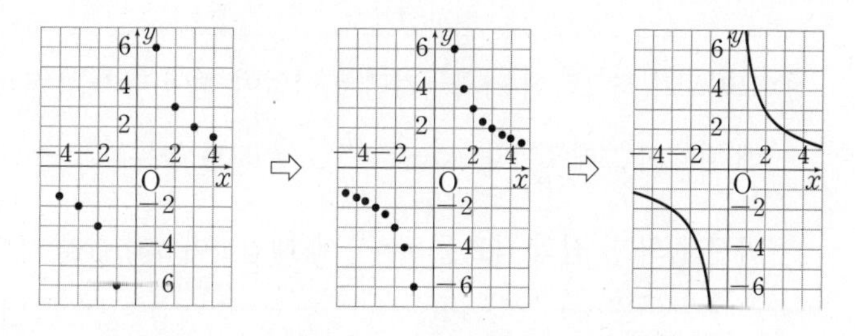

참고 **반비례 관계 $y=\frac{a}{x}(a\neq 0)$의 그래프와 a의 절댓값 사이의 관계**

반비례 관계 $y=\frac{1}{x}$, $y=\frac{4}{x}$, $y=-\frac{1}{x}$, $y=-\frac{4}{x}$의 그래프에서 반비례 관계 $y=\frac{a}{x}(a\neq 0)$의 그래프는 a의 절댓값이 클수록 원점에서 멀어짐을 알 수 있다. 즉, 반비례 관계 $y=\frac{a}{x}(a\neq 0)$의 그래프는 $\begin{cases} a\text{의 절댓값이 클수록 원점에서 멀다.} \\ a\text{의 절댓값이 작을수록 원점에 가깝다.} \end{cases}$

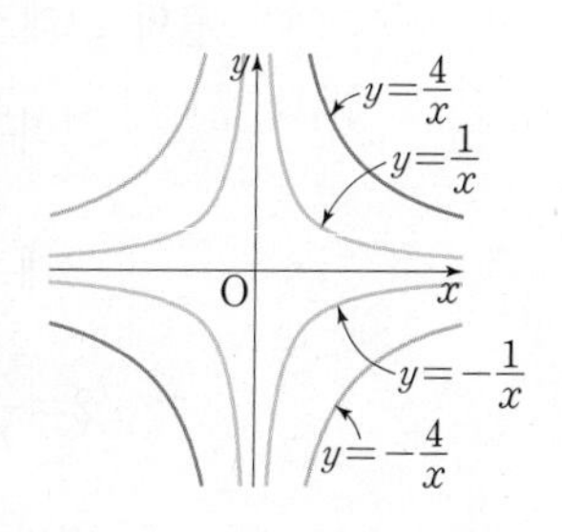

2 반비례 관계 $y=\frac{a}{x}(a\neq0)$의 그래프 그리기

핵심문제 1

반비례 관계 $y=\frac{a}{x}(a\neq0)$의 그래프는 좌표축에 가까워지면서 한없이 뻗어 나가는 한 쌍의 매끄러운 곡선이므로 이 곡선이 지나는 몇 개의 점을 찾아 매끄러운 곡선으로 연결한다. 이때 x축, y축과 닿지 않도록 그린다.

▶ 곡선이 지나는 몇 개의 점을 찾을 때, x, y의 값이 모두 정수이면 점 (x, y)를 좌표평면 위에 나타내기 쉽다. 따라서 반비례 관계 $y=\frac{a}{x}(a\neq0)$에서 $|a|$의 약수와 그 약수에 음의 부호를 붙인 값을 x의 값으로 하고 각 x의 값에 따른 y의 값을 구하여 표로 나타낸다. 즉, 순서쌍 (x, y)를 좌표로 하는 점을 좌표평면 위에 나타내고 매끄러운 곡선으로 연결한다.

예 반비례 관계 $y=-\frac{3}{x}$의 그래프를 그리시오.

풀이 반비례 관계 $y=-\frac{3}{x}$에서 x의 값이 -3, -1, 1, 3일 때, x의 값에 따른 y의 값을 구하여 표로 나타내면 다음과 같다.

x	-3	-1	1	3
y	1	3	-3	-1

따라서 순서쌍 (x, y)를 좌표로 하는 점 $(-3, 1)$, $(-1, 3)$, $(1, -3)$, $(3, -1)$을 좌표평면 위에 나타내고 매끄러운 곡선으로 연결하면 오른쪽 그림과 같다.

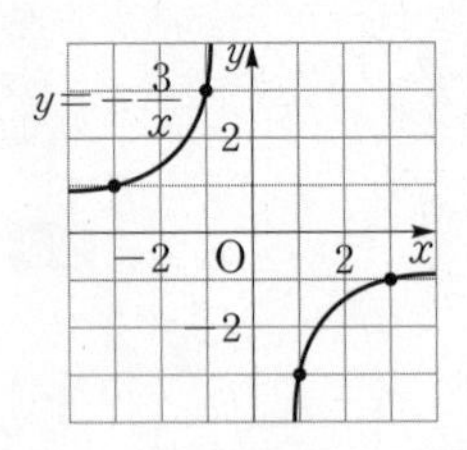

3 그래프가 주어질 때 x와 y 사이의 관계식 구하기(반비례 관계)

핵심문제 5, 6

① 그래프가 좌표축에 가까워지면서 한없이 뻗어 나가는 한 쌍의 매끄러운 곡선이면 반비례 관계의 그래프이다. ⇨ $y=\frac{a}{x}(a\neq0)$로 놓는다.

② 곡선 위의 한 점의 좌표를 $y=\frac{a}{x}$에 대입하여 a의 값을 구한다.

예 오른쪽 그래프가 나타내는 x와 y 사이의 관계식을 구하시오.

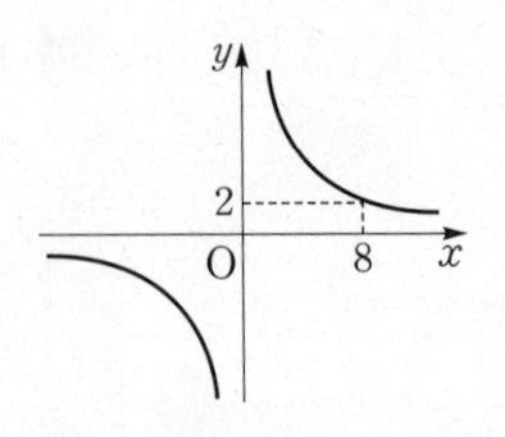

풀이 그래프가 좌표축에 가까워지면서 한없이 뻗어 나가는 한 쌍의 매끄러운 곡선이므로 $y=\frac{a}{x}(a\neq0)$로 놓는다.

그래프가 점 $(8, 2)$를 지나므로 $y=\frac{a}{x}$에 $x=8$, $y=2$를 대입하면

$2=\frac{a}{8}$ $\therefore a=16$

따라서 구하는 x와 y 사이의 관계식은 $y=\frac{16}{x}$

개념원리 확인하기

수학 실력의 비결은 개념원리의 이해부터이다. 개념원리 확인하기를 통하여 개념과 원리를 정확히 이해하자.

정답과 풀이 p.117

01 다음 반비례 관계에 대하여 변수 x의 값이 0을 제외한 수 전체일 때, 표를 완성하고 그래프를 그리시오.

(1) $y=\frac{4}{x}$

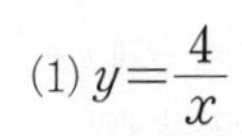

x	-4	-2	-1	1	2	4
y						

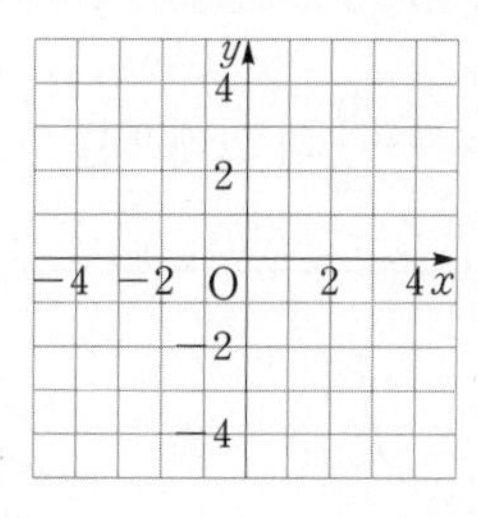

따라서 순서쌍 (x, y)를 좌표로 하는 점을 좌표평면 위에 나타내고 매끄러운 $\square$으로 연결한다.

(2) $y=-\frac{6}{x}$

x	-6	-3	-2	-1	1	2	3	6
y								

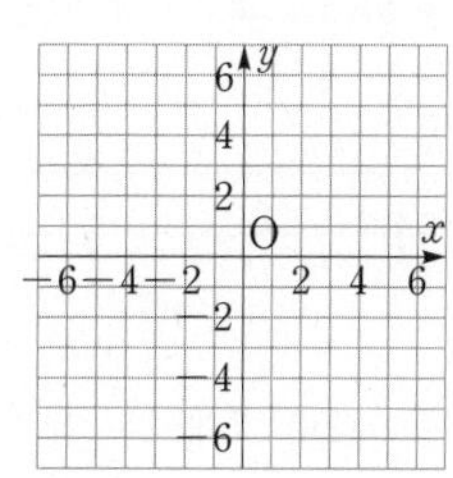

따라서 순서쌍 (x, y)를 좌표로 하는 점을 좌표평면 위에 나타내고 매끄러운 $\square$으로 연결한다.

◎ 반비례 관계 $y=\frac{a}{x}(a\neq0)$의 그래프 그리기
⇨ 이 그래프가 지나는 몇 개의 점을 찾아 매끄러운 곡선으로 연결한다.

02 다음 반비례 관계의 그래프를 그리시오.

(1) $y=\frac{5}{x}$　　　(2) $y=-\frac{4}{x}$

03 반비례 관계 $y=\frac{a}{x}(a\neq0)$의 그래프가 오른쪽 그림과 같을 때, 상수 a의 값을 구하시오.

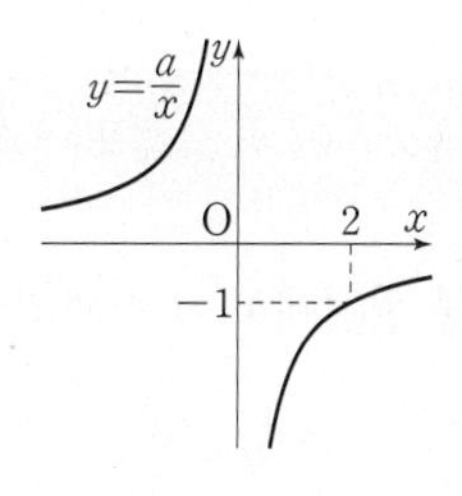

◎ x와 y 사이의 관계식에 그래프가 지나는 한 점의 좌표를 대입하여 a의 값을 구한다.

04 반비례 관계의 그래프가 다음과 같을 때, 두 변수 x와 y 사이의 관계식을 구하시오.

(1)

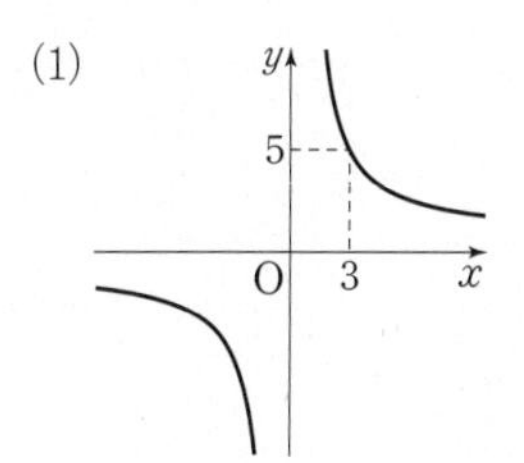

(2)

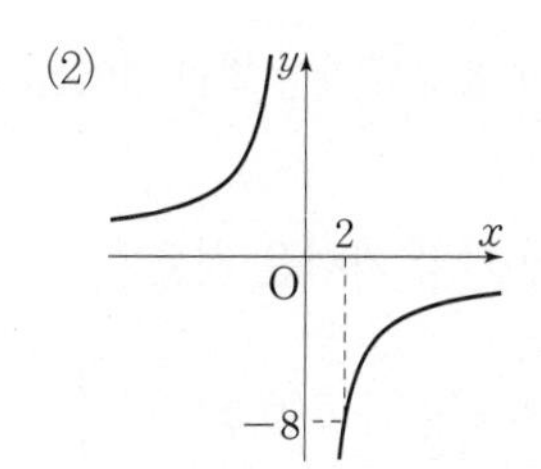

◎ 반비례 관계의 그래프이므로
① $y=\frac{a}{x}(a\neq0)$의 꼴
② 그래프가 지나는 한 점의 좌표를 대입하여 a의 값을 구한다.
③ x와 y 사이의 관계식을 구한다.

핵심 문제 익히기

더 다양한 문제는 RPM 중1-1 139쪽

01 반비례 관계 $y=\frac{a}{x}(a\neq0)$의 그래프

다음 **보기**에서 반비례 관계 $y=-\frac{9}{x}$의 그래프를 고르시오.

보기

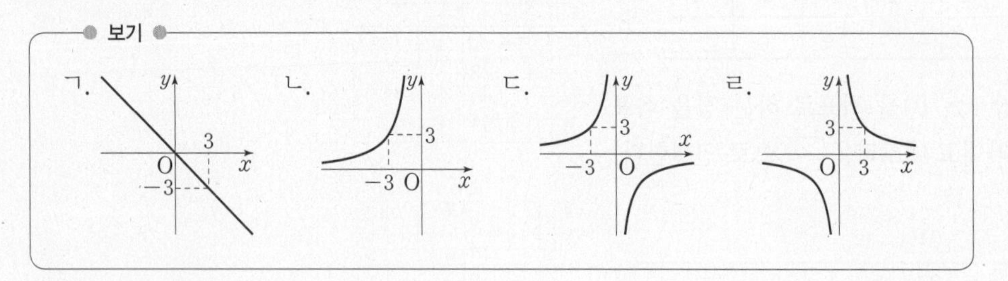

Key Point

반비례 관계 $y=\frac{a}{x}(a\neq0)$의 그래프의 모양

⇨ ① 좌표축에 가까워지면서 한없이 뻗어 나가는 한 쌍의 매끄러운 곡선

② $a>0$일 때 제1사분면과 제3사분면에 있다.

$a<0$일 때 제2사분면과 제4사분면에 있다.

풀이

반비례 관계 $y=-\frac{9}{x}$에서 $-9<0$이므로 그래프는 제2사분면과 제4사분면을 지나는 한 쌍의 매끄러운 곡선이다. $x=-3$일 때 $y=3$이므로 점 $(-3, 3)$을 지난다. ∴ ㄷ

확인 1 다음 중 그래프가 제2사분면과 제4사분면을 지나는 x와 y 사이의 관계식을 모두 고르면? (정답 2개)

① $y=-\frac{4}{x}$ ② $y=\frac{4}{5}x$ ③ $y=-2x$ ④ $y=3x$ ⑤ $y=\frac{6}{x}$

더 다양한 문제는 RPM 중1-1 139쪽

02 반비례 관계 $y=\frac{a}{x}(a\neq0)$의 그래프와 a의 절댓값 사이의 관계

다음 반비례 관계의 그래프 중 원점에서 가장 멀리 떨어진 것은?

① $y=\frac{2}{x}$ ② $y=\frac{4}{x}$ ③ $y=\frac{5}{3x}$ ④ $y=-\frac{3}{x}$ ⑤ $y=-\frac{5}{2x}$

Key Point

반비례 관계 $y=\frac{a}{x}(a\neq0)$의 그래프는 a의 절댓값이 클수록 원점에서 멀고 a의 절댓값이 작을수록 원점에 가깝다.

풀이

반비례 관계 $y=\frac{a}{x}(a\neq0)$의 그래프는 a의 절댓값이 클수록 원점에서 멀다.

즉, $\left|\frac{5}{3}\right|<|2|<\left|-\frac{5}{2}\right|<|-3|<|4|$이므로 원점에서 가장 멀리 떨어진 것은 ②이다.

확인 2 다음 반비례 관계의 그래프 중 원점에 가장 가까운 것은?

① $y=\frac{1}{x}$ ② $y=-\frac{3}{4x}$ ③ $y=\frac{1}{5x}$ ④ $y=-\frac{4}{x}$ ⑤ $y=\frac{5}{x}$

더 다양한 문제는 RPM 중1-1 140쪽

03 반비례 관계 $y=\frac{a}{x}(a\neq0)$의 그래프가 지나는 점

반비례 관계 $y=\frac{a}{x}(a\neq0)$의 그래프가 두 점 $(2,\ -3)$, $(-1,\ b)$를 지날 때, $a+b$의 값을 구하시오. (단, a는 상수)

Key Point

그래프가 점 $(p,\ q)$를 지난다.
⇨ x와 y 사이의 관계식에 $x=p$, $y=q$를 대입하면 등식이 성립한다.

풀이

반비례 관계 $y=\frac{a}{x}(a\neq0)$의 그래프가 점 $(2,\ -3)$을 지나므로 $y=\frac{a}{x}$에 $x=2$, $y=-3$을 대입하면 $-3=\frac{a}{2}$에서 $a=-6$ $\quad\therefore y=-\frac{6}{x}$

따라서 반비례 관계 $y=-\frac{6}{x}$의 그래프가 점 $(-1,\ b)$를 지나므로 $y=-\frac{6}{x}$에 $x=-1$, $y=b$를 대입하면 $b=-\frac{6}{-1}=6$ $\quad\therefore a+b=(-6)+6=\mathbf{0}$

확인 3 반비례 관계 $y=\frac{a}{x}(a\neq0)$의 그래프가 두 점 $\left(b,\ \frac{2}{3}\right)$, $(-8,\ 1)$을 지날 때, $a-b$의 값을 구하시오. (단, a는 상수)

더 다양한 문제는 RPM 중1-1 140쪽

04 반비례 관계 $y=\frac{a}{x}(a\neq0)$의 그래프의 성질

반비례 관계 $y=\frac{6}{x}$의 그래프에 대한 다음 설명 중 옳지 않은 것을 모두 고르면? (정답 2개)

① 원점을 지나는 한 쌍의 곡선이다.
② 제1사분면과 제3사분면을 지난다.
③ 점 $(-2,\ -3)$을 지난다.
④ y는 x에 정비례한다.
⑤ $x>0$일 때, x의 값이 증가하면 y의 값은 감소한다.

Key Point

반비례 관계 $y=\frac{a}{x}(a\neq0)$의 그래프

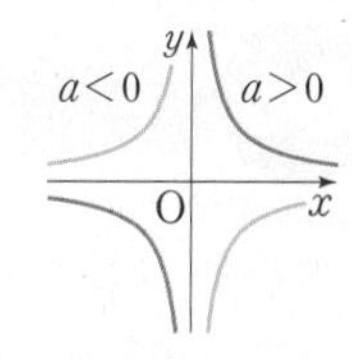

풀이

① 원점을 지나지 않는다.
③ $x=-2$일 때, $y=\frac{6}{-2}=-3$이므로 점 $(-2,\ -3)$을 지난다.
④ y는 x에 반비례한다. $\quad\therefore$ ①, ④

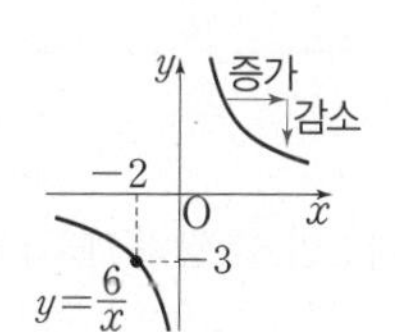

확인 4 다음 **보기**에서 반비례 관계 $y=-\frac{18}{x}$의 그래프에 대한 설명으로 옳은 것을 모두 고르시오.

보기
ㄱ. 점 $(-3,\ -6)$을 지난다.
ㄴ. 제2사분면과 제4사분면을 지난다.
ㄷ. $x>0$일 때, x의 값이 증가하면 y의 값은 감소한다.
ㄹ. 원점에 대하여 대칭이다.

핵심 문제 익히기

더 다양한 문제는 RPM 중1-1 141쪽

05 반비례 관계 $y=\frac{a}{x}(a\neq0)$의 그래프가 주어진 경우

반비례 관계 $y=\frac{a}{x}(a\neq0)$의 그래프가 오른쪽 그림과 같을 때, ab의 값을 구하시오. (단, a는 상수)

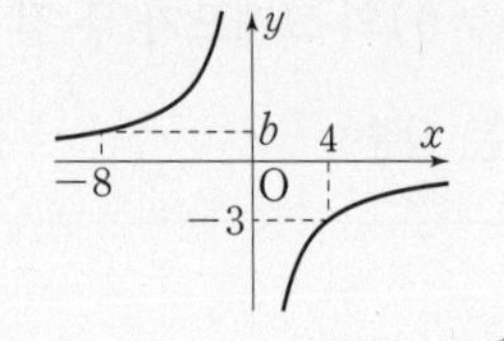

Key Point

반비례 관계식 구하기

① $y=\frac{a}{x}(a\neq0)$로 놓는다.

② 그래프가 지나는 점이 (p, q)이면 $x=p$, $y=q$를 대입하여 a의 값을 구한다.

③ x와 y 사이의 관계식을 구한다.

풀이

반비례 관계 $y=\frac{a}{x}(a\neq0)$의 그래프가 점 $(4, -3)$을 지나므로

$y=\frac{a}{x}$에 $x=4$, $y=-3$을 대입하면 $-3=\frac{a}{4}$에서 $a=-12$ $\quad\therefore y=-\frac{12}{x}$

따라서 반비례 관계 $y=-\frac{12}{x}$의 그래프가 점 $(-8, b)$를 지나므로 $y=-\frac{12}{x}$에 $x=-8$, $y=b$를 대입하면 $b=-\frac{12}{-8}=\frac{3}{2}$ $\quad\therefore ab=(-12)\times\frac{3}{2}=\mathbf{-18}$

확인 5 반비례 관계 $y=\frac{a}{x}(a\neq0)$의 그래프가 오른쪽 그림과 같을 때, $a+b$의 값을 구하시오. (단, a는 상수)

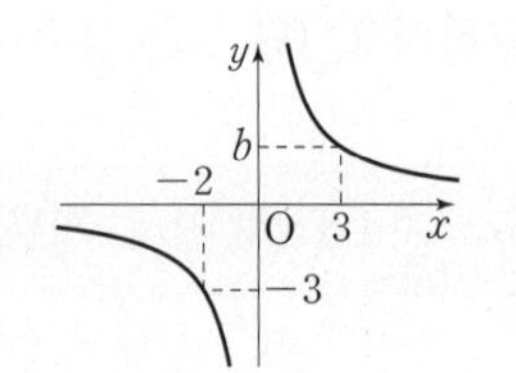

더 다양한 문제는 RPM 중1-1 141쪽

06 그래프가 주어질 때 x와 y 사이의 관계식 구하기(반비례 관계)

오른쪽 그림은 원점에 대하여 대칭인 한 쌍의 매끄러운 곡선이다. 이때 k의 값을 구하시오.

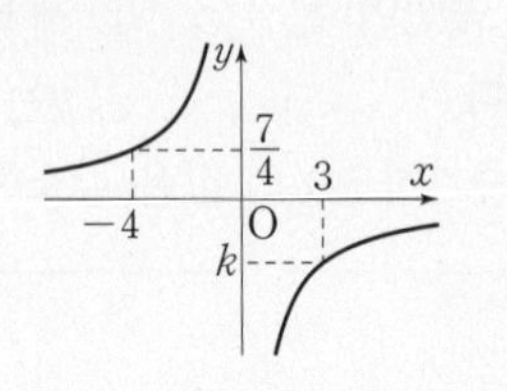

Key Point

그래프가 원점에 대하여 대칭인 한 쌍의 매끄러운 곡선이면 반비례 관계 $y=\frac{a}{x}(a\neq0)$의 그래프이다.

풀이

그래프가 원점에 대하여 대칭인 한 쌍의 매끄러운 곡선이고 점 $\left(-4, \frac{7}{4}\right)$을 지나므로

$y=\frac{a}{x}(a\neq0)$로 놓고 $x=-4$, $y=\frac{7}{4}$을 대입하면 $\frac{7}{4}=\frac{a}{-4}$에서 $a=-7$ $\quad\therefore y=-\frac{7}{x}$

따라서 반비례 관계 $y=-\frac{7}{x}$의 그래프가 점 $(3, k)$를 지나므로 $y=-\frac{7}{x}$에 $x=3$, $y=k$를 대입하면 $k=\mathbf{-\frac{7}{3}}$

확인 6 오른쪽 그림은 원점에 대하여 대칭인 한 쌍의 매끄러운 곡선이다. 이때 k의 값을 구하시오.

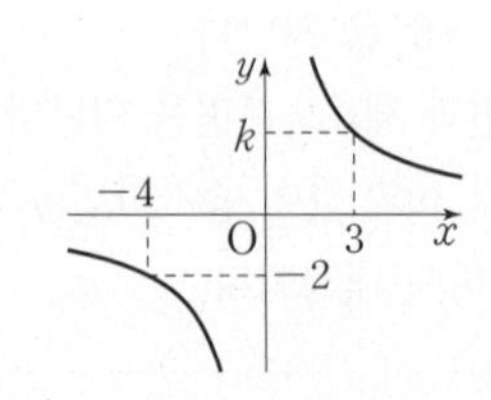

한걸음 더

더 다양한 문제는 RPM 중1-1 141쪽

07 정비례 관계와 반비례 관계의 그래프가 만나는 점

정비례 관계 $y=\frac{3}{4}x$의 그래프와 반비례 관계 $y=\frac{a}{x}\,(a\neq0,\ x>0)$의 그래프가 오른쪽 그림과 같을 때, 두 그래프가 만나는 점 A의 x좌표가 4이다. 이때 상수 a의 값을 구하시오.

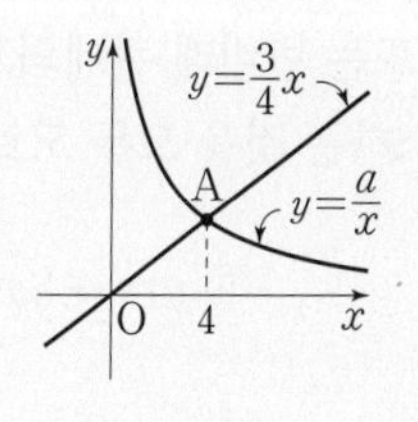

Key Point

정비례 관계의 그래프와 반비례 관계의 그래프가 만나는 점의 좌표가 (p, q)이다.
⇨ $x=p$, $y=q$를 $y=ax\,(a\neq0)$와 $y=\frac{b}{x}\,(b\neq0)$에 각각 대입하면 등식이 성립한다.

풀이

점 A의 x좌표가 4이고 정비례 관계 $y=\frac{3}{4}x$의 그래프 위에 있으므로

$y=\frac{3}{4}x$에 $x=4$를 대입하면 $y=\frac{3}{4}\times4=3$ $\quad\therefore$ A$(4, 3)$

또, 점 A가 반비례 관계 $y=\frac{a}{x}\,(a\neq0,\ x>0)$의 그래프 위에 있으므로

$y=\frac{a}{x}$에 $x=4$, $y=3$을 대입하면 $3=\frac{a}{4}$ $\quad\therefore$ $a=\mathbf{12}$

확인 7 정비례 관계 $y=ax\,(a\neq0)$의 그래프와 반비례 관계 $y=\frac{4}{x}$의 그래프가 오른쪽 그림과 같을 때, 두 그래프가 만나는 점 A의 x좌표가 -4이다. 이때 상수 a의 값을 구하시오.

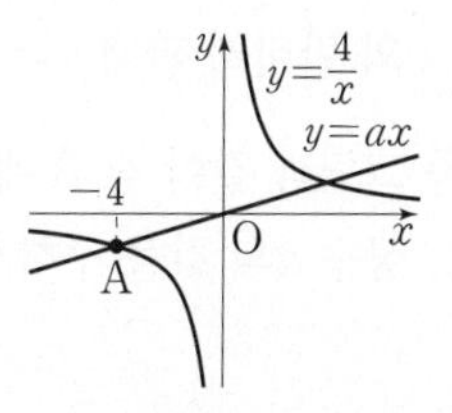

한걸음 더

더 다양한 문제는 RPM 중1-1 142쪽

08 반비례 관계 $y=\frac{a}{x}\,(a\neq0)$의 그래프와 도형의 넓이

오른쪽 그림과 같이 반비례 관계 $y=\frac{10}{x}\,(x>0)$의 그래프 위의 한 점 P에서 x축, y축에 수선을 그어 x축, y축과 만나는 점을 각각 A, B라 할 때, 사각형 OAPB의 넓이를 구하시오. (단, O는 원점이다.)

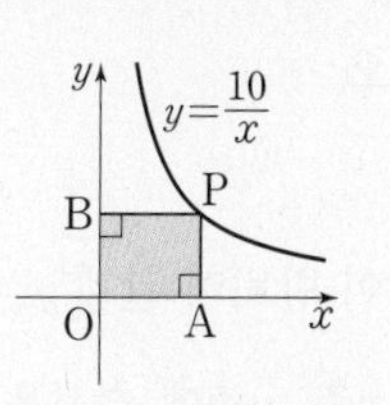

Key Point

반비례 관계 $y=\frac{a}{x}\,(a\neq0)$의 그래프 위의 한 점 P에 대하여 점 P의 x좌표가 k이면 y좌표는 $\frac{a}{k}$이다.

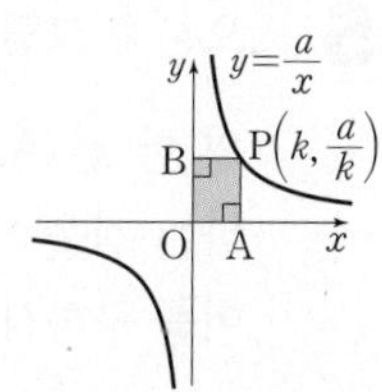

⇨ (직사각형 OAPB의 넓이)
$=$(선분 OA의 길이)$\times$(선분 OB의 길이)
$=|k|\times\left|\frac{a}{k}\right|=|a|$

풀이

점 P의 좌표를 (p, q)라 하면 점 P는 반비례 관계 $y=\frac{10}{x}$의 그래프 위의 점이므로 $y=\frac{10}{x}$에

$x=p$, $y=q$를 대입하면 $q=\frac{10}{p}$에서 $pq=10$

$\therefore$ (사각형 OAPB의 넓이)$=pq=\mathbf{10}$

확인 8 오른쪽 그림은 반비례 관계 $y=\frac{a}{x}\,(a\neq0,\ x>0)$의 그래프이다. 점 B의 좌표가 $(0, 8)$이고, 직사각형 OAPB의 넓이가 16일 때, 상수 a의 값을 구하시오. (단, O는 원점이다.)

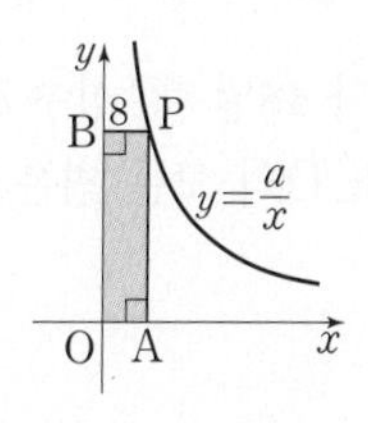

이런 문제가 시험에 나온다

생각해 봅시다!

01 다음 정비례 관계 또는 반비례 관계의 그래프 중 각 사분면에서 x의 값이 증가하면 y의 값이 감소하는 것을 모두 고르면? (정답 2개)

① $y=\frac{2}{3}x$　② $y=-3x$　③ $y=-\frac{5}{x}$

④ $y=\frac{3}{x}$　⑤ $y=2x$

02 오른쪽 그림과 같이 반비례 관계 $y=\frac{a}{x}\,(a\neq0)$의 그래프가 점 $\left(b,\ -\frac{3}{2}\right)$을 지날 때, $a+b$의 값을 구하시오.

(단, a는 상수)

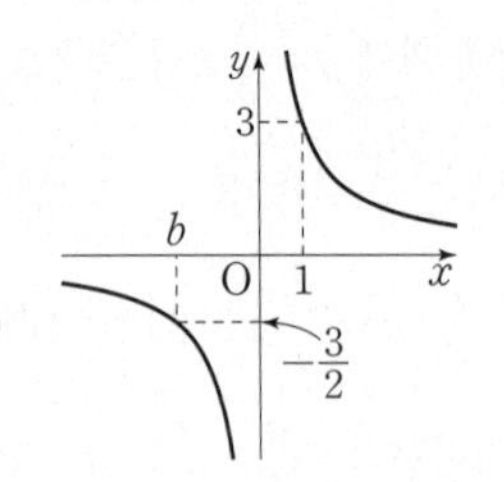

그래프가 점 $(p,\ q)$를 지난다.
⇨ x와 y 사이의 관계식에 $x=p$, $y=q$를 대입한다.

03 정비례 관계 $y=\frac{5}{3}x$와 반비례 관계 $y=\frac{a}{x}(a\neq0,\ x>0)$의 그래프가 오른쪽 그림과 같이 점 A에서 만난다. 점 A의 x좌표가 3일 때, 상수 a의 값을 구하시오.

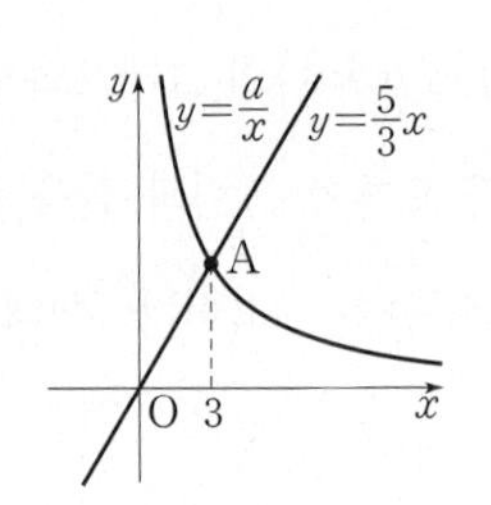

먼저 점 A의 y좌표를 구한다.

04 반비례 관계 $y=\frac{8}{x}$의 그래프 위의 점 중에서 x좌표와 y좌표가 모두 정수인 점의 개수를 구하시오.

반비례 관계 $y=\frac{a}{x}\,(a\neq0)$의 그래프에서 x좌표와 y좌표가 모두 정수인 경우
⇨ x, y의 값의 절댓값이 $|a|$의 약수인 경우

05 오른쪽 그림과 같이 반비례 관계 $y=-\frac{16}{x}$의 그래프 위의 한 점 A에서 x축, y축에 수선을 그어 x축, y축과 만나는 점을 각각 B, C라 하자. 이때 사각형 ABOC의 넓이를 구하시오. (단, O는 원점이다.)

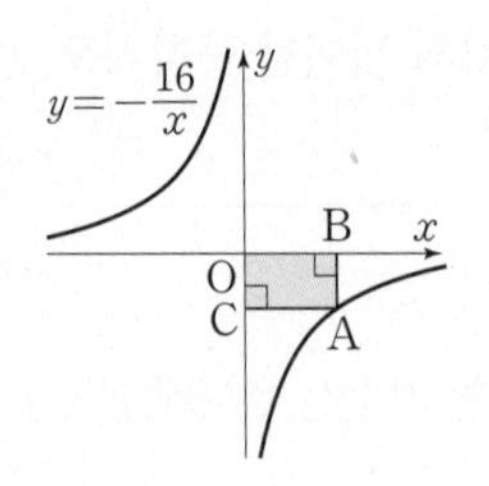

한걸음 더 **06** 오른쪽 그림과 같이 x좌표가 각각 -4, 4인 두 점 B, D가 반비례 관계 $y=\frac{a}{x}\,(a\neq0)$의 그래프 위에 있다. 직사각형 ABCD의 넓이가 48일 때, 상수 a의 값을 구하시오. (단, 직사각형 ABCD의 모든 변은 각각 좌표축과 평행하다.)

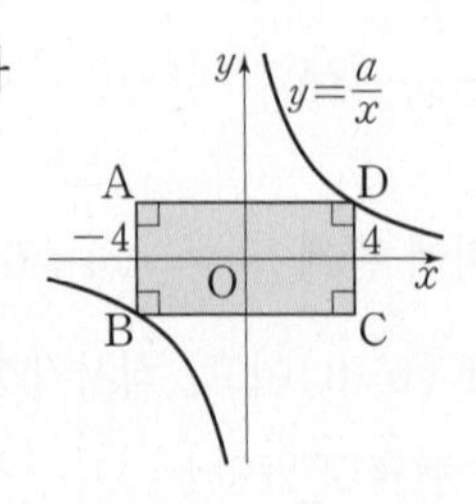

먼저 주어진 x좌표를 이용하여 네 점의 좌표를 구한다.

05 정비례, 반비례 관계의 활용

개념원리 이해

1 정비례, 반비례 관계의 활용

◎ 핵심문제 1, 2

일반적으로 정비례, 반비례 관계의 활용 문제를 풀 때에는 다음과 같은 순서로 한다.

① 변화하는 두 양을 x, y로 놓는다. → 변수 x, y 정하기

② 두 변수 x와 y 사이의 관계식을 구한다. → 관계식 구하기

- y가 x에 **정비례**하는 경우
- $\dfrac{y}{x}$**의 값이 일정**한 경우

에는 $y=ax\,(a\neq0)$로 놓고 a의 값을 찾는다.

- y가 x에 **반비례**하는 경우
- xy**의 값이 일정**한 경우

에는 $y=\dfrac{a}{x}\,(a\neq0)$로 놓고 a의 값을 찾는다.

③ 관계식이나 그래프 등을 이용하여 문제에서 요구하는 값을 구한다. → 답 구하기

④ 구한 값이 문제의 뜻에 맞는지 확인한다. → 확인하기

예 휘발유 $1\,\text{L}$당 요금이 1950원인 주유소에서 자동차에 휘발유를 $20\,\text{L}$, $40\,\text{L}$ 주유할 때의 주유비는 각각 얼마인지 구하시오.

풀이 ① 휘발유 $x\,\text{L}$를 주유할 때의 주유비를 y원이라 하자.

② 휘발유 $1\,\text{L}$당 요금이 1950원이므로 $x\,\text{L}$를 주유할 때의 주유비는 $1950x$원이다.
따라서 x와 y 사이의 관계식을 구하면
$y=1950x$

③ 여기에 $x=20$, $x=40$을 각각 대입하여 y의 값을 구하면
$x=20$일 때, $y=1950\times20=39000$
$x=40$일 때, $y=1950\times40=78000$

④ 따라서 휘발유 $20\,\text{L}$를 주유할 때의 주유비는 39000원, 휘발유 $40\,\text{L}$를 주유할 때의 주유비는 78000원이다.

수학 실력의 비결은 개념원리의 이해부터이다. 개념원리 확인하기를 통하여 개념과 원리를 정확히 이해하자.

정답과 풀이 p. 120

01 넓이가 18cm^2인 정사각형 모양의 타일을 겹치지 않도록 x개 이어 붙인 타일 전체의 넓이가 $y\text{cm}^2$일 때, □ 안에 알맞은 것을 써넣으시오.

(1) 2개의 타일을 이어 붙였을 때 전체의 넓이는 □ cm^2이다.

(2) 3개의 타일을 이어 붙였을 때 전체의 넓이는 □ cm^2이다.

(3) x와 y 사이의 관계식은 $y=$□이다.

(4) 200개의 타일을 이어 붙였을 때 전체의 넓이는 □ cm^2이다.

◯ 두 변수 x와 y가 정비례 관계이면 $y=$□$(a\neq0)$로 놓는다.

02 48개의 과자를 남김없이 x명이 똑같이 나누어 먹으면 1명당 y개씩 먹을 수 있다고 할 때, □ 안에 알맞은 것을 써넣으시오.

(1) 2명이 나누어 먹으면 1명당 □개씩 먹을 수 있다.

(2) 3명이 나누어 먹으면 1명당 □개씩 먹을 수 있다.

(3) x와 y 사이의 관계식은 $y=$□이다.

(4) 8명이 나누어 먹으면 1명당 □개씩 먹을 수 있다.

◯ 두 변수 x와 y가 반비례 관계이면 $y=$□$(a\neq0)$로 놓는다.

03 1분에 7 L씩 일정하게 물이 나오는 수도꼭지에서 x분 동안 나온 물의 양을 y L라 할 때, 다음 물음에 답하시오.

(1) 다음 표를 완성하시오.

x(분)	1	2	3	…	x	…
y(L)	7			…		…

(2) x와 y 사이의 관계식은 $y=$□이다.

(3) 15분 동안 나온 물의 양은 □ L이다.

04 240 km 떨어진 두 지점 사이를 시속 x km로 가는 데 걸린 시간을 y시간이라 할 때, 다음 물음에 답하시오.

(1) 다음 표를 완성하시오.

x(km/h)	20	40	60	…	x	…
y(시간)				…		…

(2) x와 y 사이의 관계식은 $y=$□이다.

(3) 걸린 시간이 3시간이려면 시속 □ km로 가야 한다.

◯ (속력)$=\dfrac{(\square)}{(\square)}$

(시간)$=\dfrac{(\square)}{(\square)}$

(거리)$=(\square)\times(\square)$

핵심 문제 익히기

더 다양한 문제는 RPM 중1-1 143쪽

01 정비례 관계 $y=ax\,(a\neq0)$의 활용 문제

7 L의 휘발유를 넣으면 63 km를 갈 수 있는 자동차가 있다. x L의 휘발유로 y km를 갈 수 있다고 할 때, x와 y 사이의 관계식을 구하고, 이 자동차로 450 km를 가는 데 필요한 휘발유의 양을 구하시오.

Key Point

y가 x에 정비례하는 경우, $\frac{y}{x}$의 값이 일정한 경우에는 $y=ax\,(a\neq0)$로 놓는다.

풀이

휘발유 1 L로 $\frac{63}{7}=9$(km)를 갈 수 있으므로 휘발유 x L로는 $9x$ km를 갈 수 있다.

$\therefore$ $\boldsymbol{y=9x}$

$y=9x$에 $y=450$을 대입하면 $450=9x$ $\therefore x=50$

따라서 450 km를 가는 데 필요한 휘발유의 양은 **50 L**이다.

확인 1 용량이 20 L인 빈 물통에 매분 2 L씩 물을 넣는다. 물을 넣기 시작한 지 x분 후의 물의 양을 y L라 할 때, 다음 물음에 답하시오.

(1) x와 y 사이의 관계식을 구하시오.

(2) 물통에 물을 가득 채우는 데 걸리는 시간을 구하시오.

더 다양한 문제는 RPM 중1-1 144쪽

02 반비례 관계 $y=\frac{a}{x}\,(a\neq0)$의 활용 문제

슬기네 반에서 교실 청소를 하는데 12명의 학생이 30분 동안 해야 끝낼 수 있다고 한다. 슬기네 반 x명의 학생이 교실을 청소하는 데 걸리는 시간을 y분이라 할 때, 다음 물음에 답하시오. (단, 학생 한 명이 청소하는 양은 같다.)

(1) x와 y 사이의 관계식을 구하시오.

(2) 교실 청소를 20분 만에 끝내려면 몇 명의 학생이 필요한지 구하시오.

Key Point

y가 x에 반비례하는 경우, xy의 값이 일정한 경우에는 $y=\frac{a}{x}\,(a\neq0)$로 놓는다.

풀이

(1) (전체 교실 청소의 양)=(학생 수)×(걸리는 시간)이므로

$12\times30=x\times y$ $\therefore$ $\boldsymbol{y=\frac{360}{x}}$

(2) $y=\frac{360}{x}$에 $y=20$을 대입하면 $20=\frac{360}{x}$ $\therefore x=18$

따라서 청소를 20분 만에 끝내려면 **18명**의 학생이 필요하다.

확인 2 빈 물탱크에 매분 40 L씩 물을 채우면 25분 만에 물이 가득 찬다고 한다. 매분 x L씩 물을 넣으면 y분 만에 물탱크가 가득 찬다고 할 때, 다음 물음에 답하시오.

(1) x와 y 사이의 관계식을 구하시오.

(2) 이 물탱크에 물을 20분 만에 가득 채우려면 매분 몇 L씩의 물을 넣어야 하는지 구하시오.

정답과 풀이 p. 121

이런 문제가 시험에 나온다

01 하늘이는 집에서 4000 m 떨어진 학교까지 자전거를 타고 등교한다. 분속 x m의 속력으로 가면 y분 걸린다고 할 때, 다음 물음에 답하시오.

(1) x와 y 사이의 관계식을 구하시오.

(2) 분속 200 m의 속력으로 갈 때, 등교하는 데 걸린 시간을 구하시오.

생각해 봅시다!

(시간)$=\frac{(\text{거리})}{(\text{속력})}$

02 톱니의 수가 각각 14개, 35개인 두 톱니바퀴 A, B가 서로 맞물려 돌고 있다. A가 x번 회전하는 동안 B가 y번 회전할 때, 다음 물음에 답하시오.

(1) x와 y 사이의 관계식을 구하시오.

(2) A가 10번 회전하는 동안 B는 몇 번 회전하는지 구하시오.

(맞물린 톱니의 수)
=(톱니의 수)×(회전수)

03 온도가 일정할 때, 기체의 부피는 압력에 반비례한다. 일정한 온도에서 압력이 5기압일 때 어떤 기체의 부피가 30 cm³이다. 같은 온도에서 압력이 10기압일 때 이 기체의 부피를 구하시오.

y가 x에 반비례한다.
⇨ $y=\frac{a}{x}\ (a\neq0)$로 놓는다.

04 어떤 회사에서 8명의 직원이 일을 하면 15일이 걸려야 끝낼 수 있는 일이 있다. 이 일을 10일 만에 끝내려면 직원 몇 명이 필요한지 구하시오.

(단, 직원 한 명당 하는 일의 양은 같다.)

(전체 일의 양)
=(직원 수)×(걸리는 시간)

05 서로 맞물려 돌아가는 두 개의 톱니바퀴 A, B가 있다. A는 톱니의 수가 40개이고 1분에 20번 회전하며, B는 톱니의 수가 x개이고 1분에 y번 회전할 때, x와 y 사이의 관계식을 구하시오.

06 오른쪽 그림과 같은 직각삼각형 ABC에서 선분 BC의 길이를 x cm, 삼각형 ABC의 넓이를 y cm²라 하자. 선분 AC의 길이가 8 cm일 때, 다음 물음에 답하시오.

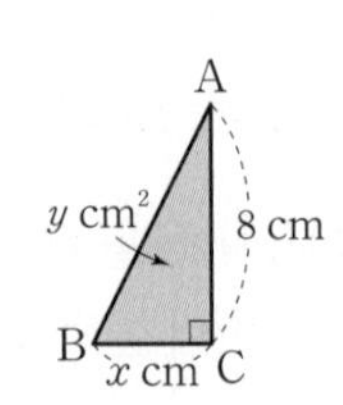

(1) x와 y 사이의 관계식을 구하시오.

(2) 삼각형 ABC의 넓이가 24 cm²일 때, 선분 BC의 길이를 구하시오.

1 step 기본문제

01 다음 **보기** 중 y가 x에 반비례하는 것은 모두 몇 개인가?

보기

ㄱ. $y=-\frac{7}{x}$　　ㄴ. $xy=0$

ㄷ. $y=\frac{2x}{3}$　　ㄹ. $y=\frac{1}{x}-3$

ㅁ. $2xy=-5$　　ㅂ. $4y=\frac{5}{2x}$

① 1개　② 2개　③ 3개
④ 4개　⑤ 5개

02 다음 두 조건을 모두 만족시키는 x, y에 대하여 $x=12$일 때, y의 값을 구하시오.

(가) x의 값이 2배, 3배, 4배, …가 될 때, y의 값도 2배, 3배, 4배, …가 된다.
(나) $x=-5$일 때, $y=\frac{5}{4}$이다.

03 다음 중 y가 x에 정비례하는 것은?

① 한 개에 800원 하는 빵 x개를 사고 5000원을 내었을 때 거스름돈 y원
② 합이 20인 두 자연수 x와 y
③ 가로의 길이가 세로의 길이 $x$cm보다 5cm 더 긴 직사각형의 넓이 $y\text{cm}^2$
④ 넓이가 24cm^2인 직사각형의 가로의 길이 $x$cm와 세로의 길이 $y$cm
⑤ 밑넓이가 6cm^2이고 높이가 $x$cm인 원기둥의 부피 $y\text{cm}^3$

04 y가 x에 반비례하고, $x=-3$일 때 $y=4$이다. 다음 중 옳지 않은 것은?

① x의 값이 2배, 3배, 4배, …가 될 때, y의 값은 $\frac{1}{2}$배, $\frac{1}{3}$배, $\frac{1}{4}$배, …가 된다.
② $x=-2$일 때 $y=6$이다.
③ x와 y 사이의 관계식은 $y=-\frac{12}{x}$이다.
④ $\frac{y}{x}$의 값이 일정하다.
⑤ $y=3$일 때 $x=-4$이다.

05 x와 y 사이의 관계를 아래 표와 같이 나타낼 때, 다음 중 옳지 않은 것은?

x	-4	-2	-1	1	2	4
y	2	4	8	-8	A	-2

① x와 y 사이의 관계식은 $y=-\frac{8}{x}$이다.
② y는 x에 반비례한다.
③ A의 값은 -4이다.
④ x에 대한 y의 비의 값이 항상 일정하다.
⑤ $x=8$일 때 $y=-1$이다.

06 다음 정비례 관계의 그래프 중 y축에 가장 가까운 것은?

① $y=-3x$　② $y=-\frac{2}{3}x$　③ $y=\frac{1}{6}x$
④ $y=2x$　⑤ $y=\frac{8}{3}x$

07 다음 정비례 또는 반비례 관계의 그래프 중 각 사분면에서 x의 값이 증가하면 y의 값은 감소하는 것은?

① $y=-\frac{5}{x}$ ② $y=\frac{x}{5}$ ③ $y=-\frac{1}{3x}$
④ $y=-5x$ ⑤ $y=5x$

08 정비례 관계 $y=-\frac{3}{4}x$의 그래프에 대한 다음 설명 중 옳은 것은?

① 한 쌍의 매끄러운 곡선이다.
② 점 $(3, 4)$를 지난다.
③ 제 2 사분면과 제 3 사분면을 지난다.
④ x의 값이 증가하면 y의 값도 증가한다.
⑤ 정비례 관계 $y=\frac{1}{2}x$의 그래프보다 y축에 가깝다.

09 다음 **보기**의 정비례 또는 반비례 관계의 그래프 중 제3사분면을 지나는 것을 모두 고른 것은?

보기

ㄱ. $y=9x$	ㄴ. $y=-\frac{12}{x}$
ㄷ. $y=-\frac{x}{3}$	ㄹ. $y=\frac{3}{x}$
ㅁ. $y=-\frac{5}{7}x$	ㅂ. $y=\frac{2}{5}x$

① ㄱ, ㄴ, ㄹ ② ㄱ, ㄹ, ㅁ ③ ㄱ, ㄹ, ㅂ
④ ㄴ, ㄷ, ㅁ ⑤ ㄴ, ㄹ, ㅂ

10 반비례 관계 $y=-\frac{6}{x}$의 그래프가 두 점 $(-3, a)$, $(b, -2)$를 지날 때, $a+b$의 값은?

① -5 ② -3 ③ -2
④ 3 ⑤ 5

11 두 정비례 관계 $y=-x$, $y=2x$의 그래프가 오른쪽 그림과 같을 때, 정비례 관계 $y=4x$의 그래프로 알맞은 것은 ①~⑤ 중 어느 것인지 구하시오.

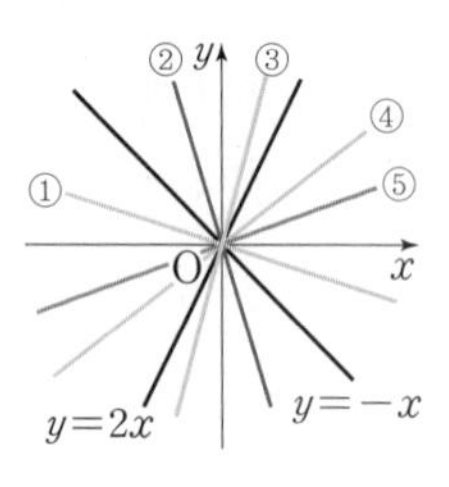

12 오른쪽 그래프는 원점에 대하여 대칭인 한 쌍의 곡선으로 점 $(2, -5)$를 지날 때, 다음 설명 중 옳은 것은?

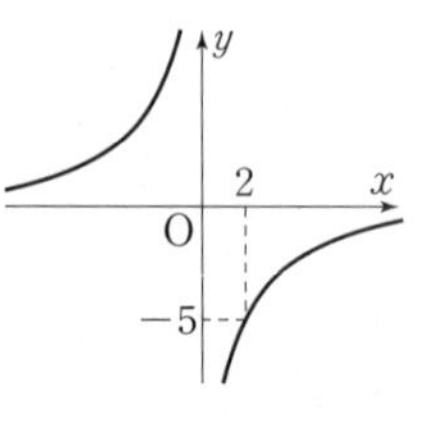

① y가 x에 정비례한다.
② x의 값의 범위는 수 전체이다.
③ $x>0$일 때 x의 값이 증가하면 y의 값은 감소한다.
④ 반비례 관계 $y=\frac{10}{x}$의 그래프이다.
⑤ 점 $\left(-\frac{1}{2}, 20\right)$을 지난다.

13

오른쪽 그림과 같이 반비례 관계 $y=\frac{a}{x}\,(a\neq0)$의 그래프가 두 점 $(3,\ 4)$, $(k,\ -6)$을 지날 때, k의 값을 구하시오.

(단, a는 상수)

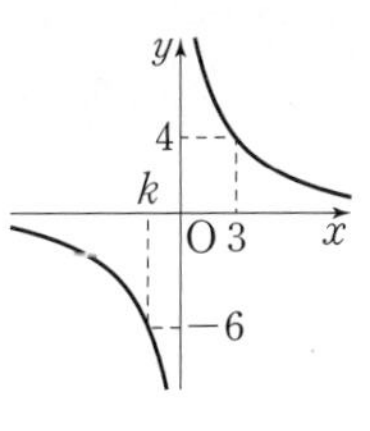

14

소금물 200 g에 20 g의 소금이 녹아 있다. 이 소금물 xg에 녹아 있는 소금의 양을 yg이라 할 때, x와 y 사이의 관계식은?

① $y=\frac{1}{10}x$ ② $y=\frac{1}{5}x$ ③ $y=2x$
④ $y=10x$ ⑤ $y=20x$

15

10 L 들이 빈 물통에 1분에 xL씩 물을 채울 때, 물을 가득 채울 때까지 y분이 걸린다고 한다. 이때 x와 y 사이의 관계를 그래프로 나타내면?

①
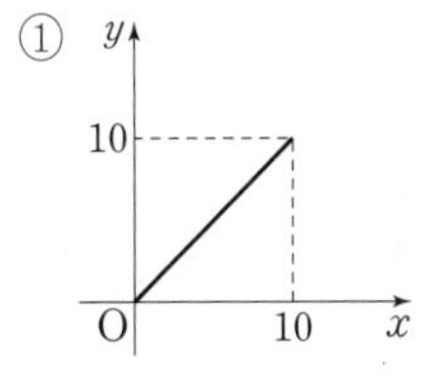

②
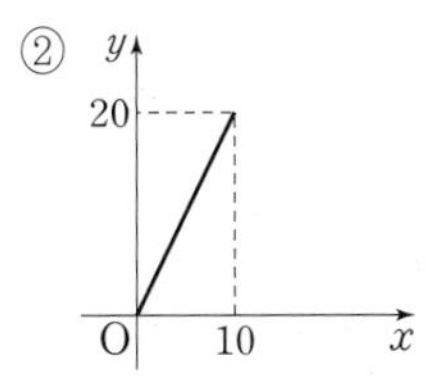

③
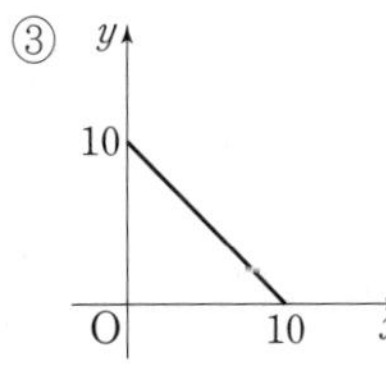

④
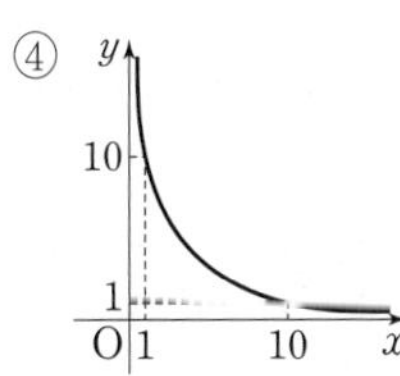

⑤
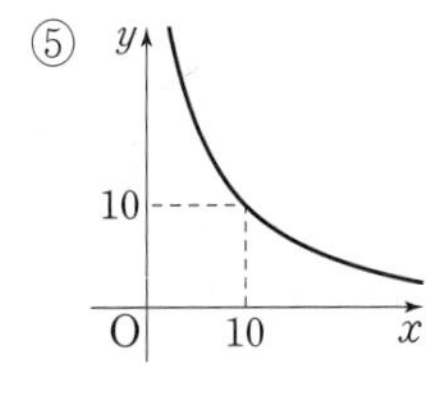

16

새로 개업한 카페를 홍보하기 위해 어제 20명이 사무실이 밀집한 거리에 나가 15장씩 전단지를 돌렸다. 오늘은 10명이 나가 어제 돌린 총 전단지 분량만큼 돌리려고 할 때, 한 사람이 몇 장씩 돌려야 하는가?

① 15장 ② 20장 ③ 25장
④ 30장 ⑤ 35장

17

톱니의 수가 각각 20개, 60개인 두 톱니바퀴 A, B가 서로 맞물려 돌고 있다. A가 x번 회전하는 동안 B는 y번 회전한다고 할 때, B가 16번 회전하는 동안 A는 몇 번 회전하는지 구하시오.

18

3명이 하면 40분이 걸려 끝낼 수 있는 일이 있다고 한다. 이 일을 10분 만에 끝내는 데 필요한 사람은 몇 명인가?

(단, 한 사람이 하는 일의 양은 같다.)

① 8명 ② 10명 ③ 12명
④ 15명 ⑤ 17명

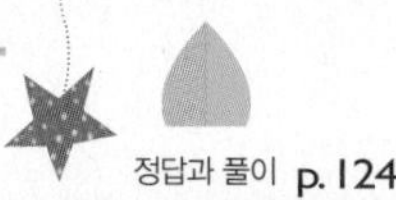

좀 더 수준 높은 문제에 도전하여 실력을 향상시키고 응용력을 키우자.

정답과 풀이 p. 124

2 Step 발전문제

01 다음 중 x의 값이 2배, 3배, 4배, …가 될 때, y의 값은 $\frac{1}{2}$배, $\frac{1}{3}$배, $\frac{1}{4}$배, …가 되는 것은?

① 길이가 $30\,\text{cm}$인 양초가 1분에 $2\,\text{cm}$씩 탈 때 양초가 탄 시간 x분과 남은 양초의 길이 $y\,\text{cm}$
② 시계의 분침이 x분 동안 회전한 각도 $y°$
③ 우유 $6\,\text{L}$를 남김없이 x명의 친구들이 똑같이 나누어 마신 양 $y\,\text{L}$
④ 자연수 x의 약수의 개수 y개
⑤ $20\,\%$의 소금물 $x\,\text{g}$에 녹아 있는 소금의 양 $y\,\text{g}$

02 반비례 관계 $y=\frac{a}{x}\,(a\neq0)$의 그래프가 오른쪽 그림과 같을 때, 다음 중 정비례 관계 $y=ax\,(a\neq0)$의 그래프는?

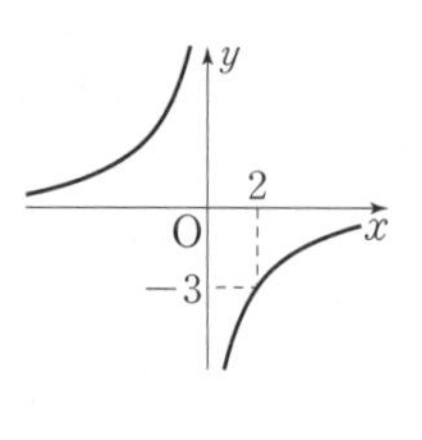

①

②
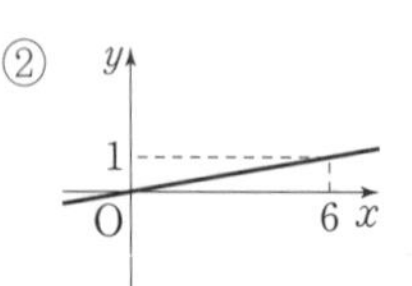

③

④
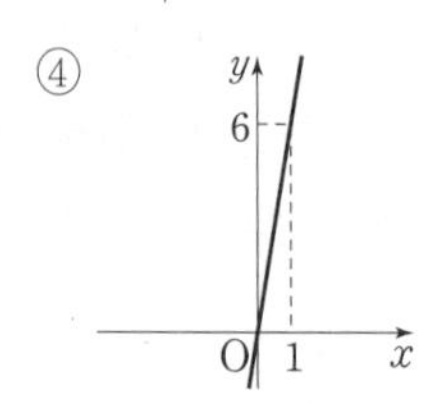

⑤
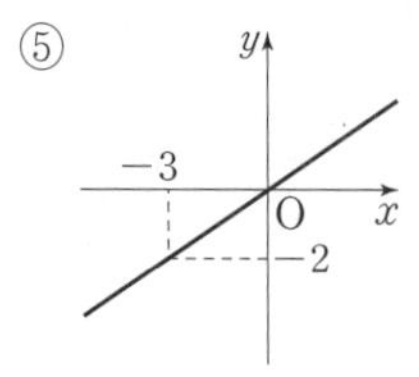

03 y가 x에 정비례하고, $x=4$일 때 $y=12$이다. 또 z가 y에 반비례하고, $y=3$일 때 $z=-5$이다. $x=-1$일 때 z의 값을 구하시오.

04 오른쪽 그림과 같은 정비례 관계 $y=\frac{2}{3}x$의 그래프가 있다. 이 그래프 위의 점 P에서 x축에 수선을 그어 x축과 만나는 점을 Q라 하자. 삼각형 OQP의 넓이가 12일 때, 점 P의 좌표를 구하시오. (단, 점 P의 x좌표는 자연수이고, O는 원점이다.)

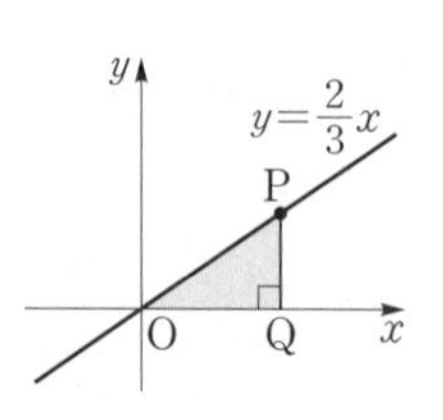

꼭 나와

05 오른쪽 그림과 같이 정비례 관계 $y=-\frac{5}{2}x$의 그래프와 반비례 관계 $y=\frac{a}{x}$ $(a\neq0)$의 그래프가 점 A에서 만난다. 점 A의 x좌표가 -2일 때, 상수 a의 값은?

① -8 ② -9 ③ -10
④ -11 ⑤ -12

06 반비례 관계 $y=\frac{a}{x}\,(a\neq0)$의 그래프가 점 $\left(\frac{3}{2},\ -10\right)$을 지날 때, 이 그래프 위의 점 중에서 x좌표와 y좌표가 모두 정수인 점의 개수는? (단, a는 상수)

① 4개 ② 6개 ③ 8개
④ 10개 ⑤ 12개

07 오른쪽 그림과 같이 두 정비례 관계 $y=2x$, $y=\frac{1}{2}x$의 그래프에서 y좌표가 4인 점을 각각 A, B라 할 때, 삼각형 AOB의 넓이를 구하시오. (단, O는 원점이다.)

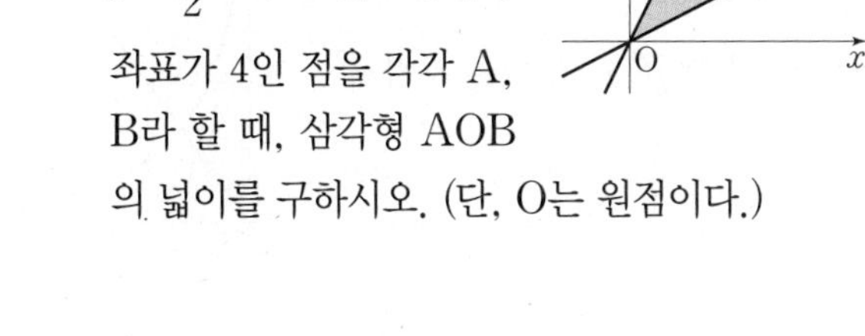

08 다음 그림과 같이 서로 맞물려 돌아가는 세 톱니바퀴 A, B, C가 있다. A의 톱니의 수는 30개, C의 톱니의 수는 x개이고 A가 2번 회전하는 동안 C는 y번 회전한다. 물음에 답하시오.

(1) x와 y 사이의 관계를 식으로 나타내시오.
(2) C의 톱니의 수가 20개일 때, A가 2번 회전하는 동안 C의 회전수를 구하시오.

09 오른쪽 그림과 같이 정비례 관계 $y=2x$의 그래프 위의 점 A, x축 위의 두 점 B, C, 반비례 관계 $y=\frac{a}{x}\,(a\neq0)$의 그래프 위의 점 D에 대하여 사각형 ABCD가 정사각형이다. 점 B의 x좌표가 2일 때, 상수 a의 값을 구하시오.

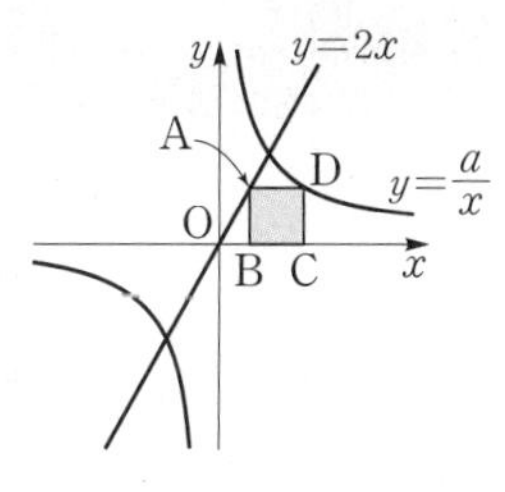

10 오른쪽 그림과 같이 정비례 관계 $y=ax\,(a\neq0)$의 그래프가 두 점 A$(-3,\ 2)$, B$(-1,\ 6)$을 이은 선분 AB와 만나도록 하는 정수 a의 개수는?

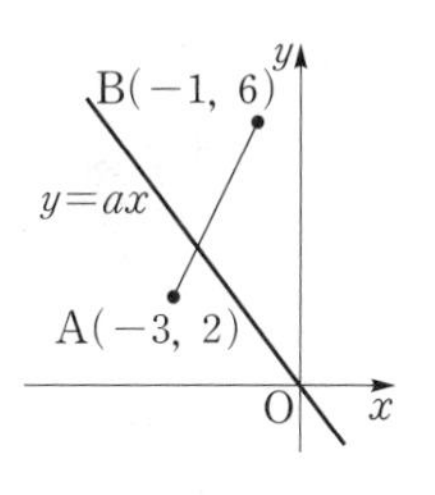

① 4개 ② 5개 ③ 6개
④ 7개 ⑤ 8개

11 오른쪽 그림과 같이 두 점 A, C는 각각 두 정비례 관계 $y=3x$, $y=\frac{1}{3}x$의 그래프 위의 점이다. 사각형 ABCD가 넓이가 16인 정사각형이고, 모든 변이 좌표축과 평행할 때, 점 D의 좌표를 구하시오. (단, 네 점 A, B, C, D는 모두 제1사분면 위의 점이다.)

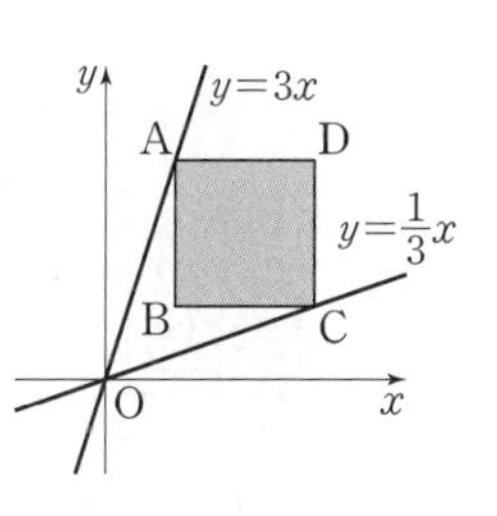

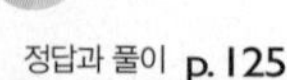

3 step 실력 UP

01 점 (a, b)가 제4사분면 위의 점일 때, 다음 중 그래프가 제1사분면과 제3사분면을 지나는 것을 모두 고르면? (정답 2개)

① $y=bx$　　② $y=\frac{a}{b}x$　　③ $y=-\frac{b}{a}x$

④ $y=\frac{a}{x}$　　⑤ $y=\frac{b}{x}$

02 오른쪽 그림에서 두 점 P, Q는 반비례 관계 $y=\frac{a}{x}\,(a\neq0)$의 그래프 위의 점이다. 사각형 PAOB의 넓이가 60일 때, 사각형 ODQC의 넓이를 구하시오. (단, O는 원점이고, 두 점 P, Q는 각각 제2사분면, 제4사분면 위의 점이다.)

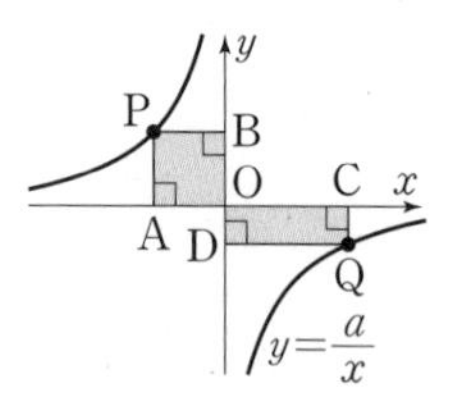

03 오른쪽 그림과 같이 정비례 관계 $y=\frac{4}{3}x$와 반비례 관계 $y=\frac{a}{x}\,(a\neq0,\ x>0)$의 그래프가 만나는 점의 x좌표가 3일 때, 사각형 OPQR의 넓이를 구하시오. (단, a는 상수이고, O는 원점이다.)

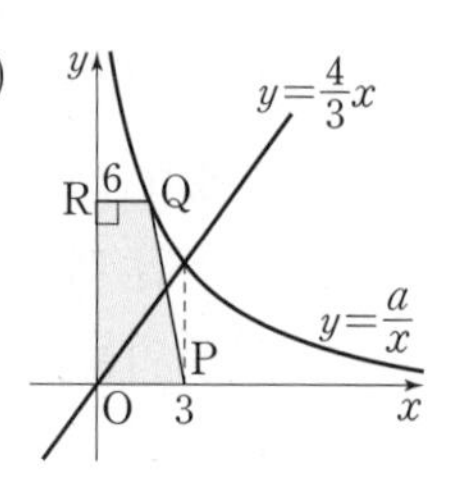

04 오른쪽 그림은 윤모와 현우가 같은 지점에서 동시에 출발하여 호수공원을 돌 때 x분 동안 이동한 거리 ym의 관계를 나타낸 그래프이다. 호수의 둘레의 길이가 6km일 때, 윤모가 호수공원을 한 바퀴 돈 후 처음 출발 지점에서 몇 분 동안 기다려야 현우가 도착하는지 구하시오.

(단, 윤모와 현우는 호수공원을 각각 일정한 속력으로 돈다.)

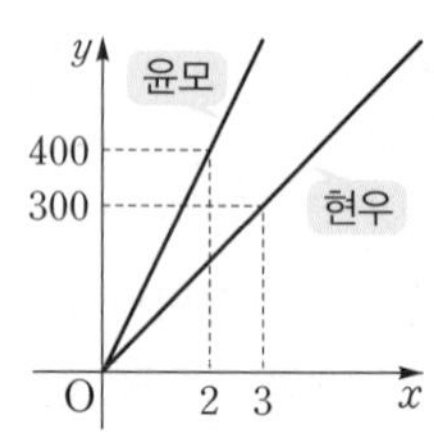

05 오른쪽 그림과 같이 세 점 O(0, 0), A(−8, 6), B(−8, 0)을 꼭짓점으로 하는 삼각형 OAB의 넓이를 정비례 관계 $y=ax\,(a\neq0)$의 그래프가 이등분할 때, 상수 a의 값을 구하시오.

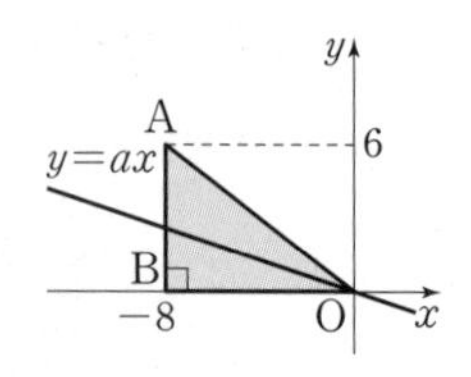

06 오른쪽 그림과 같이 정비례 관계 $y=2x$의 그래프와 반비례 관계 $y=\frac{a}{x}\,(a\neq0,\ x>0)$의 그래프가 만나는 점 A의 x좌표가 2이다. 점 P가 점 B에서 출발하여 x축 위를 오른쪽 방향으로 1초에 $\frac{3}{2}$씩 움직일 때, 점 P가 출발한 지 4초 후의 사다리꼴 ABPQ의 넓이를 구하시오.

(단, 점 B는 x축, 점 Q는 반비례 관계 $y=\frac{a}{x}\,(a\neq0,\ x>0)$의 그래프 위의 점이다.)

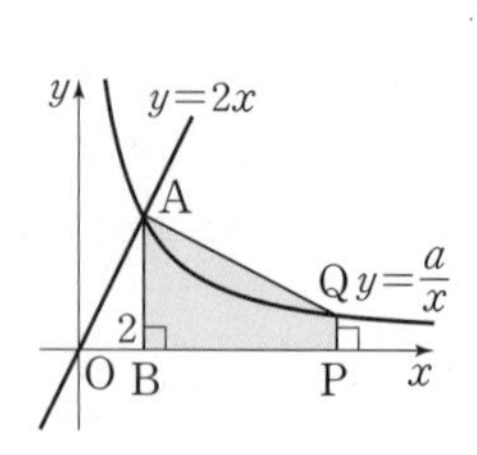

서술형 대비 문제

논리적으로 풀어서 설명하는 연습이 필요하므로 차근차근 풀어 보는 습관을 기르면 자신감이 팍팍!

정답과 풀이 p. 126

예제 01

오른쪽 그림과 같이 정비례 관계 $y=4x$의 그래프와 반비례 관계 $y=\frac{a}{x}(a\neq0,\ x>0)$의 그래프가 점 $(3,\ b)$에서 만날 때, $a+b$의 값을 구하시오.

(단, a는 상수) [7점]

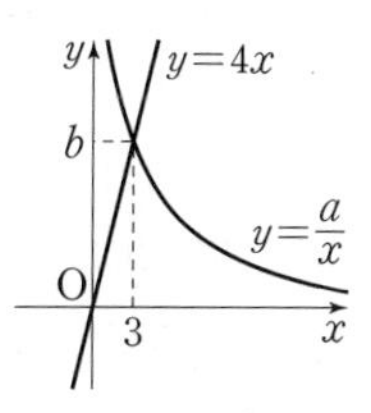

풀이과정

1단계 b의 값 구하기 [3점]

점 $(3,\ b)$가 정비례 관계 $y=4x$의 그래프 위의 점이므로 $y=4x$에 $x=3$, $y=b$를 대입하면 $b=4\times3=12$

2단계 a의 값 구하기 [3점]

따라서 두 그래프가 만나는 점의 좌표가 $(3,\ 12)$이므로

$y=\frac{a}{x}$에 $x=3$, $y=12$를 대입하면

$12=\frac{a}{3}\qquad\therefore a=36$

3단계 $a+b$의 값 구하기 [1점]

$\therefore a+b=36+12=48$

답 48

유제 1 오른쪽 그림과 같이 정비례 관계 $y=ax(a\neq0)$의 그래프와 반비례 관계 $y=-\frac{12}{x}$의 그래프가 점 $(b,\ 4)$에서 만날 때, $a+b$의 값을 구하시오.

(단, a는 상수)[7점]

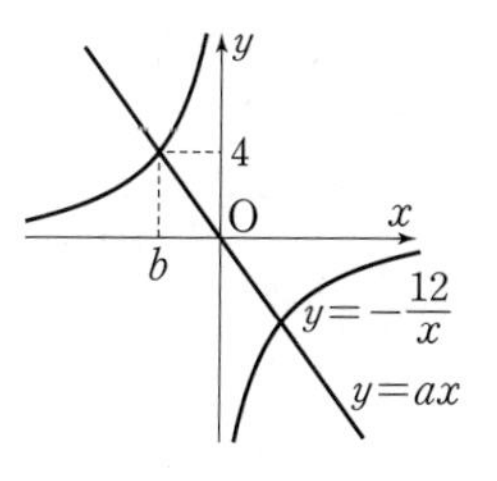

풀이과정

1단계 b의 값 구하기 [3점]

2단계 a의 값 구하기 [3점]

3단계 $a+b$의 값 구하기 [1점]

답

예제 02

온도가 일정할 때, 기체의 부피 $y\,\text{cm}^3$는 압력 x기압에 반비례한다. 일정한 온도에서 압력이 3기압일 때 어떤 기체의 부피가 $15\,\text{cm}^3$이었다면 같은 온도에서 압력이 5기압일 때 이 기체의 부피를 구하시오. [5점]

풀이과정

1단계 x와 y 사이의 관계식 구하기 [3점]

y가 x에 반비례하므로 $y=\frac{a}{x}(a\neq0)$로 놓고

$y=\frac{a}{x}$에 $x=3$, $y=15$를 대입하면

$15=\frac{a}{3}$에서 $a=45\qquad\therefore y=\frac{45}{x}$

2단계 압력이 5기압일 때 기체의 부피 구하기 [2점]

$y=\frac{45}{x}$에 $x=5$를 대입하면

$y=\frac{45}{5}=9$

따라서 구하는 부피는 $9\,\text{cm}^3$이다.

답 $9\,\text{cm}^3$

유제 2 온도가 일정할 때, 기체의 부피 $y\,\text{cm}^3$는 압력 x기압에 반비례한다. 일정한 온도에서 압력이 4기압일 때 어떤 기체의 부피가 $90\,\text{cm}^3$이었다면 같은 온도에서 이 기체의 부피가 $40\,\text{cm}^3$일 때의 압력을 구하시오. [5점]

풀이과정

1단계 x와 y 사이의 관계식 구하기 [3점]

2단계 기체의 부피가 $40\,\text{cm}^3$일 때 압력 구하기 [2점]

답

스스로 서술하기

정답과 풀이 p. 126

시험에 자주 출제되는 서술형 문제를 차근차근 풀면서 서술형에 대한 자신감을 기르자.

유제 3 다음 표에서 y가 x에 반비례할 때, AB의 값을 구하시오. [5점]

x	1	A	3	4	$\cdots$
y	6	3	2	B	$\cdots$

풀이과정

답

유제 4 점 $(2, a)$는 반비례 관계 $y=\frac{18}{x}$의 그래프 위에 있고, 정비례 관계 $y=-3x$의 그래프가 점 $(b, -1)$을 지날 때, ab의 값을 구하시오. [5점]

풀이과정

답

유제 5 오른쪽 그림과 같이 두 정비례 관계 $y=ax\,(a\neq0)$, $y=\frac{3}{5}x$의 그래프에서 x좌표가 10인 점을 각각 A, B라 하면 삼각형 AOB의 넓이가 70일 때, 상수 a의 값을 구하시오. (단, O는 원점이다.) [7점]

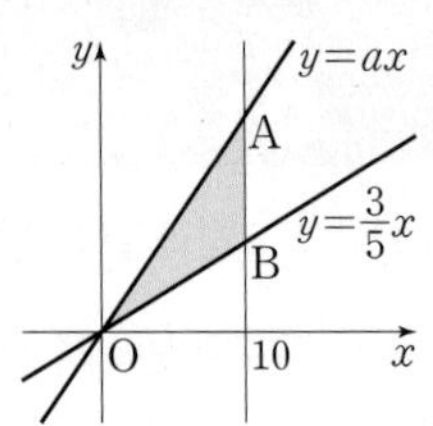

풀이과정

답

유제 6 올 여름 홍수로 인해 한강 상류의 A댐의 수위가 지나치게 높아져서 댐의 수문을 열어 우선 60000톤의 물을 방류하기로 하였다. 1초당 x톤씩 방류하면 60000톤을 방류하는 데 걸리는 시간이 y초일 때, 다음 물음에 답하시오. [총 5점]

(1) x와 y 사이의 관계식을 구하시오. [3점]

(2) 1초당 500톤씩 방류할 때, 60000톤을 방류하는 데 몇 초가 걸리는지 구하시오. [2점]

풀이과정

(1)

(2)

답 (1) (2)

스토리텔링으로 배우는

생활 속의 수학

지금까지 공부한 내용을 실생활 문제에 활용해 보자.

1

'국제 평화 마라톤 대회'는 우리나라의 한 자치구 체육회가 주관하는 국제 마라톤 대회이다. 이 대회는 인류 평화와 화합을 위해 2003년 10월 3일 처음으로 열려 지금까지 꾸준히 이어지고 있다. 마라톤 코스는 한강변을 따라 정했는데 거리는 참가자의 능력에 따라 5 km, 10 km, Half코스, 풀코스 중 하나를 선택하여 참가하면 된다.

다음 그래프는 마라톤 코스에서 출발점으로부터의 거리에 따른 한강 수면으로부터의 높이 변화를 나타낸 것이다. 출발점으로부터 10 km까지의 구간에서 한강 수면으로부터의 높이가 가장 높은 곳의 한강 수면으로부터의 높이를 구하시오.

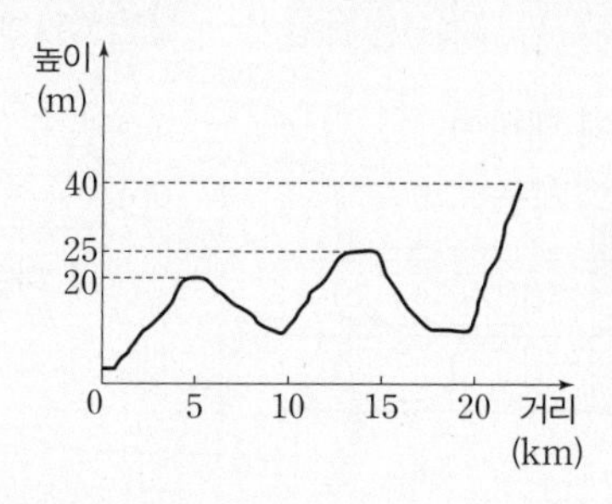

2

다음 그림은 어느 해의 1월부터 6월까지의 종합 주가 지수를 나타낸 그래프이다. 종합 주가 지수가 가장 높은 날이 포함된 달을 a월, 종합 주가 지수가 가장 낮은 날이 포함된 달을 b월이라 할 때, $a+b$의 값을 구하시오.

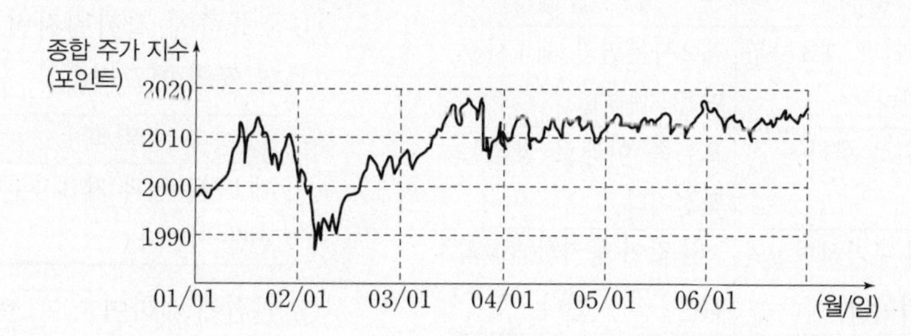

대단원 핵심 한눈에 보기

01 사분면

(1) 사분면 : 좌표평면은 좌표축에 의하여 네 부분으로 나누어지는데 각 부분을 제1사분면, 제2사분면, 제3사분면, 제4사분면이라 한다.

제1사분면	제2사분면	제3사분면	제4사분면
$x>0$, $y>0$	x □ 0, y □ 0	x □ 0, y □ 0	x □ 0, y □ 0

(2) x축과 □축은 어느 사분면에도 속하지 않는다.

02 대칭인 점의 좌표

(1) 대칭인 점의 좌표 : 점 (a, b)에 대하여

x축에 대하여 대칭인 점의 좌표	(□, □)
y축에 대하여 대칭인 점의 좌표	(□, □)
원점에 대하여 대칭인 점의 좌표	(□, □)

03 그래프와 그 해석

(1) 변수 : x, y와 같이 여러 가지로 변하는 값

(2) □ : 두 변수 x, y의 순서쌍 (x, y)를 좌표로 하는 점을 좌표평면 위에 나타낸 것

04 정비례 관계 $y=ax(a\neq0)$의 그래프

(1) □ : 두 변수 x, y에 대하여 x의 값이 2배, 3배, 4배, …가 될 때, y의 값도 2배, 3배, 4배, …가 되는 관계

(2) 정비례 관계 $y=ax(a\neq0)$의 그래프

① 원점을 지나는 □이다.

②

$a>0$일 때	$a<0$일 때
제1사분면과 제3사분면을 지난다.	제2사분면과 제4사분면을 지난다.
오른쪽 위로 향하는 직선이다.	오른쪽 아래로 향하는 직선이다.
x의 값이 증가하면 y의 값도 증가한다.	x의 값이 증가하면 y의 값은 □한다.

③ a의 절댓값이 클수록 □에 가까워진다.

05 반비례 관계 $y=\frac{a}{x}(a\neq0)$의 그래프

(1) □ : 두 변수 x, y에 대하여 x의 값이 2배, 3배, 4배, …가 될 때, y의 값은 $\frac{1}{2}$배, $\frac{1}{3}$배, $\frac{1}{4}$배, …가 되는 관계

(2) 반비례 관계 $y=\frac{a}{x}(a\neq0)$의 그래프

① 좌표축에 가까워지면서 한없이 뻗어 나가는 한 쌍의 매끄러운 □이다.

②

$a>0$일 때	$a<0$일 때
제1사분면과 제3사분면을 지난다.	제2사분면과 제4사분면을 지난다.

③ 원점에 대하여 □이다.

④ a의 절댓값이 클수록 □에서 멀어진다.

답
01 (1) <, >, <, <, >, < (2) y 02 (1) a, $-b$, $-a$, b, $-a$, $-b$ 03 (2) 그래프
04 (1) 정비례 (2) ① 직선 ② 감소 ③ y축 05 (1) 반비례 (2) ① 곡선 ③ 대칭 ④ 원점

MEMO

MEMO

MEMO

MEMO

개념원리와 만나는 모든 방법

다양한 이벤트, 동기부여 콘텐츠 등
공부 자극에 필요한 모든 콘텐츠를 보고 싶다면?

개념원리 공식 인스타그램
@wonri_with

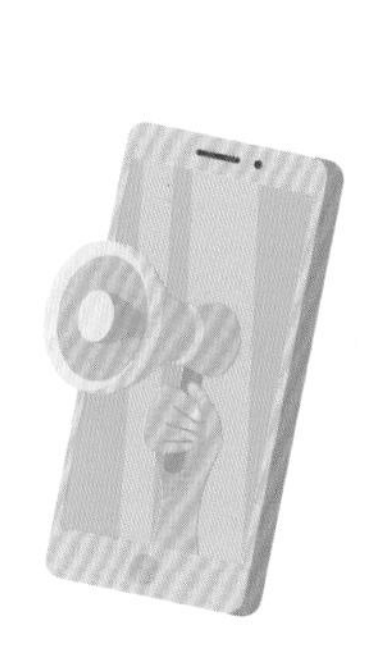

교재 속 QR코드 문제 풀이 영상 공부법까지
수학 공부에 필요한 모든 것

개념원리 공식 유튜브 채널
youtube.com/개념원리2022

개념원리에서 만들어지는 모든 콘텐츠를
정기적으로 받고 싶다면?

개념원리 공식
카카오뷰 채널

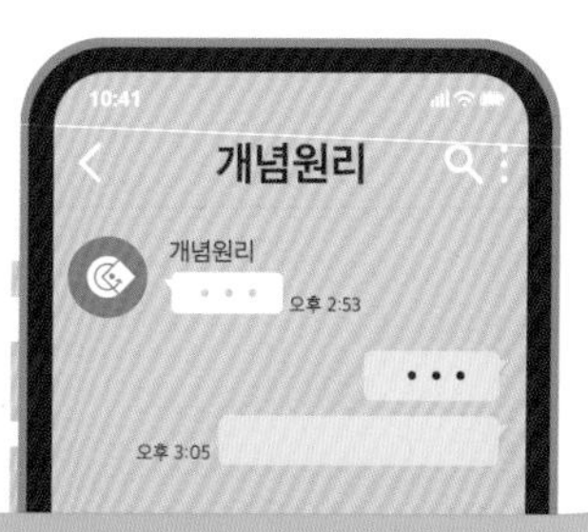

개념원리

교재 소개

문제 난이도

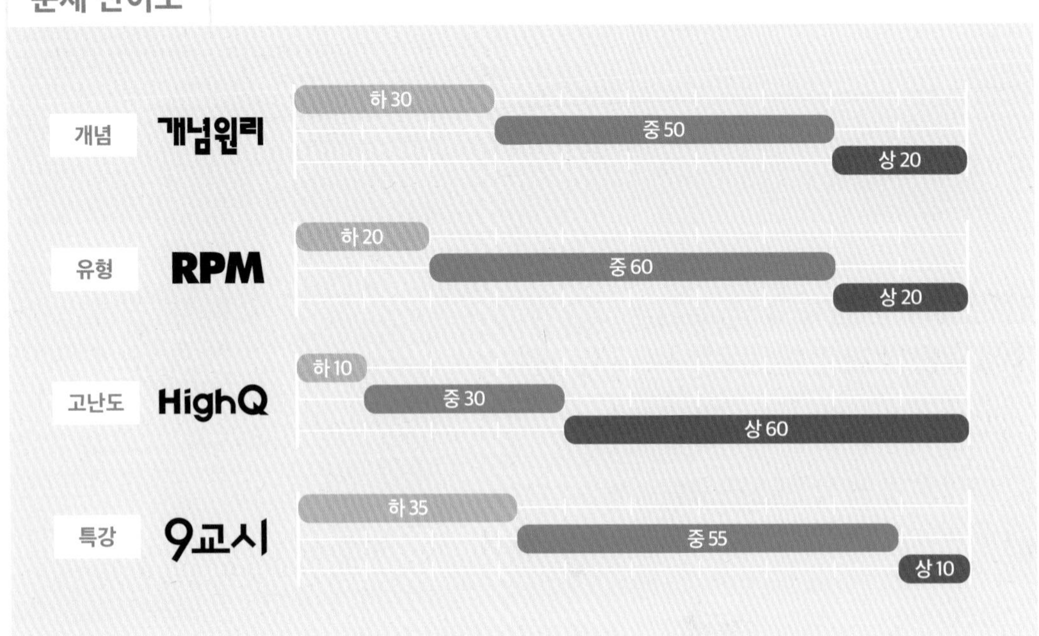

고등

개념원리 | 수학의 시작 　개념

하나를 알면 10개, 20개를 풀 수 있는 개념원리 수학
수학(상), 수학(하), 수학 Ⅰ, 수학 Ⅱ, 확률과 통계, 미적분, 기하

RPM | 유형의 완성 　유형

다양한 유형의 문제를 통해 수학의 문제 해결력을 높일 수 있는 RPM
수학(상), 수학(하), 수학 Ⅰ, 수학 Ⅱ, 확률과 통계, 미적분, 기하

High Q | 고난도 정복 (고1 내신 대비) 　고난도

최고를 향한 핵심 고난도 문제서 High Q
수학(상), 수학(하)

9교시 | 학교 안 개념원리 　특강

쉽고 빠르게 정리하는 9종 교과서 시크릿
수학(상), 수학(하), 수학 Ⅰ

중등

개념원리 | 수학의 시작 　개념

하나를 알면 10개, 20개를 풀 수 있는 개념원리 수학
중학수학 1-1, 1-2, 2-1, 2-2, 3-1, 3-2

RPM | 유형의 완성 　유형

다양한 유형의 문제를 통해 수학의 문제 해결력을 높일 수 있는 RPM
중학수학 1-1, 1-2, 2-1, 2-2, 3-1, 3-2

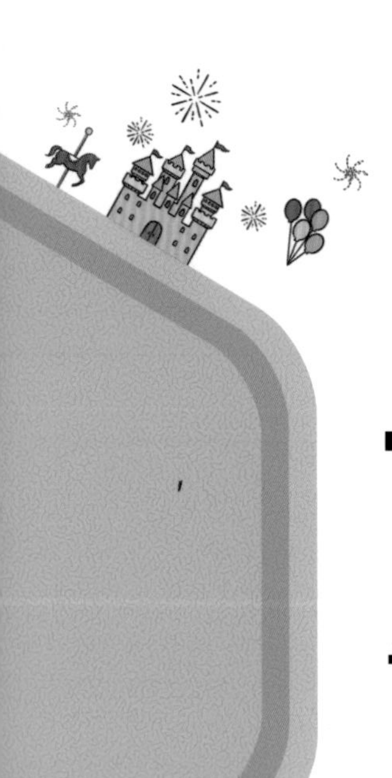

개념원리

중학 수학 1-1

중학 수학 1-1

정답과 풀이

개념원리 수학연구소

개념원리 중학 수학 1-1

정답과 풀이

친절한 풀이	정확하고 이해하기 쉬운 친절한 풀이
다른 풀이	수학적 사고력을 키우는 다양한 해결 방법 제시
서술형 분석	모범 답안과 단계별 배점 제시로 서술형 문제 완벽 대비

중학 수학 1-1

정답과 풀이

I 소인수분해

1 소인수분해

01 소수와 합성수

개념원리 확인하기 본문 9쪽

01 1, 1, 2
02 1, 소수, 3
03 (1) 합성수 (2) 소수 (3) 합성수 (4) 소수
04 (1) 2 (2) 2 (3) 3 (4) 1 (5) 2
05 (1) × (2) ○ (3) × (4) × (5) ○

이렇게 풀어요

01 답 **1, 1, 2**

02 답 **1, 소수, 3**

03 (1) 15의 약수는 1, 3, 5, 15이므로 15는 합성수이다.
(2) 17의 약수는 1, 17이므로 17은 소수이다.
(3) 21의 약수는 1, 3, 7, 21이므로 21은 합성수이다.
(4) 31의 약수는 1, 31이므로 31은 소수이다.
답 (1) **합성수** (2) **소수** (3) **합성수** (4) **소수**

04 답 (1) **2** (2) **2** (3) **3** (4) **1** (5) **2**

05 (1), (4) 자연수는 1, 소수, 합성수로 이루어져 있다.
(2), (3) 1은 소수도 아니고 합성수도 아니다.
(5) 소수 중 짝수는 2뿐이고 나머지는 모두 홀수이다.
답 (1) × (2) ○ (3) × (4) × (5) ○

핵심문제 익히기 (확인문제) 본문 10쪽

1 소수 : 13, 67, 합성수 : 51, 91, 121
2 ②

이렇게 풀어요

1 51의 약수는 1, 3, 17, 51이므로 합성수이다.
91의 약수는 1, 7, 13, 91이므로 합성수이다.
121의 약수는 1, 11, 121이므로 합성수이다.
13, 67의 약수는 1과 자기 자신뿐이므로 소수이다.
답 **소수 : 13, 67, 합성수 : 51, 91, 121**

2 ① 9는 합성수이지만 홀수이다.
② 2의 배수 중 소수는 2로 1개뿐이다.
③ 49의 약수는 1, 7, 49이므로 합성수이다.
④ 1은 소수가 아니지만 약수가 1개이다.
⑤ a, b를 소수라 하면 $a\times b$의 약수는 1, a, b, $a\times b$이므로 $a\times b$는 소수가 아니다.
예를 들면 3, 5는 소수지만 $3\times5=15$에서 15는 약수가 1, 3, 5, 15이므로 소수가 아니다.
답 ②

이런 문제가 시험에 나온다 본문 11쪽

01 ③ 02 1 03 ③ 04 45
05 ①, ②

이렇게 풀어요

01 ③ 합성수의 약수는 3개 이상이다. 답 ③

02 1은 소수도 아니고 합성수도 아니다.
소수는 3, 5, 11, 19, 31의 5개이므로 $a=5$
합성수는 9, 15, 21, 49, 50, 51의 6개이므로 $b=6$
$\therefore b-a=6-5=1$ 답 **1**

03 ① 111의 약수는 1, 3, 37, 111이므로 합성수이다.
② 119의 약수는 1, 7, 17, 119이므로 합성수이다.
③ 131의 약수는 1, 131이므로 소수이다.
④ 141의 약수는 1, 3, 47, 141이므로 합성수이다.
⑤ 161의 약수는 1, 7, 23, 161이므로 합성수이다.
따라서 소수인 것은 ③이다. 답 ③

04 50 이하의 자연수 중에서 가장 큰 소수는 47이고, 가장 작은 소수는 2이므로 두 수의 차는
$47-2=45$ 답 **45**

05 ① 30보다 작은 소수는 2, 3, 5, 7, 11, 13, 17, 19, 23, 29의 10개이다.
② 두 자연수 1과 2의 곱은 2이므로 소수이다.

⑤ 5의 배수 중 소수는 5의 1개뿐이다.

답 ①, ②

02 소인수분해 (1)

개념원리 확인하기

본문 14쪽

01 (1) 밑 : 3, 지수 : 4 (2) 밑 : $\frac{1}{2}$, 지수 : 3
(3) 밑 : 6, 지수 : 5

02 (1) 2^3 (2) 5^4 (3) $3^2\times5^3$ (4) $2^2\times5\times7^4$
(5) $\left(\frac{1}{3}\right)^3$ $\left(또는\ \frac{1}{3^3}\right)$ (6) $\frac{1}{3^2\times5^3}$

03 풀이 참조

04 (1) 소인수분해 : $2^4\times3$, 소인수 : 2, 3
(2) 소인수분해 : 2×7^2, 소인수 : 2, 7
(3) 소인수분해 : $2^3\times3\times5$, 소인수 : 2, 3, 5
(4) 소인수분해 : $2\times3^2\times7$, 소인수 : 2, 3, 7

05 ②

이렇게 풀어요

01 답 **(1) 밑 : 3, 지수 : 4 (2) 밑 : $\frac{1}{2}$, 지수 : 3**
(3) 밑 : 6, 지수 : 5

02 (5) $\frac{1}{3}\times\frac{1}{3}\times\frac{1}{3}=\left(\frac{1}{3}\right)^3$ 또는

$\frac{1}{3}\times\frac{1}{3}\times\frac{1}{3}=\frac{1\times1\times1}{3\times3\times3}=\frac{1}{3^3}$

(6) $\frac{1}{3\times3\times5\times5\times5}=\frac{1}{3^2\times5^3}$

답 **(1) 2^3 (2) 5^4 (3) $3^2\times5^3$ (4) $2^2\times5\times7^4$**
(5) $\left(\frac{1}{3}\right)^3$ $\left(또는\ \frac{1}{3^3}\right)$ (6) $\frac{1}{3^2\times5^3}$

03 (1) 36 < [2], 18 < [2], 9 < [3], 3

$\therefore 36=2^2\times3^2$

(2)
[2]) 84
[2]) [42]
[3]) 21
　　 7

$\therefore 84=2^2\times3\times7$

답 **풀이 참조**

04 (1)
2) 48
2) 24
2) 12
2) 6
　 3

$\therefore 48=2^4\times3$
소인수 : 2, 3

(2)
2) 98
7) 49
　 7

$\therefore 98=2\times7^2$
소인수 : 2, 7

(3)
2) 120
2) 60
2) 30
3) 15
　 5

$\therefore 120=2^3\times3\times5$
소인수 : 2, 3, 5

(4)
2) 126
3) 63
3) 21
　 7

$\therefore 126=2\times3^2\times7$
소인수 : 2, 3, 7

답 **(1) 소인수분해 : $2^4\times3$, 소인수 : 2, 3**
(2) 소인수분해 : 2×7^2, 소인수 : 2, 7
(3) 소인수분해 : $2^3\times3\times5$, 소인수 : 2, 3, 5
(4) 소인수분해 : $2\times3^2\times7$, 소인수 : 2, 3, 7

05 $252=2^2\times3^2\times7$이므로 252의 소인수는 2, 3, 7이다.

답 ②

주의
③ 2^2, ⑤ 3^2은 252의 인수이지만 소수는 아니므로 소인수가 아니다.

핵심문제 익히기 (확인문제)

본문 15~17쪽

1 (1) $2^2\times5^3$ (2) $2^3\times3\times5^2$ (3) $\left(\frac{2}{3}\right)^3$$\left(또는\ \frac{2^3}{3^3}\right)$
(4) $\frac{1}{2^2\times7^3}$

2 ④ **3** 15 **4** ④ **5** ②
6 63 **7** ③

이렇게 풀어요

1 (3) $\frac{2}{3}\times\frac{2}{3}\times\frac{2}{3}=\left(\frac{2}{3}\right)^3$ 또는

$\frac{2}{3}\times\frac{2}{3}\times\frac{2}{3}=\frac{2\times2\times2}{3\times3\times3}=\frac{2^3}{3^3}$

답 **(1) $2^2\times5^3$ (2) $2^3\times3\times5^2$**
(3) $\left(\frac{2}{3}\right)^3$$\left(또는\ \frac{2^3}{3^3}\right)$ (4) $\frac{1}{2^2\times7^3}$

2 ① $45=3^2\times5$ ② $72=2^3\times3^2$
③ $140=2^2\times5\times7$ ④ $225=3^2\times5^2$
⑤ $600=2^3\times3\times5^2$

답 ④

3 $1400=2^3\times5^2\times7$이므로
$a=3$, $b=5$, $c=7$
$\therefore a+b+c=3+5+7$
$=15$

2) 1400
2) 700
2) 350
5) 175
5) 35
7

답 **15**

4 $420=2^2\times3\times5\times7$이므로 소인수는 2, 3, 5, 7이다.
따라서 420의 모든 소인수의 합은
$2+3+5+7=17$

답 ④

5 ① $54=2\times3^3$이므로 소인수는 2, 3이다.
② $63=3^2\times7$이므로 소인수는 3, 7이다.
③ $72=2^3\times3^2$이므로 소인수는 2, 3이다.
④ $96=2^5\times3$이므로 소인수는 2, 3이다.
⑤ $144=2^4\times3^2$이므로 소인수는 2, 3이다.
따라서 소인수가 나머지 넷과 다른 하나는 ②이다.

답 ②

6 84를 소인수분해하면 $84=2^2\times3\times7$
$84\times a=2^2\times3\times7\times a=b^2$이 되려면 소인수의 지수가 모두 짝수가 되어야 하므로 $a=3\times7$
즉, $84\times3\times7=2^2\times3\times7\times3\times7=2^2\times3^2\times7^2$
$=(2\times3\times7)\times(2\times3\times7)$
$=(2\times3\times7)^2=42^2$
이므로 $a=21$, $b=42$
$\therefore a+b=21+42=63$

답 **63**

7 $45\times x=3^2\times5\times x$가 어떤 자연수의 제곱이 되려면
$x=5\times$(자연수)^{2}의 꼴이어야 한다.
① $5=5\times1^2$ ② $20=5\times2^2$
③ $25=5\times5$ ④ $80=5\times4^2$
⑤ $125=5^3=5\times5^2$
따라서 x의 값이 될 수 없는 것은 ③이다.

답 ③

이런 문제가 시험에 나온다 본문 18쪽

01 ③	**02** 2, 3	**03** ③	**04** 7
05 70	**06** ②	**07** 40	

이렇게 풀어요

01 ③ $81=3^4$

답 ③

02 216을 소인수분해하면 $216=2^3\times3^3$
따라서 216의 소인수는 2, 3이다.

답 **2, 3**

03 $28=2^2\times7$, $126=2\times3^2\times7$이므로
$28\times126=(2^2\times7)\times(2\times3^2\times7)$
$=2^3\times3^2\times7^2$
따라서 $a=3$, $b=2$, $c=2$이므로
$a+b+c=3+2+2=7$

답 ③

04 $16=2^4$이므로 $a=4$
$125=5^3$이므로 $b=3$
$\therefore a+b=4+3=7$

답 **7**

05 360을 소인수분해하면 $360=2^3\times3^2\times5$
$360\times a=2^3\times3^2\times5\times a=b^2$이 되려면 소인수의 지수가 모두 짝수가 되어야 하므로
$a=2\times5$
즉, $360\times2\times5=2^3\times3^2\times5\times2\times5$
$=2^4\times3^2\times5^2$
$=(2^2\times3\times5)\times(2^2\times3\times5)$
$=(2^2\times3\times5)^2=60^2$
이므로 $a=10$, $b=60$
$\therefore a+b=10+60=70$

답 **70**

06 $756=2^2\times3^3\times7$이고 어떤 자연수의 제곱이 되려면 각 소인수의 지수가 짝수가 되어야 하므로 나누어야 할 가장 작은 자연수 $a=3\times7$
즉, $756\div(3\times7)=2^2\times3^3\times7\div(3\times7)$
$=2^2\times3^2$

$=(2\times3)\times(2\times3)$

$=(2\times3)^2=6^2$

이므로 $a=21$, $b=6$

$\therefore a-b=21-6=15$

답 ②

07 $90=2\times3^2\times5$이므로 $90\times a=2\times3^2\times5\times a$가 어떤 자연수의 제곱이 되려면 $a=2\times5\times(\text{자연수})^2$의 꼴이어야 한다. 즉, $a=2\times5\times1^2$, $2\times5\times2^2$, $2\times5\times3^2$, $\cdots$

따라서 a의 값 중에서 두 번째로 작은 자연수는

$2\times5\times2^2=40$

답 **40**

03 소인수분해 (2)

본문 20쪽

개념원리 확인하기

01 (1) 표는 풀이 참조, 1, 2, 5, 10, 25, 50

(2) 표는 풀이 참조, 1, 3, 7, 9, 21, 27, 63, 189

02 (1) $3^2\times5$ (2) 표는 풀이 참조, 1, 3, 5, 9, 15, 45

(3) 6개

03 (1) 1, 2, 4, 8 (2) 1, 2, 3, 4, 6, 9, 12, 18, 36

(3) 1, 2, 4, 13, 26, 52 (4) 1, 3, 5, 15, 25, 75

(5) 1, 2, 4, 8, 11, 22, 44, 88

(6) 1, 5, 7, 25, 35, 175

04 (1) 6개 (2) 12개 (3) 18개 (4) 15개

이렇게 풀어요

01 (1) 2×5^2의 약수는 오른쪽 표와 같이 1, 2, 5, 10, 25, 50이다.

$\times$	1	5	5^2
1	1	5	25
2	2	10	50

(2) $3^3\times7$의 약수는 오른쪽 표와 같이 1, 3, 7, 9, 21, 27, 63, 189이다.

$\times$	1	7
1	1	7
3	3	21
3^2	9	63
3^3	27	189

답 (1) **표는 풀이 참조, 1, 2, 5, 10, 25, 50**

(2) **표는 풀이 참조, 1, 3, 7, 9, 21, 27, 63, 189**

02 (1)
```
3 ) 45
3 ) 15
     5
```
$\therefore 45=3^2\times5$

(2)

$\times$	1	5
1	1	5
3	3	15
3^2	9	45

(3) $(2+1)\times(1+1)=6$(개)

답 (1) $\mathbf{3^2\times5}$ (2) **표는 풀이 참조, 1, 3, 5, 9, 15, 45**

(3) **6개**

03 (1) 2^3의 약수는 1, 2, 2^2, 2^3, 즉 1, 2, 4, 8이다.

(2) $2^2\times3^2$의 약수는 오른쪽 표와 같이 1, 2, 3, 4, 6, 9, 12, 18, 36이다.

$\times$	1	3	3^2
1	1	3	9
2	2	6	18
2^2	4	12	36

(3) $2^2\times13$의 약수는 오른쪽 표와 같이 1, 2, 4, 13, 26, 52이다.

$\times$	1	13
1	1	13
2	2	26
2^2	4	52

(4) 75를 소인수분해하면 $75=3\times5^2$이므로 75의 약수는 오른쪽 표와 같이 1, 3, 5, 15, 25, 75이다.

$\times$	1	5	5^2
1	1	5	25
3	3	15	75

(5) 88을 소인수분해하면 $88=2^3\times11$이므로 88의 약수는 오른쪽 표와 같이 1, 2, 4, 8, 11, 22, 44, 88이다.

$\times$	1	11
1	1	11
2	2	22
2^2	4	44
2^3	8	88

(6) 175를 소인수분해하면 $175=5^2\times7$이므로 175의 약수는 오른쪽 표와 같이 1, 5, 7, 25, 35, 175이다.

$\times$	1	7
1	1	7
5	5	35
5^2	25	175

답 (1) **1, 2, 4, 8** (2) **1, 2, 3, 4, 6, 9, 12, 18, 36**

(3) **1, 2, 4, 13, 26, 52** (4) **1, 3, 5, 15, 25, 75**

(5) **1, 2, 4, 8, 11, 22, 44, 88** (6) **1, 5, 7, 25, 35, 175**

04 (1) $5+1=6$(개)

(2) $(2+1)\times(3+1)=12$(개)

(3) $(2+1)\times(2+1)\times(1+1)=18$(개)

(4) $400=2^4\times5^2$이므로 약수의 개수는

$(4+1)\times(2+1)=15$(개)

답 (1) **6개** (2) **12개** (3) **18개** (4) **15개**

핵심문제 익히기 (확인문제) 본문 21~22쪽

1 ④ **2** ④ **3** ② **4** ③

이렇게 풀어요

1 $450=2\times3^2\times5^2$이므로 450의 약수는

(2의 약수)$\times$(3^2의 약수)$\times$(5^2의 약수)의 꼴이다.

④ $2^2\times5^2$에서 2^2은 2의 약수가 아니므로 450의 약수가 아니다.

답 ④

2 각각의 약수의 개수를 구하면 다음과 같다.

① $(2+1)\times(3+1)=12$(개)

② $2^3\times9=2^3\times3^2$이므로 $(3+1)\times(2+1)=12$(개)

③ $(2+1)\times(3+1)=12$(개)

④ $(2+1)\times(6+1)=21$(개)

⑤ $(1+1)\times(1+1)\times(2+1)=12$(개)

따라서 약수의 개수가 나머지 넷과 다른 하나는 ④이다.

답 ④

3 $180=2^2\times3^2\times5$이므로 약수의 개수는

$(2+1)\times(2+1)\times(1+1)=18$(개)

$2\times3^a\times5^2$의 약수의 개수는

$(1+1)\times(a+1)\times(2+1)=6\times(a+1)$(개)

따라서 두 수의 약수의 개수가 같으므로

$6\times(a+1)=18$, $a+1=3$

$\therefore a=2$

답 ②

4 108을 소인수분해하면 $108=2^2\times3^3$

① $108\times5=2^2\times3^3\times5$의 약수의 개수는

$(2+1)\times(3+1)\times(1+1)=24$(개)

② $108\times7=2^2\times3^3\times7$의 약수의 개수는

$(2+1)\times(3+1)\times(1+1)=24$(개)

③ $108\times10=2^2\times3^3\times10=2^2\times3^3\times(2\times5)=2^3\times3^3\times5$의 약수의 개수는

$(3+1)\times(3+1)\times(1+1)=32$(개)

④ $108\times11=2^2\times3^3\times11$의 약수의 개수는

$(2+1)\times(3+1)\times(1+1)=24$(개)

⑤ $108\times13=2^2\times3^3\times13$의 약수의 개수는

$(2+1)\times(3+1)\times(1+1)=24$(개)

따라서 a의 값이 될 수 없는 것은 ③이다.

답 ③

주의 ③ $108\times10=2^2\times3^3\times10$에서 약수의 개수는 $(2+1)\times(3+1)\times(1+1)=24$(개)라고 하지 않도록 주의한다. 10은 소인수가 아니므로 $108\times10=2^2\times3^3\times(2\times5)=2^3\times3^3\times5$로 나타낸 후 약수의 개수를 구해야 한다.

이런 문제가 시험에 나온다 본문 23쪽

01 ⑤ **02** ④ **03** ④ **04** 270

05 ② **06** 1

이렇게 풀어요

01 $2^2\times3^2\times5$의 약수는 (2^2의 약수)$\times$(3^2의 약수)$\times$(5의 약수)의 꼴이다.

① $6=2\times3$ ② $20=2^2\times5$

③ $30=2\times3\times5$ ④ $36=2^2\times3^2$

⑤ $100=2^2\times5^2$에서 5^2은 5의 약수가 아니다.

따라서 $2^2\times3^2\times5$의 약수가 아닌 것은 ⑤이다.

답 ⑤

02 각각의 약수의 개수를 구하면 다음과 같다.

① $6+1=7$(개)

② $(2+1)\times(2+1)=9$(개)

③ $(3+1)\times(1+1)=8$(개)

④ $(1+1)\times(2+1)=6$(개)

⑤ $(1+1)\times(1+1)\times(2+1)=12$(개)

따라서 약수의 개수가 가장 적은 것은 ④이다.

답 ④

03 $3^3\times5^a\times7$의 약수의 개수가 56개이므로
$(3+1)\times(a+1)\times(1+1)=56$
$8\times(a+1)=56$, $a+1=7$
$\therefore a=6$

답 ④

04 $2^2\times3^3\times5$의 약수 중에서 가장 큰 수는 자기 자신, 즉 $2^2\times3^3\times5$이고 두 번째로 큰 수는 자기 자신을 가장 작은 소인수인 2로 나눈 것이므로 $2\times3^3\times5=270$이다.

답 **270**

05 72를 소인수분해하면 $72=2^3\times3^2$
① $72\times5=2^3\times3^2\times5$의 약수의 개수는
$(3+1)\times(2+1)\times(1+1)=24$(개)
② $72\times10=2^3\times3^2\times10=2^3\times3^2\times(2\times5)$
$=2^4\times3^2\times5$
의 약수의 개수는
$(4+1)\times(2+1)\times(1+1)=30$(개)
③ $72\times13=2^3\times3^2\times13$의 약수의 개수는
$(3+1)\times(2+1)\times(1+1)=24$(개)
④ $72\times16=2^3\times3^2\times16=2^3\times3^2\times2^4=2^7\times3^2$의 약수의 개수는
$(7+1)\times(2+1)=24$(개)
⑤ $72\times27=2^3\times3^2\times27=2^3\times3^2\times3^3=2^3\times3^5$의 약수의 개수는
$(3+1)\times(5+1)=24$(개)
따라서 □ 안에 들어갈 수 없는 수는 ②이다.

답 ②

06 280을 소인수분해하면 $280=2^3\times5\times7$이므로 약수의 개수는
$(3+1)\times(1+1)\times(1+1)=16$(개)
$8\times3^a\times7^b=2^3\times3^a\times7^b$의 약수의 개수는
$(3+1)\times(a+1)\times(b+1)=4\times(a+1)\times(b+1)$(개)
$4\times(a+1)\times(b+1)=16$이므로
$(a+1)\times(b+1)=4$
이때 a, b가 자연수이므로 $a+1\geq2$, $b+1\geq2$
따라서 $a+1=2$, $b+1=2$이므로
$a=1$, $b=1$ $\quad\therefore a\times b=1$

답 **1**

1 step (기본문제)

본문 24~25쪽

01 ③	02 ③	03 ④, ⑤	04 ②
05 ④, ⑤	06 ④	07 ③	08 ③, ④
09 ⑤	10 ②	11 ③	12 ④

이렇게 풀어요

01 49의 약수는 1, 7, 49이므로 합성수이다.
289의 약수는 1, 17, 289이므로 합성수이다.
37, 71, 97, 181의 약수는 1과 자기 자신뿐이므로 소수이다.
따라서 소수의 개수는 4개이다.

답 ③

02 ① $72=2^3\times3^2$
② $98=2\times7^2$
④ $150=2\times3\times5^2$
⑤ $300=2^2\times3\times5^2$
따라서 소인수분해를 바르게 한 것은 ③이다.

답 ③

03 ④ $7+7+7+7=7\times4$
⑤ $\frac{1}{3}\times\frac{1}{3}\times\frac{1}{7}\times\frac{1}{7}\times\frac{1}{7}=\left(\frac{1}{3}\right)^2\times\left(\frac{1}{7}\right)^3$

답 ④, ⑤

04 $6\times7\times8\times9\times10=2\times3\times7\times2\times2\times2\times3\times3\times2\times5$
$=2^5\times3^3\times5\times7$
따라서 $a=5$, $b=3$, $c=5$이므로
$a+b+c=5+3+5=13$

답 ②

05 ④ 소수는 약수의 개수가 2개인 수이고, 합성수는 약수의 개수가 3개 이상인 수이므로 소수이면서 합성수인 자연수는 없다.
⑤ a, b가 소수일 때, $a\times b$의 약수가 1, a, b, $a\times b$이므로 $a\times b$는 소수가 아니다.

답 ④, ⑤

06 ① $600=2^3\times3\times5^2$
② 약수의 개수는
$(3+1)\times(1+1)\times(2+1)=24$(개)

③ 소인수는 2, 3, 5이다.

④ $600\times2\times3=2^3\times3\times5^2\times2\times3$

$=2^4\times3^2\times5^2$

$=(2^2\times3\times5)\times(2^2\times3\times5)$

$=(2^2\times3\times5)^2$

이므로 어떤 자연수의 제곱이 된다.

⑤ 600의 약수는

(2^3의 약수)×(3의 약수)×(5^2의 약수)의 꼴이다.

$2^2\times3\times5^3$에서 5^3은 5^2의 약수가 아니므로 600의 약수가 아니다.

답 ④

07 ① $(1+1)\times(3+1)=8$(개)

② $32=2^5$이므로 약수의 개수는 $5+1=6$(개)

③ $72=2^3\times3^2$이므로 약수의 개수는

$(3+1)\times(2+1)=12$(개)

④ $3\times5\times11$의 약수의 개수는

$(1+1)\times(1+1)\times(1+1)=8$(개)

⑤ $7^4\times13$의 약수의 개수는 $(4+1)\times(1+1)=10$(개)

따라서 약수의 개수가 가장 많은 것은 ③이다.

답 ③

08 ③ 소수가 아닌 자연수는 1 또는 합성수이다.

④ 2와 7은 모두 소수이지만 $2+7=9$에서 9는 홀수이다.

⑤ 1에서 20까지의 자연수 중 소수는 2, 3, 5, 7, 11, 13, 17, 19의 8개이다.

답 ③, ④

09 $252=2^2\times3^2\times7$이므로 252의 약수는

(2^2의 약수)×(3^2의 약수)×(7의 약수)의 꼴이다.

⑤ $2^3\times3^2$에서 2^3은 2^2의 약수가 아니므로 252의 약수가 아니다.

답 ⑤

10 $64=2^6$이므로 $a=6$

$243=3^5$이므로 $b=5$

$\therefore a-b=6-5=1$

답 ②

11 ㄱ. 20보다 크고 30보다 작은 소수는 23, 29의 2개이다.

ㄷ. $81=3^4$이므로 소인수는 3이다.

ㄹ. 한 자리의 자연수 중에서 합성수는 4, 6, 8, 9의 4개이다.

ㅁ. 3×5^2의 약수의 개수는 $(1+1)\times(2+1)=6$(개)

따라서 보기 중 옳은 것은 ㄱ, ㄴ, ㅁ의 3개이다.

답 ③

12 24를 소인수분해하면 $24=2^3\times3$

① $24\times2=2^3\times3\times2=2^4\times3$의 약수의 개수는

$(4+1)\times(1+1)=10$(개)

② $24\times3=2^3\times3\times3=2^3\times3^2$의 약수의 개수는

$(3+1)\times(2+1)=12$(개)

③ $24\times4=2^3\times3\times4=2^3\times3\times2^2=2^5\times3$의 약수의 개수는

$(5+1)\times(1+1)=12$(개)

④ $24\times5=2^3\times3\times5$의 약수의 개수는

$(3+1)\times(1+1)\times(1+1)=16$(개)

⑤ $24\times6=2^3\times3\times6=2^3\times3\times(2\times3)=2^4\times3^2$의 약수의 개수는

$(4+1)\times(2+1)=15$(개)

따라서 □ 안에 알맞은 수는 ④이다.

답 ④

2 step (발전문제) 본문 26쪽

01 3	02 ⑤	03 ③	04 453
05 1323	06 3		

이렇게 풀어요

01 $1080=2^3\times3^3\times5$이므로 1080의 약수의 개수는

$(3+1)\times(3+1)\times(1+1)=32$(개)

1080의 약수의 개수와 $2^3\times3\times5^a$의 약수의 개수가 같으므로

$(3+1)\times(1+1)\times(a+1)=32$

$8\times(a+1)=32$

$a+1=4 \qquad \therefore a=3$

답 3

02 189를 소인수분해하면 $189=3^3\times7$

$189\times a=3^3\times7\times a=b^2$이 되려면 소인수의 지수가 모두 짝수가 되어야 하므로 가장 작은 자연수

$a=3\times7=21$

$a=21$일 때,

$189\times21=3^3\times7\times3\times7$

$\qquad=3^4\times7^2=(3^2\times7)\times(3^2\times7)$

$\qquad=(3^2\times7)^2=63^2$

이므로 $a=21$, $b=63$

따라서 $a+b$의 최솟값은 $21+63-84$

답 ⑤

03 1에서 50까지의 자연수 중 5를 소인수로 가지는 수는 5의 배수이고 $5=5$, $10=2\times5$, $15=3\times5$, $20=2^2\times5$, $25=5^2$, $30=2\times3\times5$, $35=5\times7$, $40=2^3\times5$, $45=3^2\times5$, $50=2\times5^2$이므로

$1\times2\times3\times4\times\cdots\times50=\boxed{}\times5^{12}$의 꼴로 소인수분해된다.

따라서 구하는 5의 지수는 12이다.

답 ③

04 $A=2^2\times3^2\times5^2$의 약수는 1, 2, 3, 2^2, 5, …, $2\times3^2\times5^2$, $2^2\times3^2\times5^2$이다.

세 번째로 작은 수는 3이므로 $a=3$

가장 큰 수는 자기 자신, 즉 $2^2\times3^2\times5^2$이고 두 번째로 큰 수는 가장 작은 소인수 2로 나눈 것이므로 $2\times3^2\times5^2$이다.

$\therefore b=2\times3^2\times5^2=450$

$\therefore a+b=3+450=453$

답 **453**

05 (가)에서 $A=3^a\times7^b$ (a, b는 자연수)의 꼴이고

(나)에서 약수의 개수가 12개이므로

$12=(3+1)\times(2+1)$ 또는 $12=(5+1)\times(1+1)$

(i) $12=(3+1)\times(2+1)$일 때,

$A=3^3\times7^2$ 또는 $A=3^2\times7^3$

(ii) $12=(5+1)\times(1+1)$일 때,

$A=3^5\times7$ 또는 $A=3\times7^5$

따라서 가장 작은 자연수는

$A=3^3\times7^2=1323$

답 **1323**

06 $216=2^3\times3^3$이므로 216의 약수의 개수는

$(3+1)\times(3+1)=16$(개)

(i) $2^7\times\square=2^k$ (k는 자연수)의 꼴이면 약수의 개수가 16개이므로 $k+1=16$에서 $k=15$

즉, $\square=2^8=256$

(ii) $2^7\times\square$에서 $\square=a^b$ (a는 2가 아닌 소수, b는 자연수)의 꼴이면 $2^7\times a^b$의 약수의 개수는 16개이므로

$(7+1)\times(b+1)=16\qquad\therefore b=1$

그런데 a가 될 수 있는 수 중 가장 작은 자연수는 3이므로 $\square$ 안에 들어갈 가장 작은 자연수는 3이다.

(i), (ii)에서 구하는 가장 작은 자연수는 3이다.

답 **3**

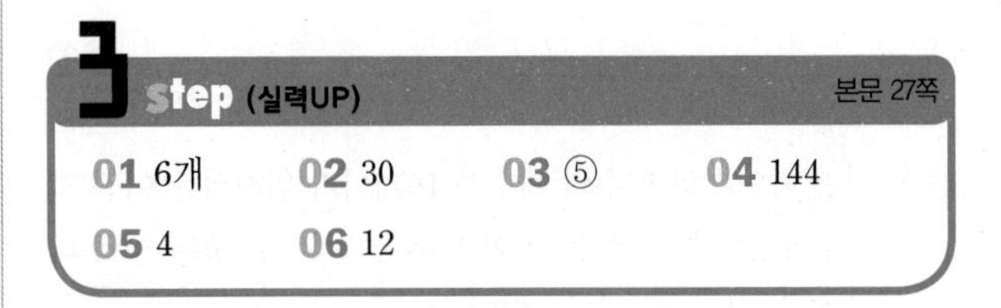

이렇게 풀어요

01 약수가 3개인 자연수는 $(\text{소수})^2$의 꼴이다.

즉, $2^2=4$, $3^2=9$, $5^2=25$, $7^2=49$, $11^2=121$, $13^2=169$, $17^2=289$, …

따라서 1부터 200까지의 자연수 중에서 약수의 개수가 3개인 수는 4, 9, 25, 49, 121, 169의 6개이다.

답 **6개**

02 $2\times n-1$이 78의 약수일 때, $\dfrac{78}{2\times n-1}$이 자연수가 된다. 78의 약수는 1, 2, 3, 6, 13, 26, 39, 78이므로

$2\times n-1=1$일 때, $n=1$

$2\times n-1=2$일 때, $n=\dfrac{3}{2}$ (×)

$2\times n-1=3$일 때, $n=2$

$2\times n-1=6$일 때, $n=\dfrac{7}{2}$ (×)

$2\times n-1=13$일 때, $n=7$

$2\times n-1=26$일 때, $n=\dfrac{27}{2}$ (×)

$2\times n-1=39$일 때, $n=20$

$2\times n-1=78$일 때, $n=\dfrac{79}{2}$ (×)

따라서 자연수 n의 값은 1, 2, 7, 20이므로 구하는 합은

$1+2+7+20=30$

답 **30**

03 $3^1=3$, $3^2=9$, $3^3=27$, $3^4=81$, $3^5=243$, …이므로 3의 거듭제곱의 일의 자리의 숫자는 3, 9, 7, 1이 차례로 반복

된다.

이때 $1001=4\times250+1$이므로 3^{1001}의 일의 자리의 숫자는 3이다.

$7^1=7$, $7^2=49$, $7^3=343$, $7^4=2401$, $7^5=16807$, …이므로 7의 거듭제곱의 일의 자리의 숫자는 7, 9, 3, 1이 차례로 반복된다.

이때 $1503=4\times375+3$이므로 7^{1503}의 일의 자리의 숫자는 3이다.

따라서 $3^{1001}\times7^{1503}$의 일의 자리의 숫자는 $3\times3=9$에서 9이다.

답 ⑤

04 어떤 자연수의 약수의 개수가 15개이기 위해서는 어떤 자연수가 a^{14} (a는 소수)의 꼴 또는 $a^4\times b^2$ (a, b는 서로 다른 소수)의 꼴 중 하나이어야 한다.

(i) a^{14} (a는 소수)의 꼴일 때, 가장 작은 자연수는 $2^{14}=16384$

(ii) $a^4\times b^2$ (a, b는 서로 다른 소수)의 꼴일 때, 가장 작은 자연수는 $2^4\times3^2=144$

따라서 약수의 개수가 15개인 가장 작은 자연수는 144이다.

답 **144**

05 $2\times3^2\times\square$의 약수의 개수는 12개이고

$12=11+1$ 또는 $12=(5+1)\times(1+1)$ 또는

$12=(3+1)\times(2+1)$ 또는

$12=(2+1)\times(1+1)\times(1+1)$

(i) $12=11+1$일 때, □ 안에 들어갈 수 있는 자연수는 없다.

(ii) $12=(5+1)\times(1+1)$일 때, □ 안에 들어갈 수 있는 가장 작은 자연수는 $\square=3^3=27$

(iii) $12=(3+1)\times(2+1)$일 때, □ 안에 들어갈 수 있는 가장 작은 자연수는 $\square=2^2=4$

(iv) $12=(2+1)\times(1+1)\times(1+1)$일 때, □ 안에 들어갈 수 있는 가장 작은 자연수는 $\square=5$

(i)~(iv)에서 구하는 가장 작은 자연수는 4이다.

답 **4**

06 126을 소인수분해하면 $126=2\times3^2\times7$

$\therefore f(126)=(1+1)\times(2+1)\times(1+1)=12$

또, 20을 소인수분해하면 $20=2^2\times5$

$\therefore f(20)=(2+1)\times(1+1)=6$

$f(126)\div f(20)\times f(x)=12$에서

$12\div6\times f(x)=12$

$\therefore f(x)=6$

(i) $f(x)=6=5+1$일 때, 가장 작은 자연수 x의 값은 $x=2^5=32$

(ii) $f(x)=6=(2+1)\times(1+1)$일 때, 가장 작은 자연수 x의 값은 $x=2^2\times3=12$

(i), (ii)에서 구하는 가장 작은 자연수 x의 값은 12이다.

답 **12**

서술형 대비 문제

본문 28~29쪽

1 36 **2** 3

3 (1) $400=2^4\times5^2$ (2) 2, 5

(3) 1, 2, 4, 5, 8, 10, 16, 20, 25, 40, 50, 80, 100, 200, 400

4 3, 12 **5** $a=6$, $b=6$ **6** 6

이렇게 풀어요

1 1단계 150을 소인수분해하면

$150=2\times3\times5^2$

2) 150
3) 75
5) 25
5

2단계 $150\times x=2\times3\times5^2\times x=y^2$이 되려면 소인수의 지수가 모두 짝수가 되어야 하므로

$x=2\times3=6$

3단계 이때 $150\times x=2\times3\times5^2\times(2\times3)$

$=2^2\times3^2\times5^2$

$=(2\times3\times5)\times(2\times3\times5)$

$=(2\times3\times5)^2=30^2$

이므로 $y=30$

4단계 $\therefore x+y=6+30=36$

답 **36**

2 1단계 $360=2^3\times3^2\times5$이므로 360의 약수의 개수는

$(3+1)\times(2+1)\times(1+1)=24$(개)

2단계 $2^2\times3^a\times11$의 약수의 개수는

$(2+1)\times(a+1)\times(1+1)=6\times(a+1)$(개)

3단계 $6\times(a+1)=24$, $a+1=4$

$\therefore a=3$

답 **3**

3 1단계 (1) 400을 소인수분해하면

$400=2^4\times5^2$

$$\begin{array}{r|r} 2 & 400 \\ 2 & 200 \\ 2 & 100 \\ 2 & 50 \\ 5 & 25 \\ & 5 \end{array}$$

2단계 (2) 400의 소인수는 2, 5이다.

3단계 (3) 400의 약수를 모두 구하면

×	1	5	5^2
1	1	5	25
2	2	10	50
2^2	4	20	100
2^3	8	40	200
2^4	16	80	400

위의 표에서 400의 약수는

1, 2, 4, 5, 8, 10, 16, 20, 25, 40, 50, 80, 100, 200, 400이다.

답 (1) $400=2^4\times5^2$ (2) **2, 5**
(3) **1, 2, 4, 5, 8, 10, 16, 20, 25, 40, 50, 80, 100, 200, 400**

단계	채점요소	배점
1	400을 소인수분해하기	1점
2	400의 소인수 구하기	1점
3	400의 약수 구하기	3점

4 1단계 147을 소인수분해하면

$$\begin{array}{r|r} 3 & 147 \\ 7 & 49 \\ & 7 \end{array}$$

$147=3\times7^2$

$147\times x=3\times7^2\times x$가 어떤 자연수의 제곱이 되려면

$x=3\times(\text{자연수})^2$의 꼴이어야 한다.

2단계 $\therefore x=3\times1^2,\ 3\times2^2,\ 3\times3^2,\ \cdots$

3단계 따라서 가장 작은 수는 3이고, 두 번째로 작은 수는 $3\times2^2=12$이다.

답 **3, 12**

단계	채점요소	배점
1	147을 소인수분해하여 어떤 자연수의 제곱이 될 조건 구하기	3점
2	가능한 x의 값 구하기	3점
3	가장 작은 수와 두 번째로 작은 수 구하기	1점

5 1단계 216을 소인수분해하면

$216=2^3\times3^3$

$$\begin{array}{r|r} 2 & 216 \\ 2 & 108 \\ 2 & 54 \\ 3 & 27 \\ 3 & 9 \\ & 3 \end{array}$$

2단계 어떤 자연수의 제곱이 되려면 소인수분해했을 때 소인수의 지수가 모두 짝수이어야 하므로

$a=2\times3=6$

3단계 이때 $216\div6=36=2^2\times3^2$

$=(2\times3)\times(2\times3)$

$=(2\times3)^2=6^2$

이므로 $b=6$

답 $\boldsymbol{a=6,\ b=6}$

단계	채점요소	배점
1	216을 소인수분해하기	1점
2	a의 값 구하기	3점
3	b의 값 구하기	3점

6 1단계 자연수 $N=2^x\times3^4\times5^y$의 약수의 개수가 60개이므로

$(x+1)\times(4+1)\times(y+1)=60$

$(x+1)\times(y+1)=12$

2단계 이때 x, y가 자연수이므로 $x+1\geq2$, $y+1\geq2$

x, y는 $x>y$인 자연수이므로

(i) $x+1=6$, $y+1=2$일 때,

$x=5$, $y=1$

$\therefore x+y=5+1=6$

(ii) $x+1=4$, $y+1=3$일 때,

$x=3$, $y=2$

$\therefore x+y=3+2=5$

3단계 따라서 $x+y$의 값 중 가장 큰 수는 6이다.

답 **6**

단계	채점요소	배점
1	x, y에 관한 식 세우기	2점
2	$x>y$인 자연수 x, y에 대하여 $x+y$의 값 구하기	4점
3	$x+y$의 값 중 가장 큰 수 구하기	1점

2 최대공약수와 최소공배수

01 공약수와 최대공약수

본문 33쪽

개념원리 확인하기

01 풀이 참조

02 (1) 2×3^2 (2) 2×3 (3) $2^3\times3\times7^2$

(4) $2^2\times5$ (5) $2\times3^2\times5$

03 (1) 28 (2) 12 (3) 15 (4) 4 (5) 8

04 ②

이렇게 풀어요

01 (1) **[방법 1]**

90의 소인수분해 : $2\times3^2\times5$

108의 소인수분해 : $2^2\times3^3$

(최대공약수)$=2\times3^2=18$

[방법 2]

$$\begin{array}{r|rr} 2 & 90 & 108 \\ 3 & 45 & 54 \\ 3 & 15 & 18 \\ \hline & 5 & 6 \end{array}$$

∴ (최대공약수)$=2\times3\times3=\boxed{18}$

(2) **[방법 1]**

18의 소인수분해 : 2×3^2

84의 소인수분해 : $2^2\times3\times7$

120의 소인수분해 : $2^3\times3\times5$

(최대공약수)$=2\times3=6$

[방법 2]

$$\begin{array}{r|rrr} 2 & 18 & 84 & 120 \\ 3 & 9 & 42 & 60 \\ \hline & 3 & 14 & 20 \end{array}$$

∴ (최대공약수) : $2\times3=\boxed{6}$

답 풀이 참조

02 (1)

$2^2\times3^3$

2×3^2

∴ (최대공약수)$=2\times3^2$

(2)

2×3^2

$2^2\times3\times5$

∴ (최대공약수)$=2\times3$

(3)

$2^3\times3^3\times7^2$

$2^3\times3\times7^3$

∴ (최대공약수)$=2^3\times3\times7^2$

(4)

$2^2\times5$

$2^2\times3^3\times5$

$2^3\times3^2\times5^2$

∴ (최대공약수)$=2^2\times5$

(5)

$2\times3^2\times5$

$2^2\times3^3\times5$

$2^2\times3^2\times5^2\times7$

∴ (최대공약수)$=2\times3^2\times5$

답 (1) $\mathbf{2\times3^2}$ (2) $\mathbf{2\times3}$ (3) $\mathbf{2^3\times3\times7^2}$

(4) $\mathbf{2^2\times5}$ (5) $\mathbf{2\times3^2\times5}$

03 (1)

$$\begin{array}{r|rr} 2 & 28 & 84 \\ 2 & 14 & 42 \\ 7 & 7 & 21 \\ \hline & 1 & 3 \end{array}$$

∴ (최대공약수)$=2\times2\times7=28$

(2)

$$\begin{array}{r|rr} 2 & 36 & 60 \\ 2 & 18 & 30 \\ 3 & 9 & 15 \\ \hline & 3 & 5 \end{array}$$

∴ (최대공약수)$=2\times2\times3=12$

(3)

$$\begin{array}{r|rrr} 3 & 45 & 75 & 90 \\ 5 & 15 & 25 & 30 \\ \hline & 3 & 5 & 6 \end{array}$$

∴ (최대공약수)$=3\times5=15$

(4)

$$\begin{array}{r|rrr} 2 & 16 & 24 & 36 \\ 2 & 8 & 12 & 18 \\ \hline & 4 & 6 & 9 \end{array}$$

∴ (최대공약수)$=2\times2=4$

(5)

$$\begin{array}{r|rrr} 2 & 96 & 104 & 144 \\ 2 & 48 & 52 & 72 \\ 2 & 24 & 26 & 36 \\ \hline & 12 & 13 & 18 \end{array}$$

∴ (최대공약수)$=2\times2\times2=8$

답 (1) **28** (2) **12** (3) **15** (4) **4** (5) **8**

04 최대공약수를 구해 보면 다음과 같다.

① 2 ② 1 ③ 3 ④ 3 ⑤ 7

따라서 두 수가 서로소인 것은 ② 8, 15이다.

답 ②

핵심문제 익히기 (확인문제) 본문 34~35쪽

1 (1) 12 (2) 3 **2** ⑤ **3** ⑤
4 (1) ⑤ (2) 6개

이렇게 풀어요

1 (1)
$$\begin{array}{l} 2^3\times3\times5 \\ 2^2\times3^2\quad\times7 \\ 2^2\times3\times5 \\ \hline \end{array}$$
$\therefore$ (최대공약수) $=2^2\times3=12$

(2) 최대공약수는 $50=2\times5^2$이므로
$$\begin{array}{l} 2^3\quad\times5^4 \\ 2^a\quad\times5^3 \\ 2^2\times3^3\times5^b \\ \hline \end{array}$$
(최대공약수) $=2\times5^2=50$
공통인 소인수 2의 지수인 3, a, 2 중 작은 것이 1이므로 $a=1$
공통인 소인수 5의 지수인 4, 3, b 중 작은 것이 2이므로 $b=2$
$\therefore a+b=1+2=3$

답 (1) **12** (2) **3**

2 두 자연수 A, B의 공약수는 최대공약수인 36의 약수이므로 1, 2, 3, 4, 6, 9, 12, 18, 36이다.
따라서 공약수가 아닌 것은 ⑤이다.

답 ⑤

3 최대공약수를 구해 보면 다음과 같다.
① 1 ② 1 ③ 1 ④ 1 ⑤ 5
따라서 두 수가 서로소가 아닌 것은 ⑤ 35, 60이다.

답 ⑤

4 (1) 세 수의 최대공약수가 $2^2\times5$이므로 공약수는 $2^2\times5$의 약수이다.
따라서 ⑤ $2^2\times7^2$은 $2^2\times5$의 약수가 아니므로 공약수가 아니다.
(2) 공약수의 개수는 최대공약수 $2^2\times5$의 약수의 개수와 같으므로
$(2+1)\times(1+1)=6$(개)

답 (1) ⑤ (2) **6개**

이런 문제가 시험에 나온다 본문 36쪽

01 ①, ② **02** 12개 **03** ②, ④
04 ⑤ **05** ③ **06** (1) 7 (2) 6개

이렇게 풀어요

01 세 수의 최대공약수는 $2^2\times3$이므로 공약수는 $2^2\times3$의 약수이다.
따라서 공약수인 것은 ①, ②이다.

답 ①, ②

02 세 수의 최대공약수가 $3^2\times5\times7$이므로 공약수는 $3^2\times5\times7$의 약수이다.
따라서 구하는 공약수의 개수는
$(2+1)\times(1+1)\times(1+1)=12$(개)

답 **12개**

03 ① 28과 40은 최대공약수가 4이므로 서로소가 아니다.
② 서로소인 두 자연수의 공약수는 1이다.
③ 18과 43의 최대공약수는 1이므로 서로소이다.
④ 두 자연수 10, 27은 최대공약수가 1이므로 서로소이지만 둘 다 소수가 아니다.

답 ②, ④

04 18을 소인수분해하면 $18=2\times3^2$
54를 소인수분해하면 $54=2\times3^3$
$A=2\times3\times a$라 하면 최대공약수가 $6=2\times3$이기 위해서는 A의 소인수 3의 지수가 1이어야 한다.
① $6=2\times3$ ② $12=2^2\times3$
③ $24=2^3\times3$ ④ $30=2\times3\times5$
⑤ $36=2^2\times3^2$

답 ⑤

05 두 수의 최대공약수는 $2^2\times3^3\times5$
이때 공약수 중 가장 큰 수는 최대공약수이고 두 번째로 큰 수는 최대공약수를 가장 작은 소인수 2로 나눈 것이므로 $2\times3^3\times5$이다.

답 ③

06 (1) 최대공약수가 $2^2\times3\times5$이고
공통인 소인수 3의 지수인 2, 3, c 중 작은 것이 1이므로 $c=1$

공통인 소인수가 2, 3, 5이고 a는 소수이므로 $a=5$
공통인 소인수 5의 지수인 1, b, 1 중 작은 것이 1이므로 b의 최솟값은 1
따라서 $a+b+c$의 최솟값은
$5+1+1=7$

(2) 10보다 크고 20보다 작은 자연수 중에서 15와 서로소인 수는 11, 13, 14, 16, 17, 19의 6개이다.

답 (1) **7** (2) **6개**

02 공배수와 최소공배수

개념원리 확인하기

본문 38쪽

01 (1) 4, 8, 12, 16, 20, 24, 28, 32, 36, 40, ⋯
(2) 5, 10, 15, 20, 25, 30, 35, 40, ⋯
(3) 20, 40, 60, ⋯ (4) 20 (5) 20, 배수 (6) 20, 곱

02 16, 32, 48, 64, 80, 96

03 (1) 2^3, 3, 5, 120 (2) 180 (3) 84 (4) 2520 (5) 420

04 (1) 풀이 참조 (2) 풀이 참조 (3) 108 (4) 144 (5) 420 (6) 240

이렇게 풀어요

01 답 (1) **4, 8, 12, 16, 20, 24, 28, 32, 36, 40, ⋯**
(2) **5, 10, 15, 20, 25, 30, 35, 40, ⋯**
(3) **20, 40, 60, ⋯** (4) **20** (5) **20, 배수** (6) **20, 곱**

02 두 수의 공배수는 최소공배수의 배수와 같으므로 두 수 A, B의 공배수는 16의 배수, 즉 16, 32, 48, 64, 80, 96, 112, ⋯이다.

답 **16, 32, 48, 64, 80, 96**

03 (1)
$$\begin{array}{rl} 24= & 2^3\times 3 \\ 60= & 2^2\times 3\times 5 \\ \hline \end{array}$$
$\therefore$ (최소공배수)$=\boxed{2^3}\times\boxed{3}\times\boxed{5}=\boxed{120}$

(2)
$$\begin{array}{l} 2^2\times 3 \\ 2\times 3^2\times 5 \\ \hline \end{array}$$
$\therefore$ (최소공배수)$=2^2\times 3^2\times 5=180$

(3)
$$\begin{array}{l} 2^2\quad\ \times 7 \\ 2^2\times 3\times 7 \\ \hline \end{array}$$
$\therefore$ (최소공배수)$=2^2\times 3\times 7=84$

(4)
$$\begin{array}{l} 2^2\times 3^2\times 5 \\ 2^3\times 3\qquad\times 7 \\ \hline \end{array}$$
$\therefore$ (최소공배수)$=2^3\times 3^2\times 5\times 7=2520$

(5)
$$\begin{array}{l} 2^2\times 3\times 5 \\ 2\qquad\ \times 5\times 7 \\ \hline \end{array}$$
$\therefore$ (최소공배수)$=2^2\times 3\times 5\times 7=420$

답 (1) **2^3, 3, 5, 120** (2) **180** (3) **84** (4) **2520** (5) **420**

04 (1)
$$\begin{array}{r|ll} \boxed{2} & 12 & 30 \\ \hline \boxed{3} & \boxed{6} & 15 \\ \hline & \boxed{2} & \boxed{5} \end{array}$$
$\therefore$ (최소공배수)$=2\times 3\times 2\times 5=60$

(2)
$$\begin{array}{r|lll} 3 & 12 & 15 & 30 \\ \hline \boxed{2} & \boxed{4} & \boxed{5} & \boxed{10} \\ \hline \boxed{5} & \boxed{2} & \boxed{5} & 5 \\ \hline & \boxed{2} & \boxed{1} & \boxed{1} \end{array}$$
$\therefore$ (최소공배수)$=3\times 2\times 5\times 2\times 1\times 1=60$

(3)
$$\begin{array}{r|ll} 2 & 36 & 54 \\ \hline 3 & 18 & 27 \\ \hline 3 & 6 & 9 \\ \hline & 2 & 3 \end{array}$$
$\therefore$ (최소공배수)$=2\times 3\times 3\times 2\times 3=108$

(4)
$$\begin{array}{r|ll} 2 & 48 & 72 \\ \hline 2 & 24 & 36 \\ \hline 2 & 12 & 18 \\ \hline 3 & 6 & 9 \\ \hline & 2 & 3 \end{array}$$
$\therefore$ (최소공배수)$=2\times 2\times 2\times 3\times 2\times 3=144$

(5)
$$\begin{array}{r|lll} 2 & 12 & 42 & 60 \\ \hline 3 & 6 & 21 & 30 \\ \hline 2 & 2 & 7 & 10 \\ \hline & 1 & 7 & 5 \end{array}$$
$\therefore$ (최소공배수)$=2\times 3\times 2\times 1\times 7\times 5=420$

(6)
$$\begin{array}{r|lll} 2 & 16 & 24 & 40 \\ \hline 2 & 8 & 12 & 20 \\ \hline 2 & 4 & 6 & 10 \\ \hline & 2 & 3 & 5 \end{array}$$
$\therefore$ (최소공배수)$=2\times 2\times 2\times 2\times 3\times 5=240$

답 (1) **풀이 참조** (2) **풀이 참조** (3) **108**
(4) **144** (5) **420** (6) **240**

핵심문제 익히기 (확인문제)

본문 39~41쪽

1 (1) 최대공약수 : 6, 최소공배수 : 168
(2) 최대공약수 : 2×3, 최소공배수 : $2^2\times3^2\times5^2\times7^3$

2 (1) ⑤ (2) 2개 **3** (1) 13 (2) 8

4 (1) 15 (2) 45 **5** (1) 42 (2) 10개 (3) 6

이렇게 풀어요

1 (1)
$$\begin{array}{r|rrr} 2 & 24 & 42 & 84 \\ 3 & 12 & 21 & 42 \\ 2 & 4 & 7 & 14 \\ 7 & 2 & 7 & 7 \\ & 2 & 1 & 1 \end{array}$$

∴ (최대공약수)$=2\times3=6$
(최소공배수)$=2\times3\times2\times7\times2\times1\times1=168$

(2)
$$\begin{array}{l} 2\times3\times5^2 \\ 2^2\times3\times5\times7^3 \\ 2^2\times3^2\qquad\times7^2 \end{array}$$

(최대공약수)$=2\times3$
(최소공배수)$=2^2\times3^2\times5^2\times7^3$

답 (1) **최대공약수 : 6, 최소공배수 : 168**
(2) **최대공약수 : 2×3, 최소공배수 : $2^2\times3^2\times5^2\times7^3$**

2 (1) 공배수는 최소공배수의 배수이고 두 수의 최소공배수가 $2^2\times3^2\times5$이므로 공배수는
$2^2\times3^2\times5\times\square$($\square$는 자연수) 꼴이어야 한다.
① $2^2\times3^2\times5^2\times7=2^2\times3^2\times5\times\boxed{5\times7}$
② $2^3\times3^2\times5\times11=2^2\times3^2\times5\times\boxed{2\times11}$
③ $2^2\times3^2\times5^2=2^2\times3^2\times5\times\boxed{5}$
④ $2^2\times3^2\times5=2^2\times3^2\times5\times\boxed{1}$
따라서 공배수가 아닌 것은 ⑤이다.
(2) 24를 소인수분해하면 $24=2^3\times3$
세 수의 최소공배수가 $2^3\times3^2=72$이므로 공배수는 72의 배수이다.
따라서 구하는 공배수의 개수는 72, 144의 2개이다.

답 (1) ⑤ (2) **2개**

3 (1)
$$\begin{array}{l} 2^3\times3^a\times5 \\ 2^b\times3^4\times5^c\times d \end{array}$$
(최대공약수)$=2^2\times3\times5$
최대공약수는 공통인 소인수를 모두 곱하고 지수는 같거나 작은 것을 택하여 곱하므로
$a=1$, $b=2$
$$\begin{array}{l} 2^3\times3^a\times5 \\ 2^b\times3^4\times5^c\times d \end{array}$$
(최소공배수)$=2^3\times3^4\times5^3\times7$
최소공배수는 공통인 소인수와 공통이 아닌 소인수를 모두 곱하고 지수는 같거나 큰 것을 택하여 곱하므로
$c=3$, $d=7$
$\therefore a+b+c+d=1+2+3+7=13$

(2) 최대공약수는 $12=2^2\times3$이므로
$$\begin{array}{l} 2^4\times3\times a \\ 2^b\times3^2\qquad\times7^c \end{array}$$
(최대공약수)$=2^2\times3$
최대공약수는 공통인 소인수를 모두 곱하고 지수는 같거나 작은 것을 택하여 곱하므로 $b=2$
$$\begin{array}{l} 2^4\times3\times a \\ 2^b\times3^2\qquad\times7^c \end{array}$$
(최소공배수)$=2^4\times3^2\times5\times7$
최소공배수는 공통인 소인수와 공통이 아닌 소인수를 모두 곱하고 지수는 같거나 큰 것을 택하여 곱하므로
$a=5$, $c=1$ $\therefore a+b+c=5+2+1=8$

답 (1) **13** (2) **8**

4 (1)
$$\begin{array}{r|rrr} x & 6\times x & 9\times x & 12\times x \\ 3 & 6 & 9 & 12 \\ 2 & 2 & 3 & 4 \\ & 1 & 3 & 2 \end{array}$$

∴ (최대공약수)$=x\times3$
(최소공배수)$=x\times3\times2\times1\times3\times2=36\times x$
그런데 최소공배수가 180이므로
$36\times x=180$ $\therefore x=5$
따라서 최대공약수는 $x\times3=5\times3=15$

(2) 세 자연수를 $2\times x$, $6\times x$, $9\times x$라 하면
$$\begin{array}{r|rrr} x & 2\times x & 6\times x & 9\times x \\ 2 & 2 & 6 & 9 \\ 3 & 1 & 3 & 9 \\ & 1 & 1 & 3 \end{array}$$

∴ (최소공배수)$=x\times2\times3\times1\times1\times3=x\times18$
그런데 최소공배수가 90이므로
$x\times18=90$ $\therefore x=5$
따라서 세 자연수는 10, 30, 45이므로 가장 큰 수는 45이다.

답 (1) **15** (2) **45**

5 (1) 최대공약수가 14이므로

$$\begin{array}{r|ll} 14 & 28 & A \\ \hline & 2 & a \end{array}$$ (단, a와 2는 서로소)

이때 최소공배수가 84이므로

$14\times2\times a=84$에서 $a=3$

$\therefore A=14\times3=42$

(2) 최대공약수가 $2^2\times3$이므로

$$\begin{array}{r|ll} 2^2\times3 & 2^2\times3^2 & A \\ \hline & 3 & a \end{array}$$ (단, a와 3은 서로소)

이때 최소공배수가 $2^4\times3^2$이므로

$2^2\times3\times3\times a=2^4\times3^2$

즉, $2^2\times3\times3\times a=2^2\times3\times3\times2^2$에서 $a=2^2$

$\therefore A=(2^2\times3)\times a=2^2\times3\times2^2=2^4\times3$

따라서 A의 약수의 개수는

$(4+1)\times(1+1)=10$(개)

(3) (두 수의 곱)=(최대공약수)×(최소공배수)이므로 최대공약수를 G라 하면

$540=G\times90$　　$\therefore G=6$

답 (1) **42**　(2) **10개**　(3) **6**

다른풀이

(1) (두 수의 곱)=(최대공약수)×(최소공배수)이므로

$28\times A=14\times84$　　$\therefore A=42$

(2) (두 수의 곱)=(최대공약수)×(최소공배수)이므로

$2^2\times3^2\times A=(2^2\times3)\times(2^4\times3^2)$

$2^2\times3^2\times A=2^2\times3^2\times2^4\times3$

$\therefore A=2^4\times3$

따라서 A의 약수의 개수는

$(4+1)\times(1+1)=10$(개)

이런 문제가 시험에 나온다　본문 42쪽

01 ③　**02** 105　**03** 1080

04 ①　**05** (1) 14　(2) 12

06 (1) 3　(2) 84　(3) 18개

이렇게 풀어요

01 공배수는 최소공배수의 배수이고 세 수의 최소공배수가 $2^2\times3^3\times7$이므로 공배수는 $2^2\times3^3\times7\times\square$($\square$는 자연수) 꼴이어야 한다.

① $2^2\times3^3\times7=2^2\times3^3\times7\times\boxed{1}$

② $2^2\times3^3\times7^2=2^2\times3^3\times7\times\boxed{7}$

④ $2^3\times3^3\times7^3=2^2\times3^3\times7\times\boxed{2\times7^2}$

⑤ $2^4\times3^4\times7^3=2^2\times3^3\times7\times\boxed{2^2\times3\times7^2}$

답 ③

02

$$\begin{array}{rl} & 3\times5\times7^a \\ & 3^2\times5^b\times7\times11 \\ \hline (\text{최소공배수})= & 3^2\times5\times7^2\times11 \end{array}$$

최소공배수는 공통인 소인수와 공통이 아닌 소인수를 모두 곱하고 지수는 같거나 큰 것을 택하여 곱하므로

$a=2,\ b=1$

$\therefore$ (최대공약수)$=3\times5\times7=105$

답 **105**

03 세 수 $2^2\times3$, $45=3^2\times5$, $2^2\times5$의 최소공배수는 $2^2\times3^2\times5=180$이고

$180\times5=900$, $180\times6=1080$

따라서 1000에 가장 가까운 수는 1080이다.

답 **1080**

04 두 수의 최대공약수를 G라 하면

(두 수의 곱)=(최대공약수)×(최소공배수)이므로

$2^3\times3^2\times5\times7^2=G\times(2^3\times3\times5\times7)$

$\therefore G=3\times7$

답 ①

05 (1)

$$\begin{array}{rl} & 3\times a\times7^2 \\ & b\times5^2\times7\times11 \\ \hline (\text{최대공약수})= & 3\times5\times7 \end{array}$$

최대공약수는 공통인 소인수를 모두 곱하고 지수는 같거나 작은 것을 택하여 곱하므로 $a=5$

$$\begin{array}{rl} & 3\times a\times7^2 \\ & b\times5^2\times7\times11 \\ \hline (\text{최소공배수})= & 3^2\times5^2\times7^2\times11 \end{array}$$

최소공배수는 공통인 소인수와 공통이 아닌 소인수를 모두 곱하고 지수는 같거나 큰 것을 택하여 곱하므로

$b=3^2=9$

$\therefore a+b=5+9=14$

(2)

$$\begin{array}{rl} & 2^a\times3^2\times5 \\ & 2^3\times3^b\times c \\ \hline (\text{최대공약수})= & 2^2\times3^2 \end{array}$$

최대공약수는 공통인 소인수를 모두 곱하고 지수는 같

거나 작은 것을 택하여 곱하므로 $a=2$

$$\begin{array}{r} 2^a\times 3^2 \times 5 \\ 2^3\times 3^b \quad \times c \\ \hline (\text{최소공배수})=2^3\times 3^3 \times 5\times 7 \end{array}$$

최소공배수는 공통인 소인수와 공통이 아닌 소인수를 모두 곱하고 지수는 같거나 큰 것을 택하여 곱하므로 $b=3$, $c=7$

$\therefore a+b+c=2+3+7=12$

답 (1) **14** (2) **12**

06 (1) $$\begin{array}{r|rrr} x & 4\times x & 5\times x & 6\times x \\ 2 & 4 & 5 & 6 \\ \hline & 2 & 5 & 3 \end{array}$$

$\therefore$ (최대공약수)$=x$

(최소공배수)$=x\times 2\times 2\times 5\times 3=x\times 60$

그런데 최소공배수가 180이므로

$x\times 60=180 \quad \therefore x=3$

따라서 최대공약수는 3이다.

(2) 최대공약수가 12이므로

$$\begin{array}{r|rr} 12 & N & 60 \\ \hline & a & 5 \end{array}$$ (단, a와 5는 서로소)

최소공배수가 420이므로

$12\times a\times 5=420$

$\therefore a=7$

$\therefore N=12\times 7=84$

(3) (두 수의 곱)=(최대공약수)×(최소공배수)이므로

$2^3\times 3\times 5^2\times A=(2^2\times 3)\times(2^3\times 3^2\times 5^2\times 7)$

$\therefore A=2^2\times 3^2\times 7$

따라서 A의 약수의 개수는

$(2+1)\times(2+1)\times(1+1)=18$(개)

답 (1) **3** (2) **84** (3) **18개**

다른풀이

(3) 최대공약수가 $2^2\times 3$이므로

$$\begin{array}{r|rr} 2^2\times 3 & 2^3\times 3\times 5^2 & A \\ \hline & 2\times 5^2 & a \end{array}$$ (단, a와 50은 서로소)

최소공배수가 $2^3\times 3^2\times 5^2\times 7$이므로

$2^2\times 3\times 2\times 5^2\times a=2^3\times 3^2\times 5^2\times 7$에서

$a=3\times 7$

$\therefore A=(2^2\times 3)\times a=2^2\times 3\times 3\times 7$

$=2^2\times 3^2\times 7$

따라서 A의 약수의 개수는

$(2+1)\times(2+1)\times(1+1)=18$(개)

03 최대공약수와 최소공배수의 활용

본문 44쪽

개념원리 확인하기

01 (1) 약수 (2) 약수 (3) 공약수 (4) 12

02 (1) 배수, 배수, 최소공배수, 60 (2) 60, 3, 60, 4

03 (1) 38, 6, 32 (2) 50, 2, 48
(3) 32, 48, 최대공약수, 16

이렇게 풀어요

01 똑같이 나누어 주려면 학생 수는 36, 48의 공약수이어야 하고, 가능한 한 많은 학생들에게 똑같이 나누어 주려면 학생 수는 36, 48의 최대공약수이어야 한다.

$$\begin{array}{r|rr} 2 & 36 & 48 \\ 2 & 18 & 24 \\ 3 & 9 & 12 \\ \hline & 3 & 4 \end{array}$$

$\therefore$ (최대공약수)$=2\times 2\times 3=12$

답 (1) **약수** (2) **약수** (3) **공약수** (4) **12**

02 두 톱니바퀴가 같은 톱니에서 다시 맞물릴 때까지 돌아가는 톱니의 개수는 20, 15의 공배수이어야 하고, 같은 톱니에서 처음으로 다시 맞물릴 때까지 돌아가는 톱니의 개수는 20, 15의 최소공배수이어야 한다.

$$\begin{array}{r|rr} 5 & 20 & 15 \\ \hline & 4 & 3 \end{array}$$

$\therefore$ (최소공배수)$=5\times 4\times 3=60$

답 (1) **배수, 배수, 최소공배수, 60** (2) **60, 3, 60, 4**

03 어떤 자연수로 $38-6$, $50-2$를 나누면 나누어떨어지므로 이 자연수는 32, 48의 공약수이어야 하고, 이러한 수 중 가장 큰 수는 32, 48의 최대공약수이어야 한다.

$$\begin{array}{r|rr} 2 & 32 & 48 \\ 2 & 16 & 24 \\ 2 & 8 & 12 \\ 2 & 4 & 6 \\ \hline & 2 & 3 \end{array}$$

$\therefore$ (최대공약수)$=2\times 2\times 2\times 2=16$

주의 나누는 수는 나머지보다 커야 하므로 32와 48의 공약수 1, 2, 4, 8, 16 중 8, 16만 가능하다.

답 (1) **38, 6, 32** (2) **50, 2, 48**
(3) **32, 48, 최대공약수, 16**

핵심문제 익히기 (확인문제)

본문 45~48쪽

1 15명 **2** 20장 **3** 5바퀴 **4** 150개
5 (1) 63 (2) 20명 **6** (1) 182 (2) 867
7 (1) 10 (2) 12 **8** (1) $\frac{48}{5}$ (2) $\frac{864}{7}$

이렇게 풀어요

1 똑같이 나누어 주려면 학생 수는 45, 30, 75의 공약수이어야 하고, 될 수 있는 대로 많은 학생들에게 똑같이 나누어 주려고 하므로 학생 수는 45, 30, 75의 최대공약수이어야 한다.

$$\begin{array}{r|rrr} 3 & 45 & 30 & 75 \\ 5 & 15 & 10 & 25 \\ \hline & 3 & 2 & 5 \end{array}$$

따라서 구하는 학생 수는 $3 \times 5 = 15$(명)

답 **15명**

2 색종이의 한 변의 길이는 가로와 세로의 길이를 나눌 수 있어야 하므로 56, 70의 공약수이어야 한다. 그런데 색종이는 가능한 한 큰 정사각형이어야 하므로 색종이의 한 변의 길이는 56, 70의 최대공약수이어야 한다.

$$\begin{array}{r|rr} 2 & 56 & 70 \\ 7 & 28 & 35 \\ \hline & 4 & 5 \end{array}$$

따라서 색종이의 한 변의 길이는
$2 \times 7 = 14$(cm)
이때 필요한 색종이의 수를 구하면
가로 : $56 \div 14 = 4$(장),
세로 : $70 \div 14 = 5$(장)
이므로 $4 \times 5 = 20$(장)

답 **20장**

3 출발점으로 계속 다시 돌아오려면 희망이는 18의 배수만큼, 기쁨이는 30의 배수만큼 시간이 걸린다.

$$\begin{array}{r|rr} 2 & 18 & 30 \\ 3 & 9 & 15 \\ \hline & 3 & 5 \end{array}$$

따라서 두 사람이 처음으로 출발점에서 다시 만나게 되는 것은
(18, 30의 최소공배수)$= 2 \times 3 \times 3 \times 5$
$= 90$(분 후)
이므로 희망이가 호숫가를 돈 횟수는
$90 \div 18 = 5$(바퀴)

답 **5바퀴**

4 나무토막을 쌓을 때마다 가로, 세로의 길이와 높이는 각각 2배, 3배, …가 되므로 나무토막을 쌓아서 만든 정육면체의 한 모서리의 길이는 12, 20, 6의 공배수이다. 그런데 가장 작은 정육면체를 만들어야 하므로 정육면체의 한 모서리의 길이는 12, 20, 6의 최소공배수이어야 한다.

$$\begin{array}{r|rrr} 2 & 12 & 20 & 6 \\ 2 & 6 & 10 & 3 \\ 3 & 3 & 5 & 3 \\ \hline & 1 & 5 & 1 \end{array}$$

따라서 정육면체의 한 모서리의 길이는
$2 \times 2 \times 3 \times 1 \times 5 \times 1 = 60$(cm)
이때 필요한 나무토막의 개수를 구하면
가로 : $60 \div 12 = 5$(개),
세로 : $60 \div 20 = 3$(개),
높이 : $60 \div 6 = 10$(개)
이므로 $5 \times 3 \times 10 = 150$(개)

답 **150개**

5 (1) 어떤 자연수로 130을 나누면 4가 남으므로 $130 - 4 = 126$을 나누면 나누어떨어진다.

$$\begin{array}{r|rr} 3 & 126 & 189 \\ 3 & 42 & 63 \\ 7 & 14 & 21 \\ \hline & 2 & 3 \end{array}$$

또, 192를 나누면 3이 남으므로
$192 - 3 = 189$를 나누면 나누어떨어진다.
따라서 구하는 수는 126, 189의 최대공약수이므로
$3 \times 3 \times 7 = 63$

(2) 사과는 2개가 남고, 귤은 5개가 부족하므로 사과 $62 - 2 = 60$(개), 귤 $95 + 5 = 100$(개)가 있으면 똑같이 나누어 줄 수 있다.

$$\begin{array}{r|rr} 2 & 60 & 100 \\ 2 & 30 & 50 \\ 5 & 15 & 25 \\ \hline & 3 & 5 \end{array}$$

따라서 구하는 학생 수는 60, 100의 최대공약수이므로
$2 \times 2 \times 5 = 20$(명)

답 (1) **63** (2) **20명**

6 (1) 15, 18 중 어느 것으로 나누어도 2가 남으므로 구하는 자연수를 x라 하면 $x-2$는 15, 18의 공배수이다.

$$\begin{array}{r|rr} 3 & 15 & 18 \\ \hline & 5 & 6 \end{array}$$

15, 18의 최소공배수는 $3 \times 5 \times 6 = 90$이므로 $x-2$는 90의 배수이다. 즉, $x-2$는 90, 180, 270, …이다.
이때 x는 가장 작은 세 자리의 자연수이므로
$x - 2 = 180$ $\quad \therefore x = 182$

(2) 12, 16, 18 중 어느 것으로 나누어도 3이 남으므로 구하는 자연수를 x라 하면 $x-3$은 12, 16, 18의 공배수이다.

$$\begin{array}{r|rrr} 2 & 12 & 16 & 18 \\ 2 & 6 & 8 & 9 \\ 3 & 3 & 4 & 9 \\ \hline & 1 & 4 & 3 \end{array}$$

12, 16, 18의 최소공배수는
$2 \times 2 \times 3 \times 1 \times 4 \times 3 = 144$이므로 $x-3$은 144의 배수이다. 즉, $x-3$은 144, 288, …, 864, 1008, …이다.
이때 x는 가장 큰 세 자리의 자연수이므로

$x-3=864 \qquad \therefore x=867$

답 (1) **182** (2) **867**

7 (1) $\frac{18}{n}$이 자연수가 되려면 n은 18의 약수이어야 하고

$\frac{45}{n}$가 자연수가 되려면 n은 45의 약수이어야 한다.

즉, n은 18과 45의 공약수이다.

18과 45의 최대공약수가 9이므로 공약수는 1, 3, 9이다.

따라서 n의 값은 1, 3, 9이므로 가장 작은 값은 1이고, 가장 큰 값은 9이다.

$\therefore 1+9=10$

(2) $\frac{18}{n}$이 자연수가 되려면 n은 18의 약수이어야 하고

$\frac{24}{n}$가 자연수가 되려면 n은 24의 약수이어야 한다.

또, $\frac{36}{n}$이 자연수가 되려면 n은 36의 약수이어야 한다.

즉, n은 18, 24, 36의 공약수이다.

18, 24, 36의 최대공약수가 6이므로 공약수는 1, 2, 3, 6이다.

따라서 n의 값은 1, 2, 3, 6이므로 모든 자연수 n의 값의 합은

$1+2+3+6=12$

답 (1) **10** (2) **12**

8 (1) 구하는 분수를 $\frac{B}{A}$라 하면

$\frac{25}{12}\times\frac{B}{A}=$(자연수), $\frac{35}{16}\times\frac{B}{A}=$(자연수)

이므로 B는 12와 16의 공배수이고, A는 25와 35의 공약수이어야 한다.

이때 $\frac{B}{A}$가 가장 작은 수가 되려면

$\frac{B}{A}=\frac{(12와\ 16의\ 최소공배수)}{(25와\ 35의\ 최대공약수)}=\frac{48}{5}$

(2) 구하는 분수를 $\frac{B}{A}$라 하면

$\frac{21}{32}\times\frac{B}{A}=$(자연수),

$\frac{35}{54}\times\frac{B}{A}=$(자연수),

$\frac{49}{108}\times\frac{B}{A}=$(자연수)

이므로 B는 32, 54, 108의 공배수이고, A는 21, 35, 49의 공약수이어야 한다.

이때 $\frac{B}{A}$가 가장 작은 수가 되려면

$\frac{B}{A}=\frac{(32,\ 54,\ 108의\ 최소공배수)}{(21,\ 35,\ 49의\ 최대공약수)}=\frac{864}{7}$

답 (1) $\frac{48}{5}$ (2) $\frac{864}{7}$

이런 문제가 시험에 나온다 본문 49쪽

01 216장 **02** 7바퀴 **03** 4바퀴

04 (1) 1, 2, 4, 8 (2) $\frac{140}{3}$ **05** 12 **06** 59

07 50개

이렇게 풀어요

01 벽돌을 쌓을 때마다 가로, 세로의 길이와 높이는 각각 2배, 3배, …가 되므로 벽돌을 쌓아서 만든 정육면체의 한 모서리의 길이는 18, 12, 8의 공배수이다. 그런데 가장 작은 정육면체를 만들어야 하므로 정육면체의 한 모서리의 길이는 18, 12, 8의 최소공배수이어야 한다.

$$\begin{array}{r|rrr} 2 & 18 & 12 & 8 \\ 2 & 9 & 6 & 4 \\ 3 & 9 & 3 & 2 \\ \hline & 3 & 1 & 2 \end{array}$$

따라서 정육면체의 한 모서리의 길이는

$2\times2\times3\times3\times1\times2=72$(cm)

이때 필요한 벽돌의 수를 구하면

가로 : $72\div18=4$(장),

세로 : $72\div12=6$(장),

높이 : $72\div8=9$(장)

이므로 $4\times6\times9=216$(장)

답 **216장**

02 A, B 두 톱니바퀴의 회전 수와 맞물리는 톱니의 수는 다음 그림과 같다.

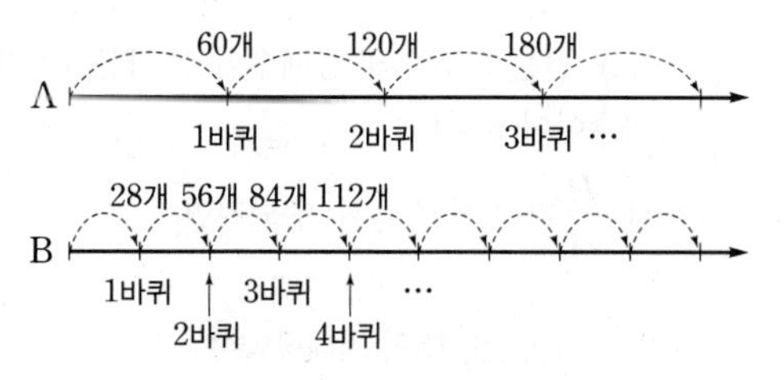

위의 그림에서 두 톱니바퀴가 1회전할 때마다 맞물리는 톱니의 수는 각각 60과 28의 배수이므로 두 톱니바퀴가 회전을 시작

$$\begin{array}{r|rr} 2 & 60 & 28 \\ 2 & 30 & 14 \\ \hline & 15 & 7 \end{array}$$

하여 같은 톱니에서 처음으로 다시 맞물릴 때까지 맞물린 톱니의 수는 60과 28의 최소공배수이다.
60과 28의 최소공배수가
$2\times2\times15\times7=420$
이므로 두 톱니바퀴가 같은 톱니에서 처음으로 다시 맞물릴 때까지 톱니바퀴 A는 $420\div60=7$(바퀴) 회전해야 한다.

답 **7바퀴**

03 출발점으로 계속 다시 돌아오려면 윤모는 90의 배수만큼, 석필이는 60의 배수만큼, 동원이는 45의 배수만큼 시간이 걸린다.

$$\begin{array}{r|rrr} 3 & 90 & 60 & 45 \\ \hline 5 & 30 & 20 & 15 \\ \hline 2 & 6 & 4 & 3 \\ \hline 3 & 3 & 2 & 3 \\ \hline & 1 & 2 & 1 \end{array}$$

따라서 세 사람이 처음으로 출발점에서 다시 만나게 되는 것은
(90, 60, 45의 최소공배수)$=3\times5\times2\times3\times1\times2\times1$
$=180$(초 후)
이므로 동원이가 운동장을 돈 횟수는
$180\div45=4$(바퀴)

답 **4바퀴**

04 (1) $\dfrac{24}{n}$가 자연수가 되려면 n은 24의 약수이어야 하고
$\dfrac{40}{n}$이 자연수가 되려면 n은 40의 약수이어야 한다.
즉, n은 24와 40의 공약수이다. 24와 40의 최대공약수가 8이므로 공약수는 1, 2, 4, 8이다.
따라서 n의 값은 1, 2, 4, 8이다.

(2) 구하는 분수를 $\dfrac{B}{A}$라 하면
$\dfrac{12}{7}\times\dfrac{B}{A}=$(자연수),
$\dfrac{36}{5}\times\dfrac{B}{A}=$(자연수),
$\dfrac{15}{4}\times\dfrac{B}{A}=$(자연수)
이므로 B는 7, 5, 4의 공배수이고, A는 12, 36, 15의 공약수이어야 한다.
이때 $\dfrac{B}{A}$가 가장 작은 수가 되려면
$\dfrac{B}{A}=\dfrac{(7, 5, 4\text{의 최소공배수})}{(12, 36, 15\text{의 최대공약수})}$
$=\dfrac{140}{3}$

답 (1) **1, 2, 4, 8** (2) $\mathbf{\dfrac{140}{3}}$

05 어떤 자연수로 281을 나누면 5가 남으므로 $281-5=276$을 나누면 나누어떨어진다. 또, 184를 나누면 4가 남으므로 $184-4=180$을 나누면 나누어떨어진다.

$$\begin{array}{r|rr} 2 & 276 & 180 \\ \hline 2 & 138 & 90 \\ \hline 3 & 69 & 45 \\ \hline & 23 & 15 \end{array}$$

따라서 구하는 수는 276, 180의 최대공약수이므로
$2\times2\times3=12$

답 **12**

06 구하는 자연수를 x라 하면
$3\overline{)x}\cdots2$ $\quad 4\overline{)x}\cdots3$ $\quad 5\overline{)x}\cdots4$ 에서
$3\overline{)x+1}\cdots0$ $\quad 4\overline{)x+1}\cdots0$ $\quad 5\overline{)x+1}\cdots0$ 이므로
$x+1$은 3, 4, 5의 공배수이다.
3, 4, 5의 최소공배수가 60이므로 $x+1$은 60의 배수이다. 즉, $x+1$은 60, 120, 180, …이므로 x는 59, 119, 179, …이다.
따라서 가장 작은 수는 59이다.

답 **59**

다른풀이
3으로 나누면 2가 남는다. ⇨ (3의 배수)-1
4로 나누면 3이 남는다. ⇨ (4의 배수)-1
5로 나누면 4가 남는다. ⇨ (5의 배수)-1
따라서 구하는 자연수는 (3, 4, 5의 공배수)-1이고 이 중 가장 작은 수는 (3, 4, 5의 최소공배수)-1이므로
$60-1=59$

07 화분을 놓는 간격이 일정하려면 화분 사이의 간격은 320과 180의 공약수이어야 하고 최소한의 화분을 놓으려면 화분 사이의 간격은 최대이어야 한다.

$$\begin{array}{r|rr} 2 & 320 & 180 \\ \hline 2 & 160 & 90 \\ \hline 5 & 80 & 45 \\ \hline & 16 & 9 \end{array}$$

즉, 320과 180의 최대공약수인 $2\times2\times5=20$(cm)마다 화분을 놓으면 된다.
이때 필요한 화분의 수를 구하면
가로 : $320\div20+1=17$(개)
세로 : $180\div20+1=10$(개)
그런데 네 모퉁이에서 두 번씩 겹치므로 필요한 화분의 수는 $17\times2+10\times2-4=50$(개)

답 **50개**

1 step (기본문제) 본문 50~51쪽

01 ②	02 ③	03 ②	04 ①
05 ⑤	06 ③	07 ①	08 ①
09 11	10 $\frac{108}{7}$	11 25	12 ③

이렇게 풀어요

01 서로소는 최대공약수가 1인 두 자연수이므로 최대공약수를 구해 보면 다음과 같다.

① 2 ② 1 ③ 3 ④ 13 ⑤ 7

답 ②

02

$$\begin{array}{l} 2^3\times3^2 \\ 2^2\times3^3\times5 \\ 2\times3^2\quad\times7 \\ \hline \end{array}$$

∴ (최대공약수) $=2\times3^2$

(최소공배수) $=2^3\times3^3\times5\times7$

답 ③

03 두 수의 최대공약수가 $2^3\times3$이므로 공약수는 $2^3\times3$의 약수이다.

따라서 구하는 공약수의 개수는

$(3+1)\times(1+1)=8$(개)

답 ②

04 공배수는 최소공배수의 배수이고 두 수의 최소공배수가 $2^2\times3\times5^2$이므로 공배수는 $2^2\times3\times5^2\times\square$($\square$는 자연수) 꼴이어야 한다.

② $2^2\times3\times5^2=2^2\times3\times5^2\times\boxed{1}$

③ $2^2\times3^2\times5^2=2^2\times3\times5^2\times\boxed{3}$

④ $2^2\times3\times5^3=2^2\times3\times5^2\times\boxed{5}$

⑤ $2^2\times3^3\times5^2=2^2\times3\times5^2\times\boxed{3^2}$

답 ①

05 $2^2\times3$) $2^3\times3^2$ A

2×3 a (단, a와 6은 서로소)

이때 최소공배수가 $2^3\times3^2\times5$이므로

$2^2\times3\times2\times3\times a=2^3\times3^2\times5$

즉, $2^2\times3\times2\times3\times a=2^2\times3\times2\times3\times5$에서 $a=5$

∴ $A=(2^2\times3)\times a=2^2\times3\times5$

답 ⑤

다른풀이

(두 수의 곱) = (최대공약수) × (최소공배수)이므로

$2^3\times3^2\times A=(2^2\times3)\times(2^3\times3^2\times5)$

$2^3\times3^2\times A=2^3\times3^2\times2^2\times3\times5$

∴ $A=2^2\times3\times5$

06 $6\triangle n=1$에서 6과 n의 최대공약수가 1이므로 6과 n은 서로소이다.

1에서 10까지의 자연수 중 6과 서로소인 수는 1, 5, 7이다. 따라서 n의 값은 1, 5, 7이므로 3개이다.

답 ③

07 $\square$) $6\times\square$ $15\times\square$ $18\times\square$

3) 6 15 18

2) 2 5 6

1 5 3

∴ (최소공배수) $=\square\times3\times2\times1\times5\times3=90\times\square$

이때 최소공배수가 810이므로

$90\times\square=810$ ∴ $\square=9$

답 ①

08 $\frac{63}{n}$이 자연수가 되려면 n은 63의 약수이어야 하고

$\frac{81}{n}$이 자연수가 되려면 n은 81의 약수이어야 한다.

즉, n은 63과 81의 공약수이다.

63과 81의 최대공약수가 9이므로 공약수는 1, 3, 9이다.

따라서 n의 값은 1, 3, 9이므로 3개이다.

답 ①

09

$$\begin{array}{l} 2^4\times3^a\qquad\times7 \\ 2^3\times3^2\times b \\ 2^c\times3^3\qquad\times7 \\ \hline \end{array}$$

(최대공약수) $=2^2\times3^2$

최대공약수는 공통인 소인수를 모두 곱하고 지수는 같거나 작은 것을 택하여 곱하므로 $c=2$

$$\begin{array}{l} 2^4\times3^a\qquad\times7 \\ 2^3\times3^2\times b \\ 2^c\times3^3\qquad\times7 \\ \hline \end{array}$$

(최소공배수) $=2^4\times3^4\times5\times7$

최소공배수는 공통인 소인수와 공통이 아닌 소인수를 모두 곱하고 지수는 같거나 큰 것을 택하여 곱하므로

$a=4$, $b=5$

∴ $a+b+c=4+5+2=11$

답 11

10 구하는 분수를 $\frac{B}{A}$라 하면

$\frac{7}{18}\times\frac{B}{A}$=(자연수),

$\frac{49}{12}\times\frac{B}{A}$=(자연수),

$\frac{28}{27}\times\frac{B}{A}$=(자연수)

이므로 B는 18, 12, 27의 공배수이고, A는 7, 49, 28의 공약수이어야 한다.

이때 $\frac{B}{A}$가 가장 작은 수가 되려면

$\frac{B}{A}=\frac{(18, 12, 27\text{의 최소공배수})}{(7, 49, 28\text{의 최대공약수})}=\frac{108}{7}$ 답 $\frac{108}{7}$

11 6으로 x를 나누면 5가 부족하다.

⇨ $x-1$은 6으로 나누어떨어진다.

8로 x를 나누면 7이 부족하다.

⇨ $x-1$은 8로 나누어떨어진다.

즉, $x-1$은 6, 8의 공배수이다. 6, 8의 최소공배수는 24이므로 $x-1$은 24, 48, 72, …이고 x는 25, 49, 73, …이다.

따라서 두 자리의 자연수 중 가장 작은 수는 25이다.

답 **25**

12 똑같이 나누어 주려면 학생 수는 $90-2$, $65+1$, 즉 88, 66의 공약수이어야 하고, 학생 수를 최대로 하려면 88, 66의 최대공약수이어야 한다.

$$\begin{array}{r|rr} 2 & 88 & 66 \\ 11 & 44 & 33 \\ \hline & 4 & 3 \end{array}$$

따라서 구하는 학생 수는

$2\times11=22$(명) 답 ③

2 step (발전문제) 본문 52~53쪽

01 ④ 02 600개 03 ③ 04 ⑤
05 15 mm의 책 : 6권, 18 mm의 책 : 5권
06 12명 07 ③ 08 ② 09 ②
10 15바퀴 11 30 12 (1) 122 (2) 119

이렇게 풀어요

01 (두 수의 곱)=(최대공약수)×(최소공배수)이므로 두 수의 최소공배수를 L이라 하면

$2^4\times5^2\times7^3=(2^2\times5\times7)\times L$

$\therefore L=2^2\times5\times7^2$

답 ④

02 정육면체 모양의 블록의 한 모서리의 길이는 36, 15, 30의 최대공약수인 3 cm이다.

$$\begin{array}{r|rrr} 3 & 36 & 15 & 30 \\ \hline & 12 & 5 & 10 \end{array}$$

이때 필요한 블록의 수를 구하면

가로 : $36\div3=12$(개),

세로 : $15\div3=5$(개),

높이 : $30\div3=10$(개)

이므로 $12\times5\times10=600$(개)

답 **600개**

03 세 수 $2^2\times3\times5$, $2\times3^2\times7$, A의 최소공배수가 $2^3\times3^2\times5\times7$이므로 A는 2^3을 반드시 인수로 갖는 $2^3\times3^2\times5\times7$의 약수이어야 한다.

답 ③

04 세 자연수를 $2\times n$, $3\times n$, $4\times n$ (n은 자연수)이라 하면 최소공배수가 144이므로

$$\begin{array}{r|rrr} n & 2\times n & 3\times n & 4\times n \\ 2 & 2 & 3 & 4 \\ \hline & 1 & 3 & 2 \end{array}$$

$n\times2\times1\times3\times2=144$

$\therefore n=12$

따라서 가장 큰 수는 $4\times12=48$

답 ⑤

05 가능한 한 적은 수의 책을 사용하려면 책을 쌓은 높이는 15, 18의 최소공배수이어야 한다.

$$\begin{array}{r|rr} 3 & 15 & 18 \\ \hline & 5 & 6 \end{array}$$

따라서 가능한 한 적은 수의 책을 사용하여 두 종류의 책을 쌓아 올렸을 때 높이가 같게 되는 것은

(15, 18의 최소공배수)$=3\times5\times6=90$(mm)

이때 필요한 책의 수를 구하면

15 mm의 책 : $90\div15=6$(권)

18 mm의 책 : $90\div18=5$(권)

답 **15 mm의 책 : 6권, 18 mm의 책 : 5권**

06 공책은 3권이 부족하고, 지우개는 2개가 남고, 연필은 4자루가 부족하므로

공책 : $21+3=24$(권),

지우개 : $38-2=36$(개),

연필 : $56+4=60$(자루)

가 있으면 똑같이 나누어 줄 수 있다.

따라서 구하는 학생 수는 24, 36, 60의 최대공약수이므로

$2\times2\times3=12$(명)

$$\begin{array}{r|rrr} 2 & 24 & 36 & 60 \\ \hline 2 & 12 & 18 & 30 \\ \hline 3 & 6 & 9 & 15 \\ \hline & 2 & 3 & 5 \end{array}$$

답 **12명**

07

$$\begin{array}{r|rrr} x & 6\times x & 8\times x & 12\times x \\ \hline 2 & 6 & 8 & 12 \\ \hline 2 & 3 & 4 & 6 \\ \hline 3 & 3 & 2 & 3 \\ \hline & 1 & 2 & 1 \end{array}$$

$\therefore$ (최소공배수)$=x\times2\times2\times3\times1\times2\times1$

$=x\times24$

그런데 최소공배수가 120이므로

$120=x\times24$

$\therefore x=5$

$\therefore$ (최대공약수)$=x\times2=5\times2=10$

따라서 최대공약수와 x의 값의 합은

$10+5=15$

답 ③

08 가능한 한 많은 조로 나누려면 조의 개수는 30, 24의 최대공약수이어야 한다.

$$\begin{array}{r|rr} 2 & 30 & 24 \\ \hline 3 & 15 & 12 \\ \hline & 5 & 4 \end{array}$$

따라서 조의 개수는 $2\times3=6$(개)

이때 한 조에 들어가는 여학생, 남학생 수를 구하면

$a=30\div6=5$

$b=24\div6=4$

$\therefore a+b=5+4=9$

답 ②

09 $\dfrac{216}{n}$이 자연수가 되려면 n은 216의 약수이어야 하고

$\dfrac{n}{24}$이 자연수가 되려면 n은 24의 배수이어야 한다.

216을 소인수분해하면 $216=2^3\times3^3$

24를 소인수분해하면 $24=2^3\times3$

따라서 가능한 n의 값은

$2^3\times3$, $2^3\times3^2$, $2^3\times3^3$

의 3개이다.

답 ②

10 세 톱니바퀴가 1회전할 때마다 맞물린 톱니의 수는 각각 24, 30, 36의 배수이므로 세 톱니바퀴가 회전하기 시작하여 같은 톱니에서 처음으로 다시 맞물릴 때까지 맞물린 톱니의 수는 24, 30, 36의 최소공배수이다.

$$\begin{array}{r|rrr} 2 & 24 & 30 & 36 \\ \hline 2 & 12 & 15 & 18 \\ \hline 3 & 6 & 15 & 9 \\ \hline & 2 & 5 & 3 \end{array}$$

24, 30, 36의 최소공배수가

$2\times2\times3\times2\times5\times3=360$

이므로 같은 톱니에서 처음으로 다시 맞물리는 것은 톱니바퀴 A가 $360\div24=15$(바퀴) 회전한 후이다.

답 **15바퀴**

11 어떤 자연수로 74를 나누면 2가 남으므로 $74-2=72$를 나누면 나누어떨어진다. 또, 124를 나누면 4가 남으므로 $124-4=120$을 나누면 나누어떨어진다. 즉, 이러한 수는 72, 120의 공약수이고 72, 120의 최대공약수가

$$\begin{array}{r|rr} 2 & 72 & 120 \\ \hline 2 & 36 & 60 \\ \hline 2 & 18 & 30 \\ \hline 3 & 9 & 15 \\ \hline & 3 & 5 \end{array}$$

$2\times2\times2\times3=24$

이므로 24의 약수인 1, 2, 3, 4, 6, 8, 12, 24이다.

그런데 구하는 수는 나머지인 4보다 커야 하므로 6, 8, 12, 24이다.

따라서 가장 큰 수는 24, 가장 작은 수는 6이므로 구하는 합은 $24+6=30$

답 **30**

12 (1) 3, 4, 5 중 어느 것으로 나누어도 2가 남으므로 구하는 자연수를 x라 하면 $x-2$는 3, 4, 5의 공배수이다.

3, 4, 5의 최소공배수는 60이므로 $x-2$는 60의 배수이다. 즉, $x-2$는 60, 120, 180, $\cdots$이다. 이때 x는 가장 작은 세 자리의 자연수이므로

$x-2=120$ $\quad\therefore x=122$

(2) 구하는 자연수를 x라 하면

$4\overline{)x}\cdots3$ $\quad 5\overline{)x}\cdots4$ $\quad 6\overline{)x}\cdots5$ 에서

$4\overline{)x+1}\cdots0$ $\quad 5\overline{)x+1}\cdots0$ $\quad 6\overline{)x+1}\cdots0$ 이므로

$x+1$은 4, 5, 6의 공배수이다.

4, 5, 6의 최소공배수가 60이므로 $x+1$은 60의 배수이다. 즉, $x+1$은 60, 120, 180, $\cdots$이므로 x는 59, 119, 179, $\cdots$이다.

따라서 가장 작은 세 자리의 자연수는 119이다.

답 (1) **122** (2) **119**

3 step (실력UP) 본문 54쪽

01 9개　02 12　03 ④
04 36, 108, 180, 540　05 32
06 오후 6시 3분

이렇게 풀어요

01 $450=2\times3^2\times5^2$, $8=2^3$이므로 450의 약수 중 8과 서로소인 수는 2의 배수가 아니어야 한다.
즉, 구하는 수는 $3^2\times5^2$의 약수이다.
따라서 구하는 수의 개수는
$(2+1)\times(2+1)=9$(개)

답 **9개**

02 a, b의 최대공약수가 24이므로 a, b의 공약수는 24의 약수이다.
b, c의 최대공약수가 36이므로 b, c의 공약수는 36의 약수이다.
즉, a, b, c의 공약수는 24, 36의 공약수이다.
따라서 a, b, c의 최대공약수는 24, 36의 최대공약수이므로
$2\times2\times3=12$

2) 24　36
2) 12　18
3) 6　9
　　2　3

답 **12**

03 세 자연수 $12=2^2\times3$, $42=2\times3\times7$, A의 최소공배수가 $1260=2^2\times3^2\times5\times7$이므로 A는 $3^2\times5$를 반드시 인수로 갖는 $2^2\times3^2\times5\times7$의 약수이어야 한다.
따라서 A가 될 수 있는 수는 $3^2\times5$, $2\times3^2\times5$, $2^2\times3^2\times5$, $3^2\times5\times7$, $2\times3^2\times5\times7$, $2^2\times3^2\times5\times7$의 6개이다.

답 ④

참고 A의 개수는 $(2^2\times3^2\times5\times7)\div(3^2\times5)=2^2\times7$의 약수의 개수와 같으므로
$(2+1)\times(1+1)=6$(개)

04 세 자연수 $54=2\times3^3$, N, $90=2\times3^2\times5$의 최대공약수가 $18=2\times3^2$, 최소공배수가 $540=2^2\times3^3\times5$이므로 N은 $2^2\times3^2$을 반드시 인수로 갖는 $2^2\times3^3\times5$의 약수이다.
따라서 N의 값을 모두 구하면
$2^2\times3^2=36$, $2^2\times3^3=108$, $2^2\times3^2\times5=180$,
$2^2\times3^3\times5=540$이다.

답 **36, 108, 180, 540**

05 (가), (다)에서 A, B의 최대공약수가 4이고 $A-B=8$이므로
$A=4\times a$, $B=4\times b$ (a와 b는 서로소, $a>b$)
(나)에서 A, B의 최소공배수가 60이므로
$4\times a\times b=60$
$\therefore a\times b=15$
(i) $a=15$, $b=1$일 때, $A=60$, $B=4$
　그런데 $A-B=8$이라는 조건을 만족시키지 않는다.
(ii) $a=5$, $b=3$일 때, $A=20$, $B=12$이므로 $A-B=8$
(i), (ii)에서 $A=20$, $B=12$이므로
$A+B=20+12=32$

답 **32**

06 세 개의 신호등은 각각 $10+8=18$(초), $20+10=30$(초), $30+6=36$(초)마다 켜진다.
18, 30, 36의 최소공배수가
$2\times3\times3\times1\times5\times2=180$
이므로 세 개의 신호등은 180초마다 동시에 켜진다.

2) 18　30　36
3) 9　15　18
3) 3　5　6
　　1　5　2

따라서 세 개의 신호등이 오후 6시에 동시에 켜진 후 처음으로 다시 동시에 켜지는 시각은 180초, 즉 3분 후인 오후 6시 3분이다.

답 **오후 6시 3분**

서술형 대비 문제 본문 55~56쪽

1 400개　2 $2\frac{6}{7}$　3 9, 1080　4 117
5 65　6 38

이렇게 풀어요

1 1단계 정육면체의 한 모서리의 길이는 10, 8, 16의 최소공배수이므로 정육면체의 한 모서리의 길이는
$2\times2\times2\times5\times1\times2$
$=80$(cm)

2) 10　8　16
2) 5　4　8
2) 5　2　4
　　5　1　2

2단계 한 모서리의 길이가 80 cm이므로

가로 : $80 \div 10 = 8$(개),
세로 : $80 \div 8 = 10$(개),
높이 : $80 \div 16 = 5$(개)
의 블록이 필요하다.

3단계 따라서 필요한 블록의 개수는
$8 \times 10 \times 5 = 400$(개)

답 **400개**

2 **1단계** $10\frac{1}{2} = \frac{21}{2}$, $4\frac{2}{3} = \frac{14}{3}$이므로
구하는 분수를 $\frac{B}{A}$라 하면 A는 21과 14의 최대공약수이고, B는 2와 3의 최소공배수이어야 한다.

2단계 $7 \,)\, 21 \quad 14$
$\quad\;\; 3 \quad 2$

$\therefore A = 7,\ B = 2 \times 3 = 6$

3단계 따라서 구하는 분수는 $\frac{6}{7}$이다.

답 $\frac{6}{7}$

3 **1단계** 216을 소인수분해하면 $216 = 2^3 \times 3^3$

2단계 $2^3 \times 3^3$ 과 $2^3 \times \square \times 5$의 최대공약수가 $72 = 2^3 \times 3^2$이므로 □ 안에 들어갈 수 있는 가장 작은 자연수를 구하면 $\square = 3^2 = 9$

3단계 따라서 $2^3 \times 3^3$ 과 $2^3 \times 3^2 \times 5$의 최소공배수는
$2^3 \times 3^3 \times 5 = 1080$

답 **9, 1080**

단계	채점요소	배점
1	216을 소인수분해하기	1점
2	□ 안에 들어갈 수 있는 가장 작은 자연수 구하기	3점
3	두 수의 최소공배수 구하기	2점

4 **1단계** 가능한 한 큰 정육면체의 한 모서리의 길이는 84, 36, 60의 최대공약수이므로 정육면체의 한 모서리의 길이는
$2 \times 2 \times 3 = 12$(cm)
$\therefore a = 12$

$2 \,)\, 84 \quad 36 \quad 60$
$2 \,)\, 42 \quad 18 \quad 30$
$3 \,)\, 21 \quad 9 \quad 15$
$\quad\;\; 7 \quad 3 \quad 5$

2단계 한 모서리의 길이가 12 cm이므로
가로 : $84 \div 12 = 7$(개)
세로 : $36 \div 12 = 3$(개)
높이 : $60 \div 12 = 5$(개)
따라서 만들어지는 정육면체의 개수는
$7 \times 3 \times 5 = 105$(개)
$\therefore b = 105$

3단계 $\therefore a + b = 12 + 105 = 117$

답 **117**

단계	채점요소	배점
1	a의 값 구하기	3점
2	b의 값 구하기	2점
3	$a+b$의 값 구하기	1점

5 **1단계** 두 자연수 N과 39의 최대공약수가 13이므로
$13 \,)\, N \quad 39$
$\quad\;\; a \quad 3$ (단, a와 3은 서로소)
$\therefore N = 13 \times a$

2단계 N과 39의 최소공배수가 195이므로
$13 \times a \times 3 = 195$
$\therefore a = 5$

3단계 $\therefore N = 13 \times a = 13 \times 5 = 65$

답 **65**

단계	채점요소	배점
1	N을 최대공약수를 이용하여 $N = 13 \times a$의 꼴로 나타내기	2점
2	a의 값 구하기	2점
3	N의 값 구하기	2점

6 **1단계** 4로 나누면 2가 남고, 5로 나누면 3이 남고, 8로 나누면 6이 남으므로 구하는 자연수를 x라 하면 $x+2$는 4, 5, 8의 공배수이다.

2단계 4, 5, 8의 최소공배수는
$2 \times 2 \times 1 \times 5 \times 2 = 40$이므로
$x+2$는 40의 배수이다.
즉, $x+2$는 40, 80, 120, ⋯이다.

$2 \,)\, 4 \quad 5 \quad 8$
$2 \,)\, 2 \quad 5 \quad 4$
$\quad\;\; 1 \quad 5 \quad 2$

3단계 이때 x는 가장 작은 수이므로 $x + 2 = 40$
$\therefore x = 38$

답 **38**

단계	채점요소	배점
1	구하는 수를 x라 할 때, $x+2$가 4, 5, 8의 공배수임을 알기	3점
2	가능한 $x+2$의 값 구하기	3점
3	x의 값 구하기	1점

스토리텔링으로 배우는 **생활 속의 수학** 본문 57쪽

1 (1) 30일 후 (2) 4월 24일 **2** (1) 29명 (2) 1명

이렇게 풀어요

1 (1) 처음으로 다시 세 푸드 트럭이 모두 오는 것은 3, 5, 6의 최소공배수만큼 날수가 지난 후이다.

$$\begin{array}{r|rrr} 3 & 3 & 5 & 6 \\ \hline & 1 & 5 & 2 \end{array}$$

$\therefore$ (최소공배수)$=3\times1\times5\times2=30$

따라서 30일 후에 처음으로 다시 세 푸드 트럭이 모두 오게 된다.

(2) 세 푸드 트럭은 30일마다 한 번씩 모두 오게 되므로 3월 25일 이후 처음으로 다시 세 푸드 트럭이 모두 오는 날은 30일 후인 4월 24일이다.

답 (1) **30일 후** (2) **4월 24일**

2 (1) 전체 학생 수는 5의 배수보다 1이 적고 6의 배수보다 1이 적으므로 (전체 학생 수)$+1$은 5와 6의 공배수이다. 5와 6의 최소공배수가 30이므로 공배수는 30, 60, 90, …이다. 그런데 준호네 반 학생 수가 40명 미만이므로 전체 학생 수는 $30-1=29$(명)이다.

(2) 준호네 반 29명의 학생들이 한 모둠에 7명씩 앉으면 $29=7\times4+1$이므로 1명이 남는다.

답 (1) **29명** (2) **1명**

Ⅱ 정수와 유리수

1 정수와 유리수

01 정수와 유리수

개념원리 확인하기 본문 62쪽

01 (1) $+120$원, -500원 (2) -4시간, $+5$시간
(3) $+305$ m, -100 m (4) $+15$ %, -10 %

02 풀이 참조 (1) ○ (2) ○ (3) × (4) ○ (5) ×

03 (1) 1개 (2) 1개 (3) 3개 (4) 4개

04 풀이 참조

이렇게 풀어요

01 (1) 이익 : '+', 손해 : '−' $\therefore$ $+120$원, -500원
(2) ~전 : '−', ~후 : '+' $\therefore$ -4시간, $+5$시간
(3) 해발 : '+', 해저 : '−' $\therefore$ $+305$ m, -100 m
(4) 증가 : '+', 감소 : '−' $\therefore$ $+15$ %, -10 %
답 (1) **$+120$원, -500원** (2) **-4시간, $+5$시간**
(3) **$+305$ m, -100 m** (4) **$+15$ %, -10 %**

02 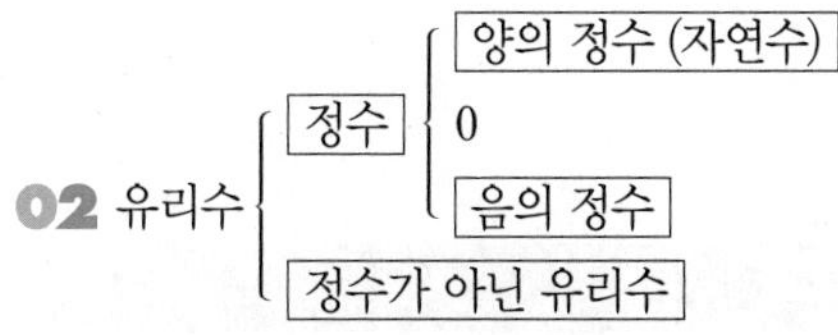

(3) $\frac{5}{2}$는 양의 유리수이다.
(5) 모든 자연수는 유리수이다.
답 **풀이 참조** (1) ○ (2) ○ (3) × (4) ○ (5) ×

03 (1) 자연수 : 5
(2) 음의 정수 : -1
(3) 정수 : 5, 0, -1
(4) 정수가 아닌 유리수 : -0.4, 0.05, $\frac{3}{10}$, $-\frac{2}{7}$
답 (1) **1개** (2) **1개** (3) **3개** (4) **4개**

04 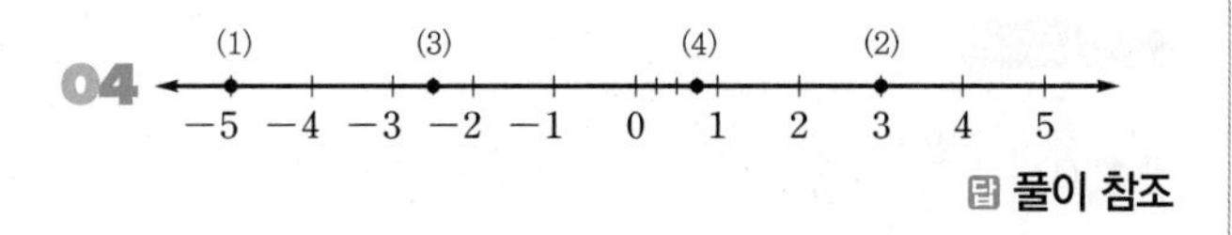

답 **풀이 참조**

핵심문제 익히기 (확인문제) 본문 63~65쪽

1 ④ **2** ②, ⑤ **3** $-\frac{1}{2}$, 2 **4** ④
5 ① **6** $a=-3$, $b=3$
7 (1) -5, 1 (2) 1

이렇게 풀어요

1 ① 작은 수 : '−' $\therefore$ -5
② 해발 : '+' $\therefore$ $+300$ m
③ 지하 : '−' $\therefore$ -2층
⑤ ~후 : '+' $\therefore$ $+3$시간
답 ④

2 ④ $\frac{12}{6}=2$이므로 정수
따라서 정수가 아닌 유리수는 ② $-\frac{3}{5}$과 ⑤ 5.9이다.
답 **②, ⑤**

3 $\frac{5}{2}=2\frac{1}{2}$, $\frac{7}{2}=3\frac{1}{2}$이므로 주어진 수들을 수직선 위에 나타내면 다음과 같다.

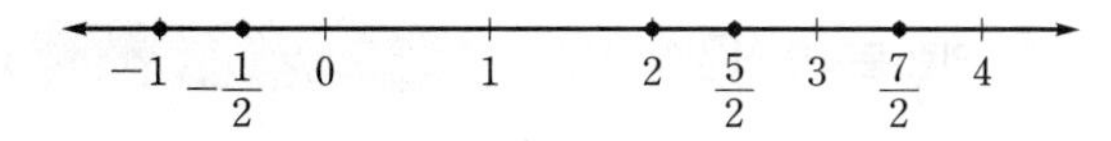

왼쪽에서 두 번째에 있는 수는 $-\frac{1}{2}$이고 오른쪽에서 세 번째에 있는 수는 2이다.
답 **$-\frac{1}{2}$, 2**

4 $-\frac{11}{3}=-3\frac{2}{3}$, $\frac{9}{5}=1\frac{4}{5}$이므로 $-\frac{11}{3}$과 $\frac{9}{5}$ 사이에 있는 정수는 -3, -2, -1, 0, 1의 5개이다. 답 ④

5 ㄴ. 정수는 양의 정수, 0, 음의 정수로 이루어져 있다.
ㄹ. $\frac{1}{2}$은 유리수이지만 정수는 아니다.
ㅁ. 수직선 위에서 $-\frac{3}{2}$을 나타내는 점은 -1을 나타내는 점의 왼쪽에 있다.
따라서 보기에서 옳은 것은 ㄱ, ㄷ이다. 답 ①

6 $-\frac{13}{5}=-2\frac{3}{5}$, $\frac{10}{3}=3\frac{1}{3}$이므로 두 수를 수직선 위에 나타내면 다음과 같다.

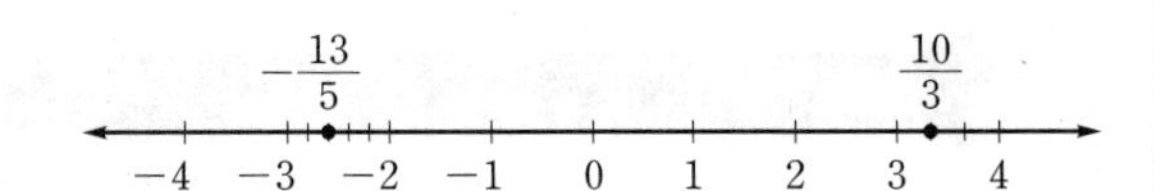

$-\frac{13}{5}$에 가장 가까운 정수는 -3이므로 $a=-3$

$\frac{10}{3}$에 가장 가까운 정수는 3이므로 $b=3$

답 $\boldsymbol{a=-3,\ b=3}$

7 (1)

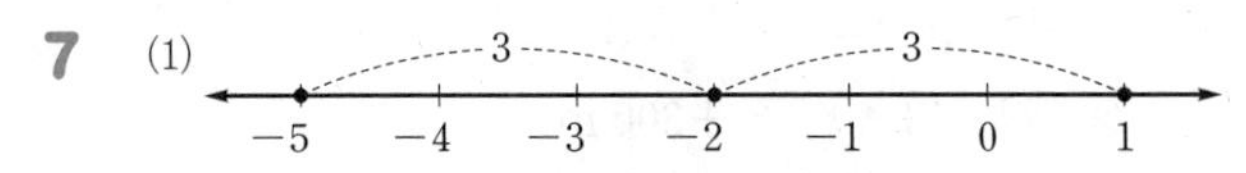

위의 수직선에서 -2를 나타내는 점으로부터 거리가 3인 점이 나타내는 두 수는 -5와 1이다.

(2)

위의 수직선에서 -3과 5를 나타내는 두 점으로부터 같은 거리에 있는 점이 나타내는 수는 1이다.

답 (1) $\boldsymbol{-5,\ 1}$ (2) **1**

이런 문제가 시험에 나온다 본문 66쪽

01 $+2\ ℃,\ -3\ ℃$ **02** ⑤ **03** 7
04 ② **05** $a=-2,\ b=10$

이렇게 풀어요

01 상승 : '+', 하락 : '−' ∴ $+2\ ℃,\ -3\ ℃$

답 $\boldsymbol{+2\ ℃,\ -3\ ℃}$

02 ① 정수 : $-3,\ 0,\ +4,\ \frac{8}{4}(=2)$

② 음수 : $-3,\ -0.12$

③ 자연수 : $+4,\ \frac{8}{4}(=2)$

④ 양수 : $\frac{2}{5},\ +4,\ \frac{8}{4}$

⑤ 정수가 아닌 유리수 : $\frac{2}{5},\ -0.12$

답 ⑤

03 $-\frac{5}{2}=-2\frac{1}{2},\ \frac{10}{3}=3\frac{1}{3}$이므로 수직선 위에 $-\frac{5}{2},\ \frac{10}{3},\ \frac{3}{4}$을 나타내면 다음과 같다.

$-\frac{5}{2}$와 $\frac{10}{3}$ 사이에 있는 정수는 $-2,\ -1,\ 0,\ 1,\ 2,\ 3$의 6개이므로 $a=6$

$\frac{3}{4}$에 가장 가까운 정수는 1이므로 $b=1$

$\therefore\ a+b=6+1=7$

답 **7**

04 ① -1과 0 사이에는 $-\frac{1}{2},\ -\frac{1}{3},\ -\frac{1}{4},\ \cdots$과 같이 무수히 많은 유리수가 있다.

③ 0과 음의 정수는 자연수가 아니다.

④ 2와 3 사이에는 정수가 없다.

⑤ 모든 정수는 유리수이다.

답 ②

05 두 점 사이의 거리가 12이고 두 점으로부터 같은 거리에 있는 점이 나타내는 수가 4이므로 두 수 $a,\ b$를 나타내는 두 점은 4를 나타내는 점으로부터의 거리가 각각 6인 점이다.

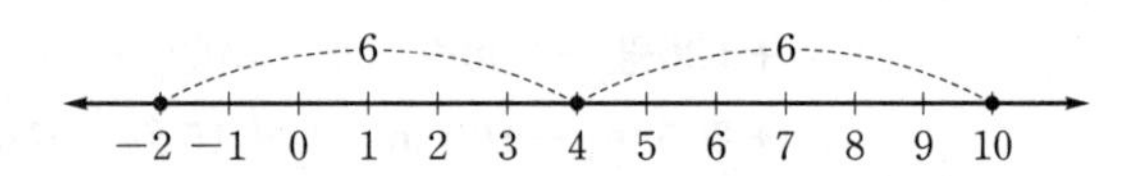

이때 $a<0$이므로 $a=-2,\ b=10$ 답 $\boldsymbol{a=-2,\ b=10}$

02 수의 대소 관계

개념원리 확인하기 본문 69쪽

01 (1) $\frac{2}{3}$ (2) 2.5 (3) $\frac{5}{6}$ (4) 8

02 (1) $+6,\ -6$ (2) $+\frac{5}{2},\ -\frac{5}{2}$

03 (1) $<$ (2) $<$ (3) $<$ (4) $>$ (5) $>$ (6) $<$

04 $0,\ -\frac{2}{3},\ -2,\ 3.5,\ +4$

05 $-8,\ -\frac{1}{2},\ +0.5,\ +3$

06 (1) $-2<x\le 5$ (2) $-3\le a<4$ (3) $-2\le b\le 5$

이렇게 풀어요

01 (1) $\left|+\frac{2}{3}\right|=\frac{2}{3}$ (2) $|-2.5|=2.5$

(3) $\left|+\frac{5}{6}\right|=\frac{5}{6}$ (4) $|-8|=8$

답 (1) $\mathbf{\frac{2}{3}}$ (2) **2.5** (3) $\mathbf{\frac{5}{6}}$ (4) **8**

02 절댓값이 a $(a>0)$인 수는 $+a$, $-a$의 2개가 있다.

답 (1) $\mathbf{+6, -6}$ (2) $\mathbf{+\frac{5}{2}, -\frac{5}{2}}$

03 (2) $|-3|=3$이므로 $-3<|-3|$

답 (1) $<$ (2) $<$ (3) $<$ (4) $>$ (5) $>$ (6) $<$

04 $\left|-\frac{2}{3}\right|=\frac{2}{3}$, $|0|=0$, $|-2|=2$, $|+4|=4$, $|3.5|=3.5$

따라서 절댓값이 작은 수부터 차례로 나열하면

$0, -\frac{2}{3}, -2, 3.5, +4$ 답 $\mathbf{0, -\frac{2}{3}, -2, 3.5, +4}$

05 (음수)$<0<$(양수)이고, 양수끼리는 절댓값이 큰 수가 크고 음수끼리는 절댓값이 큰 수가 작다.

따라서 작은 수부터 차례로 나열하면

$-8, -\frac{1}{2}, +0.5, +3$ 답 $\mathbf{-8, -\frac{1}{2}, +0.5, +3}$

06 (3) (작지 않다)$=$(크거나 같다)$=$(이상)

답 (1) $\mathbf{-2<x\le 5}$ (2) $\mathbf{-3\le a<4}$ (3) $\mathbf{-2\le b\le 5}$

핵심문제 익히기 (확인문제)

본문 70~72쪽

1 (1) 3 (2) 20 **2** (1) 0.1 (2) 3, 0.1

3 (1) $-3, -2, -1, 0, 1, 2, 3$ (2) 5개 **4** -4

5 ⑤

6 (1) $-\frac{4}{5}\le x<6$ (2) $-2<x\le 3$

(3) $-5\le x<2$ (4) $-\frac{5}{6}\le x\le \frac{1}{2}$

이렇게 풀어요

1 (1) $|-9|=9$이므로 $a=9$

절댓값이 6인 수 중 양수는 6이므로 $b=6$

$\therefore a-b=9-6=3$

(2) 절댓값이 10인 수는 10과 -10이고 두 수를 나타내는 두 점 사이의 거리는 20이다.

답 (1) **3** (2) **20**

2 (1) 절댓값이 작을수록 원점에 가깝다. $\therefore 0.1$

(2) 절댓값을 각각 구해 보면

$\frac{1}{2}, 3, \frac{5}{6}, 2.6, 0.1$

따라서 절댓값이 가장 큰 수는 3이고, 절댓값이 가장 작은 수는 0.1이다.

답 (1) **0.1** (2) **3, 0.1**

3 (1) 원점으로부터의 거리가 3인 수를 수직선 위에 나타내면 다음과 같다.

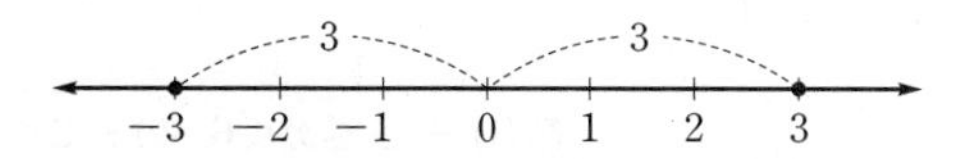

따라서 절댓값이 3 이하인 정수는 $-3, -2, -1, 0, 1, 2, 3$이다.

(2) 원점으로부터의 거리가 $\frac{14}{5}$인 수를 수직선 위에 나타내면 다음과 같다.

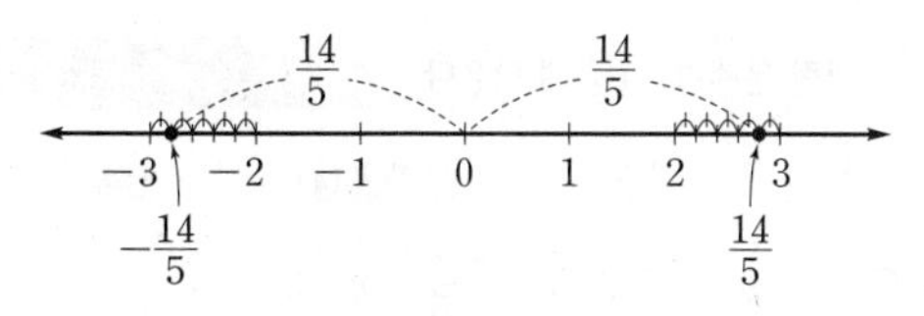

따라서 절댓값이 $\frac{14}{5}$보다 작은 정수는 $-2, -1, 0, 1, 2$의 5개이다.

답 (1) $\mathbf{-3, -2, -1, 0, 1, 2, 3}$ (2) **5개**

4 절댓값이 같고 부호가 반대인 두 수를 나타내는 두 점 사이의 거리가 8이므로 두 수는 원점으로부터의 거리가 각각 $8\times\frac{1}{2}=4$인 수이다.

따라서 두 수는 $-4, 4$이고 이 중 음수는 -4이다.

답 $\mathbf{-4}$

5 ① $-\frac{1}{3}=-\frac{2}{6}$, $-\frac{1}{2}=-\frac{3}{6}$이므로 $-\frac{1}{3}>-\frac{1}{2}$

② $-2=-\frac{10}{5}$이므로 $-\frac{6}{5}>-2$

⑤ $|-7|=7$이므로 $\frac{5}{2}<|-7|$

답 ⑤

6 (1) x는 $-\frac{4}{5}$ 이상이고 ⇨ $x \geq -\frac{4}{5}$

x는 6 미만이다. ⇨ $x<6$

$\therefore -\frac{4}{5} \leq x < 6$

(2) x는 -2보다 크고 ⇨ $x>-2$

x는 3보다 크지 않다. ⇨ $x \leq 3$

$\therefore -2 < x \leq 3$

(3) x는 -5보다 작지 않고 ⇨ $x \geq -5$

x는 2 미만이다. ⇨ $x<2$

$\therefore -5 \leq x < 2$

(4) x는 $-\frac{5}{6}$보다 작지 않고 ⇨ $x \geq -\frac{5}{6}$

x는 $\frac{1}{2}$보다 크지 않다. ⇨ $x \leq \frac{1}{2}$

$\therefore -\frac{5}{6} \leq x \leq \frac{1}{2}$

답 (1) $\boldsymbol{-\frac{4}{5} \leq x < 6}$ (2) $\boldsymbol{-2 < x \leq 3}$

(3) $\boldsymbol{-5 \leq x < 2}$ (4) $\boldsymbol{-\frac{5}{6} \leq x \leq \frac{1}{2}}$

이런 문제가 시험에 나온다 본문 73~74쪽

01 ① **02** ① **03** ④ **04** ①, ⑤

05 (1) $-3 \leq x < 7$ (2) $-\frac{1}{5} < x \leq 3$

06 $a=-2$, $b=6$ **07** ④ **08** ④

09 ④, ⑤

10 (1) $a=-11$, $b=8$ (2) 7개 (3) $x=-\frac{8}{5}$, $y=\frac{8}{5}$

11 $\frac{7}{3}$ **12** $a=-6$, $b=6$

이렇게 풀어요

01 ① $|-4|=4$ ② $\left|-\frac{1}{2}\right|=\frac{1}{2}$ ③ $\left|+\frac{5}{2}\right|=\frac{5}{2}$

④ $\left|-\frac{2}{3}\right|=\frac{2}{3}$ ⑤ $|+3.9|=3.9$

따라서 절댓값이 가장 큰 수는 ①이다.

답 ①

02 각 수의 절댓값을 구하면

① $|-9|=9$ ② $|-6|=6$ ③ $|0|=0$

④ $|+5|=5$ ⑤ $|+7|=7$

절댓값이 클수록 원점에서 멀리 떨어져 있으므로 원점에서 가장 멀리 떨어져 있는 수는 ①이다. 답 ①

03 x는 -5보다 작지 않고 ⇨ $x \geq -5$

x는 7 이하이다. ⇨ $x \leq 7$

$\therefore -5 \leq x \leq 7$

답 ④

04 ① $|-2|=2$이므로 $|-2|>-3$

⑤ $|-1|=1$이므로 $|-1|>0$ 답 ①, ⑤

05 (1) x는 -3 이상이고 ⇨ $x \geq -3$

x는 7 미만이다. ⇨ $x<7$

$\therefore -3 \leq x < 7$

(2) x는 $-\frac{1}{5}$보다 크고 ⇨ $x>-\frac{1}{5}$

x는 3보다 크지 않다. ⇨ $x \leq 3$

$\therefore -\frac{1}{5} < x \leq 3$

답 (1) $\boldsymbol{-3 \leq x < 7}$ (2) $\boldsymbol{-\frac{1}{5} < x \leq 3}$

06 $-\frac{7}{5}=-1\frac{2}{5}$, $\frac{21}{4}=5\frac{1}{4}$이므로 두 수를 수직선 위에 나타내면 다음과 같다.

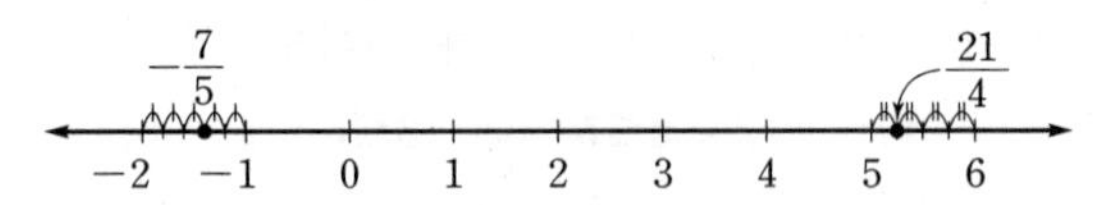

$-\frac{7}{5}$보다 작은 수 중에서 가장 큰 정수는 -2이므로

$a=-2$

$\frac{21}{4}$보다 큰 수 중에서 가장 작은 정수는 6이므로 $b=6$

답 $\boldsymbol{a=-2,\ b=6}$

07 ① $\frac{1}{2}=\frac{3}{6}$, $\frac{2}{3}=\frac{4}{6}$이므로 $\frac{1}{2}<\frac{2}{3}$

② $4.2=\frac{42}{10}=\frac{21}{5}$이므로 $4.2=\frac{21}{5}$

③ $0>-\frac{1}{3}$

④ $-2=-\frac{12}{6}$이므로 $-2>-\frac{13}{6}$

⑤ $\left|-\frac{3}{4}\right|=\frac{3}{4}$, $|-1|=1$이므로 $\left|-\frac{3}{4}\right|<|-1|$

답 ④

참고 ⑤ $a \geq 0$이면 $|a|=a$이고
$a<0$이면 $|a|=-a$이다.
예 $|0|=0$, $|2|=2$, $|-2|=2=-(-2)$

08 ④ $a=-2$, $b=1$이면 $a<b$이지만 $|a|>|b|$이다.

답 ④

09 작은 수부터 차례로 나열하면
-3.2, $-\frac{3}{2}$, -1, $\frac{2}{5}$, 2.1, $+3$
절댓값의 크기가 작은 수부터 차례로 나열하면
$\frac{2}{5}$, -1, $-\frac{3}{2}$, 2.1, $+3$, -3.2
④ 절댓값이 가장 큰 수는 -3.2이다.
⑤ 절댓값이 세 번째로 작은 수는 $-\frac{3}{2}$이다.
따라서 옳지 않은 것은 ④, ⑤이다.

답 ④, ⑤

10 (1) 절댓값이 11인 수는 11과 -11이므로 $a=-11$
$|-8|=8$이므로 $b=8$
(2) 원점으로부터의 거리가 $\frac{7}{2}$인 수를 수직선 위에 나타내면 다음과 같다.

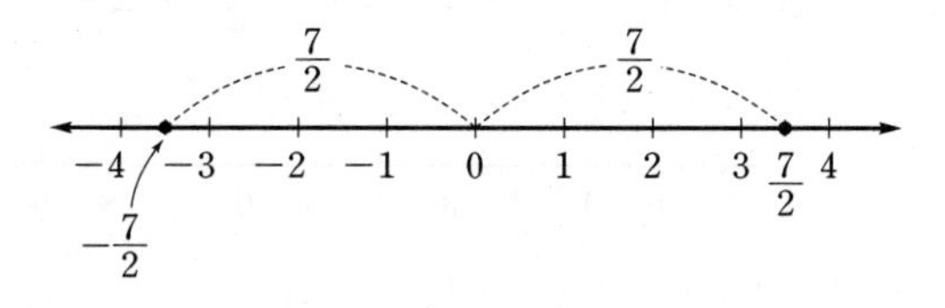

따라서 절댓값이 $\frac{7}{2}$ 이하인 정수는 -3, -2, -1, 0, 1, 2, 3의 7개이다.
(3) 두 수 x, y의 절댓값이 같으므로 두 수는 원점으로부터의 거리가 같고 $x<y$이므로 $x<0$, $y>0$이다. 그런데 두 수 x, y를 나타내는 두 점 사이의 거리가 $\frac{16}{5}$이므로 두 수 x, y는 원점으로부터의 거리가 각각
$\frac{16}{5}\times\frac{1}{2}=\frac{8}{5}$인 수이다.
$\therefore x=-\frac{8}{5}$, $y=\frac{8}{5}$

답 (1) $\boldsymbol{a=-11, b=8}$ (2) **7개** (3) $\boldsymbol{x=-\frac{8}{5}, y=\frac{8}{5}}$

11 절댓값이 같고 부호가 반대인 두 수를 나타내는 두 점 사이의 거리가 $\frac{14}{3}$이므로 두 수는 원점으로부터의 거리가 각각 $\frac{14}{3}\times\frac{1}{2}=\frac{7}{3}$인 수이다.
따라서 두 수는 $-\frac{7}{3}$, $\frac{7}{3}$이고 큰 수는 $\frac{7}{3}$이다.

답 $\boldsymbol{\frac{7}{3}}$

12 (나)에서 두 수 a, b를 나타내는 두 점 사이의 거리가 12이다.
(가)에서 두 수 a, b는 원점으로부터의 거리가 각각 $12\times\frac{1}{2}=6$인 수이다.
이때 (다)에서 a가 음수이므로 $a=-6$, $b=6$

답 $\boldsymbol{a=-6, b=6}$

1 step (기본문제)

본문 75~76쪽

01 ⑤	02 ②, ④	03 ⑤	04 ①
05 ③	06 ⑤	07 ③, ④	08 ②
09 ④	10 ④, ⑤	11 $a=-\frac{2}{9}$, $b=\frac{2}{9}$	
12 $a=9$, $b=-1$			

이렇게 풀어요

01 ① 해발 350 m : +350 m
② 영하 7 ℃ : -7 ℃
③ 23 % 올랐다. : +23 %
④ 3 kg 감소 : -3 kg

답 ⑤

02 ① 자연수의 개수는 1의 1개이다.
② 양수의 개수는 1, $\frac{2}{5}$의 2개이다.
③ 정수의 개수는 1, 0, $-\frac{12}{6}(=-2)$의 3개이다.
④ 주어진 수는 모두 유리수이므로 유리수의 개수는 6개이다.
⑤ 정수가 아닌 유리수의 개수는 -13.2, $\frac{2}{5}$, $-\frac{3}{11}$의 3개이다.

답 ②, ④

03 ① A : $-\frac{8}{3}$ ② B : $-\frac{4}{3}$
③ C : $-\frac{2}{3}$ ④ D : $\frac{1}{3}$

답 ⑤

04 각 수의 절댓값을 구하면

① $|-7|=7$ ② $\left|-\frac{9}{2}\right|=\frac{9}{2}$ ③ $|0|=0$

④ $|+4|=4$ ⑤ $\left|+\frac{20}{3}\right|=\frac{20}{3}$

절댓값이 클수록 원점에서 멀리 떨어져 있으므로 원점에서 가장 멀리 떨어져 있는 수는 ①이다. 답 ①

05

A M B

-6 -5 -4 -3 -2 -1 0 $+1$ $+2$

위의 수직선에서 -6을 나타내는 점 A와 $+2$를 나타내는 점 B로부터 같은 거리에 있는 점 M이 나타내는 수는 -2이다. 답 ③

06 ① $x\geq5$ ② $-2<x<6$

③ $x\leq0$ ④ $x\leq7$ 답 ⑤

07 ③ 음수끼리는 절댓값이 큰 수가 작다.

④ 유리수는 양수, 0, 음수로 이루어져 있다.

답 ③, ④

08 ① $|-3|=3$이므로 $|-3|>0$

② $\left|-\frac{2}{5}\right|=\frac{2}{5}$, $\left|-\frac{3}{5}\right|=\frac{3}{5}$에서 $\frac{2}{5}<\frac{3}{5}$

이때 음수끼리는 절댓값이 큰 수가 작으므로

$-\frac{2}{5}>-\frac{3}{5}$

③ $\frac{2}{5}=\frac{4}{10}$이므로 $\frac{2}{5}<\frac{7}{10}$

④ (양수)>(음수)이므로 $\frac{7}{3}>-0.2$

⑤ $\left|+\frac{5}{3}\right|=\frac{5}{3}$, $\left|-\frac{5}{2}\right|=\frac{5}{2}$이고 두 수를 통분하면 각각 $\frac{10}{6}$, $\frac{15}{6}$이다.

$\therefore \left|+\frac{5}{3}\right|<\left|-\frac{5}{2}\right|$

따라서 옳은 것은 ②이다. 답 ②

09 원점으로부터의 거리가 $\frac{9}{2}$인 수를 수직선 위에 나타내면 다음과 같다.

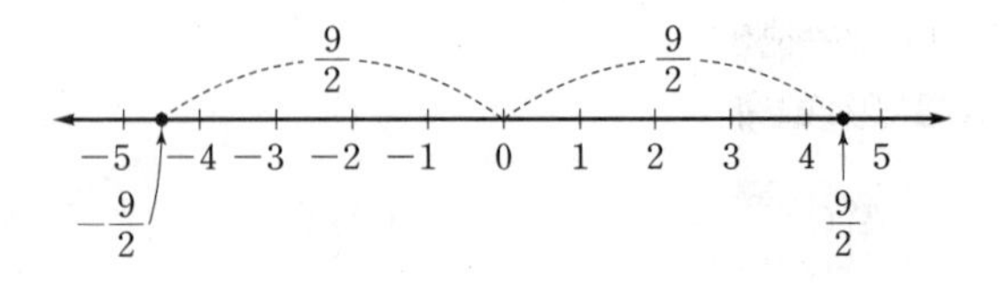

따라서 절댓값이 $\frac{9}{2}$인 두 수 사이에 있는 정수는

-4, -3, -2, -1, 0, 1, 2, 3, 4의 9개이다. 답 ④

10 ④ 정수는 -5, 2, 1, 0, 4이다.

⑤ 주어진 수를 작은 수부터 차례로 나열하면

-5, $-\frac{3}{4}$, $-\frac{2}{3}$, 0, 1, 2, 4

이므로 네 번째에 오는 수는 0이다. 답 ④, ⑤

11 두 수 a, b의 절댓값이 같으므로 두 수는 원점으로부터의 거리가 같고 $a<b$이므로 $a<0$, $b>0$이다.

그런데 두 수 a, b를 나타내는 두 점 사이의 거리가 $\frac{4}{9}$이므로 두 수 a, b는 원점으로부터의 거리가 각각

$\frac{4}{9}\times\frac{1}{2}=\frac{2}{9}$인 수이다.

따라서 $a<0$, $b>0$이므로 $a=-\frac{2}{9}$, $b=\frac{2}{9}$이다.

답 $\boldsymbol{a=-\frac{2}{9},\ b=\frac{2}{9}}$

12 두 수 a와 b를 나타내는 두 점 사이의 거리가 10이고 a와 b의 한가운데 있는 점이 나타내는 수가 4이므로 두 수 a, b는 4로부터의 거리가 각각 $10\times\frac{1}{2}=5$인 수이다.

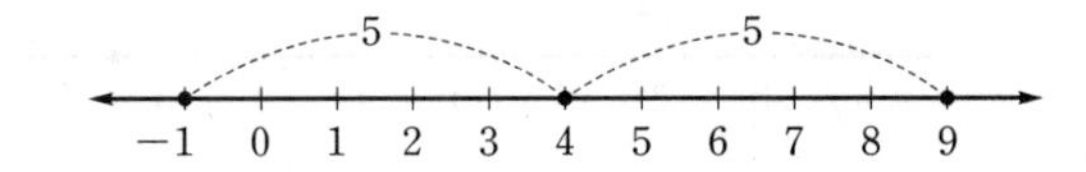

그런데 $a>b$이므로 $a=9$, $b=-1$

답 $\boldsymbol{a=9,\ b=-1}$

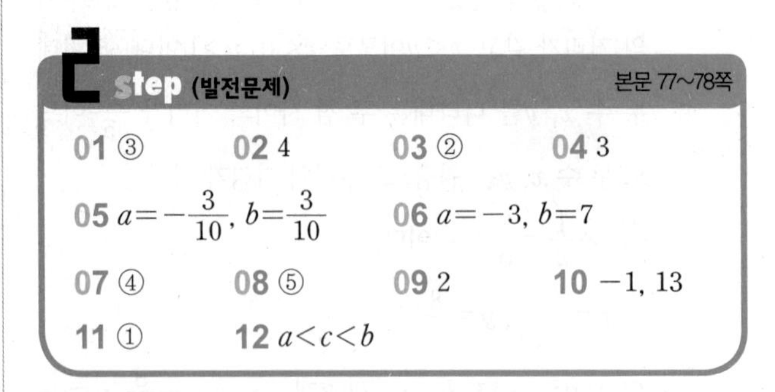

2 step (발전문제) 본문 77~78쪽

01 ③	02 4	03 ②	04 3
05 $a=-\frac{3}{10}$, $b=\frac{3}{10}$		06 $a=-3$, $b=7$	
07 ④	08 ⑤	09 2	10 -1, 13
11 ①	12 $a<c<b$		

이렇게 풀어요

01 주어진 수 중에서 절댓값이 $\frac{7}{2}(=3.5)$ 이상인 수는

-4, 5, $-\frac{13}{2}(=-6.5)$의 3개이다. 답 ③

02 수직선 위에 $-2\frac{2}{5}$와 $\frac{7}{4}\left(=1\frac{3}{4}\right)$을 나타내면 다음과 같다.

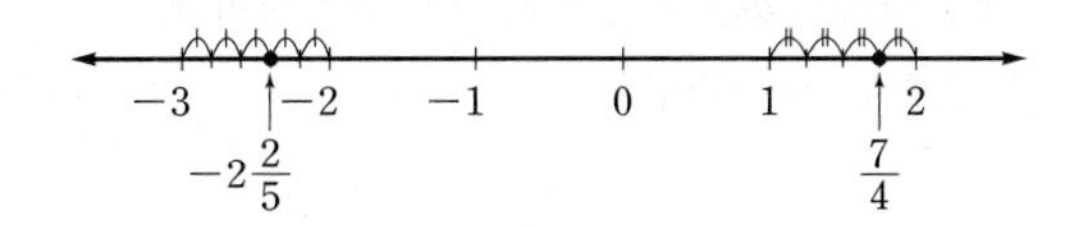

$-2\frac{2}{5}$에 가장 가까운 정수는 -2이므로 $a=-2$

$\frac{7}{4}$에 가장 가까운 정수는 2이므로 $b=2$

$\therefore |a|+|b|=|-2|+|2|=2+2=4$

답 4

03 수직선 위에 $-3\frac{1}{5}$과 $2\frac{3}{4}$을 나타내면 다음과 같다.

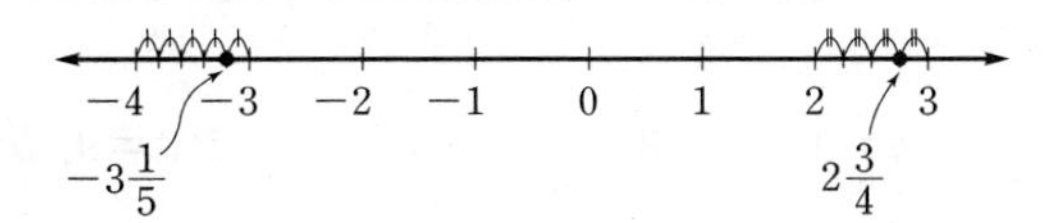

따라서 두 수 $-3\frac{1}{5}$과 $2\frac{3}{4}$ 사이에 있는 정수는 -3, -2, -1, 0, 1, 2이므로 절댓값이 가장 큰 수는 -3이다.

답 ②

04 (가)에서 정수 A는 -1, 0, 1, 2, 3이다.
이때 (나)에서 $|A|>2$, 즉 원점으로부터의 거리가 2보다 큰 것은 3뿐이다.

답 3

05 (가)에서 a는 b보다 $\frac{3}{5}$만큼 작으므로 $a<b$이고 수직선 위에서 a, b를 나타내는 두 점 사이의 거리가 $\frac{3}{5}$이다.
(나)에서 a, b의 절댓값이 같으므로 두 수 a, b는 원점으로부터의 거리가 각각 $\frac{3}{5}\times\frac{1}{2}=\frac{3}{10}$인 수이다.

$\therefore a=-\frac{3}{10}$, $b=\frac{3}{10}$

답 $a=-\frac{3}{10}$, $b=\frac{3}{10}$

06 (나)에서 $|a|=3$이므로 $a=3$ 또는 $a=-3$
이때 (가)에서 $a<0$이므로 $a=-3$
(다)에서 $|a|+|b|=10$이므로 $|-3|+|b|=10$, $|b|=7$
즉, $b=7$ 또는 $b=-7$
이때 (가)에서 $b>0$이므로 $b=7$

답 $a=-3$, $b=7$

07 $\left|\frac{n}{5}\right|\le 1$이므로 $|n|\le 5$
원점으로부터의 거리가 5인 수를 수직선 위에 나타내면 다음과 같다.

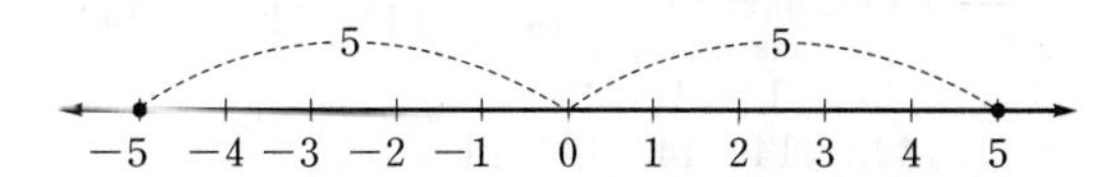

따라서 $\frac{n}{5}$의 절댓값이 1보다 작거나 같도록 하는 정수 n은 -5, -4, -3, -2, -1, 0, 1, 2, 3, 4, 5의 11개이다.

답 ④

08 ㄱ. $a<0$이면 $|a|=-a$이다.
예 $a=-3$이면 $|a|=|-3|=3$이고 $-a=-(-3)=3$이므로 $|a|=-a$이다.
ㄴ. $a>0$이면 $-a<0$이므로 $|-a|=-(-a)=a$이다.
예 $a=2$이면 $|-a|=|-2|=2$이므로 $|-a|=a$이다.
ㄷ. $a=3$, $b=-3$이면 $|a|=|b|$이지만 $a\neq b$이다.
ㄹ. $a=1$, $b=-4$이면 $a>b$이지만 $|a|<|b|$이다.
따라서 옳지 않은 것은 ㄷ, ㄹ이다.

답 ⑤

09 a의 절댓값이 5이므로 $a=-5$ 또는 $a=5$
b의 절댓값이 x이므로 $x>0$이고 $b=-x$ 또는 $b=x$
그런데 $a+b$의 값 중에서 가장 큰 값이 7이므로
$5+x=7$ $\therefore x=2$

답 2

10 $|a|=7$이므로 $a=7$ 또는 $a=-7$
(i) $a=7$일 때

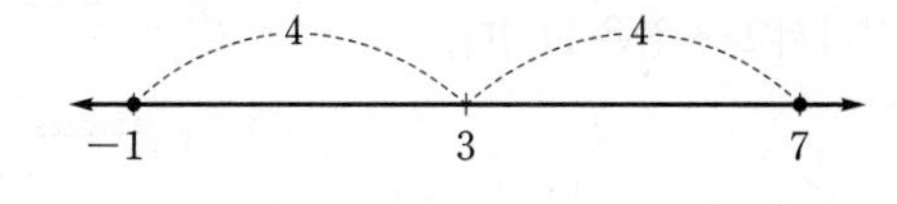

$\therefore b=-1$

(ii) $a=-7$일 때

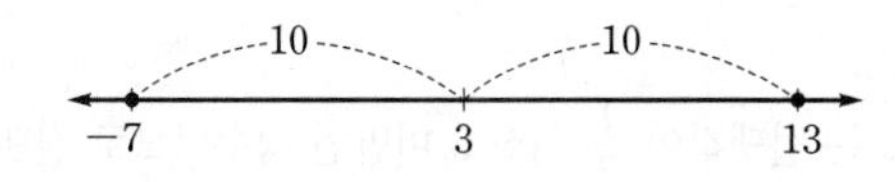

$\therefore b=13$

(i), (ii)에서 구하는 b의 값은 -1, 13이다.

답 -1, 13

11 $-\frac{8}{7}=-\frac{16}{14}$, $\frac{1}{2}=\frac{7}{14}$이므로 두 수 $-\frac{8}{7}$과 $\frac{1}{2}$ 사이에 있는 정수가 아닌 유리수를 기약분수로 나타내었을 때, 분모가 14인 유리수는 $-\frac{15}{14}$, $-\frac{13}{14}$, $-\frac{11}{14}$, $-\frac{9}{14}$, $-\frac{5}{14}$, $-\frac{3}{14}$, $-\frac{1}{14}$, $\frac{1}{14}$, $\frac{3}{14}$, $\frac{5}{14}$의 10개이다.

답 ①

12 (가), (나)에서 a는 -5보다 크고 절댓값은 -5의 절댓값과 같으므로 $a=5$

(가), (다), (라)를 만족시키도록 a, b, c를 수직선 위에 나타내면 다음과 같다.

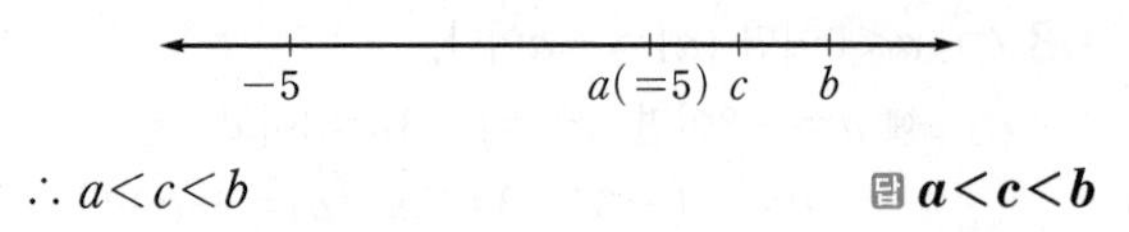

$\therefore a<c<b$ 답 $a<c<b$

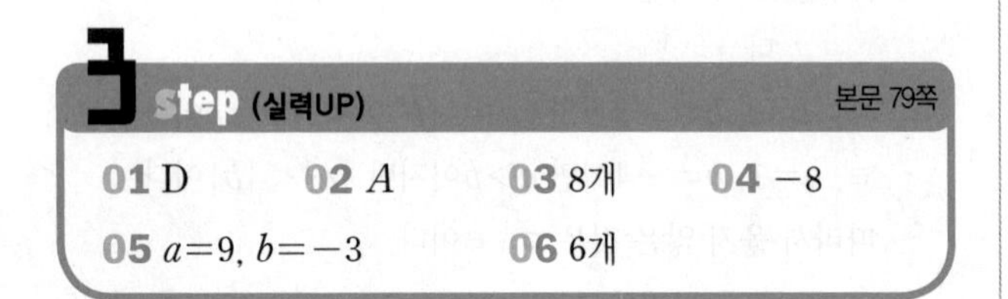

3 step (실력UP) 본문 79쪽

01 D **02** A **03** 8개 **04** -8
05 $a=9$, $b=-3$ **06** 6개

이렇게 풀어요

01 $\left|+\frac{7}{4}\right|=\frac{7}{4}=\frac{21}{12}$, $\left|-\frac{8}{3}\right|=\frac{8}{3}=\frac{32}{12}$

에서 $\frac{7}{4}<\frac{8}{3}$이므로 첫 번째 갈림길에서는 $-\frac{8}{3}$이 적힌 길로 간다.

또, $|+3.9|=3.9=\frac{39}{10}$, $\left|-4\frac{3}{5}\right|=4\frac{3}{5}=\frac{46}{10}$

에서 $3.9<4\frac{3}{5}$이므로 두 번째 갈림길에서는 $-4\frac{3}{5}$이 적힌 길로 간다.

따라서 도착점은 D이다. 답 D

02

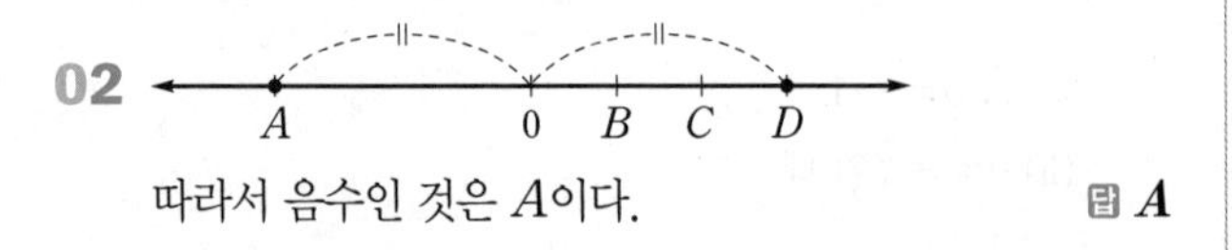

따라서 음수인 것은 A이다. 답 A

03 x는 절댓값이 $\frac{1}{2}$ 이상 5 미만인 정수이므로 절댓값이 1, 2, 3, 4인 정수이다.

따라서 정수 x는 -4, -3, -2, -1, 1, 2, 3, 4의 8개이다. 답 8개

04 (라)에서 a는 음수이다.

(가), (나)에서 a는 -7, -8, -9 중 하나이다.

(다)에서 $a=-8$이다. 답 -8

05 $a>b$이고 부호가 반대이므로 $a>0$, $b<0$

a의 절댓값이 b의 절댓값의 3배이므로 수직선 위에서 원점으로부터 a를 나타내는 점까지의 거리는 원점으로부터 b를 나타내는 점까지의 거리의 3배이다.

또, a와 b의 절댓값의 합이 12이므로 두 수 a, b를 나타내는 점을 각각 A, B라 하고 수직선 위에 나타내면 다음과 같다.

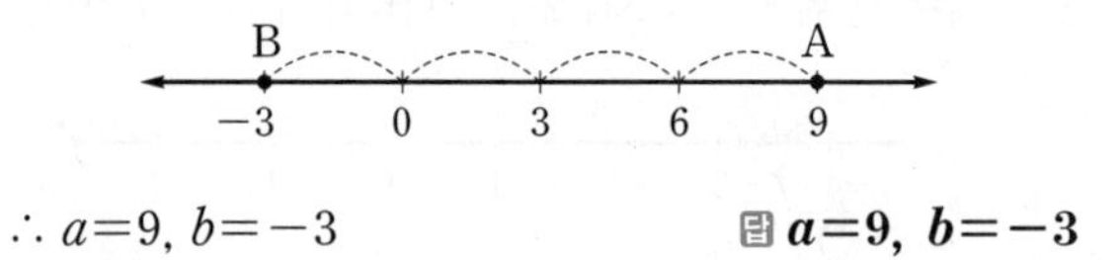

$\therefore a=9$, $b=-3$ 답 $a=9$, $b=-3$

06 (i) $|a|=0$, $|b|=3$일 때

$a=0$, $b=3$ 또는 $b=-3$

그런데 $a>b$이므로 (a, b)는 $(0, -3)$

(ii) $|a|=1$, $|b|=2$일 때

$a=1$ 또는 $a=-1$, $b=2$ 또는 $b=-2$

그런데 $a>b$이므로 (a, b)는 $(1, -2)$, $(-1, -2)$

(iii) $|a|=2$, $|b|=1$일 때

$a=2$ 또는 $a=-2$, $b=1$ 또는 $b=-1$

그런데 $a>b$이므로 (a, b)는 $(2, 1)$, $(2, -1)$

(iv) $|a|=3$, $|b|=0$일 때

$a=3$ 또는 $a=-3$, $b=0$

그런데 $a>b$이므로 (a, b)는 $(3, 0)$

(i)~(iv)에서 (a, b)의 개수는 6개이다. 답 6개

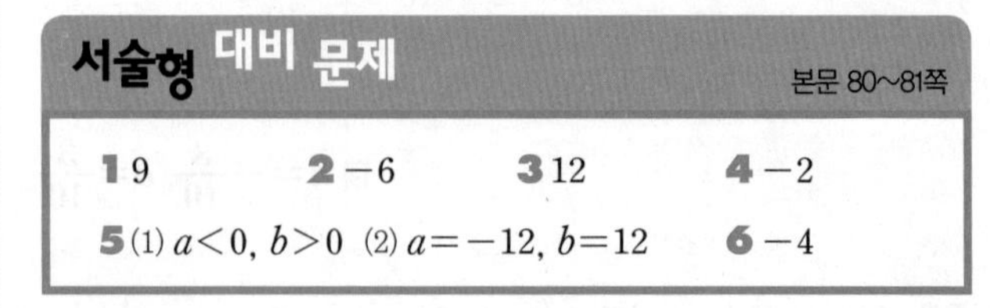

서술형 대비 문제 본문 80~81쪽

1 9 **2** -6 **3** 12 **4** -2
5 (1) $a<0$, $b>0$ (2) $a=-12$, $b=12$ **6** -4

이렇게 풀어요

1 1단계 수직선 위에 $\frac{9}{2}$와 $-3\frac{1}{3}$을 나타내면 다음과 같다.

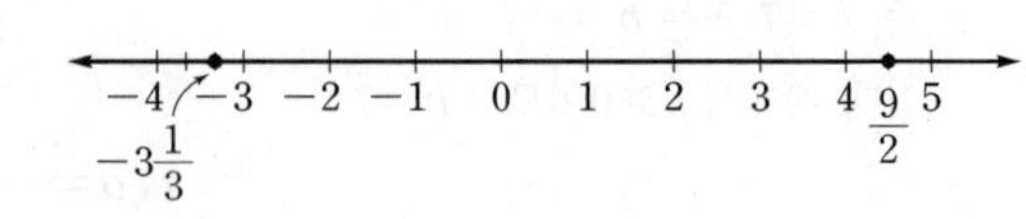

2단계 $\frac{9}{2}$보다 큰 수 중에서 가장 작은 정수는 5이므로

$a=5$

$-3\frac{1}{3}$보다 작은 수 중에서 가장 큰 정수는 -4이므로

$b=-4$

3단계 $\therefore |a|+|b|=|5|+|-4|=5+4=9$

답 **9**

2 **1단계** 두 수는 -1로부터의 거리가 각각 $10\times\frac{1}{2}=5$인 수이다.

2단계 두 수를 수직선 위에 점으로 나타내면 다음과 같다.

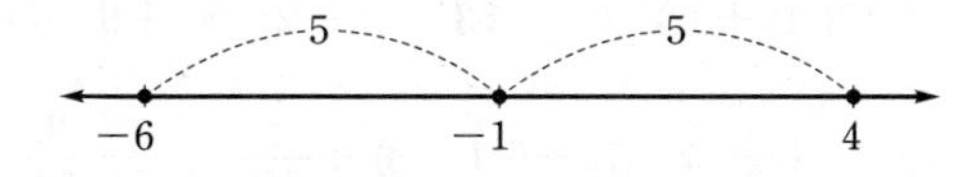

3단계 따라서 두 수는 -6과 4이므로 두 수 중 작은 수는 -6이다.

답 **−6**

3 **1단계** 양수는 $\frac{3}{11}$, $\frac{29}{4}$, 0.9, 25의 4개이므로

$a=4$

2단계 음수는 -3, -4.5, $-\frac{1}{5}$의 3개이므로

$b=3$

3단계 정수가 아닌 유리수는 $\frac{3}{11}$, -4.5, $\frac{29}{4}$, 0.9, $-\frac{1}{5}$의 5개이므로 $c=5$

4단계 $\therefore a+b+c=4+3+5=12$

답 **12**

단계	채점요소	배점
1	a의 값 구하기	1점
2	b의 값 구하기	1점
3	c의 값 구하기	2점
4	$a+b+c$의 값 구하기	2점

4 **1단계** 수직선 위에 $-2\frac{1}{3}$과 $1\frac{3}{5}$을 나타내면 다음과 같다.

−3 −2 −1 0 1 2
$-2\frac{1}{3}$ $1\frac{3}{5}$

2단계 즉, $-2\frac{1}{3}$과 $1\frac{3}{5}$ 사이에 있는 정수는 -2, -1, 0, 1이다.

3단계 따라서 이 중 절댓값이 가장 큰 수는 -2이다.

답 **−2**

단계	채점요소	배점
1	수직선 위에 두 수 $-2\frac{1}{3}$과 $1\frac{3}{5}$을 나타내기	2점
2	$-2\frac{1}{3}$과 $1\frac{3}{5}$ 사이에 있는 정수 구하기	2점
3	절댓값이 가장 큰 수 구하기	2점

5 **1단계** (1) (가)에서 두 수 a, b의 절댓값이 같고 (나)에서 a는 b보다 24만큼 작으므로 $a<0$, $b>0$이다.

2단계 (2) (나)에서 a가 b보다 24만큼 작으므로 두 수 a, b를 나타내는 두 점 사이의 거리가 24이다.

즉, 두 수 a, b는 원점으로부터의 거리가 각각 $24\times\frac{1}{2}=12$인 수이다.

$\therefore a=-12$, $b=12$

답 (1) $\boldsymbol{a<0, b>0}$ (2) $\boldsymbol{a=-12, b=12}$

단계	채점요소	배점
1	a, b의 부호 구하기	3점
2	a, b의 값 구하기	4점

6 **1단계** a는 -4보다 작지 않고 2보다 작으므로

$-4\le a<2$

2단계 이때 정수 a는 -4, -3, -2, -1, 0, 1이고 이 중 $|a|>3$, 즉 원점으로부터의 거리가 3보다 큰 것은 -4뿐이다.

답 **−4**

단계	채점요소	배점
1	a의 값의 범위 구하기	2점
2	a의 값 구하기	5점

2 정수와 유리수의 계산

01 정수와 유리수의 덧셈

본문 86쪽

개념원리 확인하기

01 (1) +, +, 9 (2) −, +, 5, −, 8
(3) 9, +, 9, +, $\frac{5}{3}$ (4) 8, −, 8, −, $\frac{11}{12}$

02 (1) −, −, 3, −, 4 (2) +, −, 4, +, 5
(3) 10, −, 10, 7, −, $\frac{3}{4}$

03 (1) $+13$ (2) -13 (3) -2 (4) $+9$
(5) $-\frac{13}{15}$ (6) -5 (7) -6.1 (8) $+\frac{1}{12}$
(9) $-\frac{3}{14}$ (10) $-\frac{9}{20}$

04 (1) -2 (2) -3 (3) $+\frac{7}{6}$ (4) -1

이렇게 풀어요

01 답 (1) **+, +, 9** (2) **−, +, 5, −, 8**
(3) **9, +, 9, +, $\frac{5}{3}$** (4) **8, −, 8, −, $\frac{11}{12}$**

02 답 (1) **−, −, 3, −, 4** (2) **+, −, 4, +, 5**
(3) **10, −, 10, 7, −, $\frac{3}{4}$**

03 (1) $(+6)+(+7)=+(6+7)=+13$
(2) $(-8)+(-5)=-(8+5)=-13$
(3) $(-11)+(+9)=-(11-9)=-2$
(4) $(-3)+(+12)=+(12-3)=+9$
(5) $\left(-\frac{2}{3}\right)+\left(-\frac{1}{5}\right)=\left(-\frac{10}{15}\right)+\left(-\frac{3}{15}\right)$
$=-\left(\frac{10}{15}+\frac{3}{15}\right)$
$=-\frac{13}{15}$
(6) $(-0.5)+(-4.5)=-(0.5+4.5)=-5$
(7) $(+11.4)+(-17.5)=-(17.5-11.4)=-6.1$
(8) $\left(-\frac{5}{3}\right)+\left(+\frac{7}{4}\right)=\left(-\frac{20}{12}\right)+\left(+\frac{21}{12}\right)$
$=+\left(\frac{21}{12}-\frac{20}{12}\right)$
$=+\frac{1}{12}$
(9) $(-0.5)+\left(+\frac{2}{7}\right)=\left(-\frac{1}{2}\right)+\left(+\frac{2}{7}\right)$
$=\left(-\frac{7}{14}\right)+\left(+\frac{4}{14}\right)$
$=-\left(\frac{7}{14}-\frac{4}{14}\right)$
$=-\frac{3}{14}$
(10) $\left(+\frac{3}{10}\right)+\left(-\frac{3}{4}\right)=\left(+\frac{6}{20}\right)+\left(-\frac{15}{20}\right)$
$=-\left(\frac{15}{20}-\frac{6}{20}\right)$
$=-\frac{9}{20}$

답 (1) $\mathbf{+13}$ (2) $\mathbf{-13}$ (3) $\mathbf{-2}$ (4) $\mathbf{+9}$ (5) $\mathbf{-\frac{13}{15}}$
(6) $\mathbf{-5}$ (7) $\mathbf{-6.1}$ (8) $\mathbf{+\frac{1}{12}}$ (9) $\mathbf{-\frac{3}{14}}$ (10) $\mathbf{-\frac{9}{20}}$

04 (1) $(-10)+(+2)+(+6)$
$=(-10)+\{(+2)+(+6)\}$
$=(-10)+(+8)$
$=-2$
(2) $(-7)+(+14)+(-10)$
$=(-7)+(-10)+(+14)$
$=\{(-7)+(-10)\}+(+14)$
$=(-17)+(+14)$
$=-3$
(3) $\left(-\frac{1}{4}\right)+\left(+\frac{2}{3}\right)+\left(+\frac{3}{4}\right)$
$=\left(-\frac{1}{4}\right)+\left(+\frac{3}{4}\right)+\left(+\frac{2}{3}\right)$
$=\left\{\left(-\frac{1}{4}\right)+\left(+\frac{3}{4}\right)\right\}+\left(+\frac{2}{3}\right)$
$=\left(+\frac{1}{2}\right)+\left(+\frac{2}{3}\right)$
$=\left(+\frac{3}{6}\right)+\left(+\frac{4}{6}\right)$
$=+\frac{7}{6}$
(4) $\left(+\frac{3}{4}\right)+(-3)+\left(+\frac{5}{4}\right)$
$=\left(+\frac{3}{4}\right)+\left(+\frac{5}{4}\right)+(-3)$
$=\left\{\left(+\frac{3}{4}\right)+\left(+\frac{5}{4}\right)\right\}+(-3)$
$=(+2)+(-3)=-1$

답 (1) $\mathbf{-2}$ (2) $\mathbf{-3}$ (3) $\mathbf{+\frac{7}{6}}$ (4) $\mathbf{-1}$

핵심문제 익히기 (확인문제) 본문 87~88쪽

1 ①　　**2** ⑤

3 ㉠ 덧셈의 교환법칙　㉡ 덧셈의 결합법칙

① $+1$　② $+\frac{1}{3}$

4 (1) -3　(2) -1.4　(3) 0

이렇게 풀어요

1 ① $(-3)+(+9)=+(9-3)=+6$

② $(-13)+(-5)=-(13+5)=-18$

③ $(-12)+(+7)=-(12-7)=-5$

④ $(+16)+(-13)=+(16-13)=+3$

⑤ $(+4)+(-8)=-(8-4)=-4$

따라서 계산 결과가 가장 큰 것은 ①이다.

답 ①

2 ① $\left(+\frac{5}{7}\right)+\left(+\frac{8}{21}\right)=\left(+\frac{15}{21}\right)+\left(+\frac{8}{21}\right)$

$=+\left(\frac{15}{21}+\frac{8}{21}\right)$

$=+\frac{23}{21}$

② $\left(-\frac{2}{3}\right)+\left(-\frac{1}{7}\right)=\left(-\frac{14}{21}\right)+\left(-\frac{3}{21}\right)$

$=-\left(\frac{14}{21}+\frac{3}{21}\right)$

$=-\frac{17}{21}$

③ $\left(-\frac{5}{6}\right)+\left(+\frac{2}{3}\right)=\left(-\frac{5}{6}\right)+\left(+\frac{4}{6}\right)$

$=-\left(\frac{5}{6}-\frac{4}{6}\right)$

$=-\frac{1}{6}$

④ $(+2.1)+(-4.3)=-(4.3-2.1)$

$=-2.2$

⑤ $(+5.1)+(-3.6)=+(5.1-3.6)$

$=+1.5$

답 ⑤

3 답 **㉠ 덧셈의 교환법칙　㉡ 덧셈의 결합법칙**

① $+1$　② $+\frac{1}{3}$

4 (1) $(+7)+(-3)+(-7)$

$=(-3)+(+7)+(-7)$

$=(-3)+\{(+7)+(-7)\}$

$=(-3)+0=-3$

(2) $(-9.4)+(+3.7)+(+6.2)+(-1.9)$

$=(-9.4)+(-1.9)+(+3.7)+(+6.2)$

$=\{(-9.4)+(-1.9)\}+\{(+3.7)+(+6.2)\}$

$=(-11.3)+(+9.9)=-1.4$

(3) $\left(+\frac{2}{3}\right)+\left(-\frac{1}{2}\right)+\left(-\frac{5}{3}\right)+\left(+\frac{3}{2}\right)$

$=\left(+\frac{2}{3}\right)+\left(-\frac{5}{3}\right)+\left(-\frac{1}{2}\right)+\left(+\frac{3}{2}\right)$

$=\left\{\left(+\frac{2}{3}\right)+\left(-\frac{5}{3}\right)\right\}+\left\{\left(-\frac{1}{2}\right)+\left(+\frac{3}{2}\right)\right\}$

$=(-1)+(+1)=0$

답 (1) **-3**　(2) **-1.4**　(3) **0**

02 정수와 유리수의 뺄셈

본문 91쪽

개념원리 확인하기

01 (1) $+$, $-$, $-$, $+$, 5, $-$, 8

(2) $+$, $+$, $+$, 8, $-$, 5, $+$, 3

(3) $+$, $+$, 3, $-$, 3, $-$, $\frac{1}{6}$

02 (1) -4　(2) -14　(3) $+\frac{13}{6}$　(4) $-\frac{3}{10}$

03 (1) $+9$　(2) $+2$　(3) $+1$

04 (1) $+4$, -4, -4, -4, $+13$

(2) $+\frac{3}{2}$, $-\frac{3}{2}$, $-\frac{3}{2}$, $-\frac{3}{2}$, -2, $-\frac{8}{5}$

이렇게 풀어요

01 답 (1) **$+$, $-$, $-$, $+$, 5, $-$, 8**

(2) **$+$, $+$, $+$, 8, $-$, 5, $+$, 3**

(3) **$+$, $+$, 3, $-$, 3, $-$, $\frac{1}{6}$**

02 (1) $(+8)-(+12)=(+8)+(-12)$

$=-(12-8)$

$=-4$

(2) $(-7)-(+7)=(-7)+(-7)$
$=-(7+7)$
$=-14$

(3) $\left(+\frac{5}{6}\right)-\left(-\frac{4}{3}\right)=\left(+\frac{5}{6}\right)+\left(+\frac{4}{3}\right)$
$=\left(+\frac{5}{6}\right)+\left(+\frac{8}{6}\right)$
$=+\left(\frac{5}{6}+\frac{8}{6}\right)$
$=+\frac{13}{6}$

(4) $\left(-\frac{1}{2}\right)-\left(-\frac{1}{5}\right)=\left(-\frac{1}{2}\right)+\left(+\frac{1}{5}\right)$
$=\left(-\frac{5}{10}\right)+\left(+\frac{2}{10}\right)$
$=-\left(\frac{5}{10}-\frac{2}{10}\right)$
$=-\frac{3}{10}$

답 (1) **-4** (2) **-14** (3) **$+\frac{13}{6}$** (4) **$-\frac{3}{10}$**

03 (1) $(-2)+(+5)-(-6)$
$=(-2)+(+5)+(+6)$
$=(-2)+\{(+5)+(+6)\}$
$=(-2)+(+11)=+9$

(2) $(+2.5)-(+2.8)-(-5.5)+(-3.2)$
$=(+2.5)+(-2.8)+(+5.5)+(-3.2)$
$=(+2.5)+(+5.5)+(-2.8)+(-3.2)$
$=\{(+2.5)+(+5.5)\}+\{(-2.8)+(-3.2)\}$
$=(+8)+(-6)$
$=+2$

(3) $\left(+\frac{1}{2}\right)+\left(-\frac{2}{3}\right)-\left(-\frac{3}{2}\right)-\left(+\frac{1}{3}\right)$
$=\left(+\frac{1}{2}\right)+\left(-\frac{2}{3}\right)+\left(+\frac{3}{2}\right)+\left(-\frac{1}{3}\right)$
$=\left(+\frac{1}{2}\right)+\left(+\frac{3}{2}\right)+\left(-\frac{2}{3}\right)+\left(-\frac{1}{3}\right)$
$=\left\{\left(+\frac{1}{2}\right)+\left(+\frac{3}{2}\right)\right\}+\left\{\left(-\frac{2}{3}\right)+\left(-\frac{1}{3}\right)\right\}$
$=(+2)+(-1)$
$=+1$

답 (1) **$+9$** (2) **$+2$** (3) **$+1$**

04 답 (1) **$+4, -4, -4, -4, +13$**
(2) **$+\frac{3}{2}, -\frac{3}{2}, -\frac{3}{2}, -\frac{3}{2}, -2, -\frac{8}{5}$**

핵심문제 익히기 (확인문제)

본문 92~94쪽

1 ⑤ **2** ②, ⑤ **3** (1) $+2$ (2) $-\frac{11}{4}$
4 (1) -13 (2) $\frac{1}{4}$
5 (1) -8 (2) 14 (3) $-\frac{7}{15}$ (4) $-\frac{7}{2}$
6 (1) 10 (2) $\frac{3}{20}$

이렇게 풀어요

1 ① $(-8)-(-12)=(-8)+(+12)$
$=+(12-8)=+4$
② $(-1.3)-(-5.6)=(-1.3)+(+5.6)$
$=+(5.6-1.3)=+4.3$
③ $(+1)-\left(+\frac{3}{4}\right)=(+1)+\left(-\frac{3}{4}\right)$
$=\left(+\frac{4}{4}\right)+\left(-\frac{3}{4}\right)$
$=+\left(\frac{4}{4}-\frac{3}{4}\right)=+\frac{1}{4}$
④ $\left(-\frac{1}{4}\right)-\left(+\frac{13}{4}\right)=\left(-\frac{1}{4}\right)+\left(-\frac{13}{4}\right)$
$=-\left(\frac{1}{4}+\frac{13}{4}\right)$
$=-\frac{14}{4}=-\frac{7}{2}$
⑤ $\left(-\frac{3}{5}\right)-\left(-\frac{2}{3}\right)=\left(-\frac{3}{5}\right)+\left(+\frac{2}{3}\right)$
$=\left(-\frac{9}{15}\right)+\left(+\frac{10}{15}\right)$
$=+\left(\frac{10}{15}-\frac{9}{15}\right)=+\frac{1}{15}$

답 ⑤

2 원점에서 왼쪽으로 3만큼 이동하였으므로 -3, 다시 오른쪽으로 5만큼 이동하였으므로 $+5$를 더하거나 -5를 뺀 것이다.
$\therefore (-3)+(+5)=+2$ 또는 $(-3)-(-5)=+2$

답 ②, ⑤

3 (1) $(-6)-(+3.3)+(-1.7)-(-13)$
$=(-6)+(-3.3)+(-1.7)+(+13)$
$=\{(-6)+(+13)\}+\{(-3.3)+(-1.7)\}$
$=(+7)+(-5)$
$=+2$

(2) $\left(-\frac{4}{5}\right)+\left(-\frac{9}{4}\right)-\left(+\frac{6}{5}\right)-\left(-\frac{3}{2}\right)$

$=\left(-\frac{4}{5}\right)+\left(-\frac{9}{4}\right)+\left(-\frac{6}{5}\right)+\left(+\frac{3}{2}\right)$

$=\left\{\left(-\frac{16}{20}\right)+\left(-\frac{45}{20}\right)+\left(-\frac{24}{20}\right)\right\}+\left(+\frac{30}{20}\right)$

$=\left(-\frac{85}{20}\right)+\left(+\frac{30}{20}\right)=-\frac{55}{20}=-\frac{11}{4}$

답 (1) **+2** (2) $-\frac{11}{4}$

참고 덧셈과 뺄셈의 혼합 계산에서 보통 양수는 양수끼리, 음수는 음수끼리 모아서 계산하지만 (1)과 같이 계산이 간단해지는 것끼리 모아서 계산해도 된다.

4 (1) $-5+4-13+7+6-12$

$=(-5)+(+4)-(+13)+(+7)+(+6)-(+12)$

$=(-5)+(+4)+(-13)+(+7)+(+6)+(-12)$

$=(-5)+(-13)+(-12)+(+4)+(+7)+(+6)$

$=\{(-5)+(-13)+(-12)\}+\{(+4)+(+7)+(+6)\}$

$=(-30)+(+17)=-13$

(2) $-\frac{3}{4}+\frac{1}{2}-\frac{1}{3}+\frac{5}{6}$

$=\left(-\frac{3}{4}\right)+\left(+\frac{1}{2}\right)-\left(+\frac{1}{3}\right)+\left(+\frac{5}{6}\right)$

$=\left(-\frac{9}{12}\right)+\left(+\frac{6}{12}\right)+\left(-\frac{4}{12}\right)+\left(+\frac{10}{12}\right)$

$=\left(-\frac{9}{12}\right)+\left(-\frac{4}{12}\right)+\left(+\frac{6}{12}\right)+\left(+\frac{10}{12}\right)$

$=\left\{\left(-\frac{9}{12}\right)+\left(-\frac{4}{12}\right)\right\}+\left\{\left(+\frac{6}{12}\right)+\left(+\frac{10}{12}\right)\right\}$

$=\left(-\frac{13}{12}\right)+\left(+\frac{16}{12}\right)=\frac{3}{12}=\frac{1}{4}$

답 (1) **−13** (2) $\frac{1}{4}$

5 (1) $(-6)+(-2)=-8$

(2) $9-(-5)=(+9)+(+5)=14$

(3) $\left(-\frac{2}{3}\right)-\left(-\frac{1}{5}\right)=\left(-\frac{10}{15}\right)+\left(+\frac{3}{15}\right)=-\frac{7}{15}$

(4) $(-3)+\left(-\frac{1}{2}\right)=\left(-\frac{6}{2}\right)+\left(-\frac{1}{2}\right)=-\frac{7}{2}$

답 (1) **−8** (2) **14** (3) $-\frac{7}{15}$ (4) $-\frac{7}{2}$

6 (1) 어떤 수를 □라 하면

□$-8=-6$

$\therefore$ □$=-6+8=(-6)+(+8)=2$

따라서 바르게 계산하면

$2+8=10$

(2) 어떤 수를 □라 하면

□$-\frac{1}{5}=-\frac{1}{4}$

$\therefore$ □$=-\frac{1}{4}+\frac{1}{5}=\left(-\frac{5}{20}\right)+\left(+\frac{4}{20}\right)=-\frac{1}{20}$

따라서 바르게 계산하면

$-\frac{1}{20}+\frac{1}{5}=\left(-\frac{1}{20}\right)+\left(+\frac{4}{20}\right)=\frac{3}{20}$

답 (1) **10** (2) $\frac{3}{20}$

계산력 강화하기

본문 95쪽

01 (1) +16 (2) +7 (3) +18 (4) −67 (5) −3 (6) −26 (7) +70 (8) +19

02 (1) $-\frac{1}{18}$ (2) $+\frac{13}{4}$ (3) $+\frac{3}{2}$ (4) $+\frac{7}{12}$ (5) $+\frac{1}{2}$ (6) $-\frac{10}{3}$ (7) +4 (8) $+\frac{1}{12}$

03 (1) −8 (2) −5 (3) −8 (4) −11 (5) −9 (6) 4 (7) 10 (8) −10

04 (1) $\frac{2}{3}$ (2) 0.5 (3) $-\frac{7}{4}$ (4) 0 (5) $\frac{18}{5}$ (6) $-\frac{1}{2}$

이렇게 풀어요

01 (1) $(+9)+(+7)=+(9+7)=+16$

(2) $(-8)+(+15)=+(15-8)=+7$

(3) $(+35)+(-17)=+(35-17)=+18$

(4) $(-41)+(-26)=-(41+26)=-67$

(5) $(+5)-(+8)=(+5)+(-8)$

$=-(8-5)$

$=-3$

(6) $(-16)-(+10)=(-16)+(-10)$

$=-(16+10)=-26$

(7) $(+52)-(-18)=(+52)+(+18)$

$=+(52+18)$

$=+70$

(8) $(-21)-(-40)=(-21)+(+40)$
$=+(40-21)=+19$

답 (1) $\mathbf{+16}$ (2) $\mathbf{+7}$ (3) $\mathbf{+18}$ (4) $\mathbf{-67}$
(5) $\mathbf{-3}$ (6) $\mathbf{-26}$ (7) $\mathbf{+70}$ (8) $\mathbf{+19}$

02 (1) $\left(-\frac{5}{6}\right)+\left(+\frac{7}{9}\right)=\left(-\frac{15}{18}\right)+\left(+\frac{14}{18}\right)$
$=-\left(\frac{15}{18}-\frac{14}{18}\right)=-\frac{1}{18}$

(2) $(+3)-\left(-\frac{1}{4}\right)=(+3)+\left(+\frac{1}{4}\right)$
$=\left(+\frac{12}{4}\right)+\left(+\frac{1}{4}\right)$
$=+\left(\frac{12}{4}+\frac{1}{4}\right)=+\frac{13}{4}$

(3) $\left(-\frac{5}{6}\right)-\left(-\frac{7}{3}\right)=\left(-\frac{5}{6}\right)+\left(+\frac{7}{3}\right)$
$=\left(-\frac{5}{6}\right)+\left(+\frac{14}{6}\right)$
$=+\left(\frac{14}{6}-\frac{5}{6}\right)=+\frac{9}{6}=+\frac{3}{2}$

(4) $\left(-\frac{1}{6}\right)-\left(-\frac{3}{4}\right)=\left(-\frac{1}{6}\right)+\left(+\frac{3}{4}\right)$
$=\left(-\frac{2}{12}\right)+\left(+\frac{9}{12}\right)$
$=+\left(\frac{9}{12}-\frac{2}{12}\right)=+\frac{7}{12}$

(5) $\left(+\frac{2}{7}\right)-\left(-\frac{3}{14}\right)=\left(+\frac{2}{7}\right)+\left(+\frac{3}{14}\right)$
$=\left(+\frac{4}{14}\right)+\left(+\frac{3}{14}\right)$
$=+\left(\frac{4}{14}+\frac{3}{14}\right)=+\frac{7}{14}=+\frac{1}{2}$

(6) $\left(-\frac{7}{3}\right)+(-1)=\left(-\frac{7}{3}\right)+\left(-\frac{3}{3}\right)$
$=-\left(\frac{7}{3}+\frac{3}{3}\right)=-\frac{10}{3}$

(7) $(+2.5)-(-1.5)=(+2.5)+(+1.5)$
$=+(2.5+1.5)=+4$

(8) $\left(+\frac{3}{4}\right)-\left(+\frac{2}{3}\right)=\left(+\frac{3}{4}\right)+\left(-\frac{2}{3}\right)$
$=\left(+\frac{9}{12}\right)+\left(-\frac{8}{12}\right)$
$=+\left(\frac{9}{12}-\frac{8}{12}\right)=+\frac{1}{12}$

답 (1) $\mathbf{-\frac{1}{18}}$ (2) $\mathbf{+\frac{13}{4}}$ (3) $\mathbf{+\frac{3}{2}}$ (4) $\mathbf{+\frac{7}{12}}$
(5) $\mathbf{+\frac{1}{2}}$ (6) $\mathbf{-\frac{10}{3}}$ (7) $\mathbf{+4}$ (8) $\mathbf{+\frac{1}{12}}$

03 (1) $(+9)+(-12)-(+5)$
$=(+9)+(-12)+(-5)$
$=(+9)+\{(-12)+(-5)\}$
$=(+9)+(-17)$
$=-8$

(2) $(-21)+(+15)-(+8)-(-9)$
$=(-21)+(+15)+(-8)+(+9)$
$=(-21)+(-8)+(+15)+(+9)$
$=\{(-21)+(-8)\}+\{(+15)+(+9)\}$
$=(-29)+(+24)$
$=-5$

(3) $(-9)-(+4)-(+11)+(+16)$
$=(-9)+(-4)+(-11)+(+16)$
$=\{(-9)+(-4)+(-11)\}+(+16)$
$=(-24)+(+16)$
$=-8$

(4) $(-8)+(+6)-(-11)-(+7)+(-13)$
$=(-8)+(+6)+(+11)+(-7)+(-13)$
$=(-8)+(-7)+(-13)+(+6)+(+11)$
$=\{(-8)+(-7)+(-13)\}+\{(+6)+(+11)\}$
$=(-28)+(+17)$
$=-11$

(5) $-5-9+7-2$
$=(-5)-(+9)+(+7)-(+2)$
$=(-5)+(-9)+(+7)+(-2)$
$=(-5)+(-9)+(-2)+(+7)$
$=\{(-5)+(-9)+(-2)\}+(+7)$
$=(-16)+(+7)$
$=-9$

(6) $6-9+12-5$
$=(+6)-(+9)+(+12)-(+5)$
$=(+6)+(-9)+(+12)+(-5)$
$=(+6)+(+12)+(-9)+(-5)$
$=\{(+6)+(+12)\}+\{(-9)+(-5)\}$
$=(+18)+(-14)$
$=4$

(7) $8-2-5+9$
$=(+8)-(+2)-(+5)+(+9)$
$=(+8)+(-2)+(-5)+(+9)$
$=(+8)+(+9)+(-2)+(-5)$
$=\{(+8)+(+9)\}+\{(-2)+(-5)\}$
$=(+17)+(-7)=10$

(8) $15-32-4-8+19$

$=(+15)-(+32)-(+4)-(+8)+(+19)$

$=(+15)+(-32)+(-4)+(-8)+(+19)$

$=(+15)+(+19)+(-32)+(-4)+(-8)$

$=\{(+15)+(+19)\}+\{(-32)+(-4)+(-8)\}$

$=(+34)+(-44)$

$=-10$

답 (1) $\mathbf{-8}$ (2) $\mathbf{-5}$ (3) $\mathbf{-8}$ (4) $\mathbf{-11}$ (5) $\mathbf{-9}$ (6) $\mathbf{4}$ (7) $\mathbf{10}$ (8) $\mathbf{-10}$

04 (1) $\left(+\frac{4}{3}\right)+\left(-\frac{1}{2}\right)+\left(+\frac{3}{2}\right)-\left(+\frac{5}{3}\right)$

$=\left(+\frac{4}{3}\right)+\left(-\frac{1}{2}\right)+\left(+\frac{3}{2}\right)+\left(-\frac{5}{3}\right)$

$=\left(+\frac{4}{3}\right)+\left(-\frac{5}{3}\right)+\left(-\frac{1}{2}\right)+\left(+\frac{3}{2}\right)$

$=\left\{\left(+\frac{4}{3}\right)+\left(-\frac{5}{3}\right)\right\}+\left\{\left(-\frac{1}{2}\right)+\left(+\frac{3}{2}\right)\right\}$

$=\left(-\frac{1}{3}\right)+(+1)$

$=\left(-\frac{1}{3}\right)+\left(+\frac{3}{3}\right)$

$=\frac{2}{3}$

(2) $(+1.4)-(+3.6)-(-5.4)+(-2.7)$

$=(+1.4)+(-3.6)+(+5.4)+(-2.7)$

$=(+1.4)+(+5.4)+(-3.6)+(-2.7)$

$=\{(+1.4)+(+5.4)\}+\{(-3.6)+(-2.7)\}$

$=(+6.8)+(-6.3)$

$=0.5$

(3) $\left(-\frac{1}{3}\right)-\left(+\frac{1}{2}\right)+\left(+\frac{2}{3}\right)-\left(+\frac{1}{6}\right)+\left(-\frac{17}{12}\right)$

$=\left(-\frac{4}{12}\right)+\left(-\frac{6}{12}\right)+\left(+\frac{8}{12}\right)+\left(-\frac{2}{12}\right)$

$+\left(-\frac{17}{12}\right)$

$=\left(\ \frac{4}{12}\right)+\left(-\frac{6}{12}\right)+\left(-\frac{2}{12}\right)+\left(-\frac{17}{12}\right)$

$+\left(+\frac{8}{12}\right)$

$=\left\{\left(-\frac{4}{12}\right)+\left(-\frac{6}{12}\right)+\left(-\frac{2}{12}\right)+\left(-\frac{17}{12}\right)\right\}$

$+\left(+\frac{8}{12}\right)$

$=\left(-\frac{29}{12}\right)+\left(+\frac{8}{12}\right)$

$=-\frac{21}{12}=-\frac{7}{4}$

(4) $\frac{1}{4}-\frac{2}{3}-\left(-\frac{3}{4}\right)+\left(-\frac{1}{3}\right)$

$=\left(+\frac{1}{4}\right)-\left(+\frac{2}{3}\right)-\left(-\frac{3}{4}\right)+\left(-\frac{1}{3}\right)$

$=\left(+\frac{1}{4}\right)+\left(-\frac{2}{3}\right)+\left(+\frac{3}{4}\right)+\left(-\frac{1}{3}\right)$

$=\left(+\frac{1}{4}\right)+\left(+\frac{3}{4}\right)+\left(-\frac{2}{3}\right)+\left(-\frac{1}{3}\right)$

$=\left\{\left(+\frac{1}{4}\right)+\left(+\frac{3}{4}\right)\right\}+\left\{\left(-\frac{2}{3}\right)+\left(-\frac{1}{3}\right)\right\}$

$=(+1)+(-1)=0$

(5) $(-3)-\left(-\frac{4}{5}\right)+6-\frac{1}{5}$

$=(-3)-\left(-\frac{4}{5}\right)+(+6)-\left(+\frac{1}{5}\right)$

$=(-3)+\left(+\frac{4}{5}\right)+(+6)+\left(-\frac{1}{5}\right)$

$=(-3)+(+6)+\left(+\frac{4}{5}\right)+\left(-\frac{1}{5}\right)$

$=\{(-3)+(+6)\}+\left\{\left(+\frac{4}{5}\right)+\left(-\frac{1}{5}\right)\right\}$

$=(+3)+\left(+\frac{3}{5}\right)$

$=\left(+\frac{15}{5}\right)+\left(+\frac{3}{5}\right)$

$=\frac{18}{5}$

(6) $\frac{7}{6}-\frac{7}{12}+\frac{1}{4}-\frac{1}{2}-\frac{5}{6}$

$=\left(+\frac{7}{6}\right)-\left(+\frac{7}{12}\right)+\left(+\frac{1}{4}\right)-\left(+\frac{1}{2}\right)-\left(+\frac{5}{6}\right)$

$=\left(+\frac{14}{12}\right)+\left(-\frac{7}{12}\right)+\left(+\frac{3}{12}\right)+\left(-\frac{6}{12}\right)$

$+\left(-\frac{10}{12}\right)$

$=\left(+\frac{14}{12}\right)+\left(+\frac{3}{12}\right)+\left(-\frac{7}{12}\right)+\left(-\frac{6}{12}\right)$

$+\left(-\frac{10}{12}\right)$

$=\left\{\left(+\frac{14}{12}\right)+\left(+\frac{3}{12}\right)\right\}+\left\{\left(-\frac{7}{12}\right)+\left(-\frac{6}{12}\right)\right.$

$\left.+\left(-\frac{10}{12}\right)\right\}$

$=\left(+\frac{17}{12}\right)+\left(-\frac{23}{12}\right)$

$=-\frac{6}{12}$

$=-\frac{1}{2}$

답 (1) $\mathbf{\frac{2}{3}}$ (2) $\mathbf{0.5}$ (3) $\mathbf{-\frac{7}{4}}$ (4) $\mathbf{0}$ (5) $\mathbf{\frac{18}{5}}$ (6) $\mathbf{-\frac{1}{2}}$

이런 문제가 시험에 나온다 (본문 96~97쪽)

01 $-\frac{7}{2}$ **02** (1) -2 (2) $\frac{9}{2}$

03 (1) $\frac{7}{8}$ (2) 0 (3) $-\frac{4}{5}$ **04** ⑤ **05** ②

06 -1 **07** ⑤ **08** (1) $-\frac{17}{12}$ (2) $\frac{9}{8}$

09 (1) 7 (2) $\frac{7}{3}$ **10** $\frac{22}{5}$ **11** 12

12 $-\frac{5}{2}$

이렇게 풀어요

01 절댓값이 가장 큰 수는 $-\frac{10}{3}$이므로 $A=-\frac{10}{3}$

절댓값이 가장 작은 수는 $+\frac{1}{6}$이므로 $B=+\frac{1}{6}$

$\therefore A-B=\left(-\frac{10}{3}\right)-\left(+\frac{1}{6}\right)=\left(-\frac{10}{3}\right)+\left(-\frac{1}{6}\right)$

$=\left(-\frac{20}{6}\right)+\left(-\frac{1}{6}\right)$

$=-\frac{21}{6}=-\frac{7}{2}$

답 $-\frac{7}{2}$

02 (1) $-7+1-3+9-2$

$=(-7)+(+1)-(+3)+(+9)-(+2)$

$=(-7)+(+1)+(-3)+(+9)+(-2)$

$=\{(-7)+(-3)+(-2)\}+\{(+1)+(+9)\}$

$=(-12)+(+10)=-2$

(2) $3-\frac{1}{3}-\frac{1}{6}+2$

$=(+3)-\left(+\frac{1}{3}\right)-\left(+\frac{1}{6}\right)+(+2)$

$=(+3)+\left(-\frac{2}{6}\right)+\left(-\frac{1}{6}\right)+(+2)$

$=\{(+3)+(+2)\}+\left\{\left(-\frac{2}{6}\right)+\left(-\frac{1}{6}\right)\right\}$

$=(+5)+\left(-\frac{1}{2}\right)=\left(+\frac{10}{2}\right)+\left(-\frac{1}{2}\right)$

$=\frac{9}{2}$

답 (1) -2 (2) $\frac{9}{2}$

03 (1) $\left(-\frac{3}{2}\right)+4-\frac{5}{2}-\left(-\frac{5}{4}\right)-\frac{3}{8}$

$=\left(-\frac{3}{2}\right)+(+4)-\left(+\frac{5}{2}\right)-\left(-\frac{5}{4}\right)-\left(+\frac{3}{8}\right)$

$=\left(-\frac{12}{8}\right)+\left(+\frac{32}{8}\right)+\left(-\frac{20}{8}\right)+\left(+\frac{10}{8}\right)+\left(-\frac{3}{8}\right)$

$=\left\{\left(-\frac{12}{8}\right)+\left(-\frac{20}{8}\right)+\left(-\frac{3}{8}\right)\right\}$

$+\left\{\left(+\frac{32}{8}\right)+\left(+\frac{10}{8}\right)\right\}$

$=\left(-\frac{35}{8}\right)+\left(+\frac{42}{8}\right)=\frac{7}{8}$

(2) $\left|-\frac{1}{4}+\frac{2}{3}\right|-\left|\frac{1}{3}-\frac{3}{4}\right|$

$=\left|\left(-\frac{1}{4}\right)+\left(+\frac{2}{3}\right)\right|-\left|\left(+\frac{1}{3}\right)-\left(+\frac{3}{4}\right)\right|$

$=\left|\left(-\frac{3}{12}\right)+\left(+\frac{8}{12}\right)\right|-\left|\left(+\frac{4}{12}\right)+\left(-\frac{9}{12}\right)\right|$

$=\left|+\frac{5}{12}\right|-\left|-\frac{5}{12}\right|$

$=\frac{5}{12}-\frac{5}{12}=0$

(3) $-\frac{3}{4}-\left\{-\frac{1}{5}-\left(-\frac{3}{4}+\frac{1}{2}\right)\right\}$

$=\left(-\frac{3}{4}\right)-\left[\left(-\frac{1}{5}\right)-\left\{\left(-\frac{3}{4}\right)+\left(+\frac{1}{2}\right)\right\}\right]$

$=\left(-\frac{3}{4}\right)-\left[\left(-\frac{1}{5}\right)-\left\{\left(-\frac{3}{4}\right)+\left(+\frac{2}{4}\right)\right\}\right]$

$=\left(-\frac{3}{4}\right)-\left\{\left(-\frac{1}{5}\right)-\left(-\frac{1}{4}\right)\right\}$

$=\left(-\frac{3}{4}\right)-\left\{\left(-\frac{4}{20}\right)+\left(+\frac{5}{20}\right)\right\}$

$=\left(-\frac{3}{4}\right)-\left(+\frac{1}{20}\right)=\left(-\frac{15}{20}\right)+\left(-\frac{1}{20}\right)$

$=-\frac{16}{20}=-\frac{4}{5}$

답 (1) $\frac{7}{8}$ (2) 0 (3) $-\frac{4}{5}$

04 ⑤ $\left(+\frac{5}{3}\right)-(-2)+\left(-\frac{3}{2}\right)-\left(+\frac{7}{6}\right)$

$=\left(+\frac{5}{3}\right)+(+2)+\left(-\frac{3}{2}\right)+\left(-\frac{7}{6}\right)$

$=\left\{\left(+\frac{5}{3}\right)+\left(+\frac{6}{3}\right)\right\}+\left\{\left(-\frac{9}{6}\right)+\left(-\frac{7}{6}\right)\right\}$

$=\left(+\frac{11}{3}\right)+\left(-\frac{16}{6}\right)=\left(+\frac{11}{3}\right)+\left(-\frac{8}{3}\right)$

$=1$

답 ⑤

05 ㄱ. $4+(-5)=(+4)+(-5)=-1$

ㄴ. $-6+7=(-6)+(+7)=1$

ㄷ. $8-9=(+8)-(+9)=(+8)+(-9)=-1$

ㄹ. $(-2)-(-4)=(-2)+(+4)=2$

따라서 서로 같은 것은 ㄱ, ㄷ이다.

답 ②

06 $A+\left(-\frac{1}{2}\right)=-\frac{3}{10}$에서

$A=\left(-\frac{3}{10}\right)-\left(-\frac{1}{2}\right)=\left(-\frac{3}{10}\right)+\left(+\frac{5}{10}\right)=\frac{2}{10}=\frac{1}{5}$

또, $(-2.5)-B=-1.3$에서

$B=(-2.5)-(-1.3)$

$=(-2.5)+(+1.3)=-1.2$

$\therefore A+B=\frac{1}{5}+(-1.2)$

$=\left(+\frac{2}{10}\right)+\left(-\frac{12}{10}\right)=-1$

답 **−1**

07 $\left(-\frac{1}{3}\right)+5-\left(-\frac{1}{2}\right)+\square=6$에서

$\left(-\frac{1}{3}\right)+(+5)+\left(+\frac{1}{2}\right)+\square=6$

$\left(-\frac{2}{6}\right)+\left(+\frac{30}{6}\right)+\left(+\frac{3}{6}\right)+\square=6$

$\left(-\frac{2}{6}\right)+\left\{\left(+\frac{30}{6}\right)+\left(+\frac{3}{6}\right)\right\}+\square=6$

$\left(-\frac{2}{6}\right)+\left(+\frac{33}{6}\right)+\square=6$, $\left(+\frac{31}{6}\right)+\square=6$

$\therefore \square=6-\left(+\frac{31}{6}\right)=(+6)+\left(-\frac{31}{6}\right)$

$=\left(+\frac{36}{6}\right)+\left(-\frac{31}{6}\right)=\frac{5}{6}$

답 ⑤

08 (1) $a=1+\left(-\frac{2}{3}\right)=(+1)+\left(-\frac{2}{3}\right)$

$=\left(+\frac{3}{3}\right)+\left(-\frac{2}{3}\right)=\frac{1}{3}$

$b=-2+\frac{1}{4}=(-2)+\left(+\frac{1}{4}\right)$

$=\left(-\frac{8}{4}\right)+\left(+\frac{1}{4}\right)=-\frac{7}{4}$

$\therefore a+b=\frac{1}{3}+\left(-\frac{7}{4}\right)$

$=\left(+\frac{4}{12}\right)+\left(-\frac{21}{12}\right)$

$=-\frac{17}{12}$

(2) $a=\frac{2}{3}-\frac{1}{6}=\left(+\frac{2}{3}\right)-\left(+\frac{1}{6}\right)=\left(+\frac{2}{3}\right)+\left(-\frac{1}{6}\right)$

$=\left(+\frac{4}{6}\right)+\left(-\frac{1}{6}\right)=\frac{3}{6}=\frac{1}{2}$

$b=-\frac{3}{8}+\left(-\frac{1}{4}\right)=\left(-\frac{3}{8}\right)+\left(-\frac{2}{8}\right)=-\frac{5}{8}$

$\therefore a-b=\frac{1}{2}-\left(-\frac{5}{8}\right)=\left(+\frac{1}{2}\right)+\left(+\frac{5}{8}\right)$

$=\left(+\frac{4}{8}\right)+\left(+\frac{5}{8}\right)=\frac{9}{8}$

답 (1) $\mathbf{-\frac{17}{12}}$ (2) $\mathbf{\frac{9}{8}}$

09 (1) $a=|-5|=5$

절댓값이 2인 음수는 -2이므로 $b=-2$

$\therefore a-b=5-(-2)=(+5)+(+2)$

$=7$

(2) a의 절댓값은 2이므로 $a=+2$ 또는 $a=-2$

b의 절댓값은 $\frac{1}{3}$이므로 $b=+\frac{1}{3}$ 또는 $b=-\frac{1}{3}$

(i) $a=+2$, $b=+\frac{1}{3}$일 때

$a-b=(+2)-\left(+\frac{1}{3}\right)=(+2)+\left(-\frac{1}{3}\right)$

$=\left(+\frac{6}{3}\right)+\left(-\frac{1}{3}\right)=\frac{5}{3}$

(ii) $a=+2$, $b=-\frac{1}{3}$일 때

$a-b=(+2)-\left(-\frac{1}{3}\right)=(+2)+\left(+\frac{1}{3}\right)$

$=\left(+\frac{6}{3}\right)+\left(+\frac{1}{3}\right)=\frac{7}{3}$

(iii) $a=-2$, $b=+\frac{1}{3}$일 때

$a-b=(-2)-\left(+\frac{1}{3}\right)=(-2)+\left(-\frac{1}{3}\right)$

$=\left(-\frac{6}{3}\right)+\left(-\frac{1}{3}\right)=-\frac{7}{3}$

(iv) $a=-2$, $b=-\frac{1}{3}$일 때

$a-b=(-2)-\left(-\frac{1}{3}\right)=(-2)+\left(+\frac{1}{3}\right)$

$=\left(-\frac{6}{3}\right)+\left(+\frac{1}{3}\right)=-\frac{5}{3}$

(i)~(iv)에서 $a-b$의 값 중 가장 큰 값은 $\frac{7}{3}$이다.

답 (1) **7** (2) $\mathbf{\frac{7}{3}}$

참고 (2) $a-b$의 값은 a의 값이 클수록, b의 값이 작을수록 그 값이 커진다.

10 어떤 수를 □라 하면

$\square+\left(-\frac{3}{2}\right)=\frac{7}{5}$

$\therefore \square=\frac{7}{5}-\left(-\frac{3}{2}\right)=\left(+\frac{7}{5}\right)+\left(+\frac{3}{2}\right)$

$=\left(+\frac{14}{10}\right)+\left(+\frac{15}{10}\right)=\frac{29}{10}$

따라서 바르게 계산하면

$\frac{29}{10}-\left(-\frac{3}{2}\right)=\left(+\frac{29}{10}\right)+\left(+\frac{3}{2}\right)$

$=\left(+\frac{29}{10}\right)+\left(+\frac{15}{10}\right)$

$=\frac{44}{10}=\frac{22}{5}$

답 $\frac{22}{5}$

11 밑변에 있는 네 수의 합이

$0+(-1)+(-2)+10=0+(-1)+(-2)+(+10)$
$=7$

이므로 한 변에 놓인 네 수의 합이 7이어야 한다.

$A+(-4)+5+0=7$에서

$A+(-4)+(+5)+0=7,\ A+(+1)=7$

$\therefore A=7-(+1)=(+7)+(-1)=6$

$A+(-3)+B+10=7$에서

$(+6)+(-3)+B+(+10)=7$

$\{(+6)+(+10)\}+(-3)+B=7$

$(+16)+(-3)+B=7,\ (+13)+B=7$

$\therefore B=7-(+13)=(+7)+(-13)=-6$

$\therefore A-B=6-(-6)=(+6)+(+6)=12$

답 12

12 마주 보는 두 면에 적힌 두 수의 합이 $-\frac{2}{3}$이므로

$\left(-\frac{1}{2}\right)+a=-\frac{2}{3}$에서

$a=\left(-\frac{2}{3}\right)-\left(-\frac{1}{2}\right)=\left(-\frac{2}{3}\right)+\left(+\frac{1}{2}\right)$

$=\left(-\frac{4}{6}\right)+\left(+\frac{3}{6}\right)=-\frac{1}{6}$

$b+(-4)=-\frac{2}{3}$에서

$b=\left(-\frac{2}{3}\right)-(-4)=\left(-\frac{2}{3}\right)+(+4)$

$=\left(-\frac{2}{3}\right)+\left(+\frac{12}{3}\right)=\frac{10}{3}$

$\frac{1}{3}+c=-\frac{2}{3}$에서

$c=\left(-\frac{2}{3}\right)-\left(+\frac{1}{3}\right)=\left(-\frac{2}{3}\right)+\left(-\frac{1}{3}\right)=-1$

$\therefore a-b-c=-\frac{1}{6}-\frac{10}{3}-(-1)$

$=-\frac{1}{6}-\frac{20}{6}+\frac{6}{6}=-\frac{15}{6}=-\frac{5}{2}$

답 $-\frac{5}{2}$

03 정수와 유리수의 곱셈

본문 100쪽

개념원리 확인하기

01 (1) $+21$ (2) $+24$ (3) -30 (4) -60

02 (1) $+\frac{1}{2}$ (2) $+\frac{1}{3}$ (3) $-\frac{25}{2}$ (4) $-\frac{1}{6}$

03 ㉠ 곱셈의 교환법칙 ㉡ 곱셈의 결합법칙

04 (1) $+3$ (2) -10 (3) $+4$ (4) -240

05 (1) $+1$ (2) -1 (3) $+1$ (4) $+16$ (5) -64 (6) -16 (7) $+\frac{1}{4}$ (8) $-\frac{1}{8}$ (9) $+\frac{4}{9}$

이렇게 풀어요

01 (1) $(+7)\times(+3)=+(7\times3)=+21$

(2) $(-12)\times(-2)=+(12\times2)=+24$

(3) $(+5)\times(-6)=-(5\times6)=-30$

(4) $(-15)\times(+4)=-(15\times4)=-60$

답 (1) **+21** (2) **+24** (3) **−30** (4) **−60**

02 (1) $\left(+\frac{3}{5}\right)\times\left(+\frac{5}{6}\right)=+\left(\frac{3}{5}\times\frac{5}{6}\right)=+\frac{1}{2}$

(2) $\left(-\frac{3}{5}\right)\times\left(-\frac{5}{9}\right)=+\left(\frac{3}{5}\times\frac{5}{9}\right)=+\frac{1}{3}$

(3) $(+15)\times\left(-\frac{5}{6}\right)=-\left(15\times\frac{5}{6}\right)=-\frac{25}{2}$

(4) $(-2.5)\times\left(+\frac{1}{15}\right)=-\left(\frac{25}{10}\times\frac{1}{15}\right)=-\frac{1}{6}$

답 (1) $+\frac{1}{2}$ (2) $+\frac{1}{3}$ (3) $-\frac{25}{2}$ (4) $-\frac{1}{6}$

03 답 ㉠ 곱셈의 교환법칙 ㉡ 곱셈의 결합법칙

04 (1) $\frac{1}{5}\times\left(-\frac{3}{4}\right)\times(-20)=+\left(\frac{1}{5}\times\frac{3}{4}\times20\right)=+3$

(2) $(-4)\times(-6)\times\left(-\frac{5}{12}\right)=-\left(4\times6\times\frac{5}{12}\right)=-10$

(3) $\left(-\frac{2}{3}\right)\times(+14)\times\left(-\frac{3}{7}\right)=+\left(\frac{2}{3}\times14\times\frac{3}{7}\right)$

$=+4$

(4) $(-6)\times4\times(-5)\times(-2)=-(6\times4\times5\times2)$

$=-240$

답 (1) **+3** (2) **−10** (3) **+4** (4) **−240**

05 (4) $(-4)^2=(-4)\times(-4)$

$=+(4\times4)=+16$

(5) $(-4)^3=(-4)\times(-4)\times(-4)$

$=-(4\times4\times4)=-64$

(6) $-4^2=-(4\times4)=-16$

(7) $\left(-\frac{1}{2}\right)^2=\left(-\frac{1}{2}\right)\times\left(-\frac{1}{2}\right)$

$=+\left(\frac{1}{2}\times\frac{1}{2}\right)=+\frac{1}{4}$

(8) $\left(-\frac{1}{2}\right)^3=\left(-\frac{1}{2}\right)\times\left(-\frac{1}{2}\right)\times\left(-\frac{1}{2}\right)$

$=-\left(\frac{1}{2}\times\frac{1}{2}\times\frac{1}{2}\right)=-\frac{1}{8}$

(9) $\left(-\frac{2}{3}\right)^2=\left(-\frac{2}{3}\right)\times\left(-\frac{2}{3}\right)$

$=+\left(\frac{2}{3}\times\frac{2}{3}\right)=+\frac{4}{9}$

답 (1) **+1** (2) **−1** (3) **+1** (4) **+16** (5) **−64**

(6) **−16** (7) $+\frac{1}{4}$ (8) $-\frac{1}{8}$ (9) $+\frac{4}{9}$

핵심문제 익히기 (확인문제) 본문 101~104쪽

1 ④ **2** $-\frac{7}{6}$

3 ㉠ 곱셈의 교환법칙 ㉡ 곱셈의 결합법칙 ① +3 ② 15

4 (1) 210 (2) −75 (3) −4 **5** ⑤

6 (1) 1 (2) −1

7 (1) −6 (2) −3 (3) −234

8 (1) 10 (2) −7

이렇게 풀어요

1 ① $(+30)\times\left(-\frac{5}{6}\right)=-\left(30\times\frac{5}{6}\right)=-25$

② $\left(-\frac{2}{9}\right)\times\left(-\frac{5}{4}\right)=+\left(\frac{2}{9}\times\frac{5}{4}\right)=\frac{5}{18}$

③ $\left(-\frac{3}{2}\right)\times\frac{4}{9}=-\left(\frac{3}{2}\times\frac{4}{9}\right)=-\frac{2}{3}$

④ $\left(+\frac{1}{6}\right)\times(-10)=-\left(\frac{1}{6}\times10\right)=-\frac{5}{3}$

⑤ $\left(-\frac{3}{5}\right)\times\left(-\frac{10}{3}\right)=+\left(\frac{3}{5}\times\frac{10}{3}\right)=2$

답 ④

2 $A=\left(+\frac{7}{5}\right)\times\left(-\frac{10}{3}\right)=-\left(\frac{7}{5}\times\frac{10}{3}\right)=-\frac{14}{3}$

$B=\left(-\frac{5}{8}\right)\times\left(-\frac{2}{5}\right)=+\left(\frac{5}{8}\times\frac{2}{5}\right)=\frac{1}{4}$

$\therefore A\times B=\left(-\frac{14}{3}\right)\times\left(+\frac{1}{4}\right)$

$=-\left(\frac{14}{3}\times\frac{1}{4}\right)=-\frac{7}{6}$

답 $-\frac{7}{6}$

3 $(-6)\times\left(-\frac{1}{2}\right)=+\left(6\times\frac{1}{2}\right)=+3$

∴ ①=+3

$(+5)\times(+3)=+(5\times3)=15$

∴ ②=15

답 ㉠ 곱셈의 교환법칙 ㉡ 곱셈의 결합법칙

① **+3** ② **15**

4 (1) $(-3)\times(-5)\times(+2)\times(+7)$

$=+(3\times5\times2\times7)=210$

(2) $(-2.5)\times(-7.5)\times(-4)$

$=-\left(\frac{25}{10}\times\frac{75}{10}\times4\right)=-75$

(3) $16\times\left(-\frac{1}{3}\right)\times\left(-\frac{3}{8}\right)\times(-2)$

$=-\left(16\times\frac{1}{3}\times\frac{3}{8}\times2\right)=-4$

답 (1) **210** (2) **−75** (3) **−4**

5 ① $-\left(-\frac{1}{4}\right)^3=-\left(-\frac{1}{64}\right)=\frac{1}{64}$

② $(-3)^2-2^2-(-3)^3=9-4-(-27)$

$=9-4+27$

$=32$

③ $\left(-\frac{2}{3}\right)^2\times\left(-\frac{3}{2}\right)^3=\left(+\frac{4}{9}\right)\times\left(-\frac{27}{8}\right)$

$=-\left(\frac{4}{9}\times\frac{27}{8}\right)$

$=-\frac{3}{2}$

④ $\left(-\frac{3}{2}\right)^3\times(-4)^2=\left(-\frac{27}{8}\right)\times(+16)$

$=-\left(\frac{27}{8}\times16\right)$

$=-54$

⑤ $(-2)^3\times\left(-\frac{3}{2}\right)^4\times\left(-\frac{2}{3}\right)^2$

$=(-8)\times\left(+\frac{81}{16}\right)\times\left(+\frac{4}{9}\right)$

$=-\left(8\times\frac{81}{16}\times\frac{4}{9}\right)$

$=-18$

답 ⑤

6 (1) $-1^{60}+(-1)^{102}-(-1)^{111}$

$=-1+1-(-1)$

$=-1+1+1=1$

(2) $(-1)+(-1)^2+(-1)^3+\cdots+(-1)^{49}$

$=\{(-1)+(-1)^2\}+\{(-1)^3+(-1)^4\}$

$+\cdots+\{(-1)^{47}+(-1)^{48}\}+(-1)^{49}$

$=\{(-1)+1\}+\{(-1)+1\}$

$+\cdots+\{(-1)+1\}+(-1)$

$=\underbrace{0+0+\cdots+0}_{24\text{개}}+(-1)$

$=-1$

답 (1) **1** (2) **−1**

7 (1) $72\times\left\{\left(-\frac{1}{3}\right)+\frac{1}{4}\right\}=72\times\left(-\frac{1}{3}\right)+72\times\frac{1}{4}$

$=-24+18=-6$

(2) $(-12)\times\frac{3}{5}+7\times\frac{3}{5}=(-12+7)\times\frac{3}{5}$

$=(-5)\times\frac{3}{5}=-3$

(3) $23.4\times(-4.2)+23.4\times(-5.8)$

$=23.4\times(-4.2-5.8)=23.4\times(-10)$

$=-234$

답 (1) **−6** (2) **−3** (3) **−234**

8 (1) $a\times(b-c)=a\times b-a\times c$

$=3-(-7)=10$

(2) $a\times(b+c)=-2$이므로 $a\times b+a\times c=-2$

이때 $a\times b=5$이므로 $5+a\times c=-2$

$\therefore a\times c=-2-5=-7$

답 (1) **10** (2) **−7**

04 정수와 유리수의 나눗셈

본문 107쪽

개념원리 확인하기

01 (1) $+7$ (2) $+9$ (3) -8 (4) -7

02 (1) $\frac{6}{5}$ (2) $-\frac{12}{7}$ (3) 1 (4) $-\frac{1}{5}$ (5) $\frac{4}{5}$ (6) $-\frac{10}{7}$

03 (1) $+\frac{6}{5}$ (2) $+\frac{3}{5}$ (3) $-\frac{7}{3}$ (4) -3

04 (1) $-\frac{9}{25}$ (2) $\frac{1}{6}$ (3) $\frac{40}{9}$ (4) 20

05 풀이 참조

이렇게 풀어요

01 (1) $(+28)\div(+4)=+(28\div4)=+7$

(2) $(-36)\div(-4)=+(36\div4)=+9$

(3) $(+56)\div(-7)=-(56\div7)=-8$

(4) $(-42)\div(+6)=-(42\div6)=-7$

답 (1) **+7** (2) **+9** (3) **−8** (4) **−7**

02 (5) $1\frac{1}{4}=\frac{5}{4}$의 역수는 $\frac{4}{5}$이다.

(6) $-0.7=-\frac{7}{10}$의 역수는 $-\frac{10}{7}$이다.

답 (1) $\mathbf{\frac{6}{5}}$ (2) $\mathbf{-\frac{12}{7}}$ (3) **1** (4) $\mathbf{-\frac{1}{5}}$ (5) $\mathbf{\frac{4}{5}}$ (6) $\mathbf{-\frac{10}{7}}$

03 (1) $\left(-\frac{4}{5}\right)\div\left(-\frac{2}{3}\right)=\left(-\frac{4}{5}\right)\times\left(-\frac{3}{2}\right)$

$=+\left(\frac{4}{5}\times\frac{3}{2}\right)=+\frac{6}{5}$

(2) $\left(+\frac{3}{2}\right)\div\left(+\frac{5}{2}\right)=\left(+\frac{3}{2}\right)\times\left(+\frac{2}{5}\right)$

$=+\left(\frac{3}{2}\times\frac{2}{5}\right)=+\frac{3}{5}$

(3) $(+3)\div\left(-\frac{9}{7}\right)=(+3)\times\left(-\frac{7}{9}\right)$

$=-\left(3\times\frac{7}{9}\right)=-\frac{7}{3}$

(4) $(+0.6)\div\left(-\frac{1}{5}\right)=\left(+\frac{3}{5}\right)\times(-5)$

$=-\left(\frac{3}{5}\times5\right)=-3$

답 (1) $\mathbf{+\frac{6}{5}}$ (2) $\mathbf{+\frac{3}{5}}$ (3) $\mathbf{-\frac{7}{3}}$ (4) **−3**

04 (1) $\left(-\frac{3}{5}\right)\div\left(-\frac{5}{9}\right)\times\left(-\frac{1}{3}\right)$

$=\left(-\frac{3}{5}\right)\times\left(-\frac{9}{5}\right)\times\left(-\frac{1}{3}\right)$

$=-\left(\frac{3}{5}\times\frac{9}{5}\times\frac{1}{3}\right)=-\frac{9}{25}$

(2) $\left(-\frac{3}{7}\right)\div(+9)\times\left(-\frac{7}{2}\right)$

$=\left(-\frac{3}{7}\right)\times\left(+\frac{1}{9}\right)\times\left(-\frac{7}{2}\right)$

$=+\left(\frac{3}{7}\times\frac{1}{9}\times\frac{7}{2}\right)=\frac{1}{6}$

(3) $2^2\times\left(-\frac{4}{3}\right)\div\left(-\frac{6}{5}\right)=4\times\left(-\frac{4}{3}\right)\times\left(-\frac{5}{6}\right)$

$=+\left(4\times\frac{4}{3}\times\frac{5}{6}\right)=\frac{40}{9}$

(4) $(-2)^3\times\frac{5}{4}\div\left(-\frac{1}{2}\right)=(-8)\times\frac{5}{4}\times(-2)$

$=+\left(8\times\frac{5}{4}\times2\right)=20$

답 (1) $\mathbf{-\frac{9}{25}}$ (2) $\mathbf{\frac{1}{6}}$ (3) $\mathbf{\frac{40}{9}}$ (4) **20**

05 (1) $\underbrace{(-2)^3}_{①}\times\left(-\frac{1}{8}\right)+\frac{5}{4}$

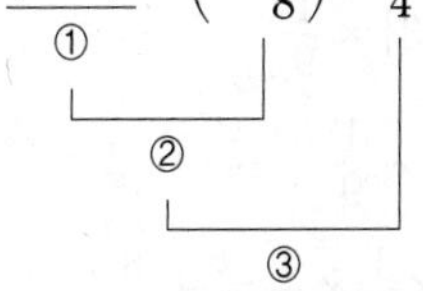

① → ② → ③

$=(-8)\times\left(-\frac{1}{8}\right)+\frac{5}{4}$

$=1+\frac{5}{4}$

$=\frac{9}{4}$

(2) $2-\left(-\frac{1}{5}\right)\times\left\{1+\underbrace{\left(\frac{1}{3}-\frac{1}{2}\right)}_{①}\right\}$

① → ② → ③ → ④

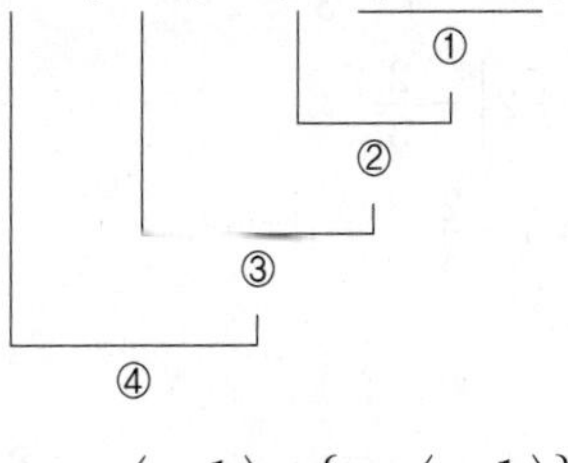

$=2-\left(-\frac{1}{5}\right)\times\left\{1+\left(-\frac{1}{6}\right)\right\}$

$=2-\left(-\frac{1}{5}\right)\times\frac{5}{6}$

$=2+\frac{1}{6}$

$=\frac{13}{6}$

(3) $5-2\times\left\{\underbrace{(-2)^4}_{①}+4\div\underbrace{\left(-\frac{2}{5}\right)}_{②}\right\}$

① → ② → ③ → ④ → ⑤

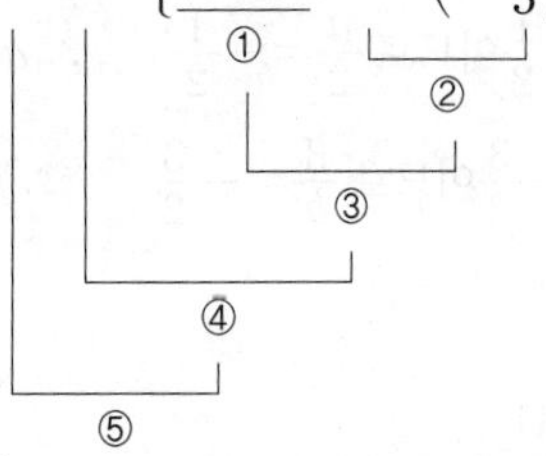

$=5-2\times\left\{16+4\div\left(-\frac{2}{5}\right)\right\}$

$=5-2\times\left\{16+4\times\left(-\frac{5}{2}\right)\right\}$

$=5-2\times\{16+(-10)\}$

$=5-2\times6$

$=5-12$

$=-7$

답 **풀이 참조**

핵심문제 익히기 (확인문제)

본문 108~111쪽

1 (1) $-\frac{6}{5}$ (2) -3

2 ④

3 (1) 5 (2) $-\frac{49}{16}$ (3) $-\frac{1}{30}$

4 (1) 16 (2) 1 (3) $-\frac{8}{81}$ (4) $\frac{7}{3}$

5 (1) -25 (2) $-\frac{2}{3}$

6 $-\frac{9}{5}$

7 (1) ② (2) $a>0$, $b>0$, $c<0$

8 ②

이렇게 풀어요

1 (1) $1\frac{2}{3}=\frac{5}{3}$의 역수는 $\frac{3}{5}$이므로 $a=\frac{3}{5}$

$-0.5=-\frac{1}{2}$의 역수는 -2이므로 $b=-2$

$\therefore a\times b=\frac{3}{5}\times(-2)=-\left(\frac{3}{5}\times2\right)=-\frac{6}{5}$

(2) $\frac{a}{2}$의 역수는 $\frac{2}{a}$이므로 $\frac{2}{a}=-2$

$\therefore a=-1$

$\frac{3}{b}$의 역수는 $\frac{b}{3}$이므로 $\frac{b}{3}=-\frac{2}{3}$ $\quad\therefore b=-2$

$\therefore a+b=(-1)+(-2)=-3$

답 (1) $\mathbf{-\frac{6}{5}}$ (2) $\mathbf{-3}$

다른풀이

(2) -2의 역수는 $-\frac{1}{2}$이므로 $\frac{a}{2}=-\frac{1}{2}$ $\quad\therefore a=-1$

$-\frac{2}{3}$의 역수는 $-\frac{3}{2}$이므로 $\frac{3}{b}=-\frac{3}{2}$ $\quad\therefore b=-2$

$\therefore a+b=(-1)+(-2)=-3$

2 ① $(+3)\div\left(-\frac{9}{5}\right)=(+3)\times\left(-\frac{5}{9}\right)$

$=-\left(3\times\frac{5}{9}\right)=-\frac{5}{3}$

② $\left(+\frac{2}{5}\right)\div\left(-\frac{4}{15}\right)=\left(+\frac{2}{5}\right)\times\left(-\frac{15}{4}\right)$

$=-\left(\frac{2}{5}\times\frac{15}{4}\right)=-\frac{3}{2}$

③ $\left(-\frac{1}{8}\right)\div\left(-\frac{1}{2}\right)=\left(-\frac{1}{8}\right)\times(-2)$

$=+\left(\frac{1}{8}\times2\right)=\frac{1}{4}$

④ $\left(-\frac{4}{5}\right)\div(-2)\div\left(-\frac{2}{9}\right)$

$=\left(-\frac{4}{5}\right)\times\left(-\frac{1}{2}\right)\times\left(-\frac{9}{2}\right)$

$=-\left(\frac{4}{5}\times\frac{1}{2}\times\frac{9}{2}\right)=-\frac{9}{5}$

⑤ $\left(+\frac{3}{2}\right)\div\left(-\frac{1}{6}\right)\div(-9)$

$=\left(+\frac{3}{2}\right)\times(-6)\times\left(-\frac{1}{9}\right)$

$=+\left(\frac{3}{2}\times6\times\frac{1}{9}\right)=1$

따라서 계산 결과가 옳지 않은 것은 ④이다.

답 ④

3 (1) $\left(-\frac{10}{3}\right)\div1.2\times\left(-\frac{9}{5}\right)=\left(-\frac{10}{3}\right)\div\frac{12}{10}\times\left(-\frac{9}{5}\right)$

$=\left(-\frac{10}{3}\right)\times\frac{10}{12}\times\left(-\frac{9}{5}\right)$

$=+\left(\frac{10}{3}\times\frac{10}{12}\times\frac{9}{5}\right)=5$

(2) $(-7)\times\left(-\frac{7}{12}\right)\div\left(-\frac{4}{3}\right)$

$=(-7)\times\left(-\frac{7}{12}\right)\times\left(-\frac{3}{4}\right)$

$=-\left(7\times\frac{7}{12}\times\frac{3}{4}\right)=-\frac{49}{16}$

(3) $\left(-\frac{1}{2}\right)^3\times\left(-\frac{3}{5}\right)\div\left(-\frac{3}{2}\right)^2\times(-1)$

$=\left(-\frac{1}{8}\right)\times\left(-\frac{3}{5}\right)\div\frac{9}{4}\times(-1)$

$=\left(-\frac{1}{8}\right)\times\left(-\frac{3}{5}\right)\times\frac{4}{9}\times(-1)$

$=-\left(\frac{1}{8}\times\frac{3}{5}\times\frac{4}{9}\times1\right)=-\frac{1}{30}$

답 (1) **5** (2) $\mathbf{-\frac{49}{16}}$ (3) $\mathbf{-\frac{1}{30}}$

4 (1) $20-(-2)^3\div4\times(-2)$

$=20-(-8)\div4\times(-2)$

$=20-(-8)\times\frac{1}{4}\times(-2)$

$=20-(+4)=20-4=16$

(2) $2\times(-1)^3-\frac{9}{2}\div\left\{5\times\left(-\frac{1}{2}\right)+1\right\}$

$=2\times(-1)-\frac{9}{2}\div\left\{5\times\left(-\frac{1}{2}\right)+1\right\}$

$=2\times(-1)-\frac{9}{2}\div\left(-\frac{5}{2}+1\right)$

$=2\times(-1)-\frac{9}{2}\div\left(-\frac{3}{2}\right)$

$=-2-\frac{9}{2}\times\left(-\frac{2}{3}\right)=-2+3=1$

(3) $-2^3\div\{(-3)+(-2)^2\times3\}\times\left(-\frac{1}{3}\right)^2$

$=-8\div\{(-3)+4\times3\}\times\frac{1}{9}$

$=-8\div\{(-3)+12\}\times\frac{1}{9}$

$=-8\div9\times\frac{1}{9}=-8\times\frac{1}{9}\times\frac{1}{9}=-\frac{8}{81}$

(4) $2\times\left\{\left(-\frac{1}{2}\right)^2\div\left(\frac{5}{6}-\frac{4}{3}\right)+2\right\}-\frac{2}{3}$

$=2\times\left\{\frac{1}{4}\div\left(\frac{5}{6}-\frac{4}{3}\right)+2\right\}-\frac{2}{3}$

$=2\times\left\{\frac{1}{4}\div\left(-\frac{1}{2}\right)+2\right\}-\frac{2}{3}$

$=2\times\left\{\frac{1}{4}\times(-2)+2\right\}-\frac{2}{3}$

$=2\times\left\{\left(-\frac{1}{2}\right)+2\right\}-\frac{2}{3}$

$=2\times\frac{3}{2}-\frac{2}{3}=3-\frac{2}{3}$

$=\frac{7}{3}$

답 (1) **16** (2) **1** (3) $\mathbf{-\frac{8}{81}}$ (4) $\mathbf{\frac{7}{3}}$

5 (1) $\left(-\frac{1}{5}\right)^2\times\square\div(-5)^2=-\frac{1}{25}$에서

$\frac{1}{25}\times\square\div25=-\frac{1}{25}$, $\frac{1}{25}\times\square\times\frac{1}{25}=-\frac{1}{25}$

$\therefore \square=\left(-\frac{1}{25}\right)\div\frac{1}{25}\div\frac{1}{25}$

$=\left(-\frac{1}{25}\right)\times 25\times 25$

$=-25$

(2) $\left(-\frac{7}{5}\right)\times\left(-\frac{2}{3}\right)\div\square=-\frac{7}{5}$에서

$\frac{14}{15}\div\square=-\frac{7}{5}$

$\therefore \square=\frac{14}{15}\div\left(-\frac{7}{5}\right)=\frac{14}{15}\times\left(-\frac{5}{7}\right)=-\frac{2}{3}$

답 (1) $\mathbf{-25}$ (2) $\mathbf{-\frac{2}{3}}$

6 어떤 수를 □라 하면

$\square\div\frac{3}{2}=-\frac{4}{5}$ $\quad\therefore \square=\left(-\frac{4}{5}\right)\times\frac{3}{2}=-\frac{6}{5}$

따라서 바르게 계산하면

$\left(-\frac{6}{5}\right)\times\frac{3}{2}=-\frac{9}{5}$

답 $\mathbf{-\frac{9}{5}}$

7 (1) $a\times b<0$이므로 a, b의 부호는 다르다.

그런데 $a<b$이므로 $a<0$, $b>0$

① $a-b<0$ ② $b-a>0$

③ $a\div b<0$ ④ $b\div a<0$

⑤ $-a+b>0$

따라서 옳은 것은 ②이다.

(2) $b\div c<0$에서 b, c의 부호는 다르다.

그런데 $b>c$이므로 $b>0$, $c<0$

이때 $a\times b>0$에서 a, b의 부호는 같으므로 $a>0$

답 (1) ② (2) $\mathbf{a>0, b>0, c<0}$

8 $0<a<1$이므로 $a=\frac{1}{2}$이라 하면

① $\frac{1}{a}=1\div a=1\div\frac{1}{2}=1\times 2=2$

② $-\frac{1}{a}=-(1\div a)=-\left(1\div\frac{1}{2}\right)=-(1\times 2)=-2$

③ $(-a)^2=\left(-\frac{1}{2}\right)^2=\frac{1}{4}$

④ $-a^2=-\left(\frac{1}{2}\right)^2=-\frac{1}{4}$

⑤ $\left(\frac{1}{a}\right)^2=2^2=4$

답 ②

계산력 강화하기

본문 112쪽

01 (1) 21 (2) -9 (3) 30 (4) -2 (5) -10 (6) 10

02 (1) $-\frac{1}{2}$ (2) 14 (3) -25 (4) $-\frac{1}{6}$ (5) $-\frac{5}{3}$ (6) $-\frac{1}{14}$

03 (1) 8 (2) -72 (3) -2 (4) $\frac{1}{49}$ (5) -10 (6) $\frac{1}{27}$

04 (1) 15 (2) 4 (3) -7 (4) 5 (5) 3 (6) 3 (7) -2

이렇게 풀어요

01 (1) $(-7)\times(-3)=+(7\times 3)=21$

(2) $(-81)\div(+9)=-(81\div 9)=-9$

(3) $(-5)\times(+2)\times(-3)=+(5\times 2\times 3)=30$

(4) $(+64)\div(-4)\div(+8)$

$=(+64)\times\left(-\frac{1}{4}\right)\times\left(+\frac{1}{8}\right)$

$=-\left(64\times\frac{1}{4}\times\frac{1}{8}\right)=-2$

(5) $(-40)\div(-8)\times(-2)$

$=(-40)\times\left(-\frac{1}{8}\right)\times(-2)$

$=-\left(40\times\frac{1}{8}\times 2\right)=-10$

(6) $(+6)\times(-5)\div(-3)$

$=(+6)\times(-5)\times\left(-\frac{1}{3}\right)$

$=+\left(6\times 5\times\frac{1}{3}\right)=10$

답 (1) **21** (2) **-9** (3) **30** (4) **-2** (5) **-10** (6) **10**

02 (1) $\left(+\frac{5}{6}\right)\times\left(+\frac{9}{10}\right)\times\left(-\frac{2}{3}\right)=-\left(\frac{5}{6}\times\frac{9}{10}\times\frac{2}{3}\right)$

$=-\frac{1}{2}$

(2) $\frac{9}{2}\times\left(-\frac{7}{6}\right)\div\left(-\frac{3}{8}\right)=\frac{9}{2}\times\left(-\frac{7}{6}\right)\times\left(-\frac{8}{3}\right)$

$=+\left(\frac{9}{2}\times\frac{7}{6}\times\frac{8}{3}\right)=14$

(3) $6\div\frac{3}{10}\div\left(-\frac{4}{5}\right)=6\times\frac{10}{3}\times\left(-\frac{5}{4}\right)$

$=-\left(6\times\frac{10}{3}\times\frac{5}{4}\right)=-25$

(4) $(-0.4)\times\left(-\frac{5}{8}\right)\times\left(-\frac{2}{3}\right)=-\left(\frac{2}{5}\times\frac{5}{8}\times\frac{2}{3}\right)$

$=-\frac{1}{6}$

(5) $\frac{2}{5} \div \frac{2}{15} \times \left(-\frac{5}{9}\right) = \frac{2}{5} \times \frac{15}{2} \times \left(-\frac{5}{9}\right)$

$= -\left(\frac{2}{5} \times \frac{15}{2} \times \frac{5}{9}\right) = -\frac{5}{3}$

(6) $\frac{1}{3} \div \frac{5}{2} \times \left(-\frac{5}{4}\right) \div \frac{7}{3} = \frac{1}{3} \times \frac{2}{5} \times \left(-\frac{5}{4}\right) \times \frac{3}{7}$

$= -\left(\frac{1}{3} \times \frac{2}{5} \times \frac{5}{4} \times \frac{3}{7}\right)$

$= -\frac{1}{14}$

답 (1) $-\frac{1}{2}$ (2) **14** (3) -25

(4) $-\frac{1}{6}$ (5) $-\frac{5}{3}$ (6) $-\frac{1}{14}$

03 (1) $(-1)^{99} + (-1)^{100} - (-2)^3$

$= (-1) + 1 - (-8)$

$= (-1) + 1 + 8 = 8$

(2) $(-3)^2 \times (-2)^3 \times (-1)^6$

$= 9 \times (-8) \times 1$

$= -(9 \times 8 \times 1) = -72$

(3) $(-5)^2 \div 10 \div \left(-\frac{5}{2}\right) \div \frac{1}{2}$

$= 25 \div 10 \div \left(-\frac{5}{2}\right) \div \frac{1}{2}$

$= 25 \times \frac{1}{10} \times \left(-\frac{2}{5}\right) \times 2$

$= -\left(25 \times \frac{1}{10} \times \frac{2}{5} \times 2\right) = -2$

(4) $\left(-\frac{2}{3}\right) \times \left(-\frac{1}{6}\right) \div \left(-\frac{7}{3}\right)^2$

$= \left(-\frac{2}{3}\right) \times \left(-\frac{1}{6}\right) \div \frac{49}{9}$

$= \left(-\frac{2}{3}\right) \times \left(-\frac{1}{6}\right) \times \frac{9}{49}$

$= +\left(\frac{2}{3} \times \frac{1}{6} \times \frac{9}{49}\right) = \frac{1}{49}$

(5) $(-2^4) \div (-3)^3 \times (-15) \div \left(+\frac{8}{9}\right)$

$= (-16) \div (-27) \times (-15) \div \left(+\frac{8}{9}\right)$

$= (-16) \times \left(-\frac{1}{27}\right) \times (-15) \times \left(+\frac{9}{8}\right)$

$= -\left(16 \times \frac{1}{27} \times 15 \times \frac{9}{8}\right) = -10$

(6) $\left(-\frac{1}{2}\right)^3 \times (-8) \div (-3)^2 \times \frac{1}{3}$

$= \left(-\frac{1}{8}\right) \times (-8) \div 9 \times \frac{1}{3}$

$= \left(-\frac{1}{8}\right) \times (-8) \times \frac{1}{9} \times \frac{1}{3}$

$= +\left(\frac{1}{8} \times 8 \times \frac{1}{9} \times \frac{1}{3}\right)$

$= \frac{1}{27}$

답 (1) **8** (2) -72 (3) -2

(4) $\frac{1}{49}$ (5) -10 (6) $\frac{1}{27}$

04 (1) $(-2)^2 \times 3 - 6 \div (-2) = 4 \times 3 - 6 \times \left(-\frac{1}{2}\right)$

$= 12 + 3 = 15$

(2) $\{(-3) \times 7 - (-5)\} \div (-4)$

$= \{(-21) + 5\} \div (-4) = (-16) \times \left(-\frac{1}{4}\right)$

$= 4$

(3) $\left(-\frac{1}{2}\right) \div \left(-\frac{1}{4}\right)^2 - (-3) \times \frac{2}{3} + (-1)$

$= \left(-\frac{1}{2}\right) \div \frac{1}{16} - (-3) \times \frac{2}{3} + (-1)$

$= \left(-\frac{1}{2}\right) \times 16 + 2 + (-1)$

$= (-8) + 2 - 1$

$= -7$

(4) $\frac{3}{4} \div \left(-\frac{1}{2}\right)^2 - 2^2 \times \frac{7}{4} + (-3)^2$

$= \frac{3}{4} \div \frac{1}{4} - 4 \times \frac{7}{4} + 9$

$= \frac{3}{4} \times 4 - 7 + 9$

$= 3 - 7 + 9 = 5$

(5) $(-2)^3 \div \left(-\frac{2}{3}\right)^3 \times \left(\frac{1}{2}\right)^3 + \left(-\frac{3}{8}\right)$

$= (-8) \div \left(-\frac{8}{27}\right) \times \frac{1}{8} + \left(-\frac{3}{8}\right)$

$= (-8) \times \left(-\frac{27}{8}\right) \times \frac{1}{8} + \left(-\frac{3}{8}\right)$

$= \frac{27}{8} - \frac{3}{8} = \frac{24}{8} = 3$

(6) $5 - \left\{\left(-\frac{1}{2}\right)^3 \div \left(-\frac{1}{4}\right) + 1\right\} \times \frac{4}{3}$

$= 5 - \left\{\left(-\frac{1}{8}\right) \div \left(-\frac{1}{4}\right) + 1\right\} \times \frac{4}{3}$

$= 5 - \left\{\left(-\frac{1}{8}\right) \times (-4) + 1\right\} \times \frac{4}{3}$

$= 5 - \left(\frac{1}{2} + 1\right) \times \frac{4}{3}$

$= 5 - \frac{3}{2} \times \frac{4}{3} = 5 - 2 = 3$

(7) $-4 - \left\{(-2)^3 \times \frac{3}{4} - 10 \div \frac{5}{3}\right\} \times \frac{1}{6}$

$=-4-\left\{(-8)\times\frac{3}{4}-10\div\frac{5}{3}\right\}\times\frac{1}{6}$

$=-4-\left\{(-8)\times\frac{3}{4}-10\times\frac{3}{5}\right\}\times\frac{1}{6}$

$=-4-(-6-6)\times\frac{1}{6}$

$=-4-(-12)\times\frac{1}{6}=-4+2=-2$

답 (1) **15** (2) **4** (3) **−7** (4) **5** (5) **3** (6) **3** (7) **−2**

이런 문제가 시험에 나온다 본문 113~114쪽

01 ③	02 ㉡, ㉢, ㉣, ㉤, ㉠		03 ④
04 ②	05 ③	06 $\frac{8}{9}$	07 −5
08 (1) 4 (2) $-\frac{11}{4}$ (3) 138			09 $-\frac{5}{8}$
10 20	11 ③	12 −18	

이렇게 풀어요

01 ① $\left(-\frac{1}{3}\right)^2=\frac{1}{9}$

② $\left(-\frac{1}{2}\right)^3=-\frac{1}{8}$

③ $-\left(-\frac{1}{2}\right)^3=-\left(-\frac{1}{8}\right)=\frac{1}{8}$

④ $-\left(-\frac{1}{3}\right)^2=-\frac{1}{9}$

⑤ $-\frac{1}{2^3}=-\frac{1}{8}$

따라서 가장 큰 수는 ③이다. 답 ③

02 답 ㉡, ㉢, ㉣, ㉤, ㉠

03 ④ $\left(-\frac{2}{3}\right)\times\frac{3}{7}+\left(-\frac{2}{3}\right)\times\frac{4}{7}$

$=\left(-\frac{2}{3}\right)\times\left(\frac{3}{7}+\frac{4}{7}\right)=\left(-\frac{2}{3}\right)\times1=-\frac{2}{3}$ 답 ④

04 ① $(-1)^{99}-(-1)^{100}=(-1)-1=-2$

② $\left(-\frac{7}{2}\right)\div\left(-\frac{2}{3}\right)\div\left(-\frac{9}{4}\right)$

$=\left(-\frac{7}{2}\right)\times\left(-\frac{3}{2}\right)\times\left(-\frac{4}{9}\right)$

$=-\left(\frac{7}{2}\times\frac{3}{2}\times\frac{4}{9}\right)=-\frac{7}{3}$

③ $(-2)^3\times\frac{1}{(-2)^2}=(-8)\times\frac{1}{4}=-2$

④ $0.4-3\times\frac{1}{6}\div\frac{2}{3}=\frac{2}{5}-3\times\frac{1}{6}\times\frac{3}{2}$

$=\frac{2}{5}-\frac{3}{4}=\frac{8}{20}-\frac{15}{20}=-\frac{7}{20}$

⑤ $\left(-\frac{1}{2}\right)^2\times(-3)^3\times(-2^2)$

$=\frac{1}{4}\times(-27)\times(-4)$

$=+\left(\frac{1}{4}\times27\times4\right)=27$ 답 ②

05 ㈎ $A\div\left(-\frac{2}{3}\right)=0$에서 $A=0\times\left(-\frac{2}{3}\right)=0$

㈏ $\left(-\frac{3}{2}\right)\div B=1$에서

$B=\left(-\frac{3}{2}\right)\div1=\left(-\frac{3}{2}\right)\times1=-\frac{3}{2}$

㈐ $C\times(-6)=3$에서

$C=3\div(-6)=3\times\left(-\frac{1}{6}\right)$

$=-\left(3\times\frac{1}{6}\right)=-\frac{1}{2}$

$\therefore A+B+C=0+\left(-\frac{3}{2}\right)+\left(-\frac{1}{2}\right)=-2$ 답 ③

06 $A=\frac{5}{3}-(-1)=\frac{5}{3}+1=\frac{8}{3}$

$B=\left(-\frac{2}{3}\right)+(-1)=\left(-\frac{2}{3}\right)+\left(-\frac{3}{3}\right)=-\frac{5}{3}$

$C=-3-2=-5$

$\therefore A\times B\div C=\frac{8}{3}\times\left(-\frac{5}{3}\right)\div(-5)$

$=\frac{8}{3}\times\left(-\frac{5}{3}\right)\times\left(-\frac{1}{5}\right)$

$=+\left(\frac{8}{3}\times\frac{5}{3}\times\frac{1}{5}\right)=\frac{8}{9}$ 답 $\frac{8}{9}$

07 $1\frac{a}{3}$의 역수가 $\frac{3}{5}$이므로 $1\frac{a}{3}=\frac{5}{3}=1\frac{2}{3}$

$\therefore a=2$

또, $-\frac{2}{5}$의 역수가 b이므로 $b=-\frac{5}{2}$

$\therefore a\times b=2\times\left(-\frac{5}{2}\right)=-5$ 답 **−5**

08 (1) $(-1)^{96}-(-1)^{99}+(-1)^{102}-(-1)^{101}$

$=1-(-1)+1-(-1)$

$=1+1+1+1=4$

(2) $2\times\left[\left\{\left(-\frac{1}{2}\right)^3\div\left(\frac{4}{5}-1\right)+1\right\}-3\right]$

$=2\times\left[\left\{\left(-\frac{1}{8}\right)\div\left(\frac{4}{5}-1\right)+1\right\}-3\right]$

$=2\times\left[\left\{\left(-\frac{1}{8}\right)\div\left(-\frac{1}{5}\right)+1\right\}-3\right]$

$=2\times\left[\left\{\left(-\frac{1}{8}\right)\times(-5)+1\right\}-3\right]$

$=2\times\left\{\left(\frac{5}{8}+1\right)-3\right\}=2\times\left(\frac{13}{8}-3\right)$

$=2\times\left(-\frac{11}{8}\right)$

$=-\frac{11}{4}$

(3) $-3^2\times\left[(-2)\div6+\frac{5}{2}\times\{-2-(-2)^2\}\right]$

$=(-9)\times\left\{(-2)\div6+\frac{5}{2}\times(-2-4)\right\}$

$=(-9)\times\left\{(-2)\times\frac{1}{6}+\frac{5}{2}\times(-6)\right\}$

$=(-9)\times\left\{\left(-\frac{1}{3}\right)+(-15)\right\}$

$=(-9)\times\left(-\frac{46}{3}\right)$

$=138$

답 (1) **4** (2) $-\frac{11}{4}$ (3) **138**

09 $\frac{3}{2}\times\left(\frac{1}{4}-\frac{1}{3}\right)\div\square=\frac{1}{5}$에서

$\frac{3}{2}\times\left(-\frac{1}{12}\right)\div\square=\frac{1}{5}$, $\left(-\frac{1}{8}\right)\div\square=\frac{1}{5}$

$\therefore \square=\left(-\frac{1}{8}\right)\div\frac{1}{5}=\left(-\frac{1}{8}\right)\times5=-\frac{5}{8}$

답 $-\frac{5}{8}$

10 $a\times(b-c)=-8$이므로 $a\times b-a\times c=-8$

이때 $a\times b=12$이므로 $12-a\times c=-8$

$\therefore a\times c=12-(-8)=20$

답 **20**

11 $b\div c<0$에서 b, c의 부호는 다르다.

그런데 $b<c$이므로 $b<0$, $c>0$

이때 $a\div b>0$에서 a, b의 부호는 같으므로

$a<0$

$\therefore a<0$, $b<0$, $c>0$

답 ③

12 서로 다른 세 수를 뽑아 곱한 값이 가장 큰 값이 되려면 곱한 값이 양수가 되어야 하므로 음수 2개, 양수 1개를 뽑아야 한다.

이때 양수는 $\frac{1}{3}$이고, 음수는 -2, $-\frac{3}{2}$, -3 중에서 절댓값이 큰 두 수가 -2, -3이므로 구하는 값은

$a=(-2)\times(-3)\times\frac{1}{3}=+\left(2\times3\times\frac{1}{3}\right)=2$

또, 서로 다른 세 수를 뽑아 곱한 값이 가장 작은 값이 되려면 곱한 값이 음수가 되어야 하므로 음수만 3개를 뽑아야 한다.

$\therefore b=(-2)\times\left(-\frac{3}{2}\right)\times(-3)$

$=-\left(2\times\frac{3}{2}\times3\right)=-9$

$\therefore a\times b=2\times(-9)=-18$

답 **−18**

참고 네 유리수 중에서 서로 다른 세 수를 뽑아서 곱할 때

(1) 곱이 가장 큰 수가 되려면

① 음수를 짝수 개 뽑는다. ⇨ 부호 +

② 절댓값이 큰 것을 뽑는다.

(2) 곱이 가장 작은 수가 되려면

① 음수를 홀수 개 뽑는다. ⇨ 부호 −

② 절댓값이 큰 것을 뽑는다.

1 step (기본문제) 본문 115~117쪽

01 ② **02** ⑤ **03** ② **04** ④

05 ③ **06** ③ **07** $\frac{7}{3}$

08 (가) $-\frac{5}{3}$ (나) -9 (다) 15

09 ㄹ, ㅁ, ㄷ, ㄴ, ㄱ **10** $-\frac{4}{45}$

11 (1) -5 (2) 255 (3) $\frac{5}{4}$ (4) -18 **12** $-\frac{6}{25}$

13 (1) $\frac{4}{9}$ (2) -6 (3) $-\frac{5}{2}$ **14** ④ **15** ②

16 $A=1$, $B=10$ **17** 15칸 **18** ②

19 ③

이렇게 풀어요

01 두 수의 곱이 1이 될 때, 한 수를 다른 수의 역수라 한다.

즉, 주어진 두 수의 곱이 1이 아닌 것을 찾는다.

② $\frac{1}{10}\times0.1=\frac{1}{10}\times\frac{1}{10}=\frac{1}{100}\neq1$

답 ②

02 ① $(-1)^{97}=-1$

② $-3^2\div(-3)^2=(-9)\div9=-1$

③ $\frac{1}{27}\times(-3)^3=\frac{1}{27}\times(-27)=-1$

④ $(-9)\times\left(-\frac{1}{3}\right)^2=(-9)\times\frac{1}{9}=-1$

⑤ $7\times(-1)\div(-7)=(-7)\times\left(-\frac{1}{7}\right)=1$

따라서 계산 결과가 나머지 넷과 다른 하나는 ⑤이다.

답 ⑤

03 ① $\left(-\frac{1}{2}\right)^2=\frac{1}{4}$　② $-\left(-\frac{1}{2}\right)^2=-\frac{1}{4}$

③ $-\frac{1}{2^4}=-\frac{1}{16}$　④ $\left(-\frac{1}{2}\right)^3=-\frac{1}{8}$

⑤ $-\left(-\frac{1}{2}\right)^3=-\left(-\frac{1}{8}\right)=\frac{1}{8}$

따라서 가장 작은 수는 ②이다.

답 ②

04 ① $6+(-3)=3$

② $(-4)-(-5)=(-4)+5=1$

③ $1-\left(-\frac{1}{2}\right)=1+\frac{1}{2}=\frac{3}{2}$

④ $\frac{5}{2}+\frac{9}{4}=\frac{10}{4}+\frac{9}{4}=\frac{19}{4}$

⑤ $\left(-\frac{3}{10}\right)-\left(-\frac{7}{5}\right)=-\frac{3}{10}+\frac{7}{5}$

$=-\frac{3}{10}+\frac{14}{10}=\frac{11}{10}$

따라서 가장 큰 수는 ④이다.

답 ④

05 덧셈식은 $(-3)+(+8)=5$이므로

$A=-3$, $B=8$, $C=5$

$\therefore A-B+C=-3-8+5=-6$

답 ③

06 ③ $\left(-\frac{1}{2}\right)^3\times4\times\left(-\frac{5}{3}\right)=\left(-\frac{1}{8}\right)\times4\times\left(-\frac{5}{3}\right)$

$=\frac{5}{6}$

답 ③

07 $a=\frac{2}{3}-(-1)=\frac{2}{3}+1=\frac{5}{3}$

$b=\left(-\frac{3}{5}\right)+2=\frac{7}{5}$

$\therefore a\times b=\frac{5}{3}\times\frac{7}{5}=\frac{7}{3}$

답 $\mathbf{\frac{7}{3}}$

08 답 (가) $\mathbf{-\frac{5}{3}}$　(나) **−9**　(다) **15**

09 답 ㄹ, ㅁ, ㄷ, ㄴ, ㄱ

10 $A=\frac{5}{6}\div\left(-\frac{2}{3}\right)\times3=\frac{5}{6}\times\left(-\frac{3}{2}\right)\times3=-\frac{15}{4}$

$B=(-1)\div\left(-\frac{3}{2}\right)^3\times\frac{9}{8}=(-1)\div\left(-\frac{27}{8}\right)\times\frac{9}{8}$

$=(-1)\times\left(-\frac{8}{27}\right)\times\frac{9}{8}=\frac{1}{3}$

$\therefore B\div A=\frac{1}{3}\div\left(-\frac{15}{4}\right)$

$=\frac{1}{3}\times\left(-\frac{4}{15}\right)=-\frac{4}{45}$

답 $\mathbf{-\frac{4}{45}}$

11 (1) $\{(-2)^3\times3-(-4)\}\div(-2)^2$

$=\{(-8)\times3-(-4)\}\div4$

$=\{(-24)+(+4)\}\div4$

$=(-20)\times\frac{1}{4}=-5$

(2) $2^4\div(-3^2)\times(-3)^3-(-2)^3\times3^3-(-3)^2$

$=16\div(-9)\times(-27)-(-8)\times27-9$

$=16\times\left(-\frac{1}{9}\right)\times(-27)-(-8)\times27-9$

$=48+216-9=255$

(3) $\left|-\frac{3}{4}+\frac{2}{3}\right|-\left(-\frac{1}{3}-\frac{3}{4}\right)+\left|-\frac{1}{12}\right|$

$=\left|-\frac{1}{12}\right|-\left(-\frac{13}{12}\right)+\left|-\frac{1}{12}\right|$

$=\frac{1}{12}+\frac{13}{12}+\frac{1}{12}=\frac{15}{12}=\frac{5}{4}$

(4) $\left(-\frac{1}{4}\right)\div\left(-\frac{1}{2}\right)^3-(-6)\times\left\{\left(-\frac{4}{3}\right)+(-2)\right\}$

$=\left(-\frac{1}{4}\right)\div\left(-\frac{1}{8}\right)-(-6)\times\left(-\frac{10}{3}\right)$

$=\left(-\frac{1}{4}\right)\times(-8)-(-6)\times\left(-\frac{10}{3}\right)$

$=2-20=-18$

답 (1) **−5**　(2) **255**　(3) $\mathbf{\frac{5}{4}}$　(4) **−18**

12 어떤 수를 □라 하면

$\square \div \left(-\frac{3}{5}\right) = -\frac{2}{3}$ $\quad \therefore \square = \left(-\frac{2}{3}\right) \times \left(-\frac{3}{5}\right) = \frac{2}{5}$

따라서 바르게 계산하면

$\frac{2}{5} \times \left(-\frac{3}{5}\right) = -\frac{6}{25}$

답 $-\frac{6}{25}$

13 (1) $\frac{3}{4}$의 역수는 $\frac{4}{3}$이므로 $a=\frac{4}{3}$

$1.5=\frac{3}{2}$의 역수는 $\frac{2}{3}$이므로 $b=\frac{2}{3}$

$\therefore (a-b) \times b = \left(\frac{4}{3}-\frac{2}{3}\right) \times \frac{2}{3} = \frac{2}{3} \times \frac{2}{3} = \frac{4}{9}$

(2) a의 역수는 $\frac{1}{a}$

$-0.25=-\frac{1}{4}$의 역수는 -4

따라서 $\frac{1}{a} \times (-4) = \frac{2}{3}$에서

$\frac{1}{a} = \frac{2}{3} \div (-4) = \frac{2}{3} \times \left(-\frac{1}{4}\right) = -\frac{1}{6}$

$\therefore a=-6$

(3) $a = \left(\frac{2}{3}\right)^2 \div \frac{5}{6} \times \left(-\frac{3}{4}\right)$

$= \frac{4}{9} \times \frac{6}{5} \times \left(-\frac{3}{4}\right)$

$= -\left(\frac{4}{9} \times \frac{6}{5} \times \frac{3}{4}\right) = -\frac{2}{5}$

$a \times b = 1$에서 b는 a의 역수이므로 $b=-\frac{5}{2}$이다.

답 (1) $\frac{4}{9}$ (2) -6 (3) $-\frac{5}{2}$

14 ① $a-b<0$

② $a+b$의 값은 양수일 수도 있고 음수일 수도 있고 0일 수도 있다.

③ $a \times b < 0$

④ $-a>0$이므로 $b-a>0$

⑤ $b \div a < 0$

답 ④

15 $\left(-\frac{3}{5}\right) \div \square \times \left(-\frac{5}{6}\right) - \frac{2}{3} = -1$에서

$\left(-\frac{3}{5}\right) \div \square \times \left(-\frac{5}{6}\right) = (-1) + \frac{2}{3}$

$\left(-\frac{3}{5}\right) \div \square \times \left(-\frac{5}{6}\right) = -\frac{1}{3}$

$\left(-\frac{3}{5}\right) \div \square = \left(-\frac{1}{3}\right) \div \left(-\frac{5}{6}\right)$

$\left(-\frac{3}{5}\right) \div \square = \left(-\frac{1}{3}\right) \times \left(-\frac{6}{5}\right)$

$\left(-\frac{3}{5}\right) \div \square = \frac{2}{5}$

$\therefore \square = \left(-\frac{3}{5}\right) \div \frac{2}{5} = \left(-\frac{3}{5}\right) \times \frac{5}{2} = -\frac{3}{2}$

답 ②

16 오른쪽 변에 있는 네 수의 합은

$(-2)+8+9+(-13)=2$

따라서 삼각형의 한 변에 놓인 네 수의 합이 2이어야 하므로

$B+8+(-3)+(-13)=2$에서

$B-8=2 \quad \therefore B=2-(-8)=10$

$(-2)+A+(-7)+B=2$에서

$(-2)+A+(-7)+10=2$, $1+A=2$

$\therefore A=2-1=1$

답 $A=1$, $B=10$

17

	이긴 경우	진 경우	합
희강	$6\times3=18$	$3\times(-2)=-6$	$18+(-6)=12$
수연	$3\times3=9$	$6\times(-2)=-12$	$9+(-12)=-3$

출발점을 기준으로 희강이는 12칸 올라가 있고, 수연이는 3칸 내려가 있다.

따라서 두 사람의 위치는 $12-(-3)=15$(칸) 차이가 난다.

답 15칸

18 $a \times c > 0$에서 a, c의 부호는 같다.

$a \times b \times c < 0$에서 a, c의 부호는 같으므로 $b<0$이다.

이때 $a+b=0$에서 a, b의 부호는 다르므로 $a>0$이다.

$\therefore a>0$, $b<0$, $c>0$

답 ②

19 $(-1)+(-1)^2+(-1)^3+\cdots+(-1)^{200}$

$=(-1)+(-1)^2+(-1)^3+(-1)^4 + \cdots + (-1)^{199} + (-1)^{200}$

$=(-1)+(+1)+(-1)+(+1) + \cdots + (-1)+(+1)$

$= \underbrace{0+0+\cdots+0}_{100개} = 0$

답 ③

2 step (발전문제) 본문 118~119쪽

01 $\frac{37}{6}$	02 ③	03 ④	04 $-\frac{3}{14}$
05 $\frac{2}{5}$	06 $\frac{1}{20}$	07 ②	
08 (1) $-\frac{22}{5}$ (2) $-\frac{3}{4}$ (3) $-\frac{1}{2}$			09 ⑤
10 0	11 $\frac{6}{5}$	12 $\frac{27}{2}$	13 $-\frac{2}{3}$

이렇게 풀어요

01 $a=\left(-\frac{8}{3}\right)\div\frac{4}{7}\div\left(-\frac{4}{3}\right)$

$=\left(-\frac{8}{3}\right)\times\frac{7}{4}\times\left(-\frac{3}{4}\right)=\frac{7}{2}$

$b=(-2)^3\times\frac{3}{4}\div\left(-\frac{3}{2}\right)^2$

$=(-8)\times\frac{3}{4}\div\frac{9}{4}$

$=(-8)\times\frac{3}{4}\times\frac{4}{9}$

$=-\frac{8}{3}$

$\therefore a-b=\frac{7}{2}-\left(-\frac{8}{3}\right)=\frac{37}{6}$

답 $\frac{37}{6}$

02 $-1<a<0$이므로 $a=-\frac{1}{2}$이라 하면

① $a=-\frac{1}{2}$

② $\frac{1}{a}=1\div a=1\div\left(-\frac{1}{2}\right)=1\times(-2)=-2$

③ $a^3=\left(-\frac{1}{2}\right)^3=-\frac{1}{8}$

④ $-a^2=-\left(-\frac{1}{2}\right)^2=-\frac{1}{4}$

⑤ $a^2=\left(-\frac{1}{2}\right)^2=\frac{1}{4}$이므로

$\frac{1}{a^2}=1\div a^2=1\div\frac{1}{4}=1\times4=4$

$\therefore -\frac{1}{a^2}=-4$

답 ③

03 ① $2\times\left\{\left(-\frac{5}{4}\right)-\left(-\frac{2}{3}\right)\right\}-\frac{7}{12}$

$=2\times\left\{\left(-\frac{15}{12}\right)+\left(+\frac{8}{12}\right)\right\}-\frac{7}{12}$

$=2\times\left(-\frac{7}{12}\right)-\frac{7}{12}$

$=-\frac{7}{6}-\frac{7}{12}$

$=-\frac{21}{12}=-\frac{7}{4}$

② $3\div\left\{\left(\frac{1}{2}-3\right)\times0.2-(-2)^2\right\}$

$=3\div\left\{\left(-\frac{5}{2}\right)\times\frac{1}{5}-4\right\}$

$=3\div\left\{\left(-\frac{1}{2}\right)-4\right\}$

$=3\div\left(-\frac{9}{2}\right)$

$=3\times\left(-\frac{2}{9}\right)=-\frac{2}{3}$

③ $6-\left\{\left(-\frac{1}{2}\right)^3\div\left(-\frac{1}{4}\right)+1\right\}\times\frac{9}{5}$

$=6-\left\{\left(-\frac{1}{8}\right)\times(-4)+1\right\}\times\frac{9}{5}$

$=6-\left(\frac{1}{2}+1\right)\times\frac{9}{5}$

$=6-\frac{3}{2}\times\frac{9}{5}$

$=6-\frac{27}{10}$

$=\frac{33}{10}$

④ $8-2\times\left[3-\left\{\left(-\frac{3}{2}\right)^2-\left(\frac{7}{4}-\frac{3}{2}\right)\div2\right\}\right]$

$=8-2\times\left\{3-\left(\frac{9}{4}-\frac{1}{4}\times\frac{1}{2}\right)\right\}$

$=8-2\times\left\{3-\left(\frac{9}{4}-\frac{1}{8}\right)\right\}$

$=8-2\times\left(3-\frac{17}{8}\right)$

$=8-2\times\frac{7}{8}$

$=8-\frac{7}{4}$

$=\frac{25}{4}$

⑤ $1-\left[\frac{1}{3}+(-2)\div\{3\times(-1)-(-1)^3\}-\frac{4}{3}\right]$

$=1-\left[\frac{1}{3}+(-2)\div\{(-3)-(-1)\}-\frac{4}{3}\right]$

$=1-\left\{\frac{1}{3}+(-2)\div(-2)-\frac{4}{3}\right\}$

$=1-\left\{\frac{1}{3}+(-2)\times\left(-\frac{1}{2}\right)-\frac{4}{3}\right\}$

$=1-\left(\frac{1}{3}+1-\frac{4}{3}\right)$

$=1-0$

$=1$

답 ④

04 $a\div(-2)$의 역수가 4이고 4의 역수는 $\frac{1}{4}$이므로

$a\div(-2)=\frac{1}{4}$

$\therefore a=\frac{1}{4}\times(-2)=-\frac{1}{2}$

a보다 3만큼 작은 수는

$a-3=\left(-\frac{1}{2}\right)-3=-\frac{7}{2}$

즉, b의 역수가 $-\frac{7}{2}$이므로 $b=-\frac{2}{7}$

$\therefore a-b=\left(-\frac{1}{2}\right)-\left(-\frac{2}{7}\right)=-\frac{3}{14}$

답 $-\frac{3}{14}$

05 오른쪽 표에서 세로에 있는 세 수의 곱은

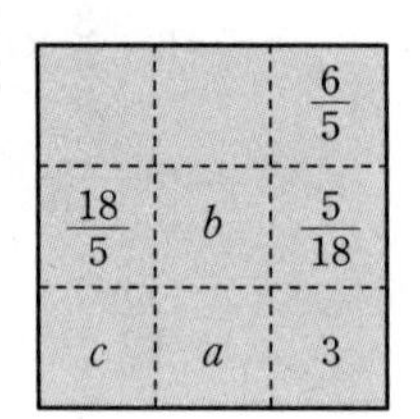

		$\frac{6}{5}$
$\frac{18}{5}$	b	$\frac{5}{18}$
c	a	3

$\frac{6}{5}\times\frac{5}{18}\times3=1$

따라서 가로, 세로, 대각선에 있는 세 수의 곱이 모두 1이어야 하므로

$\frac{18}{5}\times b\times\frac{5}{18}=1 \qquad \therefore b=1$

$\frac{6}{5}\times1\times c=1 \qquad \therefore c=\frac{5}{6}$

$\frac{5}{6}\times a\times3=1 \qquad \therefore a=\frac{2}{5}$

답 $\frac{2}{5}$

06 $\left(\frac{1}{3}-1\right)\times\left(\frac{1}{4}-1\right)\times\left(\frac{1}{5}-1\right)\times\cdots\times\left(\frac{1}{40}-1\right)$

$=\left(-\frac{2}{3}\right)\times\left(-\frac{3}{4}\right)\times\left(-\frac{4}{5}\right)\times\cdots\times\left(-\frac{39}{40}\right)$

$=+\left(\frac{2}{3}\times\frac{3}{4}\times\frac{4}{5}\times\cdots\times\frac{39}{40}\right)$

$=\frac{1}{20}$

답 $\frac{1}{20}$

07 $c\div a<0$에서 a, c의 부호는 다르다.

그런데 $a-c>0$에서 $a>c$이므로 $a>0$, $c<0$

이때 $a\times b<0$에서 a, b의 부호는 다르므로 $b<0$

$\therefore a>0,\ b<0,\ c<0$

답 ②

참고 $a\times b>0$, $a\div b>0$

⇨ a, b는 같은 부호

$a\times b<0$, $a\div b<0$

⇨ a, b는 다른 부호

08 (1) $\left(-\frac{1}{2}\right)^2\div\frac{11}{4}\times\square=-\frac{2}{5}$에서

$\frac{1}{4}\div\frac{11}{4}\times\square=-\frac{2}{5}$

$\frac{1}{4}\times\frac{4}{11}\times\square=-\frac{2}{5}$

$\frac{1}{11}\times\square=-\frac{2}{5}$

$\therefore \square=\left(-\frac{2}{5}\right)\div\frac{1}{11}$

$=\left(-\frac{2}{5}\right)\times11$

$=-\frac{22}{5}$

(2) $\square\times\frac{5}{9}\div\left(-\frac{5}{4}\right)^2\times(-3)=\frac{4}{5}$에서

$\square\times\frac{5}{9}\div\frac{25}{16}\times(-3)=\frac{4}{5}$

$\square\times\frac{5}{9}\times\frac{16}{25}\times(-3)=\frac{4}{5}$

$\square\times\left(-\frac{16}{15}\right)=\frac{4}{5}$

$\therefore \square=\frac{4}{5}\div\left(-\frac{16}{15}\right)$

$=\frac{4}{5}\times\left(-\frac{15}{16}\right)=-\frac{3}{4}$

(3) $\left(-\frac{3}{4}\right)^2\div\square\times\left(-\frac{40}{21}\right)=\frac{15}{7}$에서

$\frac{9}{16}\div\square=\frac{15}{7}\div\left(-\frac{40}{21}\right)$

$\frac{9}{16}\div\square=\frac{15}{7}\times\left(-\frac{21}{40}\right)$

$\frac{9}{16}\div\square=-\frac{9}{8}$

$\therefore \square=\frac{9}{16}\div\left(-\frac{9}{8}\right)$

$=\frac{9}{16}\times\left(-\frac{8}{9}\right)=-\frac{1}{2}$

답 (1) $-\frac{22}{5}$ (2) $-\frac{3}{4}$ (3) $-\frac{1}{2}$

09 $A=3-(-4)=3+4=7$

$B=-2+5=3$

따라서 $3<|x|\le 7$을 만족시키는 정수 x에 대하여 $|x|=4,\ 5,\ 6,\ 7$이므로 정수 x는 $-7,\ -6,\ -5,\ -4,\ 4,\ 5,\ 6,\ 7$의 8개이다.

답 ⑤

10 n이 짝수일 때

$A=(-1)+1-(-1)+1$

$\quad=(-1)+1+1+1=2$

n이 홀수일 때

$B=(-1)+1-1+(-1)$

$\quad=-2$

$\therefore A+B=2+(-2)=0$

답 **0**

11 두 점 B, C 사이의 거리는

$\frac{7}{3}-\left(-\frac{1}{2}\right)=\frac{7}{3}+\frac{1}{2}$

$=\frac{14}{6}+\frac{3}{6}=\frac{17}{6}$

두 점 A, B 사이의 거리는

$\frac{17}{6}\times\frac{3}{3+2}=\frac{17}{6}\times\frac{3}{5}=\frac{17}{10}$

따라서 점 A가 나타내는 수는 $-\frac{1}{2}$보다 $\frac{17}{10}$만큼 큰 수이므로

$-\frac{1}{2}+\frac{17}{10}=-\frac{5}{10}+\frac{17}{10}=\frac{12}{10}=\frac{6}{5}$

답 $\frac{6}{5}$

참고 두 점을 이은 선분을 $m:n$으로 나누는 점

A m P n B, a b

수직선 위의 두 점 A, B를 나타내는 수가 각각 a, b일 때,
두 점 A, B를 이은 선분 AB를 $m:n\ (m>0,\ n>0)$으로 나누는 점 P가 나타내는 수는 다음 순서로 구한다.

① 두 점 A, B 사이의 거리를 구한다.
⇨ $b-a$

② 두 점 A, P 사이의 거리를 구한다.
⇨ $(b-a)\times\frac{m}{m+n}$

③ 점 P가 나타내는 수를 구한다.
⇨ (점 A가 나타내는 수)+(두 점 A, P 사이의 거리)
$=a+(b-a)\times\frac{m}{m+n}$

12

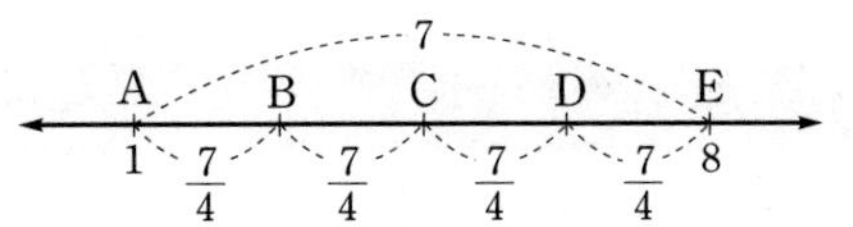

두 점 A, E 사이의 거리는

$8-1=7$

점 B가 나타내는 수는

$1+\frac{7}{4}=\frac{11}{4}$

점 C가 나타내는 수는

$\frac{11}{4}+\frac{7}{4}=\frac{18}{4}=\frac{9}{2}$

점 D가 나타내는 수는

$\frac{9}{2}+\frac{7}{4}=\frac{18}{4}+\frac{7}{4}=\frac{25}{4}$

따라서 세 점 B, C, D가 나타내는 수의 합은

$\frac{11}{4}+\frac{9}{2}+\frac{25}{4}=\frac{54}{4}=\frac{27}{2}$

답 $\frac{27}{2}$

13 서로 다른 네 수를 뽑아 곱한 값이 가장 큰 값이 되려면 곱한 값이 양수가 되어야 하므로 양수 2개, 음수 2개를 뽑아야 한다.

양수는 $\frac{7}{2}$, $\frac{2}{3}$이고, 음수 $-\frac{4}{3}$, -1, -6 중 절댓값이 큰 두 수가 $-\frac{4}{3}$, -6이므로 구하는 값은

$a=\frac{7}{2}\times\frac{2}{3}\times\left(-\frac{4}{3}\right)\times(-6)=\frac{56}{3}$

또, 서로 다른 네 수를 뽑아 곱한 값이 가장 작은 값이 되려면 곱한 값이 음수가 되어야 하므로 음수 3개, 양수 1개를 뽑아야 한다.

이때 음수는 $-\frac{4}{3}$, -1, -6이고 양수 $\frac{7}{2}$, $\frac{2}{3}$ 중 절댓값이 큰 수가 $\frac{7}{2}$이므로 구하는 값은

$b=\left(-\frac{4}{3}\right)\times(-1)\times(-6)\times\frac{7}{2}=-28$

$\therefore a\div b=\frac{56}{3}\div(-28)$

$=\frac{56}{3}\times\left(-\frac{1}{28}\right)$

$=-\frac{2}{3}$

답 $-\frac{2}{3}$

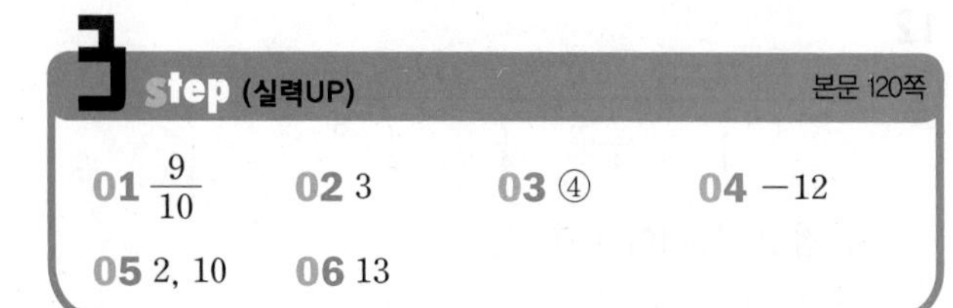
3 step (실력UP) 본문 120쪽

01 $\frac{9}{10}$ 02 3 03 ④ 04 -12
05 2, 10 06 13

이렇게 풀어요

01 $\frac{1}{1\times2}+\frac{1}{2\times3}+\frac{1}{3\times4}+\cdots+\frac{1}{9\times10}$

$=\left(1-\frac{1}{2}\right)+\left(\frac{1}{2}-\frac{1}{3}\right)+\left(\frac{1}{3}-\frac{1}{4}\right)+\cdots+\left(\frac{1}{9}-\frac{1}{10}\right)$

$=1-\frac{1}{10}=\frac{9}{10}$

답 $\frac{9}{10}$

02 n이 홀수이면 $n+3$은 짝수, $2\times n-1$은 홀수, $2\times n$은 짝수, $2\times n+1$은 홀수이므로

$(-1)^{n+3}+(-1)^{n}-(-1)^{2\times n-1}+(-1)^{2\times n}-(-1)^{2\times n+1}$

$=1+(-1)-(-1)+1-(-1)$

$=3$

답 3

03 $a\times b<0$에서 a, b의 부호는 다르다.
그런데 $a-b>0$에서 $a>b$이므로 $a>0$, $b<0$
④ $-a<0$, $-b>0$이고 $|a|<|b|$이므로
$-a-b>0$

답 ④

참고 $a>0$, $b<0$, $|a|<|b|$를 모두 만족시키는 두 수 a, b를 생각하여 문자에 넣어 본다.
예를 들어 $a=1$, $b=-2$를 넣어 보아도 좋다.

04 $[-5.6]-[3.1]+[-3]=(-6)-3+(-3)$

$=-6-3-3$

$=-12$

답 -12

참고 x보다 크지 않은 최대의 정수를 $[x]$로 나타낼 때, 기호 [ ]를 가우스 기호라 한다.
예를 들면 $[2.3]$이면 2.3보다 크지 않은 정수는 2, 1, 0, -1, -2, …이고 이 중에서 가장 큰 것은 2이므로 $[2.3]=2$이다.
즉, 정수 n에 대하여 $n\le x<n+1$일 때 $[x]=n$이다.

05 조건 (가)에서 $|a|=6$이므로 $a=6$ 또는 $a=-6$
조건 (나)의 $|a|+|b|=10$에서 $6+|b|=10$이므로
$|b|=4$
$\therefore b=4$ 또는 $b=-4$
$|a-b|$의 값을 구하면
$|6-4|=2$, $|6-(-4)|=10$
$|(-6)-4|=10$, $|(-6)-(-4)|=2$
따라서 구하는 값은 2, 10이다.

답 2, 10

06 $\frac{23}{72}=\frac{1}{\frac{72}{23}}=\frac{1}{3+\frac{3}{23}}=\frac{1}{3+\frac{1}{\frac{23}{3}}}=\frac{1}{3+\frac{1}{7+\frac{2}{3}}}$

따라서 $a=3$, $b=7$, $c=3$이므로
$a+b+c=3+7+3=13$

답 13

서술형 대비 문제 본문 121~122쪽

1 $\frac{5}{3}$ 2 $-\frac{27}{4}$ 3 $\frac{123}{16}$ 4 $\frac{5}{3}$
5 $-\frac{13}{10}$ 6 $\frac{11}{6}$

이렇게 풀어요

1 1단계 x의 절댓값이 $\frac{1}{3}$이므로

$x=\frac{1}{3}$ 또는 $x=-\frac{1}{3}$

y의 절댓값이 $\frac{1}{2}$이므로

$y=\frac{1}{2}$ 또는 $y=-\frac{1}{2}$

2단계 $x-y$의 값 중에서 가장 큰 값은 x는 양수, y는 음수일 때이므로

$M=\frac{1}{3}-\left(-\frac{1}{2}\right)=\frac{5}{6}$

3단계 $x-y$의 값 중에서 가장 작은 값은 x는 음수, y는 양수일 때이므로

$m=\left(-\frac{1}{3}\right)-\frac{1}{2}=-\frac{5}{6}$

4단계 $\therefore M-m=\frac{5}{6}-\left(-\frac{5}{6}\right)=\frac{10}{6}=\frac{5}{3}$

답 $\frac{5}{3}$

2 1단계 $a=\left(-\frac{2}{9}\right)+\left(-\frac{2}{3}\right)=-\frac{8}{9}$

2단계 $b=\frac{1}{3}-\frac{1}{6}=\frac{1}{6}$

3단계 따라서 $a\times b=\left(\quad\frac{8}{9}\right)\times\frac{1}{6}=-\frac{4}{27}$이므로 그 역수는 $-\frac{27}{4}$이다.

답 $-\frac{27}{4}$

3 1단계 $A=(-3)\times\left[\frac{1}{6}+\left\{\frac{2}{3}\div\left(-\frac{2}{5}\right)+(-1)^3\right\}\right]$

$=(-3)\times\left[\frac{1}{6}+\left\{\frac{2}{3}\times\left(-\frac{5}{2}\right)+(-1)\right\}\right]$

$=(-3)\times\left[\frac{1}{6}+\left\{\left(-\frac{5}{3}\right)+(-1)\right\}\right]$

$=(-3)\times\left\{\frac{1}{6}+\left(-\frac{8}{3}\right)\right\}$

$=(-3)\times\left(-\frac{5}{2}\right)$

$=\frac{15}{2}$

2단계 $B=3\times\left(-\frac{1}{2}\right)^2\div(-2^2)$

$=3\times\frac{1}{4}\div(-4)$

$=3\times\frac{1}{4}\times\left(-\frac{1}{4}\right)$

$=-\frac{3}{16}$

3단계 $\therefore A-B=\frac{15}{2}-\left(-\frac{3}{16}\right)$

$=\frac{123}{16}$

답 $\frac{123}{16}$

단계	채점요소	배점
1	A의 값 구하기	3점
2	B의 값 구하기	2점
3	$A-B$의 값 구하기	1점

4 1단계 $A=\left(-\frac{7}{3}\right)\times\frac{3}{7}=-1$

2단계 $B\div(-3)$의 역수가 5이므로

$B\div(-3)=\frac{1}{5}$

$\therefore B=\frac{1}{5}\times(-3)=-\frac{3}{5}$

3단계 $\therefore A\div B=(-1)\div\left(-\frac{3}{5}\right)$

$=(-1)\times\left(-\frac{5}{3}\right)$

$=\frac{5}{3}$

답 $\frac{5}{3}$

단계	채점요소	배점
1	A의 값 구하기	2점
2	B의 값 구하기	3점
3	$A\div B$의 값 구하기	2점

5 1단계 어떤 수를 □라 하면

$\square+\left(-\frac{2}{3}\right)=\frac{1}{5}$

$\therefore \square=\frac{1}{5}-\left(-\frac{2}{3}\right)=\frac{1}{5}+\left(+\frac{2}{3}\right)=\frac{13}{15}$

2단계 따라서 바르게 계산하면

$\frac{13}{15}\div\left(-\frac{2}{3}\right)=\frac{13}{15}\times\left(-\frac{3}{2}\right)=-\frac{13}{10}$

답 $-\frac{13}{10}$

단계	채점요소	배점
1	어떤 수 구하기	4점
2	바르게 계산한 답 구하기	3점

6 1단계 곱이 1인 두 수는 서로 역수이다.

-6의 역수는 $-\frac{1}{6}$이므로 -6과 마주 보는 면에 있는 수는 $-\frac{1}{6}$이다.

$-1.5=-\frac{3}{2}$의 역수는 $-\frac{2}{3}$이므로 -1.5와 마주 보는 면에 있는 수는 $-\frac{2}{3}$이다.

$\frac{3}{8}$의 역수는 $\frac{8}{3}$이므로 $\frac{3}{8}$과 마주 보는 면에 있는 수는 $\frac{8}{3}$이다.

2단계 따라서 보이지 않는 세 면에 있는 수의 합은

$\left(-\frac{1}{6}\right)+\left(-\frac{2}{3}\right)+\frac{8}{3}=\frac{11}{6}$

답 $\frac{11}{6}$

단계	채점요소	배점
1	보이지 않는 세 면에 있는 수 구하기	5점
2	보이지 않는 세 면에 있는 수의 합 구하기	2점

스토리텔링으로 배우는 **생활 속의 수학** 본문 123쪽

1 풀이 참조 **2** $-\frac{4}{9}$

이렇게 풀어요

1 승준이의 키를 기준으로 승준이보다 키가 크면 +부호를 사용하여 나타내고, 승준이보다 키가 작으면 −부호를 사용하여 나타낸다.

승준이의 키를 0 cm라고 나타내었을 때, 할머니는 승준이보다 15 cm 작으므로 −15 cm라고 나타낼 수 있다. 같은 방법으로 아버지는 +12 cm, 어머니는 −1 cm, 동생은 −30 cm로 나타낼 수 있다.

할아버지	할머니	아버지	어머니	승준	동생
169 cm	150 cm	177 cm	164 cm	165 cm	135 cm
+4 cm	−15 cm	+12 cm	−1 cm	0 cm	−30 cm

답 **풀이 참조**

2 $\frac{3}{2}$을 A에 입력하면

$\frac{3}{2}\times\frac{2}{3}-\frac{1}{2}=1-\frac{1}{2}=\frac{1}{2}$

이것을 B에 입력하면

$\left(\frac{1}{2}-1\right)\times(-2)=\left(-\frac{1}{2}\right)\times(-2)=1$

이것을 C에 입력하면

$\left(1+\frac{1}{3}\right)\div(-3)=\frac{4}{3}\times\left(-\frac{1}{3}\right)=-\frac{4}{9}$

따라서 최종적으로 계산된 값은 $-\frac{4}{9}$이다.

답 $-\frac{4}{9}$

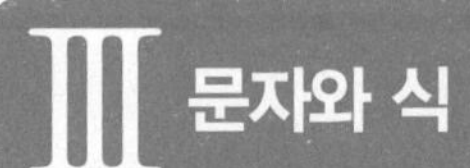

Ⅲ 문자와 식

1 문자의 사용과 식의 계산

01 문자의 사용

개념원리 확인하기 본문 128쪽

01 (1) 수, $7x$, $-5x$ (2) 알파벳, 거듭제곱, $9xy$, $3a^3bc$
(3) 생략, a, $-xy$ (4) 분수, $\frac{x}{7}$, $-\frac{a}{3}$

02 (1) $-8a$ (2) $6abc$ (3) $3a^2b^3$ (4) $-b^2$ (5) $0.1y$
(6) $-2(a+b)$

03 (1) $\frac{6}{y}$ (2) $-\frac{x}{y}$ (3) $\frac{5}{4}y$ (4) $-\frac{a}{b}$ (5) $\frac{a+b}{c}$
(6) $\frac{3x-y}{2}$

04 (1) abc (2) $\frac{ab}{c}$ (3) $\frac{ac}{b}$ (4) $\frac{a}{bc}$

05 (1) $3a$점 (2) $(1000-x)$원 (3) $\frac{1}{2}ab\text{ cm}^2$

이렇게 풀어요

01 답 (1) **수, $7x$, $-5x$** (2) **알파벳, 거듭제곱, $9xy$, $3a^3bc$**
(3) **생략, a, $-xy$** (4) **분수, $\frac{x}{7}$, $-\frac{a}{3}$**

02 답 (1) $\boldsymbol{-8a}$ (2) $\boldsymbol{6abc}$ (3) $\boldsymbol{3a^2b^3}$
(4) $\boldsymbol{-b^2}$ (5) $\boldsymbol{0.1y}$ (6) $\boldsymbol{-2(a+b)}$

03 (3) $y\div\frac{4}{5}=y\times\frac{5}{4}=\frac{5}{4}y$

답 (1) $\boldsymbol{\frac{6}{y}}$ (2) $\boldsymbol{-\frac{x}{y}}$ (3) $\boldsymbol{\frac{5}{4}y}$
(4) $\boldsymbol{-\frac{a}{b}}$ (5) $\boldsymbol{\frac{a+b}{c}}$ (6) $\boldsymbol{\frac{3x-y}{2}}$

04 (2) $a\times b\div c=a\times b\times\frac{1}{c}=\frac{ab}{c}$

(3) $a\div b\times c=a\times\frac{1}{b}\times c=\frac{ac}{b}$

(4) $a\div b\div c=a\times\frac{1}{b}\times\frac{1}{c}=\frac{a}{bc}$

답 (1) $\boldsymbol{abc}$ (2) $\boldsymbol{\frac{ab}{c}}$ (3) $\boldsymbol{\frac{ac}{b}}$ (4) $\boldsymbol{\frac{a}{bc}}$

05 답 (1) **$3a$점** (2) **$(1000-x)$원** (3) $\boldsymbol{\frac{1}{2}ab\text{ cm}^2}$

핵심문제 익히기 (확인문제) 본문 129~130쪽

1 (1) $-x^2$ (2) $-0.1x^3y$ (3) $-2ab$ (4) $6a(x-y)$
(5) $\frac{0.1a}{b}$ (6) $\frac{3y}{x}$

2 (1) $x-\frac{2}{x-y}$ (2) $\frac{x-y}{y}+5(x+3)$
(3) $-2a^2+\frac{bc}{3}$ (4) $\frac{a}{bc}-2x$

3 (1) $70+b$ (2) $(3000-30a)$원

4 (1) $2(x+y)$cm (2) $(150-70a)$km

이렇게 풀어요

1 (5) $0.1\times a\div b=0.1\times a\times\frac{1}{b}=\frac{0.1a}{b}$

(6) $3\div(x\div y)=3\div\left(x\times\frac{1}{y}\right)=3\div\frac{x}{y}=3\times\frac{y}{x}=\frac{3y}{x}$

주의

(6) $3\div(x\div y)\neq3\times\frac{1}{x}\times\frac{1}{y}=\frac{3}{xy}$

답 (1) $\boldsymbol{-x^2}$ (2) $\boldsymbol{-0.1x^3y}$ (3) $\boldsymbol{-2ab}$
(4) $\boldsymbol{6a(x-y)}$ (5) $\boldsymbol{\frac{0.1a}{b}}$ (6) $\boldsymbol{\frac{3y}{x}}$

2 (1) $x-2\div(x-y)=x-2\times\frac{1}{x-y}=x-\frac{2}{x-y}$

(2) $(x-y)\div y+(x+3)\times5$
$=(x-y)\times\frac{1}{y}+(x+3)\times5$
$=\frac{x-y}{y}+5(x+3)$

(3) $a\times a\times(-2)-b\times c\div(-3)$
$=a\times a\times(-2)-b\times c\times\left(-\frac{1}{3}\right)$
$=-2a^2+\frac{bc}{3}$

(4) $a\div(b\times c)+2\times x\div(-1)$
$=a\times\frac{1}{bc}+2\times x\times(-1)$
$=\frac{a}{bc}-2x$

답 (1) $\boldsymbol{x-\frac{2}{x-y}}$ (2) $\boldsymbol{\frac{x-y}{y}+5(x+3)}$
(3) $\boldsymbol{-2a^2+\frac{bc}{3}}$ (4) $\boldsymbol{\frac{a}{bc}-2x}$

3 (1) $7\times10+b\times1=70+b$

(2) (할인 금액)$=3000\times\frac{a}{100}=30a$(원)

$\therefore$ (판매 가격)$=3000-30a$(원)

답 (1) $\mathbf{70+b}$ (2) $\mathbf{(3000-30a)}$**원**

4 (1) (직사각형의 둘레의 길이)

$=2\times\{$(가로의 길이)$+$(세로의 길이)$\}$

$=2\times(x+y)=2(x+y)$(cm)

(2) (거리)$=$(속력)$\times$(시간)이므로 시속 70 km로 a시간 동안 간 거리는 $70\times a=70a$(km)이다.

따라서 남은 거리는 $(150-70a)$km이다.

답 (1) $\mathbf{2(x+y)}$**cm** (2) $\mathbf{(150-70a)}$**km**

이런 문제가 시험에 나온다 본문 131쪽

01 ⑤ **02** ③, ⑤ **03** ② **04** ⑤ **05** $\left(\frac{ab}{3}+\frac{cd}{5}\right)$원

이렇게 풀어요

01 ① $2\times x\div y=2\times x\times\frac{1}{y}=\frac{2x}{y}$

② $(-0.1)\times x\div y=(-0.1)\times x\times\frac{1}{y}=-\frac{0.1x}{y}$

③ $(-x)\div y\div z\times 2=(-x)\times\frac{1}{y}\times\frac{1}{z}\times 2=-\frac{2x}{yz}$

④ $a\div 4\times b\times c-1=a\times\frac{1}{4}\times b\times c-1=\frac{abc}{4}-1$

⑤ $x\div 5\div(x+y)\times z=x\times\frac{1}{5}\times\frac{1}{x+y}\times z$

$=\frac{xz}{5(x+y)}$

답 ⑤

02 ① $x+y\div a\times 2=x+y\times\frac{1}{a}\times 2=x+\frac{2y}{a}$

② $x+y\div a\div 2=x+y\times\frac{1}{a}\times\frac{1}{2}=x+\frac{y}{2a}$

③ $(x+y)\div a\times 2=(x+y)\times\frac{1}{a}\times 2=\frac{2(x+y)}{a}$

④ $x+y\div 2\div a=x+y\times\frac{1}{2}\times\frac{1}{a}=x+\frac{y}{2a}$

⑤ $(x+y)\div(a\div 2)=(x+y)\div\left(a\times\frac{1}{2}\right)$

$=(x+y)\div\frac{a}{2}=(x+y)\times\frac{2}{a}$

$=\frac{2(x+y)}{a}$

답 ③, ⑤

03 ① $a\div b\div c=a\times\frac{1}{b}\times\frac{1}{c}=\frac{a}{bc}$

$a\div(b\div c)=a\div\left(b\times\frac{1}{c}\right)=a\div\frac{b}{c}$

$=a\times\frac{c}{b}=\frac{ac}{b}$

$\therefore a\div b\div c\neq a\div(b\div c)$

② $a\div b\times c=a\times\frac{1}{b}\times c=\frac{ac}{b}$

$a\div(b\div c)=\frac{ac}{b}$

$\therefore a\div b\times c=a\div(b\div c)$

③ $a\div b\times c=\frac{ac}{b}$

$a\div(b\times c)=a\div bc=a\times\frac{1}{bc}=\frac{a}{bc}$

$\therefore a\div b\times c\neq a\div(b\times c)$

④ $a\div\frac{1}{b}\div\frac{1}{c}=a\times b\times c=abc$

$a\times\left(\frac{1}{b}\div c\right)=a\times\left(\frac{1}{b}\times\frac{1}{c}\right)=\frac{a}{bc}$

$\therefore a\div\frac{1}{b}\div\frac{1}{c}\neq a\times\left(\frac{1}{b}\div c\right)$

⑤ $(a+b)\div 3\times x=(a+b)\times\frac{1}{3}\times x=\frac{(a+b)x}{3}$

$\frac{1}{3}\div(a+b)\times x=\frac{1}{3}\times\frac{1}{a+b}\times x=\frac{x}{3(a+b)}$

$\therefore (a+b)\div 3\times x\neq\frac{1}{3}\div(a+b)\times x$

답 ②

04 ② a할$=\frac{a}{10}$이므로 $3000\times\frac{a}{10}=300a$(원)

③ (거리)$=$(속력)$\times$(시간)$=50\times x=50x$(km)

⑤ 5권에 x원이므로 공책 1권의 값은 $\frac{1}{5}x$원이다.

따라서 공책 y권의 값은 $\frac{1}{5}x\times y=\frac{1}{5}xy$(원)이므로

거스름돈은 $\left(10000-\frac{1}{5}xy\right)$원이다.

답 ⑤

05 사탕 3개에 a원이므로 사탕 1개에 $\frac{a}{3}$원이다.

과자 5개에 c원이므로 과자 1개에 $\frac{c}{5}$원이다.

$\therefore \frac{a}{3}\times b+\frac{c}{5}\times d=\frac{ab}{3}+\frac{cd}{5}$(원)

답 $\left(\frac{ab}{3}+\frac{cd}{5}\right)$**원**

02 식의 값

개념원리 확인하기

본문 133쪽

01 (1) 3, 14 (2) -32 (3) 3 (4) -11 (5) $\frac{1}{2}$

02 (1) -2, -8 (2) 12 (3) $\frac{2}{5}$ (4) 7

03 (1) 12 (2) 4 (3) -21 (4) -6

04 (1) $\frac{1}{2}$, 2, 12 (2) -6 (3) 6 (4) -32

이렇게 풀어요

01 (2) $-8y=(-8)\times y=(-8)\times 4=-32$

(3) $5-4a=5-4\times a=5-4\times\frac{1}{2}=5-2=3$

(4) $-5b-1=(-5)\times b-1=(-5)\times 2-1$
$=-10-1=-11$

(5) $1-\frac{1}{6}c=1-\frac{1}{6}\times c=1-\frac{1}{6}\times 3$
$=1-\frac{1}{2}=\frac{1}{2}$

답 (1) **3, 14** (2) $\mathbf{-32}$ (3) **3** (4) $\mathbf{-11}$ (5) $\mathbf{\frac{1}{2}}$

02 (2) $6-3x=6-3\times x=6-3\times(-2)=6+6=12$

(3) $-\frac{x}{5}=-\frac{(-2)}{5}=\frac{2}{5}$

(4) $3-\frac{8}{x}=3-\frac{8}{(-2)}=3+4=7$

답 (1) $\mathbf{-2, -8}$ (2) **12** (3) $\mathbf{\frac{2}{5}}$ (4) **7**

03 (1) $-x+y=-(-5)+7=12$

(2) $2(x+y)=2\times(-5+7)=2\times 2=4$

(3) $\frac{3}{5}xy=\frac{3}{5}\times x\times y=\frac{3}{5}\times(-5)\times 7=-21$

(4) $x-\frac{1}{7}y=(-5)-\frac{1}{7}\times 7=-5-1=-6$

답 (1) **12** (2) **4** (3) $\mathbf{-21}$ (4) $\mathbf{-6}$

04 (2) $\frac{2}{a}=2\div a=2\div\left(-\frac{1}{3}\right)=2\times(-3)=-6$

(3) $\frac{y}{x}=y\div x=2\div\frac{1}{3}=2\times 3=6$

(4) $\frac{x}{y}=x\div y=(-4)\div\frac{1}{8}=(-4)\times 8=-32$

답 (1) $\mathbf{\frac{1}{2}}$**, 2, 12** (2) $\mathbf{-6}$ (3) **6** (4) $\mathbf{-32}$

핵심문제 익히기 (확인문제)

본문 134쪽

1 (1) 4 (2) 80 (3) 8　　**2** (1) $\frac{16}{3}$ (2) 14

이렇게 풀어요

1 (1) $8x^2-12xy=8\times\left(-\frac{1}{2}\right)^2-12\times\left(-\frac{1}{2}\right)\times\frac{1}{3}$
$=8\times\frac{1}{4}+2=2+2=4$

(2) $(-x)^3+(-x)^2=\{-(-4)\}^3+\{-(-4)\}^2$
$=4^3+4^2=64+16=80$

(3) $|3x-2y|-|y-x|$
$=|3\times(-3)-2\times 2|-|2-(-3)|$
$=|-9-4|-|2+3|$
$=13-5=8$

답 (1) **4** (2) **80** (3) **8**

2 (1) $\frac{3x-7y+z^2}{yz}=\frac{3\times(-2)-7\times(-3)+(-1)^2}{(-3)\times(-1)}$
$=\frac{-6+21+1}{3}=\frac{16}{3}$

(2) $\frac{3}{a}-\frac{2}{b}+\frac{5}{c}$
$=3\div a-2\div b+5\div c$
$=3\div\frac{3}{2}-2\div\left(-\frac{1}{3}\right)+5\div\frac{5}{6}$
$=3\times\frac{2}{3}-2\times(-3)+5\times\frac{6}{5}$
$=2+6+6=14$

답 (1) $\mathbf{\frac{16}{3}}$ (2) **14**

이런 문제가 시험에 나온다

본문 135쪽

01 ① **02** ③ **03** ④ **04** ㄷ
05 -6 **06** -15 **07** 25 ℃

이렇게 풀어요

01 $-a^2-(-a)^3=-(-2)^2-\{-(-2)\}^3$
$=-4-2^3$
$=-4-8=-12$

답 ①

02 ① $-2y-x=(-2)\times(-2)-1=4-1=3$

② $y^2-1=(-2)^2-1=4-1=3$

③ $x^2-y^2=1^2-(-2)^2=1-4=-3$

④ $-\frac{2}{y}+\frac{2}{x}=-\frac{2}{(-2)}+\frac{2}{1}=1+2=3$

⑤ $\frac{3}{x}=\frac{3}{1}=3$

답 ③

03 $xy^2-\frac{1}{y}=x\times y^2-1\div y$

$=3\times\left(-\frac{1}{2}\right)^2-1\div\left(-\frac{1}{2}\right)$

$=3\times\frac{1}{4}-1\times(-2)$

$=\frac{3}{4}+2=\frac{11}{4}$

답 ④

04 $x=\frac{1}{3}$일 때

ㄱ. $6x-3=6\times\frac{1}{3}-3=2-3=-1$

ㄴ. $-9x^3=(-9)\times\left(\frac{1}{3}\right)^3$

$=(-9)\times\frac{1}{27}=-\frac{1}{3}$

ㄷ. $\frac{2}{x}-4=2\div x-4=2\div\frac{1}{3}-4=2\times3-4=2$

ㄹ. $-\frac{3}{4}x+2=\left(-\frac{3}{4}\right)\times\frac{1}{3}+2$

$=-\frac{1}{4}+2=-\frac{1}{4}+\frac{8}{4}$

$=\frac{7}{4}$

따라서 식의 값이 가장 큰 것은 ㄷ이다.

답 ㄷ

05 $-\frac{1}{4}$의 역수는 -4이므로 $a=-4$

2의 역수는 $\frac{1}{2}$이므로 $b=\frac{1}{2}$

$\therefore 2ab^2-\frac{1}{4}a^2=2\times(-4)\times\left(\frac{1}{2}\right)^2-\frac{1}{4}\times(-4)^2$

$=2\times(-4)\times\frac{1}{4}-\frac{1}{4}\times16$

$=-2-4=-6$

답 -6

06 $\frac{3}{x}+\frac{2}{y}-\frac{9}{z}=3\div x+2\div y-9\div z$

$=3\div\left(-\frac{1}{2}\right)+2\div\frac{2}{3}-9\div\frac{3}{4}$

$=3\times(-2)+2\times\frac{3}{2}-9\times\frac{4}{3}$

$=-6+3-12=-15$

답 -15

07 $x=77$이므로

$\frac{5}{9}(x-32)=\frac{5}{9}\times(77-32)=\frac{5}{9}\times45=25(℃)$

답 25 ℃

03 일차식의 계산 (1)

본문 138쪽

개념원리 확인하기

01 풀이 참조 **02** $2x$, 7, x^2y

03 ③, ⑤

04 (1) $6x$ (2) $-30x$ (3) $3x$ (4) $10a$ (5) $2a$ (6) $4y$ (7) $27x$ (8) $-\frac{5}{2}a$

05 (1) $3x-6$ (2) $-2x+4$ (3) $-9a+6$ (4) $6x-9$ (5) $2x-3$ (6) $-3x-2$ (7) $-2x+4$ (8) $-3x+6$

이렇게 풀어요

01

	상수항	계수	다항식의 차수
$2x+5$	5	x의 계수 : 2	1
$-\frac{1}{3}y+2$	2	y의 계수 : $-\frac{1}{3}$	1
$3x^2+x-1$	-1	x^2의 계수 : 3 x의 계수 : 1	2

답 풀이 참조

02 $x+3y$, $x-1$은 항이 2개이므로 단항식이 아니다.

$\frac{3}{x}$과 같이 분모에 문자가 있는 식은 다항식이 아니므로 단항식이 아니다.

따라서 단항식인 것은 $2x$, 7, x^2y이다.

답 $2x$, 7, x^2y

03 ①, ② 다항식의 차수가 2이므로 일차식이 아니다.

④ 상수항의 차수는 0이므로 일차식이 아니다.

⑤ $0\times x^2+x-1=x-1$이므로 일차식이다.

답 **③, ⑤**

04 (5) $12a\div 6=12a\times\frac{1}{6}=2a$

(6) $6y\div\frac{3}{2}=6y\times\frac{2}{3}=4y$

(7) $(-18x)\div\left(-\frac{2}{3}\right)=(-18x)\times\left(-\frac{3}{2}\right)=27x$

(8) $\left(-\frac{5}{6}a\right)\div\frac{1}{3}=\left(-\frac{5}{6}a\right)\times 3=-\frac{5}{2}a$

답 (1) $\boldsymbol{6x}$ (2) $\boldsymbol{-30x}$ (3) $\boldsymbol{3x}$ (4) $\boldsymbol{10a}$ (5) $\boldsymbol{2a}$ (6) $\boldsymbol{4y}$ (7) $\boldsymbol{27x}$ (8) $\boldsymbol{-\frac{5}{2}a}$

05 (1) $3(x-2)=3\times x+3\times(-2)=3x-6$

(2) $-(2x-4)=(-1)\times 2x+(-1)\times(-4)$
$=-2x+4$

(3) $-3(3a-2)=(-3)\times 3a+(-3)\times(-2)$
$=-9a+6$

(4) $(4x-6)\times\frac{3}{2}=4x\times\frac{3}{2}+(-6)\times\frac{3}{2}$
$=6x-9$

(5) $(4x-6)\div 2=(4x-6)\times\frac{1}{2}$
$=4x\times\frac{1}{2}+(-6)\times\frac{1}{2}$
$=2x-3$

(6) $(12x+8)\div(-4)=(12x+8)\times\left(-\frac{1}{4}\right)$
$=12x\times\left(-\frac{1}{4}\right)+8\times\left(-\frac{1}{4}\right)$
$=-3x-2$

(7) $(-x+2)\div\frac{1}{2}=(-x+2)\times 2$
$=(-x)\times 2+2\times 2=-2x+4$

(8) $(2x-4)\div\left(-\frac{2}{3}\right)$
$=(2x-4)\times\left(-\frac{3}{2}\right)$
$=2x\times\left(-\frac{3}{2}\right)+(-4)\times\left(-\frac{3}{2}\right)$
$=-3x+6$

답 (1) $\boldsymbol{3x-6}$ (2) $\boldsymbol{-2x+4}$ (3) $\boldsymbol{-9a+6}$ (4) $\boldsymbol{6x-9}$ (5) $\boldsymbol{2x-3}$ (6) $\boldsymbol{-3x-2}$ (7) $\boldsymbol{-2x+4}$ (8) $\boldsymbol{-3x+6}$

핵심문제 익히기 (확인문제) 본문 139~140쪽

1 ③, ⑤ **2** ㄱ, ㄴ, ㄹ, ㅁ

3 (1) $-8x$ (2) $\frac{5}{3}x$ (3) $-7x$ (4) $\frac{1}{5}x$

4 (1) $-10x-15$ (2) $8y-2$ (3) $6y-3$ (4) $\frac{1}{3}x-\frac{2}{9}$

이렇게 풀어요

1 ① 항은 $-2x^2$, $3x$, $-4y$, -5의 4개이다.

② 상수항은 -5이다.

④ x의 계수는 3이다.

답 **③, ⑤**

2 ㄷ, ㅂ, ㅇ. 다항식의 차수가 2이므로 일차식이 아니다.

ㅅ. 분모에 문자가 있는 식은 다항식이 아니므로 일차식도 아니다.

따라서 일차식인 것은 ㄱ, ㄴ, ㄹ, ㅁ이다.

답 **ㄱ, ㄴ, ㄹ, ㅁ**

3 (3) $21x\div(-3)=21x\times\left(-\frac{1}{3}\right)=-7x$

(4) $\left(-\frac{1}{25}x\right)\div\left(-\frac{1}{5}\right)=\left(-\frac{1}{25}x\right)\times(-5)$
$=\frac{1}{5}x$

답 (1) $\boldsymbol{-8x}$ (2) $\boldsymbol{\frac{5}{3}x}$ (3) $\boldsymbol{-7x}$ (4) $\boldsymbol{\frac{1}{5}x}$

4 (1) $\frac{5}{4}(-8x-12)=\frac{5}{4}\times(-8x)+\frac{5}{4}\times(-12)$
$=-10x-15$

(2) $(-4y+1)\times(-2)=(-4y)\times(-2)+1\times(-2)$
$=8y-2$

(3) $(-30y+15)\div(-5)$
$=(-30y+15)\times\left(-\frac{1}{5}\right)$
$=(-30y)\times\left(-\frac{1}{5}\right)+15\times\left(-\frac{1}{5}\right)$
$=6y-3$

(4) $\left(-\frac{1}{2}x+\frac{1}{3}\right)\div\left(-\frac{3}{2}\right)$
$=\left(-\frac{1}{2}x+\frac{1}{3}\right)\times\left(-\frac{2}{3}\right)$

$=\left(-\frac{1}{2}x\right)\times\left(-\frac{2}{3}\right)+\frac{1}{3}\times\left(-\frac{2}{3}\right)$

$=\frac{1}{3}x-\frac{2}{9}$

답 (1) $\boldsymbol{-10x-15}$ (2) $\boldsymbol{8y-2}$ (3) $\boldsymbol{6y-3}$ (4) $\boldsymbol{\frac{1}{3}x-\frac{2}{9}}$

이런 문제가 시험에 나온다 본문 141쪽

01 ⑤ **02** ④ **03** ⑤

04 (1) $-14x$ (2) $27x$ (3) $-15x+3$

(4) $-\frac{4}{5}y+\frac{32}{5}$ (5) $-4a-5$ (6) $6b-\frac{3}{2}$

05 3 **06** ③

이렇게 풀어요

01 ① 항은 $-4x^2$, $\frac{x}{3}$, -2이다.

② x^2의 계수는 -4이다.

③ 다항식의 차수가 2이므로 일차식이 아니다.

④ x의 계수는 $\frac{1}{3}$이다.

⑤ x의 계수는 $\frac{1}{3}$이고 상수항은 -2이므로

$\frac{1}{3}+(-2)=-\frac{5}{3}$

답 ⑤

02 다항식 중에서 하나의 항으로만 이루어진 식을 단항식이라 한다.

③ $\frac{3x-1}{2}=\frac{3}{2}x-\frac{1}{2}$이므로 항이 2개이다.

④ $5x^2y^2\div 2=\frac{5}{2}x^2y^2$은 항이 1개이므로 단항식이다.

⑤ $\frac{a+b}{xy}$는 분모에 문자가 있으므로 다항식이 아니고 단항식도 아니다.

답 ④

03 ①, ②, ③ 다항식의 차수가 2이므로 일차식이 아니다.

④ 분모에 문자가 있는 식은 다항식이 아니므로 일차식이 아니다.

답 ⑤

04 (2) $(-9x)\div\left(-\frac{1}{3}\right)=(-9x)\times(-3)$

$=27x$

(3) $-3(5x-1)=(-3)\times 5x+(-3)\times(-1)$

$=-15x+3$

(4) $(-y+8)\times\frac{4}{5}=(-y)\times\frac{4}{5}+8\times\frac{4}{5}$

$=-\frac{4}{5}y+\frac{32}{5}$

(5) $(-24a-30)\div 6$

$=(-24a-30)\times\frac{1}{6}$

$=(-24a)\times\frac{1}{6}+(-30)\times\frac{1}{6}$

$=-4a-5$

(6) $(-4b+1)\div\left(-\frac{2}{3}\right)$

$=(-4b+1)\times\left(-\frac{3}{2}\right)$

$=(-4b)\times\left(-\frac{3}{2}\right)+1\times\left(-\frac{3}{2}\right)$

$=6b-\frac{3}{2}$

답 (1) $\boldsymbol{-14x}$ (2) $\boldsymbol{27x}$ (3) $\boldsymbol{-15x+3}$

(4) $\boldsymbol{-\frac{4}{5}y+\frac{32}{5}}$ (5) $\boldsymbol{-4a-5}$ (6) $\boldsymbol{6b-\frac{3}{2}}$

05 x^2의 계수는 8이므로 $a=8$

x의 계수는 -1이므로 $b=-1$

상수항은 4이므로 $c=4$

$\therefore a+b-c=8+(-1)-4$

$=3$

답 3

06 $-6\left(\frac{2}{3}x-4\right)=(-6)\times\frac{2}{3}x+(-6)\times(-4)$

$=-4x+24$

이므로 상수항은 24이다.

$(4y-12)\div\frac{4}{3}=(4y-12)\times\frac{3}{4}$

$=4y\times\frac{3}{4}+(-12)\times\frac{3}{4}$

$=3y-9$

이므로 상수항은 -9이다.

따라서 두 식의 상수항의 합은

$24+(-9)=15$

답 ③

04 일차식의 계산 (2)

개념원리 확인하기 본문 143쪽

01 차수 **02** $3x$, $-7x$, $-\frac{2}{5}x$, $-0.5x$

03 (1) 2, $8x$ (2) 3, $-2x$ (3) 4, 5, 7, $6y$ (4) $3x-2$ (5) $-a+3$

04 (1) $5x-2$ (2) $7a+1$ (3) $2b+7$ (4) $2y-4$

05 (1) $3x-6$ (2) $-7x-8$ (3) $-7a-1$ (4) $-y+1$

이렇게 풀어요

01 답 **차수**

02 답 $\boldsymbol{3x, -7x, -\frac{2}{5}x, -0.5x}$

03 (4) $5x+3-2x-5=5x-2x+3-5$
$=(5-2)x+(3-5)$
$=3x-2$

(5) $7a-2-8a+5=7a-8a-2+5$
$=(7-8)a+(-2+5)$
$=-a+3$

답 (1) **2, $8x$** (2) **3, $-2x$** (3) **4, 5, 7, $6y$** (4) **$3x-2$** (5) **$-a+3$**

04 (1) $(3x+1)+(2x-3)=3x+1+2x-3$
$=3x+2x+1-3$
$=5x-2$

(2) $3(2a-1)+(a+4)=6a-3+a+4$
$=6a+a-3+4$
$=7a+1$

(3) $(4b-3)+2(-b+5)=4b-3-2b+10$
$=4b-2b-3+10$
$=2b+7$

(4) $\frac{1}{2}(2y-4)+\frac{1}{4}(4y-8)=y-2+y-2$
$=y+y-2-2$
$=2y-4$

답 (1) **$5x-2$** (2) **$7a+1$** (3) **$2b+7$** (4) **$2y-4$**

05 (1) $(x+5)-(-2x+11)=x+5+2x-11$
$=x+2x+5-11$
$=3x-6$

(2) $-2(3x+5)-(x-2)=-6x-10-x+2$
$=-6x-x-10+2$
$=-7x-8$

(3) $-3(a+1)-2(2a-1)=-3a-3-4a+2$
$=-3a-4a-3+2$
$=-7a-1$

(4) $\frac{1}{3}(3y-6)-\frac{1}{6}(12y-18)=y-2-2y+3$
$=y-2y-2+3$
$=-y+1$

답 (1) **$3x-6$** (2) **$-7x-8$** (3) **$-7a-1$** (4) **$-y+1$**

핵심문제 익히기 (확인문제) 본문 144~147쪽

1 ④

2 (1) $-3a+5$ (2) x (3) -4 (4) $19x-9$

3 (1) $2x-7$ (2) $x-y$ (3) $-12x+12$ (4) $-19x+4$

4 (1) $\frac{1}{20}x-\frac{57}{20}$ (2) $\frac{1}{4}x-\frac{5}{12}$

5 (1) 3 (2) $7x-13y$

6 (1) $y+10$ (2) $2x-8y$ (3) $5x+25$

7 $-16x+25$ **8** $6x+8$

이렇게 풀어요

1 $-2a$와 문자와 차수가 각각 같은 항을 찾는다.

답 ④

2 (1) $-2(2a-5)-(5-a)=-4a+10-5+a$
$=-4a+a+10-5$
$=-3a+5$

(2) $\frac{1}{2}(4x-4)+\frac{1}{4}(8-4x)=2x-2+2-x$
$=2x-x-2+2$
$=x$

(3) $\frac{2}{3}(3x-9)-2(x-1)$
$=2x-6-2x+2$
$=2x-2x-6+2=-4$

(4) $(15x-6)\div\frac{3}{2}+12\left(\frac{3}{4}x-\frac{5}{12}\right)$

$=(15x-6)\times\frac{2}{3}+9x-5$

$=10x-4+9x-5$

$=10x+9x-4-5=19x-9$

답 (1) $\boldsymbol{-3a+5}$ (2) $\boldsymbol{x}$ (3) $\boldsymbol{-4}$ (4) $\boldsymbol{19x-9}$

3 (1) $3x-5-\{5-(3-x)\}=3x-5-(5-3+x)$

$=3x-5-(x+2)$

$=3x-5-x-2$

$=2x-7$

(2) $2x+\{x-3y-2(x-y)\}$

$=2x+(x-3y-2x+2y)$

$=2x+(-x-y)=2x-x-y$

$=x-y$

(3) $-4x+8-2\{4x-(3-7x)+1\}+14x$

$=-4x+8-2(4x-3+7x+1)+14x$

$=-4x+8-2(11x-2)+14x$

$=-4x+8-22x+4+14x$

$=-12x+12$

(4) $6x-[3x+2\{4x-(-7x+2)\}]$

$=6x-\{3x+2(4x+7x-2)\}$

$=6x-\{3x+2(11x-2)\}$

$=6x-(3x+22x-4)$

$=6x-(25x-4)=6x-25x+4$

$=-19x+4$

답 (1) $\boldsymbol{2x-7}$ (2) $\boldsymbol{x-y}$
(3) $\boldsymbol{-12x+12}$ (4) $\boldsymbol{-19x+4}$

4 (1) $\frac{4x-3}{5}-\frac{3(x+3)}{4}=\frac{4(4x-3)-15(x+3)}{20}$

$=\frac{16x-12-15x-45}{20}$

$=\frac{x-57}{20}=\frac{1}{20}x-\frac{57}{20}$

(2) $\frac{5x-2}{2}-\frac{6x-4}{3}+\frac{-x-3}{4}$

$=\frac{6(5x-2)-4(6x-4)+3(-x-3)}{12}$

$=\frac{30x-12-24x+16-3x-9}{12}$

$=\frac{3x-5}{12}=\frac{1}{4}x-\frac{5}{12}$

답 (1) $\boldsymbol{\frac{1}{20}x-\frac{57}{20}}$ (2) $\boldsymbol{\frac{1}{4}x-\frac{5}{12}}$

5 (1) $ax^2-3x+6-5x^2+2x+b$

$=(a-5)x^2-x+6+b$

주어진 다항식이 x에 대한 일차식이 되려면

$a-5=0 \quad \therefore a=5$

상수항이 4이므로

$6+b=4 \quad \therefore b=-2$

$\therefore a+b=5+(-2)=3$

(2) $3(A+B)-2A+B$

$=3A+3B-2A+B$

$=A+4B$

$=(-x+3y)+4(2x-4y)$

$=-x+3y+8x-16y$

$=7x-13y$

답 (1) **3** (2) $\boldsymbol{7x-13y}$

6 (1) $3(2y-4)+\square=7y-2$에서

$\square=7y-2-3(2y-4)$

$=7y-2-6y+12$

$=y+10$

(2) $4(x-3y)-\square=2x-4y$에서

$\square=4(x-3y)-(2x-4y)$

$=4x-12y-2x+4y$

$=2x-8y$

(3) $\square-2(3x+5)=-x+15$에서

$\square=-x+15+2(3x+5)$

$=-x+15+6x+10$

$=5x+25$

답 (1) $\boldsymbol{y+10}$ (2) $\boldsymbol{2x-8y}$ (3) $\boldsymbol{5x+25}$

7 어떤 다항식을 $\square$라 하면

$\square+(3x-8)=-10x+9$

$\therefore \square=-10x+9-(3x-8)$

$=-10x+9-3x+8$

$=-13x+17$

따라서 바르게 계산한 식은

$-13x+17-(3x-8)=-13x+17-3x+8$

$=-16x+25$

답 $\boldsymbol{-16x+25}$

8 (색칠한 부분의 넓이)

=(큰 직사각형의 넓이)−(작은 직사각형의 넓이)

$=4(3x+1)-2(3x-2)$
$=12x+4-6x+4$
$=6x+8$

답 $6x+8$

계산력 강화하기 본문 148쪽

01 (1) $-3a+2$ (2) 7 (3) $-21x+10$ (4) $-4x+12$ (5) $2x-6$ (6) $7x+7$

02 (1) $6x-16y$ (2) $3x-15$ (3) $5x-4y$ (4) $2x-y$

03 (1) $\frac{29}{14}x+\frac{15}{14}$ (2) $\frac{7}{40}x-\frac{13}{10}$ (3) $-\frac{1}{12}x-\frac{15}{4}$ (4) $\frac{5}{6}x+\frac{31}{12}$ (5) $\frac{1}{6}x$

이렇게 풀어요

01 (1) $(-a+3)-(1+2a)$
$=-a+3-1-2a$
$=-3a+2$

(2) $2(3x-1)-3(2x-3)$
$=6x-2-6x+9$
$=7$

(3) $4(-3x+1)-3(3x-2)$
$=-12x+4-9x+6$
$=-21x+10$

(4) $-6(-5+3x)-2(-7x+9)$
$=30-18x+14x-18$
$=-4x+12$

(5) $6\left(\frac{2}{3}x-\frac{1}{2}\right)-4\left(\frac{1}{2}x+\frac{3}{4}\right)$
$=4x-3-2x-3$
$=2x-6$

(6) $-15\left(-\frac{2}{3}x+\frac{1}{5}\right)-12\left(\frac{1}{4}x-\frac{5}{6}\right)$
$=10x-3-3x+10$
$=7x+7$

답 (1) $-3a+2$ (2) 7 (3) $-21x+10$ (4) $-4x+12$ (5) $2x-6$ (6) $7x+7$

02 (1) $4(x-3y)-\{3y-(2x-y)\}$
$=4x-12y-(3y-2x+y)$
$=4x-12y-(-2x+4y)$
$=4x-12y+2x-4y$
$=6x-16y$

(2) $-4(x-1)-\{3(1-x)-4(-4+x)\}$
$=-4x+4-(3-3x+16-4x)$
$=-4x+4-(-7x+19)$
$=-4x+4+7x-19$
$=3x-15$

(3) $2x-[7y-2x-\{2x-(x-3y)\}]$
$=2x-\{7y-2x-(2x-x+3y)\}$
$=2x-\{7y-2x-(x+3y)\}$
$=2x-(7y-2x-x-3y)$
$=2x-(-3x+4y)$
$=2x+3x-4y$
$=5x-4y$

(4) $x+3y-[2x-y-\{4(x-y)-(x+y)\}]$
$=x+3y-\{2x-y-(4x-4y-x-y)\}$
$=x+3y-\{2x-y-(3x-5y)\}$
$=x+3y-(2x-y-3x+5y)$
$=x+3y-(-x+4y)$
$=x+3y+x-4y$
$=2x-y$

답 (1) $6x-16y$ (2) $3x-15$ (3) $5x-4y$ (4) $2x-y$

03 (1) $\frac{5x+1}{2}-\frac{3x-4}{7}=\frac{7(5x+1)-2(3x-4)}{14}$
$=\frac{35x+7-6x+8}{14}$
$=\frac{29x+15}{14}$
$=\frac{29}{14}x+\frac{15}{14}$

(2) $\frac{3(x-4)}{8}+\frac{-x+1}{5}=\frac{15(x-4)+8(-x+1)}{40}$
$=\frac{15x-60-8x+8}{40}$
$=\frac{7x-52}{40}=\frac{7}{40}x-\frac{13}{10}$

(3) $\frac{x-1}{4}+\frac{2x-3}{3}-\frac{2x+5}{2}$
$=\frac{3(x-1)+4(2x-3)-6(2x+5)}{12}$
$=\frac{3x-3+8x-12-12x-30}{12}$
$=\frac{-x-45}{12}=-\frac{1}{12}x-\frac{15}{4}$

(4) $\frac{4x+1}{4}-\frac{5(x-2)}{6}+\frac{2(x+1)}{3}$

$=\frac{3(4x+1)-10(x-2)+8(x+1)}{12}$

$=\frac{12x+3-10x+20+8x+8}{12}$

$=\frac{10x+31}{12}$

$=\frac{5}{6}x+\frac{31}{12}$

(5) $\frac{2x-5}{3}-\left\{\frac{3x-1}{2}-\left(x+\frac{7}{6}\right)\right\}$

$=\frac{2x-5}{3}-\left(\frac{3x-1}{2}-x-\frac{7}{6}\right)$

$=\frac{2x-5}{3}-\frac{3x-1}{2}+x+\frac{7}{6}$

$=\frac{2(2x-5)-3(3x-1)+6x+7}{6}$

$=\frac{4x-10-9x+3+6x+7}{6}$

$=\frac{1}{6}x$

답 (1) $\mathbf{\frac{29}{14}x+\frac{15}{14}}$ (2) $\mathbf{\frac{7}{40}x-\frac{13}{10}}$ (3) $\mathbf{-\frac{1}{12}x-\frac{15}{4}}$

(4) $\mathbf{\frac{5}{6}x+\frac{31}{12}}$ (5) $\mathbf{\frac{1}{6}x}$

이런 문제가 시험에 나온다 본문 149쪽

01 ④ **02** ⑤

03 (1) $-5x+1$ (2) $\frac{5}{12}a+\frac{25}{12}$ **04** ⑤

05 $\frac{8}{3}x-12$ **06** $2x-18$ **07** $\frac{5}{12}$

이렇게 풀어요

01 ① x와 x^3은 문자는 같으나 차수가 각각 1, 3으로 다르다.

② -6과 $-6x$는 문자와 차수 모두 다르다.

③ $-7a$와 $-7x$는 차수는 1로 같으나 문자가 a, x로 다르다.

④ $12x$와 $-24x$는 문자가 같고 차수도 1로 같으므로 동류항이다.

⑤ $xy^3=x\times y\times y\times y$, $x^3y=x\times x\times x\times y$이므로 동류항이 아니다.

답 ④

02 ① $-(x+7)-3\left(\frac{2}{3}x-1\right)=-x-7-2x+3$

$=-3x-4$

② $6\left(\frac{1}{2}x-\frac{1}{3}\right)-8\left(\frac{1}{4}x-\frac{5}{8}\right)=3x-2-2x+5$

$=x+3$

③ $-3(2x-5)-(-2x+3)=-6x+15+2x-3$

$=-4x+12$

④ $-4(2x+1)-\frac{1}{3}(6x-9)=-8x-4-2x+3$

$=-10x-1$

⑤ $(18a-6)\div\frac{3}{2}-15\left(\frac{5}{3}a-\frac{4}{15}\right)$

$=(18a-6)\times\frac{2}{3}-25a+4=12a-4-25a+4$

$=-13a$

답 ⑤

03 (1) $7x-\{3x+1-(-5x+2)\}-4x$

$=7x-(3x+1+5x-2)-4x$

$=7x-(8x-1)-4x$

$=7x-8x+1-4x$

$=-5x+1$

(2) $\frac{2a+1}{3}-\frac{a-2}{2}+\frac{a+3}{4}$

$=\frac{4(2a+1)-6(a-2)+3(a+3)}{12}$

$=\frac{8a+4-6a+12+3a+9}{12}$

$=\frac{5a+25}{12}=\frac{5}{12}a+\frac{25}{12}$

답 (1) $\mathbf{-5x+1}$ (2) $\mathbf{\frac{5}{12}a+\frac{25}{12}}$

04 $A-2(B-C)$

$=A-2B+2C$

$=(3x-2y+1)-2(3y-2)+2(2x-3)$

$=3x-2y+1-6y+4+4x-6$

$=7x-8y-1$

답 ⑤

05 $\frac{2}{3}(x-6)-\square=-2x+8$에서

$\square=\frac{2}{3}(x-6)-(-2x+8)$

$=\frac{2}{3}x-4+2x-8=\frac{8}{3}x-12$

답 $\mathbf{\frac{8}{3}x-12}$

06 $A+(5x-3)=7x-7$에서

$A=7x-7-(5x-3)$
$=7x-7-5x+3$
$=2x-4$

$B-(2x+7)=-2x+7$에서

$B=-2x+7+(2x+7)$
$=-2x+7+2x+7=14$

$\therefore A-B=(2x-4)-14$
$=2x-4-14$
$=2x-18$

답 $\mathbf{2x-18}$

07 $2-\frac{7}{4}x-\frac{5}{3}+\frac{5}{2}x=-\frac{7}{4}x+\frac{5}{2}x+2-\frac{5}{3}$
$=-\frac{7}{4}x+\frac{10}{4}x+\frac{6}{3}-\frac{5}{3}$
$=\frac{3}{4}x+\frac{1}{3}$

따라서 $a=\frac{3}{4}$, $b=\frac{1}{3}$이므로

$a-b=\frac{3}{4}-\frac{1}{3}=\frac{9}{12}-\frac{4}{12}=\frac{5}{12}$

답 $\frac{5}{12}$

1 step (기본문제)

본문 150~151쪽

01 ①, ④	**02** ②	**03** 3개	**04** ④
05 ④	**06** ④	**07** ⑤	**08** ③
09 ②	**10** 40 ℃	**11** -3	
12 (1) -15 (2) $-\frac{1}{9}$ (3) 18			

이렇게 풀어요

01 다항식 중에서 하나의 항으로만 이루어진 식을 단항식이라 한다.

답 ①, ④

02 ① 분모에 문자가 있는 식은 다항식이 아니므로 일차식이 아니다.

③ 다항식의 차수가 2이므로 일차식이 아니다.

④ $3x(x-1)=3x^2-3x$

즉, 다항식의 차수가 2이므로 일차식이 아니다.

⑤ $2x+2-2(x-1)=2x+2-2x+2=4$이므로 일차식이 아니다.

답 ②

03 $\frac{3}{4}x$와 동류항인 것은 $0.1x$, $-\frac{6}{7}x$, $\frac{x}{2}$의 3개이다.

답 3개

04 ④ y의 계수는 $-\frac{1}{2}$이다.

답 ④

05 ① $x\div(y\div5)=x\div\left(y\times\frac{1}{5}\right)=x\div\frac{y}{5}$
$=x\times\frac{5}{y}=\frac{5x}{y}$

② $x\div(y\times z)=x\div yz=x\times\frac{1}{yz}=\frac{x}{yz}$

③ $(-1)\times y\div(x+z)=(-1)\times y\times\frac{1}{x+z}$
$=-\frac{y}{x+z}$

④ $2\times a\div\left(\frac{1}{3}\times b\right)=2a\div\frac{b}{3}=2a\times\frac{3}{b}=\frac{6a}{b}$

⑤ $a-3\div a\div b=a-3\times\frac{1}{a}\times\frac{1}{b}$
$=a-\frac{3}{ab}$

답 ④

06 ① $-2(3x-1)=-6x+2$

② $12a\div\left(-\frac{3}{2}\right)=12a\times\left(-\frac{2}{3}\right)=-8a$

③ $(0.4x-3)\times5=2x-15$

④ $(4x-8)\div\left(-\frac{4}{7}\right)=(4x-8)\times\left(-\frac{7}{4}\right)$
$=-7x+14$

⑤ $\left(\frac{4}{5}x-\frac{7}{10}\right)\times10=8x-7$

답 ④

07 ① $3x$ cm

② $10a+b$

③ $p\times\left(1-\frac{10}{100}\right)=\frac{9}{10}p$(원)

④ (속력)$=\frac{(거리)}{(시간)}$이므로 시속 $\frac{a}{5}$ km

⑤ (소금의 양)$=\frac{(\text{소금물의 농도})}{100}\times$(소금물의 양)이므로

$\frac{a}{100}\times200+\frac{b}{100}\times800=2a+8b(\text{g})$

답 ⑤

08 $\frac{6x-5}{6}-\frac{2x+1}{3}=\frac{6x-5-2(2x+1)}{6}$

$=\frac{6x-5-4x-2}{6}=\frac{2x-7}{6}$

답 ③

09 $\frac{-2x+3}{6}-\square=\frac{x-5}{2}$에서

$\square=\frac{-2x+3}{6}-\frac{x-5}{2}$

$=\frac{-2x+3-3(x-5)}{6}$

$=\frac{-2x+3-3x+15}{6}=\frac{-5x+18}{6}$

답 ②

10 $x=104$를 $y=\frac{5}{9}(x-32)$에 대입하면

$y=\frac{5}{9}(104-32)=\frac{5}{9}\times72=40(℃)$

답 **40 ℃**

11 $-3(A-7)-2(A+4B)$

$=-3A+21-2A-8B$

$=-5A-8B+21$

$=-5(-3x+2y+5)-8(-2x+y-7)+21$

$=15x-10y-25+16x-8y+56+21$

$=31x-18y+52$

따라서 $a=31$, $b=-18$, $c=52$이므로

$a-b-c=31-(-18)-52$

$=31+18-52=-3$

답 **−3**

12 (1) $(-x)^3+4xy+1=\{-(-2)\}^3+4\times(-2)\times3+1$

$=8-24+1=-15$

(2) $3\div(-x^2)\div y=3\div\{-(-3)^2\}\div3$

$=3\div(-9)\div3$

$=3\times\left(-\frac{1}{9}\right)\times\frac{1}{3}=-\frac{1}{9}$

(3) $9xy-3y^3=9\times\frac{1}{3}\times(-2)-3\times(-2)^3$

$=-6+24$

$=18$

답 (1) **−15** (2) $-\frac{1}{9}$ (3) **18**

2 step (발전문제)

본문 152~154쪽

01 ③	02 ③	03 ④
04 (1) $\frac{5}{12}x-\frac{1}{12}$	(2) $-\frac{7}{15}x+\frac{3}{5}y$	(3) $-\frac{35}{3}x+6$
05 $-3x-7$	06 $7x+2y$	07 -6
08 $-4x-23$	09 (1) -120 (2) -1	(3) 10
10 $-4x+12$	11 $5x+5$	12 $\frac{5}{12}$
13 ②	14 ③	15 $2x+11$
16 $\left(\frac{7}{10}a+\frac{4}{5}b\right)$원		17 ⑤
18 ③		

이렇게 풀어요

01 ① 단항식은 ㄱ, ㄷ의 2개이다.

② 일차식은 ㄱ, ㄹ, ㅁ, ㅂ의 4개이다.

③ ㄱ과 ㄷ은 문자는 같지만 차수가 다르므로 동류항이 아니다.

⑤ ㅁ의 항은 $0.6x$, 5의 2개이다.

따라서 옳지 않은 것은 ③이다.

답 ③

02 ① $2x=2\times\left(-\frac{1}{3}\right)=-\frac{2}{3}$

② $x^2=\left(-\frac{1}{3}\right)^2=\frac{1}{9}$

③ $\frac{1}{x^2}=1\div x^2=1\div\left(-\frac{1}{3}\right)^2=1\div\frac{1}{9}=1\times9=9$

④ $-x^2=-\left(-\frac{1}{3}\right)^2=-\frac{1}{9}$

⑤ $-\frac{1}{x}=(-1)\div x=(-1)\div\left(-\frac{1}{3}\right)$

$=(-1)\times(-3)=3$

답 ③

03 $x\div(y\div z)=x\div\left(y\times\frac{1}{z}\right)=x\div\frac{y}{z}=x\times\frac{z}{y}=\frac{xz}{y}$

① $x\div y\times z=x\times\frac{1}{y}\times z=\frac{xz}{y}$

② $z\div\left(y\times\frac{1}{x}\right)=z\div\frac{y}{x}=z\times\frac{x}{y}=\frac{xz}{y}$

③ $x\div y\div\frac{1}{z}=x\times\frac{1}{y}\times z=\frac{xz}{y}$

④ $y\div\frac{1}{x}\div\frac{1}{z}=y\times x\times z=xyz$

⑤ $\frac{1}{y}\div\frac{1}{x}\div\frac{1}{z}=\frac{1}{y}\times x\times z=\frac{xz}{y}$

답 ④

04 (1) $\frac{3x+1}{2}-\frac{4x-2}{3}+\frac{x-5}{4}$

$=\frac{6(3x+1)-4(4x-2)+3(x-5)}{12}$

$=\frac{18x+6-16x+8+3x-15}{12}$

$=\frac{5x-1}{12}=\frac{5}{12}x-\frac{1}{12}$

(2) $\frac{5x-3y}{6}-\frac{3x-y}{10}-x+y$

$=\frac{5(5x-3y)-3(3x-y)+30(-x+y)}{30}$

$=\frac{25x-15y-9x+3y-30x+30y}{30}$

$=\frac{-14x+18y}{30}=-\frac{7}{15}x+\frac{3}{5}y$

(3) $\frac{3-2x}{3}-\{x-5(1-2x)\}$

$=\frac{3-2x}{3}-(x-5+10x)$

$=\frac{3-2x}{3}-(11x-5)$

$=\frac{3-2x-3(11x-5)}{3}$

$=\frac{3-2x-33x+15}{3}$

$=\frac{-35x+18}{3}=-\frac{35}{3}x+6$

답 (1) $\frac{5}{12}x-\frac{1}{12}$ (2) $-\frac{7}{15}x+\frac{3}{5}y$ (3) $-\frac{35}{3}x+6$

05 $A=(24x-18)\div 6-(14x-21)\div 7$

$=(24x-18)\times\frac{1}{6}-(14x-21)\times\frac{1}{7}$

$=4x-3-(2x-3)$

$=4x-3-2x+3=2x$

$B=\frac{3}{2}(4x-2)-10\left(\frac{x}{5}-1\right)$

$=6x-3-2x+10$

$=4x+7$

$\therefore \frac{A}{2}-B=\frac{2x}{2}-(4x+7)$

$=x-4x-7$

$=-3x-7$

답 $-3x-7$

06 $6x-[5y-3x-\{2x-(4x-7y)\}]$

$=6x-\{5y-3x-(2x-4x+7y)\}$

$=6x-\{5y-3x-(-2x+7y)\}$

$=6x-(5y-3x+2x-7y)$

$=6x-(-x-2y)$

$=6x+x+2y$

$=7x+2y$

답 $7x+2y$

07 $2(3x^2-x)+ax^2+5x-2$

$=6x^2-2x+ax^2+5x-2$

$=(6+a)x^2+3x-2$

주어진 다항식이 x에 대한 일차식이 되려면

$6+a=0 \qquad \therefore a=-6$

답 -6

08 $B=\frac{3x+6}{2}\div\frac{3}{2}=\frac{3x+6}{2}\times\frac{2}{3}$

$=(3x+6)\times\frac{1}{3}=x+2$

이므로

$3A+\{5A-2(A+3B)-1\}$

$=3A+(5A-2A-6B-1)$

$=3A+(3A-6B-1)$

$=3A+3A-6B-1$

$=6A-6B-1$

$=6\times\frac{x-5}{3}-6(x+2)-1$

$=2x-10-6x-12-1$

$=-4x-23$

답 $-4x-23$

09 (1) $15\left(\frac{2}{3}x-\frac{1}{5}\right)-12\left(\frac{1}{4}-\frac{5}{6}x\right)$

$=10x-3-3+10x$

$=20x-6$

따라서 x의 계수는 20, 상수항은 -6이므로

$20\times(-6)=-120$

(2) $ax+\frac{1}{2}-\left(\frac{1}{3}x+b\right)=ax+\frac{1}{2}-\frac{1}{3}x-b$

$=\left(a-\frac{1}{3}\right)x+\left(\frac{1}{2}-b\right)$

x의 계수가 1이므로 $a-\frac{1}{3}=1$

$\therefore a=1+\frac{1}{3}=\frac{4}{3}$

상수항이 -2이므로 $\frac{1}{2}-b=-2$

$\therefore b=\frac{1}{2}-(-2)=\frac{5}{2}$

$\therefore 3a-2b=3\times\frac{4}{3}-2\times\frac{5}{2}$

$=4-5$

$=-1$

(3) $\frac{ax+b}{2}-\frac{ax-b}{5}=\frac{5(ax+b)-2(ax-b)}{10}$

$=\frac{5ax+5b-2ax+2b}{10}$

$=\frac{3ax+7b}{10}$

$=\frac{3a}{10}x+\frac{7b}{10}$

x의 계수가 -6이므로 $\frac{3a}{10}=-6$

$\therefore a=(-6)\div\frac{3}{10}=(-6)\times\frac{10}{3}=-20$

상수항이 -21이므로 $\frac{7b}{10}=-21$

$\therefore b=(-21)\div\frac{7}{10}=(-21)\times\frac{10}{7}=-30$

$\therefore a-b=-20-(-30)$

$=10$

답 (1) **-120** (2) **-1** (3) **10**

10 가로에 놓인 세 식의 합은

$(12x-10)+(4x-2)+(-4x+6)=12x-6$

따라서 세로에 놓인 세 식의 합이 $12x-6$이어야 하므로

$A+(12x-10)+(-2x)=12x-6$

$A+10x-10=12x-6$

$\therefore A=12x-6-(10x-10)$

$=12x-6-10x+10$

$=2x+4$

또, 대각선에 놓인 세 식의 합이 $12x-6$이어야 하므로

$A+(4x-2)+B=12x-6$

$2x+4+4x-2+B=12x-6$

$6x+2+B=12x-6$

$\therefore B=12x-6-(6x+2)$

$=12x-6-6x-2$

$=6x-8$

$\therefore A-B=2x+4-(6x-8)$

$=2x+4-6x+8$

$=-4x+12$

답 **$-4x+12$**

11 $A+(2x-1)=6x+2$에서

$A=6x+2-(2x-1)$

$=6x+2-2x+1$

$=4x+3$

$B-(5x+3)=-4x-1$에서

$B=-4x-1+(5x+3)$

$=-4x-1+5x+3$

$=x+2$

$\therefore A+B=4x+3+(x+2)$

$=4x+3+x+2$

$=5x+5$

답 **$5x+5$**

12 $\frac{2}{3}(4x-y-3)-\frac{5x-3y}{2}$

$=\frac{4(4x-y-3)-3(5x-3y)}{6}$

$=\frac{16x-4y-12-15x+9y}{6}$

$=\frac{x+5y-12}{6}$

위의 식에 $x=-\frac{1}{2}$, $y=3$을 대입하면

$\frac{1}{6}\times\left(-\frac{1}{2}+5\times3-12\right)=\frac{1}{6}\times\left(-\frac{1}{2}+15-12\right)$

$=\frac{1}{6}\times\frac{5}{2}$

$=\frac{5}{12}$

답 **$\frac{5}{12}$**

13 밑면의 넓이는 $a\times b=ab$
옆면의 넓이는 $b\times c=bc$, $c\times a=ca$
따라서 직육면체의 겉넓이는
$2ab+2bc+2ca=2(ab+bc+ca)$

답 ②

14 $\frac{2}{a}+\frac{3}{b}-\frac{4}{c}=2\div a+3\div b-4\div c$

$=2\div\frac{1}{2}+3\div\left(-\frac{3}{2}\right)-4\div\frac{2}{5}$

$=2\times2+3\times\left(-\frac{2}{3}\right)-4\times\frac{5}{2}$

$=4-2-10$

$=-8$

답 ③

15 (색칠한 부분의 넓이)
=(삼각형의 넓이)+(큰 직사각형의 넓이)
−(작은 직사각형의 넓이)

$=\frac{1}{2}\times5\times2+5\times x-3\times(x-2)$

$=5+5x-3x+6=2x+11$

답 $2x+11$

16 정가가 a원인 가방의 30 % 할인 금액은

$a\times\frac{30}{100}$(원)

정가가 b원인 책의 20 % 할인 금액은

$b\times\frac{20}{100}$(원)

따라서 지불해야 할 금액은

$\left(a-a\times\frac{30}{100}\right)+\left(b-b\times\frac{20}{100}\right)$

$=a-\frac{3}{10}a+b-\frac{1}{5}b$

$=\frac{7}{10}a+\frac{4}{5}b$(원)

답 $\left(\frac{7}{10}a+\frac{4}{5}b\right)$원

17 $-x^{99}-(-y)^2\times(-x^{100})\div\left(-\frac{y}{x}\right)^2$

$=-(-1)^{99}-(-2)^2\times\{-(-1)^{100}\}\div\left(-\frac{2}{-1}\right)^2$

$=-(-1)-4\times(-1)\div4$

$=1+4\times\frac{1}{4}=2$

답 ⑤

18 $|x|=3$, $|y|=2$이고, $x<y$, $y>0$이므로

$x=-3$, $y=2$

$\therefore \frac{x^2+3xy+5y}{x+y}=\frac{(-3)^2+3\times(-3)\times2+5\times2}{(-3)+2}$

$=\frac{9-18+10}{-1}$

$=\frac{1}{-1}=-1$

답 ③

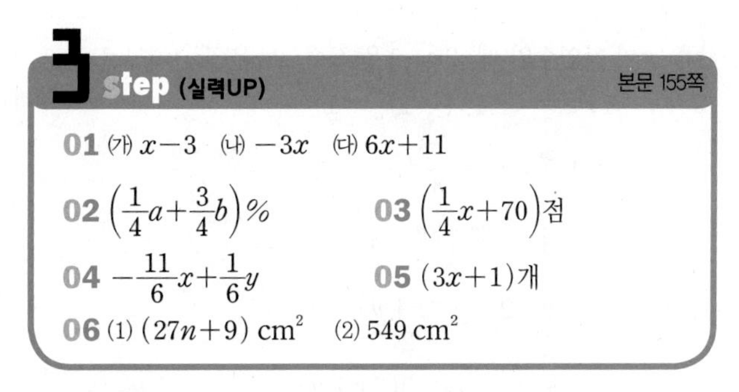

3 step (실력UP) 본문 155쪽

01 (가) $x-3$ (나) $-3x$ (다) $6x+11$

02 $\left(\frac{1}{4}a+\frac{3}{4}b\right)\%$ **03** $\left(\frac{1}{4}x+70\right)$점

04 $-\frac{11}{6}x+\frac{1}{6}y$ **05** $(3x+1)$개

06 (1) $(27n+9)$ cm^2 (2) 549 cm^2

이렇게 풀어요

01 $\boxed{(가)}+(-2x+5)=-x+2$에서

$\boxed{(가)}=-x+2-(-2x+5)$

$=-x+2+2x-5=x-3$

$(4x-3)+\boxed{(나)}=\boxed{(가)}$에서

$(4x-3)+\boxed{(나)}=x-3$

$\therefore \boxed{(나)}=x-3-(4x-3)=x-3-4x+3=-3x$

$\boxed{(다)}+(-8x-6)=-2x+5$에서

$\boxed{(다)}=-2x+5-(-8x-6)$

$=-2x+5+8x+6$

$=6x+11$

답 (가) $x-3$ (나) $-3x$ (다) $6x+11$

02 a %의 소금물 200 g과 b %의 소금물 600 g을 섞은 소금물에 들어 있는 소금의 양은

$\frac{a}{100}\times200+\frac{b}{100}\times600=2a+6b$(g)

따라서 소금물의 농도는

$\frac{2a+6b}{200+600}\times100=\frac{2a+6b}{800}\times100$

$=\frac{2a+6b}{8}=\frac{1}{4}a+\frac{3}{4}b(\%)$

답 $\left(\frac{1}{4}a+\frac{3}{4}b\right)\%$

03 80점을 맞은 학생 x명의 총점은 $80x$점

70점을 맞은 학생은 $(40-x)$명이므로 70점을 맞은 학생의 총점은 $70(40-x)=2800-70x$(점)

전체 학생의 총점은

$80x+(2800-70x)=10x+2800$(점)

따라서 40명의 학생에 대한 수학 점수의 평균은

$\frac{10x+2800}{40}=\frac{1}{4}x+70$(점)

답 $\left(\frac{1}{4}x+70\right)$점

04 n이 자연수일 때, $2n-1$은 홀수, $2n$은 짝수이므로

$(-1)^{2n-1}=-1$, $(-1)^{2n}=1$

$\therefore (-1)^{2n-1}\times\frac{x-2y}{3}-(-1)^{2n}\times\frac{3x+y}{2}$

$=(-1)\times\frac{x-2y}{3}-1\times\frac{3x+y}{2}$

$=\frac{-x+2y}{3}-\frac{3x+y}{2}$

$=\frac{2(-x+2y)-3(3x+y)}{6}$

$=\frac{-2x+4y-9x-3y}{6}$

$=\frac{-11x+y}{6}$

$=-\frac{11}{6}x+\frac{1}{6}y$

답 $-\frac{11}{6}x+\frac{1}{6}y$

05 정사각형이 1개씩 늘어날 때마다 성냥개비가 3개씩 늘어난다.

정사각형의 개수	성냥개비의 개수
1	4
2	4+3
3	4+3+3
⋮	⋮
x	$4+3+3+\cdots+3$ └ $(x-1)$개 ┘

따라서 정사각형이 x개 만들어질 때, 사용한 성냥개비의 개수는

$4+3(x-1)=4+3x-3$

$=3x+1$(개)

답 $(3x+1)$개

06 (1) 정사각형 n개를 포개어 놓았을 때, 겹쳐진 부분은 $(n-1)$개가 생기므로 보이는 부분의 넓이는

3 cm
6 cm
…

$(6\times6)\times n-(3\times3)\times(n-1)$

$=36n-9n+9$

$=27n+9(\text{cm}^2)$

(2) $27n+9$에 $n=20$을 대입하면

$27\times20+9=540+9=549(\text{cm}^2)$

답 (1) $(27n+9)$ cm^2 (2) 549 cm^2

서술형 대비 문제

본문 156~157쪽

1 $7x-16$ **2** $-x+17$ **3** $\frac{48}{7}$ **4** -10
5 (1) $4y-2$ (2) $y-3$ **6** $12x+40$, 64

이렇게 풀어요

1 1단계 $-(A+2B-C)+2(A-C)$

$=-A-2B+C+2A-2C$

$=A-2B-C$

2단계 $=2x-3-2(-2x+7)-(-x-1)$

$=2x-3+4x-14+x+1$

$=7x-16$

답 $7x-16$

2 1단계 $A+(3x-6)=5x-2$에서

$A=5x-2-(3x-6)$

$=5x-2-3x+6$

$=2x+4$

2단계 $x+6-B=4x-7$에서

$B=x+6-(4x-7)$

$=x+6-4x+7$

$=-3x+13$

3단계 $\therefore A+B=2x+4+(-3x+13)$

$=2x+4-3x+13$

$=-x+17$

답 $-x+17$

3 1단계 $\frac{x}{y}-16xy=x\div y-16\times x\times y$

$=\frac{1}{4}\div\left(-\frac{7}{4}\right)-16\times\frac{1}{4}\times\left(-\frac{7}{4}\right)$

2단계 $=\frac{1}{4}\times\left(-\frac{4}{7}\right)+7$

$=-\frac{1}{7}+7$

$=\frac{48}{7}$

답 $\frac{48}{7}$

단계	채점요소	배점
1	x, y의 값을 주어진 식에 대입하기	3점
2	식의 값 구하기	3점

4 1단계 $8\left(\frac{3}{4}x-\frac{1}{2}\right)-6\left(\frac{1}{3}x-\frac{1}{4}\right)$

$=6x-4-2x+\frac{3}{2}=4x-\frac{5}{2}$

2단계 따라서 $A=4$, $B=-\frac{5}{2}$이므로

3단계 $AB=4\times\left(-\frac{5}{2}\right)=-10$

답 -10

단계	채점요소	배점
1	주어진 식 간단히 하기	3점
2	A, B의 값 구하기	1점
3	AB의 값 구하기	2점

5 1단계 (1) 어떤 다항식을 □라 하면

□$+(3y+1)=7y-1$

$\therefore$ □$=7y-1-(3y+1)$

$=7y-1-3y-1$

$=4y-2$

2단계 (2) 바르게 계산한 식은

$4y-2-(3y+1)=4y-2-3y-1$

$=y-3$

답 (1) $4y-2$ (2) $y-3$

단계	채점요소	배점
1	어떤 다항식 구하기	4점
2	바르게 계산한 식 구하기	3점

6 1단계 (색칠한 부분의 넓이)

=(정사각형의 넓이)−(안쪽 직사각형의 넓이)

$=10\times10-6\times(10-2x)$

$=100-60+12x$

$=12x+40$

2단계 $x=2$를 $12x+40$에 대입하면

$12\times2+40=64$

답 $12x+40$, 64

단계	채점요소	배점
1	색칠한 부분의 넓이를 문자를 사용한 식으로 나타내기	5점
2	$x=2$일 때의 넓이 구하기	2점

2 일차방정식의 풀이

01 방정식과 그 해

개념원리 확인하기 본문 161쪽

01 풀이 참조 **02** ②
03 (1) 방 (2) 항 (3) 항 (4) 방 **04** ㄷ, ㄹ

이렇게 풀어요

01

	등식이면 ○, 등식이 아니면 ×	등식일 때	
		좌변	우변
$5x-2=3x$	○	$5x-2$	$3x$
$x>7$	×		
$3+7=10$	○	$3+7$	10
$2x+1$	×		
$4x-7\le 6$	×		

답 **풀이 참조**

02 각 방정식에 $x=2$를 대입하여 등식이 성립하는 것을 찾는다.
① $5\times2-10\neq-5$
② $4\times2-4=2\times2$
③ $3\times2-1\neq6$
④ $7\times2-6\neq5\times2$
⑤ $2-6\neq3\times2-6+2\times2$
따라서 해가 $x=2$인 방정식은 ②이다.

답 ②

03 (1) $3x+1=10$은 $x=3$일 때만 등식이 성립하므로 방정식이다.
(2) $x-7x=-6x$에서 좌변을 정리하면 $x-7x=-6x$, 즉 (좌변)=(우변)이므로 x에 어떤 수를 대입하여도 등식이 성립한다. ∴ 항등식
(3) $2(x-5)=2x-10$에서 좌변을 정리하면 $2(x-5)=2x-10$, 즉 (좌변)=(우변)이므로 x에 어떤 수를 대입하여도 등식이 성립한다. ∴ 항등식
(4) $8x-x=x$는 $x=0$일 때만 등식이 성립하므로 방정식이다.

답 (1) **방** (2) **항** (3) **항** (4) **방**

04 ㄱ. $2x=6$에서 $x=3$일 때만 등식이 성립하므로 방정식이다.
ㄴ. $x+1=5$에서 $x=4$일 때만 등식이 성립하므로 방정식이다.
ㄷ. $x+x=2x$에서 좌변을 정리하면 $x+x=2x$, 즉 (좌변)=(우변)이므로 x에 어떤 수를 대입하여도 등식이 성립한다. ∴ 항등식
ㄹ. $2x-1=x+x-1$에서 우변을 정리하면 $x+x-1=2x-1$, 즉 (좌변)=(우변)이므로 x에 어떤 수를 대입하여도 등식이 성립한다. ∴ 항등식

답 **ㄷ, ㄹ**

핵심문제 익히기 (확인문제) 본문 162~163쪽

1 (1) $6x=9$ (2) $3000-400x=200$
2 ④ **3** ④ **4** 4

이렇게 풀어요

1 (1) (거리)=(속력)×(시간)이므로 $6x=9$
(2) 400원짜리 볼펜을 x자루 사고 3000원을 내었을 때의 거스름돈 ⇨ $(3000-400x)$원
∴ $3000-400x=200$

답 (1) $\boldsymbol{6x=9}$ (2) $\boldsymbol{3000-400x=200}$

2 각 방정식에 $x=-3$을 대입하여 등식이 성립하는 것을 찾는다.
① $5\times(-3)+3\neq2\times(-3)$
② $0.3\times(-3)+1\neq0.5$
③ $2\times(-3)+3\neq-(-3-3)$
④ $4(-3+3)=-3(-3+3)$
⑤ $\frac{2}{3}\times(-3)-\frac{1}{2}\neq-\frac{3}{6}+1$
따라서 해가 $x=-3$인 방정식은 ④이다.

답 ④

3 x의 값에 관계없이 항상 성립하는 것은 x에 대한 항등식이다.
① $x+3=5$에서 $x=2$일 때만 등식이 성립하므로 방정식이다.

② $x-3=2x$에서 $x=-3$일 때만 등식이 성립하므로 방정식이다.

③ $2x-1=4x-2$에서 $x=\frac{1}{2}$일 때만 등식이 성립하므로 방정식이다.

④ $2x-5=-5+2x$에서 (좌변)=(우변)이므로 x에 어떤 수를 대입하여도 등식이 성립한다. ∴ 항등식

⑤ $2x+3=5x$에서 $x=1$일 때만 등식이 성립하므로 방정식이다.

답 ④

4 $9x+2=a(1+3x)+b$에서 우변을 정리하면

$a(1+3x)+b=3ax+a+b$

따라서 $9x+2=3ax+a+b$가 모든 x에 대하여 항상 참, 즉 x에 대한 항등식이므로

$9=3a$에서 $a=3$

$2=a+b$에서 $b=-1$

$\therefore a-b=3-(-1)=4$

답 **4**

이런 문제가 시험에 나온다 본문 164쪽

01 ㄱ, ㅁ	**02** ③	**03** ③
04 ⑤	**05** 5	**06** $9x-12$

이렇게 풀어요

01 보기의 문장을 식으로 나타내면

ㄱ. $x-6=4$ ㄴ. $-6<-5$

ㄷ. $2x+3\neq 7$ ㄹ. $3(x+2)$

ㅁ. $x\div 2=8$

따라서 등식인 것은 ㄱ, ㅁ이다.

답 **ㄱ, ㅁ**

02 ① $5x-5=5(x-1)$에서 우변을 정리하면

$5(x-1)=5x-5$, 즉 (좌변)=(우변)이므로 x에 어떤 수를 대입하여도 등식이 성립한다. ∴ 항등식

② $2x+1=3x+1-x$에서 우변을 정리하면

$3x+1-x=2x+1$, 즉 (좌변)=(우변)이므로 x에 어떤 수를 대입하여도 등식이 성립한다. ∴ 항등식

③ $x-3=2x-3$에서 $x=0$일 때만 등식이 성립하므로 방정식이다.

④ $4x-6=2(2x-3)$에서 우변을 정리하면

$2(2x-3)=4x-6$, 즉 (좌변)=(우변)이므로 x에 어떤 수를 대입하여도 등식이 성립한다. ∴ 항등식

⑤ $5x+3x=8x$에서 좌변을 정리하면 $5x+3x=8x$, 즉 (좌변)=(우변)이므로 x에 어떤 수를 대입하여도 등식이 성립한다. ∴ 항등식

답 ③

03 [ ] 안의 수를 주어진 방정식의 x에 대입하면

① $2\times(-1)+1\neq 1$ ② $3-2\neq 5$

③ $\frac{-6}{2}=-3$ ④ $3(3-1)\neq 0$

⑤ $2-3\times 2\neq -6$

답 ③

04 각 방정식에 $x=-2$를 대입하여 등식이 성립하는 것을 찾는다.

① $5-(-2)\neq 1$

② $-2\neq -(-2)-8$

③ $-2-3\times(-2)\neq 2$

④ $\frac{-2}{6}\neq\frac{-2}{3}-\frac{1}{10}$

⑤ $4(-2-1)-(-2+3)=-13$

따라서 해가 $x=-2$인 방정식은 ⑤이다.

답 ⑤

05 $10x+3=a(2-5x)+b$에서 우변을 정리하면

$a(2-5x)+b=2a-5ax+b$

따라서 $10x+3=-5ax+2a+b$가 x의 값에 관계없이 항상 성립하므로, 즉 x에 대한 항등식이므로

$10=-5a$에서 $a=-2$

$3=2a+b$에서 $b=7$

$\therefore a+b=-2+7=5$

답 **5**

06 $6(x-2)=-3x+$ □ 에서

$6x-12=-3x+$ □

이 식이 x에 대한 항등식이므로 (좌변)=(우변)이어야 한다.

∴ □ $=6x-12-(-3x)$

$=6x-12+3x$

$=9x-12$

답 $\mathbf{9x-12}$

02 등식의 성질

개념원리 확인하기 본문 166쪽

01 풀이 참조 02 ⑤

03 (1) 5, 5, 5, 7 (2) 7, 7, 7, -10 (3) 3, 3, 3, 6
(4) 3, 3, 3, -3

이렇게 풀어요

01 (1) 등식의 양변에 같은 수를 더하여도 등식은 성립한다.
(2) 등식의 양변에서 같은 수를 빼어도 등식은 성립한다.
(3) 등식의 양변에 같은 수를 곱하여도 등식은 성립한다.
(4) 등식의 양변을 0이 아닌 같은 수로 나누어도 등식은 성립한다.

답 **풀이 참조**

02 ① $a=b$의 양변에 2를 더한 것이다.
② $a=b$의 양변에서 3을 뺀 것이다.
③ $a=b$의 양변에 -1을 곱한 것이다.
④ $a=b$의 양변을 5로 나눈 것이다.
⑤ $a=3$, $b=4$, $c=0$인 경우 $3\times0=4\times0$이지만 $3\neq4$이다.

답 ⑤

참고 ⑤ 등식의 성질 (4)에서 양변을 0이 아닌 같은 수로 나누어야 하므로 $c\neq0$이라는 조건이 있어야 옳은 문장이 된다.

03 답 (1) **5, 5, 5, 7** (2) **7, 7, 7, -10** (3) **3, 3, 3, 6**
(4) **3, 3, 3, -3**

핵심문제 익히기 (확인문제) 본문 167~168쪽

1 ㄱ, ㄹ 2 ③ 3 ㉠

4 (1) $x=-3$ (2) $x=10$ (3) $x=-3$

이렇게 풀어요

1 ㄱ. $c\neq0$일 때만 성립한다.
ㄴ. $\frac{x}{4}=\frac{y}{5}$의 양변에 20을 곱하면 $5x=4y$
ㄷ. $x-2=y-1$의 양변에 2를 더하면 $x=y+1$
ㄹ. $2(a-3)=2(b-3)$의 양변을 2로 나누면
$a-3=b-3$
$a-3=b-3$의 양변에 3을 더하면 $a=b$

답 ㄱ, ㄹ

2 ① $a-2=b+3$의 양변에 4를 더하면 $a+2=b+7$
② $3a=-9b$의 양변을 3으로 나누면 $a=-3b$
양변에 1을 더하면 $a+1=-3b+1$
③ $a-3=b+2$의 양변에 8을 더하면 $a+5=b+10$
④ $4a+5=4b+5$의 양변에서 5를 빼면 $4a=4b$
양변을 4로 나누면 $a=b$
⑤ $\frac{a}{3}=\frac{b}{5}$의 양변에 15를 곱하면 $5a=3b$
양변에 5를 더하면 $5a+5=3b+5$
즉, $5(a+1)=3b+5$

답 ③

3 ㉠ 등식의 양변에 6을 곱한다.
㉡ 등식의 양변에 6을 더한다.
㉢ 등식의 양변을 4로 나눈다.

답 ㉠

4 (1) $-\frac{2}{3}x+4=6$의 양변에서 4를 빼면
$-\frac{2}{3}x+4-4=6-4$, $-\frac{2}{3}x=2$
$-\frac{2}{3}x=2$의 양변에 $-\frac{3}{2}$을 곱하면
$-\frac{2}{3}x\times\left(-\frac{3}{2}\right)=2\times\left(-\frac{3}{2}\right)$
$\therefore x=-3$
(2) $45=3x+15$의 양변에서 15를 빼면
$45-15=3x+15-15$, $30=3x$
$30=3x$의 양변을 3으로 나누면
$\frac{30}{3}=\frac{3x}{3}$
$\therefore x=10$
(3) $2x-4=5x+5$의 양변에 4를 더하면
$2x-4+4=5x+5+4$, $2x=5x+9$
$2x=5x+9$의 양변에서 $5x$를 빼면
$2x-5x=5x+9-5x$, $-3x=9$
$-3x=9$의 양변을 -3으로 나누면
$\frac{-3x}{-3}=\frac{9}{-3}$ $\therefore x=-3$

답 (1) $\boldsymbol{x=-3}$ (2) $\boldsymbol{x=10}$ (3) $\boldsymbol{x=-3}$

이런 문제가 시험에 나온다 본문 169쪽

01 ③, ⑤　02 ④
03 (가) : ㄷ, (나) : ㄱ　04 ④

이렇게 풀어요

01 ① $\frac{a}{3}=b$의 양변에 3을 곱하면 $a=3b$

② $a=\frac{b}{2}$의 양변에 2를 곱하면 $2a=b$

$2a=b$의 양변에 3을 더하면 $2a+3=b+3$

③ $3a=4b$의 양변을 9로 나누면 $\frac{a}{3}=\frac{4}{9}b$

④ $a-b=x-y$의 양변에 b를 더하면 $a=x-y+b$

$a=x-y+b$의 양변에서 x를 빼면 $a-x=b-y$

⑤ $\frac{a}{5}=\frac{b}{7}$의 양변에 35를 곱하면 $7a=5b$

$7a=5b$의 양변에서 7을 빼면

$7a-7=5b-7$

$7(a-1)=5\left(b-\frac{7}{5}\right)$

따라서 옳지 않은 것은 ③, ⑤이다. 답 ③, ⑤

02 ① $x=2y$의 양변을 2로 나누면 $\frac{x}{2}=y$

② $x=2y$의 양변에서 3을 빼면 $x-3=2y-3$

③ $x=2y$의 양변에 3을 곱하면 $3x=6y$

$3x=6y$의 양변에 6을 더하면 $3x+6=6y+6$

④ $x=2y$의 양변에 -3을 곱하면 $-3x=-6y$

$-3x=-6y$의 양변에 2를 더하면

$-3x+2=-6y+2$

⑤ $x=2y$의 양변에 4를 더하면 $x+4=2y+4$

$x+4=2y+4$의 양변을 2로 나누면

$\frac{x+4}{2}=\frac{2y+4}{2}$

$\therefore \frac{x+4}{2}=y+2$

따라서 옳지 않은 것은 ④이다. 답 ④

03 $\frac{x-4}{3}=2$
(가) 등식의 양변에 3을 곱한다.
$x-4=6$
(나) 등식의 양변에 4를 더한다.
$\therefore x=10$

∴ (가) 등식의 양변에 같은 수를 곱하여도 등식은 성립한다.

⇨ ㄷ

(나) 등식의 양변에 같은 수를 더하여도 등식은 성립한다.

⇨ ㄱ

답 (가) : ㄷ, (나) : ㄱ

04 ④ $\frac{1}{4}x=3$의 양변에 4를 곱하면

$\frac{1}{4}x\times4=3\times4$　　$\therefore x=12$　답 ④

03 일차방정식의 풀이

개념원리 확인하기 본문 172쪽

01 풀이 참조　02 풀이 참조

03 (1) ① 10, $10x-7=13x+50$ ② $-3x=57$
③ $x=-19$

(2) ① 100, $25x-60=10x+15$ ② $15x=75$
③ $x=5$

(3) ① 12, $6x+3=8x$ ② $-2x=-3$ ③ $x=\frac{3}{2}$

(4) ① 6, $4x-(x+5)=6$ ② $3x=11$ ③ $x=\frac{11}{3}$

이렇게 풀어요

01 (1) $x=8-6$

(2) $4x-2x=-1$

(3) $3x=-2+4$

(4) $\frac{1}{3}x-\frac{1}{5}x=-2+\frac{1}{2}$

(5) $4x+x=7+6$　답 풀이 참조

02

	$3(x-1)=x+1$	$2(x-2)=-3(x+2)$
괄호를 풀면	$3x-3=x+1$	$2x-4=-3x-6$
미지수 x를 포함하는 항을 좌변으로, 상수항을 우변으로 이항하면	$3x-x=1+3$	$2x+3x=-6+4$
$ax=b$의 꼴로 정리하면	$2x=4$	$5x=-2$
양변을 x의 계수로 나누면	$x=2$	$x=-\frac{2}{5}$

답 풀이 참조

03 답 (1) ① **10, $10x-7=13x+50$** ② **$-3x=57$**
③ **$x=-19$**
(2) ① **100, $25x-60=10x+15$** ② **$15x=75$**
③ **$x=5$**
(3) ① **12, $6x+3=8x$** ② **$-2x=-3$** ③ **$x=\frac{3}{2}$**
(4) ① **6, $4x-(x+5)=6$** ② **$3x=11$** ③ **$x=\frac{11}{3}$**

핵심문제 익히기 (확인문제)

본문 173~177쪽

1 ④, ⑤ **2** ②
3 (1) $x=4$ (2) $x=5$ (3) $x=-3$ (4) $x=3$
4 (1) $x=30$ (2) $x=20$ (3) $x=\frac{8}{11}$ (4) $x=2$
5 (1) $x=3$ (2) $x=\frac{7}{5}$ (3) $x=-\frac{8}{3}$ (4) $x=-\frac{9}{7}$
6 (1) 2 (2) $\frac{9}{4}$ (3) $\frac{44}{3}$ **7** (1) -1 (2) $\frac{3}{8}$
8 (1) 20 (2) 2 **9** $a=2$, $b\neq-3$
10 (1) 5개 (2) 1, 2, 3

이렇게 풀어요

1 ① 5를 우변으로 이항하면 $2x=7-5$
② -2를 우변으로 이항하면 $5x=8+2$
③ $7x$를 좌변으로 이항하면 $-2x-7x=5$
④ 1을 우변으로, $-x$를 좌변으로 이항하면
$3x+x=2-1$
⑤ 2를 우변으로, $6x$를 좌변으로 이항하면
$3x-6x=-4-2$
답 ④, ⑤

2 ① $3x+3=3x$에서 $3x+3-3x=0$
즉, $3=0$이므로 일차방정식이 아니다.
② $x^2-2x-x^2-x-1=0$에서 $-3x-1=0$이므로 일차방정식이다.
③ $x+5-x=0$에서 $5=0$이므로 일차방정식이 아니다.
④ $-2x-2=-2x-1$에서 $-2x-2+2x+1=0$
즉, $-1=0$이므로 일차방정식이 아니다.
⑤ $3x-6=3x-6$에서 $3x-6-3x+6=0$
즉, $0\times x=0$이므로 일차방정식이 아니다.
답 ②

3 (1) 괄호를 풀면 $4-6x=-8x+12$
$-6x+8x=12-4$, $2x=8$
$\therefore x=4$
(2) 괄호를 풀면 $3x-6=4+x$
$3x-x=4+6$, $2x=10$
$\therefore x=5$
(3) 괄호를 풀면 $7x-9+4x=3x-33$
$7x+4x-3x=-33+9$, $8x=-24$
$\therefore x=-3$
(4) $2[3x-\{5-(2x-1)\}]=4x+6$에서
$2\{3x-(5-2x+1)\}=4x+6$
$2\{3x-(6-2x)\}=4x+6$
$2(3x-6+2x)=4x+6$
$2(5x-6)=4x+6$
$10x-12=4x+6$
$10x-4x=6+12$
$6x=18$
$\therefore x=3$
답 (1) **$x=4$** (2) **$x=5$** (3) **$x=-3$** (4) **$x=3$**

4 (1) 양변에 10을 곱하면
$5x+20=7x-40$
$5x-7x=-40-20$, $-2x=-60$
$\therefore x=30$
(2) 양변에 100을 곱하면
$30x-200=15x+100$
$30x-15x=100+200$, $15x=300$
$\therefore x=20$
(3) 양변에 10을 곱하면
$6(x-2)=12(3-5x)$
$6x-12=36-60x$, $6x+60x=36+12$
$66x=48$ $\therefore x=\frac{8}{11}$
(4) 양변에 100을 곱하면
$36x-59=4x+5$
$36x-4x=5+59$, $32x=64$
$\therefore x=2$
답 (1) **$x=30$** (2) **$x=20$** (3) **$x=\frac{8}{11}$** (4) **$x=2$**

5 (1) 양변에 4를 곱하면
$4(2x-5)=4x-(3x-1)$

$8x-20=4x-3x+1$, $8x-4x+3x=1+20$

$7x=21$ $\therefore x=3$

(2) 양변에 분모 4, 2, 3의 최소공배수인 12를 곱하면

$3(3x-1)-6(x-5)=4(7x-2)$

$9x-3-6x+30=28x-8$

$9x-6x-28x=-8+3-30$, $-25x=-35$

$\therefore x=\frac{7}{5}$

(3) $\frac{1}{3}-\frac{2-x}{2}=\frac{3}{4}x$의 양변에 분모 3, 2, 4의 최소공배수인 12를 곱하면

$4-6(2-x)=9x$, $4-12+6x=9x$

$6x-9x=8$, $-3x=8$ $\therefore x=-\frac{8}{3}$

(4) $\frac{13}{10}x-\frac{5}{2}=-\frac{2}{3}\left(-\frac{1}{5}x+6\right)$의 양변에 분모 10, 2, 3, 5의 최소공배수인 30을 곱하면

$39x-75=-20\left(-\frac{1}{5}x+6\right)$

$39x-75=4x-120$, $39x-4x=-120+75$

$35x=-45$ $\therefore x=-\frac{9}{7}$

답 (1) $x=3$ (2) $x=\frac{7}{5}$ (3) $x=-\frac{8}{3}$ (4) $x=-\frac{9}{7}$

6 (1) $(3x-1):2=(2x+6):4$에서

$4(3x-1)=2(2x+6)$

$12x-4=4x+12$, $12x-4x=12+4$

$8x=16$ $\therefore x=2$

(2) $3:(x+6)=2:(2x+1)$에서

$3(2x+1)=2(x+6)$

$6x+3=2x+12$, $6x-2x=12-3$

$4x=9$ $\therefore x=\frac{9}{4}$

(3) $2.4:(3x-2)=\frac{2}{3}:(x-3)$에서

$2.4(x-3)=\frac{2}{3}(3x-2)$

$\frac{12}{5}(x-3)=\frac{2}{3}(3x-2)$

양변에 분모 5, 3의 최소공배수인 15를 곱하면

$36(x-3)=10(3x-2)$, $36x-108=30x-20$

$36x-30x=-20+108$, $6x=88$

$\therefore x=\frac{44}{3}$

답 (1) 2 (2) $\frac{9}{4}$ (3) $\frac{44}{3}$

7 (1) $x=4$를 주어진 식에 대입하면

$\frac{2}{3}(4+2)+a=\frac{3}{4}\times 4$, $4+a=3$

$a=3-4$ $\therefore a=-1$

(2) $x=\frac{16}{3}$을 주어진 식에 대입하면

$\frac{16}{3}a+\frac{1}{2}=\frac{3}{4}\times\frac{16}{3}-\frac{3}{2}$

$\frac{16}{3}a=4-\frac{3}{2}-\frac{1}{2}$, $\frac{16}{3}a=2$

$16a=6$ $\therefore a=\frac{3}{8}$

답 (1) -1 (2) $\frac{3}{8}$

8 (1) $\frac{2x-1}{3}=\frac{x+3}{2}$을 풀면

$2(2x-1)=3(x+3)$, $4x-2=3x+9$

$4x-3x=9+2$ $\therefore x=11$

해가 같으므로 $x=11$을 $2x+a=4x-2$에 대입하면

$2\times 11+a=4\times 11-2$, $22+a=44-2$

$a=42-22$ $\therefore a=20$

(2) $1.2x-0.3=0.8x+1.7$을 풀면

$12x-3=8x+17$, $12x-8x=17+3$

$4x=20$ $\therefore x=5$

해가 같으므로 $x=5$를 $ax+8=28-2x$에 대입하면

$a\times 5+8=28-2\times 5$, $5a+8=28-10$

$5a=18-8$, $5a=10$

$\therefore a=2$

답 (1) 20 (2) 2

9 $ax-3=2x+b$에서

$ax-2x=b+3$, $(a-2)x=b+3$

해가 없으므로

$a-2=0$에서 $a=2$

$b+3\neq 0$에서 $b\neq -3$

답 $a=2$, $b\neq -3$

10 (1) $x-\frac{1}{2}(x-2a)=6$에서

$2x-(x-2a)=12$, $2x-x+2a=12$

$\therefore x=12-2a$

이때 $12-2a$가 자연수이어야 하므로

$a=1, 2, 3, 4, 5$

따라서 구하는 자연수 a의 개수는 5개이다.

(2) $\frac{1}{3}(x+6a)-x=8$에서

$x+6a-3x=24$, $-2x=24-6a$

$\therefore x=3a-12$

이때 $3a-12$가 음의 정수이어야 하므로 자연수 a는 1, 2, 3이어야 한다.

답 (1) **5개** (2) **1, 2, 3**

참고 (1) $x=12-2a$가 자연수가 되기 위해서는

$a=1$일 때, $x=12-2=10$ (○)

$a=2$일 때, $x=12-4=8$ (○)

$a=3$일 때, $x=12-6=6$ (○)

$a=4$일 때, $x=12-8=4$ (○)

$a=5$일 때, $x=12-10=2$ (○)

$a=6$일 때, $x=12-12=0$ (×)

이므로 주어진 방정식의 해가 자연수가 되려면 자연수 a는 1, 2, 3, 4, 5이어야 한다.

(2) $x=3a-12$가 음의 정수가 되기 위해서는

$a=1$일 때, $x=3-12=-9$ (○)

$a=2$일 때, $x=6-12=-6$ (○)

$a=3$일 때, $x=9-12=-3$ (○)

$a=4$일 때, $x=12-12=0$ (×)

이므로 주어진 방정식의 해가 음의 정수가 되려면 자연수 a는 1, 2, 3이어야 한다.

계산력 강화하기

본문 178쪽

01 (1) $x=-3$ (2) $x=7$ (3) $x=-4$ (4) $x=3$ (5) $x=14$

02 (1) $x=\frac{8}{5}$ (2) $x=6$ (3) $x=-2$ (4) $x=-3$

03 (1) $x=-12$ (2) $x=-2$ (3) $x=-24$ (4) $x=6$ (5) $x=2$ (6) $x=11$

이렇게 풀어요

01 (1) 괄호를 풀면 $2x-2=5x+7$

$2x-5x=7+2$, $-3x=9$

$\therefore x=-3$

(2) 괄호를 풀면 $5x-15=2x+6$

$5x-2x=6+15$, $3x=21$

$\therefore x=7$

(3) 괄호를 풀면 $5x-10-6x-3=2x-1$

$5x-6x-2x=-1+10+3$

$-3x=12$ $\therefore x=-4$

(4) 괄호를 풀면 $x-8x+28=3x-2$

$x-8x-3x=-2-28$, $-10x=-30$

$\therefore x=3$

(5) $4-\{3-(2x-5)\}=10+x$에서

$4-(3-2x+5)=10+x$

$4-(8-2x)=10+x$

$4-8+2x=10+x$

$2x-x=10+4$ $\therefore x=14$

답 (1) $\boldsymbol{x=-3}$ (2) $\boldsymbol{x=7}$ (3) $\boldsymbol{x=-4}$ (4) $\boldsymbol{x=3}$ (5) $\boldsymbol{x=14}$

02 (1) 양변에 10을 곱하면 $35x-48=8$

$35x=8+48$, $35x=56$ $\therefore x=\frac{8}{5}$

(2) 양변에 100을 곱하면 $5x-12=3x$

$5x-3x=12$, $2x=12$ $\therefore x=6$

(3) 양변에 10을 곱하면 $6(2x-3)=7(x-4)$

$12x-18=7x-28$, $12x-7x=-28+18$

$5x=-10$ $\therefore x=-2$

(4) 양변에 10을 곱하면 $18(x-1)=31x+21$

$18x-18=31x+21$, $18x-31x=21+18$

$-13x=39$ $\therefore x=-3$

답 (1) $\boldsymbol{x=\frac{8}{5}}$ (2) $\boldsymbol{x=6}$ (3) $\boldsymbol{x=-2}$ (4) $\boldsymbol{x=-3}$

03 (1) 양변에 분모 3, 5의 최소공배수인 15를 곱하면

$5x+15=3(x-3)$, $5x+15=3x-9$

$5x-3x=-9-15$, $2x=-24$ $\therefore x=-12$

(2) 양변에 분모 3, 6, 2의 최소공배수인 6을 곱하면

$2x-1=3+4x$, $2x-4x=3+1$

$-2x=4$ $\therefore x=-2$

(3) 양변에 분모 4, 8의 최소공배수인 8을 곱하면

$24-2(5-3x)=5(x-2)$

$24-10+6x=5x-10$

$6x-5x=-10-24+10$ $\therefore x=-24$

(4) 양변에 4를 곱하면 $4x-(x-2)=20$

$4x-x+2=20$, $4x-x=20-2$

$3x=18$ $\therefore x=6$

(5) $\frac{1}{2}x-\frac{3}{4}x=\frac{2x-7}{6}$의 양변에 분모 2, 4, 6의 최소공배수인 12를 곱하면

$6x-9x=2(2x-7)$, $-3x=4x-14$

$-3x-4x=-14$, $-7x=-14$

$\therefore x=2$

(6) 양변에 분모 2, 3의 최소공배수인 6을 곱하면

$3(x-3)=2(x+1)$, $3x-9=2x+2$

$3x-2x=2+9$ $\therefore x=11$

답 (1) $\boldsymbol{x=-12}$ (2) $\boldsymbol{x=-2}$ (3) $\boldsymbol{x=-24}$ (4) $\boldsymbol{x=6}$ (5) $\boldsymbol{x=2}$ (6) $\boldsymbol{x=11}$

이런 문제가 시험에 나온다 본문 179~180쪽

01 3개 **02** ④ **03** ⑤ **04** ④
05 ② **06** ② **07** ⑤ **08** $x=-2$
09 ⑤ **10** (1) 1 (2) -2 **11** 2
12 1, 2, 3, 4, 5

이렇게 풀어요

01 일차방정식은 ㄴ, ㄹ, ㅂ의 3개이다.

답 **3개**

02 괄호를 풀면 $2x+4=ax-3a$에서

$2x+4-ax+3a=0$

$(2-a)x+4+3a=0$

위 등식이 x에 대한 일차방정식이 되려면

$2-a\neq0$이어야 하므로 $a\neq2$

답 ④

03 ① $5x=7x+6$에서 $5x-7x=6$, $-2x=6$

$\therefore x=-3$

② 괄호를 풀면 $-x+5=-2x+2$

$-x+2x=2-5$ $\therefore x=-3$

③ 괄호를 풀면 $3-3x=2x+18$

$-3x-2x=18-3$, $-5x=15$

$\therefore x=-3$

④ 양변에 10을 곱하면 $23x+8=15x-16$

$23x-15x=-16-8$, $8x=-24$

$\therefore x=-3$

⑤ 양변에 분모 3, 4의 최소공배수인 12를 곱하면

$8x-3(x+1)=12$, $8x-3x-3=12$

$8x-3x=12+3$, $5x=15$

$\therefore x=3$

답 ⑤

04 양변에 분모 3, 2의 최소공배수인 6을 곱하면

$2(-2x-1)=6-3(x+5)$

$-4x-2=6-3x-15$

$-4x+3x=6-15+2$, $-x=-7$

$\therefore x=7$

답 ④

05 양변에 100을 곱하면

$12\left(x+\frac{5}{6}\right)=5\left(x-\frac{4}{5}\right)$, $12x+10=5x-4$

$12x-5x=-4-10$, $7x=-14$

$\therefore x=-2$

답 ②

06 $0.5(x-1)-1.9=0.1x$의 양변에 10을 곱하면

$5(x-1)-19=x$, $5x-5-19=x$

$5x-x=5+19$, $4x=24$ $\therefore x=6$

$\therefore a=6$

$(3x-1):(4-x)=2:3$에서

$3(3x-1)=2(4-x)$

$9x-3=8-2x$, $9x+2x=8+3$

$11x=11$ $\therefore x=1$

$\therefore b=1$

$\therefore a-b=6-1=5$

답 ②

07 ① 양변에 10을 곱하면

$5x-8=3x-15$, $5x-3x=-15+8$

$2x=-7$ $\therefore x=-\frac{7}{2}$

② $-5x+5x=7-7$, $0\times x=0$

$\therefore$ 해가 무수히 많다.

③ 양변에 10을 곱하면

$5x-20=5x-20$, $5x-5x=-20+20$

$0\times x=0$ $\therefore$ 해가 무수히 많다.

④ $2x+x=0$, $3x=0$

$\therefore x=0$

⑤ 양변에 10을 곱하면

$6(x+4)=6x+20$, $6x+24=6x+20$

$6x-6x=20-24$, $0\times x=-4$

$\therefore$ 해가 없다.

답 ⑤

08 $x-[2x+3\{4x-(5x-1)\}]=5x+3$에서

$x-\{2x+3(4x-5x+1)\}=5x+3$

$x-\{2x+3(-x+1)\}=5x+3$

$x-(2x-3x+3)=5x+3$

$x-(-x+3)=5x+3$

$x+x-3=5x+3$

$-3x=6$ $\therefore x=-2$

답 $x=-2$

09 양변에 분모 5, 6, 3의 최소공배수인 30을 곱하면

$6(3x-1)+5(2x+a)=50$

$18x-6+10x+5a=50$, $18x+10x=50+6-5a$

$28x=56-5a$

$x=\frac{3}{4}$을 대입하면 $28\times\frac{3}{4}=56-5a$

$21=56-5a$, $5a=56-21$

$5a=35$ $\therefore a=7$

답 ⑤

10 (1) $0.3(x-2)=0.4(x+2)+0.1$의 양변에 10을 곱하면

$3(x-2)=4(x+2)+1$, $3x-6=4x+8+1$

$3x-4x=9+6$, $-x=15$

$\therefore x=-15$

해가 같으므로 $x=-15$를 $ax+1=2x+16$에 대입하면

$a\times(-15)+1=2\times(-15)+16$

$-15a=-30+16-1$, $-15a=-15$

$\therefore a=1$

(2) $-3x+2(x-3)=-5$에서 괄호를 풀면

$-3x+2x-6=-5$, $-x=-5+6$

$-x=1$ $\therefore x=-1$

해가 같으므로 $x=-1$을 $\frac{5x-a}{2}=\frac{7x+a}{6}$에 대입하면

$\frac{5\times(-1)-a}{2}=\frac{7\times(-1)+a}{6}$

양변에 분모 2, 6의 최소공배수인 6을 곱하면

$3(-5-a)=-7+a$, $-15-3a=-7+a$

$-3a-a=-7+15$, $-4a=8$

$\therefore a=-2$

답 (1) **1** (2) **−2**

11 $x=4$를 $\frac{2x+a}{3}-\frac{x+1}{4}=\frac{5}{12}$에 대입하면

$\frac{2\times4+a}{3}-\frac{4+1}{4}=\frac{5}{12}$, $\frac{8+a}{3}-\frac{5}{4}=\frac{5}{12}$

양변에 분모 3, 4, 12의 최소공배수인 12를 곱하면

$4(8+a)-15=5$, $32+4a-15=5$

$4a=5-32+15$, $4a=-12$

$\therefore a=-3$

$x=4$를 $0.3(x-2)+0.2(-2x+b)=0$에 대입하면

$0.3(4-2)+0.2(-2\times4+b)=0$

양변에 10을 곱하면

$6+2(-8+b)=0$, $6-16+2b=0$

$2b=10$ $\therefore b=5$

$\therefore a+b=-3+5=2$

답 **2**

12 $x+2a=3(x+4)$에서

$x+2a=3x+12$, $x-3x=12-2a$

$-2x=12-2a$ $\therefore x=-6+a$

이때 $-6+a$가 음의 정수가 되려면 자연수 a의 값은 1, 2, 3, 4, 5이어야 한다.

답 **1, 2, 3, 4, 5**

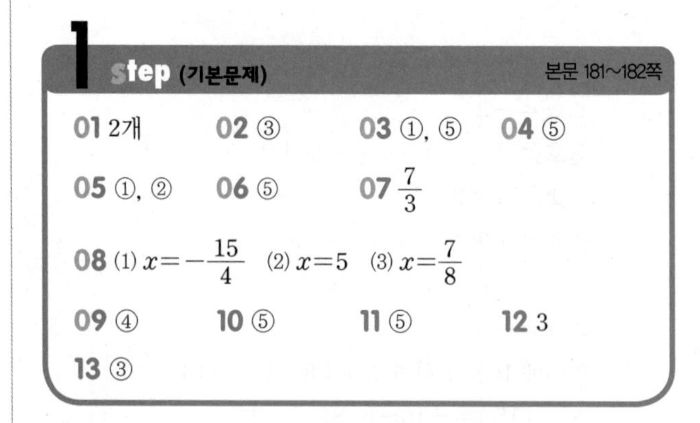

1 Step (기본문제) 본문 181~182쪽

01 2개	02 ③	03 ①, ⑤	04 ⑤
05 ①, ②	06 ⑤	07 $\frac{7}{3}$	
08 (1) $x=-\frac{15}{4}$ (2) $x=5$ (3) $x=\frac{7}{8}$			
09 ④	10 ⑤	11 ⑤	12 3
13 ③			

이렇게 풀어요

01 ㄱ, ㄹ. 항등식

ㄴ, ㅁ. 방정식

ㄷ. 항상 거짓이 되는 등식
따라서 항등식인 것은 ㄱ, ㄹ의 2개이다.

답 **2개**

02 각 방정식에 $x=-3$을 대입하여 등식이 성립하는 것을 찾는다.
① $2\{3-(-3)\}\neq-3\times(-3)+4$
② $-3+1\neq11-3\times(-3)$
③ $0.1-0.2\times(-3)=0.1\times(-3)+1$
④ $\frac{-3}{2}+\frac{1}{3}\neq1$
⑤ $\frac{2}{3}\times(-3)-\frac{7}{6}\neq\frac{5}{4}\times(-3)$

답 ③

03 ① $6x+2=8 \Rightarrow 6x=8-2$
⑤ $9+3x=5x \Rightarrow 3x-5x=-9$

답 ①, ⑤

04 ⑤ $\frac{3}{4}x=6$의 양변에 4를 곱하면
$\frac{3}{4}x\times4=6\times4 \qquad \therefore 3x=24$

답 ⑤

05 등식의 한 변에 있는 항을 부호를 바꾸어 다른 변으로 옮기는 것을 이항이라 하며 등식의 성질 중 같은 수를 더하거나 빼는 것이 이용된다.

답 ①, ②

06 ① $-x+5x=26-6$, $4x=20 \qquad \therefore x=5$
② 양변에 100을 곱하면
$30x+5=65$, $30x=65-5$
$30x=60 \qquad \therefore x=2$
③ 양변에 분모 3, 2, 5의 최소공배수인 30을 곱하면
$20x-15=-12x+30$
$20x+12x=30+15$
$32x=45 \qquad \therefore x=\frac{45}{32}$
④ 양변에 100을 곱하면
$20x+40=-17x-34$
$20x+17x=-34-40$
$37x=-74 \qquad \therefore x=-2$
⑤ $2(3x-4)=3(x+5)+3$에서 괄호를 풀면
$6x-8=3x+15+3$, $6x-3x=18+8$
$3x=26 \qquad \therefore x=\frac{26}{3}$
따라서 주어진 방정식 중 해가 가장 큰 것은 ⑤이다.

답 ⑤

07 $(3x+2):6=\frac{3x+5}{2}:4$에서
$4(3x+2)=6\times\frac{3x+5}{2}$
$12x+8=9x+15$, $12x-9x=15-8$
$3x=7 \qquad \therefore x=\frac{7}{3}$

답 $\frac{7}{3}$

08 (1) $2-\{4(x-1)-3(x+3)\}=-5x$에서
$2-(4x-4-3x-9)=-5x$
$2-(x-13)=-5x$, $2-x+13=-5x$
$-x+5x=-2-13$, $4x=-15$
$\therefore x=-\frac{15}{4}$
(2) 양변에 100을 곱하면
$2x-15=-7x+30$
$2x+7x=30+15$, $9x=45$
$\therefore x=5$
(3) $3x-2x+\frac{2(1-2x)}{3}=\frac{2x-1}{2}$에서
양변에 분모 3, 2의 최소공배수인 6을 곱하면
$18x-12x+4(1-2x)=3(2x-1)$
$18x-12x+4-8x=6x-3$
$18x-12x-8x-6x=-3-4$
$-8x=-7 \qquad \therefore x=\frac{7}{8}$

답 (1) $x=-\frac{15}{4}$ (2) $x=5$ (3) $x=\frac{7}{8}$

09 ④ $20-x\times4=3$이므로 $20-4x=3$이다.

답 ④

10 $ax-10=5(x+b)$에서 우변을 정리하면
$5(x+b)=5x+5b$
따라서 $ax-10=5x+5b$가 x의 값에 관계없이 항상 성립하므로, 즉 x에 대한 항등식이므로

$a=5$, $-10=5b$에서 $b=-2$

$\therefore a+b=5+(-2)=3$

답 ⑤

11 $x=-1$을 주어진 방정식에 대입하면

$\frac{a(-1+2)}{3}-\frac{2-a\times(-1)}{4}=\frac{1}{6}$

$\frac{a}{3}-\frac{2+a}{4}=\frac{1}{6}$

양변에 분모 3, 4, 6의 최소공배수인 12를 곱하면

$4a-3(2+a)=2$, $4a-6-3a=2$

$4a-3a=2+6 \qquad \therefore a=8$

답 ⑤

12 $(x+1):(2x-1)=3:5$에서

$5(x+1)=3(2x-1)$, $5x+5=6x-3$

$5x-6x=-3-5$, $-x=-8 \qquad \therefore x=8$

$x=8$을 $a(2x-5)=33$에 대입하면

$a(2\times8-5)=33$, $11a=33 \qquad \therefore a=3$

답 3

13 $\frac{x+3}{2}=2(x-1)-1$의 양변에 2를 곱하면

$x+3=4(x-1)-2$, $x+3=4x-4-2$

$x-4x=-6-3$, $-3x=-9$

$\therefore x=3$

해가 같으므로 $x=3$을 $ax+6=x+4a$에 대입하면

$a\times3+6=3+4a$, $3a-4a=3-6$

$-a=-3 \qquad \therefore a=3$

답 ③

2 step (발전문제) 본문 183~184쪽

01 ②	02 4	03 21	04 ②
05 -3	06 $-\frac{2}{15}$	07 ②	08 -3
09 ③	10 ③	11 $x=34$	12 ④

이렇게 풀어요

01 $ax^2+x-3=-2x^2-3bx+2$에서

$ax^2+2x^2+x+3bx-3-2=0$

$\therefore (a+2)x^2+(1+3b)x-5=0$

이 등식이 일차방정식이 되려면

$a+2=0$에서 $a=-2$

$1+3b\neq0$에서 $b\neq-\frac{1}{3}$

답 ②

02

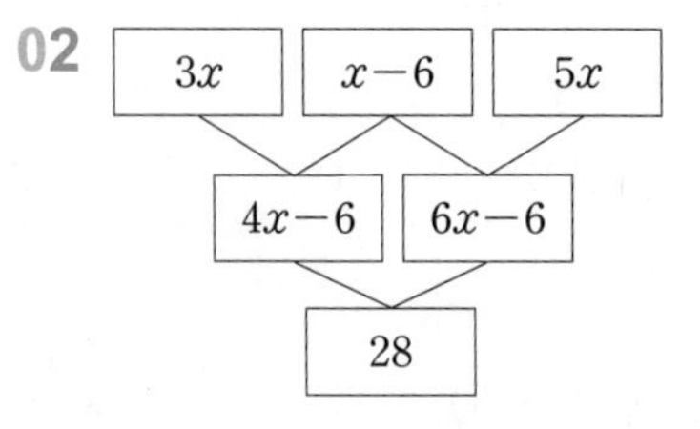

$4x-6+6x-6=28$, $10x=40$

$\therefore x=4$

답 4

03 $(x+2):(2x-3)=5:3$에서

$3(x+2)=5(2x-3)$, $3x+6=10x-15$

$3x-10x=-15-6$, $-7x=-21$

$\therefore x=3$

$x=3$을 $(2x+a):(a-x)=3:2$에 대입하면

$(2\times3+a):(a-3)=3:2$

$2(6+a)=3(a-3)$

$12+2a=3a-9$, $2a-3a=-9-12$

$-a=-21 \qquad \therefore a=21$

답 21

04 ① $a=b$의 양변에 -3을 곱하면 $-3a=-3b$

양변에 2를 더하면 $2-3a=2-3b$

② $a=2b$의 양변에 5를 더하면

$a+5=2b+5$, $a+5=2\left(b+\frac{5}{2}\right)$

③ $3a=2b$의 양변을 6으로 나누면

$\frac{a}{2}=\frac{b}{3}$이다.

④ $a+3=b+5$의 양변에 3을 더하면

$a+6=b+8$이다.

⑤ $2(a-3)=2(b-3)$의 양변을 2로 나누면

$a-3=b-3$

양변에 3을 더하면 $a=b$

따라서 옳지 않은 것은 ②이다.

답 ②

05 $2:(3-x)=4:(3x-4)$에서
$2(3x-4)=4(3-x)$
$6x-8=12-4x$, $6x+4x=12+8$
$10x=20 \qquad \therefore x=2$
$x=2$를 $\frac{5x-1}{3}=6-a$에 대입하면
$\frac{5\times2-1}{3}=6-a$
$3=6-a \qquad \therefore a=3$
$\therefore a^2-4a=3^2-4\times3=-3$

답 $\mathbf{-3}$

06 $\frac{2(x-1)}{3}-a=bx+\frac{1}{2}$의 양변에 분모 3, 2의 최소공배수인 6을 곱하면
$4(x-1)-6a=6bx+3$
좌변을 정리하면 $4(x-1)-6a=4x-4-6a$
즉, $4x-4-6a=6bx+3$이 x에 대한 항등식이므로
$4=6b$에서 $b=\frac{2}{3}$
$-4-6a=3$에서 $a=-\frac{7}{6}$
방정식 $3(cx-2)-5=x$의 해가 $x=b=\frac{2}{3}$이므로
$x=\frac{2}{3}$를 대입하면
$3\left(c\times\frac{2}{3}-2\right)-5=\frac{2}{3}$
양변에 3을 곱하면
$9\left(\frac{2}{3}c-2\right)-15=2$, $6c-18-15=2$
$6c=35 \qquad \therefore c=\frac{35}{6}$
$\therefore \frac{ab}{c}=a\times b\div c=\left(-\frac{7}{6}\right)\times\frac{2}{3}\div\frac{35}{6}$
$=\left(-\frac{7}{6}\right)\times\frac{2}{3}\times\frac{6}{35}=-\frac{2}{15}$

답 $\mathbf{-\frac{2}{15}}$

07 $\frac{x-4}{3}-\frac{x-1}{2}=-\frac{1}{2}$의 양변에 분모 3, 2의 최소공배수인 6을 곱하면
$2(x-4)-3(x-1)=-3$
$2x-8-3x+3=-3$, $2x-3x=-3+8-3$
$-x=2 \qquad \therefore x=-2$
따라서 방정식 $5(x-a)=4ax-7$의 해가 $x=-1$이므로 $x=-1$을 대입하면
$5(-1-a)=4a\times(-1)-7$
$-5-5a=-4a-7$, $-5a+4a=-7+5$
$-a=-2 \qquad \therefore a=2$

답 ②

08 $0.2(3x-4)-\frac{2x-1}{4}=-0.25$에서
$\frac{1}{5}(3x-4)-\frac{2x-1}{4}=-\frac{1}{4}$의 양변에 분모 5, 4의 최소공배수인 20을 곱하면
$4(3x-4)-5(2x-1)=-5$
$12x-16-10x+5=-5$
$12x-10x=-5+16-5$, $2x=6$
$\therefore x=3$
해가 같으므로 $x=3$을 $\frac{x-3a}{3}=2+\frac{x-3a}{6}$에 대입하면
$\frac{3-3a}{3}=2+\frac{3-3a}{6}$, $1-a=2+\frac{1-a}{2}$
$2(1-a)=4+1-a$, $2-2a=5-a$
$-2a+a=5-2$, $-a=3 \qquad \therefore a=-3$

답 $\mathbf{-3}$

09 좌변의 x항의 계수 5를 a로 잘못 보았다고 하면
$ax+2=3x+4$
이 방정식의 해가 $x=-2$이므로
$x=-2$를 대입하면
$a\times(-2)+2=3\times(-2)+4$
$-2a+2=-6+4$, $-2a=-6+4-2$
$-2a=-4 \qquad \therefore a=2$
따라서 5를 2로 잘못 보고 풀었다.

답 ③

10 $5x+2b=ax+16$에서
$5x-ax=-2b+16$
$(5-a)x=-2b+16$
해가 없으므로
$5-a=0$에서 $a=5$
$-2b+16\neq0$에서 $b\neq8$

답 ③

11 $7x-2(x-2)=4-ax$에서
$7x-2x+4=4-ax$, $7x-2x+ax=4-4$

$(5+a)x=0$

해가 무수히 많으므로

$5+a=0$ $\therefore a=-5$

$a=-5$를 $\frac{x-a}{3}=\frac{2+x}{2}+a$에 대입하면

$\frac{x-(-5)}{3}=\frac{2+x}{2}-5$, $2(x+5)=3(2+x)-30$

$2x+10=6+3x-30$, $2x-3x=6-30-10$

$-x=-34$ $\therefore x=34$

답 $x=34$

12 $x-\frac{1}{5}(2x+3a)=-3$의 양변에 5를 곱하면

$5x-(2x+3a)=-15$

$5x-2x-3a=-15$

$3x=3a-15$ $\therefore x=a-5$

이때 $a-5$가 음의 정수이어야 하므로 자연수 a는 1, 2, 3, 4이어야 한다.

따라서 a의 값의 합은 $1+2+3+4=10$

답 ④

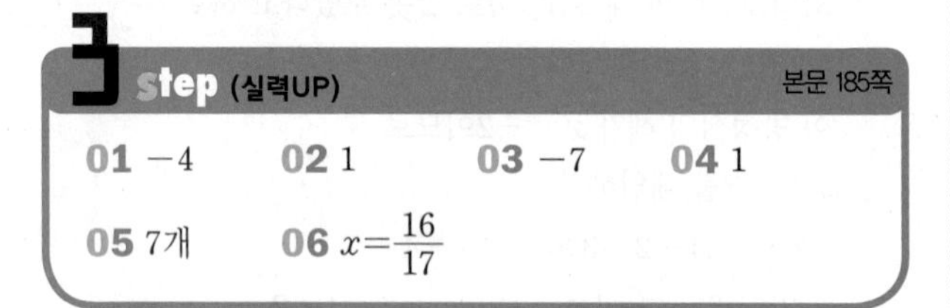

3 step (실력UP) 본문 185쪽

01 -4 **02** 1 **03** -7 **04** 1 **05** 7개 **06** $x=\frac{16}{17}$

이렇게 풀어요

01 $x-6$, $x-5$ 중 큰 수는 $x-5$이므로

$(x-6, x-5)=x-5$

$3x+1$, $3x-2$ 중 작은 수는 $3x-2$이므로

$[3x+1, 3x-2]=3x-2$

$(x-6, x-5)-[3x+1, 3x-2]=(1, 5)$에서

$(x-5)-(3x-2)=5$

$x-5-3x+2=5$

$-2x=8$ $\therefore x=-4$

답 -4

02 $ax+5=2x-5$에서 $ax-2x=-5-5$

$(a-2)x=-10$

해가 없으므로

$a-2=0$에서 $a=2$

또, $(b-2)x-4=x+c$의 해가 무수히 많으므로

$b-2=1$에서 $b=3$, $c=-4$

$\therefore a+b+c=2+3+(-4)=1$

답 1

03 ㉡에서 $2x-6=6x-3+1$, $2x-6x=-3+1+6$

$-4x=4$ $\therefore x=-1$

그런데 ㉡의 해가 ㉠의 해의 $\frac{1}{2}$배이므로

㉠의 해는 $x=-2$

$x=-2$를 ㉠에 대입하면

$p(-2+4)-6(q-2)+2=0$

$2p-6q+12+2=0$

$2p-6q=-14$

$\therefore p-3q=-7$

답 -7

04 $\frac{x+2}{5}-\frac{2a-3}{3}=1$의 양변에 분모 5, 3의 최소공배수인 15를 곱하면

$3(x+2)-5(2a-3)=15$

$3x+6-10a+15=15$

$3x=10a-6$

$\therefore x=\frac{10a-6}{3}$

또, $\frac{x+1-2a}{2}=\frac{a+1}{4}$의 양변에 분모 2, 4의 최소공배수인 4를 곱하면

$2(x+1-2a)=a+1$, $2x+2-4a=a+1$

$2x=5a-1$ $\therefore x=\frac{5a-1}{2}$

두 일차방정식의 해의 비가 2 : 3이므로

$\frac{10a-6}{3} : \frac{5a-1}{2}=2 : 3$

$3\times\frac{10a-6}{3}=2\times\frac{5a-1}{2}$

$10a-6=5a-1$

$5a=5$ $\therefore a=1$

답 1

05 $x-\frac{1}{5}(x-2a)=6$에서 $5x-(x-2a)=30$

$5x-x+2a=30$, $4x=30-2a$

$\therefore x=\frac{30-2a}{4}=\frac{15-a}{2}$

$\frac{15-a}{2}$가 양의 정수가 되려면 $15-a$는 2의 배수이어야 한다.

$15-a=2$일 때, $a=13$

$15-a=4$일 때, $a=11$

$15-a=6$일 때, $a=9$

$15-a=8$일 때, $a=7$

$15-a=10$일 때, $a=5$

$15-a=12$일 때, $a=3$

$15-a=14$일 때, $a=1$

$15-a=16$일 때, $a=-1$

⋮

따라서 구하는 양의 정수 a는 1, 3, 5, 7, 9, 11, 13이므로 7개이다.

답 **7개**

06 양변에 2를 곱하면

$x+\frac{x+\frac{x}{2}}{2}=6x-4$

양변에 2를 곱하면

$2x+x+\frac{x}{2}=12x-8$, $3x+\frac{x}{2}=12x-8$

양변에 2를 곱하면

$6x+x=24x-16$, $6x+x-24x=-16$

$-17x=-16$ $\quad\therefore x=\frac{16}{17}$

답 $x=\frac{16}{17}$

서술형 대비 문제

본문 186~187쪽

1 11 **2** $\frac{3}{7}$ **3** 3 **4** 0
5 -12 **6** -2

이렇게 풀어요

1 1단계 $x=-1$을 $5x+a=-2x+1$에 대입하면

$5\times(-1)+a=-2\times(-1)+1$

$-5+a=3$

$\therefore a=8$

2단계 $x=-1$을 $0.1(x+4)=b\left(x+\frac{11}{10}\right)$에 대입하면

$0.1(-1+4)=b\left(-1+\frac{11}{10}\right)$

$\frac{3}{10}=\frac{1}{10}b$ $\quad\therefore b=3$

3단계 $\therefore a+b=8+3=11$

답 **11**

2 1단계 $\frac{2}{5}(2x-3)-\frac{3}{4}=0.5(x+1.5)$에서

$\frac{2}{5}(2x-3)-\frac{3}{4}=\frac{1}{2}\left(x+\frac{3}{2}\right)$의 양변에 분모 5, 4, 2의 최소공배수인 20을 곱하면

$8(2x-3)-15=10\left(x+\frac{3}{2}\right)$

$16x-24-15=10x+15$

$16x-10x=15+24+15$

$6x=54$ $\quad\therefore x=9$

2단계 두 일차방정식의 해가 같으므로

$x=9$를 $\frac{x}{3}+a=a(x-1)$에 대입하면

$\frac{9}{3}+a=a(9-1)$, $3+a=8a$

$a-8a=-3$, $-7a=-3$

$\therefore a=\frac{3}{7}$

답 $\frac{3}{7}$

3 1단계 $3(ax+2)+9x+b=0$에서

$3ax+6+9x+b=0$

$(3a+9)x+6+b=0$

2단계 위 등식이 x의 값에 관계없이 항상 성립하므로, 즉 x에 대한 항등식이므로

$3a+9=0$에서 $a=-3$

$6+b=0$에서 $b=-6$

3단계 $\therefore a-b=-3-(-6)=3$

답 **3**

단계	채점요소	배점
1	좌변을 동류항끼리 정리하기	2점
2	a, b의 값 각각 구하기	3점
3	$a-b$의 값 구하기	1점

4 1단계 $1.8x-1.2(x+0.15)=0.05(3x-0.6)$의 양변에 100을 곱하면

$180x-120(x+0.15)=5(3x-0.6)$

$180x-120x-18=15x-3$

$180x-120x-15x=-3+18$

$45x=15 \quad \therefore x=\frac{1}{3}$

$\therefore a=\frac{1}{3}$

2단계 $\therefore 9a^2-3a=9\times\left(\frac{1}{3}\right)^2-3\times\frac{1}{3}$

$=1-1$

$=0$

답 **0**

단계	채점요소	배점
1	a의 값 구하기	4점
2	$9a^2-3a$의 값 구하기	2점

5 1단계 $x=-3$을 $3(2x-a)=3-x$에 대입하면

$3\{2\times(-3)-a\}=3-(-3)$

$3(-6-a)=3+3$, $-18-3a=6$

$-3a=24 \quad \therefore a=-8$

2단계 $x=-3$을 $\frac{x-2b}{3}=\frac{x-4}{2}+b$에 대입하면

$\frac{-3-2b}{3}=\frac{-3-4}{2}+b$

$2(-3-2b)=3\times(-7)+6b$

$-6-4b=-21+6b$, $-4b-6b=-21+6$

$-10b=-15 \quad \therefore b=\frac{3}{2}$

3단계 $\therefore ab=(-8)\times\frac{3}{2}=-12$

답 **−12**

단계	채점요소	배점
1	a의 값 구하기	2점
2	b의 값 구하기	3점
3	ab의 값 구하기	1점

6 1단계 $\frac{x+1}{2}-\frac{x-1}{3}=1$의 양변에 분모 2, 3의 최소공배수인 6을 곱하면

$3(x+1)-2(x-1)=6$

$3x+3-2x+2=6$, $3x-2x=6-3-2$

$\therefore x=1$

2단계 두 일차방정식의 해가 같으므로

$x=1$을 $-2x+a=-3x-1$에 대입하면

$(-2)\times1+a=(-3)\times1-1$

$-2+a=-3-1 \quad \therefore a=-2$

답 **−2**

단계	채점요소	배점
1	일차방정식의 해 구하기	4점
2	a의 값 구하기	3점

3 일차방정식의 활용

01 일차방정식의 활용 (1)

개념원리 확인하기

본문 192쪽

01 풀이 참조

02 (1) $48+x$, $16+x$ (2) 48, $16+x$ (3) 16 (4) 16

03 (1) $\frac{1}{20}x$ (2) $\frac{1}{20}x$ (3) 400 (4) 400

이렇게 풀어요

01

미지수 x 정하기	어떤 수를 x라 하면
방정식 세우기	$4x-3=3x+8$
방정식 풀기	$x=11$
답 구하기	따라서 어떤 수는 11이다.

답 **풀이 참조**

02 답 (1) $\boldsymbol{48+x}$, $\boldsymbol{16+x}$ (2) $\boldsymbol{48}$, $\boldsymbol{16+x}$
(3) **16** (4) **16**

03 (1) 작년 학생 수를 x명이라 하면 5 % 감소한 학생 수는

$x\times\frac{5}{100}=\frac{1}{20}x$(명)

(2) 학생 수가 작년보다 5 % 감소하여 올해의 학생 수는 380명이므로

$x-\frac{1}{20}x=380$

(3) 양변에 20을 곱하면

$20x-x=7600$

$19x=7600$

$\therefore x=400$

(4) 따라서 작년 학생 수는 400명이다.

답 (1) $\boldsymbol{\frac{1}{20}x}$ (2) $\boldsymbol{\frac{1}{20}x}$
(3) **400** (4) **400**

핵심문제 익히기 (확인문제)

본문 193~197쪽

1 (1) 12세 (2) 8세 **2** (1) 19 (2) 28 **3** 57
4 10개월 후 **5** 12마리
6 (1) 2 (2) 21 cm
7 학생 수 : 14명, 귤의 개수 : 89개
8 540명 **9** 6500원 **10** 5일

이렇게 풀어요

1 (1) 현재 아들의 나이를 x세라 하면
아버지의 나이는 $(52-x)$세이므로
$52-x+16=2(x+16)$
$68-x=2x+32$, $-3x=-36$
$\therefore x=12$
따라서 현재 아들의 나이는 12세이다.

(2) 현재 딸의 나이를 x세라 하면
어머니의 나이는 $(x+31)$세이므로
$x+31+13=2(x+13)+10$
$x+44=2x+36$, $-x=-8$
$\therefore x=8$
따라서 현재 딸의 나이는 8세이다.

답 (1) **12세** (2) **8세**

2 (1) 연속하는 세 자연수를 $x-1$, x, $x+1$이라 하면
$(x-1)+x+(x+1)=54$
$3x=54$ $\therefore x=18$
따라서 연속하는 세 자연수는 17, 18, 19이므로 가장 큰 수는 19이다.

(2) 연속하는 세 짝수를 $x-2$, x, $x+2$라 하면
$(x-2)+x+(x+2)=78$
$3x=78$ $\therefore x=26$
따라서 연속하는 세 짝수는 24, 26, 28이므로 가장 큰 짝수는 28이다.

답 (1) **19** (2) **28**

3 일의 자리의 숫자를 x라 하면
처음 자연수는 $5\times10+x\times1=50+x$,
바꾼 자연수는 $x\times10+5\times1=10x+5$
이므로 $10x+5=50+x+18$
$9x=63$ $\therefore x=7$
따라서 처음 자연수는 57이다. 답 **57**

4 x개월 후의 형의 예금액은 $(40000+5000x)$원이고, x개월 후의 동생의 예금액은 $(60000+3000x)$원이므로

$40000+5000x=60000+3000x$

$2000x=20000 \quad \therefore x=10$

따라서 10개월 후이다.

답 **10개월 후**

5 농장에서 키우고 있는 개가 x마리이면 닭은 $(20-x)$마리이다. 이때 개의 다리의 수의 합이 $4x$개, 닭의 다리의 수의 합이 $2(20-x)$개이므로

$4x+2(20-x)=64$

$4x+40-2x=64$

$2x=24 \quad \therefore x=12$

따라서 개는 12마리를 키우고 있다.

답 **12마리**

6 (1) 처음 사다리꼴의 넓이가

$\frac{1}{2}\times(6+7)\times4=26(\text{cm}^2)$이므로

$\frac{1}{2}\times(6+7+x)\times4=26+4$

$26+2x=30,\ 2x=4 \quad \therefore x=2$

(2) 가로의 길이와 세로의 길이의 비가 3 : 1이므로 세로의 길이를 x cm라 하면 가로의 길이는 $3x$ cm이다. 이때 직사각형의 둘레의 길이가 56 cm이므로

$2(3x+x)=56$

$8x=56 \quad \therefore x=7$

따라서 가로의 길이는 $3\times7=21(\text{cm})$

답 (1) **2** (2) **21 cm**

7 학생 수를 x명이라 하면

한 학생에게 6개씩 주면 5개가 남으므로 귤의 개수는

$(6x+5)$개 …… ㉠

한 학생에게 7개씩 주면 9개가 부족하므로 귤의 개수는

$(7x-9)$개 …… ㉡

나누어 주는 방법에 관계없이 귤의 개수는 같으므로

㉠=㉡에서

$6x+5=7x-9,\ -x=-14$

$\therefore x=14$

따라서 학생 수는 14명이고, 귤의 개수는

$6x+5=6\times14+5=89$(개)

답 **학생 수 : 14명, 귤의 개수 : 89개**

8 작년의 여학생 수를 x명이라 하면

남학생 수는 $(850-x)$명이므로

올해의 여학생 수는

$x+\frac{8}{100}x=\frac{108}{100}x$(명)

올해의 남학생 수는

$(850-x)-(850-x)\times\frac{6}{100}=\frac{94}{100}(850-x)$(명)

올해의 학생 수는 전체적으로 19명이 증가하였으므로

$\frac{108}{100}x+\frac{94}{100}(850-x)=850+19$

$108x+94(850-x)=86900$

$108x+79900-94x=86900$

$14x=7000 \quad \therefore x=500$

따라서 올해의 여학생 수는

$\frac{108}{100}\times500=540$(명)

답 **540명**

다른풀이

증가한 양과 감소한 양을 이용하여 방정식을 세운다.

작년의 여학생 수를 x명이라 하면

(여학생 수 8 % 증가)+(남학생 수 6 % 감소)=19이므로

$x\times\frac{8}{100}-(850-x)\times\frac{6}{100}=19 \qquad \therefore x=500$

9 상품의 원가를 x원이라 하면

원가의 30 %의 이익은 $x\times\frac{3}{10}=\frac{3}{10}x$(원)이므로

(정가)=(원가)+(이익)

$=x+\frac{3}{10}x=\frac{13}{10}x$(원)

또한, 판매 가격은 정가에서 1200원을 할인하였으므로

(판매 가격)=(정가)−(할인 금액)

$=\frac{13}{10}x-1200$(원)

이때 750원의 이익이 생겼으므로

$\left(\frac{13}{10}x-1200\right)-x=750,\ \frac{3}{10}x=1950$

$3x=19500 \quad \therefore x=6500$

따라서 상품의 원가는 6500원이다.

답 **6500원**

10 전체 일의 양을 1이라 하면 갑, 을이 하루 동안 하는 일의 양은 각각 $\frac{1}{16}$, $\frac{1}{12}$이다.

갑과 을이 함께 x일 동안 일을 했다고 하면

$\frac{1}{16}\times3+\left(\frac{1}{16}+\frac{1}{12}\right)\times x+\frac{1}{12}\times1=1$

$\frac{3}{16}+\frac{7}{48}x+\frac{1}{12}=1$, $9+7x+4=48$

$7x=35 \quad \therefore x=5$

따라서 갑과 을은 함께 5일 동안 일을 하였다.

답 **5일**

이런 문제가 시험에 나온다 본문 198쪽

01 48시간	**02** 1	**03** 2일
04 378명	**05** 12분	**06** 9000원

이렇게 풀어요

01 x시간 동안 여행하였다고 하면

$\frac{1}{3}x+\frac{1}{6}x+5+\frac{1}{4}x+7=x$

$4x+2x+60+3x+84=12x$

$-3x=-144 \quad \therefore x=48$

따라서 48시간 동안 여행하였다.

답 **48시간**

02 (처음 밭의 넓이)$=14\times8=112(\mathrm{m}^2)$

(길의 넓이)$=x\times14+2\times8-2\times x$

$=12x+16(\mathrm{m}^2)$

(처음 밭의 넓이)$-$(길의 넓이)$=$(처음 밭의 넓이)$\times\frac{3}{4}$

이므로 $112-(12x+16)=112\times\frac{3}{4}$

$112-12x-16=84$

$-12x=-12 \quad \therefore x=1$

답 **1**

03 전체 일의 양을 1이라 하면 형, 동생이 하루 동안 하는 일의 양은 각각 $\frac{1}{5}$, $\frac{1}{10}$이다.

형과 동생이 x일 동안 함께 일을 했다고 하면

$\frac{1}{5}\times2+\left(\frac{1}{5}+\frac{1}{10}\right)\times x=1$

$4+3x=10$, $3x=6 \quad \therefore x=2$

따라서 형과 동생은 함께 2일 동안 일을 하였다.

답 **2일**

04 작년의 남학생 수를 x명이라 하면

여학생 수는 $(820-x)$명이므로

올해의 남학생 수는 $x-\frac{10}{100}x=\frac{9}{10}x$(명)

올해의 여학생 수는

$(820-x)+(820-x)\times\frac{8}{100}=\frac{108}{100}(820-x)$(명)

올해의 학생 수는 전체적으로 10명이 감소하였으므로

$\frac{9}{10}x+\frac{108}{100}(820-x)=820-10$

$90x+88560-108x=81000$

$-18x=-7560 \quad \therefore x=420$

따라서 올해의 남학생 수는

$\frac{9}{10}\times420=378$(명)

답 **378명**

05 물탱크에 가득 찬 물의 양을 1이라 하면 A, B 두 수도관은 1분에 각각 $\frac{1}{48}$, $\frac{1}{64}$의 물을 채운다.

A, B 두 수도관을 모두 열어서 물을 채운 시간을 x분이라 하면

$\frac{1}{64}\times36+\left(\frac{1}{48}+\frac{1}{64}\right)\times x=1$

$108+4x+3x=192$, $7x=84$

$\therefore x=12$

따라서 A, B 두 수도관을 모두 열어서 물을 채운 시간은 12분이다.

답 **12분**

06 상품의 원가를 x원이라 하면

원가의 3할의 이익은 $x\times\frac{3}{10}=\frac{3}{10}x$(원)이므로

(정가)$=$(원가)$+$(이익)$=x+\frac{3}{10}x=\frac{13}{10}x$(원)

또한, 판매 가격은 정가에서 30 % 할인하였으므로

(판매 가격)$=$(정가)$-$(할인 금액)

$=\frac{13}{10}x-\frac{13}{10}x\times\frac{30}{100}$(원)

이때 810원의 손해를 보았으므로

$\left(\frac{13}{10}x-\frac{13}{10}x\times\frac{30}{100}\right)-x=-810$

$\frac{13}{10}x-\frac{39}{100}x-x=-810$

$130x-39x-100x=-81000$

$-9x=-81000 \quad \therefore x=9000$

따라서 상품의 원가는 9000원이다.

답 **9000원**

02 일차방정식의 활용 (2)

핵심문제 익히기 (확인문제) 본문 200~201쪽

1 3시간 **2** $\frac{35}{4}$ km **3** 5분 후 **4** 10분 후

이렇게 풀어요

01 돌아올 때 이동한 거리를 x km라 하면

	갈 때	돌아올 때
거리(km)	$x-20$	x
속력(km/h)	80	60
걸린 시간(시간)	$\frac{x-20}{80}$	$\frac{x}{60}$

(갈 때 걸린 시간)+(돌아올 때 걸린 시간)=5시간 이므로

$\frac{x-20}{80}+\frac{x}{60}=5$, $3(x-20)+4x=1200$

$3x-60+4x=1200$, $7x=1260$

$\therefore x=180$

따라서 돌아올 때 걸린 시간은 $\frac{180}{60}=3$(시간)이다.

답 **3시간**

02 민철이가 산 정상까지 올라간 거리를 x km라 하면

	올라갈 때	내려올 때
거리(km)	x	x
속력(km/h)	6	14
걸린 시간(시간)	$\frac{x}{6}$	$\frac{x}{14}$

내려올 때는 올라갈 때보다 50분$\left(=\frac{50}{60}\text{시간}\right)$ 적게 걸렸으므로

(올라갈 때 걸린 시간)−(내려올 때 걸린 시간)
=(걸린 시간 차)

$\frac{x}{6}-\frac{x}{14}=\frac{50}{60}$, $7x-3x=35$

$4x=35$

$\therefore x=\frac{35}{4}$

따라서 민철이가 올라간 거리는 $\frac{35}{4}$ km이다.

답 **$\frac{35}{4}$ km**

03 동생이 집을 출발한 지 x시간 후에 형을 만난다고 하면

	형	동생
걸린 시간(시간)	$\frac{10}{60}+x$	x
속력(km/h)	5	15
거리(km)	$5\left(\frac{10}{60}+x\right)$	$15x$

(형이 간 거리)=(동생이 간 거리)이므로

$5\left(\frac{1}{6}+x\right)=15x$, $\frac{5}{6}+5x=15x$, $5+30x=90x$

$-60x=-5$ $\therefore x=\frac{1}{12}$

따라서 동생은 출발한 지 $\frac{1}{12}\times60=5$(분 후)에 형과 만난다.

답 **5분 후**

04 1.5 km=1500 m이고 준섭이와 규호가 출발한 지 x분 후에 만난다고 하면

	준섭	규호
걸린 시간(분)	x	x
속력(m/min)	90	60
거리(m)	$90x$	$60x$

(준섭이가 걸은 거리)+(규호가 걸은 거리)=1500(m) 이므로

$90x+60x=1500$, $150x=1500$ $\therefore x=10$

따라서 두 사람은 출발한 지 10분 후에 만나게 된다.

답 **10분 후**

03 일차방정식의 활용 (3)

핵심문제 익히기 (확인문제) 본문 203쪽

1 175 g **2** 200 g

이렇게 풀어요

1 증발시키는 물의 양을 x g이라 하면

	증발 전	증발 후
농도(%)	5	12
소금물의 양(g)	300	$300-x$
소금의 양(g)	$\frac{5}{100}\times300$	$\frac{12}{100}\times(300-x)$

물을 증발시키기 전이나 물을 증발시킨 후의 소금의 양은 변하지 않으므로

$\frac{5}{100}\times300=\frac{12}{100}\times(300-x)$

$1500=3600-12x$, $12x=2100$

$\therefore x=175$

따라서 175 g의 물을 증발시키면 된다. 답 **175 g**

2 8 %의 설탕물의 양을 x g이라 하면

	8 %의 설탕물	14 %의 설탕물	10 %의 설탕물
농도(%)	8	14	10
설탕물의 양(g)	x	$300-x$	300
설탕의 양(g)	$\frac{8}{100}\times x$	$\frac{14}{100}\times(300-x)$	$\frac{10}{100}\times300$

섞기 전 두 설탕물에 들어 있는 설탕의 양의 합과 섞은 후 설탕물에 들어 있는 설탕의 양은 같으므로

$\frac{8}{100}\times x+\frac{14}{100}\times(300-x)=\frac{10}{100}\times300$

$8x+4200-14x=3000$, $-6x=-1200$

$\therefore x=200$

따라서 8 %의 설탕물의 양은 200 g이다. 답 **200 g**

이런 문제가 시험에 나온다 본문 204쪽

01 10분 후 **02** ③ **03** (1) 1500 g (2) 15 g
04 7 km **05** 3번

이렇게 풀어요

01 형이 집을 출발한 지 x시간 후에 동생을 만난다고 하면 동생이 $\left(\frac{30}{60}+x\right)$시간 동안 간 거리와 형이 x시간 동안 간 거리가 같으므로

$4\left(\frac{1}{2}+x\right)=16x$, $2+4x=16x$

$-12x=-2$ $\quad\therefore x=\frac{1}{6}$

따라서 형이 집을 출발한 지 $\frac{1}{6}\times60=10$(분 후)에 동생을 만난다. 답 **10분 후**

02 10 %의 소금물 x g을 섞는다고 하면 5 %의 소금물의 양은 $(300-x)$g이다.

섞기 전 두 소금물에 들어 있는 소금의 양의 합과 섞은 후 소금물에 들어 있는 소금의 양은 같으므로

$\frac{5}{100}\times(300-x)+\frac{10}{100}\times x=\frac{8}{100}\times300$

$5(300-x)+10x=2400$

$5x=900$ $\quad\therefore x=180$

따라서 10 %의 소금물을 180 g 섞어야 한다. 답 ③

03 (1) 12 %의 설탕물 300 g에 들어 있는 설탕의 양은 $\left(\frac{12}{100}\times300\right)$g이다.

여기에 물 x g을 넣어 2 %의 설탕물을 만들었다면 설탕물의 양은 $(300+x)$g이고, 설탕의 양은 $\left\{\frac{2}{100}\times(300+x)\right\}$g이다.

설탕의 양은 물을 넣기 전이나 물을 넣은 후에 변하지 않으므로

$\frac{12}{100}\times300=\frac{2}{100}\times(300+x)$

$3600=600+2x$

$-2x=-3000$

$\therefore x=1500$

따라서 넣어야 할 물의 양은 1500 g이다.

(2) 넣어야 할 소금의 양을 x g이라 하면

$\frac{8}{100}\times330+x=\frac{12}{100}\times(330+x)$

$2640+100x=3960+12x$

$88x=1320$ $\quad\therefore x=15$

따라서 넣어야 할 소금의 양은 15 g이다.

답 (1) **1500 g** (2) **15 g**

04 슬기네 집에서 공연장까지의 거리를 x km라 하면

(시속 6 km로 가는 데 걸린 시간)

$-$(시속 15 km로 가는 데 걸린 시간)$=42$분

이므로

$\frac{x}{6}-\frac{x}{15}=\frac{42}{60}$, $\frac{x}{6}-\frac{x}{15}=\frac{7}{10}$

$5x-2x=21$, $3x=21$ $\quad\therefore x=7$

따라서 슬기네 집에서 공연장까지의 거리는 7 km이다.

답 **7 km**

05 두 사람이 출발한 지 x초 후에 처음으로 만난다고 하면

(승준이가 달린 거리)$-$(은규가 달린 거리)$=1800$(m)

이므로

$16x-14x=1800$

$2x=1800$ $\quad\therefore x=900$

즉, 900초 후에 처음으로 만나므로 900초마다 한 번씩 만난다.

따라서 50분=3000초이므로 $3000\div900=3.3\cdots$에서 50분 동안 총 3번 만나게 된다. 답 **3번**

1 step (기본문제) 본문 205~206쪽

01 6골	02 ③	03 53	04 2
05 ④	06 198쪽	07 2	08 4 km
09 22분	10 ④	11 ②	
12 의자의 개수 : 16개, 학생 수 : 77명			

이렇게 풀어요

01 3점짜리 슛을 x골 넣었다고 하면 2점짜리 슛은 $(18-x)$골 넣은 것이므로

$2(18-x)+3x=42$, $36-2x+3x=42$

$\therefore x=6$

따라서 성현이가 넣은 3점짜리 슛은 6골이다. 답 **6골**

02 현재 아들의 나이를 x세라 하면 아버지의 나이는 $(54-x)$세이다. 3년 후에 아들의 나이는 $(x+3)$세, 아버지의 나이는 $\{(54-x)+3\}$세이므로

$54-x+3=3(x+3)$

$57-x=3x+9$

$-4x=-48$ $\quad\therefore x=12$

따라서 현재 아들의 나이는 12세이다. 답 ③

03 어떤 수를 x라 하면

$5x+3-1=4(x+3)$

$5x+2=4x+12$ $\quad\therefore x=10$

따라서 어떤 수가 10이므로 처음 구하려고 했던 수는

$5x+3=5\times10+3=53$ 답 **53**

04 (큰 직사각형의 넓이)−(작은 직사각형의 넓이)
=(색칠한 부분의 넓이)

이므로 $(8+x)\times(4+3)-8\times4=38$

$56+7x-32=38$, $7x=14$

$\therefore x=2$ 답 **2**

05 일의 자리의 숫자를 x라 하면

처음 자연수는 $5\times10+x\times1=50+x$,

바꾼 자연수는 $x\times10+5\times1=10x+5$

이므로 $10x+5=50+x+9$, $10x-x=50+9-5$

$9x=54$ $\quad\therefore x=6$

따라서 일의 자리의 숫자는 6이다. 답 ④

06 채원이가 읽은 책의 전체 쪽수를 x쪽이라 하면

$\frac{1}{3}x+\left(x-\frac{1}{3}x\right)\times\frac{1}{4}+77+\frac{1}{9}x=x$

$\frac{1}{3}x+\frac{1}{6}x+77+\frac{1}{9}x=x$

$6x+3x+1386+2x=18x$

$-7x=-1386$ $\quad\therefore x=198$

따라서 책의 전체 쪽수는 198쪽이다. 답 **198쪽**

07 $\triangle DBC-\triangle DEF=24$이므로

$\frac{1}{2}\times10\times6-\frac{1}{2}\times x\times6=24$

$30-3x=24$, $-3x=-6$

$\therefore x=2$ 답 **2**

08 올라간 거리를 x km라 하면 내려온 거리는 $(10-x)$km이다.

(올라갈 때 걸린 시간)+(휴식 시간)
+(내려올 때 걸린 시간)=3시간 32분

이므로

$\frac{x}{3}+1+\frac{10-x}{5}=3\frac{32}{60}$

$\frac{x}{3}+\frac{10-x}{5}=\frac{38}{15}$

$5x+3(10-x)=38$

$2x=8$ $\quad\therefore x=4$

따라서 올라간 거리는 4 km이다. 답 **4 km**

09 전체 일의 양을 1이라 하면 1분 동안 A가 한 일의 양은 $\frac{1}{40}$, B가 한 일의 양은 $\frac{1}{32}$이다.

A가 혼자서 x분 동안 일을 했다고 하면

$\left(\frac{1}{40}+\frac{1}{32}\right)\times8+\frac{1}{40}\times x=1$, $\frac{9}{20}+\frac{x}{40}=1$

$18+x=40 \quad \therefore x=22$

따라서 A는 혼자서 22분 동안 일을 하였다. 답 **22분**

10 더 넣은 소금의 양을 x g이라 하면 더 넣은 물의 양은 $4x$ g이다.

5 % + 물 + 소금 x g = 8 %

400 g　$4x$ g　$(400+4x+x)$ g

이때 8 %의 소금물의 양은 $(400+4x+x)$g이고 섞기 전 소금의 양의 합과 섞은 후 소금물에 들어 있는 소금의 양은 같으므로

$\frac{5}{100}\times400+x=\frac{8}{100}\times(400+4x+x)$

$2000+100x=3200+40x$

$60x=1200 \quad \therefore x=20$

따라서 더 넣은 소금의 양은 20 g이다. 답 ④

11 처음 소금물의 농도를 x %라 하면 나중 소금물의 농도는 $2x$ %이다. 이때 $2x$ %의 소금물의 양은 $600-120+20=500$(g)이다.

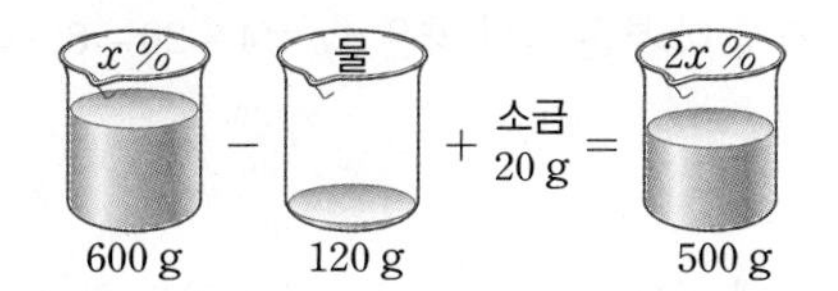

섞기 전 소금의 양의 합과 섞은 후 소금물에 들어 있는 소금의 양은 같으므로

$\frac{x}{100}\times600+20=\frac{2x}{100}\times500$

$6x+20=10x,\ -4x=-20$

$\therefore x=5$

따라서 처음 소금물의 농도는 5 %이다. 답 ②

12 의자의 개수를 x개라 하면 한 의자에 4명씩 앉을 때

(학생 수)$=4x+13$(명) …… ㉠

한 의자에 5명씩 앉으면 5명이 모두 앉게 되는 의자는 $(x-1)$개이므로

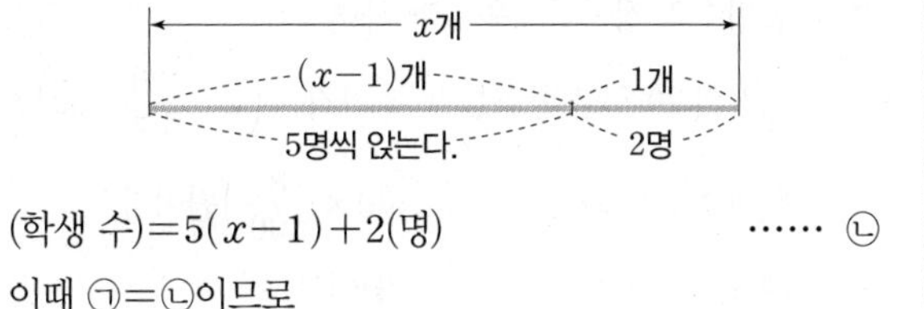

(학생 수)$=5(x-1)+2$(명) …… ㉡

이때 ㉠=㉡이므로

$4x+13=5(x-1)+2,\ 4x+13=5x-5+2$

$-x=-16 \quad \therefore x=16$

따라서 의자의 개수는 16개이고, 학생 수는 $4\times16+13=77$(명)이다.

답 **의자의 개수 : 16개, 학생 수 : 77명**

2 step (발전문제)

본문 207~208쪽

01 4시간	02 23일	03 ④	04 ③
05 352명	06 4대	07 ④	08 ②
09 ③	10 700원	11 ②	12 ③

이렇게 풀어요

01 1코스의 거리를 x km라 하면 2코스의 거리는 $(20-x)$km이므로

$\frac{x}{3}+2+\frac{20-x}{4}=8$

$\frac{x}{3}+\frac{20-x}{4}=6,\ 4x+3(20-x)=72$

$4x+60-3x=72 \quad \therefore x=12$

따라서 1코스의 거리가 12 km이므로 1코스를 걷는 데 걸린 시간은 $\frac{12}{3}=4$(시간)이다. 답 **4시간**

02 도형 안의 날짜 중 가장 작은 수를 x라 하면 날짜 4개는 각각 x일, $(x+6)$일, $(x+7)$일, $(x+8)$일이므로

$x+(x+6)+(x+7)+(x+8)=81$

$4x+21=81,\ 4x=60$

$\therefore x=15$

따라서 도형 안의 날짜 중 가장 마지막 날의 날짜는 $x+8=15+8=23$(일)이다.

답 **23일**

03 동생이 출발한 지 x분 후에 형을 만난다고 하면

(동생이 간 거리)=(형이 간 거리)이므로

$40x=60(x-10),\ 40x=60x-600$

$-20x=-600$

$\therefore x=30$

따라서 동생이 출발한 지 30분 후에 형을 만난다.

답 ④

04 더 넣은 소금의 양을 x g이라 하면 물 40 g을 증발시킨 후 소금 x g을 더 넣어 20 %의 소금물을 만들어야 한다.

	10 %의 소금물	20 %의 소금물
농도(%)	10	20
소금물의 양(g)	200	$200-40+x$
소금의 양(g)	$\frac{10}{100}\times 200$	$\frac{20}{100}\times(160+x)$

섞기 전 소금의 양의 합과 섞은 후 소금물에 들어 있는 소금의 양은 같으므로

$\frac{10}{100}\times 200+x=\frac{20}{100}\times(160+x)$

$2000+100x=3200+20x$

$80x=1200$

$\therefore x=15$

따라서 15 g의 소금을 더 넣어야 한다.

답 ③

05 작년의 여학생 수를 x명이라 하면

남학생 수는 $(600-x)$명이고,

올해의 여학생 수는 $x+\frac{10}{100}x=\frac{11}{10}x$(명),

남학생 수는 $(600-x)-2=598-x$(명)이다.

올해의 학생 수는 전체적으로 5 % 증가하였으므로

$\frac{11}{10}x+(598-x)=600+600\times\frac{5}{100}$

$11x+10(598-x)=6000+300$

$11x+5980-10x=6300$

$\therefore x=320$

따라서 올해의 여학생 수는

$\frac{11}{10}x=\frac{11}{10}\times 320=352$(명)

답 **352명**

06 A가 한 달 동안 자동차 x대를 팔아 월급으로 300만 원을 받는다고 하면 판매한 금액은 $1200\times x=1200x$(만 원)이고

(기본급)+(판매한 금액의 5 %)=(월급)

이므로

$60+1200x\times\frac{5}{100}=300$

$60+60x=300,\ 60x=240$

$\therefore x=4$

따라서 한 달 동안 자동차를 4대 팔아야 한다.

답 **4대**

07 민서가 친구에게 가기 시작한 지 x분 만에 친구를 만난다고 하면

$100x+60(x-1)=180$

$100x+60x-60=180$

$160x=240 \qquad \therefore x=\frac{3}{2}$

따라서 민서가 친구에게 가기 시작한 지 $\frac{3}{2}$분, 즉 1분 30초 만에 친구를 만날 수 있다.

답 ④

08 5 %의 소금물의 양을 x g이라 하면 더 부은 물의 양은 $4x$ g이고 4 %의 소금물의 양은

$300-x-4x=300-5x$(g)이다.

$\frac{5}{100}\times x+\frac{4}{100}\times(300-5x)=\frac{3}{100}\times 300$

$5x+4(300-5x)=900$

$5x+1200-20x=900$

$-15x=-300 \qquad \therefore x=20$

따라서 더 부은 물의 양은 $4x=4\times 20=80$(g)

답 ②

09 물통에 가득 찬 물의 양을 1이라 하면 한 시간 동안 A호스는 $\frac{1}{3}$, B호스는 $\frac{1}{2}$만큼의 물을 채우고, C호스는 $\frac{1}{6}$만큼의 물을 빼낸다.

물통에 물을 가득 채우는 데 걸리는 시간을 x시간이라 하면

$\frac{1}{3}x+\frac{1}{2}x-\frac{1}{6}x=1,\ 2x+3x-x=6$

$4x=6 \qquad \therefore x=\frac{3}{2}$

따라서 물통에 물을 가득 채우는 데 걸리는 시간은 $\frac{3}{2}$시간, 즉 1시간 30분이다.

답 ③

10 팥빙수의 정가를 x원이라 하면

정가의 20 %를 할인한 판매 가격은 $\left(x-\frac{20}{100}\times x\right)$원이고,

원가의 8 %의 이익은 $\left(2000\times\frac{8}{100}\right)$원이다.

(이익)=(판매 가격)−(원가)이므로

$$2000\times\frac{8}{100}=\left(x-\frac{20}{100}x\right)-2000$$

$16000=80x-200000$

$-80x=-216000 \quad \therefore x=2700$

따라서 성가는 2700원이므로 원가에

$2700-2000=700$(원)의 이익을 붙여 정가를 정해야 한다.

답 **700원**

11 방의 개수를 x개라 하면 한 방에 10명씩 들어가는 경우

(학생 수)$=10x+12$(명) …… ㉠

한 방에 14명씩 들어가는 경우 14명이 모두 들어가는 방은 $(x-2)$개이므로

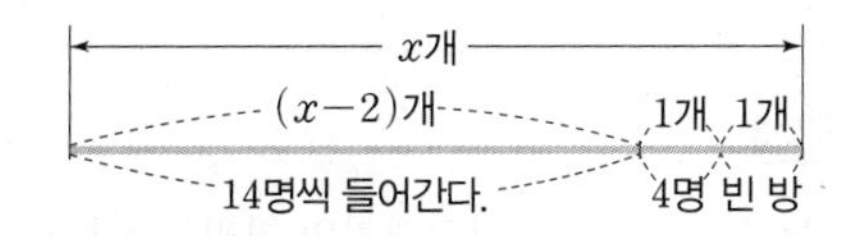

(학생 수)$=14(x-2)+4$(명) …… ㉡

이때 ㉠=㉡이므로

$10x+12=14(x-2)+4$, $10x+12=14x-28+4$

$-4x=-36 \quad \therefore x=9$

따라서 방의 개수는 9개이고, 학생 수는

$10\times9+12=102$(명)

답 ②

12 열차의 길이를 x m라 하면 300 m의 터널을 완전히 통과할 때의 열차의 속력은 초속 $\frac{300+x}{12}$ m이고,

1 km의 철교를 완전히 지날 때의 열차의 속력은 초속 $\frac{1000+x}{33}$ m이다.

이때 열차의 속력은 일정하므로

$$\frac{300+x}{12}=\frac{1000+x}{33}$$

$11(300+x)=4(1000+x)$

$3300+11x=4000+4x$, $7x=700 \quad \therefore x=100$

따라서 열차의 길이는 100 m이다.

답 ③

참고 **기차가 터널을 지나는 경우**

(1) 기차가 터널을 완전히 통과한다는 것은 기차의 머리가 들어간 시점부터 기차의 끝 부분이 터널을 빠져 나오는 시점까지이다.

(2) (기차가 달린 거리)=(터널의 길이)+(기차의 길이)

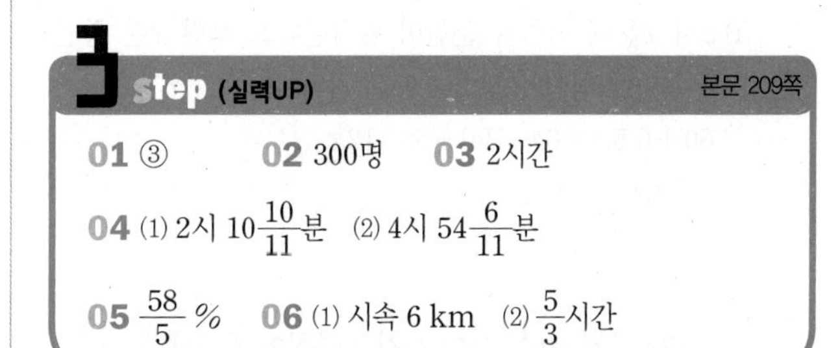

3 step (실력UP) 본문 209쪽

01 ③ **02** 300명 **03** 2시간

04 (1) 2시 $10\frac{10}{11}$분 (2) 4시 $54\frac{6}{11}$분

05 $\frac{58}{5}$ % **06** (1) 시속 6 km (2) $\frac{5}{3}$시간

이렇게 풀어요

01 컵으로 퍼낸 소금물의 양을 x g이라 하면

$$\frac{10}{100}\times(200-x)+\frac{5}{100}\times100=\frac{6}{100}\times300$$

$2000-10x+500=1800$

$-10x=-700 \quad \therefore x=70$

따라서 컵으로 퍼낸 소금물의 양은 70 g이다.

답 ③

02 남자 합격자 : $140\times\frac{5}{5+2}=100$(명)

여자 합격자 : $140\times\frac{2}{5+2}=40$(명)

남자 지원자 수를 $3x$명, 여자 지원자 수를 $2x$명이라 하면 남자, 여자 불합격자의 수는 각각 $(3x-100)$명, $(2x-40)$명이므로

$3x-100=2x-40 \quad \therefore x=60$

따라서 입학 지원자의 수는

$5x=5\times60=300$(명)

답 **300명**

03 전체 일의 양을 1이라 하면 1시간 동안 A와 B가 함께 일할 때, 하는 일의 양은 각각

$$\frac{1}{6}\times\frac{4}{5}=\frac{2}{15},\ \frac{1}{4}\times\frac{4}{5}=\frac{1}{5}$$

즉, 2시간 동안 함께 일할 때, 두 사람이 하는 일의 양은 각각 $\frac{4}{15}$, $\frac{2}{5}$이므로 A가 혼자서 일하는 시간을 x시간이라 하면

$\frac{4}{15}+\frac{2}{5}+\frac{x}{6}=1$, $8+12+5x=30$

$5x=10 \quad \therefore x=2$

따라서 A는 혼자서 2시간 동안 일해야 한다.

답 **2시간**

04 분침은 1분에 $360^\circ\div60=6^\circ$씩 움직이고, 시침은 1시간에 $360^\circ\div12=30^\circ$씩 움직이므로 1분에 $30^\circ\div60=0.5^\circ$씩 움직인다.

(1) 2시 x분에 시침과 분침이 일치한다고 하면 x분 동안 분침과 시침이 움직인 각도는 각각 $6x°$, $0.5x°$이므로

$60+0.5x=6x$, $120+x=12x$

$-11x=-120$

$\therefore x=\frac{120}{11}=10\frac{10}{11}$

따라서 2시 $10\frac{10}{11}$분에 시침과 분침이 일치한다.

(2) 4시 x분에 분침과 시침이 서로 반대 방향으로 일직선을 이룬다고 하면 x분 동안 분침과 시침이 움직인 각도는 각각 $6x°$, $0.5x°$이므로

$6x-(120+0.5x)=180$

$6x-120-0.5x=180$, $60x-1200-5x=1800$

$55x=3000 \qquad \therefore x=\frac{3000}{55}=\frac{600}{11}=54\frac{6}{11}$

따라서 4시 $54\frac{6}{11}$분에 분침과 시침이 서로 반대 방향으로 일직선을 이룬다.

답 (1) **2시 $10\frac{10}{11}$분** (2) **4시 $54\frac{6}{11}$분**

05 (i) A의 소금물 100 g을 B에 넣고 섞은 후의 B의 소금물의 농도를 a %라 하면

$\frac{20}{100}\times 400+\frac{10}{100}\times 100=\frac{a}{100}\times 500$

$80+10=5a$, $-5a=-90$

$\therefore a=18$

따라서 섞은 후의 B의 소금물의 농도는 18 %이다.

(ii) 섞은 후의 B의 소금물 100 g을 A에 넣고 섞은 후의 A의 소금물의 농도를 b %라 하면

$\frac{10}{100}\times 400+\frac{18}{100}\times 100=\frac{b}{100}\times 500$

$40+18=5b$, $-5b=-58$

$\therefore b=\frac{58}{5}$

따라서 A의 소금물의 농도는 $\frac{58}{5}$ %이다. 답 **$\frac{58}{5}$ %**

06 (1) 정지한 물에서의 배의 속력을 시속 x km라 하면 강물이 흐르는 방향으로 배를 타고 갈 때의 속력은 시속 $(x+3)$ km이다.

6 km를 가는 데 40분이 걸렸으므로

$(x+3)\times\frac{40}{60}=6$

$x+3=9 \qquad \therefore x=6$

따라서 정지한 물에서의 배의 속력은 시속 6 km이다.

(2) 강물이 흐르는 반대 방향으로 배를 타고 거슬러 올라갈 때의 속력은 시속 $6-3=3$(km)이므로 5 km의 강을 거슬러 올라가는 데 걸리는 시간은 $\frac{5}{3}$시간이다.

답 (1) **시속 6 km** (2) **$\frac{5}{3}$시간**

서술형 대비 문제

본문 210~211쪽

1 120 km	**2** 360명	**3** 68
4 20분 후	**5** 20 g	**6** 5000원

이렇게 풀어요

1 1단계 A지점에서 B지점까지의 거리를 x km라 하면

(올 때 걸린 시간)−(갈 때 걸린 시간)$=\frac{30}{60}$시간이므로

$\frac{x}{60}-\frac{x}{80}=\frac{30}{60}$

2단계 양변에 240을 곱하면

$4x-3x=120$

$\therefore x=120$

3단계 따라서 A지점에서 B지점까지의 거리는 120 km이다. 답 **120 km**

2 1단계 작년의 여학생 수를 x명이라 하면 작년의 남학생 수는 $(820-x)$명이므로

$\frac{5}{100}(820-x)-\frac{10}{100}x=-19$

2단계 양변에 100을 곱하면

$5(820-x)-10x=-1900$

$4100-5x-10x=-1900$

$-15x=-6000 \qquad \therefore x=400$

3단계 따라서 작년의 여학생 수가 400명이므로 올해의 여학생 수는

$400\times\left(1-\frac{10}{100}\right)=360$(명) 답 **360명**

3 1단계 처음 수의 일의 자리의 숫자를 x라 하면

처음 수는 $6\times10+x\times1=60+x$,

바꾼 수는 $x\times10+6\times1=10x+6$

2단계 이므로 $10x+6=60+x+18$

$9x=72 \quad \therefore x=8$

3단계 따라서 처음 수는 68이다. 답 **68**

단계	채점요소	배점
1	처음 자연수와 바꾼 자연수를 x에 대한 식으로 나타내기	3점
2	x의 값 구하기	2점
3	처음 수 구하기	2점

4 **1단계** B가 출발한 지 x분 후에 A와 처음으로 만난다고 하면

A가 간 거리는 $60(x+5)$ m,

B가 간 거리는 $75x$ m이므로

$60(x+5)+75x=3000$

2단계 $60x+300+75x=3000$

$135x=2700 \quad \therefore x=20$

3단계 따라서 B가 출발한 지 20분 후에 A와 처음으로 만난다. 답 **20분 후**

단계	채점요소	배점
1	방정식 세우기	3점
2	방정식 풀기	2점
3	B가 출발한 지 몇 분 후에 A와 처음으로 만나게 되는지 구하기	1점

5 **1단계** 더 넣은 소금의 양을 x g이라 하면 10 %의 소금물의 양은 $500+80+x=580+x$(g)이고 섞기 전 소금의 양의 합과 섞은 후 소금물에 들어 있는 소금의 양은 같으므로

$\frac{8}{100}\times 500+x=\frac{10}{100}(580+x)$

2단계 양변에 100을 곱하면

$4000+100x=5800+10x$

$90x=1800 \quad \therefore x=20$

3단계 따라서 20 g의 소금을 더 넣으면 10 %의 소금물이 된다. 답 **20 g**

단계	채점요소	배점
1	방정식 세우기	3점
2	방정식 풀기	2점
3	더 넣어야 하는 소금의 양 구하기	1점

6 **1단계** 상품의 원가를 x원이라 하면 원가의 20 %의 이익은

$x\times\frac{20}{100}=\frac{1}{5}x$(원)이므로

(정가)$=x+\frac{1}{5}x=\frac{6}{5}x$(원)

또한, 판매 가격은 정가에서 300원을 할인하였으므로

(판매 가격)$=\frac{6}{5}x-300$(원)

이때 700원의 이익이 생겼으므로

$\left(\frac{6}{5}x-300\right)-x=700$

2단계 양변에 5를 곱하면

$6x-1500-5x=3500$

$\therefore x=5000$

3단계 따라서 상품의 원가는 5000원이다.

답 **5000원**

단계	채점요소	배점
1	방정식 세우기	4점
2	방정식 풀기	2점
3	상품의 원가 구하기	1점

스토리텔링으로 배우는 생활 속의 수학

본문 212쪽

1 ㉠ 1 ㉡ 5 ㉢ 150 ㉣ 30

2 (1) 12개 (2) 70점

이렇게 풀어요

1 저울의 양쪽에서 사과를 1개씩 덜어내면 귤 5개의 무게가 $50\times 3=150$(g)이 된다.

따라서 귤 한 개의 무게는 $150\div 5=30$(g)이다.

답 **㉠ 1 ㉡ 5 ㉢ 150 ㉣ 30**

2 (1) 성희가 화살을 모두 x개 쏘았다고 하면

$\frac{1}{6}x+\frac{1}{3}x+\frac{1}{4}x+3=x$

$2x+4x+3x+36=12x$

$-3x=-36 \quad \therefore x=12$

따라서 성희는 12개의 화살을 쏘았다.

(2) 성희가 화살을 모두 12개 쏘았으므로

성희가 과녁을 맞혀 얻은 총 점수는

$10\times\left(\frac{1}{6}\times 12\right)+8\times\left(\frac{1}{3}\times 12\right)+6\times\left(\frac{1}{4}\times 12\right)+0\times 3$

$=20+32+18=70$(점)

답 (1) **12개** (2) **70점**

IV 좌표평면과 그래프

1 좌표와 그래프

01 순서쌍과 좌표

개념원리 확인하기 본문 218쪽

01 풀이 참조

02 A$(-4, 1)$, B$(0, 3)$, C$(2, 4)$, D$(3, 0)$, E$(2, -3)$, F$(0, -2)$, G$(-3, -3)$

03 풀이 참조 **04** 풀이 참조

05 (1) 제2사분면 (2) 제4사분면
(3) 제3사분면 (4) 제1사분면
(5) 어느 사분면에도 속하지 않는다.
(6) 어느 사분면에도 속하지 않는다.

이렇게 풀어요

01

B A C D
−5 −4 −3 −2 −1 0 1 2 3 4 5

답 **풀이 참조**

02 답 **A$(-4, 1)$, B$(0, 3)$, C$(2, 4)$, D$(3, 0)$, E$(2, -3)$, F$(0, -2)$, G$(-3, -3)$**

03

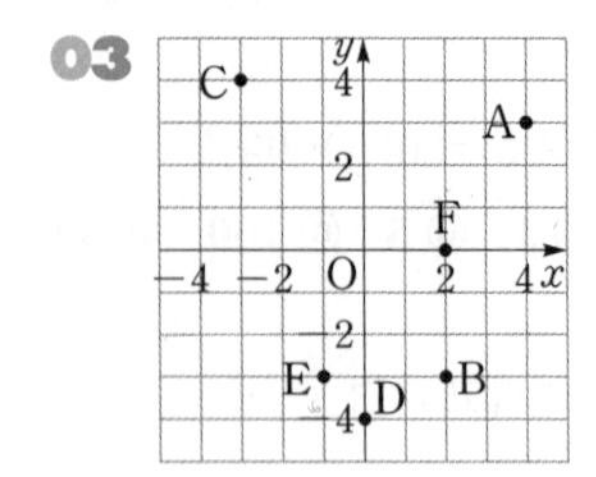

답 **풀이 참조**

04

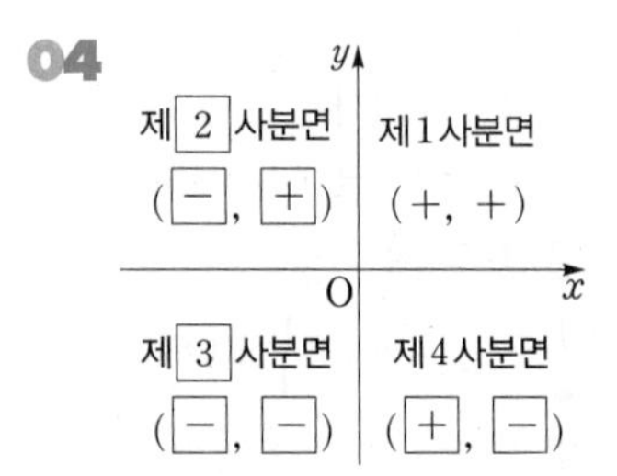

답 **풀이 참조**

05 (1) 점 A$(-3, 2)$는 $x<0$, $y>0$이므로 제2사분면 위의 점이다.
(2) 점 B$\left(4, -\frac{7}{2}\right)$은 $x>0$, $y<0$이므로 제4사분면 위의 점이다.
(3) 점 C$(-2, -3)$은 $x<0$, $y<0$이므로 제3사분면 위의 점이다.
(4) 점 D$(5, 8)$은 $x>0$, $y>0$이므로 제1사분면 위의 점이다.
(5) 점 E$(0, 0)$은 좌표축 위의 점이므로 어느 사분면에도 속하지 않는다.
(6) 점 F$(0, -4)$는 좌표축 위의 점이므로 어느 사분면에도 속하지 않는다.

답 (1) **제2사분면** (2) **제4사분면**
(3) **제3사분면** (4) **제1사분면**
(5) **어느 사분면에도 속하지 않는다.**
(6) **어느 사분면에도 속하지 않는다.**

핵심문제 익히기 (확인문제) 본문 219~222쪽

1 (1) $(-3, -2)$, $(-3, 2)$, $(3, -2)$, $(3, 2)$ (2) -6
2 ⑤ **3** (1) $\left(-\frac{1}{3}, 0\right)$ (2) $(0, 5)$
4 -9 **5** (1) 14 (2) 14
6 (1) ㄱ, ㅂ (2) ㄴ (3) ㄷ, ㄹ
7 (1) 제2사분면 (2) 제1사분면
8 (1) $(-3, -5)$, $(3, 5)$, $(3, -5)$ (2) 제4사분면

이렇게 풀어요

1 (1) $|x|=3$에서 $x=-3$ 또는 $x=3$
$|y|=2$에서 $y=-2$ 또는 $y=2$
따라서 순서쌍 (x, y)를 모두 구하면
$(-3, -2)$, $(-3, 2)$, $(3, -2)$, $(3, 2)$
(2) 두 순서쌍이 서로 같으므로
$3x+2=4x-1$ $\quad\therefore x=3$
$y+7=3-y$에서 $2y=-4$ $\quad\therefore y=-2$
$\therefore xy=3\times(-2)=-6$

답 (1) **$(-3, -2)$, $(-3, 2)$, $(3, -2)$, $(3, 2)$** (2) **-6**

2 각 점과 x축과의 거리는 각 점에서 x축에 그은 수선의 길

이, 즉 각 점의 y좌표의 절댓값과 같다. 각 점의 y좌표의 절댓값을 각각 구하면

① A : 2 ② B : 3 ③ C : 2
④ D : 1 ⑤ E : 4

따라서 x축과의 거리가 가장 먼 것은 ⑤이다. 답 ⑤

3 (1) x축 위에 있으므로 y좌표가 0이고, x좌표가 $-\frac{1}{3}$이므로 $\left(-\frac{1}{3},\ 0\right)$이다.

(2) y축 위에 있으므로 x좌표가 0이고, y좌표가 5이므로 $(0,\ 5)$이다.

답 (1) $\left(-\frac{1}{3},\ 0\right)$ (2) $(0,\ 5)$

4 점 P는 x축 위의 점이므로 (y좌표)=0이다.

즉, $\frac{1}{2}a+6=0$에서 $\frac{1}{2}a=-6$ $\therefore a=-12$

점 Q는 y축 위의 점이므로 (x좌표)=0이다.

즉, $2b-6=0$에서 $2b=6$ $\therefore b=3$

$\therefore a+b=-12+3=-9$ 답 -9

5 (1) 네 점 A$(-2,\ 2)$, B$(-2,\ -2)$, C$(2,\ -2)$, D$(1,\ 2)$를 꼭짓점으로 하는 사각형 ABCD를 그리면 오른쪽 그림과 같다.

$\therefore$ (사각형 ABCD의 넓이)

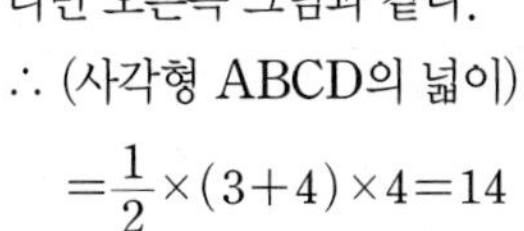

$=\frac{1}{2}\times(3+4)\times4=14$

(2) 네 점 A$(3,\ 2)$, B$(-3,\ 0)$, C$(-3,\ -2)$, D$(1,\ -2)$를 꼭짓점으로 하는 사각형 ABCD를 그리면 오른쪽 그림과 같다.

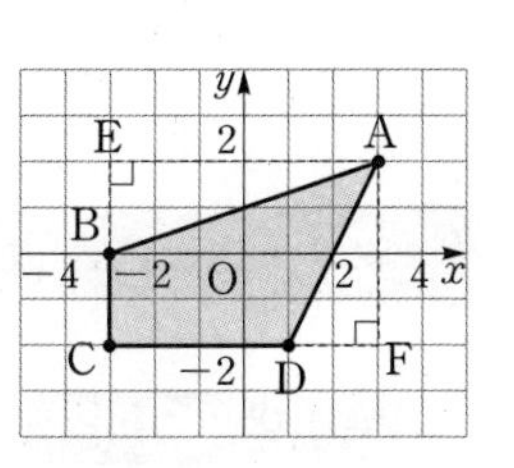

$\therefore$ (사각형 ABCD의 넓이)

=(사각형 AECF의 넓이)−(삼각형 AEB의 넓이)−(삼각형 ADF의 넓이)

$=6\times4-\frac{1}{2}\times2\times6-\frac{1}{2}\times2\times4$

$=24-6-4=14$ 답 (1) 14 (2) 14

6 (1) 점 $(x,\ y)$가 제3사분면 위의 점이면 $x<0,\ y<0$이므로 ㄱ, ㅂ이다.

(2) 점 $(x,\ y)$가 제4사분면 위의 점이면 $x>0,\ y<0$이므로 ㄴ이다.

(3) x축 또는 y축 위의 점은 어느 사분면에도 속하지 않으므로 ㄷ, ㄹ이다. 답 (1) ㄱ, ㅂ (2) ㄴ (3) ㄷ, ㄹ

7 (1) 점 $(-a,\ b)$가 제3사분면 위의 점이므로

$-a<0,\ b<0$, 즉 $a>0,\ b<0$

따라서 $\frac{a}{b}<0,\ -b>0$이므로 점 $\left(\frac{a}{b},\ -b\right)$는 제2사분면 위의 점이다.

(2) $xy<0$에서 x와 y의 부호가 다르고, $x>y$이므로

$x>0,\ y<0$

따라서 $x>0,\ x-y>0$이므로 점 $(x,\ x-y)$는 제1사분면 위의 점이다.

답 (1) 제2사분면 (2) 제1사분면

8 (1) x축에 대하여 대칭인 점의 좌표

⇨ y좌표의 부호만 바뀐다. $\therefore (-3,\ -5)$

y축에 대하여 대칭인 점의 좌표

⇨ x좌표의 부호만 바뀐다. $\therefore (3,\ 5)$

원점에 대하여 대칭인 점의 좌표

⇨ x좌표, y좌표의 부호가 모두 바뀐다.

$\therefore (3,\ -5)$

(2) 두 점 $(2,\ a+1)$, $(a-2,\ b)$가 x축에 대하여 대칭이므로 두 점의 좌표는 y좌표의 부호만 다르다.

$2=a-2$에서 $a=4$

$a+1=-b$에서 $4+1=-b$ $\therefore b=-5$

따라서 점 $(a,\ b)$, 즉 점 $(4,\ -5)$는 제4사분면 위의 점이다.

답 (1) $(-3,\ -5)$, $(3,\ 5)$, $(3,\ -5)$ (2) 제4사분면

이런 문제가 시험에 나온다 본문 223쪽

01 ⑤	02 8	03 ③	04 ③
05 (1) $\frac{29}{2}$ (2) $\frac{35}{2}$		06 6	

이렇게 풀어요

01 ① 점 $(0,\ -1)$은 y축 위의 점이므로 어느 사분면에도 속하지 않는다.

⑤ 점 $(0,\ 0)$, 즉 원점은 어느 사분면에도 속하지 않는다.

답 ⑤

02 두 점 $(-a+5,\ -4)$, $(-3,\ b+2)$가 y축에 대하여 대칭이므로 두 점의 좌표는 x좌표의 부호만 다르다.

$-a+5=3$에서 $a=2$

$-4=b+2$에서 $b=-6$

$\therefore a-b=2-(-6)=8$ 답 8

03 점 $(-b,\ a)$가 제3사분면 위의 점이므로

$-b<0,\ a<0$, 즉 $a<0,\ b>0$

따라서 $ab<0,\ b-a>0$이므로 점 $(ab,\ b-a)$는 제2사분면 위의 점이다.

각 점이 속한 사분면을 구하면 다음과 같다.

① 제1사분면

② 어느 사분면에도 속하지 않는다.(x축 위의 점)

③ 제2사분면

④ 제4사분면

⑤ 제3사분면

따라서 제2사분면 위의 점은 ③이다. 답 ③

04 점 $(xy,\ x+y)$가 제4사분면 위의 점이므로

$xy>0,\ x+y<0$

$xy>0$이므로 x와 y의 부호가 같다.

그런데 $x+y<0$이므로 $x<0,\ y<0$

① $-xy<0,\ -y>0$이므로 점 $(-xy,\ -y)$는 제2사분면 위의 점이다.

② $-y>0,\ x+y<0$이므로 점 $(-y,\ x+y)$는 제4사분면 위의 점이다.

③ $x+y<0,\ y<0$이므로 점 $(x+y,\ y)$는 제3사분면 위의 점이다.

④ $-y>0,\ \frac{x}{y}>0$이므로 점 $\left(-y,\ \frac{x}{y}\right)$는 제1사분면 위의 점이다.

⑤ $\frac{x}{y}>0,\ xy>0$이므로 점 $\left(\frac{x}{y},\ xy\right)$는 제1사분면 위의 점이다.

따라서 제3사분면 위의 점은 ③이다. 답 ③

05 (1) 세 점 $A(4,\ 2)$, $B(-2,\ 3)$, $C(5,\ -3)$을 꼭짓점으로 하는 삼각형 ABC를 그리면 오른쪽 그림과 같다.

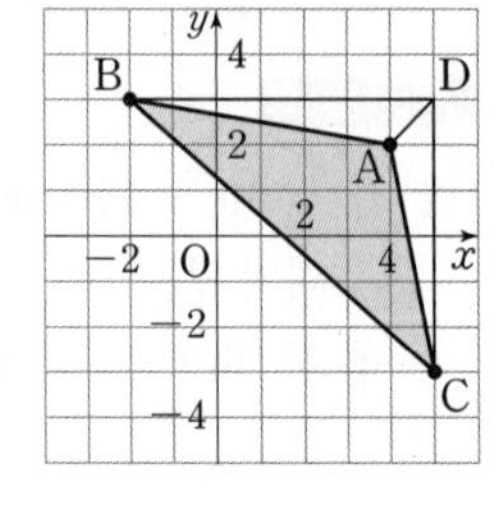

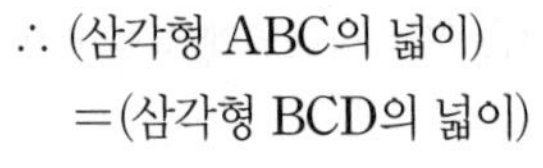

$\therefore$ (삼각형 ABC의 넓이)

$=$(삼각형 BCD의 넓이)

$-$(삼각형 DBA의 넓이)$-$(삼각형 ACD의 넓이)

$=\frac{1}{2}\times7\times6-\frac{1}{2}\times7\times1-\frac{1}{2}\times6\times1$

$=21-\frac{7}{2}-3=\frac{29}{2}$

(2) 두 점 $A(a,\ b-3)$, $B(2b,\ a+1)$이 모두 x축 위의 점이므로 y좌표가 0이다.

즉, $b-3=0$에서 $b=3$

$a+1=0$에서 $a=-1$

따라서 세 점 $A(a,\ b-3)$, $B(2b,\ a+1)$, $C(3a+b,\ 2a-b)$, 즉 $A(-1,\ 0)$, $B(6,\ 0)$, $C(0,\ -5)$를 꼭짓점으로 하는 삼각형 ABC를 그리면 오른쪽 그림과 같다.

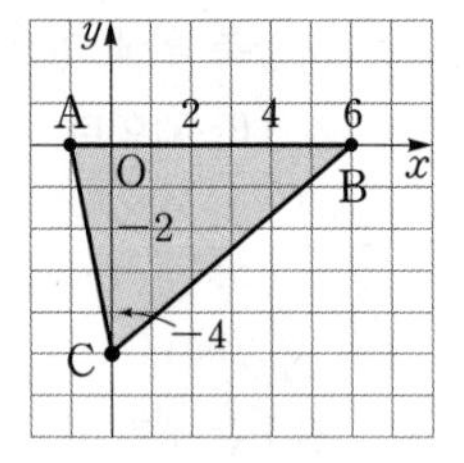

$\therefore$ (삼각형 ABC의 넓이)

$=\frac{1}{2}\times7\times5=\frac{35}{2}$

답 (1) $\frac{29}{2}$ (2) $\frac{35}{2}$

06 $a>0$이므로 세 점 $A(-4,\ a)$, $B(-4,\ 0)$, $C(0,\ -2)$를 꼭짓점으로 하는 삼각형 ABC를 그리면 오른쪽 그림과 같다.

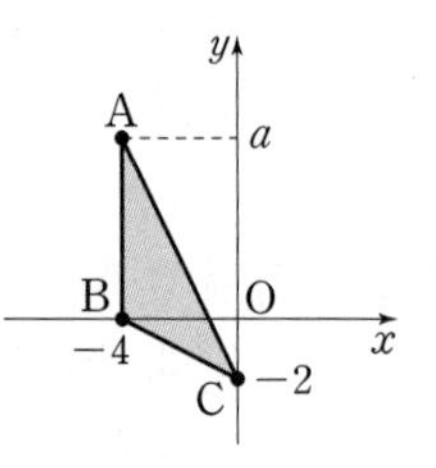

삼각형 ABC의 넓이가 12이므로

$\frac{1}{2}\times a\times4=12 \qquad \therefore a=6$

답 6

02 그래프와 그 해석

본문 225쪽

개념원리 확인하기

01 (1) ㄴ (2) ㄷ (3) ㄱ

02 (1) 이동 거리 (2) 2, 5 (3) 1500 (4) 20

이렇게 풀어요

01 (1) 시간이 지날수록 탑승한 관람차의 높이가 높아졌다가 낮아지게 되는 것를 반복하게 되므로 그래프는 ㄴ과 같이 나타나게 된다.

(2) 비행기는 이륙하는 동안 높이가 높아지다가 특정 고도에 이르게 되면 고도를 유지하게 되고 다시 착륙할 때

까지 높이가 낮아지게 되므로 그래프는 ㄷ과 같이 나타나게 된다.

(3) 양초에 불을 붙이면 초가 다 탈 때까지 양초의 길이가 일정하게 줄어들게 되므로 그래프는 ㄱ과 같이 나타나게 된다.

답 (1) **ㄴ** (2) **ㄷ** (3) **ㄱ**

02 (2) 슬기가 집에서 출발하여 공원까지 가는데 멈춰 있었던 시간은 그래프에서 수평인 부분(→)이므로 2번 멈춰 있었고, 멈춰 있었던 것은 집에서 출발한 지 5분 후부터 7분 후까지와 12분 후부터 15분 후까지로 모두 $2+3=5$(분)

(3) 그래프에서 이동 시간이 15분일 때 이동 거리가 1500 m이므로 슬기가 집에서 출발하여 15분 동안 이동한 거리는 1500 m이다.

(4) 그래프에서 이동 거리가 2000 m일 때 이동 시간이 20분이므로 슬기가 집에서 출발하여 공원에 도착할 때까지 걸린 시간은 20분이다.

답 (1) **이동 거리** (2) **2, 5** (3) **1500** (4) **20**

핵심문제 익히기 (확인문제) 본문 226~228쪽

1 ㄴ

2 (1) 20분 후 (2) 160분 (3) 120분 (4) 140분 후

3 23시(오후 11시), 8시(오전 8시)

이렇게 풀어요

1 상황에 맞는 그래프의 모양을 생각하면 다음과 같다.

상황	기온이 오른다.	일정한 기온을 유지한다.	기온이 떨어졌다.
그래프 모양	오른쪽 위로 향한다.	수평이다.	오른쪽 아래로 향한다.

따라서 알맞은 그래프는 ㄴ이다. 답 **ㄴ**

2 (1) 지우의 집에서 영화관까지의 거리가 1.5 km이므로 영화관에 도착하는 것은 집에서 출발한 지 20분 후이다.

(2) 집에 도착하면 집으로부터의 거리가 0 km이므로 집에서 출발하여 영화관까지 다녀오는 데 걸린 시간은 160분이다.

(3) 지우가 영화관에 머물렀던 때는 그래프에서 수평인 부분이므로 영화관에 머물렀던 시간은 집에서 출발한 지 20분 후부터 140분 후까지, 즉 $140-20=120$(분) 동안이다.

(4) 지우가 집을 향해 영화관을 떠난 때는 그래프가 오른쪽 아래로 향하기 시작한 때이므로 집에서 출발한 지 140분 후이다.

답 (1) **20분 후** (2) **160분** (3) **120분** (4) **140분 후**

3 그래프가 가장 높은 지점은 23시(오후 11시)일 때이므로 초미세먼지의 양이 가장 많은 시각은 23시(오후 11시)이다.
그래프가 가장 낮은 지점은 8시(오전 8시)일 때이므로 초미세먼지의 양이 가장 적은 시각은 8시(오전 8시)이다.

답 **23시(오후 11시), 8시(오전 8시)**

이런 문제가 시험에 나온다 본문 229쪽

01 ④ **02** ㄱ, ㄴ **03** ⑤

이렇게 풀어요

01 용기가 바닥에서부터 위로 올라갈수록 폭이 점점 좁아지는 모양이므로 물의 높이가 일정하게 증가하지 않고 처음에는 천천히 증가하다가 점점 빠르게 증가하게 된다.
따라서 그래프로 알맞은 것은 ④이다. 답 **④**

참고 어떤 빈 용기에 시간당 일정한 양의 물을 넣을 때, 용기의 모양에 따라 경과 시간 x에 따른 물의 높이 y 사이의 관계를 그래프로 나타내면 다음과 같다.

용기의 모양	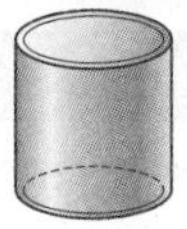	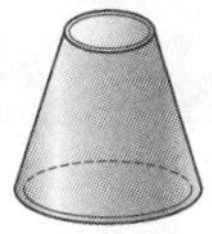	
물의 높이	일정하게 증가	처음에는 느리게 증가하다가 점점 빠르게 증가	처음에는 빠르게 증가하다가 점점 느리게 증가
그래프 모양	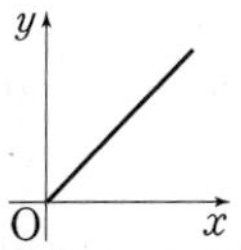	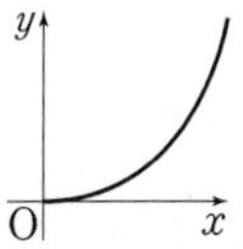	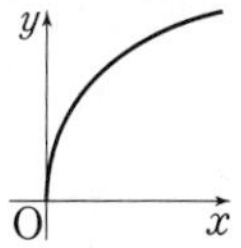

02 ㄱ. 버스가 멈추어 있을 때 그래프 모양이 수평으로 나타나므로 버스는 지은이가 탄 지 2분 후부터 3분 후까

지, 6분 후부터 7분 후까지, 10분 후부터 11분 후까지 3번 멈춰 있었다.

ㄴ. 그래프에서 2500 m를 이동하는데 걸린 시간이 15분이므로 지은이가 버스를 타고 이동한 시간은 모두 15분이다.

ㄷ. 지은이가 버스에 탄 후 버스가 두 번째로 멈춘 때는 지은이가 버스에 탄 지 6분 후이다.

따라서 옳은 것은 ㄱ, ㄴ이다.

답 ㄱ, ㄴ

03 ③ 목욕하는 동안에는 그래프 모양이 수평이므로 목욕하는 데 걸린 시간은 $18-6=12$(분)이다.

⑤ 수도꼭지를 튼 지 18분 후부터 물을 빼기 시작하여 24분 후까지 물을 뺐으므로 물을 모두 빼는 데 걸린 시간은 $24-18=6$(분)이다.

답 ⑤

참고 욕조에서 물을 뺄 때, 경과 시간 x에 따른 욕조에 남아 있는 물의 양 y 사이의 변화

물의 양이 많을수록 물의 압력이 높고, 물의 압력이 높을수록 시간당 빠져나가는 물의 양이 많다. 즉, 물이 빠져나갈수록 욕조에 남아 있는 물의 양이 줄어들게 되고 물의 압력이 낮아져 시간당 빠져나가는 물의 양이 줄어들게 되므로 욕조에 남아 있는 물의 양은 점점 느리게 감소하게 된다.

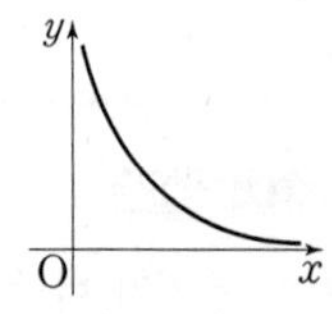

1 step (기본문제) 본문 230~231쪽

01 ④	02 ③	03 ②, ⑤	04 24
05 ㄷ	06 ④	07 ㄱ, ㄷ	
08 ㄱ-⑤, ㄴ-②, ㄷ-③	09 ①	10 ㄱ, ㄹ	

이렇게 풀어요

01 ② D$(-3, -3)$, E$(1, -3)$이므로 점 D와 점 E의 y좌표가 같다.

③ A$(1, 3)$, E$(1, -3)$이므로 점 A와 점 E의 x좌표가 같다.

④ 점 C$(-4, 0)$은 어느 사분면에도 속하지 않으므로 제2사분면에 속하는 점은 점 B$(-2, 3)$의 1개이다.

⑤ D$(-3, -3)$이므로 점 D의 x좌표와 y좌표는 모두 음수이다.

따라서 옳지 않은 것은 ④이다.

답 ④

02 점 $\left(a, \frac{1}{3}a-6\right)$이 x축 위의 점이므로

$\frac{1}{3}a-6=0 \quad \therefore a=18$

점 $(2b-6, b-1)$은 y축 위의 점이므로

$2b-6=0 \quad \therefore b=3$

$\therefore a-b=18-3=15$

답 ③

03 ② y축 위의 점은 x좌표가 0이다.

⑤ 제2사분면과 제3사분면 위의 점의 x좌표는 음수이다.

답 ②, ⑤

04 점 A$(4, 3)$과 y축에 대하여 대칭인 점은 x좌표의 부호만 바뀐다. $\therefore$ B$(-4, 3)$

점 A$(4, 3)$과 원점에 대하여 대칭인 점은 x좌표, y좌표의 부호가 모두 바뀐다.

$\therefore$ C$(-4, -3)$

따라서 세 점 A, B, C를 꼭짓점으로 하는 삼각형 ABC를 그리면 오른쪽 그림과 같다.

$\therefore$ (삼각형 ABC의 넓이)

$=\frac{1}{2}\times 8\times 6=24$

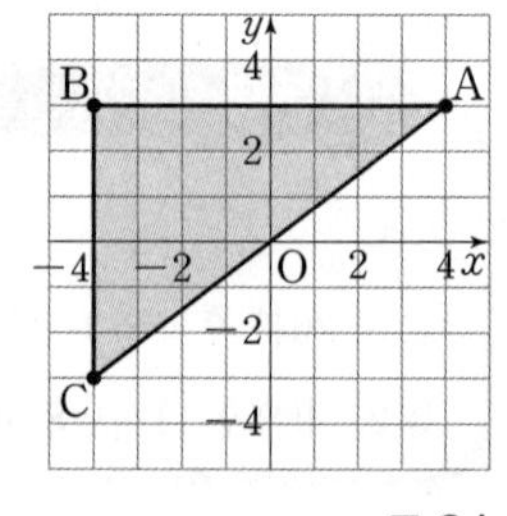

답 24

05 자동차가 일정한 속력으로 움직이므로 자동차의 이동 시간 x에 대하여 자동차의 속력 y를 나타낸 그래프의 모양은 수평으로 나타나게 된다.

답 ㄷ

06

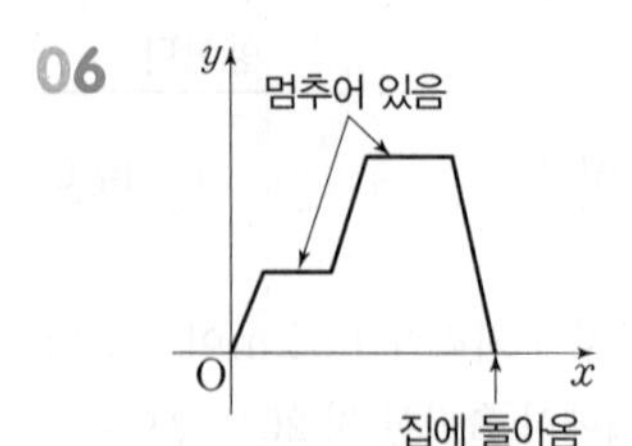

정우가 집에서 출발한 지 x분 후 정우의 집으로부터의 거리 y m 사이의 관계를 나타낸 그래프가 $y=0$에서 시작해서 $y=0$에서 끝났으므로 집에서 출발하여 우체국까지 갔다가 다시 집으로 돌아온 것을 의미하고, 그래프 모양이

수평인 부분은 멈추어 있었음을 의미하므로 2번 멈추어 있었음을 알 수 있다.
따라서 그래프에 알맞은 상황은 ④이다. 답 ④

07 ㄱ. 그래프에서 지하철이 가장 빨리 움직일 때의 속력은 초속 30 m이다.
ㄴ. 지하철이 일정한 속력으로 움직인 시간은 A역을 출발한 지 10초 후부터 145초 후까지이므로
$145-10=135$(초)이다.
ㄷ. 속력이 초속 0 m이면 지하철이 정차한 것이다. 즉, A역을 출발한 지 180초 후에 정차하였으므로 지하철이 A역을 출발하여 B역에 정차할 때까지 걸린 시간은 180초이다.
따라서 옳은 것은 ㄱ, ㄷ이다. 답 **ㄱ, ㄷ**

08 ㄱ. 지우가 문화센터에 도착하기 전에 편의점에서 음료수를 샀으므로 그래프의 모양은 집으로부터의 거리가 0 m가 아닌 곳에서 수평으로 나타나는 ⑤ 부분이다.
ㄴ. 지우가 집으로 다시 돌아가므로 그래프의 모양은 오른쪽 아래로 향하는 ② 부분이다.
ㄷ. 지우가 집에서 2분 동안 머물렀으므로 그래프의 모양은 거리가 0 m인 곳에서 2분 동안 수평으로 나타나는 ③ 부분이다. 답 **ㄱ－⑤, ㄴ－②, ㄷ－③**

09 $xy<0$에서 x와 y의 부호가 다르고, $x>y$이므로 $x>0$, $y<0$이다.
따라서 $x>0$, $-y>0$이므로 점 $(x, -y)$는 제1사분면 위의 점이다. 답 ①

10 ㄴ. 한 달 데이터를 5 GB 사용한다면 A요금제는 30000원을 내야 하고, B요금제는 35000원을 내야 한다.
ㄷ. 한 달 데이터를 5 GB 이하 사용한다면 A요금제를 선택하는 것이 데이터 요금이 가장 저렴하다.
답 **ㄱ, ㄹ**

2 step (발전문제) 본문 232쪽

01 18	**02** ⑤	**03** 제3사분면	**04** ③
05 ④	**06** (1) ㄴ (2) ㄱ		

이렇게 풀어요

01 네 점 $A(-2, 3)$, $B(-4, -1)$, $C(2, -1)$, $D(1, 3)$을 꼭짓점으로 하는 사각형을 그리면 오른쪽 그림과 같다.

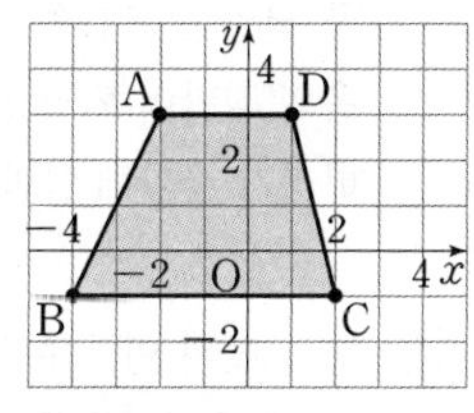

$\therefore$ (사각형 ABCD의 넓이)$=\frac{1}{2}\times(3+6)\times4$
$=18$ 답 **18**

02 두 점 $A(a-2, 1)$, $B(3, 2-b)$는 원점에 대하여 대칭이므로
$a-2=-3$, $1=-2+b$ $\quad\therefore a=-1$, $b=3$
점 $C(4, c+1)$은 x축 위의 점이므로
$c+1=0$ $\quad\therefore c=-1$
$\therefore a+b-c=(-1)+3-(-1)=3$ 답 ⑤

03 점 $(-a, b)$가 제3사분면 위의 점이므로
$-a<0$, $b<0$ $\quad\therefore a>0$, $b<0$
따라서 $ab<0$, $b-a<0$이므로 점 $(ab, b-a)$는 제3사분면 위의 점이다. 답 **제3사분면**

04 점 $(a+b, ab)$가 제2사분면 위의 점이므로 $a+b<0$, $ab>0$이다.
$ab>0$에서 a와 b의 부호가 같고, $a+b<0$이므로 $a<0$, $b<0$이다.
① $a<0$, $b<0$이므로 점 (a, b)는 제3사분면 위의 점이다.
② $a<0$, $-b>0$이므로 점 $(a, -b)$는 제2사분면 위의 점이다.
③ $-a>0$, $b<0$이므로 점 $(-a, b)$는 제4사분면 위의 점이다.
④ $-a>0$, $-b>0$이므로 점 $(-a, -b)$는 제1사분면 위의 점이다.
⑤ $b<0$, $a<0$이므로 점 (b, a)는 제3사분면 위의 점이다. 답 ③

05 아이스크림을 먹으면 시간이 지날수록 양이 줄어들므로 그래프 모양은 오른쪽 아래로 향한다.
아이스크림을 냉동실에 넣어 두면 시간이 지나도 아이스크림의 양이 변하지 않으므로 그래프 모양은 수평이다.
또한 다시 아이스크림을 꺼내 먹다가 아이스크림의 양이

처음의 절반이 되었을 때 냉동실에 다시 넣었으므로 그래프 모양은 오른쪽 아래로 향하다가 아이스크림의 양이 처음의 절반이 되었을 때 수평이 된다.
따라서 상황에 알맞은 그래프는 ④이다. 답 ④

06 (1) 그릇의 아랫부분은 폭이 일정하다가 어느 부분부터 위로 올라갈수록 그릇의 폭이 일정하게 증가하므로 시간당 일정한 양의 물을 채우면 물의 높이가 일정하게 증가하다가 그릇의 폭이 변화하기 시작할 때부터 시간 x에 따른 물의 높이가 점점 느리게 증가하게 된다.
따라서 경과 시간 x와 물의 높이 y 사이의 관계를 나타낸 그래프는 오른쪽 그래프와 같이 오른쪽 위로 향하는 직선의 형태였다가 중간에 점점 느리게 증가하는 곡선의 형태로 바뀌게 된다.

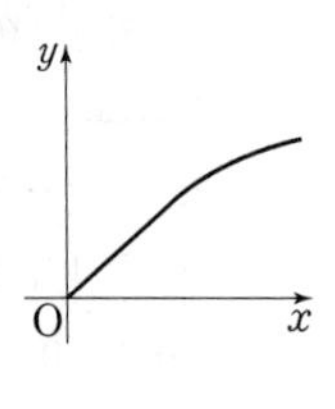

(2) 그릇의 아랫 부분은 폭이 위로 올라갈수록 일정하게 증가하다가 어느 부분부터 그릇의 폭이 일정하므로 시간당 일정한 양의 물을 채우면 물의 높이가 처음에는 빠르게 증가하다가 점점 느리게 증가하게 되고 그릇의 폭이 일정해지기 시작할 때부터 물의 높이가 일정하게 증가하게 된다.
따라서 경과 시간 x와 물의 높이 y 사이의 관계를 나타낸 그래프는 오른쪽 그래프와 같이 곡선의 형태였다가 중간에 오른쪽 위로 향하는 직선의 형태로 바뀌게 된다.

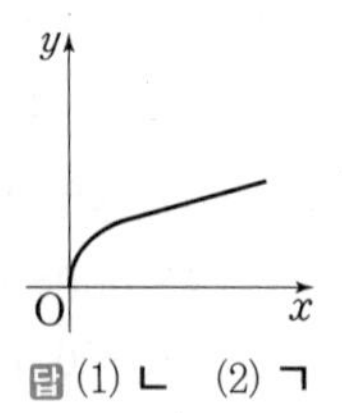

답 (1) ㄴ (2) ㄱ

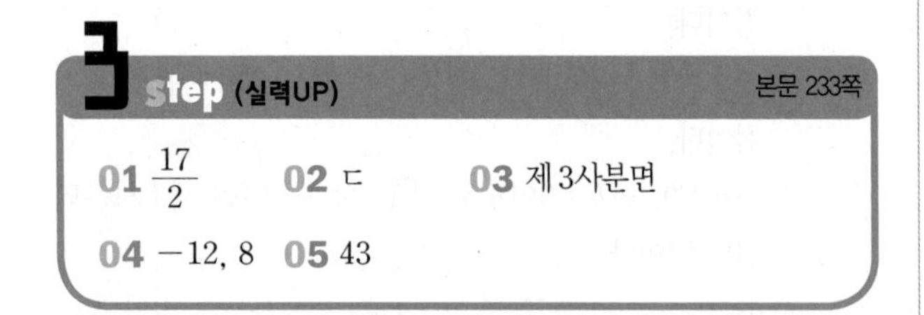

이렇게 풀어요

01 점 $(2,\ -4)$와 x축에 대하여 대칭인 점은 y좌표의 부호만 바뀐다. $\therefore$ A$(2,\ 4)$
따라서 세 점 A$(2,\ 4)$, B$(-1,\ -1)$, C$(3,\ 0)$을 꼭짓점으로 하는 삼각형 ABC를 그리면 오른쪽 그림과 같다.

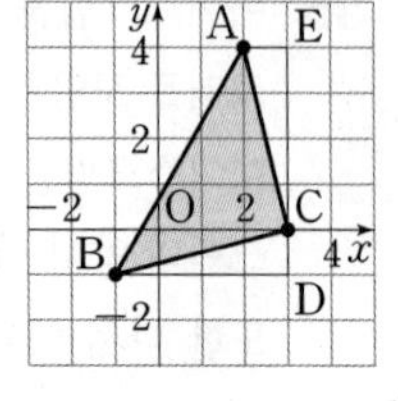

$\therefore$ (삼각형 ABC의 넓이)
$=$(사각형 ABDE의 넓이)
$-$(삼각형 BDC의 넓이)$-$(삼각형 ACE의 넓이)
$=\frac{1}{2}\times(1+4)\times5-\frac{1}{2}\times4\times1-\frac{1}{2}\times1\times4$
$=\frac{25}{2}-2-2=\frac{17}{2}$ 답 $\frac{17}{2}$

02 $ab>0$에서 a와 b의 부호가 같고, $a+b<0$이므로 $a<0$, $b<0$이다.
그런데 $|a|<|b|$이므로 $b<a<0$
ㄱ. $a<0$, $-b>0$이므로 점 $(a,\ -b)$는 제2사분면 위의 점이다.
ㄴ. $b-a<0$, $ab>0$이므로 점 $(b-a,\ ab)$는 제2사분면 위의 점이다.
ㄷ. $a-b>0$, $-a-b>0$이므로 점 $(a-b,\ -a-b)$는 제1사분면 위의 점이다.
ㄹ. $-\frac{b}{a}<0$, $-a>0$이므로 점 $\left(-\frac{b}{a},\ -a\right)$는 제2사분면 위의 점이다.
따라서 속하는 사분면이 다른 하나는 ㄷ이다. 답 ㄷ

03 점 $(abc,\ b-c)$가 제1사분면 위의 점이므로
$abc>0$, $b-c>0$ …… ㉠
점 $(abd,\ d-a)$가 제2사분면 위의 점이므로
$abd<0$, $d-a>0$ …… ㉡
(i) $a>0$일 때,
㉠에서 $bc>0$
㉡에서 $bd<0$, $d>a$이므로 $b<0$, $c<0$, $d>0$
$\therefore ab<0$, $cd<0$
(ii) $a<0$일 때,
㉠에서 $bc<0$, $b>c$이므로 $b>0$, $c<0$
㉡에서 $bd>0$이므로 $d>0$
$\therefore ab<0$, $cd<0$
따라서 (i), (ii)에 의해 점 $(ab,\ cd)$는 제3사분면 위의 점이다. 답 **제3사분면**

04 (i) $a<-2$일 때,
세 점 A$(-2,\ 3)$, B$(-2,\ -1)$, C$(a,\ 1)$을 꼭짓점으로 하는 삼각형 ABC를 그리면 위의 그림과 같으므로 선분 AB를 밑변으로

할 때

(밑변의 길이)$=3-(-1)=4$

(높이)$=-2-a$

이때 삼각형 ABC의 넓이가 20이므로

$\frac{1}{2}\times 4\times(-2-a)=20$

$-2-a=10 \quad \therefore a=-12$

(ii) $a>-2$일 때,

세 점 $\mathrm{A}(-2, 3)$, $\mathrm{B}(-2, -1)$, $\mathrm{C}(a, 1)$을 꼭짓점으로 하는 삼각형 ABC를 그리면 오른쪽 그림과 같으므로 선분 AB를 밑변으로 할 때

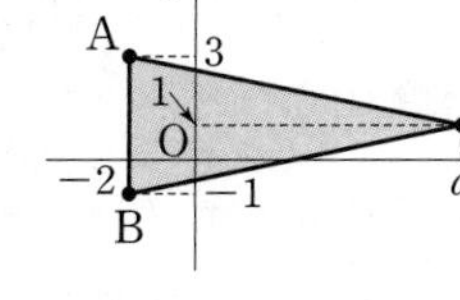

(밑변의 길이)$=3-(-1)=4$

(높이)$=a-(-2)=a+2$

이때 삼각형 ABC의 넓이가 20이므로

$\frac{1}{2}\times 4\times(a+2)=20$, $a+2=10 \quad \therefore a=8$

따라서 (i), (ii)에서 a의 값은 -12, 8이다. 답 **−12, 8**

05 그래프에서 관람차 A가 가장 높이 올라갔을 때의 높이는 30 m이다. $\therefore a=30$

관람차 A가 지우가 탑승한 지 5분 후, 15분 후, 25분 후에 최고 높이에 도달하므로 한 바퀴 돌아 처음 위치에 돌아오는 데 걸리는 시간은 10분이다. $\therefore b=10$

지우가 탑승해서 하차할 때까지 관람차 A가 꼭대기에 올라간 횟수는 3번이다.

$\therefore c=3$

$\therefore a+b+c=30+10+3=43$ 답 **43**

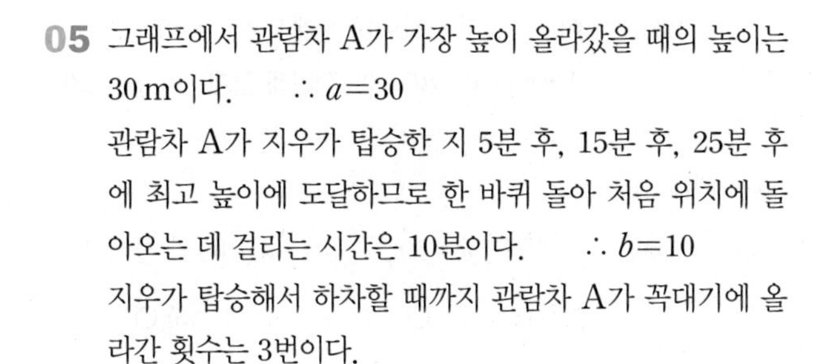

서술형 대비 문제

본문 234~235쪽

1 제 2 사분면 **2** 8 **3** 1 **4** 6 **5** 제 4 사분면 **6** 19

이렇게 풀어요

1 1단계 점 $(a, -b)$가 제 1 사분면 위의 점이므로 $a>0$이고 $-b>0$에서 $b<0$이다.

2단계 $\therefore ab<0$, $a-b>0$

3단계 따라서 점 $(ab, a-b)$는 제 2 사분면 위의 점이다.

답 **제 2 사분면**

2 1단계 세 점 A, B, C를 꼭짓점으로 하는 삼각형 ABC를 그리면 오른쪽 그림과 같다.

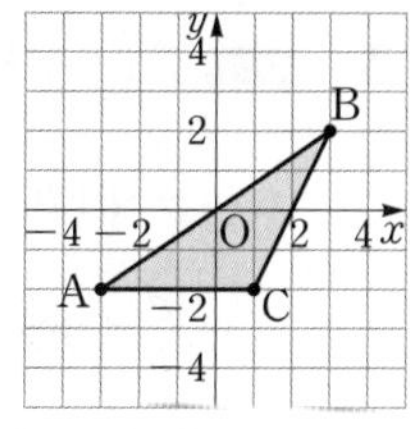

2단계 삼각형 ABC의 밑변의 길이는 4이고 높이는 4이다.

3단계 $\therefore$ (삼각형 ABC의 넓이)$=\frac{1}{2}\times 4\times 4=8$ 답 **8**

3 1단계 두 점이 y축에 대하여 대칭이므로 x좌표의 부호만 반대이다.

$3a+2=a$에서 $2a=-2 \quad \therefore a=-1$

$6b+4=b-6$에서 $5b=-10 \quad \therefore b=-2$

2단계 $\therefore a-b=-1-(-2)=1$

답 **1**

단계	채점요소	배점
1	a, b의 값 각각 구하기	4점
2	$a-b$의 값 구하기	1점

4 1단계 두 점 $\mathrm{A}(2a, b+3)$, $\mathrm{B}(b-2, 2a-1)$이 모두 x축 위의 점이므로

$b+3=0$에서 $b=-3$

$2a-1=0$에서 $a=\frac{1}{2}$

$\therefore \mathrm{A}(1, 0)$, $\mathrm{B}(-5, 0)$

2단계 이때 점 C의 좌표 $\left(4a-1, \frac{1}{3}b+3\right)$에서

$4a-1=4\times\frac{1}{2}-1=1$

$\frac{1}{3}b+3=\frac{1}{3}\times(-3)+3=2$

$\therefore \mathrm{C}(1, 2)$

3단계 따라서 세 점 A, B, C를 꼭짓점으로 하는 삼각형 ABC를 그리면 오른쪽 그림과 같다.

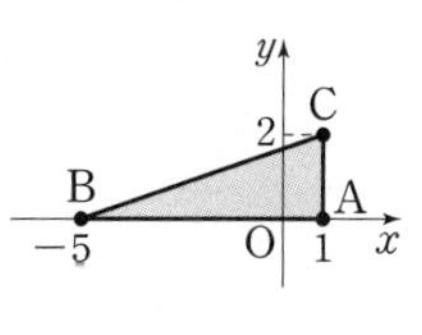

$\therefore$ (삼각형 ABC의 넓이)$=\frac{1}{2}\times 6\times 2=6$

답 **6**

단계	채점요소	배점
1	두 점 A, B의 좌표 각각 구하기	2점
2	점 C의 좌표 구하기	2점
3	삼각형 ABC의 넓이 구하기	3점

5 1단계 점 $\left(-a+b, \frac{a}{b}\right)$가 제 3 사분면 위의 점이므로

$-a+b<0$, $\frac{a}{b}<0$이다.

$\frac{a}{b}<0$에서 a와 b의 부호가 다르다.

(i) $a>0$, $b<0$일 때, $-a<0$이므로 $-a+b<0$

(ii) $a<0$, $b>0$일 때, $-a>0$이므로 $-a+b>0$

(i), (ii)에서 $a>0$, $b<0$이다.

2단계 $\therefore -ab>0$, $b-a<0$

3단계 따라서 점 $(-ab, b-a)$는 제 4 사분면 위의 점이다. 답 **제 4 사분면**

단계	채점요소	배점
1	a, b의 부호 각각 구하기	3점
2	$-ab$, $b-a$의 부호 각각 구하기	2점
3	점 $(-ab, b-a)$가 속하는 사분면 구하기	2점

6 1단계 동생은 자신이 출발한 지 4분 후부터 7분 후까지 $7-4=3$(분) 동안 멈추어 있었고, 학교까지 가는 데 걸린 시간은 12분이다.

$\therefore a=3$, $b=12$

2단계 형은 동생보다 4분 늦게 출발하여 $12-4=8$(분)만에 학교에 도착하였다.

$\therefore c=4$, $d=8$

3단계 $\therefore a+b-c+d=3+12-4+8=19$ 답 **19**

단계	채점요소	배점
1	a, b의 값 각각 구하기	2점
2	c, d의 값 각각 구하기	2점
3	$a+b-c+d$의 값 구하기	1점

2 정비례와 반비례

01 정비례

개념원리 확인하기

본문 239쪽

01 (1) 500, 1500, 2000 (2) 정비례 관계 (3) 500

02 (1) 40, 80 (2) 정비례 관계 (3) $y=20x$

03 (1) ○ (2) ○ (3) × (4) ○ (5) ○ (6) ×

04 (1) $y=4x$ (2) $y=-4x$ (3) $y=\frac{2}{5}x$

이렇게 풀어요

01 (3) 1개에 500원 하는 아이스크림 x개의 가격은 $500x$원이므로 x와 y 사이의 관계식은 $y=500x$이다.

답 (1) **500, 1500, 2000** (2) **정비례 관계** (3) **500**

02 (3) 시속 20 km로 달리는 자전거가 x시간 동안 달린 거리는 $20x$ km이므로 x와 y 사이의 관계식은 $y=20x$이다.

답 (1) **40, 80** (2) **정비례 관계** (3) $\boldsymbol{y=20x}$

03 y가 x에 정비례하면 $y=ax$, $\frac{y}{x}=a\,(a\neq0)$의 꼴이다.

답 (1) ○ (2) ○ (3) × (4) ○ (5) ○ (6) ×

04 y가 x에 정비례하므로 $y=ax\,(a\neq0)$로 놓는다.

(1) $y=ax$에 $x=2$, $y=8$을 대입하면

$8=2a$에서 $a=4$

$\therefore y=4x$

(2) $y=ax$에 $x=3$, $y=-12$를 대입하면

$-12=3a$에서 $a=-4$

$\therefore y=-4x$

(3) $y=ax$에 $x=\frac{5}{6}$, $y=\frac{1}{3}$을 대입하면

$\frac{1}{3}=\frac{5}{6}a$에서 $a=\frac{2}{5}$

$\therefore y=\frac{2}{5}x$

답 (1) $\boldsymbol{y=4x}$ (2) $\boldsymbol{y=-4x}$ (3) $\boldsymbol{y=\frac{2}{5}x}$

참고 $\frac{y}{x}=a\,(a\neq0)$로 놓고 a의 값을 구해도 된다.

핵심문제 익히기 (확인문제) 본문 240~241쪽

1 ①, ⑤ **2** -12 **3** ②

이렇게 풀어요

1 y가 x에 정비례하면 $y=ax$, $\frac{y}{x}=a\,(a\neq0)$의 꼴이다.

답 ①, ⑤

2 y가 x에 정비례하므로 $y=ax\,(a\neq0)$로 놓고 $x=-4$, $y=2$를 대입하면

$2=-4a$에서 $a=-\frac{1}{2}$ $\therefore y=-\frac{1}{2}x$

$y=-\frac{1}{2}x$에 $x=-8$, $y=A$를 대입하면

$A=-\frac{1}{2}\times(-8)=4$

$y=-\frac{1}{2}x$에 $x=B$, $y=8$을 대입하면

$8=-\frac{1}{2}\times B$에서 $B=-16$

$\therefore A+B=4+(-16)=-12$ 답 -12

3 ㄱ. (소금의 양)$=\frac{(\text{소금물의 농도})}{100}\times$(소금물의 양)이므로

$y=\frac{10}{100}\times x=\frac{1}{10}x$ (정비례)

ㄴ. (시간)$=\frac{(\text{거리})}{(\text{속력})}$이므로 $y=\frac{700}{x}$

ㄷ. $y=4\times x=4x$ (정비례)

ㄹ. $\frac{1}{2}\times x\times y=30$에서 $xy=60$ $\therefore y=\frac{60}{x}$

ㅁ. $xy=100$ $\therefore y=\frac{100}{x}$

ㅂ. $y=100-20x$

따라서 y가 x에 정비례하는 것은 ㄱ, ㄷ이다. 답 ②

이런 문제가 시험에 나온다 본문 242쪽

01 ㄴ, ㅂ **02** -12 **03** ③ **04** $-\frac{1}{2}$

05 ③ **06** $y=\frac{3}{100}x$

이렇게 풀어요

01 x의 값이 2배, 3배, 4배, …가 될 때, y의 값도 2배, 3배, 4배, …가 되는 관계가 있으면 y가 x에 정비례한다.

ㄴ. $x-2y=0$에서 $y=\frac{1}{2}x$ (정비례) 답 ㄴ, ㅂ

02 y가 x에 정비례하므로 $y=ax\,(a\neq0)$로 놓고 $x=2$, $y=12$를 대입하면 $12=2a$에서 $a=6$ $\therefore y=6x$

따라서 $y=6x$에 $y=-72$를 대입하면

$-72=6x$ $\therefore x=-12$ 답 -12

03 y가 x에 정비례하므로 $y=ax\,(a\neq0)$로 놓고 $x=3$, $y=6$을 대입하면 $6=3a$에서 $a=2$ $\therefore y=2x$

① $y=2x$에서 $\frac{y}{x}=2$ (일정)

② $y=2x$에 $x=2$를 대입하면 $y=4$

③ y가 x에 정비례하므로 x의 값이 3배가 되면 y의 값도 3배가 된다.

④ $y=2x$에 $y=10$을 대입하면

$10=2x$ $\therefore x=5$ 답 ③

04 $y=ax\,(a\neq0)$에 $x=-2$, $y=3$을 대입하면

$3=-2a$에서 $a=-\frac{3}{2}$ $\therefore y=-\frac{3}{2}x$

$y=-\frac{3}{2}x$에 $x=b$, $y=6$을 대입하면

$6=-\frac{3}{2}b$에서 $b=-4$

$y=-\frac{3}{2}x$에 $x=2$, $y=c$를 대입하면

$c=\left(-\frac{3}{2}\right)\times2=-3$

$\therefore a-b+c=\left(-\frac{3}{2}\right)-(-4)+(-3)=-\frac{1}{2}$ 답 $-\frac{1}{2}$

05 ① $x+y=24$에서 $y=24-x$

② $y=x\times x\times3.14=3.14x^2$

③ $y=3x$ (정비례)

④ (소금물의 농도)$=\frac{(\text{소금의 양})}{(\text{소금물의 양})}\times100\,(\%)$이므로

$y=\frac{100x}{100+x}$

⑤ $xy=30$에서 $y=\frac{30}{x}$ 답 ③

06 (불량률)$=\frac{(\text{불량 전구의 개수})}{(\text{생산한 전구의 개수})}\times100\,(\%)$이므로

$3=\frac{y}{x}\times100$에서 $y=\frac{3}{100}x$ 답 $y=\frac{3}{100}x$

02 정비례 관계의 그래프

개념원리 확인하기

본문 245쪽

01 (1) -2, 1, -2, 0, 0, 0, 0, 1, -2, 직선, 그래프는 풀이 참조
(2) 3, 2, 3, 0, 0, 0, 0, 2, 3, 직선, 그래프는 풀이 참조

02 풀이 참조 **03** -5

04 (1) $y=3x$ (2) $y=-\frac{2}{3}x$

이렇게 풀어요

01 (1)

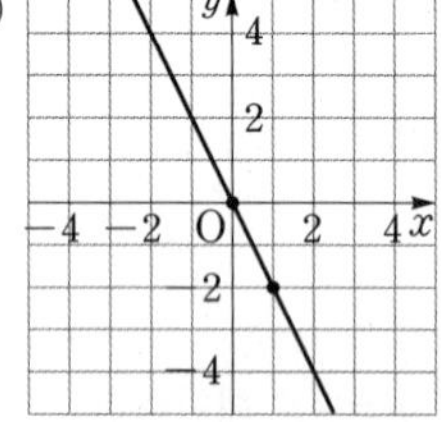

(2)

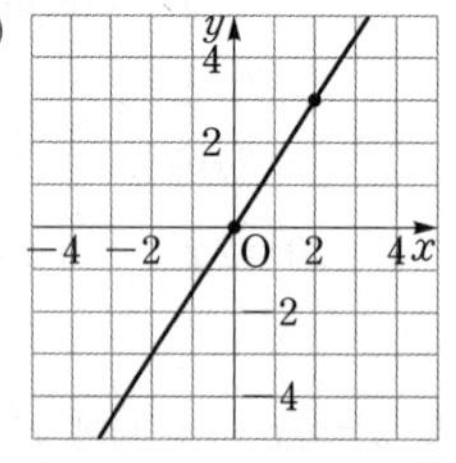

답 (1) **-2, 1, -2, 0, 0, 0, 0, 1, -2, 직선, 그래프는 풀이 참조**
(2) **3, 2, 3, 0, 0, 0, 0, 2, 3, 직선, 그래프는 풀이 참조**

02 (1) 정비례 관계 $y=6x$에서 $x=1$일 때, $y=6$이므로 점 $(1, 6)$을 지난다.
따라서 정비례 관계 $y=6x$의 그래프는 오른쪽 그림과 같이 원점 O와 점 $(1, 6)$을 지나는 직선이다.

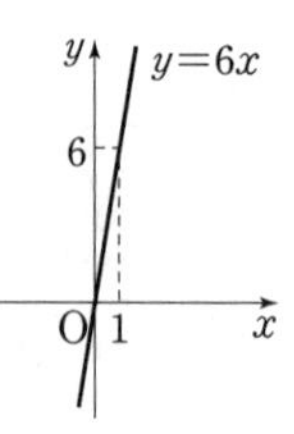

(2) 정비례 관계 $y=-\frac{3}{5}x$에서 $x=5$일 때, $y=-3$이므로 점 $(5, -3)$을 지난다.
따라서 정비례 관계 $y=-\frac{3}{5}x$의 그래프는 오른쪽 그림과 같이 원점 O와 점 $(5, -3)$을 지나는 직선이다. 답 **풀이 참조**

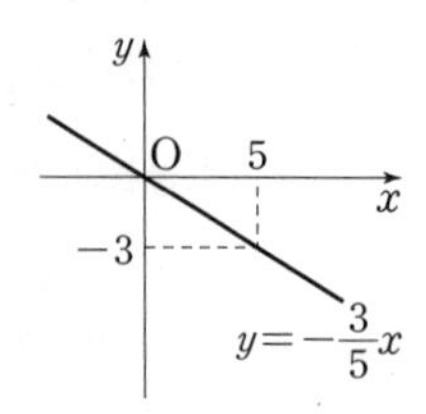

03 정비례 관계 $y=\frac{6}{5}x$의 그래프가 점 $(a, -6)$을 지나므로 $y=\frac{6}{5}x$에 $x=a$, $y=-6$을 대입하면
$-6=\frac{6}{5}a$ $\therefore a=-5$ 답 **-5**

04 (1) 그래프가 정비례 관계의 그래프이므로 $y=ax\,(a\neq0)$로 놓는다.
$y=ax$의 그래프가 점 $(-1, -3)$을 지나므로 $y=ax$에 $x=-1$, $y=-3$을 대입하면
$-3=-a$에서 $a=3$ $\therefore y=3x$
(2) 그래프가 정비례 관계의 그래프이므로 $y=ax\,(a\neq0)$로 놓는다.
$y=ax$의 그래프가 점 $(3, -2)$를 지나므로 $y=ax$에 $x=3$, $y=-2$를 대입하면
$-2=3a$에서 $a=-\frac{2}{3}$ $\therefore y=-\frac{2}{3}x$

답 (1) **$y=3x$** (2) **$y=-\frac{2}{3}x$**

핵심문제 익히기 (확인문제)

본문 246~248쪽

1 풀이 참조 **2** ③ **3** 0 **4** ㄴ, ㄹ
5 A$(8, -2)$ **6** 3

이렇게 풀어요

1 (1) 정비례 관계 $y=-\frac{3}{4}x$에서 $x=4$일 때, $y=-3$이므로 점 $(4, -3)$을 지난다.
따라서 정비례 관계 $y=-\frac{3}{4}x$의 그래프는 오른쪽 그림과 같이 원점 O와 점 $(4, -3)$을 지나는 직선이다.

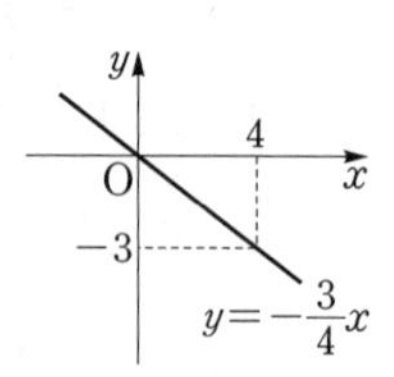

(2) 정비례 관계 $y=\frac{1}{2}x$에서 $x=2$일 때, $y=1$이므로 점 $(2, 1)$을 지난다.
따라서 정비례 관계 $y=\frac{1}{2}x$의 그래프는 오른쪽 그림과 같이 원점 O와 점 $(2, 1)$을 지나는 직선이다.

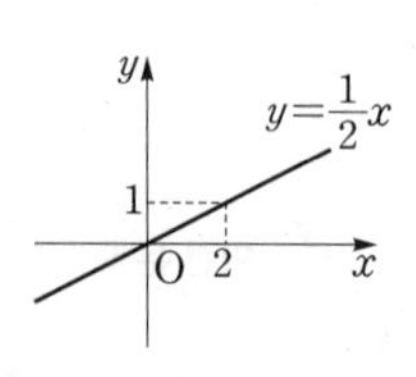

(3) 정비례 관계 $y=4x$에서 $x=1$일 때, $y=4$이므로 점 $(1, 4)$를 지난다.
따라서 정비례 관계 $y=4x$의 그래프는 오른쪽 그림과 같이 원점 O와 점 $(1, 4)$를 지나는 직선이다. 답 **풀이 참조**

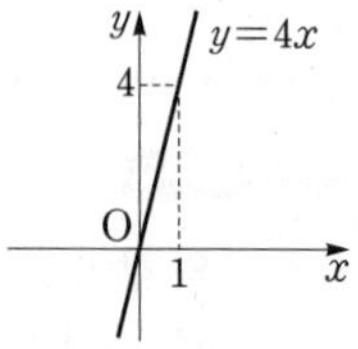

2 정비례 관계 $y=ax\,(a\neq0)$의 그래프는 a의 절댓값이 작을수록 x축에 가깝다.

즉, $|-5|>|-4|>|3|>\left|-\frac{1}{2}\right|>\left|\frac{1}{12}\right|$이므로 x축에 가장 가까운 그래프는 a의 절댓값이 가장 작은 ③이다.

답 ③

3 점 $(-1,\ 2)$가 정비례 관계 $y=bx\,(b\neq0)$의 그래프 위의 점이므로 $y=bx$에 $x=-1$, $y=2$를 대입하면

$2=b\times(-1)$에서 $b=-2$ $\quad\therefore y=-2x$

점 $(a,\ -4)$가 정비례 관계 $y=-2x$의 그래프 위의 점이므로 $y=-2x$에 $x=a$, $y=-4$를 대입하면

$-4=-2a$에서 $a=2$

$\therefore a+b=2+(-2)=0$

답 **0**

4 ㄴ. $6>0$이므로 x의 값이 증가하면 y의 값도 증가한다.

ㄷ. $x=1$일 때 $y=6$, $x=-1$일 때 $y=-6$이므로 점 $(1,\ 6)$과 점 $(-1,\ -6)$을 지난다.

ㄹ. $6>0$이므로 제1사분면과 제3사분면을 지난다.

따라서 옳지 않은 것은 ㄴ, ㄹ이다.

답 **ㄴ, ㄹ**

5 정비례 관계 $y=ax\,(a\neq0)$의 그래프가 점 $(-4,\ 1)$을 지나므로 $y=ax$에 $x=-4$, $y=1$을 대입하면

$1=-4a$에서 $a=-\frac{1}{4}$ $\quad\therefore y=-\frac{1}{4}x$

따라서 정비례 관계 $y=-\frac{1}{4}x$의 그래프가 점 A를 지나므로 점 A의 좌표를 $(k,\ -2)$라 하면

$-2=-\frac{1}{4}k$ $\quad\therefore k=8$

$\therefore$ A$(8,\ -2)$

답 **A$(8,\ -2)$**

6 $y=2x$에 $y=4$를 대입하면

$x=2$

$\therefore$ P$(2,\ 4)$

즉, 점 Q의 x좌표가 2이므로

$y=\frac{1}{2}x$에 $x=2$를 대입하면

$y=1$ $\quad\therefore$ Q$(2,\ 1)$

이때 (선분 PQ의 길이)$=4-1=3$

$\therefore$ (삼각형 POQ의 넓이)$=\frac{1}{2}\times3\times2=3$

답 **3**

이런 문제가 시험에 나온다 (본문 249쪽)

01 ③, ⑤ **02** ① **03** ③ **04** ⑤ **05** 42

이렇게 풀어요

01 ③ 정비례 관계 $y=ax\,(a\neq0)$의 그래프에서 a의 절댓값이 클수록 y축에 가깝다. $\left|-\frac{1}{2}\right|>\left|\frac{1}{3}\right|$이므로 정비례 관계 $y=\frac{1}{3}x$의 그래프보다 y축에 가깝다.

⑤ 제2사분면과 제4사분면을 지나는 직선이다.

답 ③, ⑤

02 직선 l이 원점을 지나므로 이 직선이 나타내는 x와 y 사이의 관계식은 $y=ax\,(a\neq0)$이고 직선 l이 제2사분면과 제4사분면을 지나므로 $a<0$이다.

또, 정비례 관계 $y=ax\,(a\neq0)$의 그래프에서 a의 절댓값이 클수록 y축에 가까우므로

$|a|>|-1|$, $|a|>1$ $\quad\therefore a<-1$

따라서 그 그래프가 직선 l이 될 수 있는 것은 ①이다.

답 ①

03 정비례 관계 $y=ax\,(a\neq0)$의 그래프가 점 $(3,\ 1)$을 지나므로 $y=ax$에 $x=3$, $y=1$을 대입하면

$1=3a$ $\quad\therefore a=\frac{1}{3}$

정비례 관계 $y=bx$의 그래프가 점 $(1,\ -3)$을 지나므로 $y=bx$에 $x=1$, $y=-3$을 대입하면

$-3=b$ $\quad\therefore ab=\frac{1}{3}\times(-3)=-1$

답 ③

04 그래프가 원점을 지나는 직선이므로 $y=ax\,(a\neq0)$로 놓으면 $y=ax$의 그래프가 점 $\left(-2,\ \frac{3}{2}\right)$을 지나므로

$y=ax$에 $x=-2$, $y=\frac{3}{2}$을 대입하면

$\frac{3}{2}=-2a$에서 $a=-\frac{3}{4}$ $\quad\therefore y=-\frac{3}{4}x$

⑤ $y=-\frac{3}{4}x$에 $x=4$를 대입하면 $y=-3$이므로 점 $(4,\ -3)$은 $y=-\frac{3}{4}x$의 그래프 위에 있다.

답 ⑤

05 점 P의 y좌표가 -6이므로 $y=\frac{1}{2}x$에 $y=-6$을 대입하면 $-6=\frac{1}{2}x$ $\quad\therefore x=-12$ $\quad\therefore$ P$(-12,\ -6)$

점 Q의 y좌표가 -6이므로 $y=-3x$에 $y=-6$을 대입하면 $-6=-3x$ $\quad\therefore x=2$ $\quad\therefore \mathrm{Q}(2,\ -6)$

이때 (선분 PQ의 길이)$=2-(-12)=14$

$\therefore$ (삼각형 OPQ의 넓이)$=\frac{1}{2}\times14\times6=42$ 답 **42**

03 반비례

개념원리 확인하기 본문 251쪽

01 (1) 300, 150 (2) 반비례 관계 (3) 600

02 (1) 12, 9 (2) 반비례 관계 (3) $y=\frac{36}{x}$

03 (1) ○ (2) × (3) ○ (4) × (5) × (6) ○ (7) × (8) ×

04 (1) $y=-\frac{10}{x}$ (2) $y=-\frac{30}{x}$ (3) $y=\frac{2}{x}$

이렇게 풀어요

01 (3) 무게가 600 g인 케이크를 똑같이 x조각으로 나누면 한 조각의 무게는 $\frac{600}{x}$ g이므로 x와 y 사이의 관계식은 $y=\frac{600}{x}$이다.

답 (1) **300, 150** (2) **반비례 관계** (3) **600**

02 (3) 넓이가 36 cm^2인 직사각형의 가로의 길이가 x cm이면 세로의 길이는 $\frac{36}{x}$ cm이므로 x와 y 사이의 관계식은 $y=\frac{36}{x}$이다.

답 (1) **12, 9** (2) **반비례 관계** (3) $\boldsymbol{y=\frac{36}{x}}$

03 y가 x에 반비례하면 $y=\frac{a}{x}$, $xy=a\,(a\neq0)$의 꼴이다.

답 (1) ○ (2) × (3) ○ (4) × (5) × (6) ○ (7) × (8) ×

04 y가 x에 반비례하므로 $y=\frac{a}{x}\,(a\neq0)$로 놓는다.

(1) $y=\frac{a}{x}$에 $x=5$, $y=-2$를 대입하면

$-2=\frac{a}{5}$에서 $a=-10$ $\quad\therefore y=-\frac{10}{x}$

(2) $y=\frac{a}{x}$에 $x=-10$, $y=3$을 대입하면

$3=\frac{a}{-10}$에서 $a=-30$ $\quad\therefore y=-\frac{30}{x}$

(3) $y=\frac{a}{x}$에 $x=4$, $y=\frac{1}{2}$을 대입하면

$\frac{1}{2}=\frac{a}{4}$에서 $a=2$ $\quad\therefore y=\frac{2}{x}$

답 (1) $\boldsymbol{y=-\frac{10}{x}}$ (2) $\boldsymbol{y=-\frac{30}{x}}$ (3) $\boldsymbol{y=\frac{2}{x}}$

참고 $xy=a\,(a\neq0)$로 놓고 a의 값을 구해도 된다.

핵심문제 익히기 (확인문제) 본문 252~253쪽

1 ②, ④ **2** 12 **3** ③

이렇게 풀어요

1 ①, ③ 정비례 관계도 아니고 반비례 관계도 아니다.

② $x=-\frac{5}{y}$에서 $xy=-5$ $\quad\therefore y=-\frac{5}{x}$ (반비례)

⑤ $y=\frac{x}{12}$ (정비례)

따라서 y가 x에 반비례하는 것은 ②, ④이다. 답 **②, ④**

2 y가 x에 반비례하므로 $y=\frac{a}{x}\,(a\neq0)$로 놓고 $x=3$, $y=4$를 대입하면 $4=\frac{a}{3}$에서 $a=12$ $\quad\therefore y=\frac{12}{x}$

$y=\frac{12}{x}$에 $x=2$, $y=A$를 대입하면 $A=\frac{12}{2}=6$

$y=\frac{12}{x}$에 $x=B$, $y=3$을 대입하면 $3=\frac{12}{B}$에서 $B=4$

$y=\frac{12}{x}$에 $x=6$, $y=C$를 대입하면 $C=\frac{12}{6}=2$

$\therefore A+B+C=6+4+2=12$ 답 **12**

3 ㄱ. $y=5x$ (정비례)

ㄴ. $y=6x$ (정비례)

ㄷ. (소금물의 농도)$=\frac{(\text{소금의 양})}{(\text{소금물의 양})}\times100\,(\%)$이므로

$y=\frac{10}{x}\times100=\frac{1000}{x}$ (반비례)

ㄹ. $y=x^2$이므로 정비례 관계도 아니고 반비례 관계도 아니다.

ㅁ. $y=\frac{50}{x}$ (반비례)

ㅂ. $y=200-x$이므로 정비례 관계도 아니고 반비례 관계도 아니다.

따라서 y가 x에 반비례하는 것은 ㄷ, ㅁ이다. 답 ③

이런 문제가 시험에 나온다

본문 254쪽

01 ②, ④ 02 ② 03 ⑤ 04 ①
05 ②, ③

이렇게 풀어요

01 ① 정비례 관계도 아니고 반비례 관계도 아니다.

②, ④ 반비례

③ $x-2y=0$ $\therefore y=\frac{1}{2}x$ (정비례)

⑤ 정비례

따라서 반비례 관계가 있는 것은 ②, ④이다. 답 ②, ④

02 y가 x에 반비례하므로 $y=\frac{a}{x}(a\neq0)$로 놓고 $x=2$, $y=4$를 대입하면

$4=\frac{a}{2}$에서 $a=8$ $\therefore y=\frac{8}{x}$ 답 ②

03 y가 x에 반비례하므로 $y=\frac{a}{x}(a\neq0)$로 놓고 $x=8$, $y=2$를 대입하면 $2=\frac{a}{8}$에서 $a=16$ $\therefore y=\frac{16}{x}$

$y=\frac{16}{x}$에 $x=\frac{1}{2}$을 대입하면

$y=16\div x=16\div\frac{1}{2}=16\times2=32$ 답 ⑤

04 y가 x에 반비례하므로 $y=\frac{a}{x}(a\neq0)$로 놓고 $x=-2$, $y-10$을 대입하면

$10=\frac{a}{-2}$에서 $a=-20$ $\therefore y=-\frac{20}{x}$

$y=-\frac{20}{x}$에 $x=-5$, $y=A$를 대입하면

$A=-\frac{20}{-5}=4$

$y=-\frac{20}{x}$에 $x=B$, $y=-1$을 대입하면

$-1=-\frac{20}{B}$에서 $B=20$

$\therefore A-B=4-20=-16$ 답 ①

05 ① (원기둥의 부피)=(밑넓이)×(높이)이므로

$y=7\times x$ $\therefore y=7x$ (정비례)

② (시간)$=\frac{(거리)}{(속력)}$이므로 $y=\frac{20}{x}$ (반비례)

③ (설탕의 양)$=\frac{(설탕물의 농도)}{100}\times$(설탕물의 양)이므로

$20=\frac{x}{100}\times y$ $\therefore y=\frac{2000}{x}$ (반비례)

④ $y=180-x$이므로 정비례 관계도 아니고 반비례 관계도 아니다.

⑤ $y=15x$ (정비례)

따라서 y가 x에 반비례하는 것은 ②, ③이다. 답 ②, ③

04 반비례 관계의 그래프

개념원리 확인하기

본문 257쪽

01 (1) -1, -2, -4, 4, 2, 1, 곡선, 그래프는 풀이 참조
(2) 1, 2, 3, 6, -6, -3, -2, -1, 곡선, 그래프는 풀이 참조

02 풀이 참조

03 -2 **04** (1) $y=\frac{15}{x}$ (2) $y=-\frac{16}{x}$

이렇게 풀어요

01 (1)

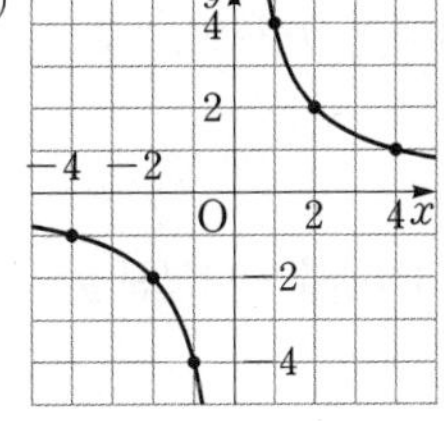

(2)

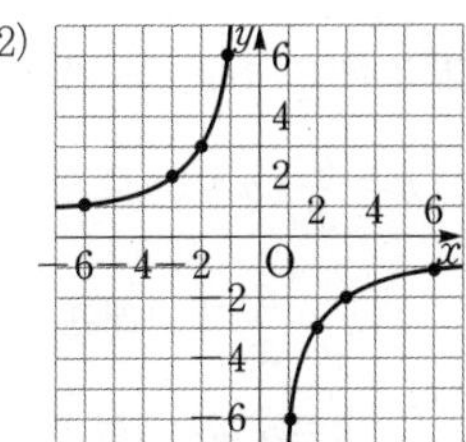

답 (1) **-1, -2, -4, 4, 2, 1, 곡선, 그래프는 풀이 참조**
(2) **1, 2, 3, 6, -6, -3, -2, -1, 곡선, 그래프는 풀이 참조**

02 (1) 반비례 관계 $y=\frac{5}{x}$에서 x의 값이 -5, -1, 1, 5일 때 x의 값에 따른 y의 값을 구하여 표로 나타내면 다음과 같다.

x	-5	-1	1	5
y	-1	-5	5	1

따라서 순서쌍 (x, y)를 좌표로 하는 점을 좌표평면 위에 나타내고 매끄러운 곡선으로 연결하면 오른쪽 그림과 같다.

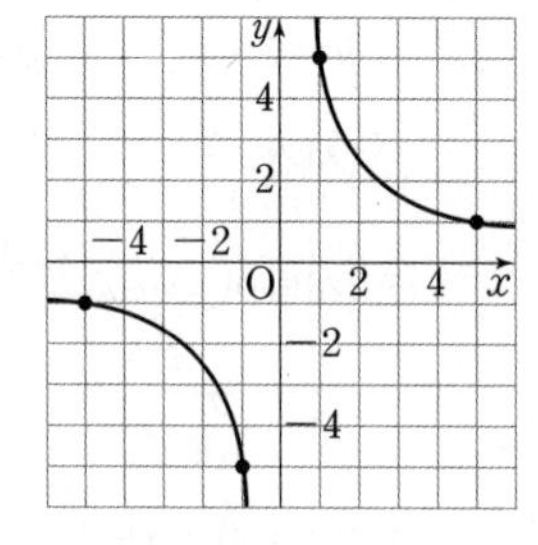

(2) 반비례 관계 $y=-\frac{4}{x}$에서 x의 값이 -4, -2, -1, 1, 2, 4일 때 x의 값에 따른 y의 값을 구하여 표로 나타내면 다음과 같다.

x	-4	-2	-1	1	2	4
y	1	2	4	-4	-2	-1

따라서 순서쌍 (x, y)를 좌표로 하는 점을 좌표평면 위에 나타내고 매끄러운 곡선으로 연결하면 오른쪽 그림과 같다.

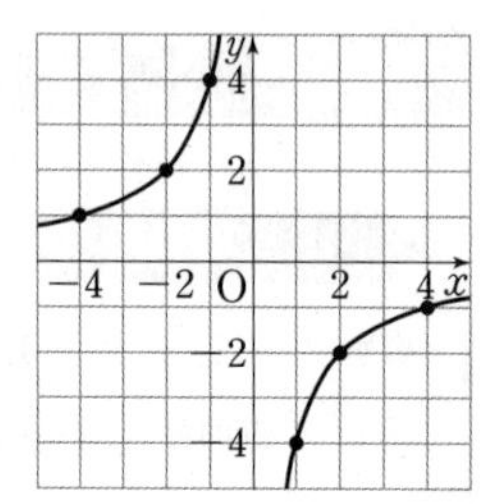

답 **풀이 참조**

03 반비례 관계 $y=\frac{a}{x}\,(a\neq0)$의 그래프가 점 $(2, -1)$을 지나므로 $y=\frac{a}{x}$에 $x=2$, $y=-1$을 대입하면

$-1=\frac{a}{2}\qquad \therefore a=-2$

답 **-2**

04 주어진 그래프는 반비례 관계의 그래프이므로 $y=\frac{a}{x}\,(a\neq0)$로 놓는다.

(1) $y=\frac{a}{x}$의 그래프가 점 $(3, 5)$를 지나므로 $y=\frac{a}{x}$에 $x=3$, $y=5$를 대입하면

$5=\frac{a}{3}$에서 $a=15\qquad \therefore y=\frac{15}{x}$

(2) $y=\frac{a}{x}$의 그래프가 점 $(2, -8)$을 지나므로 $y=\frac{a}{x}$에 $x=2$, $y=-8$을 대입하면

$-8=\frac{a}{2}$에서 $a=-16\qquad \therefore y=-\frac{16}{x}$

답 (1) $\boldsymbol{y=\frac{15}{x}}$ (2) $\boldsymbol{y=-\frac{16}{x}}$

핵심문제 익히기 (확인문제) 본문 258~261쪽

1 ①, ③ **2** ③ **3** 4 **4** ㄴ, ㄹ
5 8 **6** $\frac{8}{3}$ **7** $\frac{1}{4}$ **8** 16

이렇게 풀어요

1 정비례 관계 $y=ax\,(a\neq0)$의 그래프와 반비례 관계 $y=\frac{a}{x}\,(a\neq0)$의 그래프는 모두 $a<0$일 때 제2사분면과 제4사분면을 지난다.

답 ①, ③

2 반비례 관계 $y=\frac{a}{x}\,(a\neq0)$의 그래프는 a의 절댓값이 작을수록 원점에 가깝다.

즉, $\left|\frac{1}{5}\right|<\left|-\frac{3}{4}\right|<|1|<|-4|<|5|$이므로 원점에 가장 가까운 것은 ③ $y=\frac{1}{5x}$이다.

답 ③

3 반비례 관계 $y=\frac{a}{x}\,(a\neq0)$의 그래프가 점 $(-8, 1)$을 지나므로 $y=\frac{a}{x}$에 $x=-8$, $y=1$을 대입하면

$1=\frac{a}{-8}$에서 $a=-8\qquad \therefore y=-\frac{8}{x}$

따라서 반비례 관계 $y=-\frac{8}{x}$의 그래프가 점 $\left(b, \frac{2}{3}\right)$를 지나므로 $y=-\frac{8}{x}$에 $x=b$, $y=\frac{2}{3}$를 대입하면

$\frac{2}{3}=-\frac{8}{b}$에서 $b=-12$

$\therefore a-b=(-8)-(-12)=4$

답 **4**

4 ㄱ. $x=-3$일 때, $y=-\frac{18}{-3}=6$이므로 점 $(-3, 6)$을 지난다.

ㄴ. $-18<0$이므로 제2사분면과 제4사분면을 지난다.

ㄷ. $x>0$일 때, x의 값이 증가하면 y의 값도 증가한다.

ㄹ. 원점에 대하여 대칭인 한 쌍의 매끄러운 곡선이다.

따라서 옳은 것은 ㄴ, ㄹ이다.

답 **ㄴ, ㄹ**

5 반비례 관계 $y=\frac{a}{x}\,(a\neq0)$의 그래프가 점 $(-2,\ -3)$을 지나므로

$y=\frac{a}{x}$에 $x=-2$, $y=-3$을 대입하면

$-3=\frac{a}{-2}$에서 $a=6$ $\quad\therefore y=\frac{6}{x}$

따라서 반비례 관계 $y=\frac{6}{x}$의 그래프가 점 $(3,\ b)$를 지나므로 $y=\frac{6}{x}$에 $x=3$, $y=b$를 대입하면

$b=\frac{6}{3}=2$

$\therefore a+b=6+2=8$ 답 **8**

6 그래프가 원점에 대하여 대칭인 한 쌍의 매끄러운 곡선이고 점 $(-4,\ -2)$를 지나므로 $y=\frac{a}{x}\,(a\neq0)$로 놓고 $x=-4$, $y=-2$를 대입하면

$-2=\frac{a}{-4}$에서 $a=8$ $\quad\therefore y=\frac{8}{x}$

따라서 반비례 관계 $y=\frac{8}{x}$의 그래프가 점 $(3,\ k)$를 지나므로 $y=\frac{8}{x}$에 $x=3$, $y=k$를 대입하면 $k=\frac{8}{3}$ 답 $\mathbf{\frac{8}{3}}$

7 점 A의 x좌표가 -4이고 반비례 관계 $y=\frac{4}{x}$의 그래프 위에 있으므로

$y=\frac{4}{x}$에 $x=-4$를 대입하면 $y=\frac{4}{-4}=-1$

$\therefore$ A$(-4,\ -1)$

또, 점 A가 정비례 관계 $y=ax\,(a\neq0)$의 그래프 위에 있으므로

$y=ax$에 $x=-4$, $y=-1$을 대입하면

$-1=-4a$ $\quad\therefore a=\frac{1}{4}$ 답 $\mathbf{\frac{1}{4}}$

8 반비례 관계 $y=\frac{a}{x}\,(a\neq0,\ x>0)$의 그래프가 점 P를 지나고 점 P의 y좌표가 8이므로 $y=\frac{a}{x}$에 $y=8$을 대입하면

$8=\frac{a}{x}$에서 $x=\frac{a}{8}$ $\quad\therefore \mathrm{P}\left(\frac{a}{8},\ 8\right)$

이때 직사각형 OAPB의 넓이가 16이므로

$\frac{a}{8}\times8=16$ $\quad\therefore a=16$ 답 **16**

이런 문제가 시험에 나온다 본문 262쪽

01 ②, ④ **02** 1 **03** 15 **04** 8개
05 16 **06** 12

이렇게 풀어요

01 정비례 관계 $y=ax\,(a\neq0)$의 그래프는 $a<0$일 때, x의 값이 증가하면 y의 값이 감소한다. ⇨ ②

반비례 관계 $y=\frac{a}{x}\,(a\neq0)$의 그래프는 $a>0$일 때, 각 사분면에서 x의 값이 증가하면 y의 값이 감소한다. ⇨ ④

답 **②, ④**

02 반비례 관계 $y=\frac{a}{x}\,(a\neq0)$의 그래프가 점 $(1,\ 3)$을 지나므로 $y=\frac{a}{x}$에 $x=1$, $y=3$을 대입하면

$3=a$ $\quad\therefore y=\frac{3}{x}$

따라서 반비례 관계 $y=\frac{3}{x}$의 그래프가 점 $\left(b,\ -\frac{3}{2}\right)$을 지나므로 $y=\frac{3}{x}$에 $x=b$, $y=-\frac{3}{2}$을 대입하면

$-\frac{3}{2}=\frac{3}{b}$ $\quad\therefore b=-2$

$\therefore a+b=3+(-2)=1$ 답 **1**

03 점 A의 x좌표가 3이고 정비례 관계 $y=\frac{5}{3}x$의 그래프 위에 있으므로 $y=\frac{5}{3}x$에 $x=3$을 대입하면

$y=\frac{5}{3}\times3=5$ $\quad\therefore$ A$(3,\ 5)$

또, 점 A가 반비례 관계 $y=\frac{a}{x}\,(a\neq0,\ x>0)$의 그래프 위에 있으므로

$y=\frac{a}{x}$에 $x=3$, $y=5$를 대입하면

$5=\frac{a}{3}$ $\quad\therefore a=15$ 답 **15**

04 반비례 관계 $y=\frac{8}{x}$에서 $xy=8$이므로 이 그래프 위의 점 중에서 x좌표와 y좌표가 모두 정수인 점은

$(-1,\ -8)$, $(-2,\ -4)$, $(-4,\ -2)$, $(-8,\ -1)$, $(1,\ 8)$, $(2,\ 4)$, $(4,\ 2)$, $(8,\ 1)$의 8개이다. 답 **8개**

05 점 A의 x좌표를 $k\,(k>0)$라 하면 점 A는 반비례 관계

$y=-\frac{16}{x}$의 그래프 위의 점이므로 $y=-\frac{16}{x}$에 $x=k$를 대입하면 $y=-\frac{16}{k}$ $\quad\therefore$ A$\left(k, -\frac{16}{k}\right)$

이때 (선분 OB의 길이)$=k$,

(선분 OC의 길이)$=0-\left(-\frac{16}{k}\right)=\frac{16}{k}$이므로

(사각형 ABOC의 넓이)$=k\times\frac{16}{k}=16$ 답 **16**

06 반비례 관계 $y=\frac{a}{x}(a\neq0)$의 그래프가 두 점 B, D를 지나고, 두 점 B, D의 x좌표가 각각 -4, 4이므로

$y=\frac{a}{x}$에 $x=-4$를 대입하면

$y=-\frac{a}{4}$에서 B$\left(-4, -\frac{a}{4}\right)$

$y=\frac{a}{x}$에 $x=4$를 대입하면

$y=\frac{a}{4}$에서 D$\left(4, \frac{a}{4}\right)$

이때 A$\left(-4, \frac{a}{4}\right)$, C$\left(4, -\frac{a}{4}\right)$이므로

(선분 AB의 길이)$=\frac{a}{4}-\left(-\frac{a}{4}\right)=\frac{a}{2}$

(선분 BC의 길이)$=4-(-4)=8$

직사각형 ABCD의 넓이가 48이므로

$\frac{a}{2}\times8=48$ $\quad\therefore a=12$ 답 **12**

05 정비례, 반비례 관계의 활용

개념원리 확인하기

본문 264쪽

01 (1) 36 (2) 54 (3) $18x$ (4) 3600

02 (1) 24 (2) 16 (3) $\frac{48}{x}$ (4) 6

03 (1) 14, 21, $7x$ (2) $7x$ (3) 105

04 (1) 12, 6, 4, $\frac{240}{x}$ (2) $\frac{240}{x}$ (3) 80

이렇게 풀어요

01 (1) $18\times2=36(\text{cm}^2)$

(2) $18\times3=54(\text{cm}^2)$

(3) x개의 타일을 이어 붙였을 때의 넓이는 $18x\text{ cm}^2$이므로 x와 y 사이의 관계식은 $y=18x$이다.

(4) $y=18x$에 $x=200$을 대입하면

$y=18\times200=3600$

따라서 200개의 타일을 이어 붙였을 때 전체의 넓이는 3600cm^2이다. 답 (1) **36** (2) **54** (3) $\mathbf{18x}$ (4) **3600**

02 (1) $\frac{48}{2}=24$(개)

(2) $\frac{48}{3}=16$(개)

(3) 48개의 과자를 x명이 똑같이 나누어 먹으면 1명당 $\frac{48}{x}$개씩 먹을 수 있으므로 x와 y 사이의 관계식은 $y=\frac{48}{x}$이다.

(4) $y=\frac{48}{x}$에 $x=8$을 대입하면 $y=\frac{48}{8}=6$

따라서 8명이 똑같이 나누어 먹으면 1명당 6개씩 먹을 수 있다. 답 (1) **24** (2) **16** (3) $\mathbf{\frac{48}{x}}$ (4) **6**

03 (2) x분 동안 나온 물의 양은 $7x$ L이므로 x와 y 사이의 관계식은 $y=7x$이다.

(3) $y=7x$에 $x=15$를 대입하면 $y=7\times15=105$

따라서 15분 동안 나온 물의 양은 105 L이다.

답 (1) **14, 21,** $\mathbf{7x}$ (2) $\mathbf{7x}$ (3) **105**

04 (시간)$=\frac{(거리)}{(속력)}$이므로

(2) 시속 x km로 240 km의 거리를 가는 데 걸린 시간은 $\frac{240}{x}$시간이므로 x와 y 사이의 관계식은 $y=\frac{240}{x}$이다.

(3) $y=\frac{240}{x}$에 $y=3$을 대입하면

$3=\frac{240}{x}$ $\quad\therefore x=80$

따라서 시속 80 km로 가야 한다.

답 (1) **12, 6, 4,** $\mathbf{\frac{240}{x}}$ (2) $\mathbf{\frac{240}{x}}$ (3) **80**

핵심문제 익히기 (확인문제)

본문 265쪽

1 (1) $y=2x$ (2) 10분 **2** (1) $y=\frac{1000}{x}$ (2) 50 L

이렇게 풀어요

1 (1) 빈 물통에 매분 2 L씩 물을 넣으면 x분 후의 물의 양은 $2x$ L이므로 x와 y 사이의 관계식은 $y=2x$이다.

(2) $y=2x$에 $y=20$을 대입하면

$20=2x \quad \therefore x=10$

따라서 물을 가득 채우는 데 걸리는 시간은 10분이다.

답 (1) $\boldsymbol{y=2x}$ (2) **10분**

2 (1) (물탱크의 용량)=(매분 넣는 물의 양)×(걸리는 시간)이므로

$40\times25=x\times y \quad \therefore y=\frac{1000}{x}$

(2) $y=\frac{1000}{x}$에 $y=20$을 대입하면

$20=\frac{1000}{x} \quad \therefore x=50$

따라서 물탱크에 물을 20분 만에 가득 채우려면 매분 50 L씩의 물을 넣어야 한다.

답 (1) $\boldsymbol{y=\frac{1000}{x}}$ (2) **50 L**

이런 문제가 시험에 나온다 본문 266쪽

01 (1) $y=\frac{4000}{x}$ (2) 20분 **02** (1) $y=\frac{2}{5}x$ (2) 4번

03 15 cm^3 **04** 12명 **05** $y=\frac{800}{x}$

06 (1) $y=4x$ (2) 6 cm

이렇게 풀어요

01 (1) 집에서 학교까지의 거리가 4000 m이므로

$(\text{시간})=\frac{(\text{거리})}{(\text{속력})}$에서 $y=\frac{4000}{x}$

(2) $y=\frac{4000}{x}$에 $x=200$을 대입하면 $y=\frac{4000}{200}=20$

따라서 분속 200 m의 속력으로 길 때, 등교하는 데 걸린 시간은 20분이다.

답 (1) $\boldsymbol{y=\frac{4000}{x}}$ (2) **20분**

02 (1) 두 개의 톱니바퀴가 각각 회전하는 동안 맞물린 톱니 수는 서로 같다.

(A의 톱니의 수)×(A의 회전수)

=(B의 톱니의 수)×(B의 회전수)

이므로 $14\times x=35\times y \quad \therefore y=\frac{2}{5}x$

(2) $y=\frac{2}{5}x$에 $x=10$을 대입하면 $y=\frac{2}{5}\times10=4$

따라서 A가 10번 회전하는 동안 B는 4번 회전한다.

답 (1) $\boldsymbol{y=\frac{2}{5}x}$ (2) **4번**

03 기체의 압력을 x기압, 부피를 y cm^3라 하면 기체의 부피는 압력에 반비례하므로 $y=\frac{a}{x}\,(a\neq0)$로 놓고 $y=\frac{a}{x}$에 $x=5$, $y=30$을 대입하면

$30=\frac{a}{5}$에서 $a=150 \quad \therefore y=\frac{150}{x}$

$y=\frac{150}{x}$에 $x=10$을 대입하면 $y=\frac{150}{10}=15$

따라서 압력이 10기압일 때 이 기체의 부피는 15 cm^3이다.

답 **15 cm^3**

04 (전체 일의 양)=(직원 수)×(걸리는 시간)이다.

8명의 직원이 일을 하면 15일이 걸리므로

(전체 일의 양)$=8\times15=120$

x명의 직원이 일을 하면 y일이 걸린다고 하면

$xy=120 \quad \therefore y=\frac{120}{x}$

이 일을 10일 만에 끝내야 하므로 $y=\frac{120}{x}$에 $y=10$을 대입하면 $10=\frac{120}{x} \quad \therefore x=12$

따라서 이 일을 10일 만에 끝내려면 직원 12명이 필요하다.

답 **12명**

05 1분 동안 두 톱니바퀴가 각각 회전하면서 맞물린 톱니의 수는 서로 같다.

(A의 톱니의 수)×(A의 회전수)

=(B의 톱니의 수)×(B의 회전수)

이므로 $40\times20=x\times y \quad \therefore y=\frac{800}{x}$

답 $\boldsymbol{y=\frac{800}{x}}$

06 (1) (삼각형 ABC의 넓이)

$=\frac{1}{2}\times$(변 BC의 길이)×(변 AC의 길이)

이므로 $y=\frac{1}{2}\times x\times8=4x$

(2) $y=4x$에 $y=24$를 대입하면

$24=4x \quad \therefore x=6$

따라서 선분 BC의 길이는 6 cm이다.

답 (1) $\boldsymbol{y=4x}$ (2) **6 cm**

1 step (기본문제) 본문 267~269쪽

01 ③	02 -3	03 ⑤	04 ④
05 ④	06 ①	07 ④	08 ⑤
09 ③	10 ⑤	11 ③	12 ⑤
13 -2	14 ①	15 ④	16 ④
17 48번	18 ③		

이렇게 풀어요

01 y가 x에 반비례하면 $y=\frac{a}{x}$, $xy=a\,(a\neq0)$의 꼴이다.

ㅁ. $2xy=-5$에서 $y=-\frac{5}{2x}$

ㅂ. $4y=\frac{5}{2x}$에서 $y=\frac{5}{8x}$

따라서 y가 x에 반비례하는 것은 ㄱ, ㅁ, ㅂ의 3개이다.

답 ③

참고 ㄱ. $xy=-7$ ㅁ. $xy=-\frac{5}{2}$ ㅂ. $xy=\frac{5}{8}$

따라서 xy의 값이 일정하므로 ㄱ, ㅁ, ㅂ은 y가 x에 반비례한다.

02 (가) y가 x에 정비례한다.

(나) y가 x에 정비례하므로 $y=ax\,(a\neq0)$로 놓고

$y=ax$에 $x=-5$, $y=\frac{5}{4}$를 대입하면

$\frac{5}{4}=-5a$에서 $a=-\frac{1}{4}$ $\quad\therefore y=-\frac{1}{4}x$

따라서 $y=-\frac{1}{4}x$에 $x=12$를 대입하면

$y=-\frac{1}{4}\times12=-3$

답 -3

03 ① $y=5000-800x$

② $y=20-x$

③ $y=x(x+5)$

④ $xy=24$ $\quad\therefore y=\frac{24}{x}$ (반비례)

⑤ $y=6x$ (정비례)

답 ⑤

04 y가 x에 반비례하므로 $y=\frac{a}{x}\,(a\neq0)$로 놓고 $y=\frac{a}{x}$에 $x=-3$, $y=4$를 대입하면

$4=\frac{a}{-3}$에서 $a=-12$ $\quad\therefore y=-\frac{12}{x}$

④ y가 x에 반비례하므로 xy의 값이 일정하다.

답 ④

주의 $\frac{y}{x}$의 값이 일정한 것은 정비례 관계이다.

05 ①, ② 표에서

$xy=(-4)\times2=(-2)\times4=(-1)\times8$
$=1\times(-8)=4\times(-2)=-8$(일정)

이므로 y가 x에 반비례한다.

$y=\frac{a}{x}\,(a\neq0)$로 놓고 $y=\frac{a}{x}$에 $x=-2$, $y=4$를 대입하면

$4=\frac{a}{-2}$에서 $a=-8$ $\quad\therefore y=-\frac{8}{x}$

③ $y=-\frac{8}{x}$에 $x=2$, $y=A$를 대입하면

$A=-\frac{8}{2}=-4$

④ $xy=-8$(일정)

⑤ $y=-\frac{8}{x}$에 $x=8$을 대입하면 $y=-\frac{8}{8}=-1$

답 ④

06 정비례 관계 $y=ax\,(a\neq0)$의 그래프는 a의 절댓값이 클수록 y축에 가깝다.

즉, $\left|\frac{1}{6}\right|<\left|-\frac{2}{3}\right|<|2|<\left|\frac{8}{3}\right|<|-3|$이므로 y축에 가장 가까운 그래프는 a의 절댓값이 가장 큰 ① $y=-3x$이다.

답 ①

07 정비례 관계 $y=ax\,(a\neq0)$의 그래프는 $a<0$일 때, x의 값이 증가하면 y의 값은 감소한다.

반비례 관계 $y=\frac{a}{x}\,(a\neq0)$의 그래프는 $a>0$일 때, 각 사분면에서 x의 값이 증가하면 y의 값은 감소한다.

④ 정비례 관계 $y=-5x$의 그래프는 $-5<0$이므로 x의 값이 증가하면 y의 값은 감소한다.

답 ④

08 ① 원점을 지나는 직선이다.

② $x=3$을 대입하면 $y=-\frac{3}{4}\times3=-\frac{9}{4}$이므로

$y=-\frac{3}{4}x$의 그래프는 점 $\left(3,\ -\frac{9}{4}\right)$를 지난다.

③ $-\frac{3}{4}<0$이므로 제 2 사분면과 제 4 사분면을 지난다.

④ $-\frac{3}{4}<0$이므로 x의 값이 증가하면 y의 값은 감소한다.

⑤ $\left|-\frac{3}{4}\right|>\left|\frac{1}{2}\right|$이므로

$y=-\frac{3}{4}x$의 그래프가

$y=\frac{1}{2}x$의 그래프보다 y축에

가깝다. 답 ⑤

09 정비례 관계 $y=ax(a\neq0)$의 그래프와 반비례 관계 $y=\frac{a}{x}(a\neq0)$의 그래프는 $a>0$일 때 제1사분면과 제3사분면을 지난다.

따라서 $a>0$인 것을 모두 고르면 ㄱ, ㄹ, ㅂ이다. 답 ③

10 반비례 관계 $y=-\frac{6}{x}$의 그래프가 두 점 $(-3, a)$, $(b, -2)$를 지나므로

$y=-\frac{6}{x}$에 $x=-3$, $y=a$를 대입하면

$a=-\frac{6}{-3}=2$

또, $y=-\frac{6}{x}$에 $x=b$, $y=-2$를 대입하면

$-2=-\frac{6}{b}$ $\quad\therefore b=3$

$\therefore a+b=2+3=5$ 답 ⑤

11 정비례 관계 $y=ax(a\neq0)$의 그래프는 $a>0$이면 오른쪽 위로, $a<0$이면 오른쪽 아래로 향하는 직선이고, a의 절댓값이 클수록 y축에 가깝다.

따라서 정비례 관계 $y=4x$의 그래프는 오른쪽 위로 향하는 직선이고 $y=2x$의 그래프보다 y축에 가까운 ③이다.

답 ③

12 주어진 그래프는 반비례 관계의 그래프이므로 $y=\frac{a}{x}(a\neq0)$로 놓고 $y=\frac{a}{x}$에 $x=2$, $y=-5$를 대입하면 $-5=\frac{a}{2}$에서 $a=-10$ $\quad\therefore y=-\frac{10}{x}$

① y가 x에 반비례한다.

② x의 값의 범위는 0이 아닌 수 전체이다.

③ $x>0$일 때 x의 값이 증가하면 y의 값도 증가한다.

④ 반비례 관계 $y=-\frac{10}{x}$의 그래프이다.

⑤ $y=-\frac{10}{x}$에 $x=-\frac{1}{2}$을 대입하면

$y=(-10)\div\left(-\frac{1}{2}\right)=(-10)\times(-2)=20$

이므로 점 $\left(-\frac{1}{2}, 20\right)$을 지난다. 답 ⑤

13 반비례 관계 $y=\frac{a}{x}(a\neq0)$의 그래프가 점 $(3, 4)$를 지나므로 $y=\frac{a}{x}$에 $x=3$, $y=4$를 대입하면

$4=\frac{a}{3}$에서 $a=12$ $\quad\therefore y=\frac{12}{x}$

따라서 반비례 관계 $y=\frac{12}{x}$의 그래프가 점 $(k, -6)$을 지나므로 $y=\frac{12}{x}$에 $x=k$, $y=-6$을 대입하면

$-6=\frac{12}{k}$ $\quad\therefore k=-2$ 답 -2

14 $(\text{소금물의 농도})=\frac{(\text{소금의 양})}{(\text{소금물의 양})}\times100\,(\%)$이므로

$(\text{소금물의 농도})=\frac{20}{200}\times100=10\,(\%)$

$(\text{소금의 양})=\frac{(\text{소금물의 농도})}{100}\times(\text{소금물의 양})$이므로

$y=\frac{10}{100}\times x=\frac{1}{10}x$ 답 ①

15 x와 y 사이의 관계식은 $xy=10$에서

$y=\frac{10}{x}$

이때 $x>0$, $y>0$이므로 그래프는 오른쪽 그림과 같다.

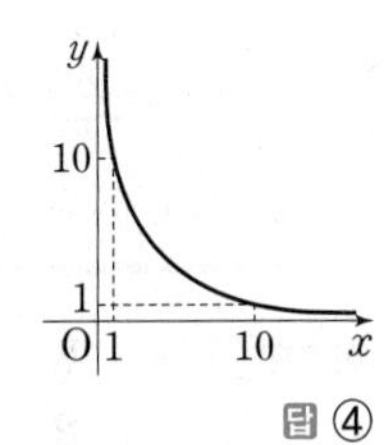

답 ④

16 어제 돌린 전단지는 모두 $20\times15=300$(장)이므로 사람의 수를 x명, 한 사람이 돌린 전단지의 수를 y장이라 하면

$xy=300$ $\quad\therefore y=\frac{300}{x}$

$y=\frac{300}{x}$에 $x=10$을 대입하면 $y=\frac{300}{10}=30$

따라서 한 사람이 30장씩 돌려야 한다. 답 ④

17 두 개의 톱니바퀴가 각각 회전하는 동안 맞물린 톱니의 수는 서로 같다.

(A의 톱니의 수)×(A의 회전수)

=(B의 톱니의 수)×(B의 회전수)

이므로 $20\times x=60\times y$ $\quad\therefore y=\frac{1}{3}x$

이때 B가 16번 회전하므로

$y=\frac{1}{3}x$에 $y=16$을 대입하면 $16=\frac{1}{3}x$ $\therefore x=48$

따라서 B가 16번 회전하는 동안 A는 48번 회전한다.

답 **48번**

18 3명이 40분 동안 해야 끝낼 수 있는 일을 x명이 y분 동안 해서 끝낸다고 하면

$3\times40=x\times y$ $\therefore y=\frac{120}{x}$

$y=\frac{120}{x}$에 $y=10$을 대입하면

$10=\frac{120}{x}$ $\therefore x=12$

따라서 10분 만에 끝내는 데 필요한 사람은 12명이다.

답 ③

2 step (발전문제) 본문 270~271쪽

01 ③	02 ③	03 5	04 P(6, 4)
05 ③	06 ③	07 12	
08 (1) $y=\frac{60}{x}$ (2) 3번	09 24	10 ③	
11 D(6, 6)			

이렇게 풀어요

01 y가 x에 반비례하는 관계를 찾으면 된다.

① $y=30-2x$

② 시계의 분침은 60분 동안 360° 회전하므로 1분 동안 6° 회전한다. $\therefore y=6x$ (정비례)

③ $y=\frac{6}{x}$ (반비례)

④ 정비례 관계도 아니고 반비례 관계도 아니다.

⑤ $y=\frac{20}{100}\times x$ $\therefore y=\frac{1}{5}x$ (정비례)

답 ③

02 반비례 관계 $y=\frac{a}{x}(a\neq0)$의 그래프가 점 $(2, -3)$을 지나므로 $y=\frac{a}{x}$에 $x=2$, $y=-3$을 대입하면

$-3=\frac{a}{2}$ $\therefore a=-6$

따라서 정비례 관계 $y=-6x$의 그래프는 ③이다. 답 ③

03 y가 x에 정비례하므로 $y=ax\,(a\neq0)$로 놓고 $y=ax$에 $x=4$, $y=12$를 대입하면

$12=4a$에서 $a=3$ $\therefore y=3x$

또, z가 y에 반비례하므로 $z=\frac{b}{y}\,(b\neq0)$로 놓고 $z=\frac{b}{y}$에 $y=3$, $z=-5$를 대입하면

$-5=\frac{b}{3}$에서 $b=-15$ $\therefore z=-\frac{15}{y}$

따라서 $y=3x$에 $x=-1$을 대입하면 $y=-3$이므로

$z=-\frac{15}{y}$에 $y=-3$을 대입하면

$z=-\frac{15}{-3}=5$

답 **5**

04 정비례 관계 $y=\frac{2}{3}x$의 그래프가 점 P를 지나므로 점 P의 x좌표를 a (a는 자연수)라 하면 $P\left(a, \frac{2}{3}a\right)$

(삼각형 OQP의 넓이)$=\frac{1}{2}\times a\times\frac{2}{3}a=\frac{1}{3}a^2$

즉, $\frac{1}{3}a^2=12$에서 $a^2=36=6^2$ $\therefore a=6$

$\therefore P(6, 4)$

답 **P(6, 4)**

05 정비례 관계 $y=-\frac{5}{2}x$의 그래프와 반비례 관계 $y=\frac{a}{x}\,(a\neq0)$의 그래프가 x좌표가 -2인 점 A에서 만나므로 $y=-\frac{5}{2}x$에 $x=-2$를 대입하면

$y=-\frac{5}{2}\times(-2)=5$ $\therefore A(-2, 5)$

따라서 $y=\frac{a}{x}$에 $x=-2$, $y=5$를 대입하면

$5=\frac{a}{-2}$ $\therefore a=-10$

답 ③

06 반비례 관계 $y=\frac{a}{x}\,(a\neq0)$의 그래프가 점 $\left(\frac{3}{2}, -10\right)$을 지나므로 $y=\frac{a}{x}$에 $x=\frac{3}{2}$, $y=-10$을 대입하면

$-10=a\div\frac{3}{2}$, $-10=a\times\frac{2}{3}$ $\therefore a=-15$

따라서 반비례 관계 $y=-\frac{15}{x}$의 그래프 위의 점 중에서 x좌표와 y좌표가 모두 정수인 점은

$(-15, 1)$, $(-5, 3)$, $(-3, 5)$, $(-1, 15)$,
$(1, -15)$, $(3, -5)$, $(5, -3)$, $(15, -1)$

의 8개이다.

답 ③

07 점 A는 $y=2x$의 그래프 위의 점이므로 $y=4$를 대입하면

$4=2x$에서 $x=2$ $\quad\therefore$ A(2, 4)

점 B는 $y=\frac{1}{2}x$의 그래프 위의 점이므로 $y=4$를 대입하면

$4=\frac{1}{2}x$에서 $x=8$ $\quad\therefore$ B(8, 4)

따라서 삼각형 AOB에서

(밑변의 길이)$=8-2=6$, (높이)$=4$

이므로 삼각형 AOB의 넓이는 $\frac{1}{2}\times6\times4=12$ 답 **12**

08 (1) 세 톱니바퀴 A, B, C가 각각 회전하는 동안 맞물린 톱니의 수는 서로 같으므로

$30\times2=x\times y$ $\quad\therefore y=\frac{60}{x}$

(2) $y=\frac{60}{x}$에 $x=20$을 대입하면 $y=\frac{60}{20}=3$

따라서 A가 2번 회전하는 동안 C의 회전수는 3번이다.

답 (1) $\boldsymbol{y=\frac{60}{x}}$ (2) **3번**

09 사각형 ABCD가 정사각형이고 점 B의 x좌표가 2이므로 점 A의 x좌표도 2이다.

점 A는 정비례 관계 $y=2x$의 그래프 위의 점이므로

$y=2x$에 $x=2$를 대입하면 $y=2\times2=4$ $\quad\therefore$ A(2, 4)

(선분 AD의 길이)=(선분 AB의 길이)=4이므로

점 D의 좌표는 (6, 4)이고, 점 D가 반비례 관계

$y=\frac{a}{x}\,(a\neq0)$의 그래프 위의 점이므로 $y=\frac{a}{x}$에 $x=6$, $y=4$를 대입하면

$4=\frac{a}{6}$ $\quad\therefore a=24$ 답 **24**

10 (i) 정비례 관계 $y=ax\,(a\neq0)$의 그래프가 점 A$(-3, 2)$를 지날 때, $y=ax$에 $x=-3$, $y=2$를 대입하면

$2=-3a$ $\quad\therefore a=-\frac{2}{3}$

(ii) 정비례 관계 $y=ax\,(a\neq0)$의 그래프가 점 B$(-1, 6)$을 지날 때, $y=ax$에 $x=-1$, $y=6$을 대입하면

$6=-a$ $\quad\therefore a=-6$

(i), (ii)에서 $-6\le a\le-\frac{2}{3}$

따라서 정수 a는 -6, -5, -4, -3, -2, -1의 6개이다.

답 ③

11 넓이가 16인 정사각형 ABCD의 한 변의 길이는 4이다.

점 A가 정비례 관계 $y=3x$의 그래프 위의 점이므로 점 A의 좌표를 $(a, 3a)(a>0)$로 놓으면

D$(a+4, 3a)$, C$(a+4, 3a-4)$

이때 점 C가 정비례 관계 $y=\frac{1}{3}x$의 그래프 위의 점이므로 $y=\frac{1}{3}x$에 $x=a+4$, $y=3a-4$를 대입하면

$3a-4=\frac{1}{3}(a+4)$

$9a-12=a+4$, $8a=16$ $\quad\therefore a=2$

따라서 점 D의 좌표는 D(6, 6)이다. 답 **D(6, 6)**

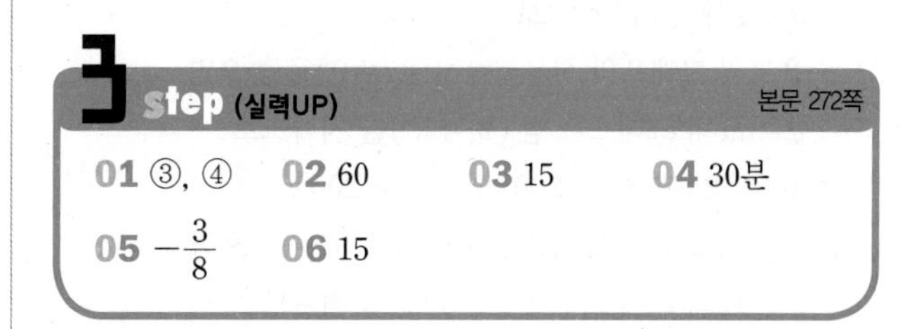

이렇게 풀어요

01 점 (a, b)가 제4사분면 위의 점이므로 $a>0$, $b<0$이다.

①, ②, ⑤ $b<0$, $\frac{a}{b}<0$이므로 그래프가 제2사분면과 제4사분면을 지난다.

③, ④ $-\frac{b}{a}>0$, $a>0$이므로 그래프가 제1사분면과 제3사분면을 지난다. 답 ③, ④

02 점 P의 x좌표를 $p\,(p<0)$라 하면 y좌표가 $\frac{a}{p}$이고 사각형 PAOB의 넓이가 60이므로

(선분 OA의 길이)×(선분 OB의 길이)=60에서

$(-p)\times\frac{a}{p}=-a=60$ $\quad\therefore a=-60$

따라서 점 Q는 반비례 관계 $y=-\frac{60}{x}$의 그래프 위의 점이므로 점 Q의 x좌표를 $q\,(q>0)$라 하면 y좌표가 $-\frac{60}{q}$이다.

$\therefore$ (사각형 ODQC의 넓이)

=(선분 OC의 길이)×(선분 OD의 길이)

$=q\times\frac{60}{q}=60$ 답 **60**

03 $y=\frac{4}{3}x$에 $x=3$을 대입하면 $y=4$

즉, 반비례 관계 $y=\frac{a}{x}\ (a\neq0,\ x>0)$의 그래프가
점 $(3,\ 4)$를 지나므로
$4=\frac{a}{3}$에서 $a=12$ $\quad\therefore y=\frac{12}{x}$
점 Q가 반비례 관계 $y=\frac{12}{x}$의 그래프 위의 점이므로
$y=6$을 대입하면
$6=\frac{12}{x}$에서 $x=2$ $\quad\therefore Q(2,\ 6)$
따라서 사각형 OPQR는 사다리꼴이므로
(사각형 OPQR의 넓이)$=\frac{1}{2}\times(2+3)\times6=15$ 답 **15**

04 y가 x에 정비례하므로
윤모의 그래프의 식을 $y=ax\ (a\neq0)$로 놓으면
$y=ax$의 그래프가 점 $(2,\ 400)$을 지나므로
$400=2a$에서 $a=200$ $\quad\therefore y=200x$
현우의 그래프의 식을 $y=bx\ (b\neq0)$로 놓으면
$y=bx$의 그래프가 점 $(3,\ 300)$을 지나므로
$300=3b$에서 $b=100$ $\quad\therefore y=100x$
따라서 둘레의 길이가 6 km(=6000 m)인 호수공원을 한 바퀴 돌 때 걸리는 시간은
윤모 : $6000=200x$ $\quad\therefore x=30$
현우 : $6000=100x$ $\quad\therefore x=60$
이므로 윤모는 현우를 $60-30=30$(분) 동안 기다려야 현우가 도착한다. 답 **30분**

05 오른쪽 그림에서
(삼각형 OAB의 넓이)
$=\frac{1}{2}\times8\times6=24$
정비례 관계 $y=ax\ (a\neq0)$의 그래프와 선분 AB가 만나는 점을 C라 하면 선분 OC가 삼각형 OAB의 넓이를 이등분하므로
(삼각형 OCB의 넓이)$=\frac{1}{2}\times8\times$(선분 CB의 길이)$=12$
$\therefore$ (선분 CB의 길이)$=3$ $\quad\therefore C(-8,\ 3)$
따라서 $y=ax$의 그래프가 점 $C(-8,\ 3)$을 지나므로
$3=-8a$ $\quad\therefore a=-\frac{3}{8}$ 답 $-\frac{3}{8}$

06 점 A는 x좌표가 2이고 정비례 관계 $y=2x$의 그래프 위에 있으므로 $A(2,\ 4)$
또, 점 $A(2,\ 4)$는 반비례 관계 $y=\frac{a}{x}\ (a\neq0,\ x>0)$의 그래프 위에 있으므로 $4=\frac{a}{2}$에서 $a=8$ $\quad\therefore y=\frac{8}{x}$
점 B의 좌표는 $B(2,\ 0)$이므로 출발한 지 4초 후의 점 P의 x좌표는 $2+\frac{3}{2}\times4=8$ $\quad\therefore P(8,\ 0)$
점 Q의 x좌표는 점 P의 x좌표와 같으므로 $Q(8,\ m)$으로 놓으면 점 $Q(8,\ m)$은 반비례 관계 $y=\frac{8}{x}$의 그래프 위에 있으므로 $m=\frac{8}{8}=1$ $\quad\therefore Q(8,\ 1)$
$\therefore$ (사다리꼴 ABPQ의 넓이)$=\frac{1}{2}\times(4+1)\times(8-2)$
$=15$ 답 **15**

서술형 대비 문제

본문 273~274쪽

1 $-\frac{13}{3}$ **2** 9기압 **3** 3 **4** 3
5 2 **6** (1) $y=\frac{60000}{x}$ (2) 120초

이렇게 풀어요

1 1단계 점 $(b,\ 4)$가 반비례 관계 $y=-\frac{12}{x}$의 그래프 위의 점이므로 $y=-\frac{12}{x}$에 $x=b,\ y=4$를 대입하면
$4=-\frac{12}{b}$ $\quad\therefore b=-3$
2단계 따라서 두 그래프가 만나는 점의 좌표가 $(-3,\ 4)$이므로 $y=ax$에 $x=-3,\ y=4$를 대입하면
$4=-3a$ $\quad\therefore a=-\frac{4}{3}$
3단계 $\therefore a+b=\left(-\frac{4}{3}\right)+(-3)=-\frac{13}{3}$ 답 $-\frac{13}{3}$

2 1단계 y가 x에 반비례하므로 $y=\frac{a}{x}\ (a\neq0)$로 놓고
$y=\frac{a}{x}$에 $x=4,\ y=90$을 대입하면
$90=\frac{a}{4}$에서 $a=360$ $\quad\therefore y=\frac{360}{x}$
2단계 $y=\frac{360}{x}$에 $y=40$을 대입하면
$40=\frac{360}{x}$ $\quad\therefore x=9$
따라서 구하는 압력은 9기압이다. 답 **9기압**

3 1단계 y가 x에 반비례하므로 $y=\frac{a}{x}\ (a\neq0)$로 놓고

$y=\frac{a}{x}$에 $x=1$, $y=6$을 대입하면

$6=\frac{a}{1}$, $a=6$ $\therefore y=\frac{6}{x}$

2단계 $y=\frac{6}{x}$에 $x=A$, $y=3$을 대입하면

$3=\frac{6}{A}$ $\therefore A=2$

$y=\frac{6}{x}$에 $x=4$, $y=B$를 대입하면

$B=\frac{6}{4}=\frac{3}{2}$

3단계 $\therefore AB=2\times\frac{3}{2}=3$ 답 **3**

단계	채점요소	배점
1	x와 y 사이의 관계식 구하기	2점
2	A, B의 값 구하기	2점
3	AB의 값 구하기	1점

4 **1단계** 점 $(2, a)$는 반비례 관계 $y=\frac{18}{x}$의 그래프 위에 있으므로 $a=\frac{18}{2}=9$

2단계 정비례 관계 $y=-3x$의 그래프가 점 $(b, -1)$을 지나므로

$-1=-3b$ $\therefore b=\frac{1}{3}$

3단계 $\therefore ab=9\times\frac{1}{3}=3$ 답 **3**

단계	채점요소	배점
1	a의 값 구하기	2점
2	b의 값 구하기	2점
3	ab의 값 구하기	1점

5 **1단계** 점 A는 정비례 관계 $y=ax\,(a\neq0)$의 그래프 위의 점이므로 $y=ax$에 $x=10$을 대입하면 $y=10a$

$\therefore$ A$(10, 10a)$

점 B는 정비례 관계 $y=\frac{3}{5}x$의 그래프 위의 점이므로 $y=\frac{3}{5}x$에 $x=10$을 대입하면 $y=\frac{3}{5}\times10=6$

$\therefore$ B$(10, 6)$

2단계 삼각형 AOB의 넓이가 70이므로

(삼각형 AOB의 넓이)$=\frac{1}{2}\times(10a-6)\times10=70$

$10a-6=14$, $10a=20$ $\therefore a=2$ 답 **2**

단계	채점요소	배점
1	두 점 A, B의 좌표 구하기	4점
2	a의 값 구하기	3점

6 **1단계** (1) 1초당 x톤씩 방류하면 60000톤을 방류하는 데 걸리는 시간이 y초이므로 $xy=60000$

$\therefore y=\frac{60000}{x}$

2단계 (2) $y=\frac{60000}{x}$에 $x=500$을 대입하면

$y=\frac{60000}{500}=120$

따라서 1초당 500톤씩 방류하면 60000톤을 방류하는 데 120초가 걸린다.

답 (1) $\boldsymbol{y=\frac{60000}{x}}$ (2) **120초**

단계	채점요소	배점
1	x와 y 사이의 관계식 구하기	3점
2	1초당 500톤씩 방류할 때, 60000톤을 방류하는 데 몇 초가 걸리는지 구하기	2점

스토리텔링으로 배우는 **생활 속의 수학** 본문 275쪽

1 20 m **2** 5

이렇게 풀어요

1

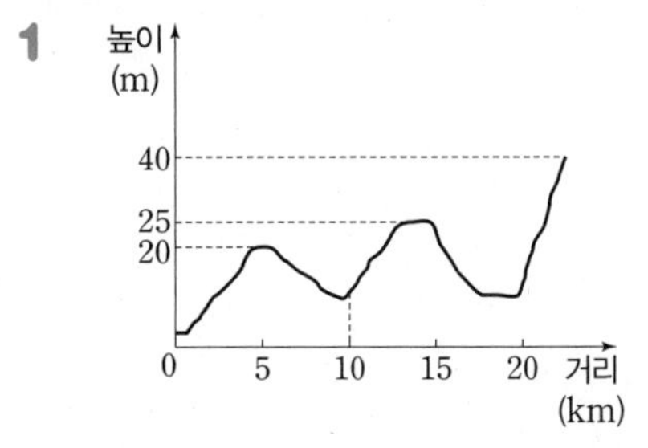

그래프에서 출발점으로부터 10 km까지의 구간에서 한강 수면으로부터의 높이가 가장 높은 곳의 한강 수면으로부터의 높이는 20 m이다. 답 **20 m**

2 그래프에서 종합 주가 지수가 가장 높은 날이 포함된 달은 3월이다. $\therefore a=3$

또한, 그래프에서 종합 주가 지수가 가장 낮은 날이 포함된 달은 2월이다. $\therefore b=2$

$\therefore a+b=3+2=5$ 답 **5**

MEMO

개념원리

중학 수학 1-1